Ozeane und Kontinente

Verständliche Forschung

Ozeane und Kontinente

Ihre Herkunft, ihre Geschichte und Struktur

Mit einer Einführung
von Peter Giese

CIP-Kurztitelaufnahme der Deutschen Bibliothek

Ozeane und Kontinente: ihre Herkunft, ihre
Geschichte u. Struktur / mit e. Einf. von
Peter Giese. – 2. Aufl. – Heidelberg:
Spektrum-der-Wissenschaft-Verlagsgesellschaft,
1984.
 (Verständliche Forschung)
 ISBN 3-922508-24-3

NE: Giese, Peter [Vorr.]

Zweite Auflage

© Spektrum der Wissenschaft
Verlagsgesellschaft mbH & Co.,
6900 Heidelberg

Alle Rechte, insbesondere die der
Übersetzung in fremde Sprachen,
vorbehalten. Kein Teil des Buches darf ohne
schriftliche Genehmigung des Verlages
photokopiert oder in irgendeiner anderen
Form reproduziert oder in eine von Maschinen
verwendbare Sprache übertragen oder
übersetzt werden.

Gesamtherstellung: Klambt-Druck GmbH,
Speyer

Umschlaggestaltung: Henri Wirthner

Inhaltsverzeichnis

Einführung	7	Peter Giese
Kontinentaldrift	10	J. Tuzo Wilson
Plattentektonik	26	John F. Dewey
Alfred Wegeners Kontinentalverschiebung aus heutiger Sicht	40	Hans Closs, Peter Giese und Volker Jacobshagen
Planetesimals — Urstoff der Erde?	54	George Wetherill
Die chemische Entwicklung des Erdmantels	66	R.K. O'Nions, P.J. Hamilton und Norman M. Evensen
Die ältesten Gesteine	80	Stephen Moorbath
Die Tiefenstruktur der Kontinente	94	Thomas H. Jordan
Die Subduktion der Lithosphäre	106	M. Nafi Toksöz
Die Geschichte des Atlantik	118	John G. Sclater und Christopher Tapscott
Die geologische Tiefenstruktur des Mittelmeerraumes	132	G.F. Panza, G. Calcagnile, P. Scandone und S. Mueller
Der Bau der Alpen	144	Hans P. Laubscher
Das Wachstum der Kontinente	158	Frederick A. Cook, Larry D. Brown und Jack E. Oliver
Ophiolithe: Ozeankruste an Land	172	Ian G. Gass
Nordamerika: Ein Kontinent setzt Kruste an	182	David L. Jones, Allan Cox, Peter Coney und Myrl Beck
Tauchexpedition zur Ostpazifischen Schwelle	200	Ken C. Macdonald und Bruce P. Luyendyk
Heiße Quellen am Grund der Ozeane	216	John M. Edmond und Karen von Damm
Wie entsteht das Magnetfeld der Erde?	230	Charles R. Carrigan und David Gubbins
Autoren- und Literaturverzeichnis	238	
Bildnachweis	242	
Index	243	

Einführung

Von **Peter Giese**

Bis in die sechziger Jahre betrachteten die meisten Geowissenschaftler die Erde als einen starren Körper, auf dem die Kontinente eine unverrückbare Position einnehmen und auch die großen Ozeane als permanent anzusehen sind. Nach dieser Vorstellung lag zum Beispiel der atlantische Ozean schon immer als eine Ur-Struktur seit der frühen Erdgeschichte zwischen dem eurasischen und dem amerikanischen Kontinent. Diese fixistische Vorstellung wurde Ende der sechziger Jahre von einer mobilistischen abgelöst. Sie geht davon aus, daß die Kontinente sich gegeneinander verschieben; sie können zerbrechen, auseinanderdriften, aber auch wieder zusammenwachsen. Während die Kerne der Kontinente aus sehr alten Strukturen bestehen, deren Alter drei Milliarden Jahre oder mehr beträgt, müssen wir die heutigen Ozeane als sehr junge Gebilde betrachten, die erstaunlicherweise höchstens 200 Millionen Jahre alt sind. Auf der Basis der mobilistischen Vorstellungen wurde die Theorie der globalen Plattentektonik entwickelt. Diese Theorie bietet zum ersten Mal in der Geschichte der Geowissenschaften eine breite Erklärungsbasis für eine Reihe ganz unterschiedlicher Phänomene, die vordem kaum einen kausalen Zusammenhang erkennen ließen. Die Plattentektonik darf als eine abstrakte, geowissenschaftliche Theorie angesehen werden, die Akademikern die Möglichkeit schier endloser Diskussionen bietet. Sie eröffnet aber auch weite Perspektiven für praktische und wirtschaftliche Fragestellungen. Die Bildung von Erdöl- und Erdgaslagerstätten, Kohleflözen und Erzlagerstätten muß im Rahmen der Plattentektonik mit ganz anderen Augen gesehen werden, die heutige Verteilung von Lagerstätten auf der Erde ist im Sinne einer dynamischen Entwicklung der Erde neu zu betrachten.

Das globale Klima ist abhängig von der Anordnung der Kontinente und Ozeane. Bewegt man diese geologischen Großstrukturen relativ zueinander, so würde die neue Anordnung auch zu einem System von Meeresströmungen führen, das sich von dem heutigen grundlegend unterscheidet. Klimaveränderungen für einzelne Erdteile, oder auch für die Erde insgesamt, können erwartet werden. Das Auftreten von Vereisungen wird von einigen Klimaforschern auf die polnahe Lage eines Kontinents zurückgeführt. Diese wenigen Bemerkungen sollen andeuten, welche Bedeutung die Theorie der Plattentektonik für die verschiedenen Disziplinen der Geowissenschaften haben kann.

Die unter dem Titel „Ozeane und Kontinente" in diesem Band zusammengefaßten Beiträge aus den Zeitschriften *Spektrum der Wissenschaft, Scientific American* und *Le Science* behandeln in sich abgeschlossene Fragestellungen. In ihrer Gesamtheit lassen sie jedoch deutlich erkennen, welche Fortschritte auf den Gebieten der Geophysik, Geochemie und Geologie in den letzten beiden Jahrzehnten gemacht wurden, um die Fragen der Entstehung und Entwicklung der Erde besser beantworten zu können. So informiert dieser Band nicht nur den interessierten Leser in allgemeinverständlicher Sprache über den heutigen Kenntnisstand, er kann durchaus den Anspruch erheben, ein modernes Lehrbuch der Plattentektonik zu sein, zumal es eine vergleichbare deutschsprachige Publikation dieser Ausführlichkeit zur Zeit nicht gibt. Die Entwicklung neuer physikalischer und chemischer Meßmethoden, hier sei nur an die Isotopenchemie erinnert, verbunden mit den modernen Methoden der elektronischen Datenerfassung und -verarbeitung, haben uns Einblicke in die Struktur, den Aufbau und die Dynamik von Erdkruste und Erdmantel geliefert, die zu einer Revolution des geowissenschaftlichen Weltbildes geführt haben. Mit Recht wird dieser Umbruch in den Geowissenschaften mit dem Übergang vom ptolemäischen zum kopernikanischen Weltsystem verglichen.

Die ersten drei Beiträge beschreiben die Entwicklung vom fixistischen zum mobilistischen geowissenschaftlichen Weltbild. An sie schließen sich vierzehn Einzelbeiträge an, in denen die einzelnen Phasen und Prozesse der Erdentwicklung und die Wege zu ihrer Erforschung erläutert werden. Sie reichen von der Entstehung der Erde vor rund 4,5 Milliarden Jahren bis zur Beobachtung der Entstehung neuer Erdkruste in der Gegenwart. Durch die meisten Beiträge zieht sich die Theorie der Plattentektonik als roter Faden. Doch wird auch an einigen Stellen deutlich, daß sich eine Reihe von Phänomenen der Erklärung durch die klassische Plattentektonik bis heute entzieht. Gerade diese Beobachtungen bieten Ansatzpunkte zur Weiterentwicklung dieser bisher so fruchtbaren und weitreichenden Theorie.

Tuzo WILSON, selbst ein sehr früher Streiter gegen den Fixismus, beschreibt im ersten Beitrag, dessen Original im April 1963 in *Scientific American* erschien und schon zu den Klassikern der Plattentektonik gehört, wie es nach einer mehr als zwanzigjährigen Pause dazu kam, daß die Wegenersche Idee der driftenden Kontinente eine Wiederbelebung erfuhr. Der erste Anstoß ging in den fünfziger Jahren von einer Gruppe englischer Geophysiker unter der Leitung von S. K. RUNCORN aus, die die Magnetisierungsrichtung von Gesteinen untersuchten. Sie konnten Meßergebnisse nur erklären, wenn sie annahmen, daß die Kontinente gegeneinander beweglich sind.

Den zweiten wichtigen Anstoß gab H. H. HESS, Princeton Universität, USA, der die mittelozeanischen Rücken als Spreizungsrücken deutete und sie zur Quelle neuen Ozeanbodens werden ließ. Unter den mittelozeanischen Rücken steigt heißes Gesteinsmaterial aus dem Erdmantel auf, und entlang den Tiefseerinnen sinkt ozeanische Kruste wieder in größere Tiefen ab.

In der zweiten Hälfte der sechziger Jahre entwickelten sich diese neuen Ideen sehr rasch weiter, und aus der klassischen Wegenerschen Theorie der Kontinentalverschiebung wurde die moderne Theorie der Plattentektonik. Diese Entwicklung wird von J. DEWEY im nächsten Beitrag geschildert.

Der dritte Beitrag ist Alfred Wegener, dem Begründer der Theorie der Kontinentalverschiebung gewidmet. Die Vorstellung driftender Kontinente hat ihren Ursprung nicht in der Theorie der Plattentektonik, sondern geht auf den deutschen Geophysiker, Meteorologen und Polarforscher Alfred Wegener (1880–1930) zurück, der sich bereits im Jahr 1912 in einem Vortrag vor der Geologischen Vereinigung in Frankfurt gegen das fixistische Weltbild der damaligen Geologie aussprach. Er war der erste Geowissenschaftler, der – in moderner Ausdrucksweise – interdisziplinär arbeitete und Argumente aus allen Disziplinen der Geowissenschaften zusammentrug, um seine Vorstellungen von den driftenden Kontinenten zu untermauern und zu beweisen. Er hatte zwar gewisse Anfangserfolge, doch seine mobilistischen Ideen eilten ihrer Zeit voraus und fanden bei der Mehrheit seiner Kollegen keine Zustimmung. Vor allem konnte Wegener keine befriedigende Erklärung für die Kräfte geben, die notwendig sind, um die Kontinente zu bewegen. Nachdem Wegener 1930 auf einer Grönlandexpedition den Tod gefunden hatte, wurde es still um die Theorie der Kontinentalverschiebung Es dauerte über zwei Jahrzehnte, ehe die Idee vom Mobilismus wieder neu belebt wurde.

Der Hauptteil des Buches beginnt mit einem Beitrag von G. WETHERILL, der sich mit der Entstehung der inneren Planeten im Sonnensystem, zu denen auch die Erde gehört, beschäftigt. Heute stehen sich zwei Theorien gegenüber, die die Bildung der Erde zu erklären suchen. Verdanken die Erde und die erdähnlichen Planeten des Sonnensystems ihre Existenz Gravitationskollapsen in lokalen Verdichtungen des solaren Nebels, oder haben sich die inneren Planeten aus einem Schwarm von bereits festen Kleinstplaneten gebildet, die auf benachbarten Bahnen die Sonne umkreisen und sich durch Zusammenstöße zu größeren Körpern vereinigt haben? Der Autor ist der Ansicht, daß die zweite Theorie einen höheren Grad an Wahrscheinlichkeit hat, den komplizierten Prozeß der Planetenbildung zu erklären.

Die Erde hat sich vor rund 4,5 Milliarden Jahren gebildet. Ein Aufheizungsprozeß muß zur Trennung in Kern, Mantel und Kruste geführt haben. Ein heftig diskutiertes Thema ist nach wie vor das Problem, wie sich die Erdkruste aus dem Erdmantel gebildet hat. Die moderne Methode der Isotopengeochemie hat in den letzten Jahren eine Fülle von Daten geliefert, die neue Aspekte in die Diskussion der Krustenbildung eingebracht haben. R. K. O'NIONS und seine Mitautoren stellen die Frage, wie groß der Teil des Erdmantels ist, der zur Bildung der Kontinente beigetragen hat. Enthalten die Laven, die vom Erdmantel aufsteigen und an der Oberfläche ausfließen, Material mit der durchschnittlichen Zusammensetzung des Erdmantels oder sind sie bereits „vorsortiert", und es bleibt ein an bestimmten Elementen verarmter Mantel zurück?

Die gleiche Problematik der Kontinentbildung wird von T. H. JORDAN behandelt. Er geht von geophysikalischen Daten aus und stellt die Frage, ob die Kontinente tief in den Mantel hineinreichende Wurzeln haben, die sich in ihrer Zusammensetzung von dem Mantelmaterial unter den Ozeanen unterscheiden. Dabei kommt er zu dem Schluß, daß der subkontinentale Mantel bei Tiefen von 150 bis 200 Kilometer um drei bis fünfhundert Grad Celsius kälter ist als der subozeanische Mantel und außerdem unter den Kontinenten eine Basaltverarmung zu fordern ist. Direkte Zeugen dieser Verarmung lassen sich in den Xenolithen der Kimberlit-Röhren finden.

Die ältesten Gesteine, die heute in der Erdoberfläche, zum Beispiel in Grönland und Südafrika, gefunden werden, zeigen ein Alter von 3,5 bis 3,8 Milliarden Jahren. Es sind Gneise, wie sie in gleicher Zusammensetzung auch in den jüngeren geologischen Epochen gebildet wurden. S. MOORBATH stellt in seinem Beitrag die Frage, ob der größte Teil der kontinentalen Kruste schon in der Frühzeit der Erdgeschichte entstand, oder ob spätere tektonische Prozesse für eine Vergrößerung der Kontinente gesorgt haben. Mit diesem Problem ist auch die Frage verknüpft, ob die geologischen Prozesse vor über 3 Milliarden Jahren grundsätzlich anders abliefen als in jüngerer Zeit. Der Autor kommt auf Grund eigener Forschung, insbesondere auf der Basis isotopen-geochemischer Untersuchungen, zu dem Schluß, daß die Prozesse, die zur Kontinentalbildung führen, vor 3,5 Milliarden Jahren nicht grundsätzlich anders waren als heute. Darüber hinaus glaubt er Anzeichen für eine Periodizität der geologischen Ereignisse zu erkennen, eine Hypothese, die in ähnlicher Form, wenn vielleicht auch mit anderen Argumenten und Deutungen, schon einmal vor fünf Jahrzehnten aufgestellt wurde, unter anderem von dem deutschen Geologen STILLE.

In der Sicht der Plattentektonik sind die Ozeane im Vergleich zu den Kontinenten junge Strukturen. Die Ähnlichkeit der Küstenlinien Afrikas und Südamerikas war für Wegener der Ausgangspunkt seiner Theorie der Kontinentalverschiebung. J. G. SCLATER und C. TAPSCOTT betrachten in ihrem Beitrag die Geschichte des Atlantik unter modernen Gesichtspunkten. Vor 165 Millionen Jahren bildeten die Kontinente, die heute den Atlantik umgeben, eine riesige Landmasse. Aus dem Erdmantel aufsteigendes Magma ließ den Superkontinent auseinanderbrechen und auseinanderdriften. Es bildete sich zuerst eine ost-westliche Trennfuge, entlang derer sich die Nordkontinente von den Südkontinenten trennten. Erst aus einer jüngeren Trennungsnaht, die mehr in Nord-Süd-Richtung verlief, entstand der heutige Atlantik. Seine Geschichte läßt sich aus einer Fülle geologischer und geophysikalischer Daten rekonstruieren. Von besonderem Interesse ist dabei auch die Geschichte der Sedimentation. Ihre Untersuchung kann von großer wirtschaftlicher Bedeutung sein, wenn es darum geht, mögliche Erdöl- und Erdgaslagerstätten zu finden.

Unter den mittelozeanischen Rücken ist der mittelatlantische am bekanntesten. Er wurde bereits in der zweiten Hälfte des vergangenen Jahrhunderts bei der Verlegung von Telefonkabeln zwischen Europa und Amerika entdeckt. Auch im Pazifik stieß man bei Echolotungen auf ein derartiges untermeerisches Gebirge, den Südost-Pazifischen Rücken. Er zieht, aus dem Südost-Pazifik kommend, in den Golf von Kalifornien und liegt recht asymmetrisch im Pazifischen Ozean. Mit bemannten Tauchbooten wurden hier zum ersten Mal am Meeresboden die Phänomene beobachtet, die sich direkt auf einem mittelozeanischen Rücken abspielen.

K. C. MACDONALD und B. P. LUYENDYK beschreiben die exotische und bislang völlig unbekannte Welt, auf die sie hier am Meeresboden stießen. Aus mächtigen Schloten steigen bis zu 350 Grad heiße Wasserfontänen auf. Bizarre Lebensformen siedeln sich in ihrer Nähe an und nutzen die heißen Quellen zu ihrer Erhaltung. Es wurden Filmaufnahmen gemacht, Wasser- und Gesteinsproben entnommen und geophysikalische Messungen unmittelbar am Meeresboden ausgeführt. J. M. EDMOND und K. von DAMM behandeln die geochemischen Folgerungen dieser Entdeckung. Diese hydrothermalen Schlote haben alle Theorien über den Chemiehaushalt der Ozeane über den Haufen geworfen. Ihre aufsteigenden heißen Lösungen führen eine Reihe von Metallverbindungen mit sich, die zur Bildung von Erzlagerstätten am Meeresboden führen. Ohne Übertreibung gehören diese vulkanischen Erscheinungen auf dem Grunde des Meeres zu den aufregendsten geowissenschaftlichen Entdeckungen der letzten Jahre.

Wenn unter erdumspannenden mittelozeanischen Rücken neue ozeanische Kruste und Lithosphäre gebildet wird, muß an anderen Stellen der Erdoberfläche – ein konstantes Erdvolumen vorausgesetzt – Lithosphäre verschwinden. Das geschieht entlang der Tiefseegräben und führt zu einer Fülle geologischer und geophysikalischer Phänomene, die N. TOKSÖZ beschreibt. Bekannt sind die zirkumpazifischen Tiefseerinnen, unter ihnen Peru- und Atakamagraben im Osten und Japangraben im Westen. Parallel zu diesen Rinnen verlaufen Erdbebengürtel, Vulkanketten und Gebirgszüge. Der Westrand des Pazifiks ist durch Inselketten und Randmeere charakterisiert, der Ostrand dagegen durch ein mächtiges Randgebirge ausgezeichnet, die Anden. Wie kommt es zu diesen verschiedenen Erscheinungsformen? Der Autor versucht auf diese Frage aus den unterschiedlichen Bewegungen der Platten eine Antwort zu geben.

Die Gebirge, die den mediterranen Raum umgeben, können großräumig als das Resultat der Annäherung zwischen der afrikanischen und der europäischen Platte angesehen werden, die an zahlreichen Stellen in einer Kollision kontinentaler Massen gipfelte. Die Alpen sind das typische Beispiel einer Kollisionsstruktur. Die heute hier noch zu beobachtende Verdickung der Kruste auf rund das Doppelte kann im wesentlichen durch Überschiebungen kontinentaler Krustenfragmente auf kontinentaler Kruste erklärt werden. H. P. LAUBSCHER läßt in seinem Beitrag die Entwicklung der Alpen, die vor rund 200 Millionen Jahren begann und heute noch nicht völlig abgeschlossen ist, vor den Augen des Lesers ablaufen. Die Alpen entstanden aus einem weiten Ozean, der ehemals zwischen Europa und Afrika lag. Sie sind wohl dasjenige Gebirge auf der Erde, welches am intensivsten erforscht wurde, und daher ist es besonders reizvoll, die Theorie der Plattentektonik am Bau der Alpen zu testen. Vor fast hundert Jahren wurden die ersten Deckenüberschiebungen entdeckt, und gerade hier wurde der Anstoß zu einem mobilistischen Konzept der Entwicklung tektonischer Strukturen gegeben. Doch gibt es in den Alpen auch zahlreiche Phänomene, die sich nicht in einfacher Weise durch die Plattentektonik deuten lassen. Dazu gehört das Problem der Abscherung ganzer Gesteinskomplexe vom Untergrund. Der Autor versucht auch auf diese Fragen eine Antwort zu finden.

Geologische Ereignisse, die einen mehrere hundert Kilometer breiten Ozean verschwinden lassen, können sich nicht nur auf die wenigen Zehnerkilometer mächtige Erdkruste beschränken, sondern müssen tief in den oberen Erdmantel hineinreichen. G. F. PANZA und seine Mitautoren untersuchen in ihrem Beitrag die Frage, wie tief reichen Kollisionsstrukturen in den Erdmantel? Die Wechselwirkung des Systems Lithosphäre-Asthenosphäre ist wesentlich komplexer, als es bislang in den klassischen Schemata der Plattentektonik beschrieben wird. Das Studium der Streuung seismischer Oberflächenwellen ermöglicht es, Aussagen über die komplizierten Strukturverhältnisse in Lithosphäre und Asthenosphäre zu gewinnen.

Gerade die Ausbreitungsgeschwindigkeit der seismischen Transversalwellen, die einen wesentlichen Bestandteil der Oberflächenwellen bilden, ist ein sehr empfindlicher Indikator für die Änderung der Gesteinsfestigkeit im oberen Erdmantel. Die „weiche" Zone in 100 bis 200 Kilometer Tiefe, jetzt als Asthenosphäre bezeichnet, gibt sich durch eine Verringerung der Transversalwellengeschwindigkeit zu erkennen. Daraus leitet sich unter anderem auch die Vorstellung ab, daß die in diesem Tiefenbereich herrschende Temperatur der Schmelztemperatur der Gesteine recht nahe kommt oder diese lokal sogar erreicht.

In den Alpen wurden schon Ende des letzten Jahrhunderts weitreichende Überschiebungen von älteren Gesteinen über jüngere erkannt. In präalpidischen Gebirgen dagegen, wie in dem variskischen Rheinischen Schiefergebirge Mitteleuropas oder den Appalachen an der Ostküste des nordamerikanischen Kontinents, glaubte man, eine Deckentektonik großen Stils nicht erkennen zu können. Seismische Reflexionsmessungen mit Eindringtiefe bis zur Grenze Kruste/Mantel in dreißig bis vierzig Kilometer Tiefe, die Mitte der siebziger Jahre in den Appalachen ausgeführt wurden, brachten das überraschende Ergebnis zutage, daß unter einer mehr als zehn Kilometer mächtigen Decke metamorpher Gesteine wieder Sedimente liegen. F. A. COOK und seine Mitautoren berichten in ihrem Beitrag über diese seismischen Messungen und diskutieren die Folgerungen, die sich aus ihren Daten für das Wachstum der Kontinente ergeben. Die Verdickung eines Kontinents kann neben geochemischen Prozessen auch durch tektonische Überlagerung von Kontinentalfragmenten unterschiedlicher Größe hergeleitet werden. Aufgrund umfangreicher geologischer, petrographischer und geophysikalischer Untersuchungen im Rheinischen Schiefergebirge kann heute gesagt werden, daß hier viele Ähnlichkeiten zur Struktur der Appalachen bestehen, und so kommt den in diesem Beitrag beschriebenen Ereignissen für die Bildung von Gebirgszügen eine weitreichende Bedeutung zu.

Auf der Basis geologischer, paläontologischer und paläomagnetischer Untersuchungen ist man in den letzten Jahren auf eine weitere Möglichkeit des Kontinentwachstums gestoßen. D. J. JONES und seine Mitarbeiter diskutieren in ihrem Beitrag eine Reihe von auf den ersten Blick widersprüchlichen Beobachtungen an Gesteinen der Westküste Nordamerikas. Sie postulieren, daß kontinentale Bruchstücke, sogenannte Terranes, während der letzten zweihundert Millionen Jahre nach einer langen Reise durch den Pazifik an der Westküste Kanadas und Alaskas strandeten und durch Anlagerungen zu einer Vergrößerung des nordamerikanischen Kontinents beigetragen haben. Offen bleibt allerdings die Frage, woher die Terranes kamen, von welchem anderen Kontinent sie abgespalten oder abgerissen wurden.

Die Terranes müssen kontinentalen Ursprungs sein. Es gibt aber auch Ozeanbodengesteine, die Ophiolithe, die heute auf kontinentaler Kruste liegen. J. G. GASS untersucht das Problem, weshalb an zahlreichen Stellen der Erde die schwere ozeanische Kruste nicht unter die leichtere kontinentale Kruste abtaucht, sondern auf ihr liegt. Der Autor skizziert sechs Modelle, die eine derartige Obduktion erklären können. Auch in den mediterranen Gebirgen gibt es derartige Ophiolith-Komplexe — ein bekanntes Beispiel bietet das Trodos-Massiv auf der Insel Zypern. Aber auch in den West-Alpen treten ozeanische Gesteine auf, die die Existenz eines ehemaligen tiefen Ozeans im Alpenraum anzeigen.

Der Schlußbeitrag von C. R. CARRIGAN und D. GUBBINS behandelt ein Thema, das die Naturforscher schon seit Jahrhunderten beschäftigt: die Entstehung des Magnetfeldes der Erde. Schon im 17. Jahrhundert wurde entdeckt, daß die Deklination der Magnetnadel sich im Laufe der Jahrzehnte ändert. In den fünfziger Jahren dieses Jahrhunderts kam eine weitere noch überraschendere Entdeckung hinzu: Das erdmagnetische Feld hat die merkwürdige Eigenschaft, in einer scheinbar völlig unregelmäßigen Folge seine Polarität zu wechseln. Man glaubt heute, daß gewaltige Massenströme im äußeren Kern der Erde nach dem Prinzip eines sich selbst erhaltenden Dynamos das Magnetfeld der Erde erzeugen. Wie diese Prozesse ablaufen, woher die Energie zur Erzeugung des Magnetfeldes stammt und wie es zur Polumkehr kommt, das alles sind offene Fragen. Doch unabhängig von allen Theorien übernimmt das Magnetfeld für geotektonische Überlegungen zwei wichtige Aufgaben. Der Polaritätswechsel findet sich in den Gesteinen in einem entsprechenden Magnetisierungsmuster wieder und kann so zur Einstufung von Gesteinsserien und auch zur Altersbestimmung benutzt werden. Zum anderen erlaubt die „eingefrorene" fossile Magnetisierungsrichtung in den Gesteinen, den Wanderweg der Kontinente in den verschiedenen geologischen Epochen zu rekonstruieren. Gerade die paläomagnetischen Studien waren es, deren Ergebnisse in den fünfziger Jahren den Anstoß dazu gaben, die Idee der wandernden Kontinente wieder aufleben zu lassen. Das magnetische Streifenmuster längs der mittelozeanischen Rücken, verursacht durch den Polaritätswechsel, verhalf dem Konzept der Spreizung des Ozeanbodens zum Durchbruch. Eine Synthese dieser und einer großen Zahl weiterer Beobachtungen führte Ende der sechziger Jahre zur Theorie der globalen Plattentektonik im Sinne einer dynamischen Erde.

Kontinentaldrift

Alfred Wegener teilte 1912 der Welt seine Überzeugung mit, daß die heutigen Kontinente beim Auseinanderbrechen eines einzelnen Superkontinents entstanden seien. Seine Idee fand nur wenige Anhänger. Neueste Daten und Beobachtungen zeigen, daß Wegener recht hatte.

Von **J. Tuzo Wilson**

Die Geologen haben sich seit Jahrhunderten mit relativ großem Erfolg darum bemüht, die Ereignisse zu rekonstruieren, denen die heutigen Landschaften auf der Erdoberfläche ihre Gestaltung verdanken. Warum in Gebirgen die Schichten gefaltet sind, warum die Kruste durch Brüche zerstückelt ist, warum Sedimente, die am Meeresboden abgelagert wurden, hoch oben auf der Kruste von Kontinenten gefunden werden; diese und viele andere Phänomene ließen sich beobachten und erklären. Nur bei den Grundfragen — wie Kontinente und Ozeane entstanden sind, was das periodische Entstehen von Gebirgen in Gang setzte, wo der Grund für das Einsetzen und Abklingen von Eiszeiten zu suchen ist — hatten die Geologen weniger Glück. Noch immer gibt es über die Antworten zu diesen Fragen keine einheitliche Meinung, so groß der Bogen der Spekulationen auch sein mag. Am schärfsten sind die Ansichten geteilt, wenn es darum geht, ob die Erde während ihrer ganzen Geschichte starr und unbeweglich war, jeder Kontinent und jeder Ozean an seinem festen Platz, oder ob die Erde eine gewisse Plastizität besitzt, bei der die Kontinente langsam über ihre Oberfläche driften, zerbrechen und sich wieder vereinigen, dabei vielleicht auch noch wachsen. Während vieler Jahrzehnte wurde die erste Ansicht bevorzugt, erst in jüngster Zeit beginnt das Interesse an der Drift der Kontinente zuzunehmen. Ich will in diesem Artikel untersuchen, warum das so ist.

Das Thema ist umfangreich und voller Tücken. Der Leser sollte sich darüber im klaren sein, daß ich hier keine allgemein anerkannte, noch nicht einmal eine vollständige Theorie vorlegen kann, sondern nur die Betrachtungen eines Einzelnen über ein Problem, an dessen Lösung nicht wenige Wissenschaftler arbeiten. Die Ansichten wechseln schnell, und ständig werden neue entwickelt. Wer sie heute als Spekulation bezeichnet, muß wissen, daß viele heute akzeptierte Theorien zunächst einmal Spekulationen waren.

Es ist nicht das erste Mal, daß eine Theorie zur Drift der Kontinente vorgelegt wird. Schon viele wurden diskutiert, und immer konnte gezeigt werden, daß sie in irgendeiner Teilfrage nicht stimmten. Bis jedoch zweifelsfrei bewiesen ist, daß Bewegungen in der Erdkruste völlig unmöglich sind, stehen noch einige Theorien der Kontinentaldrift zur Diskussion. Für fixierte Kontinente und eine starre Erde gibt es nur ein mögliches Muster, für wandernde Kontinente dagegen umso mehr.

Die traditionelle Theorie einer stabilen Erde geht davon aus, daß die einst heiße Erde dabei ist, rasch abzukühlen und auf dem Weg der Abkühlung schon frühzeitig erstarrte. Die mit dem Abkühlungsprozeß verbundene Kontraktion sollte Kompressionskräfte erzeugen, die in Intervallen an Schwächezonen wie Kontinentalrändern oder mit weichen Sedimenten gefüllten Ozeanbecken wirksam werden und Gebirge in die Höhe drücken. Die Vorstellung wurde von Isaac Newton entwickelt und fand im neunzehnten Jahrhundert weite Verbreitung. Sie stand mit anderen Ideen der Zeit im Einklang. Die Berechnungen aus der damaligen Zeit zeigten, daß eine ursprünglich heiße Erde in rund hundert Millionen Jahren aus dem geschmolzenen Zustand auf ihre heutige Temperatur abkühlen würde. Dabei würde sie sich zusammenziehen und sich ihre Oberfläche um einen Betrag bis zu einigen hundert Kilometer verkürzen. Die unregelmäßige Form und Verteilung der Kontinente gab Rätsel auf. Jedenfalls herrschte die Ansicht, daß sich die granitischen Zentren der Kontinente aus der übrigen Krustenschmelze differenziert hätten, solange die Erde noch heiß war, und am Ende der ersten, flüssigen Phase der Erdgeschichte an Ort und Stelle erstarrt seien. Seit dieser Zeit seien sie zwar von Zeit von Zeit verändert worden, doch stets am gleichen Ort, ohne zu wandern.

Im Prinzip hat diese These auch jetzt noch viele Anhänger. Zu ihnen gehören die meisten Geologen, nur die nicht, die bei ihrer Arbeit mit den Rändern der südlichen Kontinente vertraut geworden

Bild 1: Der Robeson Channel, ein Meeresarm zwischen Nordwest-Grönland (rechts oben im Hintergund) und Ellesmere Island (Vordergrund), verläuft auf der Wegener-Störung. Die Störung wurde vom Autor nach dem Meteorologen und Geophysiker Alfred Wegener benannt, der 1912 als erster ihre Existenz vorhersagte und eine bedeutende Horizontalverschiebung entlang des Meeresarms erwartete.

Bild 2: Great-Glen-Fault in Schottland, eine Horizontalverschiebung größten Ausmaßes. Entlang der Störung ist durch Erosion ein Tal entstanden. Vor rund 350 Millionen Jahren wurde dort der nördliche Teil Schottlands um etwa 100 Kilometer nach Südwesten versetzt.

Bild 3: Apsy Fault ist eine Störung in Nova Scotia, Kanada. Man erkennt sie an der Geländestufe links im Bild. Sie ist ein Teilstück des Cabot-Störungssystems, das von Boston bis Neufundland reicht und möglicherweise die Fortsetzung der Great-Glen-Fault in Amerika ist.

sind. Eine Reihe von Physikern beruft sich auf die Gültigkeit der zugrundegelegten physikalischen Prinzipien. Die schwerste Kritik kommt von der Seite derjenigen, die sich in Fragen der Radioaktivität auskennen, sich mit den Klimaänderungen in der Erdgeschichte beschäftigt haben, auf dem Gebiet des Erdmagnetismus oder der Geologie des Meeresbodens arbeiten. Auch die Biologen haben sich ihre Gedanken gemacht. Während Evolution und Verbreitung der jüngeren Lebensformen, besonders mit dem Auftreten der Säugetiere, mit der jetzigen Anordnung der Kontinente und Ozeane zufriedenstellend erklärt werden konnten, verlangte die Verbreitung früherer Lebensformen entweder die Existenz von Landbrücken quer über die Ozeane, für deren Auftreten und Verschwinden niemand eine vernünftige Erklärung hatte, oder eine andere Verteilung der Kontinente und Ozeane auf der Erdoberfläche.

Die Entdeckung der Radioaktivität veränderte die Kontraktionstheorie in ihrer ursprünglichen Fassung, widerlegte sie aber nicht. Zum ersten Mal konnte mit dem Wissen von der Zerfallsgeschwindigkeit instabiler Isotope verschiedener Elemente das Alter der Erde zuverlässig festgestellt werden, indem man im Gestein das Verhältnis zwischen Ausgangsisotop und Endprodukt einer Zerfallsreihe feststellte. Dabei wurde klar, daß die Erde viel älter sein mußte als bis dahin angenommen, vielleicht 4,5 Milliarden Jahre. Bei den Altersbestimmungen stellte sich auch heraus, daß die Kontinente aus Zonen verschiedenen Alters bestehen und wahrscheinlich im Lauf der Zeit durch Anlagerung von Gesteinen gewachsen sind. Am Ende wurde bemerkt, daß der Zerfall von Uran, Thorium und eines bestimmten Kaliumisotops eine große, allerdings in ihrem genauen Umfang unbekannte Wärmequelle ist, die die Abkühlung der Erde verlangsamt, wenn auch nicht notwendigerweise zum Erliegen gebracht hat.

Plötzlich erschien die erstarrte Erde weniger stabil. Man fand eine Erklärung für die schon seit hundert Jahren bekannte Tatsache, daß es eine Zeit gegeben hatte, in der dicke Eisdecken auf den Kontinenten lagen und die Erdkruste herabgedrückt hatten, so wie heute in Grönland und in der Antarktis das Inlandeis die Kontinentalkruste herabdrückt. Genaue Beobachtung hatte ergeben, daß sich Skandinavien und Nordkanada, die völlig unter der Eisdecke begraben gewesen waren, bis sie vor 11 000 Jahren zu schmelzen begann, noch immer aufwärts bewegten, ungefähr einen Zentimeter pro Jahr. Auf diesen Beobachtungen aufbauend konnte der Versuch gemacht werden, die Festig-

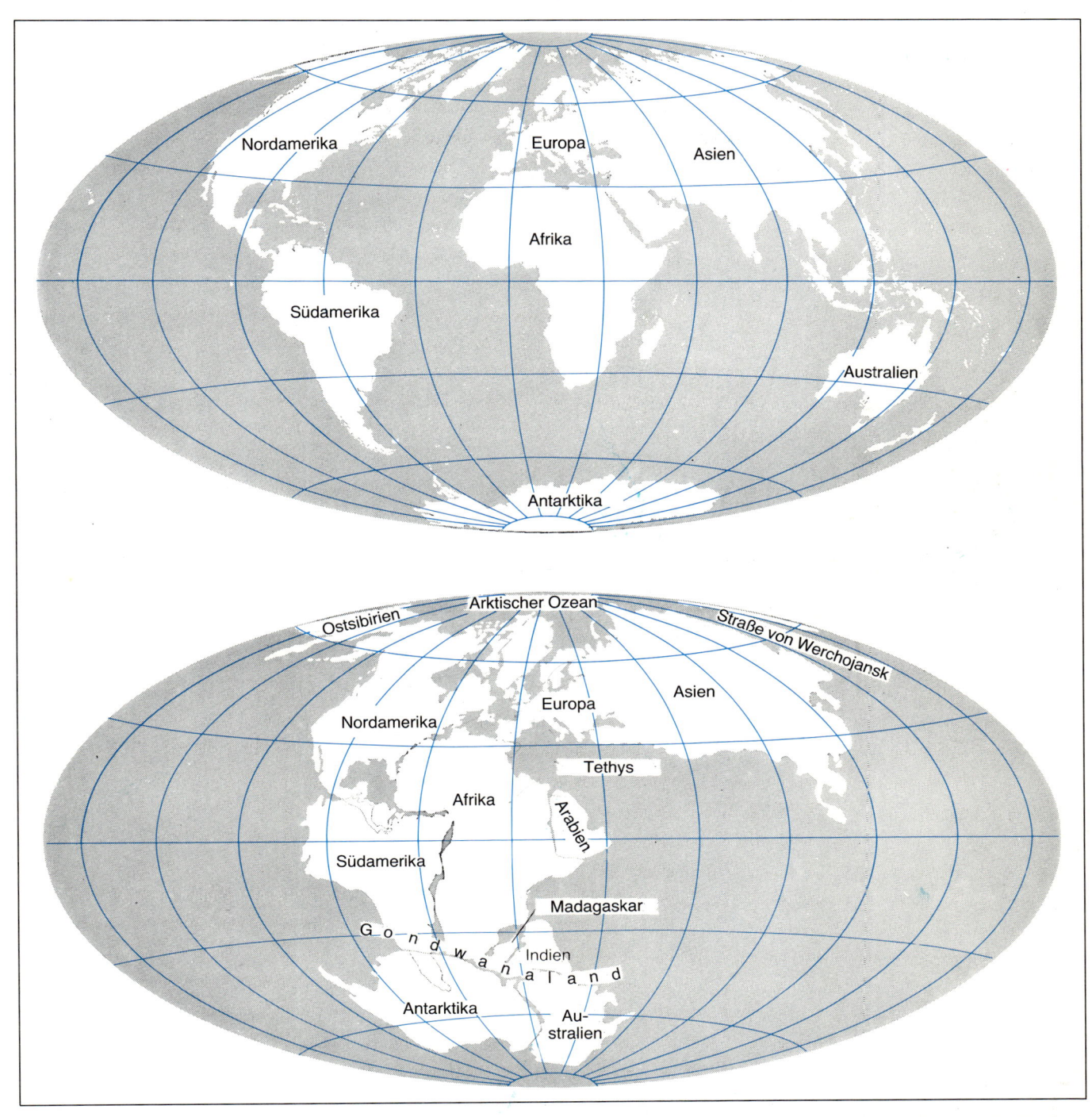

Bild 4: Die heutigen Kontinente (oben) können mit ihren Rändern so aneinander gelegt werden, daß ein einziger Superkontinent entsteht (unten). Wahrscheinlich hat die Erde vor 150 Millionen Jahren so ähnlich ausgesehen. Die Kartenprojektion führt zur Verzerrung der Flächen.

keit des Erdinneren zu berechnen. Das Resultat führte zu der Erkenntnis, daß sich die Erde als Ganzes so verhält, als ob eine spröde und kühle, vielleicht hundert Kilometer dicke Schale auf einem warmen, sich plastisch verhaltenden Inneren ruht. Alle großen geographischen Einheiten – Kontinente, Ozeane, Gebirgszüge, ja sogar einzelne Vulkane – streben untereinander langsam nach einem hydrostatischen Gleichgewicht an der Oberfläche. Präzisionsmessungen lokaler Schwerkraftanomalien zeigten, daß einzelne Einheiten deswegen höher bleiben als andere, weil ihre Wurzeln tiefer reichen und leichter sind als die der tiefergelegenen Einheiten. Man sah, daß die Kontinente wie große Tafeleisberge auf dem gefrorenen Meer der Kruste schwammen.

Alle Beteiligten konnten sich darauf einigen, daß die äußerste Kruste als Reaktion auf vertikal wirkende Kräfte nach oben und unten ausweicht und dabei Fließbewegungen im Erdinneren auslöst. Die Crux war, daß sich die Vertreter der fixistischen Theorie nicht mit den Vertretern der mobilistischen Theorie darüber einigen konnten, ob die äußere Kruste bei horizontal wirkenden Kräften starr bleibt oder ob sie ihnen durch langsame Horizontalbewegungen ausweicht.

Aus den verschiedensten Überlegungen heraus ist jahrhundertelang immer wieder darüber diskutiert worden, daß sich die Kontinente verschoben haben könnten. Die Tatsache, daß die Umrisse von Südamerika und Afrika wie ein Puzzle ineinanderpassen, hat die Phantasie der

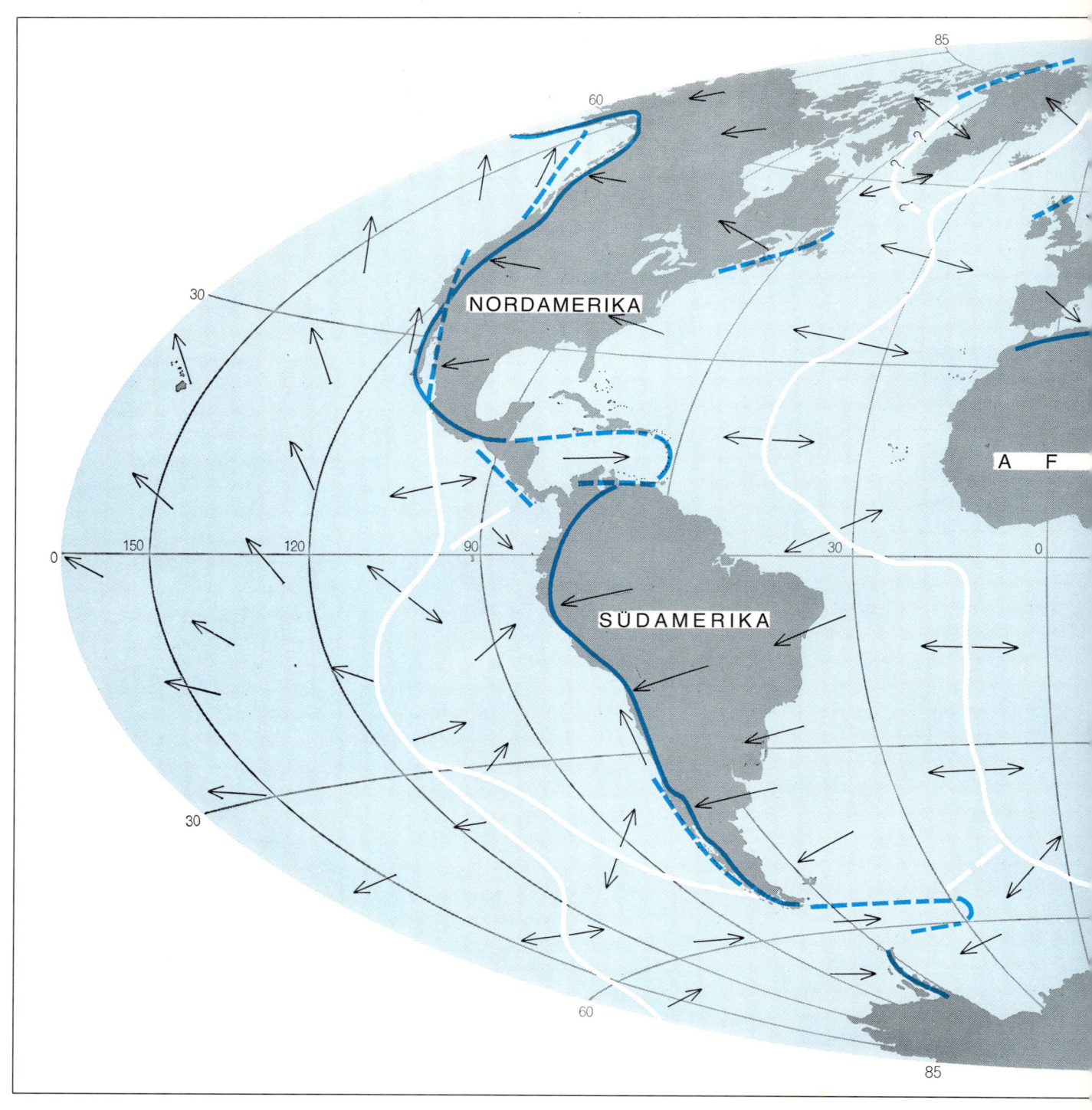

Bild 5: Blöcke von Krustenmaterial werden möglicherweise durch Konvektionsströme im Erdmantel bewegt. Sinkt die Strömung nach unten, treffen Blöcke aufeinander, es entstehen Kettengebirge und Inselgirlanden. Ist die Strömung nach oben gerichtet, werden an mittelozeanischen

Forschungsreisenden angeregt, seit sich die Küsten der beiden Kontinente auf den ersten Weltkarten gegenüberlagen.

Gondwanaland und Pangäa

Ende des neunzehnten Jahrhunderts begannen die Geologen der südlichen Hemisphäre ernsthaft, nach Kombinationen zu suchen, wie man die beiden Kontinente am besten zusammenbringen konnte. Sie suchten nach einer Erklärung für die vielen Parallelen zwischen den Schichtfolgen beider Kontinente. Zur Jahrhundertwende legte der österreichische Geologe Eduard Sueß eine Karte vor, auf der er alle Südkontinente zu einem einzigen Riesenkontinent zusammengefügt hatte, den er Gondwanaland (nach der geologischen Schlüsselprovinz Gondwana in Indien) nannte.

Im Jahr 1912 legte der deutsche Meteorologe Alfred Wegener die erste vollständige Theorie der Kontinentalverschiebung vor. Sein Argument war klar: Wenn die Erde vertikale Kräfte durch vertikale Strömungen ausgleichen konnte, dann konnte sie auch horizontale Kräfte durch horizontale Strömungen ausgleichen. Um zu zeigen, daß die Landmassen früher anders angeordnet waren, konnte er auf eine erstaunliche

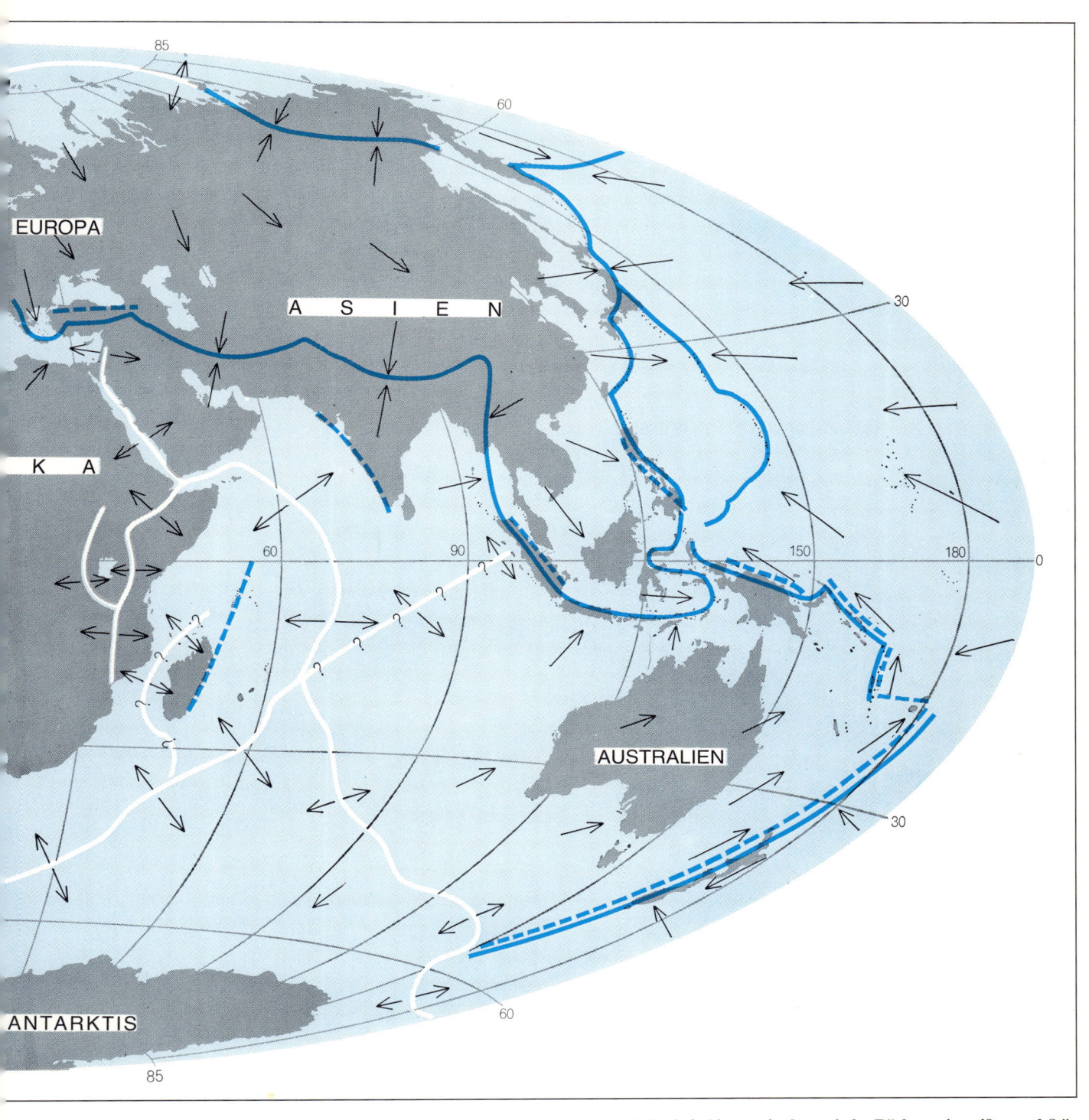

Rücken Blöcke auseinandergerissen. Die Pfeile könnten die horizontale Richtung der Konvektionsströme anzeigen. Kettengebirge und Inselgirlanden sind mit farbigen, mittelozeanische Rücken mit weißen und Störungszonen mit gestrichelten farbigen Linien markiert.

Fülle von Beobachtungen über die Verwandtschaft von Fossilien, Gesteinen und Krustenstrukturen zu beiden Seiten des Atlantik hinweisen. Nach seiner Auffassung liefen die Linien gleicher Erscheinungen quer über den Ozean wie auf zwei Stücken einer zerrissenen Zeitung, deren Zeilen das genaue Aneinanderfügen erleichtern. Nach Wegener waren vor rund 200 Millionen Jahren alle Kontinente zu einem einzigen Superkontinent vereinigt. Nord- und Südamerika mußten nach Osten verlegt und an die Küsten von Afrika und Europa angepaßt werden, die Südkontinente schmiegten sich auf der Südflanke seines *Pangäa* aneinander. Kräfte, die mit der Rotation der Erde in Zusammenhang standen, hatten nach seiner Ansicht den Superkontinent auseinandergebrochen und die Öffnung des Atlantischen und des Indischen Ozeans bewirkt.

Wegeners Gedanken führten zwischen 1920 und 1930 zu heftigen Kontroversen. Die Physiker bezeichneten seine mechanischen Vorstellungen als ungenügend fundiert und hielten es überhaupt für zweifelhaft, daß sich Kontinente horizontal bewegen könnten. Die Geologen zeigten, daß einige Details des Wegenerschen Vorschlags, wie die Kontinente zu einem Superkontinent zusammengefügt werden sollten, nicht stimmten und daß es nicht unbedingt nötig war, zur Erklärung der geologischen Übereinstimmungen auf vielen Gebieten gleich eine Drift der Kontinente anzunehmen. Kein Geologe konnte jedoch die Tatsache bestreiten, daß es viele direkte Verbindungen quer über den Atlantik hinweg gab, im Gegenteil, im Lauf der Zeit wurden immer mehr Übereinstimmungen gefunden.

Neue Beobachtungen

Die Entdeckung einer weiteren möglichen Verbindung zwischen alter und neuer Welt quer über den Atlantik hat mich vor kurzem dazu veranlaßt, dem Problem der Kontinentaldrift meine ganze Aufmerksamkeit zuzuwenden. Am Great Glen in Schottland durchschneidet eine riesige Störung das Kaledonische Gebirge (Bild 2). Ich konnte zeigen, daß sich auf der westlichen Seite des Atlantik eine Schar von Störungen des gleichen Alters wie die Great-Glen-Fault zu einer langen Störungslinie vereinigt, der Cabot Fault, die von Boston bis nach Neufundland reicht (Bild 3). Die beiden Störungen sind wesentlich älter als die kürzlich auf dem Grund des Atlantik entdeckten, relativ jungen Rücken und Gräben. Wäre Wegeners oder eine andere, ähnliche Rekonstruktion der Anordnung der Kontinente richtig, dann müßte die eine Störung die Fortsetzung der anderen sein. Wegener hatte bereits angenommen, daß Grönland (wo er 1930 auf einer wissenschaftlichen Expedition sein Leben ließ) und Ellesmere Island im arktischen Gebiet Kanadas von einer langgestreckten Horizontalverschiebung entlang des Robeson Channel (Bild 1) auseinandergerissen worden seien. Inzwischen haben die Wissenschaftler des geologischen Dienstes von Kanada Beweise für die Störung auf der kanadischen Seite der Küste entdeckt.

Wegeners Vorstellungen wurden seinerzeit von den meisten Geologen auf den südlichen Kontinenten ausdrücklich gutgeheißen. Ihr Wortführer war Alexander L. Du Toit aus Südafrika. Auf den Südkontinenten war man damals gerade dabei, Erklärungen für die Tatsache zu suchen, daß eine Eiszeit aus der Zeit vor 200 Millionen Jahren ihre Spuren auf allen heute so weit auseinanderliegenden Südkontinenten hinterlassen hatte und auf der Nordhalbkugel gleichzeitig Tro-

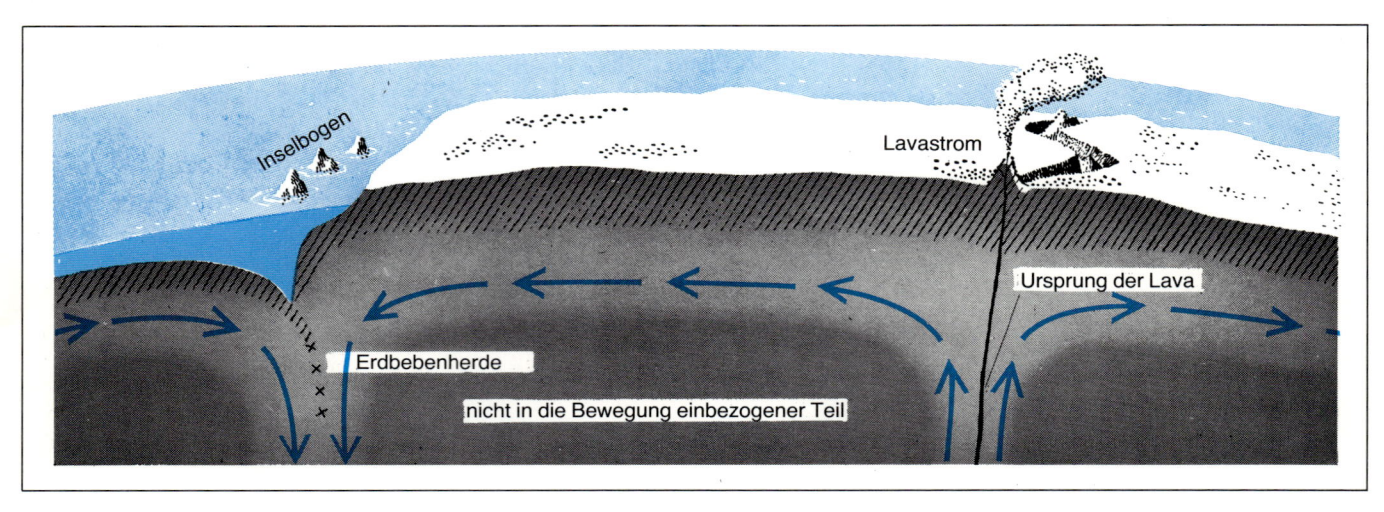

Bild 6: Konvektionsströmungen im Erdmantel könnten bewirken, daß mittelozeanische und seitliche Rücken, Kettengebirge und Erdbebengürtel entstehen. Wenn Strömungen aufsteigen und sich dabei teilen (Pfeile rechts im Bild), könnten dabei die Krustengesteine zerbrechen und auseinandergezogen werden; der Bruch würde sich mit umgewandeltem Mantelmaterial und Lavaströmen füllen, es entstünde ein Rücken. Absinkende Strömung (links) würde den Meeresboden mit nach unten ziehen und Erdbeben verursachen.

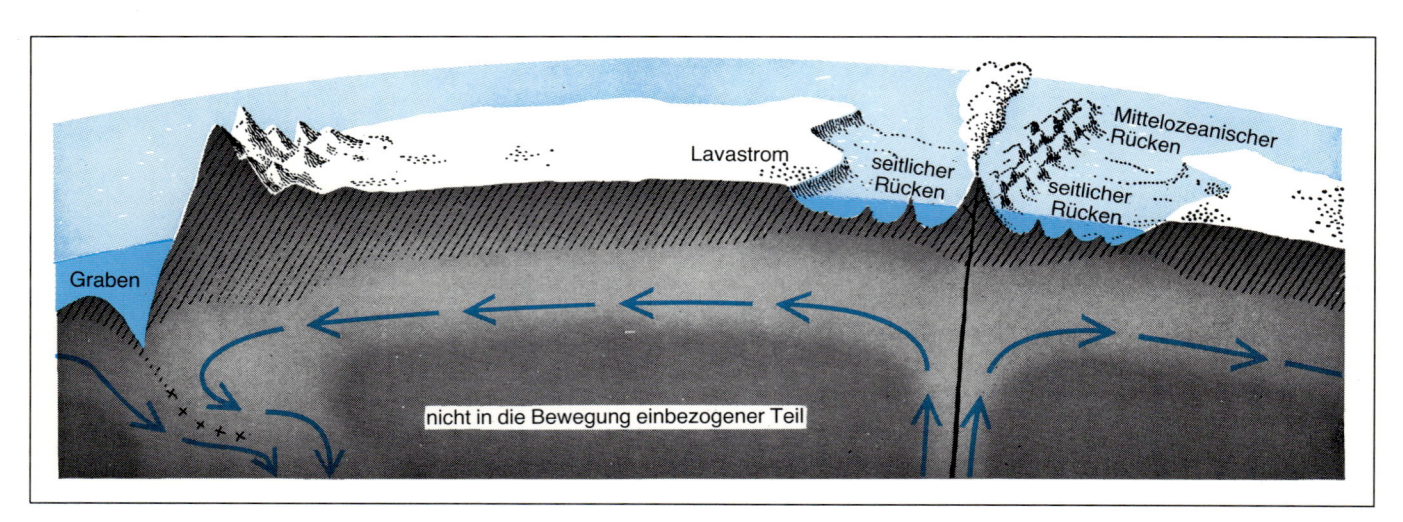

Bild 7: Die Gesteine eines driftenden Kontinents würden dort, wo sie auf eine absinkende Strömung treffen, übereinandergeschoben und zu Gebirgen wie den Anden aufgetürmt; denn Kontinentalgesteine haben eine geringere Dichte als das Mantelgestein. Sie können nicht absinken, sondern werden über die absinkende, durch Tiefherdbeben charakterisierte Strömung hinweggeschoben. Über aufsteigender Strömung bilden sich Vulkane (rechts). Bei fortgesetzter Drift können sie mit zunehmendem Alter zur Seite wandern und seitliche Rücken formen.

penwälder wuchsen, aus denen sich bis nach Spitzbergen hinauf Steinkohlenflöze bildeten. Um das klimatische Paradoxon aufzulösen, wollte Du Toit den Superkontinent etwas anders zusammensetzen als Wegener. Er gruppierte die Südkontinente um den Südpol und brachte dabei die Tropenwälder der Nordkontinente in Äquatornähe. Später, so ging seine Überlegung, sei der Südkontinent auseinandergebrochen und seine Komponenten seien einzeln nach Norden gedriftet.

Seit Beginn der intensiven Erforschung der Antarktis im Jahr 1955 mehren sich die auch vorher schon überzeugenden Beweise für die Existenz Gondwanalands im Mesozoikum, der Ära der Reptilien. An den wenigen eisfreien Gesteinsaufschlüssen der Antarktis wurden nicht nur die Spuren der Eiszeit wiedergefunden, die alle Südkontinente betroffen hatte, sondern unter den eiszeitlichen Schichten auch ältere, unverfestigte Kohlenflöze, die von einer grünen Periode mit kräftiger Vegetation auf allen Südkontinenten Zeugnis ablegen. Die in den Kohlenflözen konservierte Flora dieser Periode wird von der eigenartigen, großblättrigen Pflanze *Glossopteris* bestimmt.

Zahlreiche Überlegungen sind angestellt worden, um das Entstehen und Verschwinden von Landbrücken zu erklären, deren Existenz erforderlich war, wenn man eine Bewegung der Kontinente bestritt. Denn die biologischen Beweise für ehemalige Landverbindungen zwischen den Kontinenten waren unwiderlegbar. Man dachte an Landengen wie die von Panama, die heute Nord- und Südamerika verbindet, oder an vollständige, unter den Fluten der Ozeane versunkene Kontinente. Doch wie wir heute wissen, hat der Meeresboden eine so andere chemische Zusammensetzung als ein Kontinent und ist in seinem spezifischen Gewicht so verschieden, daß es mehr Mühe macht, einen Meeresboden sich heben und senken zu lassen, als einen ganzen Kontinent zum Wandern zu bewegen.

Konvektionsströmung im Mantel

Der erste Hinweis auf eine Antriebskraft, die Kontinente bewegen konnte, kam Anfang der dreißiger Jahre. Man hatte gerade begonnen, die empfindli-

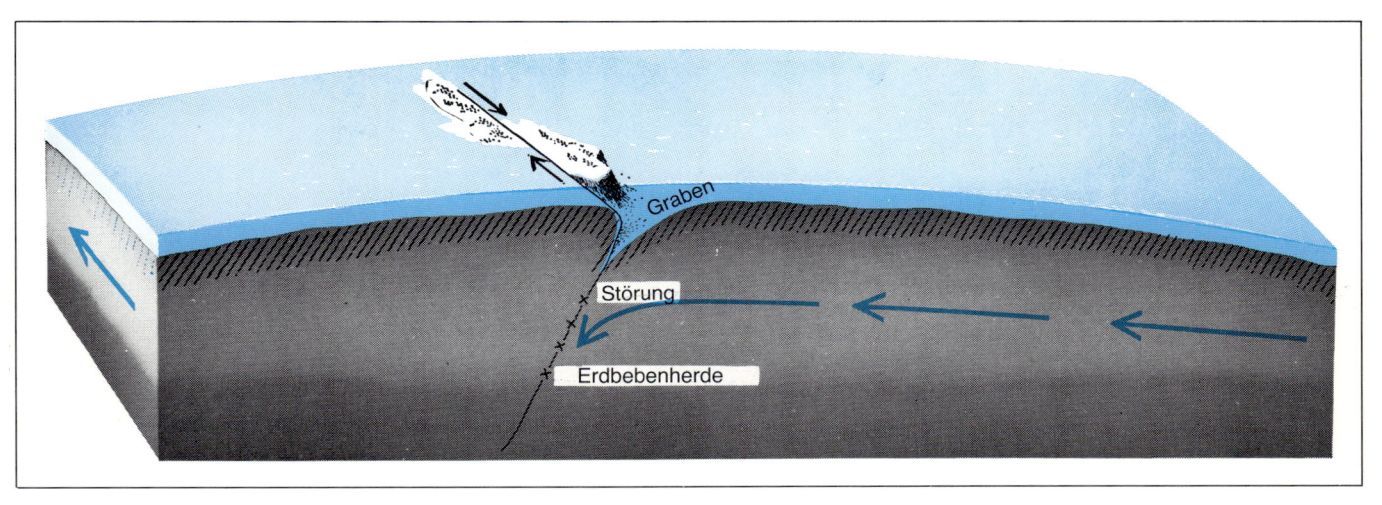

Bild 8: Treffen zwei Konvektionsströme senkrecht aufeinander, dann stellen sich wahrscheinlich langgestreckte Horizontalverschiebungen ein. Eine davon könnte das westliche Neuseeland fast 500 Kilometer nach Norden versetzt haben. Zunächst entstünde eine Störung, an der die eine Strömung nach unten abgelenkt wird. Entlang der abtauchenden Fläche wären ein Tiefseegraben und eine Erdbebenzone zu beobachten. Bleibt die im rechten Winkel verlaufende Strömung erhalten, entsteht auf der Störungsfläche eine Seitenverschiebung.

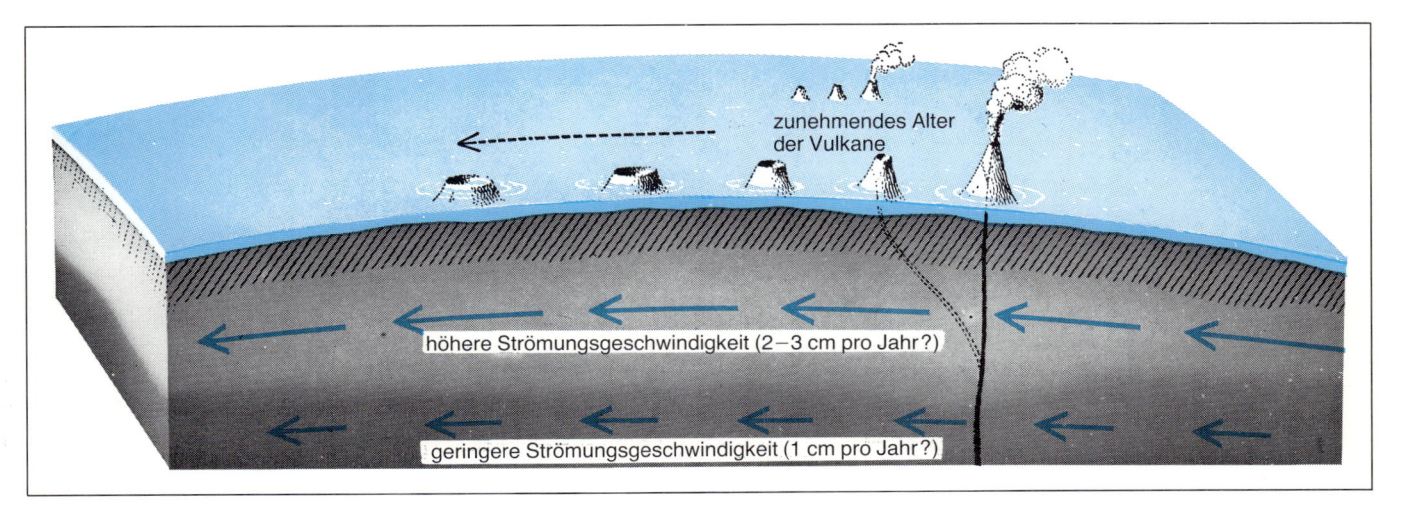

Bild 9: Inselgirlanden mit Vulkanketten, wie der Hawaiische Archipel, müssen anders entstanden sein als die symmetrischen seitlichen Rücken. Die Lavaströme haben dabei nicht auf einem mittelozeanischen Rücken ihren Ursprung, sondern man nimmt an, daß er sich in großer Tiefe im sich langsamer bewegenden Teil des Konvektionsstroms befindet. Der Strom trägt die alten Vulkane zur Seite, während über der Lavaquelle neue Vulkane entstehen. Die Länge der Inselkette hängt davon ab, wie lange die Lavaquelle schon aktiv war.

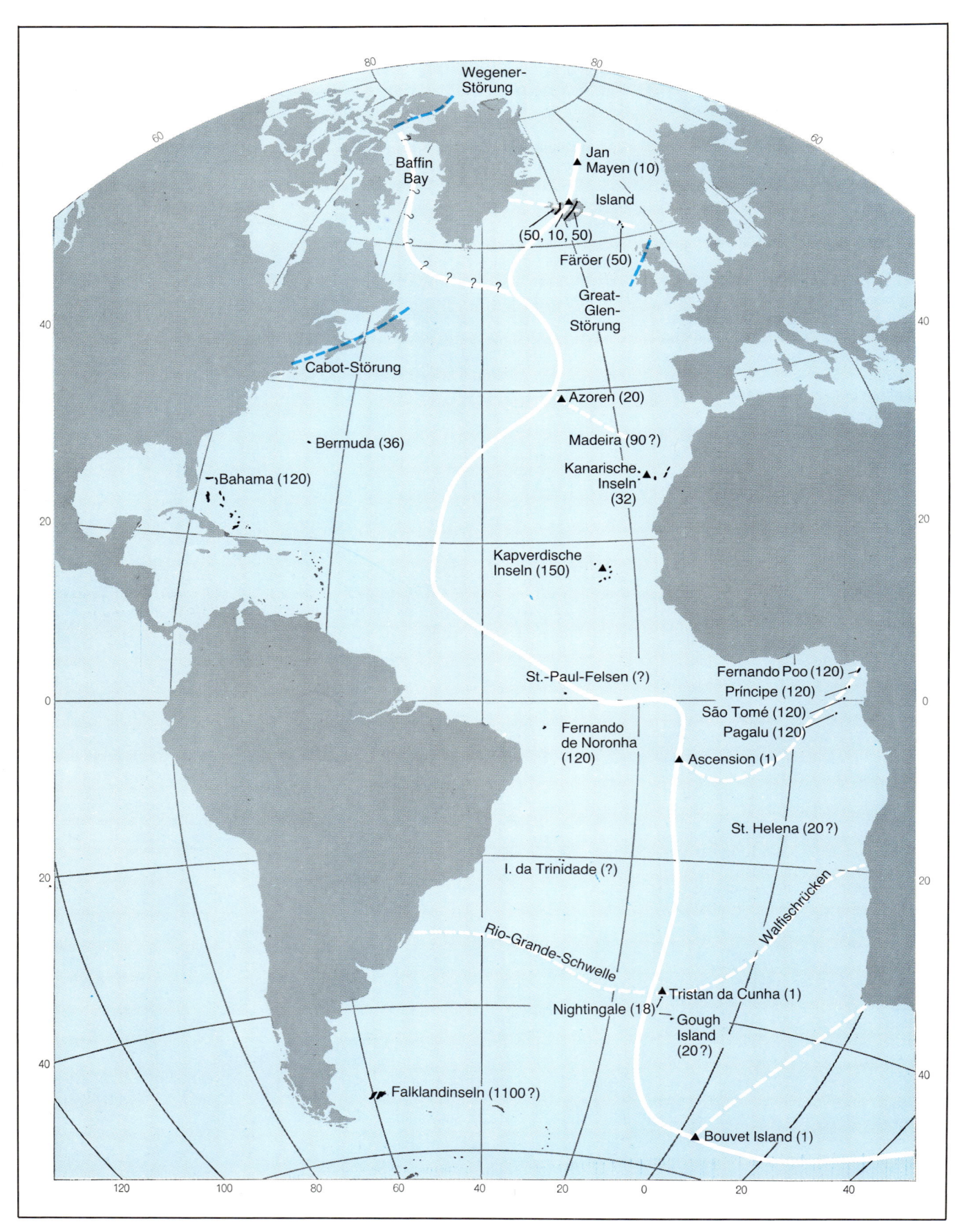

Bild 10: Die atlantischen Inseln haben die Tendenz, mit zunehmendem Abstand von mittelatlantischen Rücken älter zu werden. Das zeigen die jeweils ältesten auf ihnen gefundenen Gesteine. Die Ziffern in Klammer geben das Alter in Millionen Jahren an. Island wird von den Geologen in drei Abschnitte eingeteilt, von denen der mittlere der jüngste ist. Walfischrücken und Rio-Grande-Schwelle sind seitliche Rücken, die sich beim Auseinanderdriften von Afrika und Südamerika gebildet haben können. Inseln mit aktiven Vulkanen sind durch schwarze Dreiecke markiert. Fast alle liegen direkt auf dem mittelatlantischen Rücken. Die gestrichelten Farblinien kennzeichnen bekannte Störungen.

chen Meßmethoden für das Schwerefeld der Erde, deren Anwendung an Land zu der Erkenntnis des hydrostatischen Gleichgewichts oder der Isostasie geführt hatten, auch auf dem Meeresboden einzusetzen. Der holländische Geophysiker Felix A. Vening Meinesz konnte beweisen, daß die Lage eines getauchten Unterseeboots stabil genug ist, um es als marine Plattform für den Einsatz empfindlicher Gravimeter auf hoher See zu verwenden. Er fand über den Tiefseegräben, die sich entlang der Inselbögen Indonesiens und des westlichen Pazifik erstrecken, die größten Schweredefizite, die je aufgezeichnet wurden. Das bedeutete nichts anderes, als daß bei den Tiefseegräben von hydrostatischem Gleichgewicht keine Rede war. Dort mußten Kräfte am Werk sein, die Krustengesteine viel stärker in die Tiefe zogen, als es die Schwerkraft allein hätte vollbringen können.

Arthur Holmes an der Universität Edinburgh und D. T. Griggs, später an der Universität von Kalifornien in Los Angeles, waren von Meinesz' Meßergebnissen so beeindruckt, daß sie eine alte Vorstellung der Geophysiker wieder aus der Schublade holten und neu formulierten. Danach befand sich das Erdinnere in einem Zustand träge sich dahinschleppender Konvektion, ähnlich, nur noch viel langsamer, wie Wasser in einem Kochtopf, den man langsam erhitzt. Die Geophysiker hatten seinerzeit darauf hingewiesen, daß eine solche Konvektion notwendig sei, um in dem wenig wärmeleitenden Material des zwischen Erdkern und Kruste liegenden Mantels eine Wärmeübertragung aus dem Erdinneren zu gewährleisten. Die Tiefseegräben, so sagten Holmes und Griggs, seien die Stellen, an denen die Konvektionsströmung des Mantels nach unten in Richtung auf den Erdkern abbiegt und dabei den Meeresboden mit hinunterzieht.

Heute spielt die Konvektionströmung im Mantel bei jeder Diskussion über großräumige und langfristige Prozesse im Inneren der Erde die Hauptrolle. Man muß zugeben, daß es für Konvektionsströmung nur Indizienbeweise gibt; direkt läßt sich die mit einer Geschwindigkeit von wenigen Zentimetern pro Jahr tief im Mantel fließende Strömung nicht beobachten. Dennoch wird ihr Vorhandensein von einer ständig zunehmenden Zahl von Beobachtungen und von einer sehr streng formulierten Theorie für ihr Verhalten untermauert. Vor kurzem hat beispielsweise S. K. Runcorn von der Universität Durham gezeigt, daß das Mantelmaterial etwa zehntausendmal fester sein müsse als die Berechnung für die Hebung der Kontinente nach der letzten Eiszeit ergab, um eine Konvek-

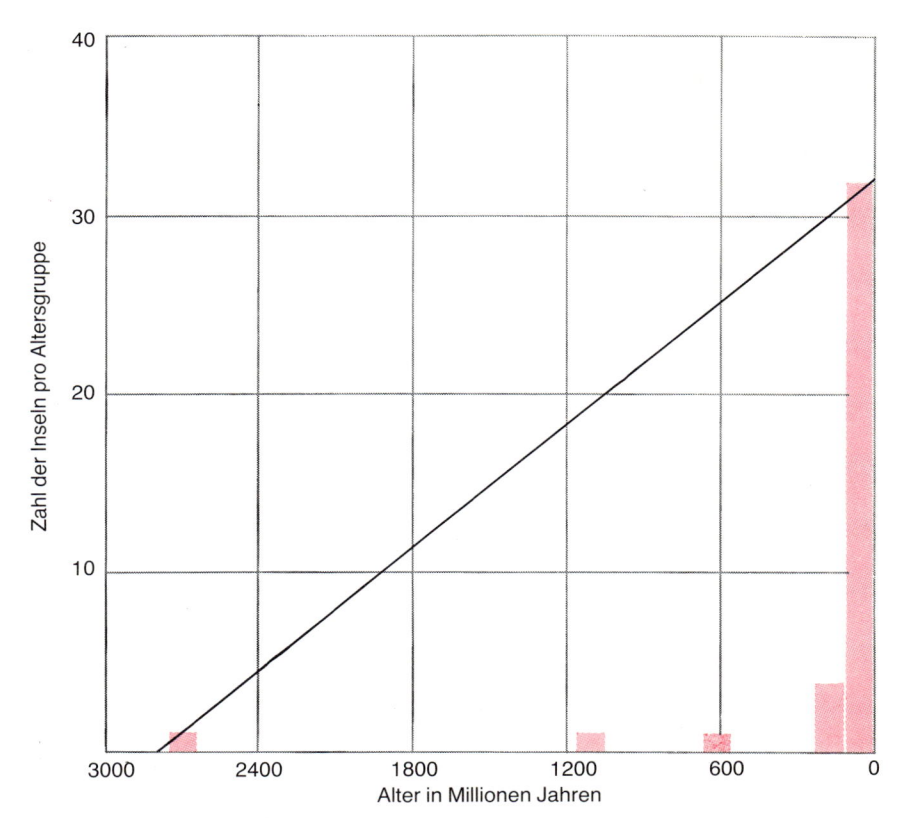

Bild 11: Häufigkeitsverteilung von rund vierzig Inseln in den Hauptozeanen. Die in allerjüngster Vergangenheit entstandenen sind zu zahlreich und daher nicht einbezogen. Die Diagonale gibt das Alter kontinentaler Gesteine über entsprechenden Flächen an.

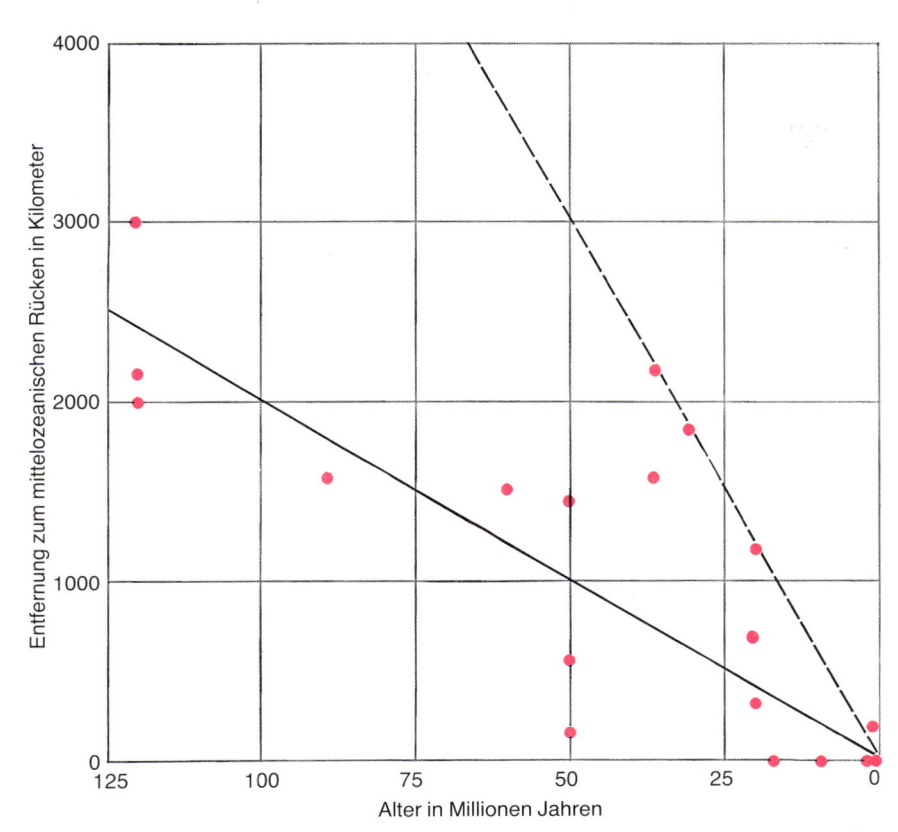

Bild 12: Alter und Abstand vom ozeanischen Rücken einiger Inseln im Atlantischen und Indischen Ozean. Die durchgezogene Linie zeigt die mittlere (zwei Zentimeter pro Jahr), die gestrichelte Linie die höchste Driftgeschwindigkeit (sechs Zentimeter pro Jahr).

tion zu verhindern. Höchstwahrscheinlich müssen wir uns damit abfinden, daß die Erde unter unseren Füßen von Konvektionsströmen durchlaufen wird.

Die aufregendste Beobachtung und gleichzeitig die beste Bestätigung für das Vorhandensein einer Art Strömung gelang bei der Erforschung des Meeresbodens. Dort wurden Gebiete entdeckt, in denen Materieströme offenbar bis zur Erdoberfläche aufsteigen. Es war die wichtigste Entdeckung der gegenwärtigen, ohnehin von großen Fortschritten in der Meeresforschung gekennzeichneten Periode. Die Beobachtung betrifft ein Stück Topographie der Erdoberfläche, das so groß ist wie alle Kontinente zusammen. Ich spreche von den mittelozeanischen Rücken. In einer Gesamtlänge von mehr als 60 000 Kilometer durchzieht ein nie unterbrochenes vulkanisches Gebirge alle Ozeane. Auf großen Strecken ist das Gebirge, wie sich im mittleren Atlantik beobachten läßt, von Kräften, die quer zu seiner Längsachse wirksam waren, zerschnitten und in Einzelsegmente zerteilt, untermeerische Abbrüche und Schluchten sind entstanden. Entlang der Rücken ist der Wärmefluß außerordentlich hoch. Sir Edward

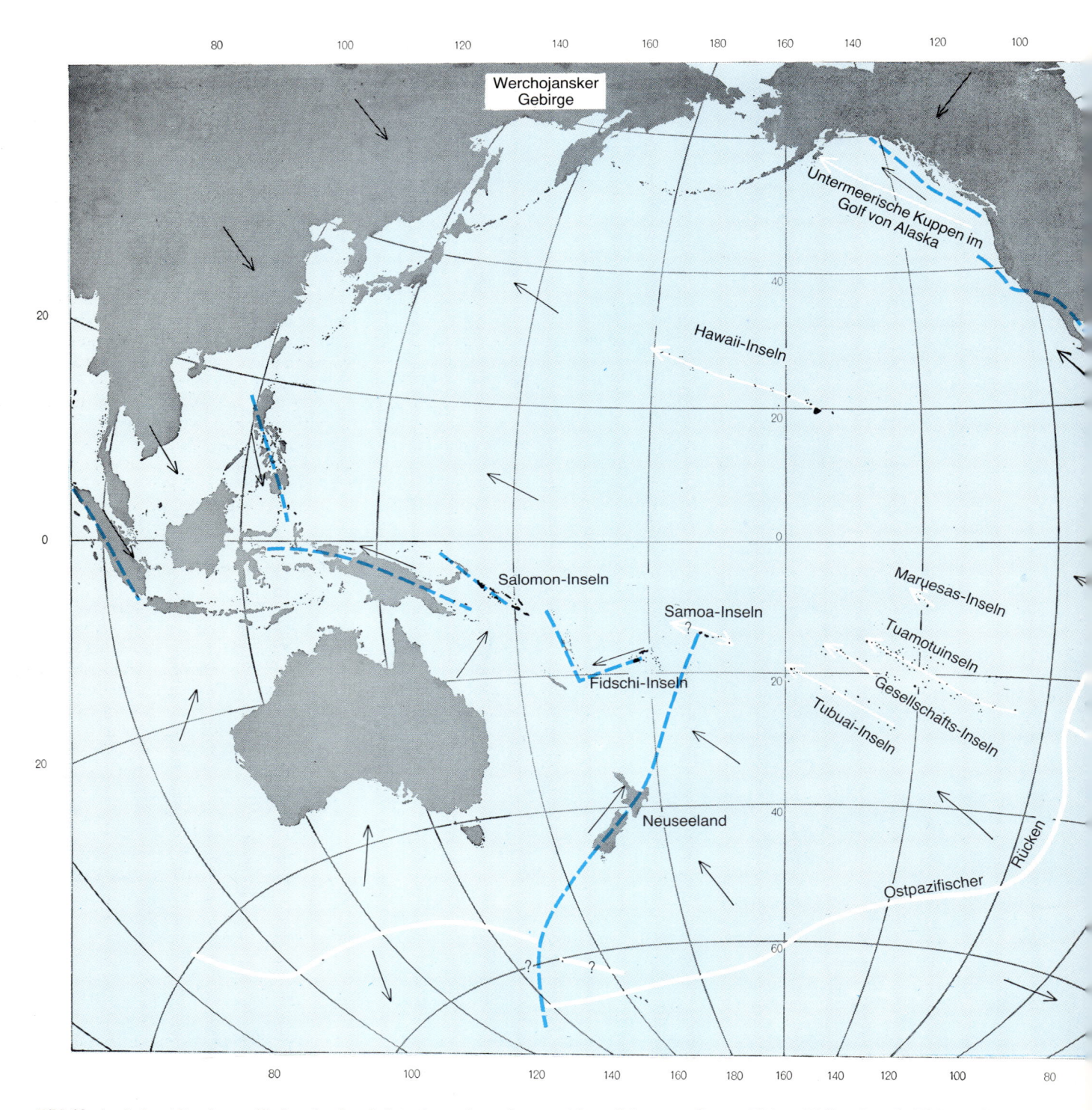

Bild 13: Auch das Alter der pazifischen Inseln scheint mit zunehmender Entfernung von den mittelozeanischen Rücken zu steigen. Dazu muß man voraussetzen, daß die Kruste der östlichen Hälfte des Pazifik am ostpazifischen Rücken entstanden ist. Die gestrichelten Farblinien kennzeichnen Störungen; die zugehörigen Pfeile geben die Richtung der Horizontalbewegung an, falls sie bekannt ist. Die übrigen Pfeile weisen in die Richtung der wahrscheinlichen Konvektionsströmungen. Inselbögen von der Art der japanischen Inseln oder der Aleuten entstehen dort, wo die

Bullard von der Universität Cambridge konnte feststellen, daß er am mittelatlantischen Rücken zwei- bis achtmal so hoch ist wie der Wärmefluß von vier Millionstel Joule pro Quadratzentimeter (0,11 Wattstunden pro Quadratkilometer), der normalerweise auf Kontinenten und an anderen Stellen des Meeresbodens anzutreffen ist. Ähnliche Messungen am Acapulcograben vor der mittelamerikanischen Pazifikküste und an anderen Tiefseegräben zeigten, daß dort der Wärmefluß aus dem Erdinneren bis auf ein Zehntel des Durchschnittswerts abfällt.

Die meisten Ozeanographen sind sich jetzt darüber einig, daß sich die Rücken dort bilden, wo sich Konvektionsströme im Mantel nach oben bewegen, und daß Tiefseegräben an den Stellen entstehen, wo Konvektionsströme nach unten fließen. Die Vorstellung, daß zwischen aufsteigender und absinkender Konvektion eine horizontale Strömung existiert, wird durch die Feststellung der Seismiker bekräftigt, daß unter der spröden Haut der Erde eine etwas plastischere Schicht liegt, die Asthenosphäre. Dort nimmt die Geschwindigkeit der Erdbebenwellen plötzlich ab, ein Zeichen dafür, daß das Gestein wärmer, plastischer und weniger dicht ist. Die Meßergebnisse sprechen für eine Asthenosphäre von einigen hundert Kilometer Dicke, dicker als die Kruste, und zeigen, daß unter ihr die Festigkeit des Materials wieder zunimmt.

Damit ist endlich ein Mechanismus für das Zerstückeln und Bewegen von Kontinenten gefunden, der die physikalischen Erfordernisse befriedigt und mit der Fülle geologischer und geophysikalischer Beobachtungen harmoniert. Es fällt leicht, sich vorzustellen, wie die Oberflächengesteine an den Orten unter Spannung geraten, zerbrechen und auseinandergetrieben werden, an denen Konvektionsströme nach oben steigen und sich teilen, und wie der entstehende Graben mit verändertem Material aus dem obersten Mantel und mit Ergüssen basaltischer Lava aufgefüllt wird (Bild 6). Die früheren Theorien der Kontinentalverschiebung verlangten stets, daß die Kontinente die Ozeankruste durchpflügen mußten wie ein Eisbrecher das zugefrorene Meer. Im Gegensatz dazu wird jetzt der Kontinent passiv auf der sich vom aufsteigenden bis zum abwärtsgerichteten Arm der Konvektionsströmung horizontal bewegenden Kruste mitgeschleppt. An den Tiefseegräben, wo die Strömung absteigt, werden die Kontinente nicht mit hinabgezogen, weil sie aus einer Anhäufung von leichteren und siliciumreicheren Gesteinen bestehen, sondern ihre Gesteine werden zu Gebirgen übereinandergeschoben. Dagegen kann der Ozeanboden, der im großen und ganzen nur aus verändertem Mantelmaterial gebildet wurde, mit in die Tiefe hinabgleiten. Sedimente, die sich in den Gräben angesammelt haben, können ein gewisses Stück mit nach unten geraten, werden aber nach Ablauf einiger komplizierter Prozesse letztendlich wieder zum Bau des Gebirges beitragen. Da das abtauchende Material in der Nähe der Oberfläche noch kühl und spröde ist, wird es die zunehmenden Spannungen so lange durch erdbebenauslösende Brüche kompensieren, bis es sich auf seinem Weg in die Tiefe genügend erwärmt hat.

Physikalisch gesehen, können die Zellen im Mantel, um die herum die Konvektionsströme laufen und von denen sie angetrieben werden, alle möglichen Größen, Formen und Muster annehmen. Die Strömung kann von Zeit zu Zeit langsamer werden oder ganz aufhören, oder auch wieder von neuem beginnen. Global betrachtet, mögen die Ströme zu einer bestimmten Zeit ein bestimmtes Muster einnehmen, aber auch dieses Muster kann sich gelegentlich ändern, je nachdem, wieviel Wärme im Inneren entsteht und wie sie sich verteilt und übertragen wird. Mit dieser Betrachtung läßt sich vielleicht das periodische Auftreten der gebirgsbildenden Prozesse erklären, auch die Zufallsverteilung der heutigen Kontinente und das plötzliche Auseinanderbrechen eines Großkontinents.

Einige Geophysiker sind der Meinung, daß schon die von der Schwerkraft ausgelösten isostatischen Prozesse genügen, um die äußere Schale der Erde zerbrechen zu lassen und ihre Bruchstücke horizontal über die plastische Schicht der Asthenosphäre zu bewegen. Dazu brauchte man gar keine Konvektionsströme zu bemühen. Auf jeden Fall wären beide Vorgänge für große horizontale Verschiebungen der Kruste gut.

Magnetfeld mit Vergangenheit

Zwei physikalische Untersuchungsrichtungen lieferten neue Beweise dafür, daß auf der Erdoberfläche tatsächlich große horizontale Bewegungen stattgefunden haben. Beide befassen sich mit dem Magnetismus auf der Erde. Einerseits zeigten Messungen des Magnetfelds vor der Küste Kaliforniens, daß dem Ozeanboden ein Muster aus örtlichen magnetischen Anomalien aufgeprägt ist. Die Anomalien laufen parallel zu einem inaktiven Ozeanrücken, der heute unter dem Kontinentalrand Nordamerikas liegt. Das Muster hatte verteufelte Ähnlichkeit mit den Mustern der Interferenzlinien, die von polarisiertem Licht in einem unter Spannung gesetzten Plastikmodell erzeugt werden. Es zeigte auch deutlich, daß der Meeresboden an großen Störungen senkrecht zur Rückenachse zerschnitten ist und einzelne Stücke bis zu 1000 Kilometer horizontal nach Westen verschoben sind. Es handelte sich offenbar um alte und nicht mehr aktive Störungen; denn die heutigen Störungen verlaufen in nordwestlicher Richtung, wie die Erdbeben entlang der San-Andreas-Störung zeigen.

mit der Strömung verbundenen Kräfte direkt entgegengerichtetem Widerstand begegnen, Horizontalverschiebungen dort, wo Bewegungskräfte senkrecht aufeinandertreffen.

Eine andere wichtige Beobachtung eher globaler Natur wurde bei der Untersuchung des Restmagnetismus einiger Gesteine gemacht. Runcorn, P. M. S. Blackett von der Universität London und Emil Thellier von der Sorbonne haben dafür die ersten wichtigen Daten geliefert. Sie konnten zunächst zeigen, daß viele Gesteine bei ihrer Bildung schwach magnetisiert werden, Laven bei der Abkühlung, Sedimentgesteine bei der Ablagerung. Die Polarität der ihnen eingeprägten Magnetisierung richtet sich nach dem Magnetfeld der Erde am Ort und zur Zeit ihrer Entstehung. Die heutige Orientierung der in Gesteinen unterschiedlichen Alters gemessenen Restmagnetisierung beweist, daß die Gesteine heute in anderen Breiten liegen als die, in denen sie entstanden sein müssen. Auf jedem Kontinent fand sich ein charakteristischer, von anderen Kontinenten verschiedener Verlauf der Orientierungsänderung von alten zu jüngeren Gesteinen. Eine individuelle Drift der einzelnen Kontinente ist die einzige Erklärung dieses Phänomens, die allen Prüfungen standgehalten hat.

Noch glauben die meisten Geologen nicht, mit der Hypothese von den wandernden Kontinenten viel anfangen zu können. Ein Teil der Physiker und Biologen ist dagegen bereit, sie zu akzeptieren. Das war nicht anders zu erwarten. Unsere Kontinente sind so groß, daß die meisten geologischen Erscheinungen die gleichen bleiben, Kontinentaldrift oder nicht. Erst die Geologie des Meeresbodens wird die Frage endgültig entscheiden, doch die Erforschung der Ozeane hat gerade erst begonnen.

Die Inseln in der Mitte des Ozeans

Entscheidend ist die Frage nach dem Alter des Meeresbodens. Wären die Kontinente unverrückbar auf der gleichen Stelle fixiert, dann müßten die Ozeanbecken so alt sein wie die Kontinente. Sind die Kontinente gedriftet, dann müßten Teile des Ozeanbodens jünger sein als das Alter der Drift.

Wir haben an der Universität von Toronto versucht, aus der verstreuten und keinesfalls vollständigen Literatur über die rein ozeanischen Inselgruppen die für uns wichtigen Informationen zusammenzutragen. Es zeigte sich, daß in allen großen Ozeanen zusammengenommen nur auf vierzig Inseln Gesteine vorkommen, die überhaupt ein gewisses Alter besitzen. Alle anderen sind in der (geologischen) Gegenwart entstanden. Darunter sind drei Inseln mit sehr alten Gesteinen, Madagaskar und die Seychellen im Indischen Ozean und die Falklandinseln im Südpazifik; alle anderen Inseln sind nicht

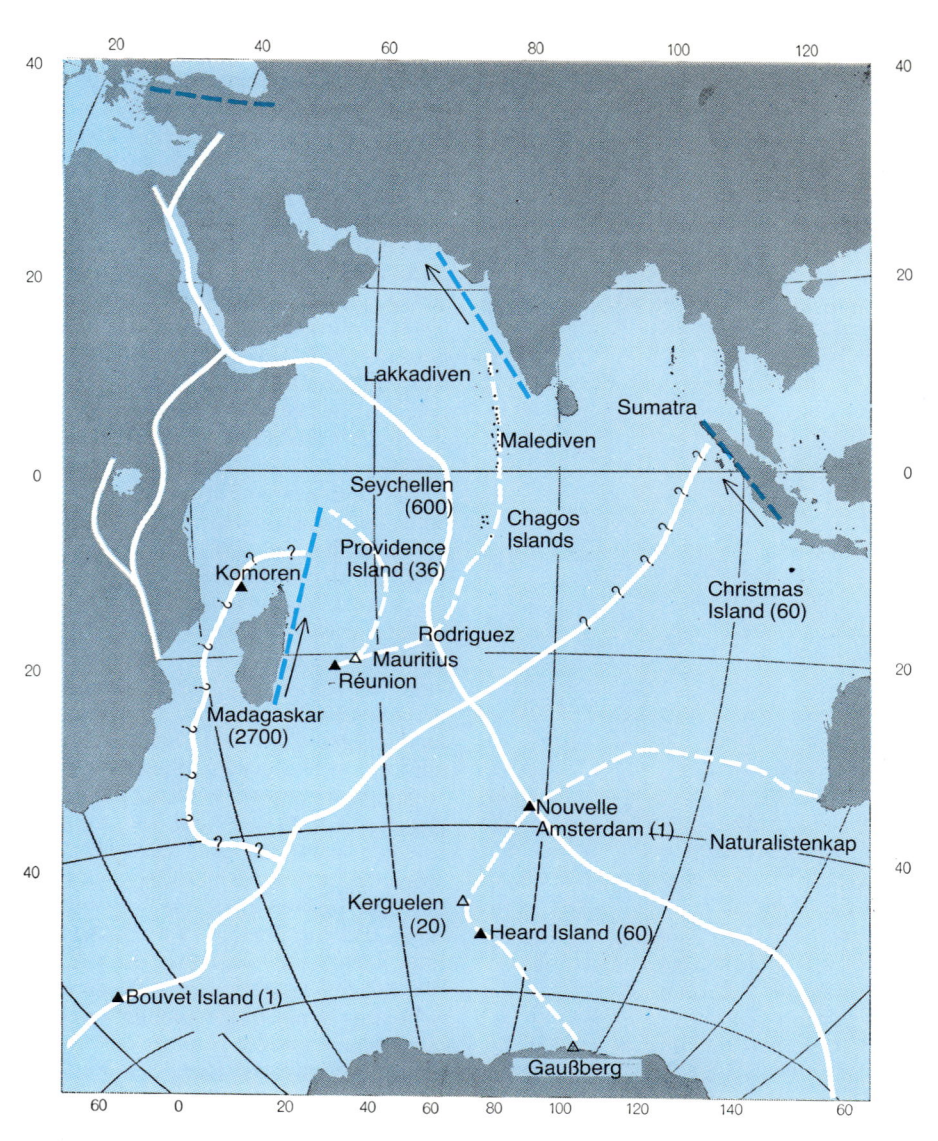

Bild 14: Der Indische Ozean bildete sich wahrscheinlich, als vier Kontinente auseinanderdrifteten. Das würde die Existenz von vier mittelozeanischen Rücken zwischen den Kontinenten und paarweise angeordneten seitlichen Rücken voraussetzen, mit denen sie verbunden sind. Dicke weiße Linien bezeichnen die bekannten mittelozeanischen Rücken, Fragezeichen die vermuteten. Gestrichelte weiße Linien markieren seitliche Rücken, gestrichelte farbige Linien Horizontalverschiebungen, ausgefüllte Dreiecke aktive Vulkane, offene Dreiecke erloschene. Ziffern in Klammer nennen das Alter der Inseln in Millionen Jahren, falls bekannt.

älter als 150 Millionen Jahre. Betrachtet man die drei sehr alten Inselgruppen als Teil der benachbarten Kontinente, dann läßt das Alter der übrigen nur zwei Schlüsse zu: Entweder alle Ozeane sind jung, oder ihre Inseln sind keine repräsentativen Beispiele für die Gesteine des Meeresbodens.

Interessanterweise nimmt das Alter der atlantischen Inseln mit ihrem Abstand vom mittelatlantischen Rücken zu (Bild 4). Bei dieser Betrachtung müssen die Karibischen Inseln und die Süd-Sandwich-Inseln aus dem Spiel bleiben, denn sie sind Teile des Gebirgssystems der Kordilleren, die sich über die ganze Länge Nord- und Südamerikas hinziehen, und damit kontinentalen Ursprungs. Wenigstens sechs Inseln auf dem mittelatlantischen Rücken oder in seiner unmittelbaren Nähe tragen aktive Vulkane. Bekannt ist die Eruption der Vulkaninsel Tristan da Cunha, die im Südatlantik mitten auf dem Rücken sitzt. Nur zwei aktive Vulkane befinden sich auf Inseln, die weit vom Rücken entfernt liegen. Sollten die warmen Konvektionsströme des Mantels unter den mittelozeanischen Rücken nach oben steigen, dann ist es nicht mehr schwer zu erklären, warum auf dem Rücken aktive Vulkane sitzen und in ihrer Nähe Erdbeben auftreten. Das zunehmende Alter der Inseln, je weiter sie vom Rücken entfernt sind, legt die Vermutung nahe, daß sie bei einer Horizontalbewegung des Meeresbodens vom Rücken nach außen mitgenommen worden sind, falls es sich dabei um Inseln vulkanischen Ursprungs handelt. Kombiniert man ihr Alter mit der Entfernung vom Rücken, dann ergibt sich eine durchschnittliche Bewegungsgeschwindigkeit des Meeresbodens von zwei bis sechs Zentimeter pro Jahr. Sie ist genauso groß wie die geschätzte Strömungsgeschwindigkeit des Mantelgesteins.

Für die Rekonstruktion des hier zu beschreibenden Geschehens sind zwei seitliche Rücken wichtig, die auf der Höhe von Tristan da Cunha vom mittelatlantischen Rücken abzweigen: die Rio-Grande-Schwelle in Richtung Südamerika, der Walfischrücken in Richtung Afrika (Bild 10). Man kann sich vorstellen, daß es sich bei den beiden Rücken um die Aneinanderreihung alter Vulkane handelt, die an der gleichen Stelle, wo sich die heutige Vulkaninsel Tristan da Cunha befindet, durch untermeerische Eruptionen und Lavaströme zu Bergen aufgetürmt und dann mit dem Meeresboden als zunehmend ältere, erloschene und ertrunkene Vulkane nach der Seite abtransportiert wurden (Bild 9). An den beiden seitlichen Rücken gibt es keine Erdbeben, was sie zusätzlich vom mittelatlantischen Rücken unterscheidet. Die Stellen, an denen sie auf die jeweilige Kontinentalküste treffen, passen genau aneinander, fügt man die Kontinente nach anderen Kriterien, wie dem Verlauf ihrer Küstenlinien, zusammen. Man kann diesen Zufall damit erklären, daß die Kontinente tatsächlich am Ort des heutigen Tristan da Cunha ihre gemeinsame Grenze hatten und die seitlichen Rücken von ihrer horizontalen Bewegung Zeugnis ablegen wie eine Fährte. Die beiden Rücken sind fast symmetrisch zueinander und zeigen damit, daß die Bewegung des Meeresbodens auf beiden Seiten des mittelatlantischen Rückens einheitlich, ja nahezu spiegelbildlich verlief. Ein ähnliches Paar seitlicher Rücken verbindet Island – wo der mittelatlantische Rücken den Wasserspiegel durchbricht und der mitten durch die Insel verlaufende Islandgraben die große Dehnung an der Rückenachse anzeigt – mit Grönland und mit dem Schelf des europäischen Kontinents.

Eine doppelte Hypothese

Wir haben praktisch zwei miteinander verknüpfte Hypothesen entwickelt. Die erste lautet, daß dort, wo Kontinente einst miteinander verbunden waren, sich heute zwischen ihnen ein mittelozeanischer Rücken befinden muß. Die zweite besagt, daß, wenn Kontinente durch seitliche Rücken miteinander verbunden sind, dann die Stellen, an denen die seitlichen Rücken auf die heutige Küste treffen, nebeneinanderlagen. Sind die beiden Hypothesen richtig, dann besitzen wir eine einmalige Methode, Kontinente zusammenzufügen, die nämlich einst auseinandergedriftet sind. Es war nämlich eins der großen Probleme aller Drifttheorien, daß das große der Rekonstruktionspuzzle viele Lösungen hatte, weil die heutigen Kontinentalränder nicht mehr ganz genau aneinander passen.

Den schwierigsten Test für die Hypothese liefert ohne jeden Zweifel der Indische Ozean. Hier sollen sich vier (geologische) Kontinente voneinander getrennt haben und jeder in einer anderen Richtung abgedriftet sein: Afrika, Indien, Australien und die Antarktis. Die geologischen, paläontologischen und paläomagnetischen Beweise für die Drift liegen vor. Der indische Kontinent könnte bei seiner Kollision mit dem Kontinentalrand Eurasien außerdem noch für die Entstehung des Himalaya verantwortlich sein. Die vier abgedrifteten Kontinente sollten durch vier mittelozeanische Rücken voneinander geschieden sein. Drei von ihnen sind nach intensiver Erforschung des Indischen Ozeans bekannt. Der vierte wird aufgrund bereits vorliegender Daten vermutet. Das Glück der Ozeanographen will es, daß in jedem der bei der Drift entstandenen und heute von den mittelozeanischen Rücken gebildeten Quadranten auch ein seitlicher Rücken existiert, der die Fährte des driftenden Kontinents festgehalten hat (Bild 14). Einer verläuft von Nouvelle Amsterdam über Kerguelen zum Gaußberg an der antarktischen Küste. Sein Spiegelbild erstreckt sich von Nouvelle Amsterdam zum Naturalistenkap an der südwestaustralischen Küste. Die seitlichen Rücken, die Afrika mit Indien verbinden, sind durch große Horizontalverschiebungen parallel zu den Küsten von Madagaskar und Indien gestört. Davon abgesehen gibt es in jedem Quadranten des Indischen Ozeans einen seitlichen Rücken, der anzeigt, wo Madagaskar, Indien, Australien und die Antarktis einst aneinandergestoßen sind. Bemerkenswert ist nicht so sehr, daß es in der heutigen Konfiguration der Rücken einige Unregelmäßigkeiten gibt, sondern wie regelmäßig der Indische Ozean in seinem symmetrischen Muster angelegt ist.

Henry W. Menard von der Scripps Institution of Oceanography hat den mittelozeanischen Rücken verfolgt, der Australien von der Antarktis trennt. Er verläuft quer über den östlichen Pazifik und geht in den langen ostpazifischen Rücken über. Aus der Topographie des pazifischen Ozeanbodens läßt sich ableiten, daß sich der ostpazifische Rücken einst in der Cocosschwelle fortsetzte und den Rücken bildete, der Süd- und Nordamerika auseinandertrieb. Ein anderer Teil dieses ganzen Systems mittelozeanischer Rücken quert als chilenische Schwelle die südlichen Breiten des Pazifik und mag die Ursache für die Trennung Südamerikas von der Antarktis gewesen sein. Die meisten Inseln in dieser breiten Region des Pazifik laufen wie aufgespannte Ketten im rechten Winkel links und rechts vom ostpazifischen Rücken zur Seite. Die Geologen haben schon vor langer Zeit feststellen können, daß die Inselketten nach außen umso älter werden, je weiter sie vom Rücken entfernt sind. Anders als die meisten anderen mittelozeanischen Rücken hat der ostpazifische Rücken die Tendenz, nahe am Kontinentalrand entlangzulaufen. Es sieht so aus, aus ob er einen älteren Ozean auseinandertreibt und nicht zwei Kontinente. Der Meeresboden des Westpazifik scheint der Rest dieses alten Ozeanbodens zu sein.

Die Drift wird zurückverfolgt

Es gibt also genügend Verbindungswege, auf denen alle Kontinente zusammengezogen werden können, indem man die Bewegungsrichtung an den mittelozeanischen Rücken umkehrt und die Stellen, an denen die seitlichen Rückenpaare auf die Kontinente stoßen, dazu benutzt, die Küstenlinien aneinanderzupassen. Das Alter der Inseln und der Sedimente an den Kontinentalküsten weist darauf hin, daß in der Mitte des Mesozoikums, vor rund 150 Millionen Jahren, alle heutigen Kontinente zu einer riesigen Landmasse vereinigt waren, und daß es um sie herum nur einen einzigen Ozean gab (Bild 4). Der Superkontinent, der bei dieser Rekonstruktion entsteht, ist ein anderer als die von Wegener, Du Toit und anderen Geologen vorgeschlagenen; doch alle haben eine Reihe von Eigenschaften mit ihm gemeinsam. Das überall verbreitete Wüstenklima dieser Zeit mag eine Konsequenz des ungewöhnlichen Umstands gewesen sein, daß es nur einen Kontinent und einen Ozean gab. Da die ungefähre Lage des Kontinents in bezug auf die geographische Breite bekannt ist und man auch den Verlauf seiner wichtigsten Gebirgssysteme kennt, läßt sich das Klima für einzelne Regionen ermitteln und mit den bekannten geologischen Informationen vergleichen.

Niemand behauptet, daß es den Superkontinent von Anfang an gab, daß er sozusagen die Ausgangssituation der Erdgeschichte repräsentiert. Im Gegenteil, es gibt eine Reihe von Beobachtungen, die beweisen, daß auch er wiederum aus älteren Kontinentstücken zusammengefügt war. Zwei Nähte sind dabei von besonderer Bedeutung: der Ural und das Gebirgssystem, das von den Appalachen und den kaledonischen Ketten Schottlands und Norwegens gebildet wird. Beide Gebirgssysteme können bei der Kollision noch älterer Kontinentalblöcke entstanden sein. Je tiefer man in die Erdgeschichte eindringt, desto weniger Details stehen für Spekulationen über ihren Ablauf zur Verfügung. Wahrscheinlich besteht sie aus einer langen Reihe periodischer Zusammenführung und Auseinanderbewegung von Kontinenten, verbunden mit Grabenbrüchen, Rückenbildung und Ausbreitung von Ozeanböden als Reaktion auf wechselnde Konfigurationen der Konvektionszellen im Erdmantel und ihrer Auswirkung auf die äußere Schale.

Das Ende des Superkontinents

Wenn wir einmal davon ausgehen, daß es den mesozoischen Superkontinent tatsächlich gab und er am Ende auseinandergebrochen ist, dann können uns geologische Beobachtungen die Geschichte seines Endes erzählen. Wahrscheinlich hat sich die heute zu beobachtende Konfiguration der Konvektionszellen und ihrer Strömungen seit dem Mesozoikum nicht wesentlich geändert. Doch die einzelnen Strömungen waren während der ganzen Zeit nicht immer in gleicher Weise aktiv. Kurz vor Beginn der Kreide, ungefähr vor 120 Millionen Jahren, brach auf dem Kontinent ein Graben ein (ähnlich wie heute das Riftsystem in Ostafrika einbricht) und öffnete sich, um

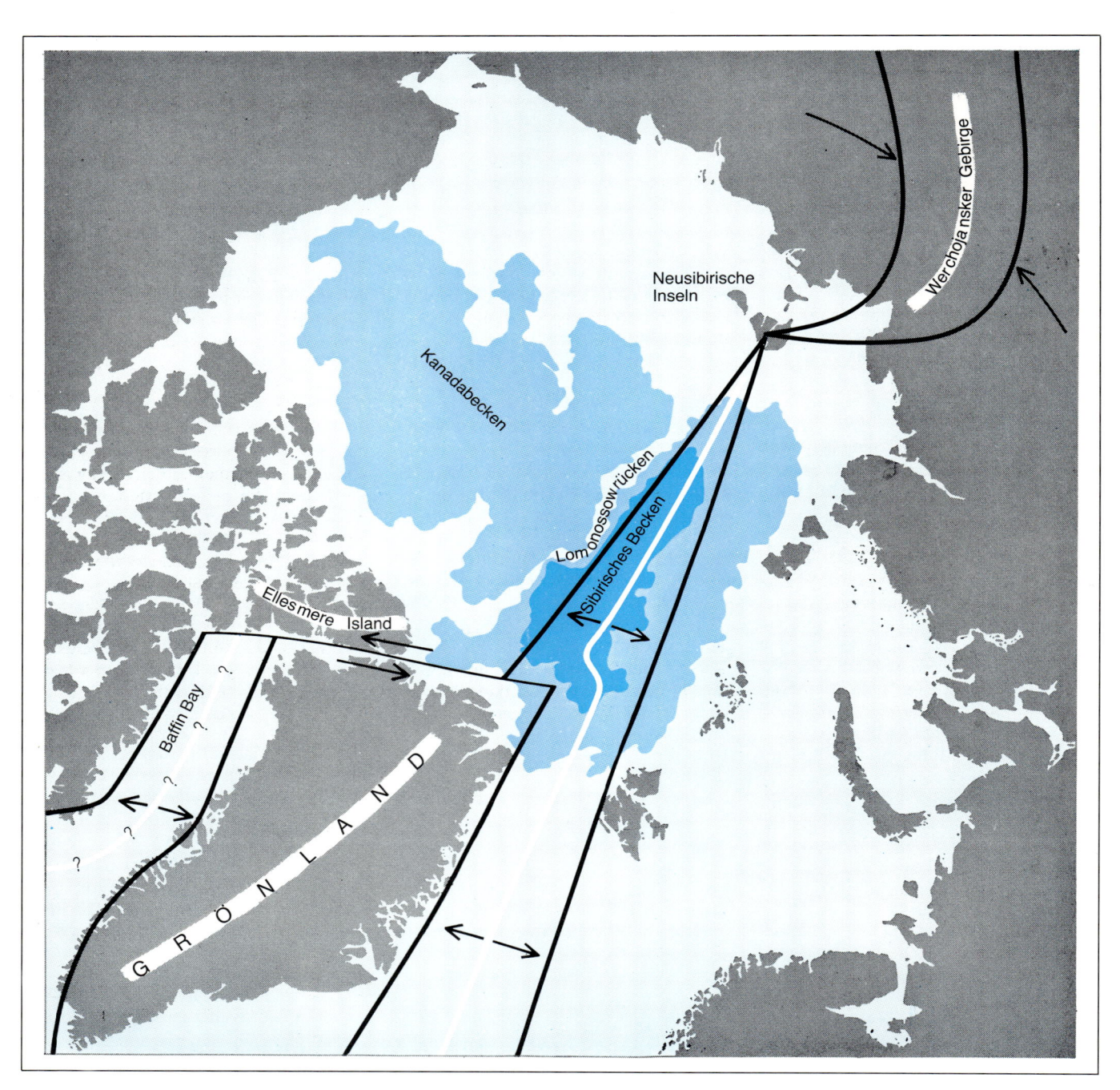

Bild 15: Sich verbreiternde Gräben führten zum Auseinanderbrechen des Superkontinents Pangäa und zur Entstehung des Atlantischen Ozeans. Sie könnten auch für das Werchojansker Gebirge in Ostsibirien verantwortlich sein. Auf der Karte der Arktis ist zu erkennen, daß der entstandene Graben nach Süden breiter wird. Der sich öffnende Atlantik trennte Grönland von Europa, die Baffin Bay von Nordamerika. Die Kontinente wurden um einen Angelpunkt in der Nähe der Neusibirischen Inseln leicht gedreht. Die dabei erzeugte Kompression und Hebung könnte ein Gebirge entstehen lassen. Pfeile markieren die Verschiebungsrichtung auf der Wegener-Störung zwischen Grönland und Ellesmere Island.

zum Atlantischen Ozean zu werden. Zunächst verbreitete sich der Graben im Süden schneller als im Norden, sodaß die Kontinente eine geringe Drehung ausführen mußten, mit dem Angelpunkt bei den Neusibirischen Inseln (Bild 15). Sowjetische Geologen konnten feststellen, daß Kompression und Hebung genau um diese Zeit zur Entstehung des Werchojansker Gebirges in Ostsibirien führten. Im Süden trennte der Graben Afrika von der Antarktis, bog um Afrika herum und verlängerte sich in nordöstlicher Richtung. Der Indische Ozean entstand. Der Graben läßt sich als nordöstlicher Rücken diagonal über den heutigen Indischen Ozean hinweg noch erkennen. Indien und Afrika bewegten sich nach Norden, weg von der noch zusammenhängenden Landmasse Australien-Antarktis.

Es kann durchaus sein, und es ergibt sich aus der Geologie des Werchojansker Gebirges und Islands, daß dieses Konvektionssystem zu Beginn des Tertiärs vor rund sechzig Millionen Jahren etwas an Aktivität verlor und sich dafür andere Grabenbrüche öffneten. Ein Graben entstand zweifellos entlang der zweiten, nach Nordwesten gerichteten Diagonale über den Indischen Ozean, trennte Afrika von Indien und Australien sowie Australien von der Antarktis. Der indische Subkontinent kollidierte im Norden mit der eurasischen Landmasse und setzte die Entstehung des Himalaya in Gang. Das Nacheinander der Aktivität an den beiden Hauptrücken des Indischen Ozeans könnte erklären, warum Indien in bezug auf die Antarktis doppelt so weit nach Norden vorgedrungen ist wie Afrika oder Australien, und warum der ältere nordöstlich verlaufende Rücken heute nur noch undeutlich auf dem Grund des Indischen Ozeans zu erkennen ist. Das jüngere Graben-Rücken-System scheint über den ostpazifischen Rücken und die Cocosschwelle noch quer über die heutige Karibik geführt zu haben. Ein Arm dieses langen Systems lief südlich an Südamerika vorbei. Die Verbreiterung der Einbrüche zwischen den Kontinentalschollen führte dazu, daß sich die Risse und mit ihnen die Rücken immer weiter nach Norden ausdehnten. Als Konsequenz bildeten sich vor der chilenischen Küste und quer durch Kalifornien lange Störungszonen. Man kann beinahe behaupten, daß jeder mittelozeanische Rücken schließlich an einer großen Störung oder an einem Drehpunkt wie den Neusibirischen Inseln endet.

Vor einigen Millionen Jahren hörte die Aktivität des ganzen Systems auf. Nordamerika und Südamerika konnten sich über die Landenge von Panama verbinden. Jetzt wurde der mittelatlantische Rücken wieder aktiver, verursachte eine neue Hebung des Werchojansker Gebirges und ließ neben Island noch fünf weitere aktive Vulkane im Atlantik entstehen. Im Indischen Ozean änderte sich noch einmal das System der Dehnungsrisse. Die heutige Verteilung der Erdbeben zeigt, daß sich die größte Aktivität westlich der beiden diagonalen Rücken abspielt, zwischen Südatlantik und dem Eingang zum Roten Meer, und zwar im Verlauf des Jordangrabens und des ostafrikanischen Riftsystems. Das Auseinanderbrechen eines Kontinents hat hier gerade begonnen.

Heute verlaufen die sich erweiternden Gräben praktisch von Nord nach Süd oder ein wenig in nordöstlicher Richtung. Eine Kompression der äußeren Schale in Ostwestrichtung wird deswegen vermieden, weil an Ost- und Westrand des Pazifik Erdkruste durch Unterschiebung und Absinken im Mantel absorbiert wird. Aus diesem Grund sind Ostasien, Ozeanien und die Anden die aktivsten Erdbebengürtel der Welt. Der südatlantische Abschnitt des mittelatlantischen Rückens treibt den südamerikanischen Kontinent gegen und über den Tiefseegraben, der sich entlang seiner Pazifikküste erstreckt. In nordwestlicher Richtung verlaufende Konvektionsströmungen unter dem Boden des Pazifischen Ozeans haben am Rand aller rund um den westlichen und nördlichen Pazifik gelegenen acht Inselbögen Tiefseegräben entstehen lassen, vom Philippinengraben im Süden bis zum Aleutengraben im Norden. Selbst auf einer normalen Karte des Pazifischen Ozeans ist die Strömungsrichtung unter seinem Boden an der Ausrichtung zahlreicher Inselketten zu erkennen. Hawaii sieht so aus, als hätten sich Blasen aus einem unterirdischen Strom gelöst und eine nach der anderen den Weg an die Oberfläche gefunden (Bild 9). Die Inselketten laufen parallel zu seismisch aktiven Störungen, die sich auf beiden Seiten des Pazifik entlangziehen, eine an der Küste von Nordamerika, die andere von Samoa bis zu den Philippinen. Die vom südlichen Rücken ausgehende, nördlich gerichtete horizontale Kompression wird von einer seismisch nicht so aktiven Zone aufgenommen, die von Neuseeland über Indonesien und den Himalaya bis zu den Alpen reicht. Überall scheint die Richtung, in der die Erdbebenherde tiefer werden, mit der Fließrichtung der unterirdischen Strömung übereinzustimmen: nach Osten abtauchend unter der pazifischen Küste von Südamerika; nach Westen abtauchend unter die Inselbögen auf der anderen Seite des Pazifik.

Die von mir in diesem Artikel beschriebene Theorie besitzt ein starkes spekulatives Element. Gleichzeitig ist sie ein Zeugnis für neue Vorstellungen vom Verhalten der Erde. Alle älteren Theorien über den Ablauf der Erdgeschichte konnten den Beobachtungen der letzten Jahre nicht standhalten, am wenigsten den Ergebnissen der magnetischen Messungen und der Meeresforschung. Für das Vorhandensein aller hier vorgestellten Eigenschaften der Erde spricht, daß sie nicht nur mit bekannten Beobachtungen übereinstimmen, sondern auch so genau beschrieben sind, daß sie sich überprüfen lassen.

Plattentektonik

Die Erdoberfläche ist ein Mosaik starrer, auf ihrer Unterlage beweglicher Platten. Wenn sie sich voneinander entfernen, aneinander vorbeigleiten oder gegeneinander bewegen, entsteht neue Erdkruste, werden Kontinente verschoben, werden Vulkane und Kettengebirge geschaffen.

Von **John F. Dewey**

Naturforscher hatten schon vor langer Zeit bemerkt, daß Kettengebirge, Vulkane und Erdbeben nicht überall auf der Erde vorkommen, sondern sich in ganz bestimmten, meist relativ schmalen Zonen konzentrieren. Sie suchten nach einer Erklärung für die unerwartete Anordnung dieser Zonen, die offensichtlich Schwächezonen der Erdkruste waren, und entwickelten als Antwort eine Hypothese nach der anderen. Die Kontraktion der Erde, die Expansion der Erde, die Wirkung der Anziehungskraft des Mondes wurden ebenso diskutiert wie das Aufsteigen oder Absinken großer Krustenteile. Eine ganz bestimmte Hypothese, die Theorie der Kontinentalverschiebung, kam von Zeit zu Zeit erneut ins Gespräch, wurde jedoch immer wieder verworfen. Die meisten Wissenschaftler konnten den offenbaren Widerspruch zwischen den bekannten mechanischen Eigenschaften der Krustengesteine und der Stärke der notwendigen Verschiebungskräfte nicht auflösen. Auf der anderen Seite gab es die Beobachtung, daß die gleichen speziellen Phänomene auf Kontinenten vorkamen, die Tausende von Kilometern voneinander entfernt waren, und daß die Ränder mancher Kontinente fast nahtlos aneinanderpaßten, wie zum Beispiel Afrika und Südamerika.

Am Anfang der sechziger Jahre wurde damit begonnen, für die Vorstellung von der Drift der Kontinente eine feste Grundlage zu schaffen. Harry H. Hess, der inzwischen verstorbene Geologe von der Universität Princeton, gab den Anstoß mit seinem Konzept von der Spreizung der Meeresböden. Beim *Sea-floor spreading*, wie er es genannt hatte, wird der Meeresboden an einem schmalen Riß in der Kruste ständig auseinandergezogen. Der Riß sitzt auf einem Rücken, wie er sich mitten durch alle großen Ozeane zieht. Ständig steigt Basalt als flüssige Lava aus dem Erdmantel auf, um den Riß zu füllen, und schafft dabei neue Ozeankruste.

Es wäre nicht leicht gewesen, diese kühne Vorstellung zu beweisen, wäre nicht ein anderes, bis dahin unbekanntes Phänomen aufgetaucht: Das Magnetfeld der Erde wechselt in mehr oder weniger regelmäßigen Abständen seine Polarität. Bei systematischen Magnetometermessungen auf dem Meeresgrund hatte sich ein Muster des Ozeanbodens ergeben, in dem Streifen abrupt wechselnder Magnetisierung wie an einem Zebrastreifen nebeneinanderlagen, und zwar parallel zum nächstgelegenen Ozeanrücken. 1963 veröffentlichten F. J. Vine und D. H. Matthews von der Universität Cambridge ihre Überlegung, daß der magnetisch gestreifte Meeresboden als Doppelbeweis für zwei wichtige Hypothesen gelten müsse, zum ersten für die Theorie des Sea-floor spreading, und zum zweiten für einen häufigen Polaritätswechsel des Magnetfelds der Erde. Für die meisten Geologen klang das eine so unglaublich wie das andere. Doch die Argumente von Vine und Matthews waren stark. Wenn flüssiger Basalt auf einem Riß parallel zur Achse eines ozeanischen Rückens nach oben steigt und am Meeresboden erstarrt, werden seine magnetisierbaren Kristalle in der Richtung des herrschenden Magnetfelds ausgerichtet. War die Annahme richtig, daß ständig

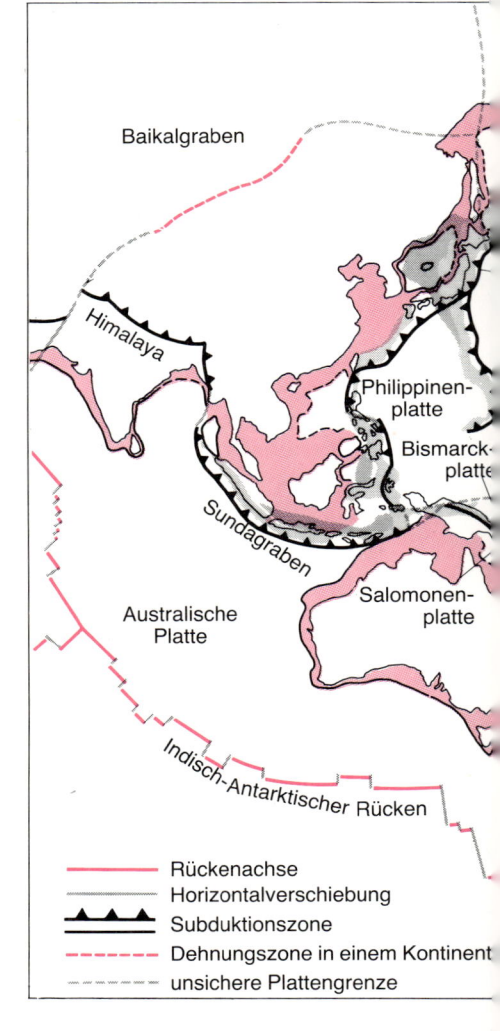

Bild 1: Die äußere Schale des Erdkörpers besteht aus einem Mosaik starrer Platten. Sie bilden die Lithosphäre. In der neuen Theorie der Plattentektonik wird angenommen, daß sich die

neue Ozeankruste entsteht, dann müßten, und das wäre der endgültige Beweis, parallel zu einem ozeanischen Rücken auf jeder Seite in symmetrischer Anordnung Streifenpaare entstehen, deren Magnetisierungsrichtung jeweils gleich ist, entweder so wie das heutige Magnetfeld oder entgegengesetzt dazu. Der Beweis wurde in zahlreichen magnetometrischen Traversen quer zu den ozeanischen Rücken erbracht. Daraus entwickelte sich eine Zeitskala der Polarisationswechsel, die wiederum dazu dient, die Geschwindigkeit festzustellen, mit der sich neuer Meeresboden bildet. Sie beträgt zwischen zwei und achtzehn Zentimeter pro Jahr.

Aus der Fülle der inzwischen gemachten Beobachtungen geht hervor, daß keiner unserer heutigen Ozeane älter ist als 200 Millionen Jahre; das ist ein Abschnitt von nur fünf Prozent der bisher bekannten Erdgeschichte. Die bei der Öffnung der Ozeane entstandene neue Erdkruste würde die Erdoberfläche wesentlich vergrößern, würde nicht an anderer Stelle Erdkruste mit der gleichen Geschwindigkeit vernichtet, mit der sie an den ozeanischen Rücken entsteht. Es gibt Messungen und theoretische Betrachtungen, die zeigen, daß die Erde sich in den letzten 200 Millionen Jahren höchstens um rund zwei Prozent vergrößert hat. Es muß daher in der Kruste ein System geben, welches gleichsam wie ein Förderband Kruste von ihrem Entstehungsort zum Ort ihrer Vernichtung transportiert.

Jetzt war es an der Zeit, die Vorstellung vom Spreizen des Meeresbodens mit der alten Idee der Kontinentalverschiebung zu einem großen Entwurf zu vereinigen, zur Theorie der Plattentektonik. Sie besagt, daß die Lithosphäre, die äußere Schale der Erde, aus einer Reihe starrer Platten besteht. Die Platten sind relativ zueinander in ständiger Bewegung: sie gleiten aneinander vorbei, sie entfernen sich voneinander an beiden Seiten eines Ozeanrückens oder laufen an einem Tiefseegraben gegeneinander, wobei zwangsläufig eine Platte aufgezehrt wird.

Erdbeben

Fast alle Beben der Erde treten in schmalen Zonen auf, die sich wie ein grobes Netz über den Erdball legen (Bild 1). Sie umgrenzen Gebiete, in denen die seismische Aktivität gering ist. Mit den Erdbebenzonen sind auffallende geologische Phänomene wie Grabenbrüche, Ozeanrücken, Kettengebirge, Vulkangürtel und Tiefseegräben verbunden. Erdbebenzonen sitzen an Plattenrändern; in den Platten selbst gibt es kaum Erdbeben. Nach ihren jeweiligen geologischen und morphologischen Eigenschaften lassen sich vier Typen von Erdbebenzonen unterscheiden.

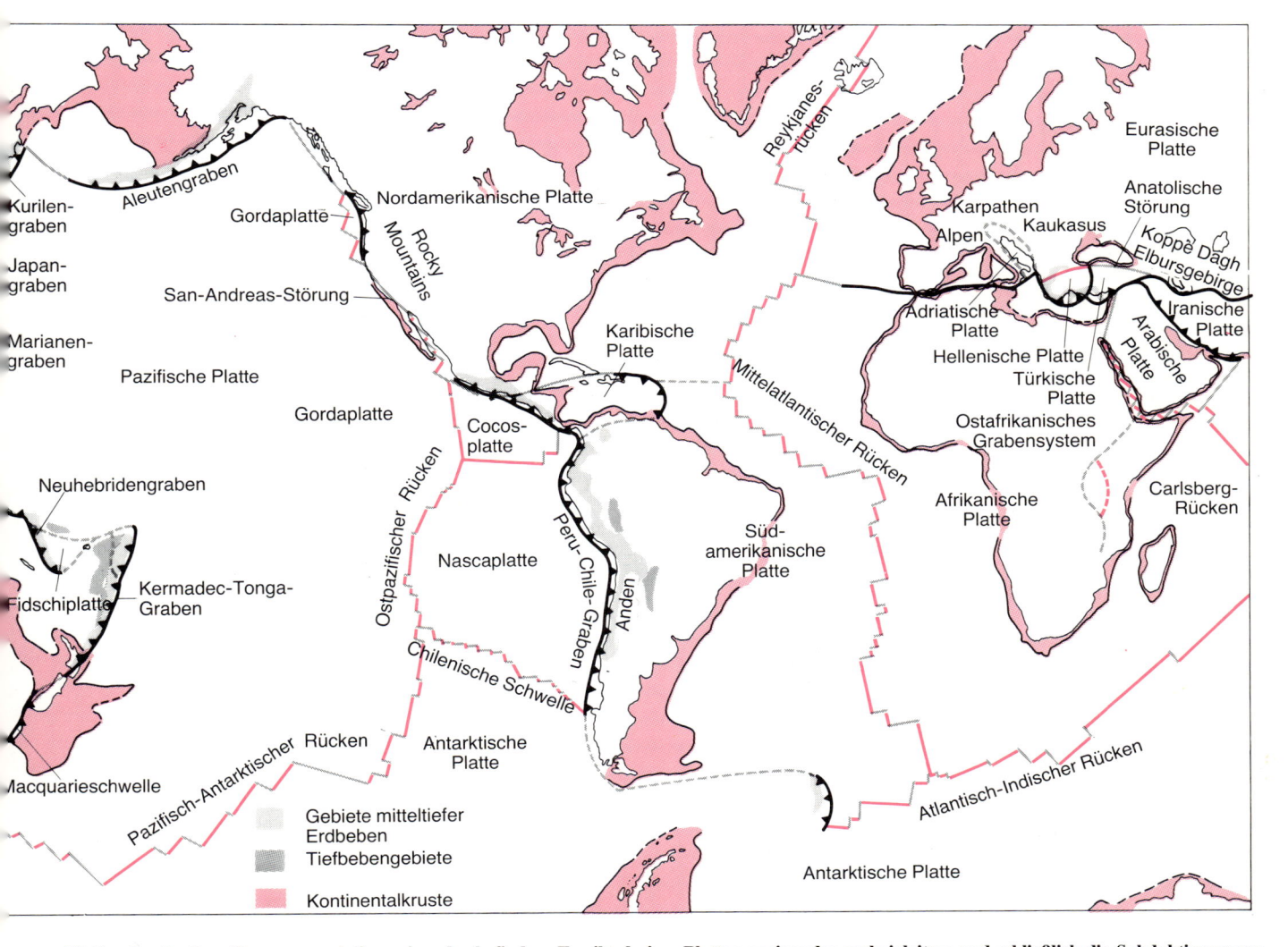

Platten in ständiger Bewegung relativ zueinander befinden. Es gibt drei Arten von Plattengrenzen: die Spreizungszonen in mittelozeanischen Rücken, wo zwei Platten auseinandertreiben und zwischen ihnen neue Ozeankruste generiert wird; des weiteren Transformstörungen, an denen Platten aneinander vorbeigleiten; und schließlich die Subduktionszonen, an denen sich Platten aufeinander zubewegen, wobei eine Platte unter den aktiven Plattenrand der anderen Platte abtaucht. Die gezahnten Linien markieren aktive Plattenränder.

Der erste Typ ist durch starken Wärmefluß an der Oberfläche und basaltischen Vulkanismus gekennzeichnet. Er zeigt sich auf den Achsen mittelozeanischer Rücken und ist mit Flachbeben (Herde weniger als 70 Kilometer tief) verbunden. Die mittelozeanischen Rücken sind die aktiven Quellen, an denen neuer Ozeanboden entsteht. Manchmal erheben sie sich über den Wasserspiegel wie in Island, das Teil des nordatlantischen Rückens ist. In Island wurde eine Spreizungsrate von zwei Zentimeter pro Jahr gemessen.

Der zweite Typ bringt ebenfalls Flachbeben hervor, zeigt aber keinen Vulkanismus. Musterbeispiele sind die San-Andreas-Störung in Kalifornien und die Anatolische Störung im Norden der Türkei. Parallel zu beiden Linien werden große horizontale Verschiebungen beobachtet.

Erdbebenzonen des dritten Typs treten zusammen mit Tiefseegräben und vulkanischen Inselgirlanden auf, wie sie den Pazifik umkränzen. Dort äußert sich seismische Aktivität in Form von Flachbeben, mitteltiefen Beben (70 bis 300 Kilometer Herdtiefe) und Tiefbeben (300 bis 700 Kilometer Herdtiefe). Die Tiefe des Erdbebenherdes ist davon abhängig, an welcher Stelle einer am Grabenrand schräg nach unten abtauchenden Platte das Beben ausgelöst wird. Die Epizentren (über dem Herd befindliche Stelle der Erdoberfläche) der Erdbeben definieren eine geologische Fläche, die vom Tiefseegraben unter die Vulkane der Inselgirlanden oder unter einen Kontinent einfällt und Benioff-Fläche genannt wird. Die oft merkwürdig geschwungenen Erdbebenzonen selbst heißen auch Benioff-Zonen nach dem Geophysiker Hugo Benioff.

Als vierter Typ einer seismisch aktiven Zone ist der langgezogene Erdbebengürtel zu nennen, der sich von Birma bis zum Mittelmeer erstreckt. Er umfaßt einen breiten, nicht klar abgrenzbaren Kontinentalstreifen mit teils sehr hohen Kettengebirgen. Hier sind starke Kompressionskräfte am Werk gewesen oder noch aktiv. Es treten vornehmlich Flachbeben auf; mitteltiefe Beben sind nur aus dem Hindukusch und aus Rumänien bekannt, Tiefbeben nur von ganz wenigen Orten, darunter den Vulkanen der äolischen Inseln nördlich von Sizilien.

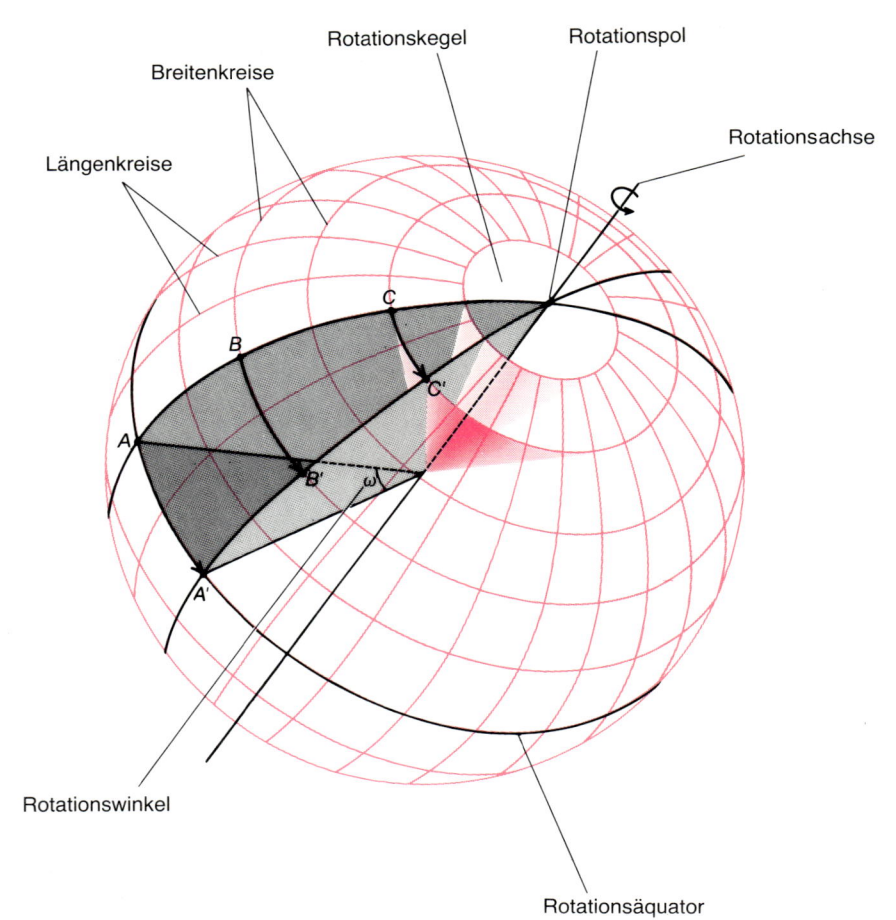

Bild 2: Zur Beschreibung der Rotation einer Menge aus zwei oder mehr Punkten, die sich auf einer Kugeloberfläche befinden und deren Position zueinander unveränderlich ist (*A, B, C*), wird eine Rotationsachse gewählt (*links*). Durch Drehung um diese Achse lassen sich die Punkte in die neuen Positionen (*A', B', C'*) bringen, ihre ursprüngliche Geometrie bleibt dabei erhalten. Mit einer einzigen Achse kommt man nur aus, wenn Anfangsposition und Endposition der Punkte bekannt sind. In gleicher Weise läßt sich die Bewegung zweier

Spannung bis zum Bruch

Ein Erdbeben entsteht, wenn sich in spröden Krustengesteinen so lange Spannungen angesammelt haben, bis die Bruchgrenze überschritten ist. (Im Gegensatz zum Bruch steht die elastische Verformung, die bei Gesteinen dann möglich ist, wenn die Kräfte besonders langsam wirken). Von der plötzlichen Spannungsentlastung werden an der Bruchstelle (dem Hypozentrum) Wellen ausgelöst; die ersten, die das Hypozentrum verlassen, sind Longitudinal- oder Kompressionswellen, bei denen in Ausbreitungsrichtung Kompression und Dehnung alternieren. Die von einem Beben ausgelösten Wellen werden von Erdbebenwarten auf der ganzen Erde empfangen. Man kann die Empfänger der Primärwellen in zwei Gruppen einteilen: Auf je zwei gegenüberliegenden geographischen Quadranten beginnen die eintreffenden Primärwellen mit einer Kompressionsphase, auf den dazwischenliegenden Quadranten mit einer Dehnungsphase.

Die Quadranten bestimmen die Orientierung zweier Flächen; auf einer von ihnen hat die kleine Verschiebung stattgefunden, die das Erdbeben ausgelöst hat. Die Schnittlinie der beiden Flächen ist die Nullrichtung, auch Spannungsachse genannt. Parallel zu ihr tritt überhaupt keine Dehnungsbeanspruchung auf. Die Mittellinie der Quadranten, auf denen die Primärwellen Kompression signalisieren, weist in die Richtung der niedrigsten Hauptlast, parallel zu der Dehnungsbeanspruchung auftritt. Die Mittellinie der Dehnungsquadranten weist in die Richtung der maximalen Hauptlast. Parallel zu ihr ist Druckbeanspruchung zu verzeichnen.

Lynn R. Sykes vom Lamont-Doherty Geological Observatory der Columbia-Universität hat diese Analysenmethode auf die Erdbebengürtel der Erde angewendet. Dabei hat sich regelmäßig ergeben, daß die Spreizungsachsen unter Dehnungsspannung stehen, daß in den Erdbebenzonen zweiten Typs Horizontalbewegungen vorherrschen und daß Typ drei und vier von Kompressionskräften bestimmt werden. Die Seismik unterscheidet damit drei Arten von Plattengrenzen: solche, an denen die Platten auseinandergezogen werden, solche, an denen die Platten aneinander vorbeigleiten, und Plattengrenzen, über die hinweg Platten aufeinander zulaufen. Da sich in den Kompressionszonen Gesteinsmate-

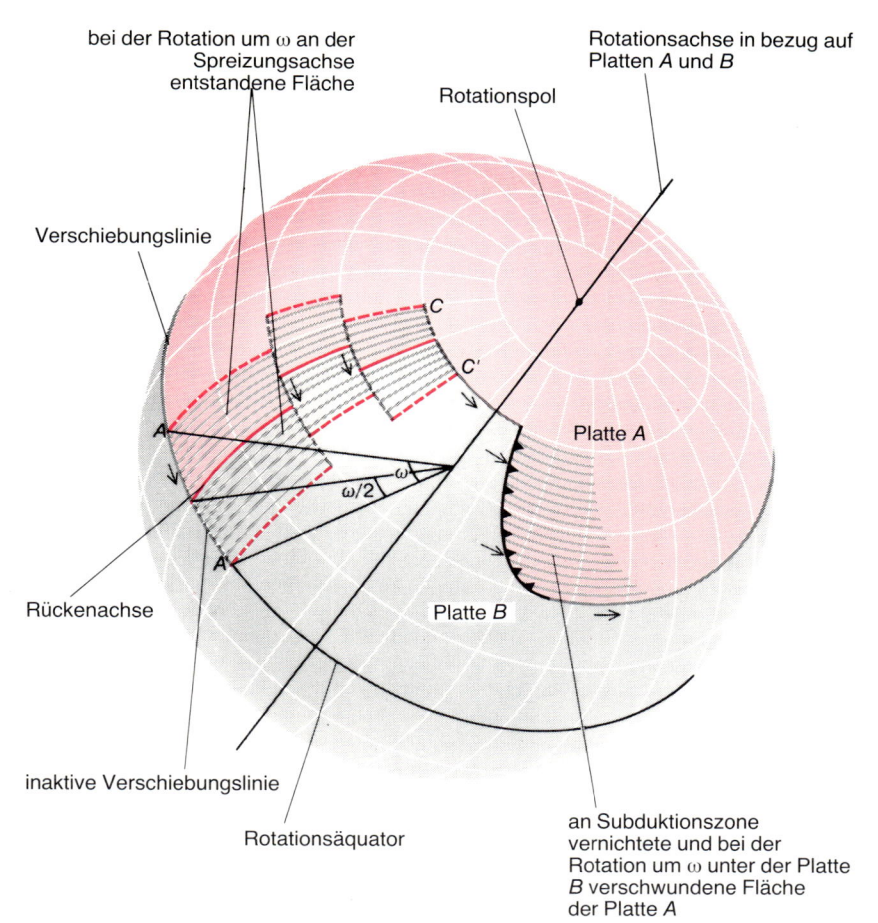

bei der Rotation um ω an der Spreizungsachse entstandene Fläche

Verschiebungslinie

Rotationsachse in bezug auf Platten A und B

Rotationspol

Platte A

Platte B

Rückenachse

inaktive Verschiebungslinie

Rotationsäquator

an Subduktionszone vernichtete und bei der Rotation um ω unter der Platte B verschwundene Fläche der Platte A

starrer Platten auf einer Kugel als Rotation um eine geeignet gewählte Rotationsachse beschreiben (rechts), wobei diese Achse durch den Mittelpunkt der Kugel läuft. Platte A soll in diesem Falle als feststehend betrachtet werden, während Platte B im Gegenuhrzeigersinn (Blick von oben auf die Achse) rotiert wird. Bei der Bewegung von Platte B um den Winkel Omega (ω) wird beiden Platten an ihrer gemeinsamen Spreizungsachse symmetrisch neue Oberfläche angefügt. Die Spreizungsachse bewegt sich dabei um den Winkel Omega Halbe.

rial nicht bis ins Unendliche aufeinandertürmt, bleibt nur die Schlußfolgerung, daß dort Plattenmaterial verzehrt werden muß.

Aus all dem läßt sich das Modell einer mosaikartig zusammengesetzten Erdoberfläche entwickeln, deren einzelne Platten gegeneinander beweglich sind.

Das Mosaik der Platten

Jede Platte besitzt eine oder mehrere der drei möglichen Arten von Plattengrenzen. An den Spreizungsachsen trennen sich Platten, an ihrem rückwärtigen Rand setzt sich ständig neu entstehende Ozeankruste an; an den Horizontalverschiebungen gleiten die Platten aneinander vorbei, Oberfläche wird weder geschaffen noch vernichtet; an Subduktionszonen wird eine der beiden Platten aufgezehrt, sie gleitet unter den sogenannten aktiven Plattenrand der anderen Platte und taucht in den Mantel ein.

Das Mosaik der Erdoberfläche besteht aus sechs riesigen und einer Vielzahl von kleinen Platten. Die größte Platte trägt praktisch den ganzen Pazifischen Ozean, eine der kleinsten umfaßt gerade das Gebiet der Türkei. Nicht immer sind die Grenzen der Platten mit den Grenzen der Kontinente identisch; viele Kontinentalränder sind ruhige Gebiete ohne Vulkane und ohne Erdbeben. Mit anderen Worten, eine Platte kann teils kontinental, teils ozeanisch sein, oder nur kontinental oder nur ozeanisch. Mit dieser Beobachtung wird der traditionelle Vorbehalt gegen die Kontinentalverschiebung entkräftet, daß es für einen geologisch schwachen Kontinent mechanisch unmöglich sei, sich wie ein Pflug durch den starren Ozeanboden zu schneiden. Nach der Plattentektonik werden Kontinent und Ozean gemeinsam von demselben Krustenförderband bewegt, ähnlich wie ein mehrteiliges Floß auf dem Strom.

Betrachtet man die Grenzen der afrikanischen Platte einmal etwas näher, dann zeigen sich zwei bedeutsame Folgen der Plattenbewegung. Der größere Teil des Plattenrandes ist eine Spreizungsachse, die sich vom Nordatlantik rund um den Kontinent in den indischen Ozean und bis ins Rote Meer zieht. Die afrikanische Platte muß also ständig größer werden. Das bedeutet aber nichts anderes, als daß irgendwo auf dem Globus andere Platten Oberfläche verlieren müssen. Das Wachstum der afrikanischen Platte hat zudem die Konsequenz, daß sich die Entfernung zwischen dem Carlsberg-Rücken im Indischen Ozean und dem mittelatlantischen Rücken ständig vergrößert (Bild 1).

Gleichzeitig machen wir eine weitere Beobachtung: Die Plattenbewegung ist relativ. Es existiert kein Koordinatensystem, mit dessen Hilfe sich absolute Plattenbewegungen beschreiben ließen; man kann sich nur damit helfen, eine bestimmte Platte oder eine Plattengrenze willkürlich als fixiert zu betrachten.

Die Theorie der Plattentektonik definiert die Platten als starre Körper. Das ist aus vielerlei Gründen gerechtfertigt. Die Kontinentalränder einer großen Zahl von Plattenpaaren passen ausgezeichnet aneinander. (Bei Anpassungsversuchen wird im allgemeinen die Tiefenlinie des Kontinentalschelfs bei 1 000 Faden, das sind 1 829 Meter Wassertiefe, verwendet.) Noch genauer können die paarweise und symmetrisch zu den mittelozeanischen Rücken auftretenden magnetischen Anomalien miteinander verglichen werden. Wären die Platten während ihrer Entwicklung auf irgendeine Weise deformiert worden, dann ließen sich diese Anpassungen nicht durchführen. Die Starrheit der Platten wird außerdem noch von den nach und nach auf der ozeanischen Kruste abgelagerten Sedimenten bestätigt. Seismische Reflexionsprofile zeigen, daß die Sedimente auch in den ältesten Streifen völlig flache und ungestörte Schichten bilden.

Geometrie der Plattenbewegung

Die Bewegung starrer Platten auf einer Kugel läßt sich als Rotation um eine durch den Mittelpunkt der Kugel laufende Rotationsachse beschreiben. Der Schnittpunkt der Achse mit der Kugeloberfläche ist der Rotationspol (Bild 2). Mit Hilfe dieser Konstruktion konnten Sir Edward Bullard, J. E. Everett und A. G. Smith von der Universität Cambridge zeigen, daß alle Plattenränder rund um den Atlantischen Ozean zusammenpassen. Die an der Oberfläche sichtbare Relativbewegung zweier Platten geht konzentrisch um die Rotationsachse vor sich. Die kreisförmigen Bewegungsbahnen kann man sich als Breitenkreise der Rotationskugel vorstellen, mit dem Austrittspunkt der Rotationsachse als Pol und dem größten Breitenkreis als Äquator. Besser noch läßt sich die relative Plattenbewegung mit Hilfe der Winkelgeschwindigkeit beschreiben, da die Bewegungsgeschwindigkeit mit jedem Rotationskreis wächst, von Null am Pol bis zum Maximum am Äquator.

Besonderes Augenmerk verlangen Plattenränder, die parallel zu Rotationskreisen verlaufen. Ihre Grenzen werden von Störungen gebildet, bei deren Aktivität Oberfläche weder entsteht noch verlorengeht. Wir nennen sie Transformstörungen. Zieht man Großkreise senkrecht zu einzelnen Transformstörungen, die Abschnitte einunderselben Plattengrenze sind, so werden sich die Großkreise im Rotationspol für die entlang der Störungslinie stattfindende Plattenbewegung schneiden. In einem Winkel auf die Rotationskreise stoßende Plattengrenzen sind immer entweder ozeanische Rücken oder Subduktionszonen, je nachdem, ob sich die Platten auseinanderbewegen oder aufeinander zulaufen.

Mit zunehmender Entfernung vom Rotationspol wächst die Geschwindigkeit, mit der Plattenränder auseinanderdriften und ihnen an der Spreizungsachse neues Material angefügt wird. Das läßt sich leicht an den wachsenden Abständen zwischen den Rändern der einzelnen unterschiedlich magnetisierten Streifen und dem ozeanischen Rücken erkennen, an dem sie entstanden ist. In vergleichbarer Weise wächst die Subduktionsgeschwindigkeit mit zunehmender Entfernung vom Rotationspol. Die Erdbebenzone Neuseeland – Tonga zeigt am besten, was in einem solchen Fall vor sich geht. Südlich von Neuseeland treten nur Flachbeben auf, auf der Höhe Neuseelands mitteltiefe Beben; nördlich von Neuseeland beginnt die Zone der Tiefbeben (Bild 1). Die Ursache dafür kann nur in der nach Norden zunehmenden Subduktionsgeschwindigkeit gesucht werden, bei der sich die abtauchende, erdbebenauslösende Platte im Norden in größerer Tiefe befindet als im Süden.

Warum sind die Rücken zerstückelt?

Aus irgendeinem, wahrscheinlich mechanisch bedingten, Grund verlaufen ozeanische Rücken und Transformstörungen im allgemeinen in gerader Linie. Subduktionszonen dagegen sind geschwungen, wahrscheinlich ebenfalls aus mechanischen Gründen. Die Bewegungsrichtung zweier konvergierender Platten ist entweder senkrecht oder schief zur Subduktionszone, je nachdem, welchen Winkel die Subduktionszone mit dem Rotationskreis bildet. Man kann an demselben Plattenrand alle Übergänge zwischen reiner Subduktionsbewegung und reiner Transformstörung beobachten. Daher ist die Orientierung einer Subduktionszone, im Gegensatz zu ozeanischen Rücken und Transformstörungen, ein schlechter Hinweis auf die Bewegungsrichtung der beteiligten Platten.

Doch auch die Spreizungsachse eines ozeanischen Rückens wird häufig von Transformstörungen unterbrochen. Oft entstehen an einer Transformstörung steile submarine Abhänge oder regelrechte Schluchten. Zunächst hatte man angenommen, daß ein ursprünglich gerade verlaufender Rücken nachträglich von Horizontalverschiebungen zerstückelt und die Teile seitlich versetzt worden seien, insbesondere, weil die Verschiebung auch noch weit vom Rücken entfernt nachweisbar ist. J. Tuzo Wilson von der Universität Toronto war der erste, der zeigen konnte, daß diese Horizontalverschiebungen ausschließlich die Spreizungsachse selbst betrafen und mit ihr zusammen eine einheitliche Plattengrenze bildeten. Er prägte für diese Art von Horizontalverschiebungen den Begriff *transform fault*, um auszudrücken, daß sie lediglich dazu dient, die Relativbewegung zwischen zwei Rückensegmenten zu übertragen. Inzwischen haben seismische Untersuchungen und die Beobachtung, daß Erdbeben nur in dem Teilstück der Störungslinie auftreten, das zwischen den Enden der beiden versetzten Rückensegmente liegt, Wilsons theoretische Überlegung bestätigt.

Der aktive Teil einer derartigen Transformstörung ist stets Teil eines Rotationskreises. Entsprechend bezeichnet der inaktive, sich über das Ende des versetzten Rückensegments hinaus erstreckende Teil der Störungslinie, der in der erstarrten Ozeankruste festgehalten ist, einen der Rotationskreise aus der Vergangenheit der Plattenbewegungen auf beiden Seiten der Spreizungsachse. Das ist aus zwei Gründen von außerordentlicher Wichtigkeit. Erstens berechtigen die vorzüglich erhaltenen, sozusagen in

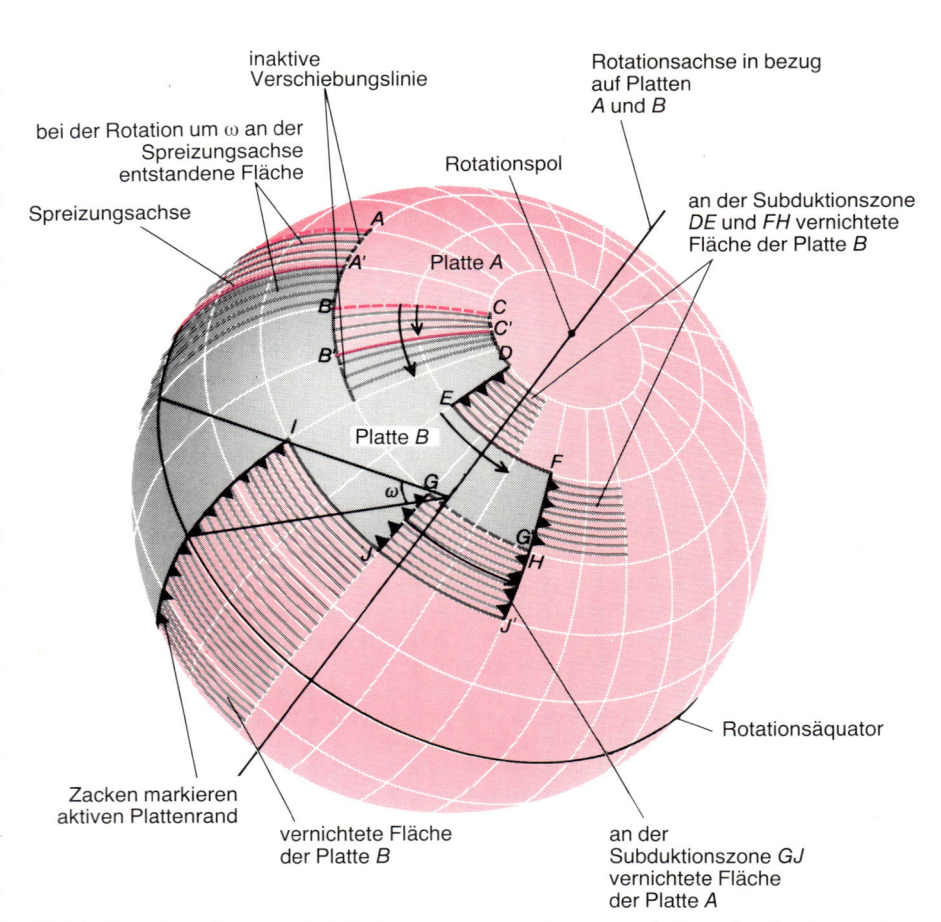

Bild 3: Transformstörungen als Teilstücke von Plattengrenzen können in drei Formen auftreten: als Verbindung zwischen zwei Spreizungsachsen (*AB*), zwischen Spreizungsachse und Subduktionszone (*CD*) und zwischen zwei Subduktionszonen (*EF, GH, IJ*). Platte A soll fixiert bleiben, Platte B bewegt sich gegen den Uhrzeigersinn. Transformstörungen Spreizungsachse/Spreizungsachse (*AB, A'B'*) behalten ihre Länge unverändert bei, denn neue Oberfläche entsteht symmetrisch an der Spreizungsachse. Die Länge der Transformstörungen zwischen Spreizungsachse und Subduktionszone nehmen mit der halben Verschiebungsgeschwindigkeit an Länge ab oder zu. Hier verkürzt sich *CD* zu *C'D*. Befände sich der aktive Rand der Subduktionszone *DE* auf Platte A wie im Fall *GJ*, dann hätte *CD* länger werden müssen. Transformstörung *EF* erhält ihre Länge, *GH* wird auf Null verkürzt und *IJ* zu *IJ'* verlängert.

den Meeresboden „eingebrannten" Rotationskreise der inaktiven Störungslinien zu der Annahme, daß man Plattenbewegungen tatsächlich als starre Rotation um einen festen Pol beschreiben kann. Zweitens liefern sie den Schlüssel zur Entzifferung der früheren Plattenbewegungen. Die inaktiven Transformstörungen geben die Richtung, wenn auch nicht die Geschwindigkeit, der Bewegungen an. Die Geschwindigkeit läßt sich jedoch aus der Breite der magnetischen Feldstreifen ableiten, wenn das genaue Alter des jeweiligen Polaritätsumschwungs aus anderer Quelle bekannt ist.

Walter C. Pitman III und Manik Talwani vom Lamont-Doherty-Observatorium haben sich eine einfache und elegante Methode überlegt, wie man die Plattenbewegungen der letzten 180 Millionen Jahre für den mittleren Atlantik berechnen kann. Sie benutzten dabei eindeutig identifizierte Paare magnetischer Anomalien bekannten Alters und die Orientierung der Transformstörungen und setzten voraus, daß die magnetischen Anomalien Paar für Paar an der Achse des mittelatlantischen Rückens entstanden und auf starren Platten auseinandergerückt seien. Dann bestimmten sie eine Reihe von Rotationspolen, mit deren Hilfe sie die zunehmend älter werdenden Paare der magnetischen Anomalien zur Deckung bringen konnten. Die Reihe endete mit einer letzten Rotation, bei der die Kontinentalränder von Afrika und Nordamerika aneinanderpaßten. Läßt man die Sequenz rückwärts abrollen, dann beschreibt sie den Weg der Platten bei der Öffnung des mittleren Atlantik.

Relativbewegungen der großen Platten

Aus der symmetrischen Schöpfung von Oberfläche an Spreizungsachsen und ihrer asymmetrischen Vernichtung an Subduktionszonen folgt, daß Transformstörungen immer dann die gleiche Länge behalten, wenn sie zwei Spreizungsachsen miteinander verbinden oder zwei Subduktionszonen, deren aktive Ränder sich auf der gleichen Platte befinden. Transformstörungen werden mit der Zeit kürzer, wenn sie zwei Subduktionszonen miteinander verbinden, deren aktive Ränder auf anderen Platten liegen und gegeneinandergerichtet sind, sie werden länger, wenn die aktiven Ränder auseinanderweisen (Bild 3). Verbindet eine Transformstörung eine Subduktionszone mit einem Rücken, dann wird sie ebenfalls länger oder kürzer, je nachdem, auf welcher Platte sich der aktive Rand befindet.

Wenn die Rotationsachsen und die Winkelgeschwindigkeit der beiden Plattenpaare A und B sowie A und C bekannt sind, lassen sich Rotationsachse und Winkelgeschwindigkeit für das dritte Plattenpaar B und C berechnen (Bild 4). Das heißt auch, daß man die Relativbewegung zwischen den Platten B und C feststellen kann, wenn sich an den Grenzen zwischen A und B sowie zwischen A und C Abschnitte der Spreizungsachse befinden.

Xavier le Pichon hat am Forschungszentrum für Ozeanographie und Marinebiologie der Bretagne mit dieser Methode die Relativbewegungen zwischen den sechs größten Platten berechnet. Dabei gelang es ihm, Bewegungsrichtung und Bewegungsgeschwindigkeit der Platten für alle großen Subduktionszonen zu bestimmen.

Auf gleiche Art und Weise hat Pitman indirekt die Relativbewegungen zwischen Afrika und Europa in den letzten 80 Millionen Jahren ausgerechnet. Er benutzte die Tatsache, daß sich in dieser Zeit sowohl Afrika und Nordamerika bei der Erweiterung des Atlantischen Ozeans um eine Anzahl verschiedener Rotationsachsen auseinanderbewegt haben, als auch, wieder um andere Rotationsachsen, Europa und Nordamerika.

Im Lauf dieses Geschehens gab es Relativbewegungen zwischen Afrika und Europa, und zwar höchst komplizierter Art. Summiert man sie, dann bleibt als Resultat, daß bei der Verschiebung der beiden Kontinente ein breiter, zwischen ihnen gelegener Ozean fast vollständig vernichtet wurde.

Die Relativverschiebungen finden auf Kreisen statt, den Rotationskreisen. Deshalb lassen sich die Relativgeschwindigkeiten durch ein Dreieck der Geschwindigkeitsvektoren stets nur für einen ganz bestimmten Punkt an einem ganz bestimmten Moment beschreiben. Wir können uns jedoch behelfen, indem wir Relativbewegungen auf einem so kleinen Stück Oberfläche untersuchen, daß die Betrachtung der Erdoberfläche als Ebene und die angesprochenen Abschnitte der Rotationskreise als Gerade zulässig ist. Am interessantesten sind die Stellen, an denen drei Platten aneinandergrenzen. D. P. McKenzie von der Universität Cambridge und W. Jason Morgan von der Universität Princeton haben alle denkbaren Formen von Tripelverbindungen mit Hilfe von Geschwindigkeitsvektordreiecken untersucht (Bild 5). Sie konnten zeigen, daß die Tripelverbindungen stabil sind, wenn die Platten bei der Bewegung ihre Anfangsgeometrie erhalten, daß sie sich aber langsam verlagern, wenn sich die geometrischen Relationen der Platten untereinander verändern.

Plattenaufbau und Mächtigkeit

Unsere bisherigen Betrachtungen der Plattengeometrie bezogen sich mehr oder weniger auf die Oberfläche der Platten und vernachlässigten die dritte Dimension. Die Mächtigkeit der Lithosphärenplatten und ihr Aufbau blieben unberücksichtigt. Die Geophysiker wissen seit vielen Jahren aus Schwereuntersuchungen und seismischen Reflexionsmessungen und aus allgemeinen isostatischen Überlegungen, daß unter der Oberfläche der Kontinente eine rund vierzig Kilometer mächtige Krustenschicht aus relativ leichtem granitischem Material und unter den Ozeanen eine rund sieben Kilometer dicke basaltische Krustenschicht liegen. Unter der kontinentalen Kruste liegt ebenso wie unter der ozeanischen Kruste das dichtere Material des Mantels. Die Grenze zwischen Kruste und Mantel wird von der Mohorovičić-Diskontinuität, abgekürzt Moho, verdeutlicht. (Leider ist das Projekt „Mohole", eine Forschungsbohrung über einer dünnen Stelle der Ozeankruste in den Mantel niederzubringen, bisher nicht verwirklicht worden.)

Um beweglich zu sein, müssen die Platten wenigstens so dick sein wie die ozeanische oder die kontinentale Kruste. Es gibt Platten, zu denen sowohl ozeanische als auch kontinentale Kruste gehört, ohne daß es an der Grenze zwischen beiden Krustenarten zu Differentialbewegungen kommt. Lange Zeit hat man angenommen, daß die Moho eine wichtige physikalische Unstetigkeitsfläche sei, an der sich die Kruste ablöst und auf der große Verschiebungen stattfinden. Erst vor kurzem wurde deutlich, daß, wenn es eine Ablösungszone zwischen einer äußeren starren Schale und einer weniger viskosen Schicht darunter gibt, diese Ablösungszone wesentlich tiefer liegen muß als die Moho.

Die besten Informationen über die Mächtigkeit der Platten liefert die Seismik. Die Geschwindigkeit seismischer Wellen hängt von der Dichte und von dem plastischen Verhalten der Gesteine ab, die sie durcheilen. In Gesteinen hoher Festigkeit und hoher Dichte ist die Geschwindigkeit groß, in weicheren, weniger dichten Gesteinen ist sie niedrig. Außerdem steigt die Geschwindigkeit mit dem Druck, der auf dem Gestein lastet, und sie sinkt mit steigender Temperatur. Obwohl eigentlich die Wellengeschwindigkeit mit der Tiefe zunehmen müßte, zeigen immer mehr Untersuchungen, daß die Scherungswellengeschwindigkeit an einer bestimmten, 70 Kilometer unter den Ozeanen und 150 Kilometer unter den Kontinenten gelegenen Fläche plötzlich abnimmt (Bild 6). In größerer Tiefe nehmen die Scherungswellen wieder an Geschindigkeit zu. Die Zunahme ist zwischen 350 und 450 Kilometer und kurz vor 700 Kilometer Tiefe besonders deutlich.

Die Meßergebnisse lassen darauf schließen, daß die Erde eine spröde äußere Schale von 70 bis 150 Kilometer Mächtigkeit besitzt (die Lithosphäre), die über einer wärmeren und weicheren, mit der Tiefe aber wieder an Viskosität gewinnenden Schicht (der Asthenosphäre) liegt. Wahrscheinlich sind Dicke der Lithosphäre und Dicke der starren Platten identisch, und genauso wie die Platten ist die Lithosphäre an Plattengrenzen unterbrochen. Mit anderen Worten: Die Platten bestehen nicht nur aus Kruste, sondern umfassen die ganze Lithosphäre aus Kruste und einen Teil des oberen Mantels. Erdbeben bieten die Möglichkeit, diese Hypothese zu prüfen, denn sie haben wahrscheinlich in der kühleren, spröden Lithosphäre ihren Ursprung. Die Lage der Erdbebenherde wäre dann ein Hinweis auf die Dicke der Lithosphäre und ihre Position dort, wo sie an Subduktionszonen in die Tiefe der Erde abtaucht.

In der Nähe von Ozeanrücken und Transformstörungen liegen die Epizentren der Erdbeben nicht tiefer als 70 Kilometer. Die Epizentren der mitteltiefen Beben und Tiefbeben liegen in einer geneigten Zone, die der Vorstellung entspricht, daß Lithosphäre an Subduktionszonen in die Asthenosphäre eintaucht und dort aufgezehrt wird (Bild 7).

Bryan L. Isacks und Peter Molnar vom Lamont-Doherty-Observatorium haben mit Hilfe von Primärwellenaufzeichnungen die Art der Spannungen in abtauchenden Lithosphärenstücken bestimmt. Sie gleichen dem Beanspruchungsmuster, das zu erwarten wäre, wenn ein kühles Stück gebogener Lithosphäre beim Abtauchen in eine immer zähflüssiger werdende Asthenosphäre auf steigenden Widerstand trifft. Wird eine Lithosphärenplatte an der Subduktionszone gebogen, dann gerät ihre Oberfläche unter Spannung wie bei einer elastischen Verbiegung. Wo die Lithosphäre nur ein kurzes Stück in die Asthenosphäre eingetaucht ist, verrät die anhaltende Zugspannung entlang ihrer ganzen Oberfläche, daß dem Abtauchen kaum Widerstand entgegengesetzt wird. Dagegen liefern die Wellen tiefgelegener Erdbebenzonen die Information, daß tiefeingetauchte Lithosphärenstücke in Bewegungsrichtung unter Kompressionslast stehen. Man kann sich vorstellen, daß die auf das abtauchende Lithosphärenstück wirkende Kompression vom wachsenden Widerstand der Asthenosphäre hervorgerufen wird.

Ein interessanter Fall entsteht dort, wo die geneigte Erdbebenzone eine Lücke hat. Dann liegt der Schluß nahe, daß die abtauchende Lithosphäre unterbrochen ist.

Erdbeben über der Lücke zeigen das Vorhandensein von Zugspannung; Erdbeben aus dem unteren Teil zeigen Kompression. Es sieht so aus, als sei ein Lithosphärenstück abgerissen und setze seinen Weg selbständig und mit höherer Geschwindigkeit fort als der Rest.

Das allgemeine Verhalten der Platten, ihr Wachstum an einer Stelle und ihre Vernichtung an einer anderen, verlangt nach dem Vorhandensein irgendeines Massentransportmittels in Form einer Konvektion im Mantel. An den Spreizungsachsen ist der Wärmefluß aus dem Inneren der Erde zur Oberfläche am stärksten. Er nimmt seitwärts sehr schnell ab, bleibt über dem Platteninneren auf einem relativ niedrigen Niveau und fällt an einer Subduktionszone auf ein Minimum. Die Lithosphäre könnte eine kühle, spröde, wärmeleitende Grenzschicht darstellen, die an heißen Quellzonen entsteht und an kalten Subduktionszonen vernichtet wird.

Massentransport

Jedes brauchbare Modell einer Massenbewegung im Erdmantel muß eine Anzahl wichtiger Bedingungen erfüllen. Es muß ein ungefähres Gleichgewicht herstellen zwischen dem vertikalen Massentransport, der an den Spreizungsachsen nach oben und an den Subduktionszonen nach unten verläuft. Auch der horizontale Massentransport durch Plattenbewegung und Strömungen in der Asthenosphäre muß weitgehend ausgeglichen sein. Aus der 700-Kilometer-Grenze der Erdbebentiefe und dem markanten Geschwindigkeitsanstieg der Scherungswellen am unteren Rand der Asthenosphäre scheint hervorzugehen, daß Massentransport nur in Lithosphäre und Asthenosphäre stattfindet. Die Achsen, entlang derer neue Kruste entsteht, sind wesentlich länger als die Zonen, an denen Kruste vernichtet wird. Platten werden an ihren Subduktionsstellen schneller verzehrt als an ihren untermeerischen Quellen erschaffen. Da die Oberfläche von Platten veränderlich ist, müssen sich

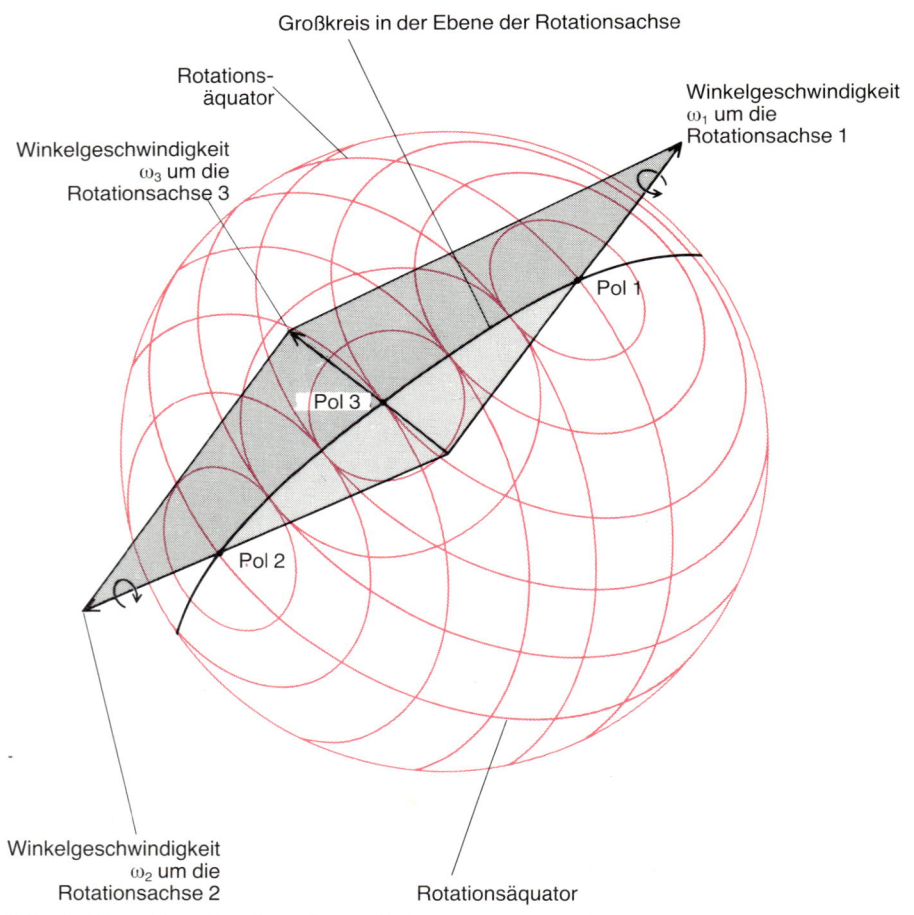

Bild 4: Eine dritte Rotationsachse und ihre Winkelgeschwindigkeit läßt sich als Vektorsumme zweier bekannter Rotationsachsen bestimmen (*links*). Kennt man die Winkelgeschwindigkeit zweier starrer Rotationen um die durch den Mittelpunkt einer Kugel verlaufenden Achsen *1* und *2*, dann ergibt sich aus ihrer Vektorsumme die Winkelgeschwindigkeit der Rotation um eine in der gleichen Ebene liegende dritte Achse *3*. In dem gewählten Beispiel sind die Pole der beiden Achsen *1* und *2* um 90 Grad voneinander entfernt. Die Winkelge-

Plattengrenzen relativ zu anderen Plattengrenzen verlagern; daraus folgt, daß sich Hand in Hand mit der Entwicklung einer Platte auch die Geometrie des Massenkreislaufs ändern muß. Letztlich stimmt die Zahl der Quellzonen nicht mit der Zahl der Zonen überein, an denen Materie aufgezehrt wird. Der Massenkreislauf kann sich also nicht in der Form einfacher Konvektionszellen abspielen, bei denen je eine Quellzone und eine Verzehrzone durch horizontalen Plattentransport oben und entsprechenden Rückfluß unten verbunden sind. Es gibt mehrere Großkreise um die Erde, auf denen man zwei Spreizungsachsen queren kann, ohne auf eine Subduktionszone zu stoßen, oder auf zwei Subduktionszonen, zwischen denen kein Ozeanrücken liegt.

Ein Massenkreislauf mit einer Geschwindigkeit von zehn Zentimeter pro Jahr ist nur möglich, wenn dabei eine Wärmeübertragung stattfindet; denn bliebe die Temperatur unverändert, gäbe es keinen Antrieb zum Temperaturausgleich durch Konvektionsströmung. Aus diesem Grund sind die abgetauchten, noch lange Zeit gleichmäßig kalten und durch Erdbeben bis zu 700 Kilometer Tiefe gekennzeichneten Lithosphärenstücke ein Hindernis für jede Konvektion. Am wenigsten ist klar, ob Konvektionsströmung der Materie und Wärmeübertragung nun als Ursache oder als Folge der Plattenverschiebungen zu gelten haben. Das Modell der Relativbewegung zwischen Asthenosphäre und Lithosphäre in Bild 6 illustriert deutlich das Dilemma. Diese Modelle sind alle viel zu stark vereinfacht. Wer weiß überhaupt, ob die Bewegungen der Platten mit Strömungen innerhalb der Asthenosphäre irgend etwas zu tun haben?

Wir wollen ein Modell herausgreifen, bei dem Kruste, Lithosphäre und Asthenosphäre in einem einfachen Kreislauf von Quellzone zu Verzehrzone verbunden sind (Bild 7). Die Lithosphäre agiert als kalte, wärmeleitende Grenzschicht einer unter ihr liegenden wärmeren Asthenosphäre, deren oberer Teil (die Zone geringer Geschwindigkeit) sich ganz nahe ihrer druckabhängigen Schmelztemperatur befindet. Die aus dem Auseinandertreiben der Platten an der Spreizungsachse resultierenden Zugspannungen vermindern unter dem ozeanischen Rücken den Druck auf die in der Zone geringer Geschwindigkeit befindliche Materie. Bei erniedrigtem Druck beginnen in dieser Zone die ersten Mantelgesteine zu schmelzen, ein Brei aus Einzelkristallen und flüssiger Grundmasse quillt nach oben und hebt den mittelozeanischen Rücken in breiter Front. Die aufsteigende Säule des nur teilweise geschmolzenen Materials verflüssigt sich bei der zunehmenden Druckentlastung weiter und füllt letztlich als Basaltlava den ständig sich erweiternden Riß zwischen den auseinanderdriftenden Platten. Die Schmelze kühlt ab, kristallisiert aus und bildet basaltische Ozeankruste. Unter sich läßt sie eine an Basalt verarmte Schicht des Mantels.

Die Rolle der Kontinente

Wo immer Platten in die Asthenosphäre abtauchen, sitzt über dem aktiven Rand der Subduktionszone eine Kette von Vulkanen (Bild 7). Der Schluß drängt sich auf, daß die Vulkane etwas mit der abtauchenden Platte zu tun haben. Da das spezifische Gewicht ihrer Lava niedriger ist als das der ozeanischen Krustenbasalte, müssen sie sich auf ihrem Weg in die wärmere Asthenosphäre noch teilweise mit anderem Material vermischt haben. Das nun von Basalt entblößte Mantelgestein in der abtauchenden Lithosphäre ist dichter als die Asthenosphäre, durch die es abtaucht, nicht nur, weil ihm die leichtere Basaltfraktion fehlt, die in der Asthenosphäre noch enthalten ist, sondern auch, weil es kälter ist. Man kann daher ohne Bedenken sagen, daß sich eine Platte, ist der Abtauchvorgang erst einmal in Gang gesetzt, von allein weiter in die Tiefe bewegt, solange, bis sie tief in der Asthenosphäre auf erhöhten Widerstand trifft.

Kontinentalkruste ist vierzig Kilometer dick, Platten 70 Kilometer oder mehr. Die Kontinente reisen wie Passagiere auf den wandernden Platten. Im Rahmen der Plattentektonik kommt der Drift der Kontinente keine andere Qualität zu als einer „Drift der Meeresböden". Dennoch werden Kontinente zum Problem. Anders als Ozeane können sie die Plattenbewegung ernsthaft behindern. Die schmalen, scharf begrenzten Tiefseegräben und die gleichmäßig auf einer schiefen Ebene vom Graben in die Tiefe einfallenden Erdbebenzonen sind offensichtlich ein Hinweis darauf, daß sich ozeanische Lithosphäre an Subduktionszonen leicht verarbeiten läßt, wahrscheinlich, weil ihre Kruste dünn ist, aber

schwindigkeiten ω_1 und ω_2 um die beiden Achsen sind gleich. Infolgedessen liegt der Pol der dritten Achse auf einem Großkreis in der Mitte zwischen den Polen *1* und *2*. Auf die Plattentektonik angewendet, läßt eine Rotationsachse *AC* konstruieren, die anders nicht nachvollziehbare Bewegungen zwischen den Platten *A* und *C* beschreibt, wenn die Rotationsachsen und Winkelgeschwindigkeiten für die Relativbewegungen zwischen den Platten *A* und *B* (Rotationsachse *AB*) und den Platten *B* und *C* (Rotationsachse *BC*) bekannt sind (*rechts*).

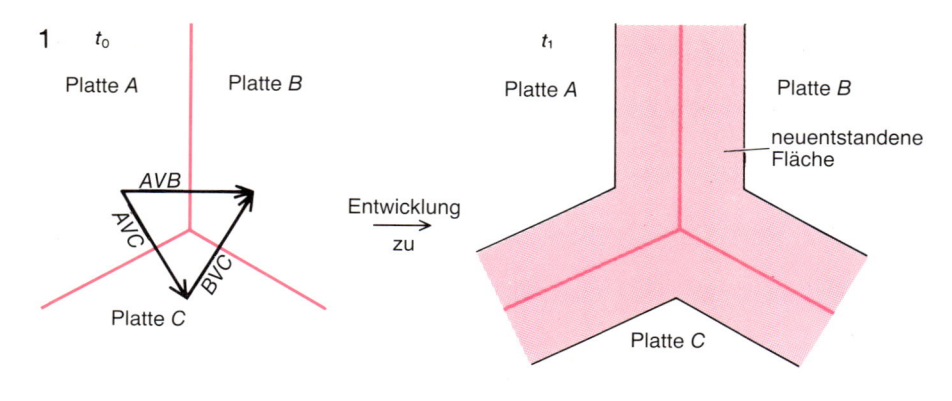

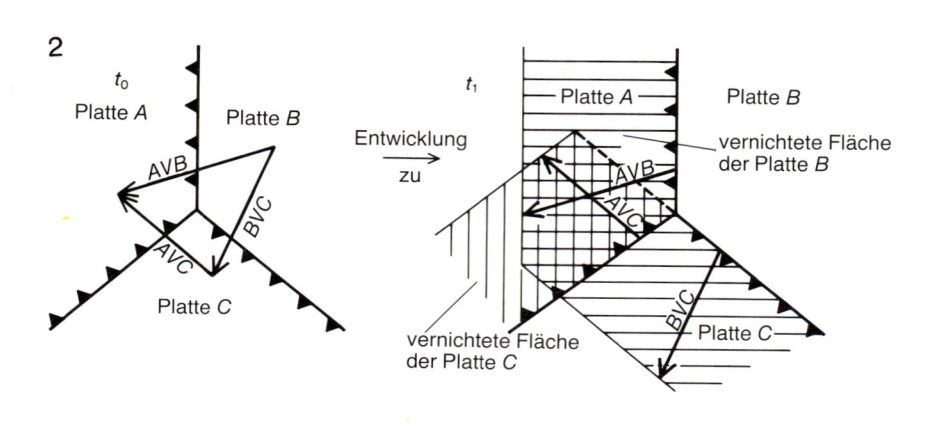

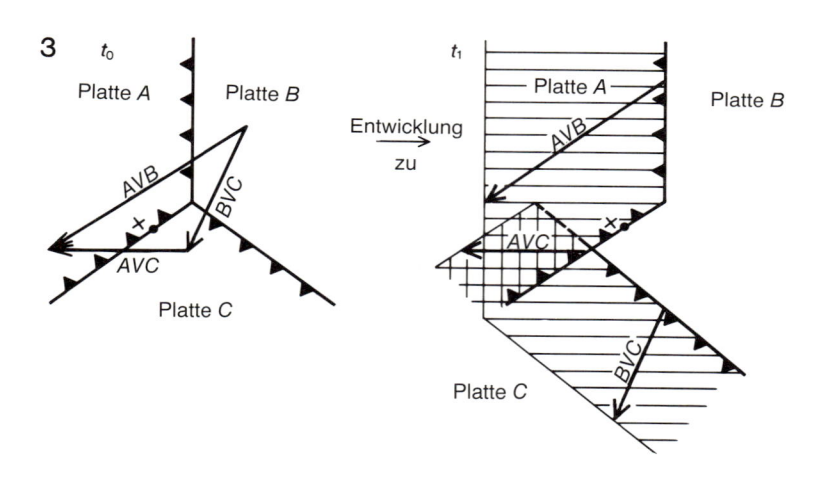

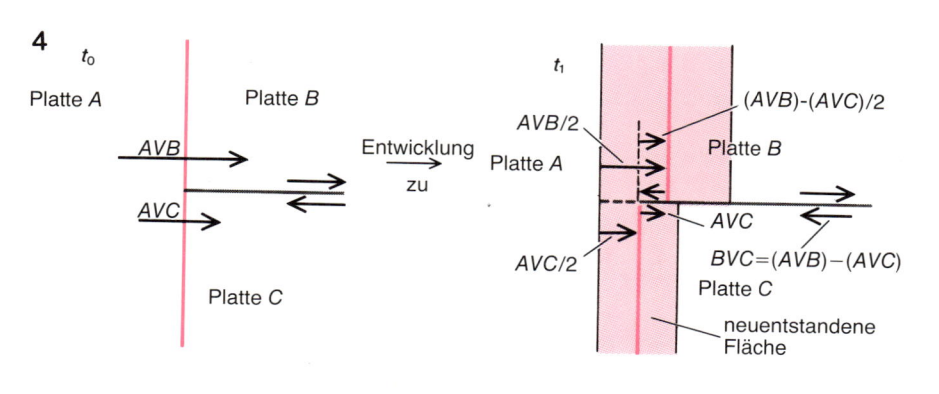

dicht. Erdbebenzonen im Bereich von bei der Kollision von Kontinenten entstandenen Kettengebirgen haben keine klaren Grenzen, Kompressionserscheinungen sind auf einem breiten Gebiet verstreut. Kontinentale Lithosphäre ist schwer zu verzehren, denn sie hat eine dicke Kruste geringer Dichte, die wegen ihres Auftriebs gegen das Abtauchen einen gewissen Widerstand entwickelt.

Innerhalb des sich von den Alpen bis zum Himalaya erstreckenden Kettengebirges gibt es schmale Zonen, die sich durch das Auftreten ganz bestimmter Gesteinsverbände auszeichnen. Es sind Ophiolitkomplexe, deren Zusammensetzung und Struktur darauf hindeuten, daß es sich dabei um aufs Land verschleppte Streifen aus ozeanischer Kruste und Mantelgestein handelt (siehe dazu Ophiolite: Ozeankruste an Land, von Ian G. Gass).

Falls das wirklich zutrifft, dann markieren Ophiolitkomplexe die Linien, an denen nach der Vernichtung eines Ozeans im Zuge der Subduktion seiner Lithosphäre zwei Kontinente aneinanderstießen (Bild 8). Die schmalen Meeresgebiete innerhalb der alpidischen Kettengebirge wie Mittelmeer und Schwarzes Meer sind wahrscheinlich die Überbleibsel größerer Ozeane, die einst zwischen Afrika und Europa lagen.

Ganz offenbar ist Lithosphäre, auf der leichte Kontinentalkruste sitzt, sehr schwer zu verschlucken. Das zeigt sich nicht zuletzt an der besonderen Seltenheit tiefer und mitteltiefer Erdbebenherde in den Kollisionsgebieten von Kontinenten. Es scheint, als ob der Zusammenprall jede weitere Subduktion entlang der Kollisionszone verhindert. Daraus folgt aber wiederum, daß vorhandene Massenkreisläufe nach der Kollision von Kontinenten drastisch verändert werden müssen, da eine wichtige Verzehrzone ausfällt. Es ist denkbar, daß

Bild 5: Vier verschiedene Arten von Tripelverbindungen zwischen Plattengrenzen, die dazugehörigen Geschwindigkeitsvektoren zum Zeitpunkt $t0$ und die Stellung der Platten zum Zeitpunkt $t1$. Die farbigen Linien sind Spreizungsachsen; Subduktionszonen sind als schwarze Linien dargestellt, die Zacken geben die Subduktionsrichtung an; die grauen Linien bezeichnen Transformstörungen. Eine Tripelverbindung zwischen drei Spreizungsachsen bleibt stets an der gleichen Stelle (1). Grenzen drei Subduktionszonen aneinander und bilden die beiden aktiven Ränder der Platte A keine gerade Linie, dann bleibt die Tripelverbindung nur stabil, wenn der Geschwindigkeitsvektor für die Subduktion von C unter A parallel zum aktiven Plattenrand C verläuft (2). In allen anderen Fällen verschiebt sich die Tripelverbindung (3). Zwei Spreizungsachsen und eine Transformstörung entwickeln sich vom ersten Moment $t0$ an zur Konfiguration $t1$, in der die Spreizungsachse von der Transformstörung versetzt wird.

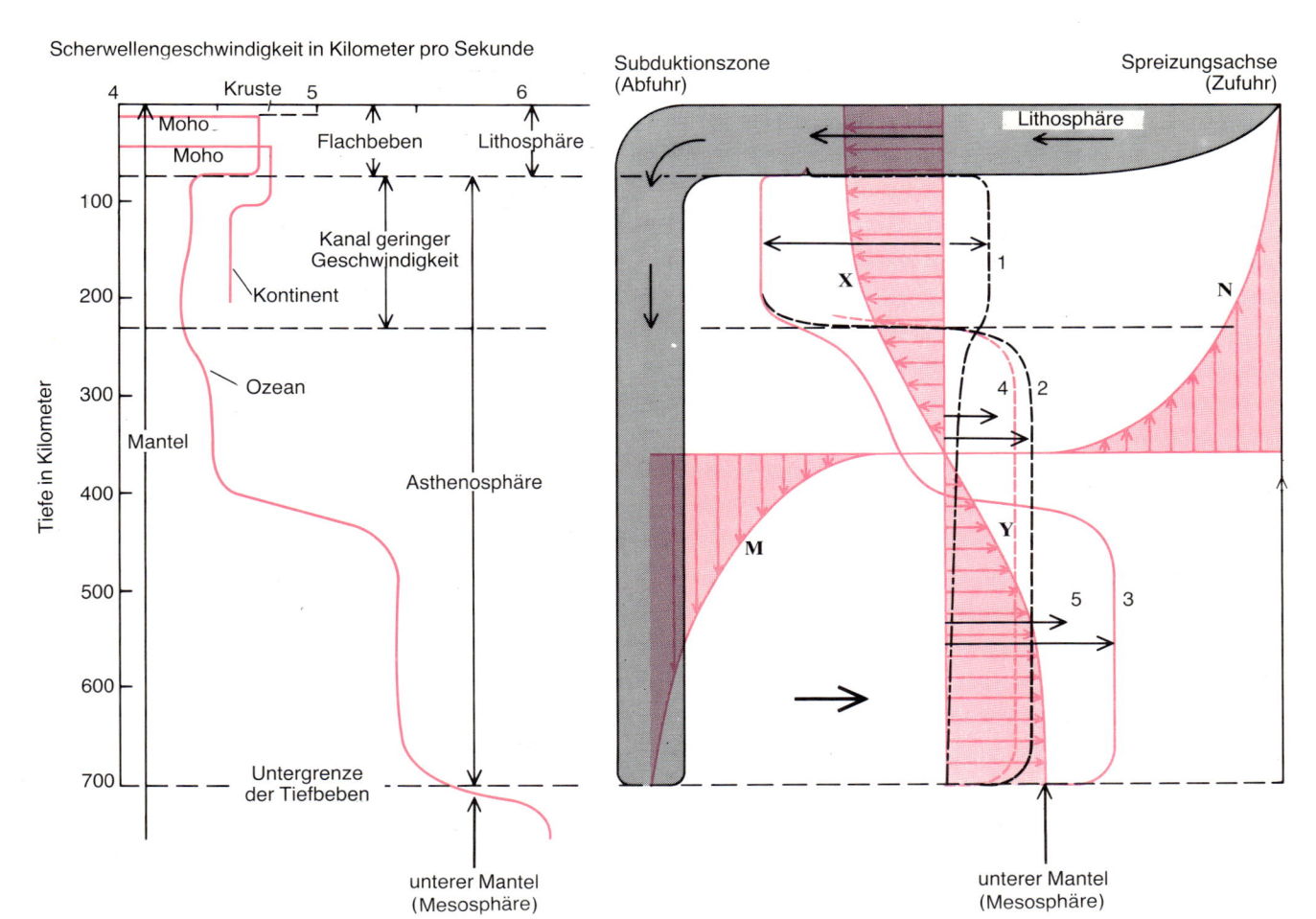

Bild 6: Die unterschiedlichen Geschwindigkeiten der Scherungswellen in Lithosphäre und Asthenosphäre erlauben die Vorstellung von einer kreisförmigen Materieströmung, bei der Platten an Spreizungsachsen wachsen und an Subduktionszonen verzehrt werden. 70 Kilometer unter Ozeanen und 150 Kilometer unter Kontinenten verringert sich die Scherungswellengeschwindigkeit (links). Die zwischen Entstehungszone und Verzehrzone transportierten Mengen müssen gleich groß sein (Flächen M, N, X, Y). Für die Horizontalströmung sind die unterschiedlichen Gradienten 1, 2, 3, 4, 5 denkbar. Der Kreislauf reicht wahrscheinlich bis in 700 Kilometer Tiefe.

sich sofort an anderer Stelle neue ozeanische Subduktionszonen bilden.

Für den Antrieb der Plattenbewegung steht eine ganze Reihe von Möglichkeiten zur Verfügung. Nach dem gegenwärtigen Stand der Kenntnisse hat eine Art thermischer Konvektion im oberen Mantel die meisten Chancen, Antriebsursache zu sein. Das heißt nicht, daß es nicht auch andere ernstzunehmende Vorstellungen vom Antriebsmechanismus der Plattenbewegung gibt. Zu ihnen gehören ein Antrieb durch die Bremswirkung des vom Mond ausgehenden Gezeiteneinflusses auf die Erdkruste, die Zugkräfte eines in der Asthenosphäre „baumelnden" Plattenstücks auf den Rest der Platte oder die Schwerkraft, die ein langsames Gleiten einer Platte auf der schiefen Ebene zwischen Spreizungsachse und Subduktionszone hervorruft. Kleine Platten können darüber hinaus auch die mechanischen Kräfte der Relativbewegung großer Platten zu spüren bekommen. Man kann sich zum Beispiel vorstellen, daß die Westdrift der keilförmigen anatolischen Platte relativ zur eurasischen Platte so ähnlich ist wie die Bewegung eines Kirschkerns, der zwischen arabischer und eurasischer Platte eingequetscht wird.

Zur Ruhe gekommene Platten

Es steht inzwischen fest, daß die Plattentektonik wenigstens während der letzten 200 Millionen Jahre der Erdgeschichte die Erdoberfläche geprägt hat. In dieser Zeitspanne entstanden praktisch alle heutigen Ozeane, andere Ozeane wurden vernichtet. Vor zweihundert Millionen Jahren waren noch alle kontinentalen Massen in einem einzigen Superkontinent *Pangäa* vereinigt (Bild 9). Man muß mit Recht fragen, ob nicht das Auseinanderbrechen von Pangäa vor 180 Millionen Jahren gleichzeitig das Einsetzen der Plattentektonik bestimmte. Doch geologische Untersuchungen an Gebirgen, die wesentlich älter sind als 200 Millionen Jahre, liefern deutliche Hinweise auf gebirgsbildende Prozesse, die an ähnlichen Plattenrändern stattgefunden haben, wie sie für die jüngere Erdgeschichte beschrieben werden, die aber heute nicht mehr existieren. Im Ural und in den Appalachen, beides Gebirge, die mitten im alten Pangäa liegen, wurden schmale Zonen voller Ophiolitkomplexe entdeckt. Sollten diese alten Ophiolitkomplexe nicht auch wie die gleichartigen im Himalaya und in den Alpen die Orte verschwundener Ozeane kennzeichnen? Das heißt aber auch, daß der Ural bei der Kollision zweier noch älterer Kontinente geschaffen worden sein muß und daß die Ophiolite beim Spreizen des Meeresbodens an einem mittelozeanischen Rücken entstanden, bevor die Kontinente aneinandergerieten, in einem Ozean, den es schon längst nicht mehr gibt.

Daß es auch schon in der Zeit lange vor 200 Millionen Jahren in großem Stil Horizontalbewegungen von Kontinenten gab, ergibt sich aus anderen Beobachtungen und Überlegungen. Glaziale Ablagerungen und andere Daten weisen darauf hin, daß die Sahara vor 400 Millionen Jahren unter einer südpolaren

Eiskappe gelegen hat. Um die gleiche Zeit lag Nordamerika nahe am Äquator. Doch auf dem rekonstruierten Superkontinent Pangäa aus der Zeit vor 200 Millionen Jahren liegen beide Gebiete ziemlich nahe beieinander. Das kann nicht immer so gewesen sein. Afrika und Nordamerika müssen vor dieser Zeit von einem 10 000 Kilometer breiten Ozean getrennt gewesen sein. Der Zusammenschub dieses Ozeans und die resultierende Kollision zwischen Afrika und Nordamerika sind wahrscheinlich die Ursachen für die Entstehung des Kettengebirges der Appalachen. Man kann sich gut vorstellen, daß entlang der Subduktionszonen langgestreckte, schmale, klar abgegrenzte Gebirgsbildungszonen bestanden haben (siehe auch Frederick A. Cook, Larry D. Brown und Jack E. Oliver: Das Wachstum der Kontinente). Ist diese Auffassung von der Entstehung der Appalachen und anderer, noch älterer Gebirge richtig, dann hat die Plattentektonik schon vor zwei Milliarden Jahren das Antlitz der Erde geprägt.

Klar abgegrenzte Gebirgsbildungszonen, die älter sind als zwei Milliarden Jahre, sind bisher nicht bekannt geworden. Es muß daher vor dieser Zeit noch einen Gebirgsbildungsmechanismus gegeben haben, der die frühe Entwicklung der Erdkruste bestimmt hat und anderer Natur war als die Plattentektonik in ihrer uns heute vertrauten Form. Auf den alten Schilden der Kontinente finden sich Gesteine mit einem Alter von mehr als 2,4 Milliarden Jahren. Sie sind in Falten und Wirbeln über so große Gebiete verteilt, daß man sich nur schwer vorstellen kann, sie seien bei Gebirgsbildungsprozessen an den Rändern starrer Platten entstanden. Vor 2,4 Milliarden Jahren haben sich die alten Schilde stabilisiert. Rund 400 Millionen Jahre später gab es eine Lithosphäre, die starr genug war, um zu einem Mosaik aus zahlreichen Platten zu zerbrechen.

Damit ist nicht unbedingt gesagt, daß die Plattentektonik im heutigen Sinn vor zwei Milliarden Jahren begann. Gebirgsketten mit einem Alter von mehr als 600 Millionen Jahren fehlen die Ophiolitkomplexe der jüngeren Gebirge. Vielleicht hat das Spreizen von Meeresböden vor dieser Zeit einen anderen Typ ozeanischer Kruste und ozeanischen Mantelgesteins hervorgebracht. Die Geologen rechnen damit, daß die Platten inzwischen dicker und die Plattengrenzen markanter geworden sind.

Eine interessante Folgeerscheinung plattentektonischer Prozesse ist die Tatsache, daß sie im Lauf der Zeit zu einer Vermehrung des Volumens der Erdkruste führen können. Wir haben gesehen, daß der Asthenosphärenteil des Mantels an mittelozeanischen Rücken einer partiellen Aufschmelzung unterliegt und daß dabei basaltische Lava entsteht. Sie steigt auf, kühlt sich ab und bildet an der Spreizungsachse neue ozeanische Kruste. Ebenso kann die ozeanische Kruste einer abtauchenden Platte die Laven produzieren, die den Vulkanketten am aktiven Plattenrand den Nachschub für ihre Eruptionen liefern.

Vulkangesteine, in die unterirdische Magmen eindringen, die schon vor Erreichen der Oberfläche auskristallisieren, haben im großen und ganzen die gleiche chemische Zusammensetzung wie Kontinentalkruste. Die Vulkanketten der Inselgirlanden könnten daher Stätten sein, an denen Streifen neuer Kontinentalkruste entstehen. Da sie an den aktiven, nicht abtauchenden Plattenrändern liegen, müssen sie eines Tages mit anderen Vulkanketten oder mit irgendeiner Art von Kontinentalrand kollidieren. Dann würde dem Kontinentalrand sozusagen ein neuer Krustenstreifen angeschweißt.

Wie wir gesehen haben, blockiert die Ankunft eines Kontinentalrands jede weitere Plattenvernichtung an der betroffenen Subduktionszone. Zwar liefern die ozeanischen Rücken ständig Material, aus dem unter bestimmten Umständen kontinentale Kruste entsteht, doch gibt es offenbar kein Mittel, sie wieder zu vernichten.

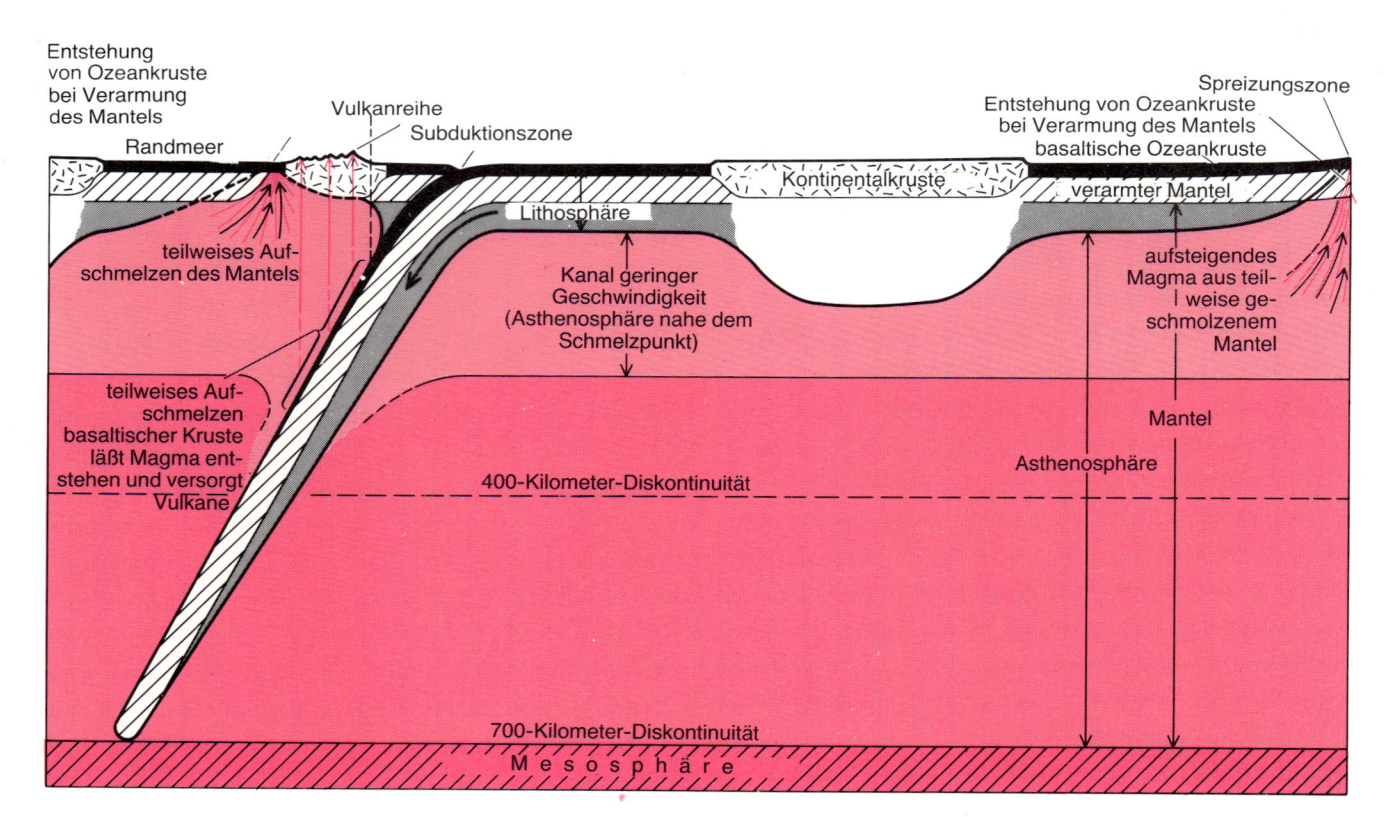

Bild 7: Eine Lithosphärenplatte aus festem Gestein dient als wärmeleitende Grenzschicht über teilweise oder ganz geschmolzenem Asthenosphärenmaterial. Unter einem Kontinent ist die Lithospäre mächtiger. Er wird in Richtung auf die nächste Subduktionszone transportiert. An Spreizungsachsen entsteht ständig ozeanische Kruste, an Subduktionszonen tauchen Platten in den Mantel ein.

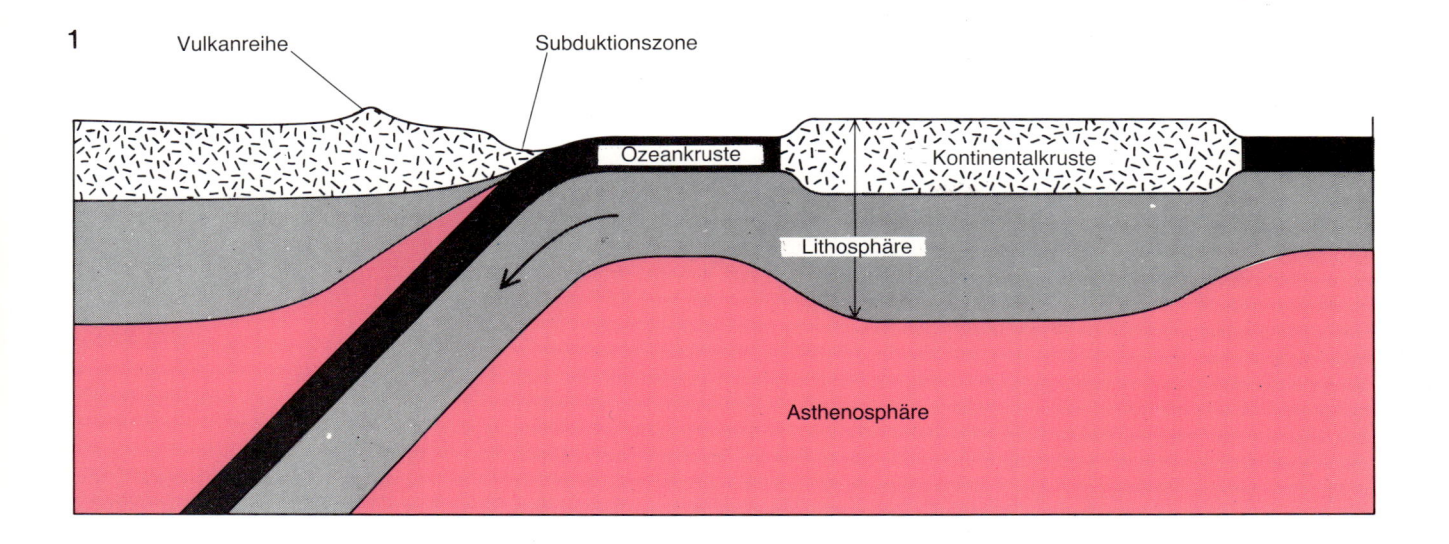

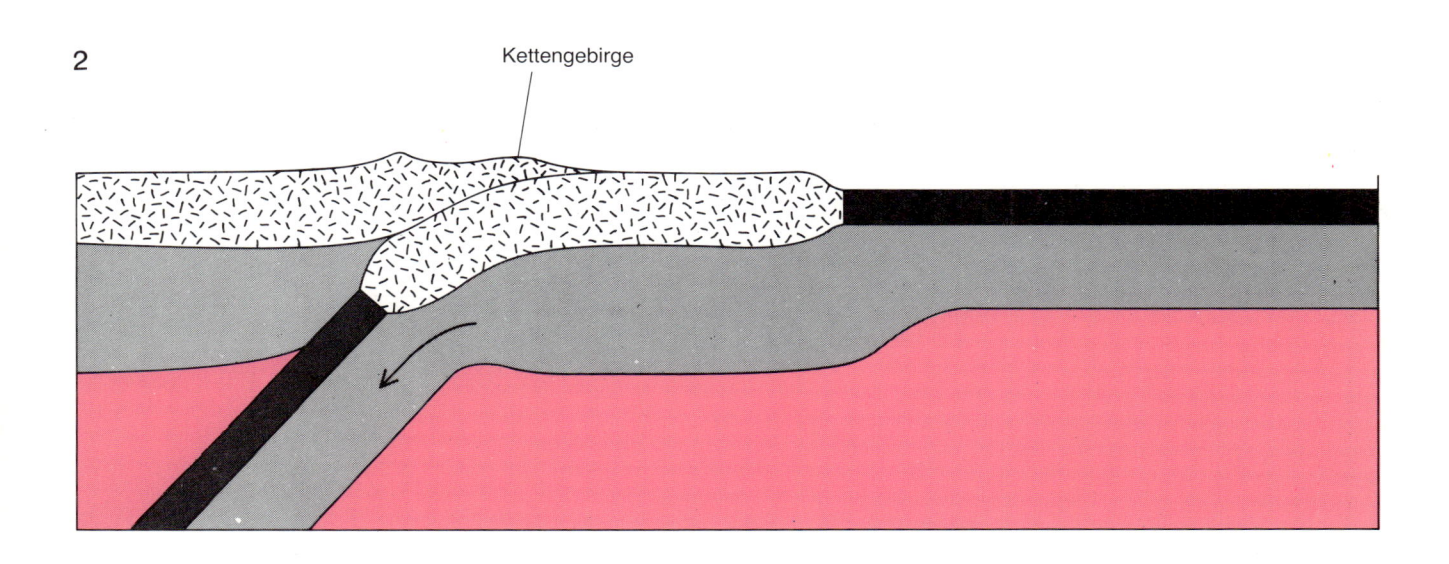

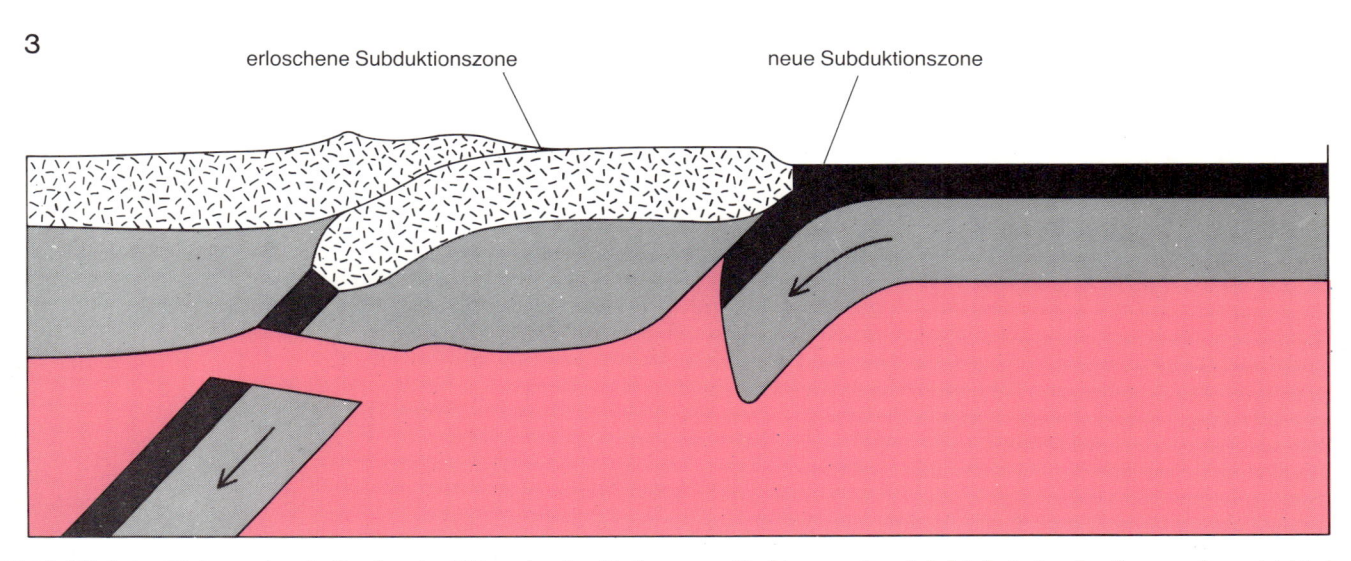

Bild 8: Wird eine Platte, zu der ein Kontinent gehört, unter eine Platte subduziert, deren aktiver Rand ein Kontinentalrand ist, dann kollidieren die beiden Kontinente (1). Kontinentalkruste hat wegen ihres geringeren spezifischen Gewicht einen zu großen Auftrieb, um in der Asthenosphäre verschluckt zu werden; bei sich fortsetzender Kompression entsteht ein Kettengebirge (2). Nach der Kollision bricht die abtauchende Platte womöglich ab, versinkt in der Asthenosphäre, und an anderer Stelle bildet sich eine neue Subduktionszone (3).

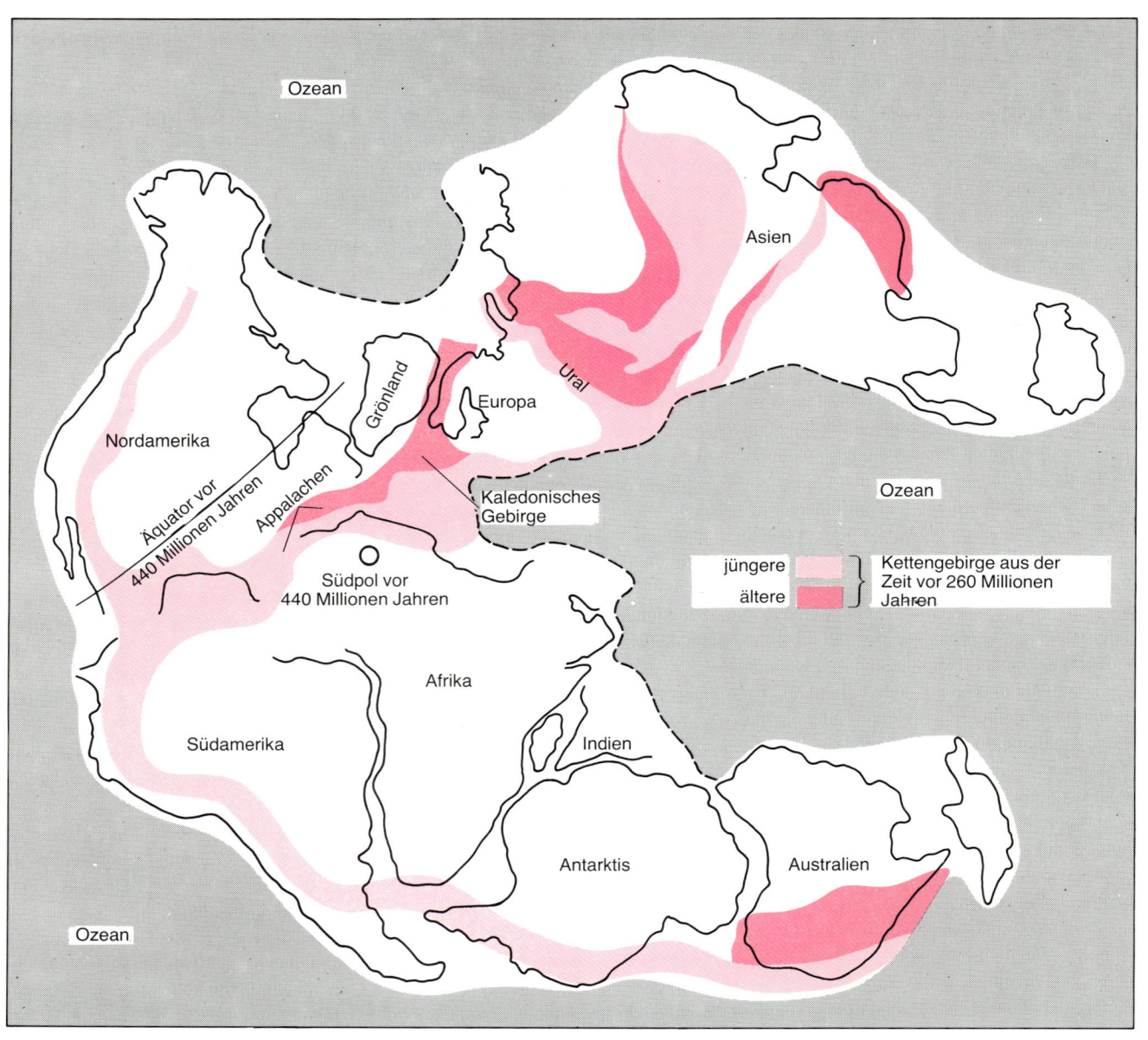

Bild 9: Paßt man die großen kontinentalen Landmassen der Gegenwart mit ihren Rändern aneinander, entsteht der Superkontinent *Pangäa*. Seine Auflösung begann vor 200 Millionen Jahren, als sich ein Grabenbruch zwischen Afrika und der Antarktis entwickelte. Weitere Risse erlaubten Südamerika, Indien und Australien, in ihre heutigen Positionen zu driften. Kettengebirge auf dem Superkontinent, die älter sind als 260 Millionen Jahre, sind farbig schattiert. Die Kettengebirge weisen auf Kollisionen mit Kontinentalschollen hin, die älter sind als Pangäa. Aus einer früheren Kollision zwischen Afrika und Amerika sind die Appalachen hervorgegangen. Erst diese Kontinentalverschiebung kann erklären, wieso ein Südpol und eine Äquatorialzone aus der Zeit vor 440 Millionen Jahren auf Pangäa nebeneinanderliegen.

Das legt den Schluß nahe, daß sich der Anteil kontinentaler Kruste während der letzten zwei Milliarden Jahre vergrößert hat. Daraus kann nicht geschlossen werden, daß Streifen neuer Kruste regelmäßig Ring um Ring an die alten Kontinente angelagert worden sind. Vielmehr wurden in unregelmäßigen Abständen Teilstücke angefügt, die uns ein Spiegelbild des komplexen Zusammenspiels zwischen verschiedenartigen Kontinentalrändern und dem Mosaik der Lithosphärenplatten liefern.

Es gibt eine Reihe geologischer Phänomene, die von der Plattentektonik nicht befriedigend erklärt werden. Die Art des Antriebsmechanismus liegt im dunkeln. Dennoch reichen diese Mängel nicht, um mit ihnen eine Ablehnung der Plattentektonik rational zu begründen. Die Geowissenschaft hat in der Vergangenheit den großen Fehler begangen, die Kontinentalverschiebung abzulehnen, nur weil unklar war, wie und warum sie stattfand. Die schnelle Durchsetzung der Theorie der Plattentektonik ist nicht nur darin begründet, daß sie ein in sich geschlossenes und widerspruchsfreies logisches Gerüst verfügbar macht, mit dessen Hilfe sich so verschiedenartige Phänomene wie das Spreizen des Meeresbodens, die Drift der Kontinente, Erdbeben, Vulkane und die Entstehung der Gebirge auf einen Nenner bringen lassen, sondern auch darin, daß sie erfolgreich quantifiziert werden und in einem Ausmaß an der Wirklichkeit getestet werden konnte, das einen Widerspruch zu ihren Kernaussagen nun nicht mehr zuläßt.

Die Kernaussage der Plattentektonik betrifft die Geometrie der Platten und die Kinematik ihrer Relativbewegung. Es ist von überragender Wichtigkeit, zunächst allen geometrischen und kinematischen Aspekten der Plattenentwicklung nachzugehen, falls wir uns zum Ziel gesetzt haben, jemals die Dynamik der Plattenbewegung und die geologischen Folgen der Plattentektonik in vollem Umfang begreifen zu wollen.

Alfred Wegeners Kontinentalverschiebung aus heutiger Sicht

Nicht immer waren die Landmassen auf der Erdoberfläche so angeordnet wie heute. Alfred Wegener war der erste, der aus dieser Erkenntnis eine umfassende Theorie von der Drift der Kontinente ableitete. Sein Name steht für eine Revolution in den Geowissenschaften.

Von **Hans Closs, Peter Giese und Volker Jacobshagen**

„Man leidet unter den Schranken, die zwischen den Fächern aufgerichtet sind. Eine spezialisierte Wissenschaft ist nicht imstande, uns ein Weltbild zu geben, das uns in der Verworrenheit unseres Daseins einen Halt böte. Daher sucht man nach Synthese, man wünscht den großen Überblick."

C. F. von Weizsäcker, 1964

Der November 1980 ist ein denkwürdiger Monat in der Geschichte der Geowissenschaften: Am 1. November wäre Alfred Wegener (Bild 2) hundert Jahre alt geworden, und zugleich jährt sich in diesem Monat sein Todestag zum fünfzigsten Mal. Im Gedenken an den „Vater" der Kontinentalverschiebungstheorie, dessen wissenschaftliche Bedeutung mit der eines Charles Darwin oder Nikolaus Kopernikus verglichen wurde, trafen sich im Februar dieses Jahres in Berlin zweitausend Forscher aus allen Teilgebieten der Geowissenschaften zu einem internationalen Symposium, um neue Entwicklungen zu diskutieren, die von Wegener wesentliche Impulse erhalten haben. Zu seinen Lebzeiten hatte Wegener, dessen Kontinentalverschiebungstheorie fast zwei Jahrzehnte lang lebhaft diskutiert, aber schließlich auf internationalen Großkongressen von Geophysikern, Geologen, Paläontologen und Geographen nahezu einhellig abgelehnt worden war, kaum Zustimmung gefunden. Erst Anfang der fünfziger Jahre erhielt die Idee von der Kontinentalverschiebung durch eine Reihe geophysikalischer und geologischer Beobachtungen neuen Auftrieb. Doch dauerte es noch einmal über ein Jahrzehnt, bis Wegeners Theorie Ende der sechziger Jahre im Rahmen der Plattentektonik eine verspätete, aber weltweite Anerkennung fand. So leiteten Wegeners Ideen eine Revolution in den Geowissenschaften ein. Das veranlaßt uns zu der Frage: Wer war Alfred Wegener und worin liegt seine Bedeutung für die Erdwissenschaften?

Alfred Wegener wurde am 1. November 1880 in Berlin geboren. Er stammt aus einer märkischen Theologenfamilie, widmete sich aber dem Studium der Naturwissenschaften in einer um die Jahrhundertwende bereits ungewöhnlichen Breite. Nach der Promotion mit einer astronomischen Arbeit wandte er sich vor allem der Meteorologie, später auch der Geophysik zu. 1909 habilitierte er sich für Meteorologie und Astronomie an der Universität Marburg, von 1919 bis 1924 war er in Hamburg Abteilungsleiter bei der Deutschen Seewarte und außerplanmäßiger Professor an der Universität. 1924 nahm er einen Ruf auf den Lehrstuhl für Geophysik und Meteorologie an der Universität Graz an. Diese Fächer bildeten zeitlebens einen Schwerpunkt seines Wirkens — auch auf seinen Grönland-Expeditionen, die seinen Ruhm schon früh begründeten.

Den Winter 1912/13 verbrachte er — erstmalig in der Geschichte der Erforschung Grönlands — zusammen mit drei Kameraden auf dem Inlandeis. Seine

Bild 1: Im Gegensatz zu der bis zur Mitte unseres Jahrhunderts vorherrschenden Meinung, daß die Kontinente an der Erdoberfläche „ortsfest" sind, ging Alfred Wegener davon aus, daß die Landmassen im späten Erdaltertum einen riesigen Urkontinent, Pangäa, gebildet haben. Diese Vorstellung suchte er durch Fakten aus allen Bereichen der Geowissenschaften zu belegen. Das obere Bild zeigt Wegeners Rekonstruktion des Urkontinents zur Zeit des Karbons (vor 365 bis 290 Millionen Jahren). Darin passen einerseits die völlig unregelmäßig geformten Kontinente nahezu lückenlos ineinander, zum anderen fügen sich die Klimazeugnisse jener Epoche, die man heute isoliert auf verschiedenen Kontinenten antrifft, zu Gürteln zusammen. Wegener ging davon aus, daß es schon zur Zeit des Karbons dieselben Klimazonen gegeben habe wie heute, das heißt, Salzlager (gelbbraune Flächen) entstanden in den ariden Zonen der Subtropen, während sich große Eismassen (weiße Kontinentflächen) nur in polnahen Gebieten ansammelten. Danach muß der Südpol zur Zeit des Karbons im Zentrum eines Festlandgebietes gelegen haben, das von Teilen der Südkontinente gebildet wurde. Aus der Lage der so ermittelten Klimazonen konnte Wegener den Verlauf der Breitenkreise zur Zeit des Karbons rekonstruieren. Da er in seiner Rekonstruktion willkürlich die heutige Lage von Afrika festgehalten hat, unterscheidet sich das Netz der Längen- und Breitengrade für die Karbonzeit vom heutigen sehr stark. Wegener war sich vollauf der Schwierigkeit bewußt, relative Bewegungen der Kontinente untereinander von absoluten Bewegungen auf der Erdoberfläche zu unterscheiden. Das untere Bild zeigt, wie man sich heute die Anordnung der Kontinente im Karbon vorstellt. Es unterscheidet sich von Wegeners Rekonstruktion vor allem darin, daß der eurasische Kontinent durch einen breiten Ozean (Tethys) von den Südkontinenten getrennt ist. Neben dem Verlauf der Kontinentalränder waren bei der modernen Rekonstruktion in erster Linie die Ergebnisse paläomagnetischer Messungen ausschlaggebend: Aus der Richtung der Magnetisierung von Gesteinen, die sich während des Karbons gebildet haben, läßt sich der Abstand des Entstehungsortes zum magnetischen Pol bestimmen. Mit diesem Kriterium kann man ähnlich wie mit Klimazeugnissen (sie sind im unteren Bild ebenfalls eingezeichnet) die ehemalige Breitenlage der Kontinente und die Nord-Süd-Richtung bestimmen. (Man geht heute davon aus, daß auch in der geologischen Vergangenheit die magnetischen Pole stets in der Nähe der Rotationspole der Erde gelegen haben.) Symbole: E = Eis, G = Gips, K = Kohle, S = Salz, W = Wüstengestein.

41

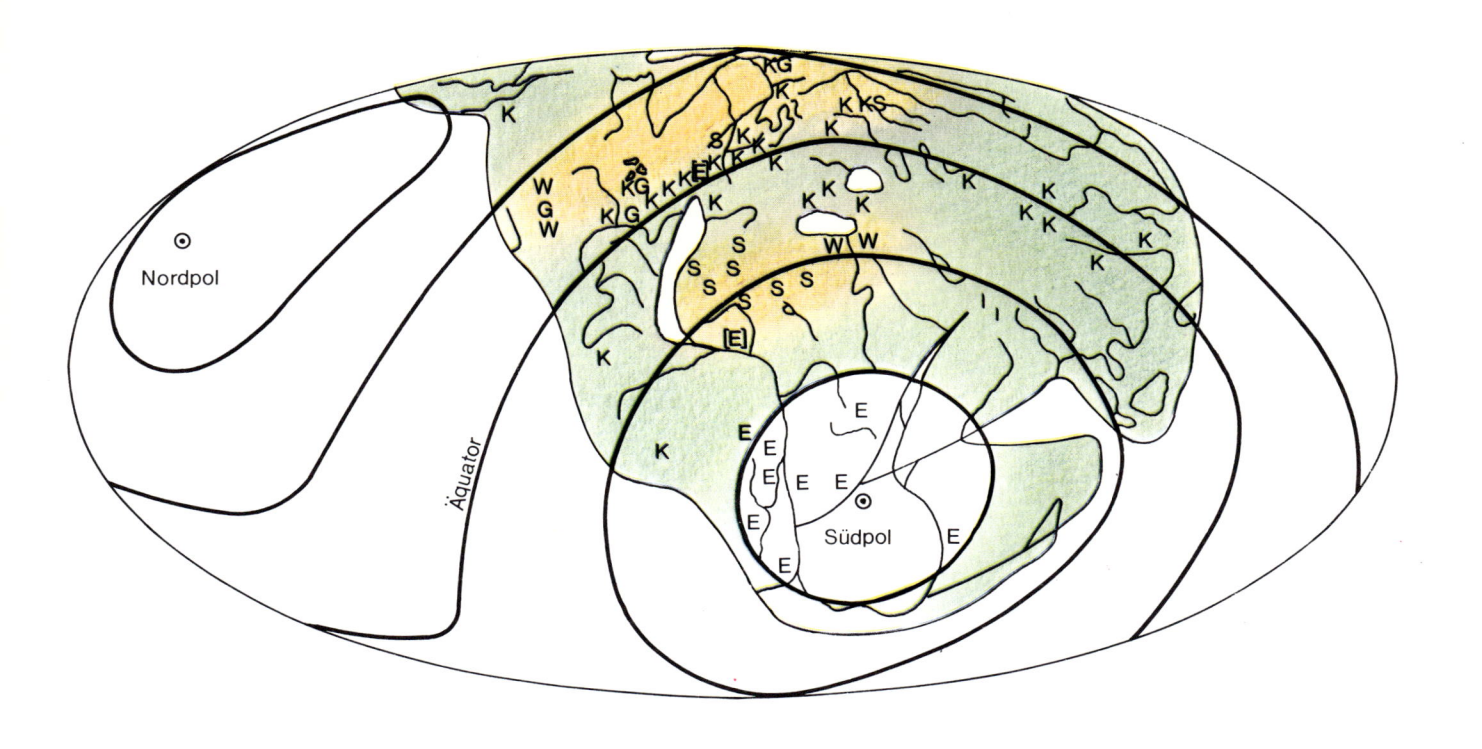

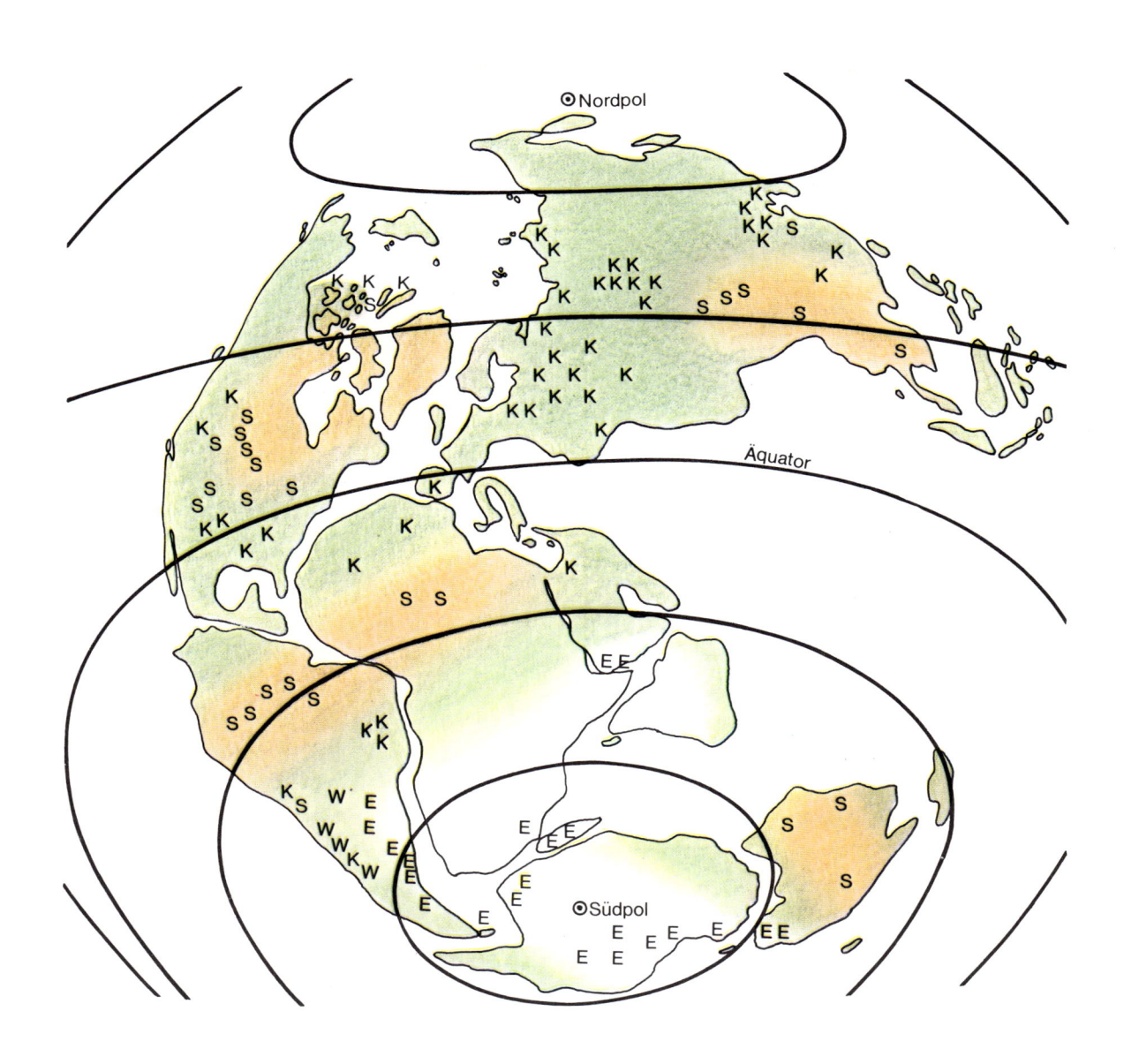

Bild 2: Im November 1930 fand Alfred Wegener wenige Tage nach seinem fünfzigsten Geburtstag auf dem grönländischen Eis den Tod. In der wissenschaftlichen Welt ist sein Name untrennbar mit der Theorie der Kontinentalverschiebung verbunden. Aus der Beobachtung, daß die einander gegenüberliegenden Küsten Afrikas und Südamerikas in ihrer Form übereinstimmen, leitete Wegener seine Kontinentalverschiebungstheorie ab. Zu Wegeners Lebzeiten wurde die Theorie zwar heftig diskutiert, aber von den meisten Geowissenschaftlern abgelehnt. Erst Anfang der fünfziger Jahre erhielt sie wieder Auftrieb, als viele mit modernen geophysikalischen und geologischen Methoden gewonnene Erkenntnisse ebenfalls auf eine Verschiebung der Kontinente hindeuteten. Ende der sechziger Jahre entstand schließlich die umfassende Theorie der Plattentektonik, durch die Wegeners Vorstellungen in ihren Grundzügen bestätigt wurden. Viele Forscher sehen in Wegener heute den größten Geowissenschaftler unseres Jahrhunderts; seine wissenschaftliche Bedeutung wird bisweilen mit der von Darwin oder gar Kopernikus verglichen.

größte Unternehmung, die „Deutsche Grönland-Expedition Alfred Wegener 1930/31", war sorgsam vorbereitet und brachte vor allem reichhaltige gletscherkundliche und meteorologische Ergebnisse. Tragischerweise fand Wegener auf dieser Expedition den Tod: Um die Station „Eismitte" in Zentralgrönland aufrechtzuerhalten und damit den wichtigsten Teil des Expeditionsprogramms sicherzustellen, unternahm er im Oktober 1930 trotz der schon sehr ungünstigen Jahreszeit noch eine Schlittenreise zu seinen Expeditionskameraden in Eismitte. Am 1. November, seinem fünfzigsten Geburtstag, trat er von dort aus, bei minus vierundfünfzig Grad Celsius und Schneestürmen, den Rückmarsch zur Westküste an, nur von einem Eskimo und siebzehn Hunden begleitet. Er sollte sein Ziel nie erreichen: Von seinem Begleiter im Schnee bestattet, fand man Wegener sieben Monate später etwa auf halbem Weg zwischen Eismitte und der Westküste. Wie sein ruhiges und entspanntes Gesicht vermuten ließ, war er einem Herzschlag erlegen. Seinen Begleiter fand man nie.

Leider wurde auch dieses tragische, weltweit mit großer Anteilnahme aufgenommene Ereignis für die geowissenschaftliche Fachwelt nicht zum Signal, sich von neuem mit Wegeners Kontinentalverschiebungstheorie zu beschäftigen, die das Herzstück seines wissenschaftlichen Werkes darstellt.

Ein revolutionärer Gedanke

Der Gedanke, daß die heutigen Erdteile ineinanderpassende Fragmente eines einzigen Urkontinents sind, die sich gegeneinander verschoben haben, kam Wegener im Jahre 1910 spontan, als er eine Weltkarte betrachtete. Er ging dieser Vermutung aber erst nach, als ihm ungefähr ein Jahr später eine geologische Abhandlung in die Hände kam, in der unerklärliche Übereinstimmungen von Klimazeugnissen und Relikten aus der Pflanzenwelt der Karbon-Zeit (vor 365 bis 290 Millionen Jahren) auf heute weit voneinander entfernten Kontinenten der Südhalbkugel dargelegt wurden. Bereits einen Monat danach, im Januar 1912, trug er seine Vorstellungen – untermauert von geophysikalischen Tatsachen – auf einer Geologen-Tagung in Frankfurt vor. Obwohl er dort, wie auch bei späteren Gelegenheiten, kaum Anklang fand, arbeitete er zeitlebens mit beispiellosem Engagement an seiner Kontinentalverschiebungstheorie und sammelte dafür immer neue Argumente aus allen Bereichen der Geowissenschaften. Sie sind in seinem Buch „Die Entstehung der Kontinente und Ozeane", das in vier Auflagen erschien, dargelegt. Trotz der Ablehnung der kühnen Theorie fand dieses Werk große Beachtung und wurde in sechs Fremdsprachen übersetzt.

Den Kern seiner Idee hat Wegener in einem Brief an den Meteorologen Wladimir Köppen vom 6. November 1911 so formuliert: „Ich glaube doch, Du hältst meinen Urkontinent für phantastischer als er ist ... Wenn ich auch nur durch die übereinstimmenden Küstenkonturen darauf gekommen bin, so muß die Beweisführung natürlich von den Beobachtungsergebnissen der Geologie ausgehen. Hier werden wir gezwungen, eine Landverbindung zum Beispiel zwischen Südamerika und Afrika anzunehmen, welche zu einer bestimmten Zeit abbrach. Den Vorgang kann man sich auf zweierlei Weise vorstellen: 1) Durch Versinken eines verbindenden Kontinents „Archhelenis" oder 2) durch Auseinanderziehen von einer großen Bruchspalte. Bisher hat man, von der unveränderlichen Lage jedes Landes ausgehend, immer nur 1) berücksichtigt und 2) ignoriert. Dabei widerstreitet 1) aber der modernen Lehre von der Isostasie und überhaupt unseren physikalischen Vorstellungen. Ein Kontinent kann nicht versinken, denn er ist leichter als das, worauf er schwimmt ... Warum sollen wir zögern, die alte Anschauung über Bord zu werfen? ... Ich glaube nicht, daß die alten Anschauungen noch zehn Jahre zu leben haben."

Diese „alten Anschauungen" hatten aber soeben durch Eduard Suess' vierbändiges Werk „Das Antlitz der Erde" (erschienen zwischen 1885 und 1909) eine großartige Zusammenschau erfahren, die durch Universalität und Ideenreich-

Bild 3: Die erstaunliche Beobachtung, daß die Schwerkraft — abgesehen von ihrer systematischen Breitenabhängigkeit — überall an der Erdoberfläche nahezu denselben Wert besitzt, führte schon um die Jahrhundertwende zum Konzept der Isostasie *(griechisch: isos = gleich, stasis = Stand).* Im oberen Teil des Bildes ist das Prinzip am Beispiel von drei auf einer Flüssigkeit schwimmenden Klötzchen unterschiedlicher Höhe (h_1, h_2 und h_3), aber gleicher Dichte ($\bar{\varrho}$) erläutert. Die Dichte der Flüssigkeit ist mit ϱ bezeichnet. Jeder Klotz taucht so tief ein, bis das Gewicht der Flüssigkeit, die er verdrängt, seinem eigenen Gewicht entspricht. An der gestrichelten Linie herrscht daher überall der gleiche Druck (er ist dem Produkt Dichte × Höhe proportional). Die Linie repräsentiert somit eine „isostatische Ausgleichsfläche". Auch die in den Erdmantel eintauchenden Kontinente stehen in einem Schwimmgleichgewicht (unten). Die mittlere Dichte des Gesteins im oberen Erdmantel beträgt 3,3, die der Kontinente etwa 2,7 bis 2,8 Gramm pro Kubikzentimeter. Tektonische Prozesse, bei denen Teile der Kruste hochgepreßt oder nach unten gezogen werden, können die Isostasie zeitweise stören. Wenn auch das Mantelgestein fest ist, besitzt es doch eine gewisse Fließfähigkeit, so daß sich das Schwimmgleichgewicht allmählich, das heißt nach Jahrmillionen, wieder einstellt.

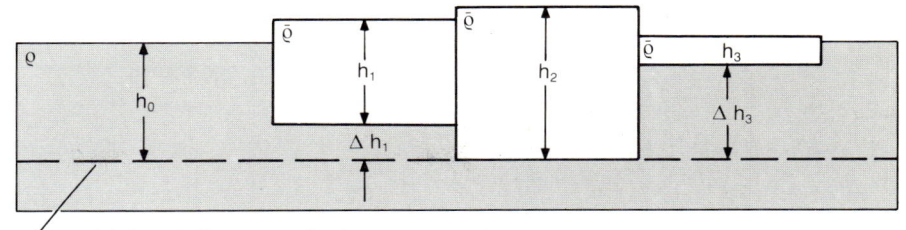

Fläche gleichen Auflagerungsdrucks (isostatische Ausgleichsfläche)
für diese Fläche gilt: $\varrho \times h_0 = \bar{\varrho} \times h_1 + \varrho \times \Delta h_1 = \bar{\varrho} \times h_2 = \bar{\varrho} \times h_3 + \varrho \times \Delta h_3$

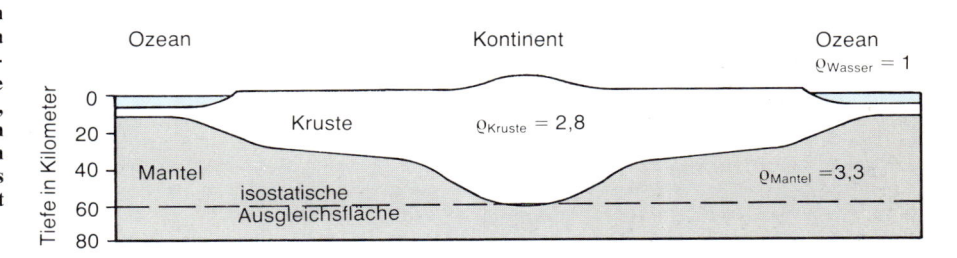

tum gleichermaßen beeindruckte. Seinem Erdbild lag die auf Descartes zurückgehende und von dem französischen Geologen Elie de Beaumont 1829 formulierte Kontraktionstheorie zugrunde. Sie geht davon aus, daß die Erde — ursprünglich ein glutflüssiger Himmelskörper — allmählich abkühlt und schrumpft. Diese Anschauung gipfelte in Suess' Ausspruch: „Der Zusammenbruch des Erdballes ist es, dem wir beiwohnen."

Die bereits erstarrte Erdrinde sollte bei fortschreitender Kontraktion zeitweilig gefaltet oder zerbrochen werden, im großen und ganzen aber mußten die tektonischen Bewegungen vertikal gerichtet sein. Das schloß zugleich die Vorstellung von ortsfesten, das heißt nicht auf der Erdoberfläche verschiebbaren Landmassen ein. Man bezeichnet solche Theorien daher als fixistisch. Auch die Ozeane hielt man für alte geologische Strukturen. Um die Übereinstimmungen bei der frühen Entwicklung des Lebens in verschiedenen Teilen der Erde erklären zu können, war man jedoch gezwungen, Landbrücken zwischen den Kontinenten zu fordern, von denen angenommen wurde, daß sie später im Meer versunken seien.

Diese Grundgedanken schienen nun mit einer Fülle von Beispielen aus allen Erdteilen und aus allen Abschnitten der Erdgeschichte belegt, und sie beherrschten das geologische Weltbild bis über die Mitte unseres Jahrhunderts hinaus. Wegeners mobilistische Theorie dagegen, die auf physikalische Irrtümer im Gebäude des Fixismus aufmerksam gemacht hatte, war nach seinem Tode zwar nicht vergessen, wurde aber kaum noch erörtert.

Die stürmische Entwicklung der Geowissenschaften nach dem zweiten Weltkrieg ließ die Kritik am Fixismus und an der Kontraktionstheorie aber schon bald wieder aufleben. Den Anstoß gab der Paläomagnetismus, eine neue Methode,

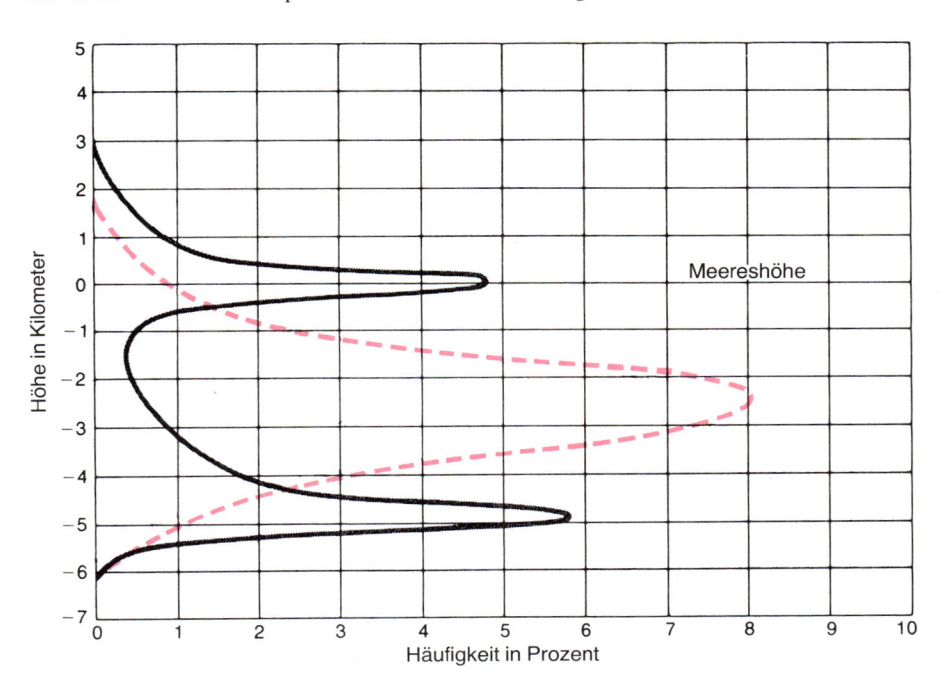

Bild 4: Trägt man die prozentuale Häufigkeit der auf der Erde vorkommenden Höhenstufen in einem Diagramm auf, so treten zwei Niveaus deutlich hervor: das Niveau der kontinentalen Plattform dicht oberhalb des Meeresspiegels und der weite Bereich der Tiefsee-Ebenen bei etwa minus 5000 Meter. Nach dem griechischen Wort *hypsos* (Höhe) bezeichnet man dieses Diagramm als hypsometrische Kurve. Aus dem scharfen Maximum dicht über dem Meeresniveau läßt sich ableiten, daß die Kontinente weltweit eine recht einheitliche Mächtigkeit besitzen; ihre Dicke liegt zwischen dreißig und vierzig Kilometern. Die Kontinente stellen ein oberes Stockwerk der Erdrinde dar (Wegener nannte es Sial nach den dort häufigsten Elementen *Si*licium und *Al*uminium), die Ozeanböden ein tieferes (Sima genannt, nach den häufigsten Elementen *Si*licium und *Ma*gnesium). Bestünde die Erdrinde dagegen aus einer homogenen Gesteinsschicht und würde sie durch Hebungen und Senkungen geformt, die statistisch verteilt sind, so ergäbe sich die gestrichelt gezeichnete eingipfelige Kurve.

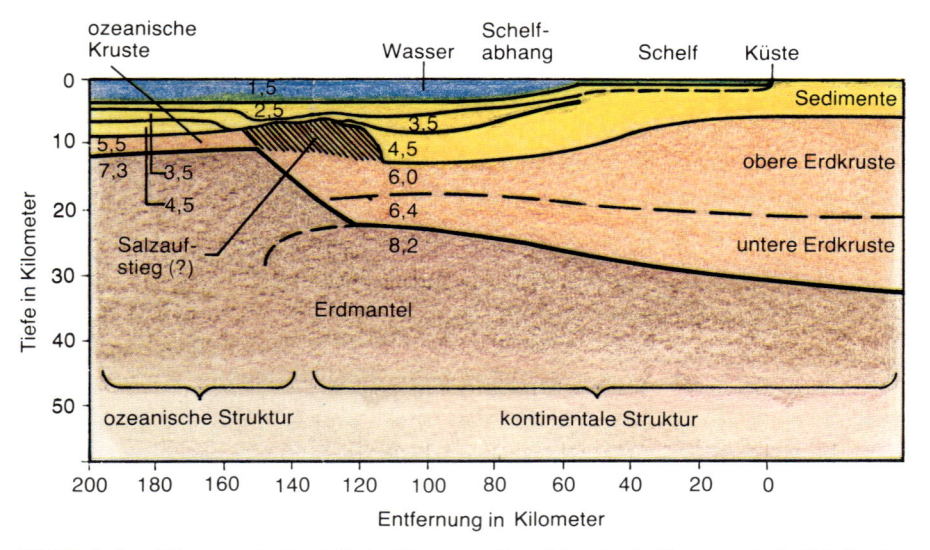

Bild 5: Indem Wegener das isostatische Konzept global anwandte, kam er zu dem Schluß, daß sich Kontinente und Ozeane in ihrem Aufbau grundlegend unterscheiden müssen. Diese Vorstellungen sind durch moderne Messungen vollauf bestätigt worden. Als Beispiel sei dieses in Ost-West-Richtung verlaufende Profil der Erdkruste vor der atlantischen Küste Afrikas angeführt. Es wurde durch sprengseismische Messungen gewonnen: Ähnlich wie man die Ozeanböden nach dem Echolot-Verfahren abtastet, um ihre Topographie zu ermitteln, läßt sich die Struktur des Erdinneren aus der Laufzeit und der Ausbreitungsgeschwindigkeit seismischer Wellen erforschen. Die Geschwindigkeit einer Welle ist um so größer, je dichter und härter die Schicht ist, die sie durchquert. (Die Zahlen geben die Ausbreitungsgeschwindigkeit seismischer Wellen in Kilometer pro Sekunde an.) Das Profil zeigt, wie die kontinentale Kruste unter dem Schelf allmählich dünner wird, in etwa 140 Kilometer Abstand von der Küste aber abrupt endet. An dieser Stelle verlief die alte Trennungsfuge zwischen Afrika und Südamerika. Der eigentliche Ozeanbereich ist vollkommen von kontinentaler Kruste entblößt.

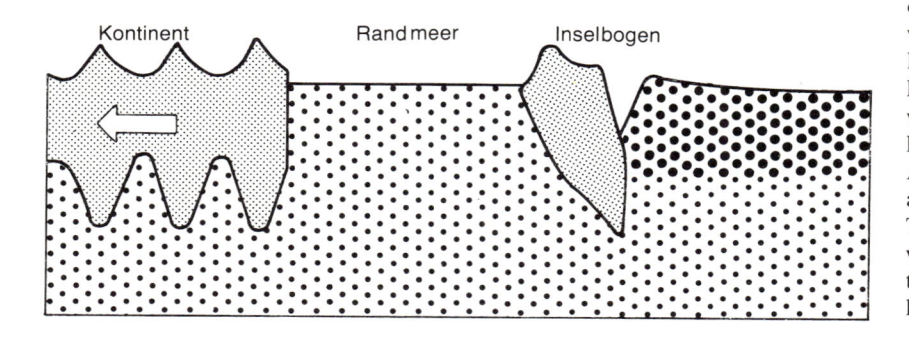

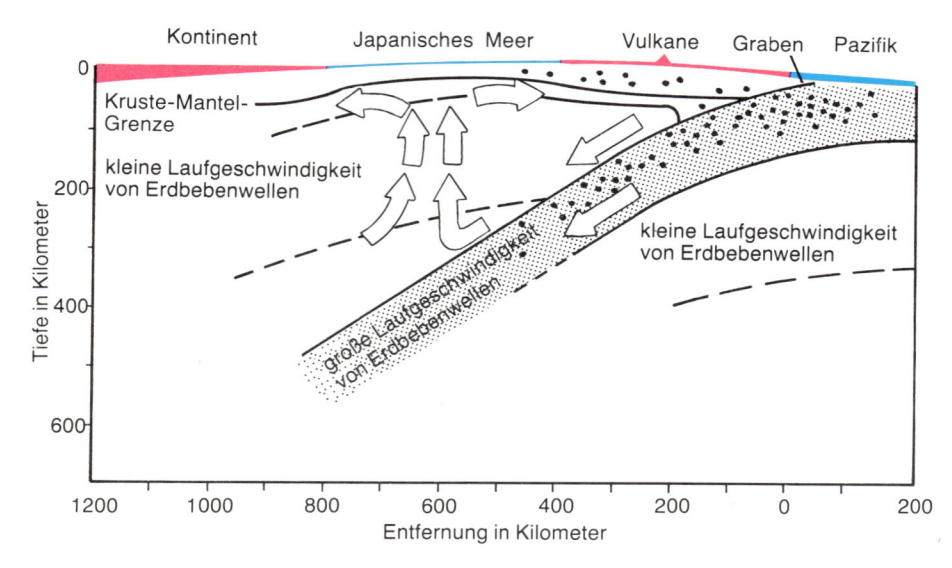

vorzeitliche Magnetisierungsrichtungen an Gesteinen zu messen und daraus die Anordnung der Kontinente in der Vergangenheit zu rekonstruieren. Systematische Untersuchungen von Gesteinen aus verschiedenen Erdteilen und unterschiedlichen Alters wiesen aufs Neue darauf hin, daß sich die heutigen Kontinente im Laufe ihrer Geschichte stark gegeneinander verschoben haben müßten. Weitere Indizien für ein mobilistisches Erdbild lieferte die weltweite Erforschung des Reliefs sowie des Aufbaus und des Alters der Meeresböden. Diese Erkenntnisse führten schließlich zu der im letzten Jahrzehnt weltweit anerkannten mobilistischen Theorie der Plattentektonik, der Vorstellung also, daß die äußere Schale der Erde aus wenigen großen und mehreren kleineren Platten besteht, die sich gegeneinander bewegen.

Die Theorie der Plattentektonik ist wesentlich umfassender als Wegeners Kontinentalverschiebungstheorie. Mit ihr läßt sich eine Vielzahl von geologischen und geophysikalischen Phänomenen deuten, beispielsweise die Entstehung und die Struktur der Kontinente und Ozeane, Erdbeben und Vulkanismus. Wenn daher heute auch manche Phänomene und Probleme im Lichte des inzwischen immens angewachsenen Beobachtungsmaterials anders verstanden werden, so bestätigten die neuen Erkenntnisse dennoch Wegeners Vorstellungen in ihren Grundzügen. Wegener war auch nicht der erste, dem die Ähnlichkeit der Küstenlinien beiderseits des Atlantik auffiel, aber er entwickelte daraus als erster eine wissenschaftliche Theorie. Im folgenden wollen wir einige wesentliche Punkte seiner Argumentation aufgreifen und vom heutigen Erkenntnisstand her betrachten.

Bild 6: Die obere Skizze verdeutlicht, wie sich Wegener die Entstehung einer Inselgirlande, beispielsweise des japanischen Inselbogens, vorstellte: Infolge der Westwanderung der Kontinentalmassen (Pfeil im oberen Bild) lösen sich von ihnen Randpartien ab, die an dem erstarrten Meeresboden hängenbleiben und uns heute als Inselgirlanden erscheinen. Das untere Bild zeigt die moderne aus der Plattentektonik abgeleitete Deutung dieses Phänomens. Wie die Verteilung von Erdbeben (schwarze Punkte) am Westrand des Pazifik zeigt, taucht die Pazifische Platte unter den japanischen Inselbogen und die Japan-See. Diesen Vorgang bezeichnet man als Subduktion. Über der abtauchenden Platte dringt heiße Materie auf (Pfeile im unteren Bild), die zur Verbreiterung der Japan-See führt. Die Pazifik-Platte ist gegenüber ihrer Umgebung um einige Hundert Grad kühler. Seismische Wellen breiten sich daher etwas schneller aus als in den benachbarten Schichten. Da die Wärmeleitfähigkeit des Erdmantels klein ist, dauert es einige Jahrmillionen, bis die Temperaturen ausgeglichen sind.

Bild 7: Der elektrische Widerstand der Gesteine im Inneren der Erde erlaubt es, auf die Temperatur in der Tiefe zurückzuschließen. Je heißer das Gestein ist, um so besser leitet es den Strom, um so geringer ist also sein spezifischer elektrischer Widerstand. Das Diagramm zeigt den Verlauf der Widerstandskurven (schwarz) und der Temperaturkurven (farbig) für zwei tektonisch sehr unterschiedliche Gebiete: für die Afar-Senke im Nordosten Äthiopiens und für den südafrikanischen Schild. In der Afar-Senke wurde der spezifische Widerstand aus den elektrischen und magnetischen Feldern in der Erdrinde abgeleitet, die durch die in der Ionosphäre fließenden Wechselströme induziert werden (magnetotellurische Messungen). Die Kurve für Südafrika beruht auf einer „Gleichstrom-Sondierung". Bei dieser Methode schickt man über zwei Elektroden einen Gleichstrom in den Erdboden und mißt mit Sonden die Spannungsverteilung an der Erdoberfläche. Daraus läßt sich der elektrische Widerstand der Gesteine in der Tiefe ableiten. Beide Meßkurven unterscheiden sich grundlegend: In der Afar-Senke fällt der Widerstand bereits in fünfzehn bis zwanzig Kilometer Tiefe auf sehr kleine Werte ab, während er im südafrikanischen Schild über weite Tiefenbereiche sehr hoch ist. Die daraus abgeleiteten Temperaturkurven zeigen, daß das Gestein in der Afar-Senke in fünfzehn bis zwanzig Kilometer Tiefe fast Schmelztemperatur erreicht. Örtlich kann es sogar aufgeschmolzen sein. Schon Wegener hatte das afrikanische Grabensystem, zu dem die Afar-Senke gehört, für eine Zone mit „hochliegendem Sima" gehalten. In Südafrika — einem heute tektonisch inaktiven Gebiet — bleiben die Temperaturen dagegen bis in große Tiefen deutlich unter dem Schmelzpunkt. Zwischen hundert und hundertfünfzig Kilometern Tiefe kommt die Temperaturkurve der Schmelzpunktkurven (gestrichelte farbige Gerade) am nächsten. In diesem Bereich besitzt das Material eine gewisse Plastizität, die es der starren Lithosphäre (rechter Bildrand) ermöglicht, sich von der Asthenosphäre loszulösen.

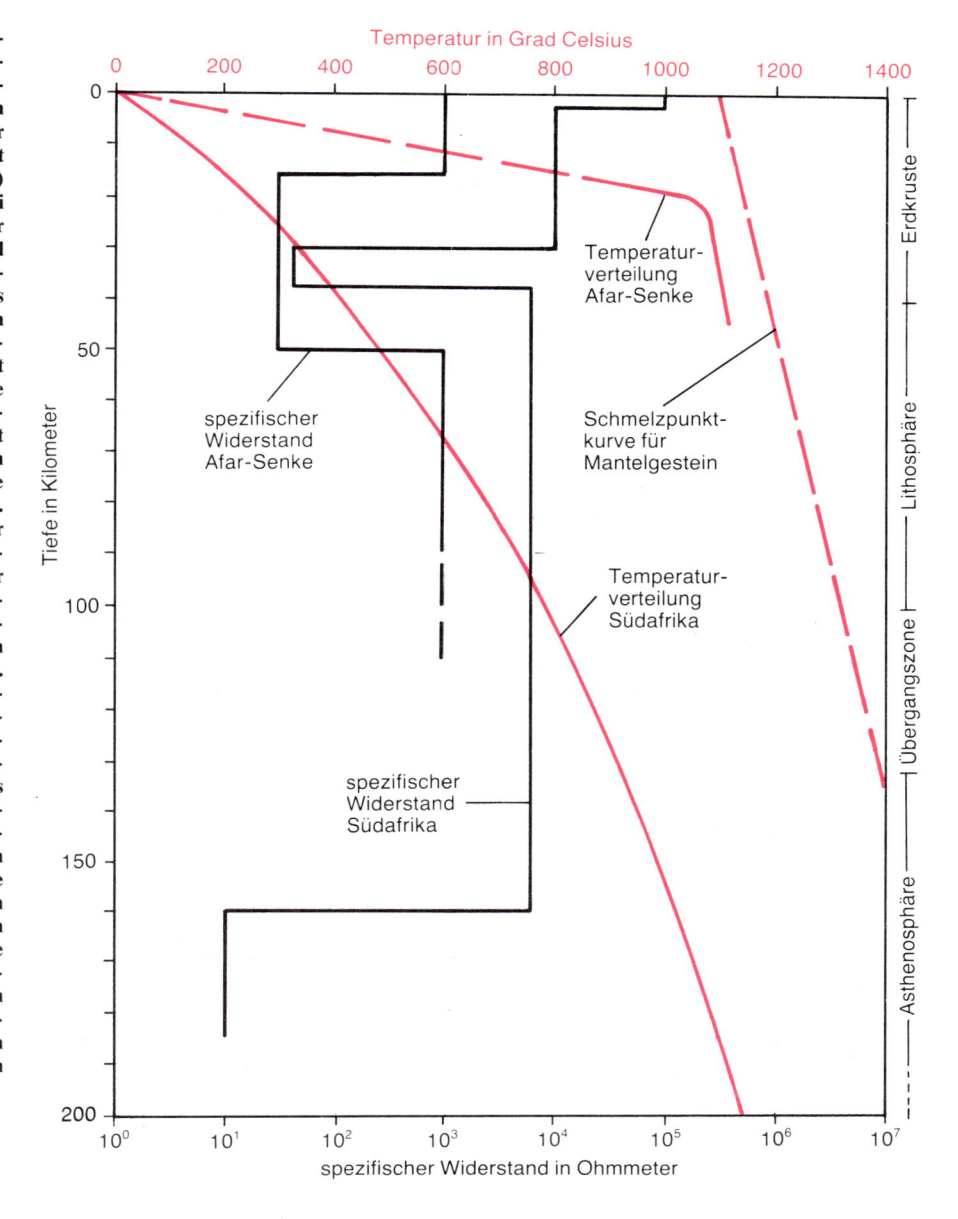

Isostasie, Dualismus Kontinent — Ozean

Bereits um die Jahrhundertwende wußte man, daß die Schwerkraft überraschenderweise überall an der Erdoberfläche nahezu denselben Wert besitzt, unabhängig davon, ob man sie auf einem Kontinent oder beispielsweise auf einer ozeanischen Insel mißt. Auf diese Beobachtung gestützt, entwickelte sich die Theorie von der Isostasie *(griechisch: isos = gleich, stasis = Stand),* das heißt, die Vorstellung, daß die Kontinente auf einem schweren, zähflüssigen Substratum schwimmen — vergleichbar mit Eisbergen im Wasser (Bild 3).

Wegeners großes Verdienst war es, das isostatische Konzept global angewandt zu haben. Trägt man die Häufigkeit der Höhen-Niveaus auf der Erdoberfläche gegen die Höhe auf, so entsteht die sogenannte hypsometrische Kurve (Bild 4). Sie weist dicht über dem Meeresspiegel und in etwa fünftausend Meter Tiefe jeweils ein Maximum auf. Besäße die Erdoberfläche eine einheitliche Struktur und würde sie durch statistisch verteilte Hebungen und Senkungen geformt, so dürfte die hypsometrische Kurve nur einen Gipfel besitzen (gestrichelte Linie in Bild 4). Wegener zog daraus den Schluß, daß sich Kontinente und Ozeane in ihrer stofflichen Zusammensetzung grundsätzlich unterscheiden müssen. Die Ozeanböden seien durchweg von kontinentaler Kruste entblößt und unter den Sedimenten, die den Meeresboden bedecken, müsse schweres Gestein liegen.

Wegener faßte die Gesteine der Kontinente unter dem Namen Sial (nach den häufigsten Elementen **Si**licium und **Al**uminium) zusammen. Dazu gehören im wesentlichen Sedimente sowie gneisartige und granitische Gesteine. Das vorwiegend basaltische Material der Ozeanböden nannte er Sima (nach den häufigsten Elementen **Si**licium und **Ma**gnesium). Wenn auch die Begriffe Sial und Sima sehr allgemein sind und daher heute kaum noch gebraucht werden, wurde die darin angesprochene Dualität im Aufbau der Ozeane und Kontinente durch geophysikalische Untersuchungen und Bohrungen vollauf bestätigt. Bei keiner der Proben, die im Rahmen des Internationalen Tiefsee-Bohrprojektes (an dem auch die Bundesrepublik Deutschland teilnimmt) gewonnen wurden, fand sich unterhalb der Meeressedimente sialisches Material (Bild 5).

Von dieser Vorstellung ausgehend, nahm Wegener an, daß markante Erhebungen im Ozean Splitter kontinentaler Kruste sein müßten, weil sie ihm für Ozeankruste untypisch erschienen. Der mittelatlantische Rücken, eine breite untermeerische Schwelle, ließ sich danach allerdings nur schwer deuten. Dennoch

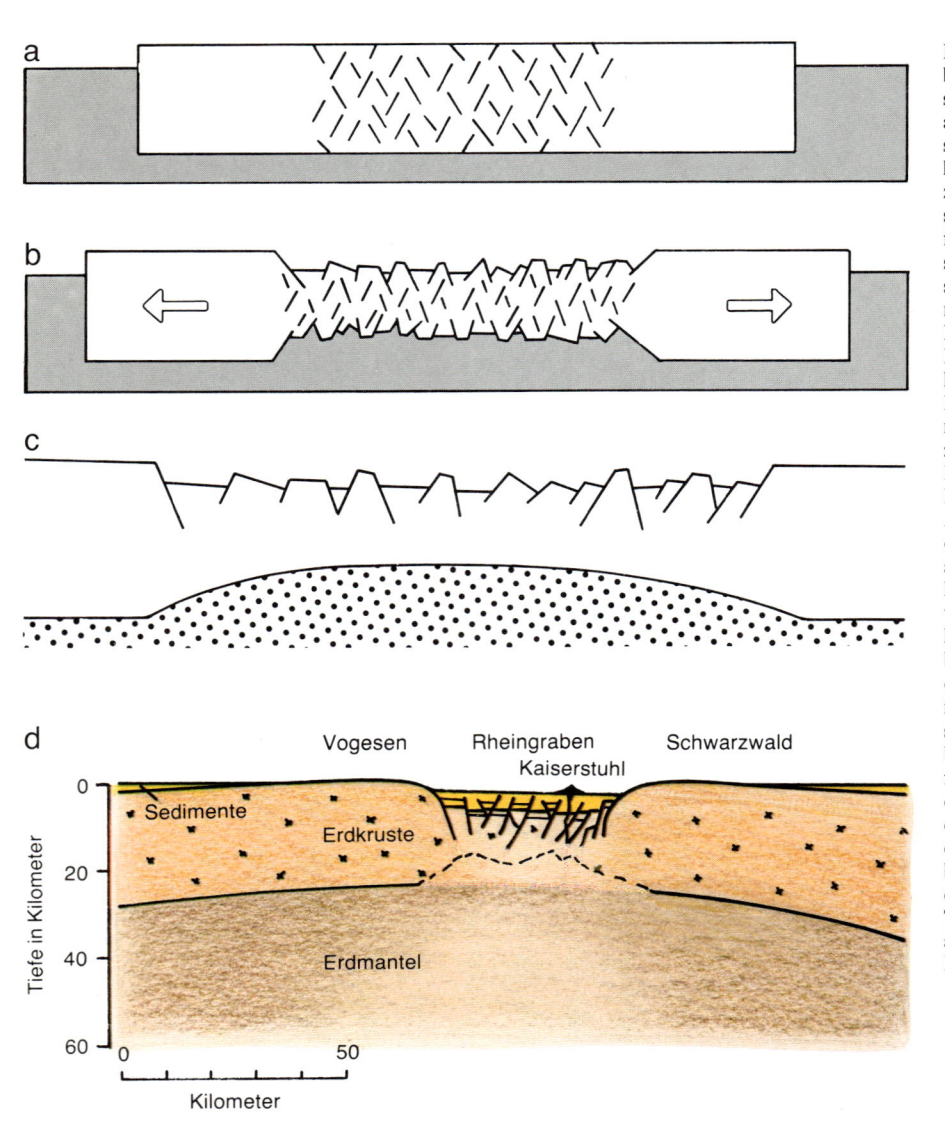

Bild 8: Wegener hat sich ausführlich mit Hebungen und Senkungen der Erdkruste befaßt, soweit sie durch horizontale Verschiebungen ausgelöst werden. Dehnt sich eine Kontinentscholle, so muß sie dabei ausdünnen. Die Scholle kann durch die Dehnung in kleine Stücke zerbrechen, die dann den entstehenden Zwischenraum ausfüllen (a und b), oder sie verformt sich plastisch. Aufgrund der Isostasie sinkt einerseits die Oberfläche ein, andererseits steigt unter dem entstehenden Graben Mantelmaterial nach oben. Allein auf das Prinzip der Isostasie gestützt und ohne sich auf detaillierte Dickenmessungen der Erdkruste beziehen zu können, forderte Wegener, daß in Gebieten mit Dehnungstektonik die Kontinentschollen dünner sein müssen. Dies kommt in der Skizze c zum Ausdruck, die in Wegeners Buch „Die Entstehung der Kontinente und Ozeane" zur Erklärung der ägäischen Inseln angegeben ist. Auch der Rheingraben (d) ist ein Beispiel für eine verdünnte Erdkruste. Das Bild stützt sich auf die Ergebnisse seismischer Messungen und kann unmittelbar mit der Wegenerschen Skizze verglichen werden. Wie Messungen ergeben haben, ist die Erdkruste im südlichen Rheingraben zwanzig bis zweiundzwanzig Kilometer dick, und damit um einige Kilometer dünner als im Schwarzwald und in den Vogesen. Die Einsenkung dokumentiert sich darin, daß der Graben mit jungen Sedimenten (gelbe Fläche) gefüllt ist. Wie durch die aufgehellten Flächen in der Erdkruste und im oberen Mantel zum Ausdruck gebracht werden soll, ist die Geschwindigkeit der seismischen Wellen unter dem Graben kleiner als an anderen Stellen, das heißt, in der Erdrinde unter dem Rheingraben steigt die Temperatur mit zunehmender Tiefe schneller an als in den benachbarten Abschnitten der Rinde.

kam Wegener in der letzten Ausgabe seines Buches den Tatsachen recht nahe: „War die basaltische Schicht unter dem Granit, wie es angenommen ist, besonders fluid, so mußte sie bei der immer weiter fortschreitenden Öffnung der atlantischen Spalte in dieser emporquellen und im weiteren Verlauf ständig von beiden Seiten her nachfließen." Heute nehmen wir an, daß von dieser Schwelle die Spreizung des Ozeanbodens ausgeht.

Auch was Wegener über die Zusammenhänge zwischen dem Alter der Tiefseeböden, ihrer Tiefenlage und Dicke aussagte, klingt überraschend modern. So kam er beispielsweise zu dem Schluß, daß die ältesten Tiefseeböden in den größten Tiefen anzutreffen sein müßten und daß sie nur eine dünne Decke aus Erstarrungsgestein besitzen könnten (vergleiche „Die Geschichte des Atlantik" von John G. Sclater und Christopher Tapscott).

Ein weiterer erstaunlicher Gedanke Wegeners, den er jedoch leider nicht weiter verfolgt hat, findet sich bei der Behandlung von Inselgirlanden wie sie beispielsweise die japanischen Inseln oder die Aleuten bilden (Bild 6). Wegener deutete dieses Phänomen als Loslösung von Randpartien der westwärts wandernden Kontinentalmassen. Dabei blieben die Inselketten am erstarrten alten Meeresboden haften, und zwischen Kontinent und Inselbogen träte junger, noch mobiler Tiefseeboden zutage. Heute nennt man dies eine sekundäre Spreizung des Randmeeres hinter den Inselgirlanden.

Die Entstehung von Randmeeren bildet ein wichtiges Kriterium bei der Erforschung von Subduktionsvorgängen, wie sie von der Plattentektonik gefordert werden. (Unter Subduktion versteht man das Abtauchen eines Plattenrandes unter einen anderen.) Wenn sich die kontinentalseitige Oberplatte von der in die Tiefe sinkenden (subduzierten) ozeanischen Unterplatte wegbewegt, entstehen Randmeere, bewegt sich dagegen die den Kontinent tragende Platte in Richtung auf die in Subduktion befindliche Platte (wie beispielsweise im Fall Südamerikas und der Pazifikplatte), entstehen keine Inselgirlanden und Randmeere. Stattdessen verdickt sich die Erdkruste – ein Beispiel dafür sind die Anden.

Wärmehaushalt der Erde

Die Beweglichkeit der Kontinentalschollen suchte Wegener aus dem Wärmehaushalt der Erde zu erklären. Die Vorstellung einer sich langsam abkühlenden und daher schrumpfenden Erde mußte revidiert werden, nachdem Antoine Henri Becquerel 1896 die natürliche Radioaktivität entdeckt hatte, die mit einer schwachen, aber durchaus wirksamen Wärmeerzeugung verbunden ist. „Überschlägt man nämlich", so schrieb Wegener, „die Wärmeeinnahme und -ausgabe der Erde unter Berücksichtigung dieser neuen Energiequelle, so findet man, daß schon mäßige Vorräte an solchen radioaktiven Stoffen im Erdinnern genügen, um den Wärmehaushalt zu balancieren". Damit wurde an den Grundfesten der Kontraktionstheorie gerüttelt.

Heute weiß man, daß sich die Erde in den letzten ein bis zwei Milliarden Jahren nur ganz unwesentlich abgekühlt haben kann, und durch paläomagnetische Messungen ließ sich zeigen, daß der Erdradius während dieser Zeit nicht kürzer geworden ist; im Gegenteil, man kann nicht ausschließen, daß er sich sogar etwas vergrößert haben mag.

Wenn die Kontinente auf einem Substratum schwimmen sollen, darf dieses nicht starr sein, sondern muß eine gewisse Fließfähigkeit aufweisen. Wegener bemerkte zwar, daß sich in geologischen Zeiträumen auch starr erscheinendes Material plastisch verformen kann, doch brachte er die Loslösung und Verschiebung der Kontinente mehr mit dem Aufschmelzen von simatischen oder auch sialischen Gesteinen in Verbindung. Seinen Temperaturberechnungen zufolge mußten dafür in einer Tiefe zwischen sechzig und hundert Kilometern die optimalen Voraussetzungen herrschen. Auch diese Vorstellungen sind durch die geophysikalischen Messungen der letzten Jahrzehnte bestätigt worden.

Aufgrund der Analyse von Erdbebenwellen geht man heute von einer relativ starren Lithosphäre *(griechisch: lithos = Stein)* aus, die etwa hundert Kilometer mächtig ist und auf der Asthenosphäre *(griechisch: asthenos = kraftlos, schwach)* „schwimmt". Im oberen Bereich der Asthenosphäre ist die Festigkeit gegen Scherspannungen vermindert, da hier die Temperatur in der Nähe der Schmelztemperatur des Gesteins liegt. Stellenweise ist das Gestein sogar aufgeschmolzen. Unter den Ozeanen ist die Lithosphäre dünner als unter den Kontinenten (vergleiche den Beitrag von Thomas H. Jordan: „Die Tiefenstruktur der Kontinente").

Wegeners Aussagen über Temperatur und Zustand der Gesteine wurden inzwischen auch durch Messungen des spezifischen elektrischen Widerstandes bestätigt. Die tiefste elektrische Sondierung auf dem alten afrikanischen Schild ergab, daß der spezifische Widerstand in rund 150 bis 250 Kilometer Tiefe von achttausend Ohmmeter auf etwa fünfzig Ohmmeter absinkt (Bild 7). Man vermutet, daß mit dem kleinen spezifischen Widerstand Temperaturen von circa 1200 Grad Celsius verbunden sind, die somit sehr nahe am Schmelzpunkt simatischer Gesteine liegen.

Dagegen sind unter Island, das auf dem Mittelatlantischen Rücken liegt, die Gesteine schon in zehn bis zwanzig Kilometer Tiefe teilweise aufgeschmolzen. Unter dem heute noch tätigen Vulkan Heimaey konnte sogar eine Magmenkammer geortet werden. So hatte Wegener durchaus den Kern heute gültiger Vorstellungen getroffen, als er annahm, daß in der Außenhaut der Erde Schmelzprozesse ablaufen, die das Gleiten der Kontinentalschollen erleichtern.

Dehnung und Kompression der Erdkruste

Wegener hat sich auch ausführlich mit Hebungen und Senkungen der Erdkruste beschäftigt, soweit sie durch horizontale Verschiebungen ausgelöst werden. Hebungen sind die Folge eines horizontalen Zusammenschubs der Erdkruste, der zur Faltung und Gebirgsbildung (Orogenese) führt. Senkungen werden durch horizontale Dehnungen hervorgerufen; dabei zerbricht die kontinentale Kruste (nahe der Erdoberfläche) und wird insgesamt ausgedünnt.

Bei einer Ausdünnung der Erdkruste kann das isostatische Gleichgewicht nur erreicht werden, indem sich schweres Material aus dem Erdmantel von unten her aufwölbt. Damit berührte Wegener Fragestellungen der Tektonik, die heute höchst aktuell sind: die Grabenbildung, die frühorogene Entwicklung von Kettengebirgen und die Vorgänge in deren Rückland.

Bild 8 verdeutlicht, wie eine Grabenstruktur entsteht: einmal als Schema (a und b), dann als Prinzipskizze aus Wegeners Lehrbuch (c) und schließlich am Beispiel des Oberrhein-Grabens (d). Vergleicht man die Bilder c und d, so wird deutlich, daß Wegeners Aussagen richtig sind, obwohl er nur auf einen Bruchteil des Beobachtungsmaterials zurückgreifen konnte, das uns heute zur Verfügung steht.

Ein eindrucksvolles Beispiel einer Dehnungsstruktur ist das große Grabensystem, das sich von den ostafrikanischen Gräben über die Afar-Senke in Nordost-Äthiopien bis in das Rote Meer und weiter über den Golf von Eilat bis in den Jordan-Graben erstreckt. Wie Wegener bereits erkannte, zeigt dieses System verschiedene Stadien des Aufreißens der kontinentalen Erdkruste und des Aufdringens von Mantelmaterial. Während in Ostafrika die Kruste nur gespalten und ein schmaler kontinentaler Streifen als Graben eingesunken ist, haben sich im Roten Meer die beiden Kontinentalränder bereits so weit voneinander entfernt, daß von unten her Mantelmaterial aufquillt und den Meeresboden bildet.

In Bild 9 sind die Ergebnisse neuer Wärmestrommessungen am Boden des Roten Meeres zusammengefaßt und in Form eines Temperaturprofils dargestellt. Die Daten weisen darauf hin, daß an dieser Stelle in den letzten zwanzig- bis dreißigtausend Jahren Magma aufgestiegen ist. Im Zusammenhang damit stehen heiße Laugen und Erzschlämme, die in Eintiefungen am Boden des Roten Meeres nach oben dringen. Wie die Auswertung gravimetrischer Messungen ergab, muß der Untergrund im zentralen Bereich dieses Meeres aus Gestein mit

Bild 9: Im Roten Meer ist der Trennungsprozeß zwischen der afrikanischen und der arabischen Kontinentalplatte bereits so weit vorangeschritten, daß ein Magmen-Aufstieg aus großer Tiefe möglich ist. Dies läßt sich unter anderem aus dem steilen Temperaturanstieg in den Gesteinen unter dem zentralen Teil des Roten Meeres ableiten. Die Meßergebnisse lassen den Schluß zu, daß knapp ein Kilometer unter dem Meeresboden flüssiges Gestein (Magma, dunkel gefärbte Fläche) vorhanden sein muß. Der Krustenschnitt zeigt das Temperaturfeld in der Umgebung des Magmenkörpers. Von diesem Magma stammen auch die Erzschlämme, die man in verschiedenen Becken im zentralen Teil des Roten Meeres entdeckt hat.

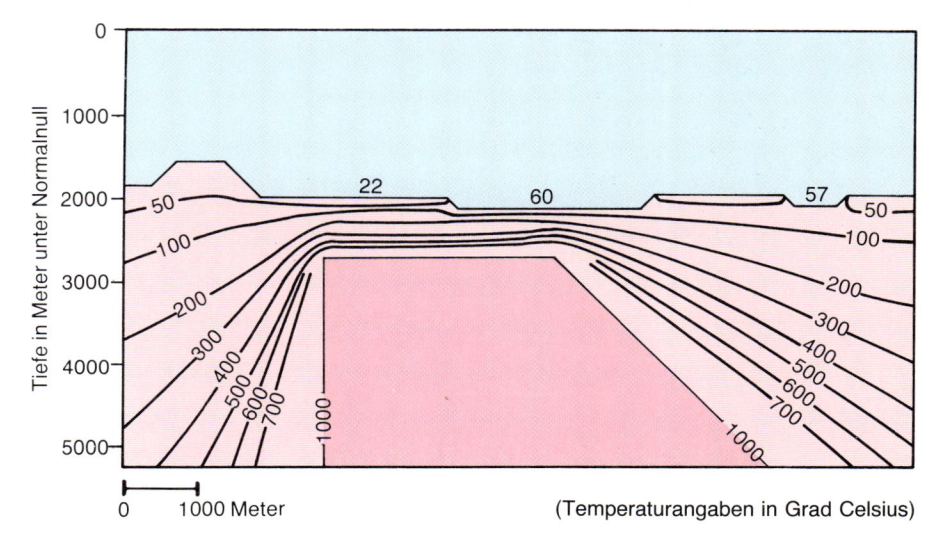

(Temperaturangaben in Grad Celsius)

einer Dichte von 2,83 Gramm pro Kubikzentimeter bestehen – also Sima im Sinne Wegeners. Auch die Ergebnisse magnetischer Messungen beweisen das.

Weitere Beispiele für Dehnungstektonik sind die Beckenregionen im Rückland der Kettengebirge. In Europa wären hier unter anderem das Pannonische Becken (in Ungarn), die Toskana und die Ägäis zu nennen.

Die Entstehung von Kettengebirgen führte Wegener auf Kompressionsvorgänge zurück, bei denen die Erdkruste gestaucht und zu einem Wulst verdickt wird. Entsprechend dem isostatischen Konzept muß der nach unten gerichtete Teil des Wulstes weit größer sein als der sichtbare Teil eines Gebirges. Lage und Verlauf der Kettengebirge dienten Wegener in erster Linie zum Beweis der Existenz eines Urkontinents, die innere Struktur der Gebirge wertete er dagegen nicht aus. Einige führende Geologen der zwanziger Jahre gingen jedoch weiter und brachten das Konzept der Kontinentaldrift bereits mit ihren Erfahrungen und Erkenntnissen über die Kettengebirgen in Beziehung. Wegener selbst führte ein Zitat des schweizerischen Geologen Rudolf Staub aus dem Jahre 1928 an, das aus der modernen Plattentektonik stammen könnte: „Die Schaffung eines Gebirges geht also hier ganz deutlich und zweifelsfrei auf selbständige Wanderungen größerer, nach ihrem Bau und ihrer Zusammensetzung sicher kontinentaler Schollen zurück, und damit gelangen wir von der Geologie der Alpen zu der Anerkennung des Grundprinzips der großen Wegenerschen Theorie von den Verschiebungen der kontinentalen Schollen."

Heute sind wir in der Lage, durch verfeinerte geophysikalische und geologische Beobachtungen die Prozesse, die zur Bildung von Kettengebirgen führen, im Detail zu erkennen. Bild 10 zeigt einen Querschnitt durch die Erdkruste zwischen der Insel Timor und dem australischen Schelf. Er wurde durch reflexionsseismische Untersuchungen gewonnen. Man erkennt, wie das Gebirgsfragment der Insel Timor auf das australische Vorland aufgeschoben wird und wie sich infolgedessen die Erdkruste verdickt.

Die Alpen repräsentieren einen anderen Typ der Verdickung der Erdkruste. Während des Jura (etwa vor 210 bis 145 Millionen Jahren) lag zwischen dem europäischen Block und einem kleineren adriatischen Mikrokontinent ein Meerestrog, der im Laufe des Tertiärs (etwa vor 65 bis 2 Millionen Jahren) zugeschoben wurde, indem sich die beiden kontinentalen Blöcke aufeinanderzubewegten. Schließlich kam es zu einer Kollision, bei der sich die Blöcke teilweise übereinanderschoben. Diese Kollisions- und Über-

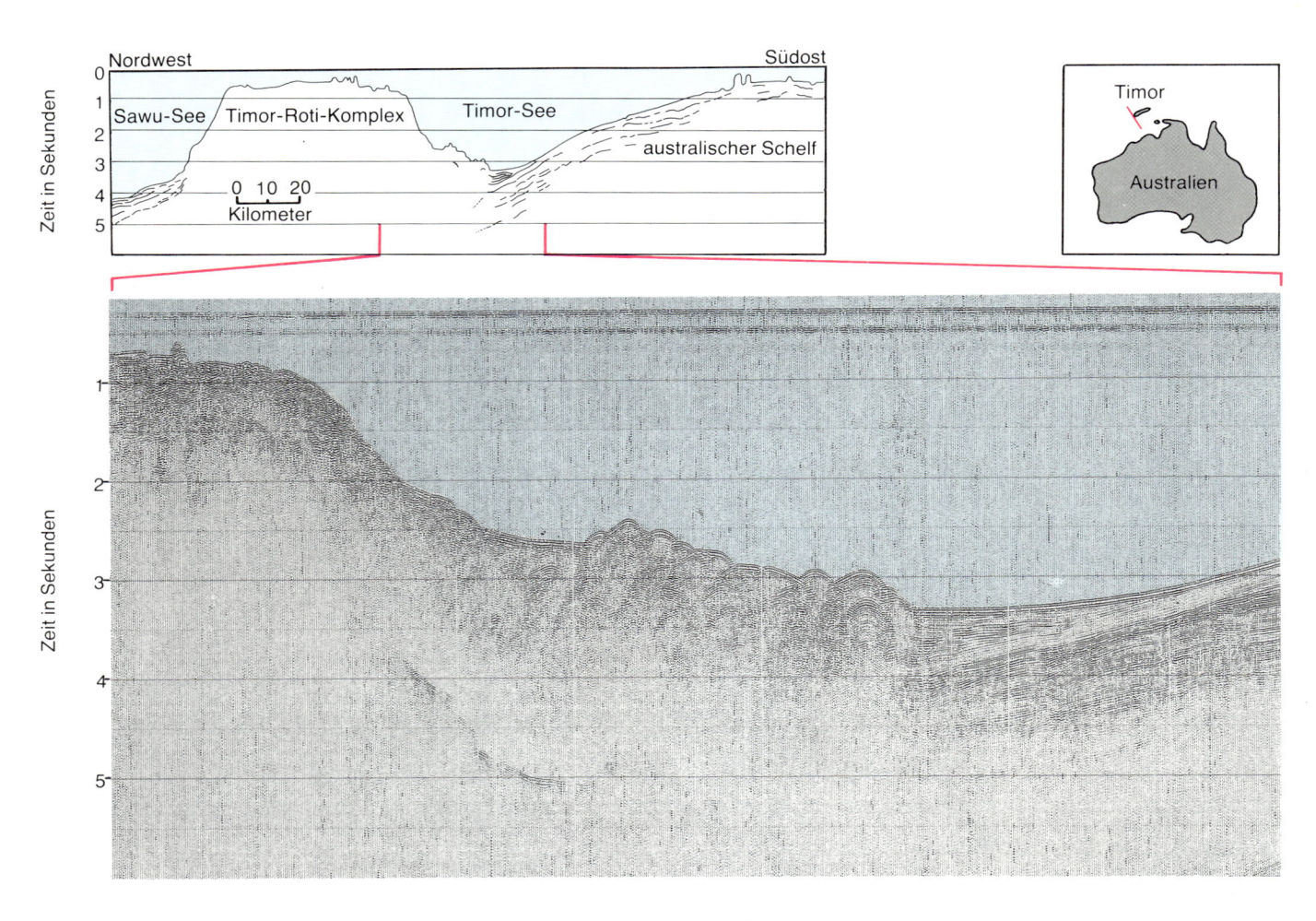

Bild 10: Wie sich an diesem aus sprengseismischen Messungen (vergleiche die Unterschrift von Bild 5) gewonnenen Krustenschnitt durch die Sawu- und Timor-See am Nordwestrand des australischen Kontinents erkennen läßt, unterscheiden sich die Südost- und die Nordwest-Seite des Timor-Roti-Inselkomplexes strukturell voneinander. Im linken oberen Bild sind die seismischen Registrierungen zusammengefaßt, das untere zeigt einen Ausschnitt des Meßprotokolls vom Südost-Hang des Inselkomplexes. In der Senkrechten ist jeweils die Laufzeit der seismischen Impulse in Sekunden aufgetragen. Im Wasser beträgt die Geschwindigkeit der Schallwellen etwa 1500, in den Sedimenten 2000 bis 3000 Meter pro Sekunde. Multipliziert man die Laufzeit der Signale mit dem Faktor 0,75 Kilometer pro Sekunde so erhält man die ungefähre Tiefenlage der seismischen Grenzflächen in Kilometer. Wie man am oberen Bild erkennt, legen sich die Sedimente auf der Nordwest-Seite auf den Abhang der Inselkette, während sie auf der Südost-Seite unter den Inselbogen tauchen. Die Messungen untermauern somit die Vorstellung, daß der australische Schelfrand unter den vorgelagerten Inselkomplex abtaucht, das heißt subduziert wird.

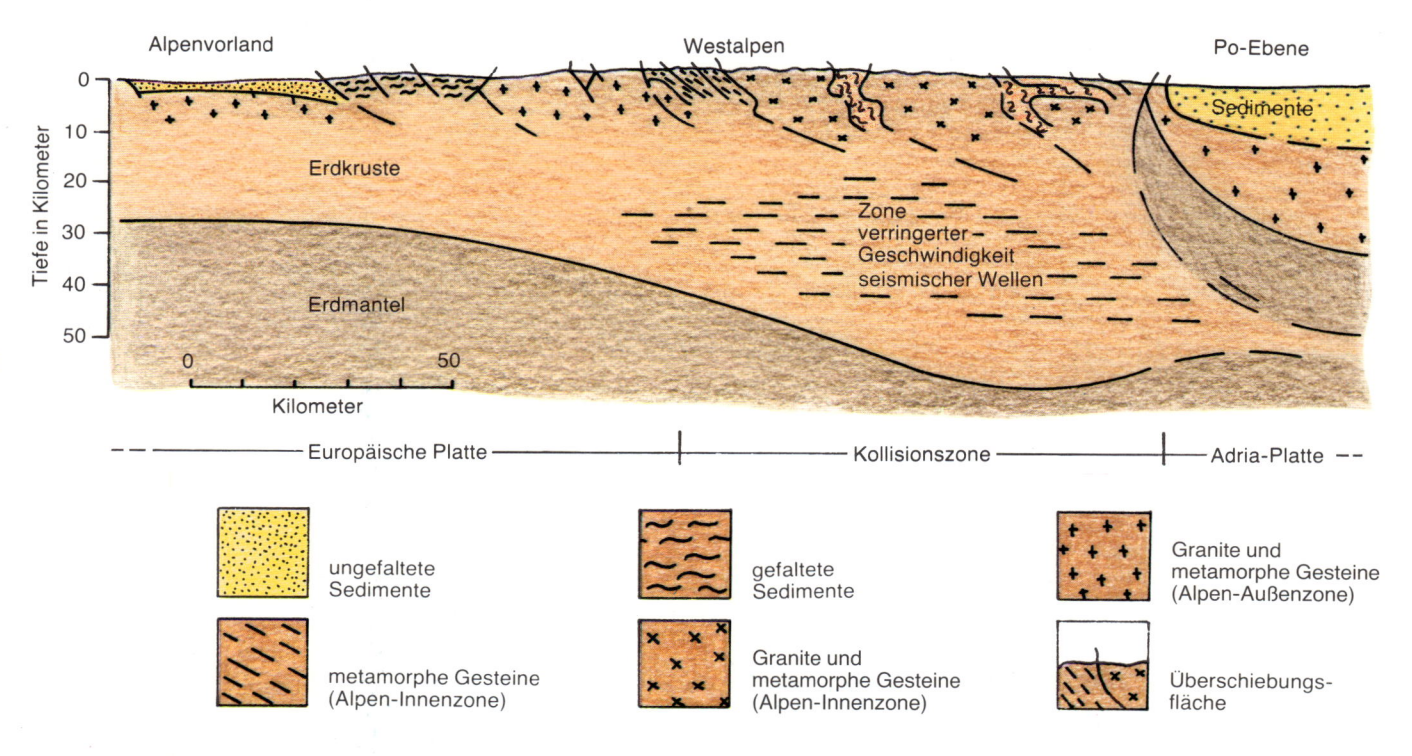

Bild 11: An diesem Schnitt durch die Erdkruste im Bereich der Westalpen lassen sich die Folgen eines Zusammenstoßes zweier Kontinentalplatten verdeutlichen. Die Kollision hat sich während des Alttertiärs (vor mehr als 22 Millionen Jahren) herausgebildet und ist heute im wesentlichen abgeschlossen. Der Schnitt basiert auf geologischen Beobachtungen und umfangreichen seismischen Messungen. Charakteristisch für dieses Profil ist die deutliche Überschiebung des adriatischen Mikrokontinents (rechts) einschließlich Teilen des oberen Mantels über die Erdkruste des europäischen Kontinents. Tektonisch ähnlich, wenngleich in kleinerem Maßstab, verhalten sich die Sediment- und Kristallinkomplexe in den zentralen Alpen (mittlerer Teil des Profils). Sie wurden im Zuge der Annäherung der beiden Kontinente von ihrem Untergrund losgelöst und gefaltet. Der Einengungs- und Kollisionsprozeß, der im Bereich der Westalpen eine starke Ost-West-Komponente hatte, führte zur Verdickung der Kruste. Dadurch wurde das isostatische Gleichgewicht gestört, und nach Abschluß der Einengungsphase begann der Alpenkörper aufzusteigen. Dieser Aufstieg ist auch heute noch nicht abgeschlossen.

lagerungsstruktur ist in den Westalpen besonders gut ausgeprägt (Bild 11).

Erdgeschichtliche Beweise

Bei seiner Argumentation gegen Fixismus und Kontraktionstheorie ging Wegener zwar von physikalischen Überlegungen aus, aber es war ihm klar, daß er vor allem auch geologische und paläontologische Beweise für die Drift der Kontinente finden müsse. Schon in seiner ersten Darstellung des „Urkontinents" zur Karbon-Zeit (Bild 1) legte er Wert darauf zu dokumentieren, daß sich Reste von Kettengebirgen aus früheren Erdzeitaltern zu harmonischen Systemen verbinden, wenn man die heutigen Erdteile entsprechend zusammenschiebt. Diese Argumentation ist schon zu seinen Lebzeiten und in den folgenden Jahren für die Süd-Kontinente der Erde mit Erfolg ausgebaut worden — vor allem von dem südafrikanischen Geologen Alexander Du Toit. Auch wissen wir heute, daß sich während des Paläozoikums (vor 575 bis 245 Millionen Jahren), vor der Öffnung des Atlantik und dem Einsinken der Nordsee, die Appalachen im Osten Nordamerikas ununterbrochen über Irland und Schottland bis in die Hochgebirge Skandinaviens fortgesetzt haben, um nur ein Beispiel zu nennen.

Für den Meteorologen Wegener wurden darüber hinaus auch paläoklimatische Daten, also fossile Klimazeugnisse, zu wesentlichen Stützen seiner Kontinentalverschiebungstheorie. Es war eine glückliche Fügung, daß er in Wladimir Köppen, einem führenden Klimaforscher seiner Zeit, einen Mitstreiter fand. In ihrem gemeinsam verfaßten Werk „Die Klimate der geologischen Vorzeit" stellten beide die Verbreitung geologischer Klimazeugnisse, wie beispielsweise eiszeitlicher Bildungen, Salzlager, Relikte vorzeitlicher Wüsten und Regionen der Kohlebildung dar. Nur wenn man annimmt, daß sich die Kontinente gegeneinander verschoben haben, fügen sich diese Zeugnisse zu großen, die Erde umspannenden Gürteln zusammen, die verschiedenen Klimazonen entsprechen (Bild 1).

Im Zusammenhang mit diesen paläoklimatologischen Überlegungen konstruierte Wegener auch scheinbare Wanderungskurven der geographischen Pole (Bild 12). Daß sie für jeden Kontinent unterschiedlich ausfielen, führte er auf die Verschiebung der Kontinente gegeneinander und relativ zu den Polen zurück. Zu den gleichen Schlußfolgerungen führten auch die Polwanderungskurven, die man in den fünfziger Jahren aufgrund von paläomagnetischen Messungen gewann. Die modernen Meßdaten waren so überzeugend, daß die Idee der Kontinentalverschiebung, wie erwähnt, weltweit wieder auflebte, wobei man sich jetzt auch auf Wegener berief.

Paläomagnetische Untersuchungen erlauben uns heute, im Detail zu rekonstruieren, wie sich die Lithosphären-Platten gegeneinander verschoben haben. Als Beispiel seien die relativen Bewegungen zwischen Europa und Afrika während der letzten 245 Millionen Jahre näher betrachtet (Bild 13). Diese Bewegungen verliefen keineswegs immer gleichsinnig: Vom Jura bis in die Kreide-Zeit hinein haben sich beide Kontinente zunächst nach Norden bewegt, Europa schneller als Afrika. Bei der anschließenden Süddrift war dagegen Afrika schneller, so daß sich während des gesamten Zeitabschnitts der Abstand zwischen beiden Kontinenten ständig vergrößert hat. Dadurch öffnete sich im heutigen Mittelmeerraum ein ozeanischer Meeresbereich. In der Folgezeit drifteten die Kontinente wieder nach Norden, und diese Bewegung hält bis heute an. Da sich Afrika wiederum schneller bewegte als Europa, wurde der Meeresraum zwischen den Kontinenten größtenteils wieder geschlossen. Wie wir erwähnt haben, sind dabei die Kettengebirge der Mittelmeerländer entstanden.

Da sich zwischen den großen Kontinenten kleinere Schollen kontinentalen Aufbaus wie zum Beispiel der adriatische Mikrokontinent befanden, verlief die Entwicklung im einzelnen natürlich komplizierter. So waren beispielsweise Korsika und Sardinien bis ins Alttertiär (65 bis 22 Millionen Jahre vor heute) der Küste Südfrankreichs vorgelagert (Bild 14). Sie lagen innerhalb des Alpengürtels, der zu dieser Zeit noch ein Inselbogen war und sich bis zu den Balearen fortsetzte. Erst gegen Ende des Alttertiärs wurden Korsika und Sardinien im Zusammenhang mit der Entstehung des Apennins gegen den Uhrzeigersinn in ihre gegenwärtige Position gedreht.

Während Wegener nur die Verschiebung der Kontinente in den letzten 250 Millionen Jahren diskutierte, ist die Paläomagnetik heute in der Lage, solche Bewegungen etwa zwei Milliarden Jahre in die Vergangenheit zurückzuverfolgen. Allerdings sind die Rekonstruktionen um so unsicherer je älter der Zeitabschnitt ist, auf den sie sich beziehen.

Auch die geographische Verbreitung von tierischen und pflanzlichen Lebensgemeinschaften spricht für die Verschiebung der Kontinente. Wegener hatte sich bereits unter anderem auf die Pflanzenwelt des Karbon bezogen. Seine Ideen wurden später – ungeachtet des Streites der Geowissenschaftler – von Biologen immer wieder herangezogen, um die Entwicklung und geographische Ausbreitung von Organismen auf der Erde verständlich zu machen. Einen wesentlichen Schritt zur Wiederbelebung von Wegeners Ideen tat der deutsche Paläontologe Karl Krömmelbein. Er stellte 1965, also noch bevor die Theorie von der Plattentektonik entwickelt war, bei erdölgeologischen Untersuchungen fest, daß die Arten von Süßwasser-Ostrakoden (Muschelkrebsen) in den ältesten Ablagerungen der Kreidezeit (vor 145 bis 65 Millionen Jahren) an gegenüberliegenden Küstenbereichen Brasiliens und Westafrikas weit genauer übereinstimmen als in verschiedenen Teilen der Kontinente selbst. Da diese Süßwasser-Bewohner unmöglich einen Ozean hätten durchqueren können, beweist der Befund, daß Südamerika und Afrika damals noch unmittelbar aneinander grenzten.

Geodätische Messungen

Während Wegener, gestützt auf damals noch ungenaue Längenmessungen, annahm, die Kontinentaldrift könne die Größenordnung von vielen Metern pro Jahr erreichen, weiß man heute vor allem aufgrund paläomagnetischer Messungen und aus der Erforschung des Untergrundes der Ozeane, daß sich die Lithosphären-Platten mit einer Geschwindigkeit von höchstens zehn Zentimeter pro Jahr bewegen. Diese Beträge sind so klein, daß es lange Zeit unmöglich schien, die Geschwindigkeiten mit geodätischen oder astronomischen Metho-

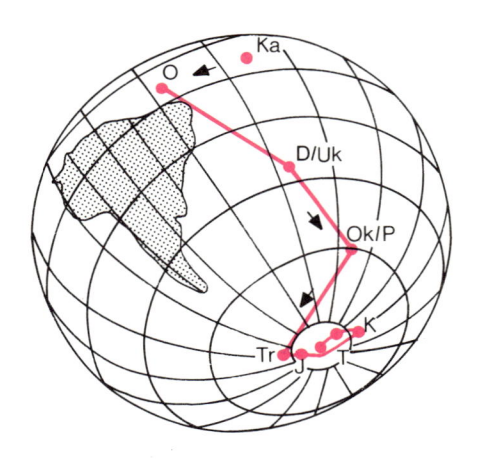

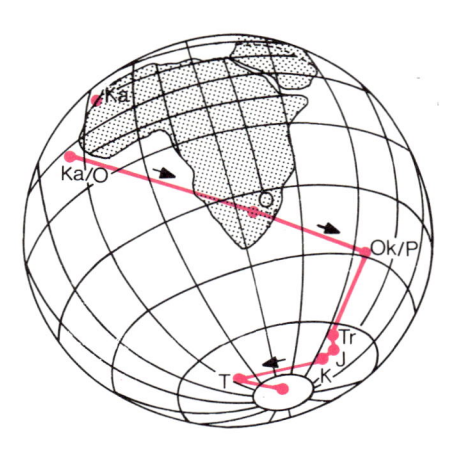

Bild 12: Im Zusammenhang mit der Kontinentalverschiebung führte Wegener den Begriff der Polwanderung ein. Darunter versteht man die scheinbare Verlagerung der Pole auf der Erdoberfläche innerhalb geologischer Zeiträume infolge der Drift der Kontinente. In Wegeners Buch „Die Entstehung der Kontinente und Ozeane" finden sich die oben gezeigten Wanderungskurven des Südpols, die einmal auf Südamerika (links) und einmal auf Afrika (rechts) bezogen sind. Die unterschiedliche Form der Kurven beweist, daß sich die beiden Kontinente relativ zueinander bewegt haben müssen. Wegener rekonstruierte die Lage des Pols anhand von Klimazeugnissen aus der Kreidezeit, dem Eozän und dem Miozän (letztere sind Zeitabschnitte innerhalb des Tertiärs) sowie aus dem beginnenden Quartär. Von prinzipiell gleichen Überlegungen geht heute die Paläomagnetik aus. Sie benutzt als „fossilen Breitenindikator und Magnetnadel" die Magnetisierung von Gesteinen, um relative Wanderungskurven für den magnetischen Pol zu konstruieren (unten). Wie der Vergleich der beiden Darstellungen zeigt, unterscheiden sich die Kurven stark voneinander. Das überrascht nicht, denn paläomagnetische Daten ermöglichen viel genauere quantitative Aussagen als paläoklimatische Zeugnisse. (In den unteren Bildern bedeuten: Ka = Kambrium, O = Ordovizium, D = Devon, Uk = Unterkarbon, Ok = Oberkarbon, P = Perm, Tr = Trias, J = Jura, K = Kreide, T = Tertiär.)

Bild 13: Im Lauf der letzten dreihundert Millionen Jahre haben sich Afrika und Europa zunächst nach Norden, dann vorübergehend nach Süden und schließlich wieder nach Norden verlagert. Jeder Kontinent hatte dabei seine eigene Driftgeschwindigkeit, die in den verschiedenen geologischen Zeitabschnitten unterschiedlich groß war. Die Drift läßt sich rekonstruieren, indem man verfolgt, wie sich die geographische Breitenlage eines Punktes auf der afrikanischen und eines Punktes auf der europäischen Platte (A beziehungsweise E), die sich heute berühren, in der geologischen Geschichte verändert hat (oberes Diagramm). (Die Kurven beruhen auf paläomagnetischen Untersuchungen, insbesondere auf Messungen der Inklination, das heißt der Neigung des Magnetfeldes gegen die Horizontale. Das Untersuchungsgebiet liegt bei Mauls in Südtirol.) Wie man am Verlauf der Kurven erkennt, lösten Perioden der Einengung und solche der Dehnung einander ab. Aus der mittleren Steigung der Kurven (farbige Gerade) läßt sich ableiten, daß die Platten mit einer durchschnittlichen Geschwindigkeit von etwa zwei Zentimeter pro Jahr nach Norden gewandert sind. Dieser Wert liegt in der Größenordnung, die man heute allgemein für Driftgeschwindigkeiten annimmt. Im unteren Diagramm ist der jeweilige Abstand der Punkte A und E aufgetragen (Drehungen und Bewegungen der Platten parallel zu den Breitenkreisen sind in diesen Darstellungen nicht berücksichtigt.)

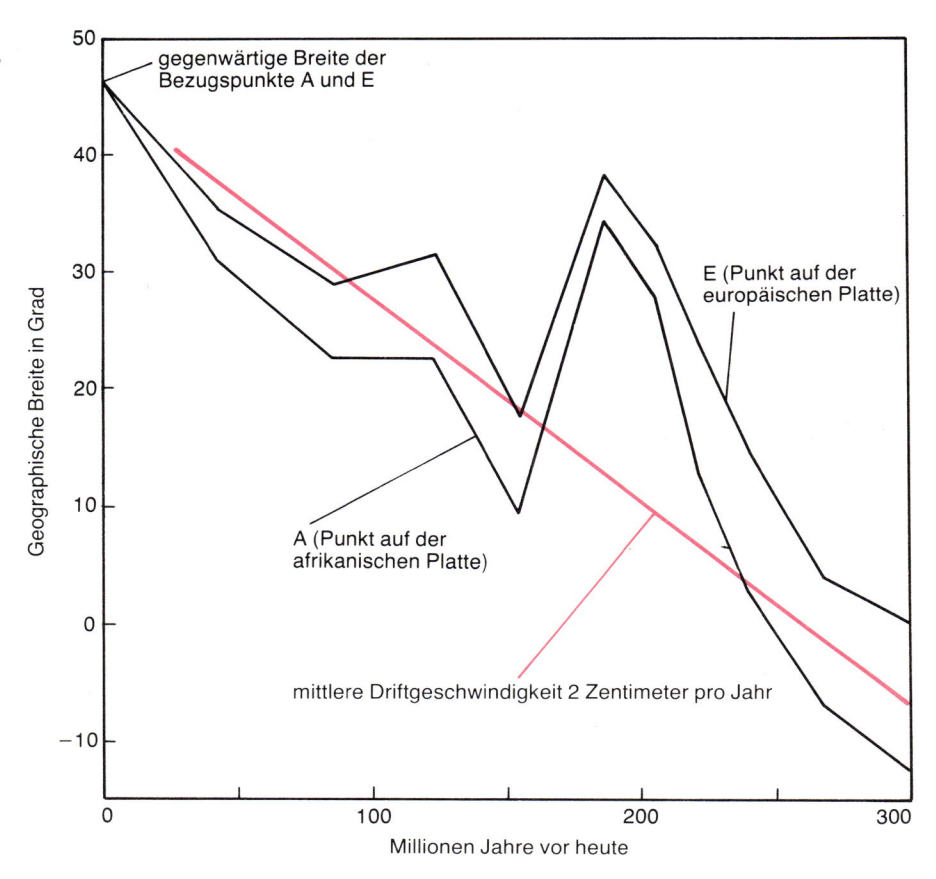

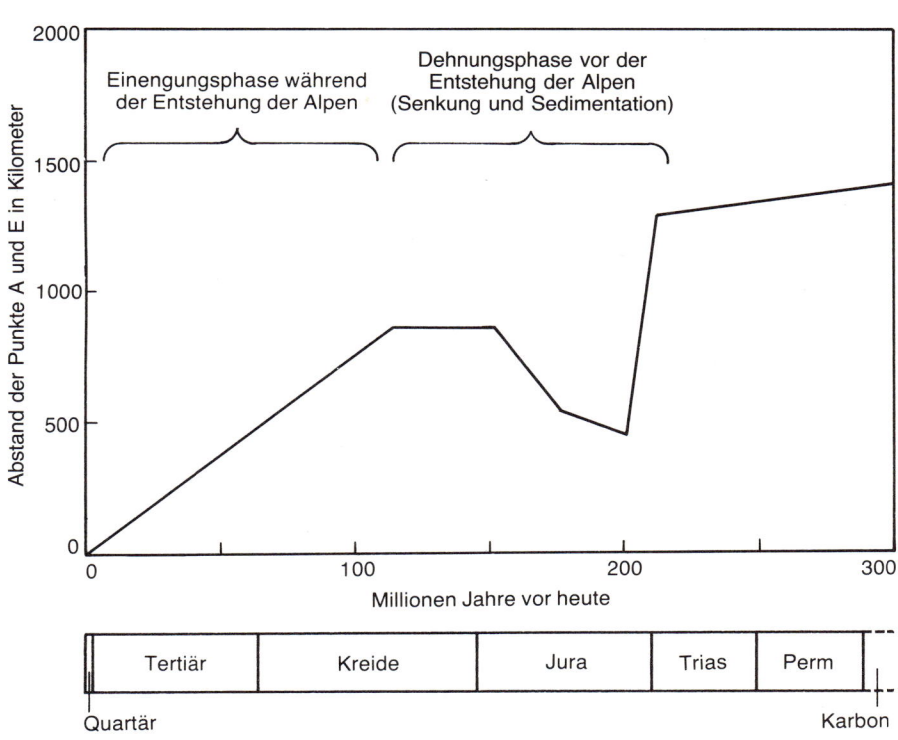

den zu bestimmen. Glücklicherweise hat sich diese Situation mit der Entwicklung der Satelliten-Geodäsie und der Lasertechnologie in jüngster Zeit erheblich verbessert. Konnte man 1960 den Abstand zwischen zwei Punkten auf der Erdoberfläche mit Hilfe von Satelliten auf etwa hundert Meter genau messen, so betrug die Genauigkeit 1970 schon etwa zehn Meter. Heute können die Abstände auf ungefähr hundert Zentimeter genau gemessen werden, und bis zur Jahrtausendwende sollte eine Verbesserung um weitere zwei Zehnerpotenzen erreicht sein. Dann könnten schon innerhalb eines Jahres durch transkontinentale Entfernungsmessungen die Driftgeschwindigkeiten aller Platten der Erdoberfläche bestimmt werden.

Was die Satelliten-Geodäsie zu leisten vermag, sei an folgendem Beispiel veranschaulicht: Um die Erdform zu bestimmen, setzte man ungefähr 35 000 Schweremessungen an der Oberfläche der Erde (Ozeanflächen eingeschlossen) mit Beobachtungen von Unregelmäßigkeiten in den Bahnen künstlicher Satelliten in Beziehung. Hierzu arbeiteten bis zu achtunddreißig auf der Erdoberfläche verteilte Beobachtungsstationen zusammen. Sie empfingen rund 200 000 Daten über die Flugrichtungen und Entfernungen von einundzwanzig Satelliten. Seitdem diese Daten ausgewertet sind, kennt man die (sehr unregelmäßige) Form der Erde mit einer Genauigkeit von wenigen Metern.

In der deutschen Satelliten-Beobachtungsstation Wettzell im Bayerischen Wald ist ein Laser-Entfernungsmeßsystem installiert, das in der Lage ist, bis zu 20 000 Kilometern großen Entfernungen zu Satelliten auf etwa zehn Zentimeter genau zu messen (Bild 15). Auch auf anderen Kontinenten sind Geräte dieser Art im Einsatz. Bereits die zweite Forschergeneration nach Wegener darf also darauf hoffen, den direkten Beweis für die Drift der Kontinente in Händen zu halten.

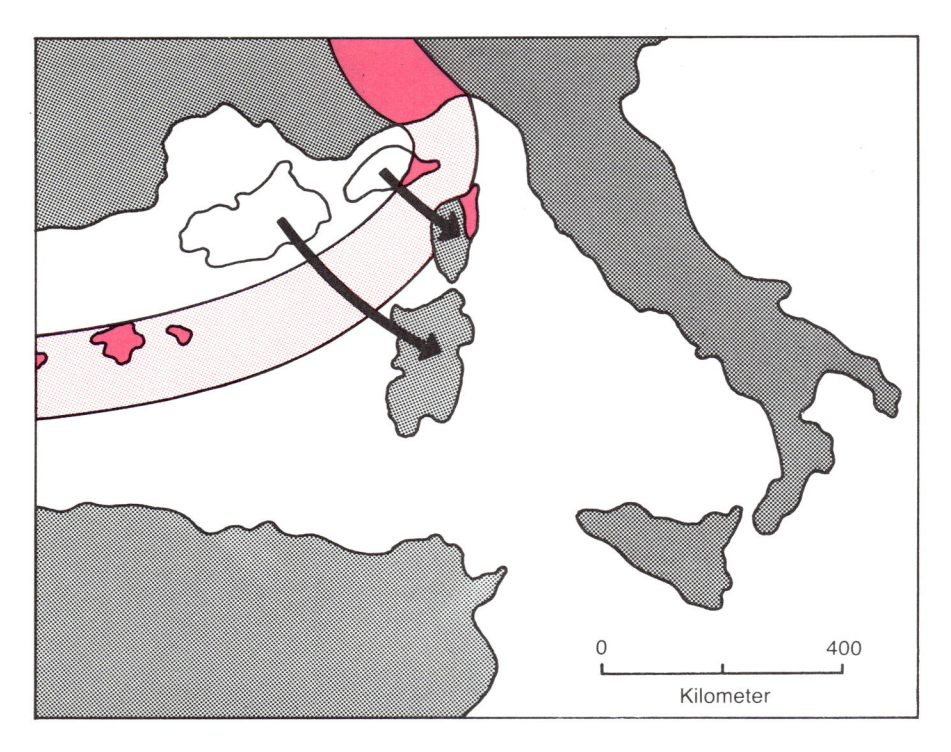

Bild 14: Die Verschiebung von Korsika und Sardinien ist ein Beispiel für eine Bewegung von Kontinentalfragmenten. Wie geologische und paläomagnetische Befunde zeigen, lagen die beiden Inseln einmal vor der französischen Südküste. Im Laufe des Oligozäns (vor 40 bis 25 Millionen Jahren) wurde ein alter, zwischen Südfrankreich und Italien gelegener Ozeanboden unter den gerade entstehenden Apennin gezogen (subduziert). Dabei wurde an der Südküste Frankreichs ein kontinentaler Streifen (Korsika und Sardinien) mitgerissen und gegen den Uhrzeigersinn (Pfeile) in seine heutige Position gedreht. An seiner Rückseite bildete sich neuer Ozeanboden. Der hell gefärbte Streifen zeigt den Verlauf des alpinen Faltengürtels im westlichen Mittelmeerraum vor der Drehung der Inseln, die dunkel gefärbten Flächen auf Korsika und den Balearen markieren Stellen, an denen sich Reste dieses alten Alpengürtels finden.

Ursachen der Kontinentaldrift

Von Anfang an stand Wegener vor dem Problem, die Kräfte zu nennen, welche die Kontinente in Bewegung halten. Er glaubte, daß die Kraft, die infolge der Rotation und der damit zusammenhängenden Abplattung der Erde die Kontinente langsam von den Polen zum Äquator driften läßt („Polfluchtkraft"), sowie eine ebenfalls auf die Erdrotation zurückzuführende, nach Westen gerichtete Kraft („Westdrift") die Ursachen wären. Kritiker konnten aber schon zu Wegeners Lebzeiten zeigen, daß diese Kräfte viel zu klein sind, um Kontinente auf ihrem sehr zähflüssigen Untergrund zu verschieben. Vor allem mit diesem Einwand wurde denn auch die gesamte Hypothese von der Kontinentaldrift als „physikalisch unmöglich" abgetan.

Wegener war sich dieser Schwierigkeiten bewußt, aber er zweifelte nicht daran, daß das Kräfteproblem eines Tages gelöst werden würde. So bemerkte er: „Für die Verschiebungstheorie ist der Newton noch nicht gekommen. Man braucht wohl nicht zu besorgen, daß er ganz ausbleiben werde; denn die Theorie ist noch jung und wird heute noch viel-

Bild 15: Mit diesem Instrument, das mit Laserstrahlen arbeitet, läßt sich die Bahn eines Satelliten auf Dezimeter genau vermessen. Mit derselben Präzision kann man den Abstand zweier Meßstationen dieser Art bestimmen, von denen aus ein Satellit angepeilt wird. Die hier abgebildete Anlage steht in Wettzell im Bayerischen Wald; sie gehört zu einem weltweiten Netz gleichartiger Stationen, die der Erdvermessung dienen. Die Meßmethoden sind inzwischen so verfeinert, daß säkulare Änderungen der Ortskoordinaten eines Punktes gemessen werden können. Gegen Ende dieses Jahrhunderts dürfte es sogar möglich sein, die Wanderung der Kontinente als Differenz von zwei in Jahresabstand durchgeführten interkontinentalen Abstandmessungen nachzuweisen.

fach angezweifelt, und man kann es schließlich dem Theoretiker nicht verübeln, wenn er zögert, Zeit und Mühe an die Aufklärung eines Gesetzes zu wenden, über dessen Richtigkeit noch keine Einigung herrscht." Merkwürdigerweise wurde eine Drift der Kontinente, als sie zwei Jahrzehnte später von der Paläomagnetik gefordert wurde, im Grundsatz akzeptiert, obwohl die treibenden Kräfte zunächst ebenso unbekannt waren wie zur Zeit Wegeners.

Während Wegener die Lösung des Problems von einem Theoretiker erwartet hatte, brachten in der zweiten Hälfte der sechziger Jahre schließlich seismische, paläomagnetische und geothermische Messungen die Erklärung: Die erforderliche Energie stammt aus der Bewegung von Material im Erdinnern, die durch Temperaturunterschiede aufrechterhalten wird (thermische Konvektion).

Wegeners Bedeutung für die Gegenwart

Wir haben bisher herausgestellt, wie sehr Alfred Wegeners Kontinentalverschiebungstheorie den Vorstellungen entspricht, die heute in den Geowissenschaften weitgehend anerkannt sind. Um das Bild dieses genialen Erdwissenschaftlers nicht zu überzeichnen, sei aber auch angeführt, wo die wesentlichen Unterschiede liegen. So nimmt die Theorie von der Plattentektonik heute an

— daß die sialische Kruste der Kontinente mit dem obersten Bereich des Erdmantels fest verbunden ist; beide Schichten bilden zusammen die feste Lithosphäre, welche auf der Asthenosphäre gleitet;
— daß den Ozeanböden zwar die sialische Kruste fehlt, aber auch hier die Grenze zwischen Lithosphäre und Asthenosphäre im oberen Erdmantel liegt;
— daß es nicht viele Schollen sind, die isoliert auf dem Sima schwimmen, sondern daß die Erde von wenigen Lithosphären-Platten vollständig bedeckt ist, in denen kontinentale Lithosphäre durch Ausdünnen des Sials seitlich in ozeanische übergeht;
— daß die Ozeankruste nicht durch Wegdriften von Sial und somit durch die Freilegung des Sima entsteht, sondern durch die Spreizung der Ozeanböden (seafloor spreading): in den mittelozeanischen Rücken steigt ständig Magma hoch und bildet neue Lithosphäre;
— daß zum Ausgleich dieses Breitenwachstums der Platten Randbereiche der Ozeanböden unter Kontinente oder Inselbögen gezogen werden (Subduktion) und daß Subduktionszonen im Bereich der Tiefseerinnen liegen.

Was die Mobilität der Erdhaut betrifft, gehen die modernen Anschauungen also weit über die Wegenerschen Vorstellungen hinaus. Heute glaubt man, daß auch noch der obere Teil des Erdmantels bis zu mehreren hundert Kilometern Tiefe in das Geschehen mit einbezogen ist.

„Weh uns, wenn wir nicht weiter wären als er!" Diese Worte aus einer Rede zum Gedächtnis an einen großen Naturforscher des neunzehnten Jahrhunderts gelten auch hier. Für die heutigen Geowissenschaften steht Wegener mit seiner umfassenden Theorie am Anfang einer neuen Epoche der Forschung, deren Ende noch nicht abzusehen ist. Diese Bedeutung kommt ihm nicht nur wegen seiner genialen Ideen zu, sondern sie leitet sich auch aus seiner universalen Betrachtungsweise ab.

Seit Alexander von Humboldt hat wohl kaum ein Forscher die Geowissenschaften so weit überblickt wie Alfred Wegener. Gleichwohl erkannte Wegener, daß bedeutende Fortschritte in unserem Wissen über die Erde nur durch eine enge interdisziplinäre Zusammenarbeit zu erreichen sind. So schrieb er 1929: „Nur durch Zusammenfassung aller Geowissenschaften dürfen wir hoffen, die „Wahrheit" zu ermitteln, das heißt, dasjenige Bild zu finden, das die Gesamtheit der bekannten Tatsachen in der besten Ordnung darstellt und deshalb den Anspruch auf größte Wahrscheinlichkeit hat."

Seit drei Jahrzehnten folgen die Geowissenschaften weltweit und mit großem Erfolg diesem Prinzip.

Planetesimals – Urstoff der Erde?

Einiges spricht dafür, daß die Planeten des inneren Sonnensystems aus einem Schwarm von Kleinstplaneten – Planetesimals – hervorgegangen sein könnten, die auf ihren Bahnen um die Sonne häufig zusammenstießen und dabei miteinander verschmolzen. Heute können wir den Geburtsvorgang mit Computern in allen Einzelheiten rekonstruieren.

Von **George Wetherill**

Die Frage nach der Entstehung der Erde läßt sich in eine viel allgemeinere Frage einbetten: Auf welche Weise kondensierte die Sonne aus einer Gas- und Staubwolke, und wie konnte es geschehen, daß ein winziger Teil der Wolkenmaterie dabei der Anziehungskraft der Sonne entkam und zu dem wurde, was wir Planeten nennen? Das ist keine einfache Frage! Zum einen wissen wir aus Computer-Simulationen, daß eine Wolke von der Größe des solaren Urnebels nicht zu einem einzigen Stern, sondern zu vielen Mehrfach-Sternsystemen kondensieren sollte. Und selbst wenn wir die Vorgänge bei der Geburt der Sonne ganz verstehen würden, könnte uns das mitunter wenig dabei helfen, die Entstehung der terrestrischen Planeten (Merkur, Venus, Erde und Mars) zu rekonstruieren. Diese Himmelskörper besitzen zusammen eine Masse von nur 0,0005 Prozent der Sonnenmasse, und bei diesen Größenverhältnissen ist natürlich nicht zu erwarten, daß sich aus den allgemeinen Eigenschaften des solaren Nebels, Einzelheiten über das Schicksal eines so winzigen Teils der Materie gewinnen lassen.

Von anderen Ansätzen darf man sich da schon sehr viel mehr Erfolg versprechen. Im wesentlichen konkurrieren zwei Theorien der Entstehung eines terrestrischen Planeten miteinander: Er könnte aus einer lokalen Verdichtung der Gas- und Staubwolke hervorgegangen sein, die einen Gravitationskollaps erlitten hat, oder er könnte aus vielen kleinen Körpern, Planetesimals, bestehen, die in einem frühen Stadium aus der Wolke auskondensierten und sich im Laufe von Jahrmillionen aneinander gelagert haben. Indem sie diese Prozesse in Computerrechnungen zu rekonstruieren versuchen, können die theoretischen Astrophysiker ihr Wissen über die Entstehungsgeschichte des Sonnensystems erweitern. Heute sind wir beispielsweise in der Lage, Zustandsbedingungen für den solaren Nebel anzugeben, die erfüllt sein müssen, wenn Planeten entstehen sollen. Es rückt auch in den Bereich des Möglichen, mit jedem der verschiedenen Modelle solche Größen wie die Temperatur der Erde im Frühstadium ihrer Existenz abzuleiten. Dann aber könnte man anhand von geologischen Meßdaten nachprüfen, wie gut eine Theorie der Wirklichkeit entspricht.

In diesem Artikel werde ich den heutigen Stand der Planetesimal-Theorie schildern. Es ist noch zu früh, zu entscheiden, ob diese oder die Gravitationskollaps-Theorie die wahren Vorgänge richtig beschreibt. Nichtsdestoweniger ist die Planetesimal-Theorie recht überzeugend. Der Computer-Simulation zufolge hat sich die Geburt der vier Planeten über ungefähr 100 Millionen Jahre hingezogen. Darüber hinaus müßte die Erde in ihrer Frühzeit so heiß gewesen sein, daß das Material in ihrem Innern weitgehend geschmolzen war.

Die Grundbegriffe: Zusammenstöße, Bahnstörungen, Fluchtgeschwindigkeit

Wenn wir uns mit der Entstehung der Planeten aus Planetesimals beschäftigen, müssen wir zuerst die Voraussetzungen kennen, die gegeben sein müssen, damit

Bild 1: Verdanken die Erde und die erdähnlichen Planeten des Sonnensystems ihre Existenz Gravitationskollapsen in lokalen Verdichtungen des solaren Nebels? Oder bestehen die inneren Planeten aus vielen kleinen Körpern, Planetesimals genannt, die einmal auf eng benachbarten Bahnen die Sonne umkreist haben und durch Zusammenstöße zu großen Körpern verschmolzen sind? Einiges spricht für die letztere Hypothese. Wie Planetesimals zu einem großen Himmelskörper werden könnten, hat Larry P. Cox vom Massachusetts Institute of Technology in Computerrechnungen simuliert. Er begann das „Experiment" mit hundert Körpern gleicher Masse, die gemäß den Keplerschen Gesetzen auf elliptischen Bahnen um die Sonne liefen. Jede Umlaufbahn war durch ihre Große Halbachse (oberes Diagramm) und ihre Exzentrizität (unteres Diagramm) charakterisiert. Die Größe der Halbachse ist ein Maß für den Abstand eines Planeten vom Zentralkörper, im Sonnensystem gibt man sie gewöhnlich in Astronomischen Einheiten (AE) an. (Eine AE entspricht dem Abstand Erde-Sonne, $1\,\text{AE} \equiv 150 \times 10^6$ Kilometer.) Die Exzentrizität sagt etwas darüber aus, wie stark die Bahn von der Kreisform abweicht (Exzentrizität 0 = Kreisbahn; Exzentrizität 1 = parabelförmige Bahn mit unendlich langer Großer Halbachse). Die Anfangsparameter wurden nach dem Zufallsprinzip ausgewählt, wobei die Großen Halbachsen zwischen den Grenzwerten 0,5 und 1,5 AE liegen mußten und die Exzentrizitäten den Wert 0,15 nicht übersteigen durften. Schließlich wurde festgesetzt, daß alle Bahnen in derselben Ebene verlaufen sollen. Wie nicht anders zu erwarten, sind Zusammenstöße in einem zweidimensionalen Planetesimalsystem viel wahrscheinlicher als in einem dreidimensionalen. Entsprechend schnell vereinigen sich die kleinen Körper zu großen: Die Planetenbildung war schon nach 61000 (computersimulierten) Jahren abgeschlossen, im Vergleich zu etwa hundert Millionen Jahren im dreidimensionalen Fall (vergleiche Bilder 2 bis 4). Die kleinen Quadrate in den Diagrammen bezeichnen Kollisionen, die zur Vereinigung der Stoßpartner führen. Aus den hundert Planetesimals zu Beginn sind am Ende sechs Planeten geworden; jeder „Stammbaum" ist in einer bestimmten Farbe gezeichnet. Bemerkenswerterweise entkam der sonnennächste Planet jedwedem Zusammenstoß, wenn auch häufig nur knapp, wie man seiner sprunghaften Lebenslinie im oberen Diagramm entnimmt. Die nächsten fünf Planeten sind größer – man könnte ihnen spaßeshalber die Namen Merkur, Venus, Erde, Mond und Mars geben. Das entscheidende Ergebnis dieser Simulation besteht darin, daß überhaupt Körper entstehen, die der Erde sowohl im Hinblick auf die Masse als auch in bezug auf die Größe der Bahn entsprechen. Die logarithmische Zeitskala wurde so gestaucht oder gedehnt, daß auf jeden Papierabschnitt gleich viele Störereignisse (Zusammenstöße und Beinahezusammenstöße) kommen. (Achsenbeschriftungen waagerecht: Logarithmus der Zeit in Jahren; senkrecht: Große Halbachse in Astronomischen Einheiten beziehungsweise Exzentrizität.)

55

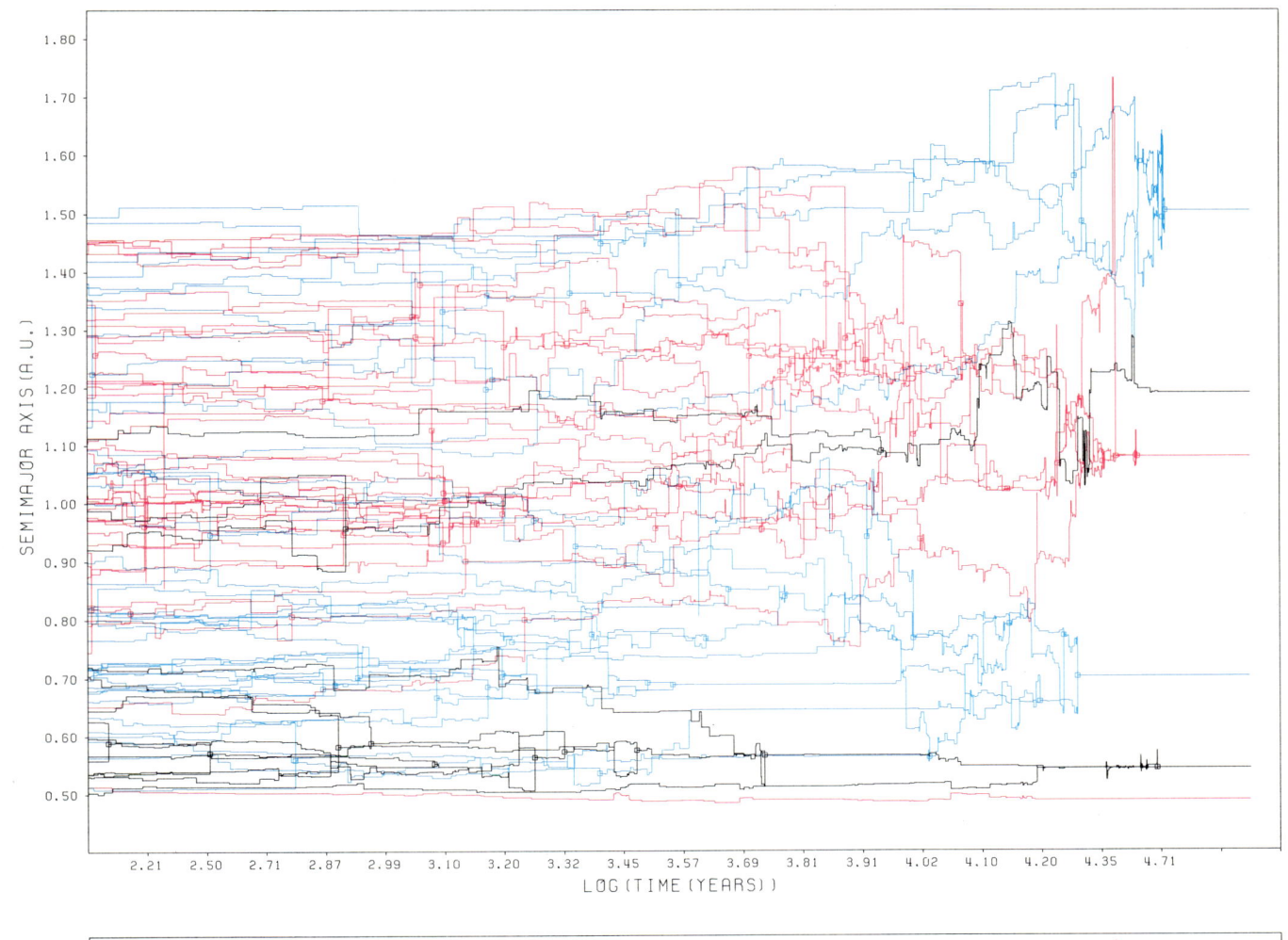

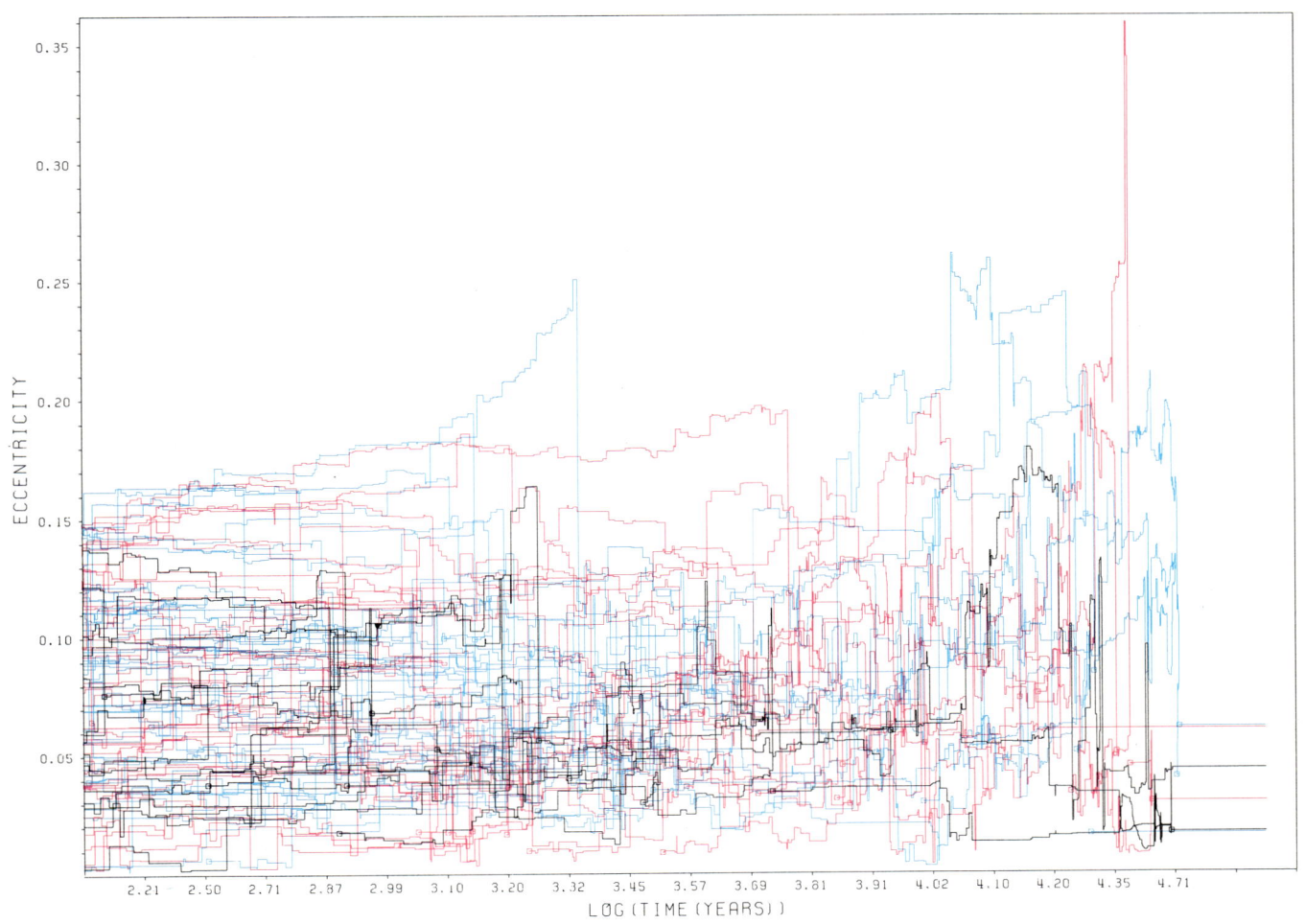

sich zwei aufeinander prallende Gesteinsbrocken beim Zusammenstoß vereinigen können. Offensichtlich führt nicht jeder Zusammenstoß zur Verschmelzung der Stoßpartner: Prallen zwei Steine von je einem Meter Durchmesser mit einer Relativgeschwindigkeit von 1000 Kilometer pro Stunde (= 0,3 Kilometer pro Sekunde) aufeinander, so zerbrechen sie, und die Bruchstücke fliegen auseinander. Auf diese Weise sind die erdähnlichen Planeten sicherlich nicht entstanden!

In diesem Beispiel ist die Relativgeschwindigkeit der Stoßpartner zu groß. Welchen Wert muß sie haben? Um darauf eine Antwort zu finden, ist es unumgänglich, daß wir uns mit einer wichtigen Größe vertraut machen: der Fluchtgeschwindigkeit. Darunter versteht man die kleinstmögliche Relativgeschwindigkeit, die zwei Körper aufweisen müssen, damit sie ihrer gegenseitigen Anziehung noch entfliehen können. Für ein Geschoß beispielsweise, das von der Erdoberfläche aus abgefeuert wird, beträgt die Fluchtgeschwindigkeit 11,2 Kilometer pro Sekunde; an der Mondoberfläche würden 2,4 Kilometer pro Sekunde genügen. Wenn zwei Planetesimals mit einer Relativgeschwindigkeit von der Größe der Fluchtgeschwindigkeit zusammenstoßen (und keine Energie verbraucht würde), hätten sie gerade genug Energie, um voneinander abzuprallen und wieder in eigenständige Flugbahnen zu gelangen. Bei einem realen Zusammenstoß aber werden Planetesimals, die mit Fluchtgeschwindigkeit kollidieren, deformiert und brechen in Stücke. Das kostet Energie, mit der letztlich die Körper aufgeheizt werden. Die beiden Körper könnten einander also nicht entfliehen, und aus ihren Bruchstücken müßte ein einziger größerer Körper entstehen. Selbst wenn die Stoßgeschwindigkeit doppelt, in manchen Fällen sogar dreimal so groß ist wie die Fluchtgeschwindigkeit, können sich die Stoßpartner noch vereinigen – das haben die Experimente von William K. Hartmann vom Planetary Science Institute in Tucson (Arizona) und die Rechnungen von Thomas J. Ahrens und John B. O'Keefe vom California Institute of Technology gezeigt.

Die Relativgeschwindigkeit zweier Körper im Augenblick des Stoßes ist nicht identisch mit ihrer Relativgeschwindigkeit in großem Abstand voneinander, nein, zu dieser Geschwindigkeit muß man den Betrag addieren, auf den die Körper im Gravitationsfeld des Partners beschleunigt werden. Ist die Relativgeschwindigkeit beim Stoß doppelt so groß wie die Fluchtgeschwindigkeit, so lag die Relativgeschwindigkeit in großem Abstand beim $\sqrt{3}$-fachen ($\sqrt{3}$ = 1,732...) der Fluchtgeschwindigkeit; dreifache Fluchtgeschwindigkeit beim Stoß bedeutet 2,8-fache Fluchtgeschwindigkeit in großem Abstand. Da die Unterschiede nicht groß sind, läßt sich die Aussage, daß sich Körper nur dann vereinigen können, wenn ihre Relativgeschwindigkeit beim Stoß kleiner als das Zwei- bis Dreifache der Fluchtgeschwindigkeit ist, auch auf die Relativgeschwindigkeiten übertragen, mit denen die Stoßpartner auf ungestörten Bahnen, lange vor einem Zusammenprall dahinziehen.

Bei einigen Modellen der Planetenbildung hat man die Relativgeschwindigkeit eines jeden beliebigen Paares von Planetesimals als freie Parameter aufgefaßt. Dem liegt die Vorstellung zugrunde, daß sich die Geschwindigkeit immer genügend klein wählen läßt, damit sich die Körper bei einem Zusammenstoß vereinigen können. Andererseits existiert aber auch eine kritische Untergrenze für die Relativgeschwindigkeit. Die Gesetze der Planetenbewegung – von Johannes Kepler formuliert – besagen, daß die Bahn eines Körpers um die Sonne eine Ellipse ist, deren Größe und Gestalt die Geschwindigkeit des Satelliten an jedem Punkt seiner Umlaufbahn festlegen. Das heißt, die Relativgeschwindigkeit zweier Körper, die um die Sonne laufen, ist um so größer je stärker sich die Bahnen in Größe, Gestalt und Orientierung unterscheiden. Planetesimals, die miteinander verschmelzen können, also solche mit kleinen Relativgeschwindigkeiten, müssen folglich sehr ähnliche Bahnparame-

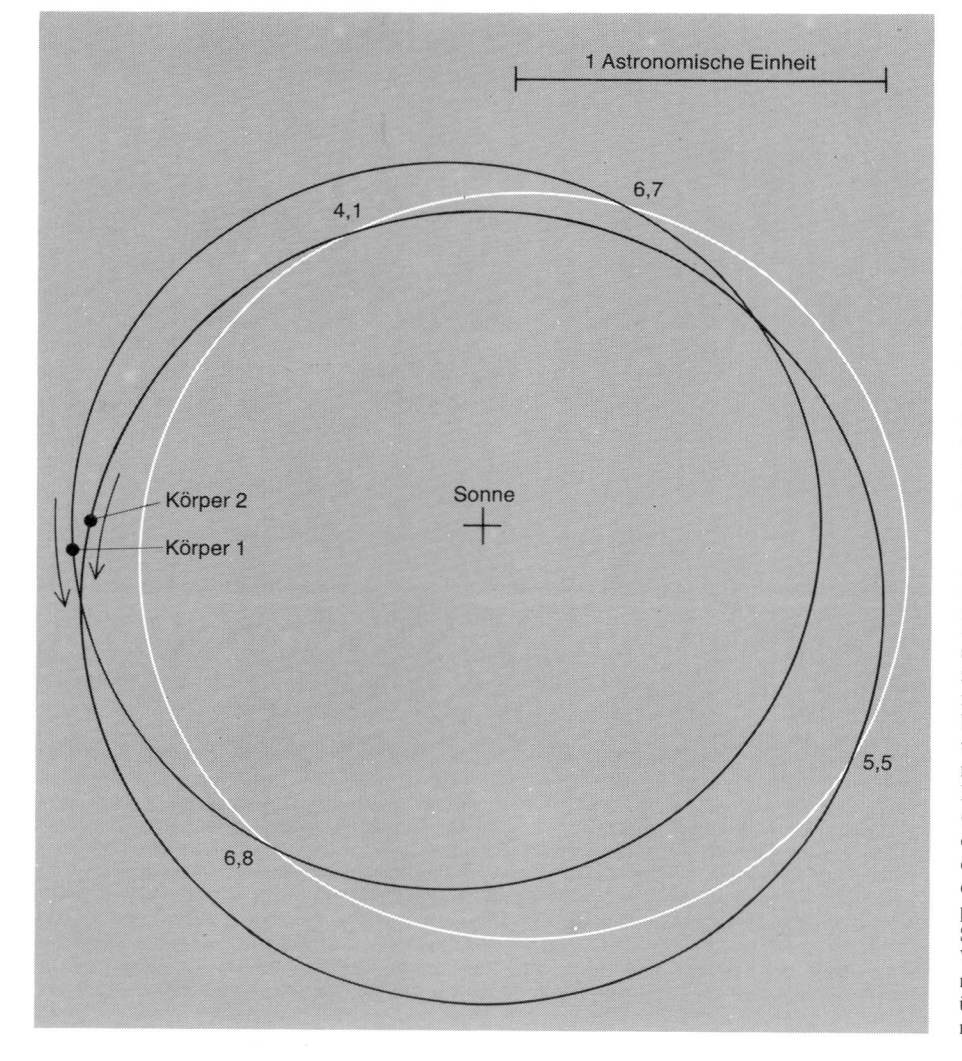

Bild 2: Die Wechselwirkungen zwischen zwei Körpern sind die „Elementarprozesse", die zur Bildung der inneren Planeten des Sonnensystems aus Planetesimals führen. Das Diagramm zeigt die Bahnen zweier Planetesimals, die gerade im Begriff sind, sich gegenseitig stark zu beeinflussen. (Die weiße Bahn ist die eines dritten Planetesimals, der stellvertretend für alle restlichen Körper des Schwarms stehen soll.) Die Körper 1 und 2 besitzen gleiche Massen (jeweils 10^{27} Gramm) und sind gleich groß (Radien jeweils 4000 Kilometer). Die Zahlen an den Schnittpunkten der schwarzen Bahnen mit der weißen geben die Geschwindigkeit des Körpers 1 (beziehungsweise 2) in Kilometer pro Sekunde in bezug auf den dritten Körper an. Wie die Begegnungen ausgehen können, entnimmt man den beiden Bildern auf der gegenüberliegenden Seite, die im gleichen Größenmaßstab gezeichnet sind.

Bild 3: Nach einem Beinahezusammenstoß laufen beide Körper auf neuen, ellipsenförmigen Bahnen um die Sonne. In bezug auf den Rest des Planetesimalschwarms (dritter Körper auf weiß gezeichneter Bahn) ist die Geschwindigkeit des ersten Körpers kleiner, die des zweiten größer geworden. Gemittelt über viele Beinahezusammenstöße erhöhen sich die Geschwindigkeiten der Körper relativ zum Schwarm. Im hier skizzierten Fall kamen sich die beiden „Beinahestoßpartner" bis auf einen Abstand von drei Radien (12 000 Kilometer) nahe. (Maßstab wie in Bild 2)

ter aufweisen. Dann könnte aber nur ein kleiner Teil von ihnen zur Planetenbildung beitragen, und das simulierte innere Sonnensystem würde eher dem Ringsystem des Saturn ähneln.

Mehr Erfolg scheint eine Simulation zu versprechen, in der die Relativgeschwindigkeiten so gewählt werden, daß sie nahe bei den Fluchtgeschwindigkeiten liegen. Die Planetesimals können dann beim Zusammenstoß miteinander verschmelzen und gleichzeitig ist die Zahl der möglichen Kollisionspartner maximal. Aber dann steht man vor einem anderen Problem: Wenn die Körper größer werden, steigt auch die Fluchtgeschwindigkeit, denn bei einem Körper einheitlicher Dichte wächst die Fluchtgeschwindigkeit proportional zum Radius. Um stets im optimalen Bereich zu bleiben, müßte die Relativgeschwindigkeit der Planetesimals daher mit dem Größenwachstum der Körper Schritt halten. Tut sie das?

Die Möglichkeit, daß die Relativgeschwindigkeit der Planetesimals automatisch parallel zur Fluchtgeschwindigkeit wachsen könne, wurde zum ersten Mal 1950 von L. E. Gurevich und A. I. Lebedinskii vom Moskauer Institut für Angewandte Geophysik erwogen und in den sechziger Jahren von Viktor S. Safronow vom selben Institut weiterentwickelt. Safronow ging analytisch vor: Er formulierte mathematische Ausdrücke zur Beschreibung der zeitlichen Entwicklung solcher Größen wie beispielsweise der durchschnittlichen Relativgeschwindigkeit der Mitglieder eines Planetesimalschwarms. Sein einfachstes Modell beschrieb einen Schwarm, bei dem die vom

Bild 4: Stoßen zwei Planetesimals zusammen, so vereinigen sie sich zu einem einzigen größeren Körper und dieser fliegt auf einer Bahn kleinerer Exzentrizität (kreisähnlicher) weiter. Wie man den Geschwindigkeitsangaben entnimmt, vermindern Zusammenstöße im Mittel die Geschwindigkeit relativ zum Schwarm. Außerdem sind die Körper nach einem Zusammenstoß stärker vom Schwarm der übrigen Planetesimals isoliert als zuvor, denn auf ihren kreisähnlichen Bahnen kreuzen sie viel seltener die Bahn eines anderen Körpers; weitere Zusammenstöße werden daher immer unwahrscheinlicher. (Maßstab wie in Bild 2)

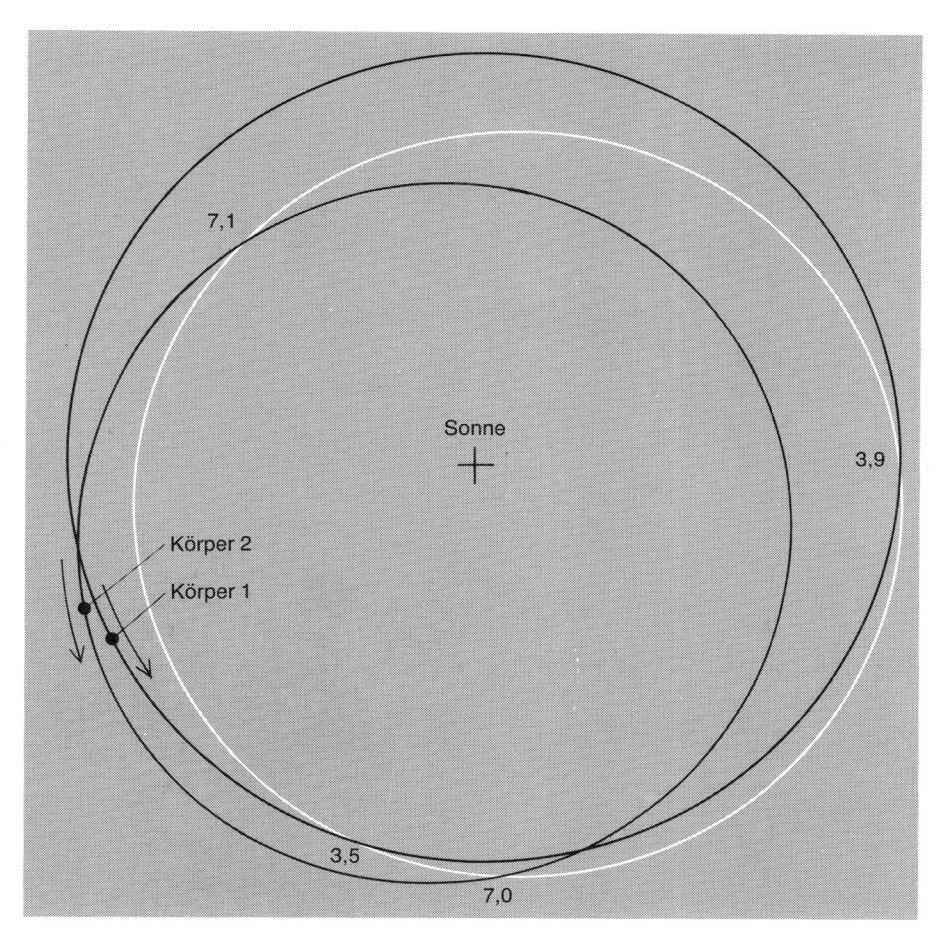

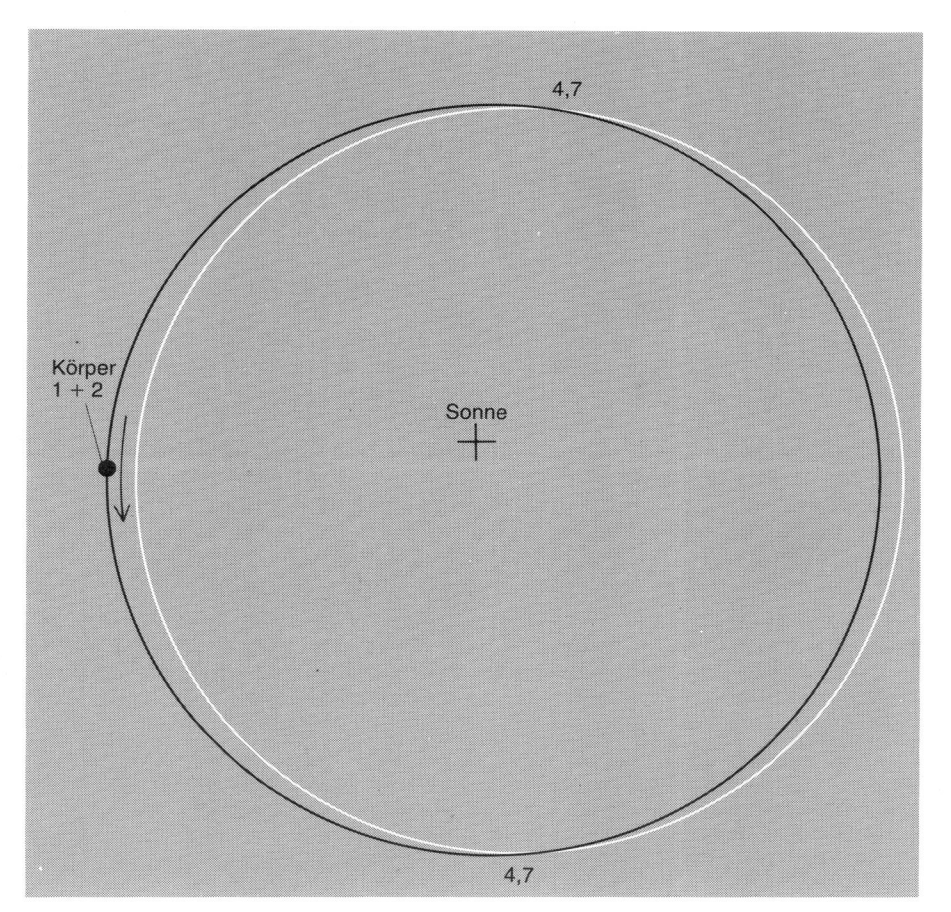

Gas des solaren Nebels verursachte Reibung nicht berücksichtigt wurde.

Mit welchen Relativgeschwindigkeiten sich die Körper eines Planetesimalschwarms bewegen, ergibt sich aus dem Wechselspiel zweier miteinander konkurrierender Effekte (vergleiche Bilder 2 bis 4): Wenn die Körper aneinander vorbeifliegen ohne zusammenzustoßen, werden ihre Umlaufbahnen aufgrund der Massenanziehung gestört. Dadurch ändert sich die Geschwindigkeit relativ zu anderen Körpern, denen die beiden Planetesimals auf ihrem weiteren Umlauf um die Sonne begegnen. Manchmal ist die Relativgeschwindigkeit nach einem Beinahezusammenstoß größer als vorher, manchmal ist sie kleiner. Im Mittel wächst sie jedoch an. Bei Zusammenstößen geschieht das Gegenteil: In der Regel werden die Bahnen der Planetesimals dabei kreisförmiger und somit einander ähnlicher, die Relativgeschwindigkeiten folglich kleiner. Nach einer Anfangsphase stellt sich eine mittlere Geschwindigkeit ein, indem der Geschwindigkeitszunahme nach Beinahezusammenstößen eine gleichgroße Geschwindigkeitsverringerung nach echten Kollisionen gegenübersteht (Bild 5).

Betrachten wir die Dinge etwas genauer! Wir müssen uns dabei auf die Newtonschen Bewegungsgesetze stützen und die Theorie des „random walk" heranziehen, mit der sich die im wesentlichen zufallsstatistische Natur der Wechselwirkungen der Planetesimals beschreiben läßt. Bei Störungen infolge von Beinahezusammenstößen ändert sich die Geschwindigkeit eines kleinen Körpers (eines Projektils), der auf einen größeren Körper (ein Target; *englisch: Zielscheibe*) trifft proportional zu $\sqrt{M/D}$, wobei M die Masse des Targets und D den Minimalabstand der Kollisionspartner bezeichnen. Im äußersten Fall ist D ungefähr gleich R, dem Radius des Targets. Da die Masse des Targets der dritten Potenz von R proportional ist, geht der Ausdruck $\sqrt{M/D}$ in $\sqrt{R^3/R}$ und damit in R über. Kurz, die Änderung der Geschwindigkeit des Projektils hängt in der gleichen Weise vom Radius des Targets ab wie die Fluchtgeschwindigkeit; das heißt, die Zunahme der Relativgeschwindigkeit nach Beinahezusammenstößen und die Zunahme der Fluchtgeschwindigkeit infolge des Wachstums eines Körpers gehen parallel einher.

Auch alle Begegnungen in Abständen vom Target, die kleiner sind als der Radius der sogenannten Gravitationssphäre, stören noch die Bahnen der Projektile. Die Gravitationssphäre ist dadurch definiert, daß in ihrem Innern die Bewegung des Projektils hauptsächlich vom Gravitationsfeld des Targets beeinflußt wird, während außerhalb der Sphäre das Gravitationsfeld der Sonne dominiert. Der Sphärenradius ist ungefähr 75-mal so groß wie der Radius des Targets. Mittelt man die Geschwindigkeitsänderungen, die von Begegnungen innerhalb der Gravitationssphäre herrühren, so stellt man fest, daß der Mittelwert in einem mehr oder weniger festen Verhältnis zu der Geschwindigkeitsänderung steht, die durch Begegnungen in Abständen von der Größenordnung eines Target-Radius hervorgerufen werden, egal welchen Target-Radius man annimmt. Folglich ist auch die Geschwindigkeitszunahme der Projektile in größeren Abständen vom Target der Fluchtgeschwindigkeit proportional.

Im Mittel ist der Geschwindigkeitszuwachs des Projektils aufgrund von Begegnungen in Entfernungen von einem Target-Radius bis zu 75 Target-Radien größer als die Geschwindigkeitsabnahme nach Kollisionen. Gewiß, der Zuwachs an Querschnittsfläche eines größer werdenden Targets erhöht die Wahrscheinlichkeit von Zusammenstößen. Zugleich aber schwillt mit zunehmender Masse des Targets auch die Gravitationssphäre an, so daß Begegnungen, die lediglich Störungen nach sich ziehen, ebenfalls wahrscheinlicher werden. Als Fazit bleibt die bemerkenswerte Tatsache, daß die Relativgeschwindigkeit eines Planetesimalschwarms proportional zur Fluchtgeschwindigkeit wächst. Hinzu kommt, daß man nur dann plausible Werte für den Energieverlust bei Kollisionen erhält, wenn die Relativgeschwindigkeit ungefähr gleich der Fluchtgeschwindigkeit ist. Und so muß es auch sein, wenn sich die Planetesimals noch bei zunehmender Größe aller Mitglieder eines Schwarms miteinander vereinigen sollen.

Die ersten Modellrechnungen . . .

Zu Beginn der Safronowschen Simulationsrechnungen sind die Planetesimals klein, ihre Radien messen nur wenige Kilometer. Auch die Fluchtgeschwindigkeit ist niedrig, und die Relativgeschwindigkeit liegt nahe bei der Fluchtgeschwindigkeit. Obwohl nur Körper mit ähnlichen Bahnen zusammenstoßen und miteinander verschmelzen können, beobachtet man innerhalb des gesamten Abschnitts, in dem die Bahnen der erdähnlichen Planeten verlaufen, Anlagerungsprozesse. Da die Körper wachsen, steigt ihre Fluchtgeschwindigkeit, aber das bringt die Akkretion nicht zum Stillstand, weil – wie erwähnt – die Relativgeschwindigkeit proportional zur Fluchtgeschwindigkeit größer wird. Im Einklang mit den Keplerschen Gesetzen wächst mit der Relativgeschwindigkeit eines Körpers auch die Exzentrizität seiner Umlaufbahn. Mit anderen Worten, die Bahnen der Planetesimals verformen sich zu ausgeprägten Ellipsen. Diese Tendenz gestattet es jedem Mitglied eines Planetesimalschwarms, mit der Zeit auch weiter außen befindlichen Körpern zu begegnen. Dadurch bleibt die Zahl möglicher Kollisionen annähernd konstant, obwohl die Gesamtzahl der Planetesimals abnimmt und sich die Körper auf einen größeren Raum verteilen.

Was hindert uns jetzt noch, zu glauben, daß die Erde und die erdähnlichen Planeten tatsächlich auf diese Weise entstanden sind? Man könnte sich fragen, woher die Planetesimals kommen sollen, die Safronow an den Ausgangspunkt seiner Rechnung setzt. Die Fachleute stimmen heute weitgehend darin überein, daß dies kein grundsätzliches Problem darstellt. Wie Stuart J. Weidenschilling vom Planetary Science Institute gezeigt hat, konnten sich die Staubkörner des solaren Nebels aufgrund schwacher elektrischer Anziehungskräfte, der sogenannten van-der-Waals-Kräfte, gegenseitig anziehen und kleine Körper von ungefähr einem Zentimeter Durchmesser bilden. Wenn, wie man annimmt, der Nebel rotierte, mußten die vom Gas verursachten Reibungskräfte die Körper in die Rotationsebene des Nebels treiben, die senkrecht auf seiner Rotationsachse steht. Dadurch mußte sich im Zentrum des Nebels eine dünne Staubschicht ausbilden.

In dieser Scheibe sind einige der Körper aufgrund von Zusammenstößen immer weiter angewachsen. Als die größten unter ihnen etwa einen Meter Durchmesser erreicht hatten, wurde die Staubschicht allmählich gravitativ instabil. Die Körper zogen dann den restlichen Staub an, und so mußten Planetesimals von etwa einem Kilometer Durchmesser entstehen. Diese Vorstellungen haben sich in den vergangenen zwei Jahrzehnten durch die Arbeiten mehrerer Astronomen herausgebildet, und so erklärt sich die Safronowsche Modellannahme. Um alle Planeten des inneren Sonnensystems entstehen zu lassen, sind ungefähr 10^{13} Planetesimals dieser Größe nötig.

. . . und die Einwände

Andere Probleme lassen sich nicht so einfach abhandeln. So beschreibt beispielsweise Safronows einfachstes Modell einen Schwarm, in dem alle Planetesimals anfänglich die gleiche Masse besitzen. 1962 bezog er in seine Rechnungen auch den Fall unterschiedlich großer Körper mit ein. Er konnte zeigen, daß die Relativgeschwindigkeit nur dann der Fluchtgeschwindigkeit der größten Körper proportional ist, wenn in den größten Körpern auch der größte Teil der Masse des Systems steckt. In diesem Fall brechen die kleineren Körper bei Kollisionen auseinander, während die größeren wachsen. Wenn sich das System aus einer Unzahl kleiner Planetesimals entwickelt, ist es aber auch möglich, daß die Masse niemals in den größeren Körpern konzentriert wird. Um dieses Problem zu behandeln, muß man sowohl die zeitliche Entwicklung der Relativgeschwindigkeit als auch die der Massenverteilung verfolgen. Mit dem Safronowschen Modell geht das jedoch nicht.

Richard J. Greenberg und seine Kollegen vom Planetary Science Institute haben Rechnungen durchgeführt, die sich auf die frühen Wachstumsstadien in einem Planetesimalschwarm beschränken. Ihre Simulation beginnt zu dem Zeitpunkt, an dem der größte Teil der Masse des Schwarms in Planetesimals von etwa einem Kilometer Durchmesser konzentriert ist. Die Relativgeschwindigkeit der Körper beträgt nur ein paar Meter pro Sekunde, ist also mit der Fluchtgeschwindigkeit vergleichbar. Wie Greenberg zeigen konnte, stoßen einige Planetesimals zusammen und vereinigen sich, bis ein paar von ihnen nach etwa 15 000 Jahren auf 100 Kilometer Durchmesser angewachsen sind. Der größte Teil der Masse steckt dann aber immer noch in den kleinen Planetesimals. Nach der Safronowschen Theorie von 1962 würde man daraus folgern, daß es noch zu wenige große Körper gibt, um die Relativgeschwindigkeit allmählich anzuheben und somit den Geschwindigkeitsabfall aufgrund von Kollisionen auszugleichen.

Entscheidend ist, wie sich das System von da an weiterentwickelt. Man findet, daß die Relativgeschwindigkeit von Körpern mit Durchmessern von ungefähr acht Kilometern zunehmen, aber solange die Geschwindigkeiten weiterhin wie zu Anfang verhältnismäßig niedrig sind, besitzen die Planetesimals, die zu dieser Zeit bereits auf hundert Kilometer Durchmesser anwachsen können, einen uneinholbaren Vorsprung gegenüber ihren kleineren Nachbarn im Schwarm. Insbesondere kann eine Begegnung zwischen einem kleinen und großen Planetesimal bei Relativgeschwindigkeiten weit unterhalb der Fluchtgeschwindigkeit die Bahnkurve des kleineren Körpers derart massiv stören, daß er mit dem größeren zusammenstößt, obwohl er ursprünglich gar nicht auf Kollisionskurs zu sein schien. Diesen Effekt nennt man gravitative Fokussierung (Bild 6). Er vergrößert die effektive Querschnittsfläche des großen Körpers: Statt der geometrischen Querschnittsfläche, die proportional zum Quadrat des Radius wächst, ist eine effektive Querschnittsfläche ausschlaggebend, die sich ungefähr mit der vierten Potenz des Radius vergrößert.

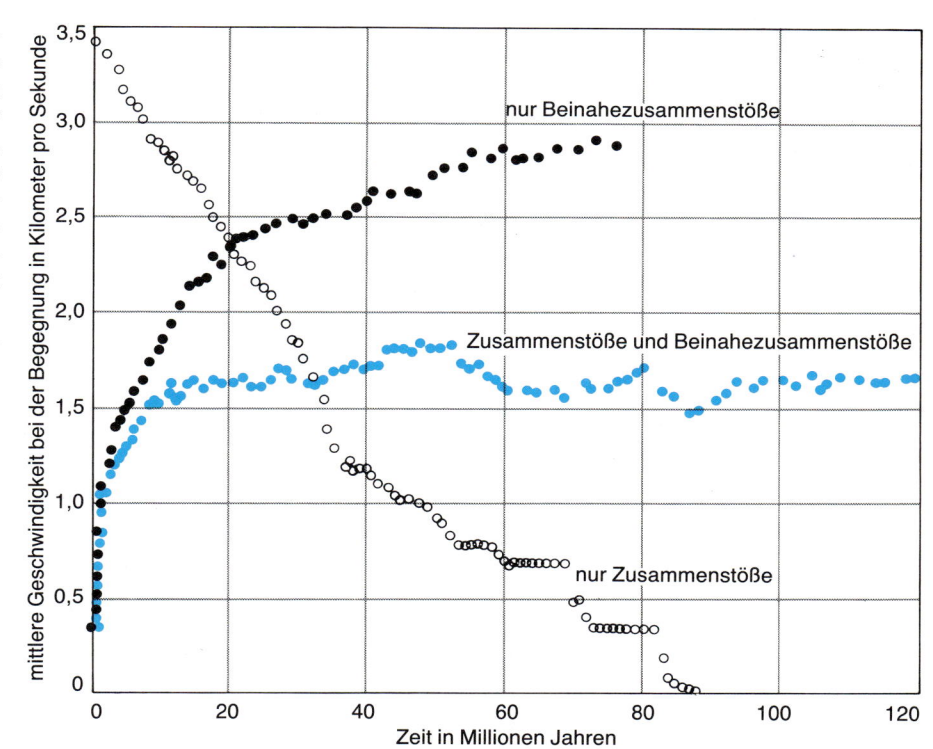

Bild 5: Mit welcher mittleren Geschwindigkeit die Planetesimals eines Schwarms aufeinandertreffen, ergibt sich aus dem Wechselspiel zweier Prozesse: der Beinahezusammenstöße, durch die sich die Relativgeschwindigkeit der Körper vergrößert, und der tatsächlichen Zusammenstöße, nach denen die Geschwindigkeit kleiner wird. Der Autor hat dieses Wechselspiel am Beispiel von hundert Planetesimals (Masse: je 9×10^{24} Gramm; Radius: 830 Kilometer; Bahn: kleine Exzentrizität) mit einem Computer berechnet und graphisch dargestellt. Würde jede Begegnung zweier Körper zum Zusammenstoß führen, so müßte die mittlere Geschwindigkeit der Planetesimals rasch abnehmen (Folge von offenen Kreisen). Gäbe es dagegen nur Beinahezusammenstöße, so würde die Geschwindigkeit stetig, wenn auch immer langsamer, wachsen (Folge von schwarzen Punkten). Wenn man beide Wechselwirkungen berücksichtigt, stellt sich relativ früh ein Gleichgewichtswert ein (Folge von farbigen Punkten).

Ist die gravitative Fokussierung hinreichend wirksam, so fangen die ersten großen Körper die kleinen aus dem Schwarm und verhindern dadurch das weitere Wachstum der mittelgroßen Körper. Die Größenverteilung der Planetesimals weist dann zwei Maxima auf, eines bei großen Durchmessern und eines bei kleinen. Letzteres repräsentiert alle die Körper, die noch nicht von den großen „verschlungen" worden sind. Die großen Körper bewegen sich auf nahezu kreisförmigen Bahnen, weil sich nichts ereignet hat, was die Exzentrizität ihrer Bahn hätte vergrößern können. Vielmehr tragen die Einschläge der kleinen Planetesimals sogar noch dazu bei, daß die Bahnen der großen Körper zu immer perfekteren Kreisen werden.

Wenn dieser Prozeß anhält, sammeln die großen Planetesimals den größten Teil der Masse des Systems auf. Dann aber könnte es für die Bildung eines Planetensystems wie dem unsrigen schon zu spät sein. Die großen Planetesimals laufen nämlich auf Bahnen, die sich nicht überschneiden, und sammeln dabei auch noch die letzten verbliebenen kleinen Planetesimals auf. Am Ende steht ein System von beispielsweise 5000 Kleinplaneten mit Durchmessern von etwa 1000 Kilometern. Es ist denkbar, daß das System dann noch einmal eine Chance bekommen könnte, sich zu einer Art solarem Planetensystem zu entwickeln. Die langreichweitigen gravitativen Wechselwirkungen der vielen Kleinplaneten könnten nämlich die Exzentrizität der Bahnkurven soweit vergrößern, daß die Körper wieder auf Kollisionskurs gelangen, und somit wäre weiteres Wachstum möglich. Aber das hätte nichts mehr mit jener Einfachheit zu tun, durch die sich die Safronowsche Theorie ja gerade auszeichnet.

Eine andere Schwäche des Safronowschen Modells (und der Greenbergschen Arbeiten) besteht darin, daß die Planetesimals behandelt werden, als ob sie sich stets auf geraden Bahnen bewegten, ähnlich wie man in der kinetischen Gastheorie die Moleküle behandelt. So nahm sich Safronow einen Planetesimal heraus und untersuchte alle anderen in dessen näherer Umgebung. Von diesem Standpunkt aus lassen sich die relativen Geschwindigkeiten der Planetesimals so beschreiben wie die der Moleküle eines Gases, das in einem Kasten eingesperrt ist. Phänomene, die vom Abstand eines Planetesimals von der Sonne abhängen, kann man mit einem solchen Ansatz allerdings nicht erfassen.

Der fundamentale Einwand gegen die Vereinfachungen, die in Safronows Modell stecken, richtet sich gegen die angenommene Kompensation der Geschwindigkeitszunahme aufgrund gegenseitiger Störungen durch den Geschwindigkeitsabfall aufgrund von Zusammenstößen. Ob das in einem heliozentrischen System gilt, ist sehr zweifelhaft. Die Geschwindigkeit eines Körpers, der um die Sonne läuft, hängt von seinem Abstand zur Sonne ab. Daher besteht ein fester Zusammenhang zwischen der Relativgeschwindigkeit der Mitglieder eines Planetesimalschwarms und ihrer räumlichen Verteilung. In der kinetischen Gastheorie gibt es dazu keine Parallele.

Neue Einsichten durch neue Simulationsrechnungen

Um Licht in dieses Dunkel zu bringen, habe ich ebenfalls Simulationsrechnungen durchgeführt (Bilder 7 bis 9). Ich begann mit einem Schwarm von hundert Planetesimals gleicher Masse, die sich auf heliozentrischen Bahnen kleiner Exzentrizität bewegen. Die Körper begegnen sich dann recht häufig, aber ihre Bahnen werden nur relativ geringfügig verändert. Nach jeder Störung berechnet der Computer die Bahn eines Körpers neu. Zu Anfang steigt die Relativgeschwindigkeit schnell an, und die Exzentrizitäten der Bahnen wachsen rasch. Danach verlangsamt sich der Geschwindigkeitszuwachs bis schließlich ein Gleichgewichtszustand erreicht ist, in dem die Relativgeschwindigkeiten ungefähr so groß sind wie die Fluchtgeschwindigkeiten. Zu diesem Ergebnis war auch Safronow gekommen. Gibt man den Bahnen zu Anfang große Exzentrizitäten, so beobachtet man die umgekehrte Entwicklung: Die anfänglich hohen Relativgeschwindigkeiten fallen rasch ab. Im Gleichgewichtszustand wird aber auch hier ein Wert erreicht wie in einem Planetesimalschwarm, dessen Mitglieder sich anfänglich auf kreisähnlichen Bahnen bewegen.

Zwar stellt sich in meinen Rechnungen ein Gleichgewichtswert der Relativgeschwindigkeit von nur zwei Drittel der Safronowschen Geschwindigkeit ein, aber das ist dennoch ein befriedigendes Resultat. Die Beziehungen zwischen der Relativgeschwindigkeit und der Fluchtgeschwindigkeit wird dadurch ein weiteres Mal bestätigt, und ebenso steht fest, daß sich das System selbst reguliert und Geschwindigkeiten zustande kommen, bei denen ein Verschmelzen der Stoßpartner möglich ist.

Meine Rechnungen bestätigen aber nicht nur bekannte Ergebnisse, sie geben

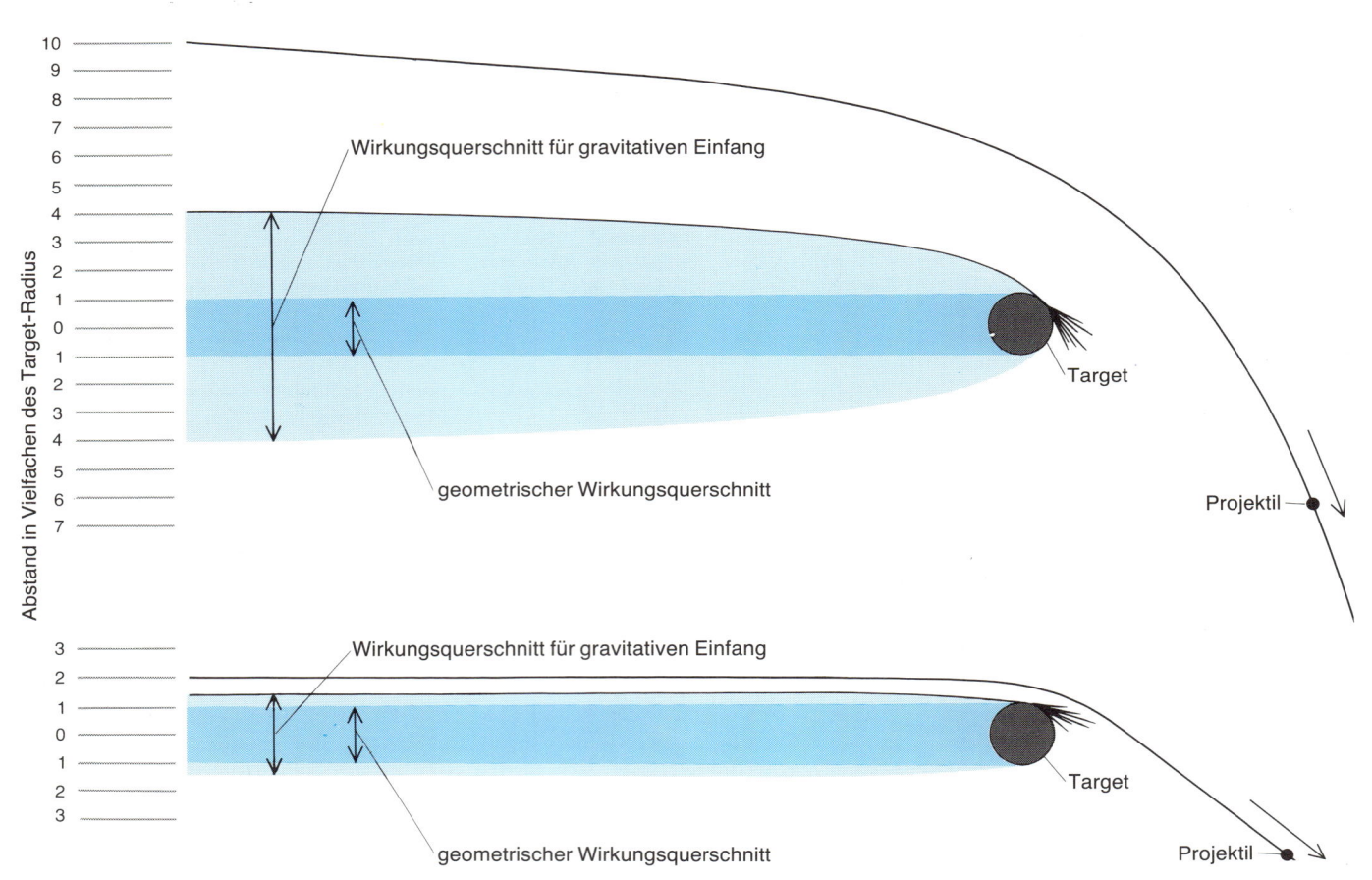

Bild 6: Ein großer Körper kann einen kleinen einfangen, selbst wenn dieser gar nicht auf „Kollisionskurs" zu sein scheint. Im oberen Teilbild fliegen zwei kleine Körper (Projektile) auf den schwarz gezeichneten Bahnen mit Geschwindigkeiten von 1,45 Kilometer pro Sekunde relativ zum großen Körper (Target). Besäße das Target kein Gravitationsfeld, so würde das eine Projektil im Abstand von 4,1 Target-Radien am großen Körper vorbeifliegen, stattdessen wird es eingefangen. Das zweite Projektil – zu Anfang in zehn Target-Radien Abstand – beschreibt unter dem Einfluß des starken Gravitationsfeldes eine Hyperbelbahn, auf der es bis auf fünf Target-Radien an das Target herankommt. Im unten wiedergegebenen Szenarium fliegen die Projektile viermal schneller als im oberen. Wie zu erwarten, verringert sich der Wirkungsquerschnitt des Targets für den gravitativen Einfang (helle Farbe) erheblich und die vorbeifliegenden Projektile werden weniger stark abgelenkt. Durch Vorgänge dieser Art – man könnte von Massenfokussierung durch Gravitation sprechen – entwickeln sich aus den Anfangszuständen der beschriebenen Simulationsrechnungen, das heißt aus den Schwärmen von kleinen Körpern, die Endzustände, also wenige Planeten auf Bahnen, die sich nicht überschneiden. In den beiden skizzierten Fällen besitzt das Target eine Masse von 10^{27} Gramm (ein Sechstel der Erdmasse) und einen Radius von 3970 Kilometern. Die Massen der Projektile sollen in beiden Fällen so klein sein, daß man die von ihnen ausgehende gravitative Störung der Bahn des Targets vernachlässigen darf.

auch neue Einblicke in die Entwicklungsgeschichte eines Planetesimalschwarms. Je weiter die Simulation voranschreitet, um so breiter wird die anfänglich schmale Zone, in der die Umlaufbahnen der Körper liegen. Jedes Mitglied des Schwarms nimmt an dieser Aufblähung teil: Es wandert in dem Bereich hin und her, beschreibt manchmal eine Bahn mit maximalem, dann wieder eine solche mit minimalem Radius und hält sich die meiste Zeit in der Mitte auf. Kurz, ein Planetesimal vollführt einen „random walk" im All, also einen „Spaziergang", auf dem sich die Richtungen ständig nach den Gesetzen des Zufalls ändern. Durch diese Wanderung erhöht sich natürlich auch für jeden einzelnen Planetesimal die Wahrscheinlichkeit, mit einem ursprünglich sehr weit entfernten Mitglied des Schwarm zusammenzustoßen: Kollisionen sind daher nicht mehr ausschließlich eine Frage der Bahnexzentrizität. Zwar schließt der neu entdeckte Effekt nicht aus, daß wieder eine Unzahl kleiner Planeten entsteht, aber zumindest macht er eine solche Entwicklung weniger wahrscheinlich.

Bis heute habe ich in diesen Rechnungen nur Körper gleicher Masse berücksichtigt; die Geschwindigkeit im Gleichgewichtszustand bezieht sich auf einen Schwarm, in dem die Planetesimals zwar zusammenstoßen, aber nicht verschmelzen können, das heißt, der Computer berechnet zwar die Bahnen von Körpern, die zusammenstoßen, neu, erlaubt aber keine Verschmelzungsprozesse. Zur Zeit arbeiten wir an einem Modell, in dem diese Einschränkung entfällt.

Die entscheidende Frage lautet nun, worauf ist es zurückzuführen, daß sich ein Planetesimalschwarm zu exakt vier Körpern – den erdähnlichen Planeten – entwickelt? Wiederum spielen zwei gegenläufige Effekte eine Rolle: Die Geschwindigkeitsverringerung durch Zusammenstöße hat stets die Tendenz, das Planetenwachstum zu bremsen und die großen Körper auf nahezu kreisförmigen Bahnen gegeneinander zu isolieren. Gravitative Störungen wirken in entgegengesetzter Richtung: Sie lassen die Bahnexzentrizitäten anwachsen und begünstigen dadurch weitere Zusammenstöße und weiteres Wachstum. Früher oder später, wenn alle größeren Körper Bahnen beschreiben, die sich nicht mehr überschneiden und wenn alle kleinen Körper, die diese Bahnen kreuzen, „aufgesaugt" sind, überwiegt die Tendenz zur Ausbildung fast kreisförmiger Bahnen. Dann ist der Endzustand erreicht, es sei denn, man berücksichtigt auch noch die langreichweitigen gravitativen Störungen, die die Körper erfahren. Die entscheidende Frage lautet nun: Wieviele Körper sind zu diesem Zeitpunkt übriggeblieben?

Larry P. Cox vom Massachusetts Institute of Technology hat das gleichzeitige Wachstum mehrerer Planeten unter vereinfachten Bedingungen berechnet. Er ging von hundert Körpern gleicher Größe aus, die er nach dem Zufallsprinzip über das innere Sonnensystem verstreute, in dem die vier erdähnlichen Planeten ihre Bahnen ziehen (vergleiche die Computerausdrucke in Bild 1). Die Körper können sich gegenseitig stören, sie stoßen zusammen und werden größer. Am Ende bleiben Objekte übrig, die auf Bahnen um die Sonne laufen, die sich nicht mehr überschneiden. Wie sehr ähneln diese Körper in ihrer Größe und im Hinblick auf die Bahnparameter den inneren Planeten?

Wie Cox herausfand, hängt das weitgehend vom Spektrum der Bahnexzentrizitäten ab, das man zu Beginn der Rechnungen annimmt. Läßt man auch noch stark elliptische Bahnen zu, so entsteht in der Tat ein System, das dem inneren Planetensystem ähnelt. In einer seiner Simulationen erhielt Cox sechs Planeten, wovon der sonnennächste niemals mit einem anderen Körper zusammengestoßen war. Die restlichen fünf Körper könnte man spaßeshalber Merkur, Venus, Erde, Mond und Mars nennen (Bild 1).

Bei kleineren Bahnexzentrizitäten (das entspräche eher den Safronowschen Vorstellungen) entstehen bis zu zehn Planeten. Zum Teil ist die Abhängigkeit der Coxschen Resultate von den Exzentrizitäten dadurch begründet, daß sich seine Planetesimals nur in einer Ebene bewegen. In einem solchen „solaren Flachland" überschneiden sich die Bahnen der Körper häufig, und echte Zusammenstöße sind wahrscheinlicher als Beinahezusammenstöße – im Gegensatz zum dreidimensionalen Fall, den ich simuliert habe (vergleiche Bilder 7 bis 9). Auch in einem Planetesimalschwarm, dessen Mitglieder zu Beginn unterschiedlich groß sind, überwiegen die Kollisionen.

Die Rolle des interstellaren Gases

Wenn wir die Bildung der inneren Planeten aus Planetesimals vollständig verstehen wollen, müssen wir auch der Tatsache Rechnung tragen, daß sich die Vorgänge mitten im interstellaren Gas abgespielt haben. Wie wir wissen, besteht das Sonnensystem zum überwiegenden Teil aus den stark flüchtigen Gasen Wasserstoff und Helium, den Hauptbestandteilen von Sonne, Jupiter und Saturn. Diese Gase durchsetzten den frühen solaren Nebel, und ihr Beitrag zur Planetenentstehung ist bereits in der Hypothese berücksichtigt, die erklärt, wie sich aus aneinander haftenden Staubkörnchen Planetesimals von einem Kilometer Durchmesser entwickeln konnten.

Da Wasserstoff und Helium nicht zu den Hauptbestandteilen der erdähnlichen Planeten zählen, müssen sie irgendwann aus der inneren Zone des Sonnensystems verschwunden sein. Vielleicht glich der Sonnenwind in der Frühzeit des Sonnensystems einem Hurrikan, aber wie dem auch sei, die Existenz des Gases muß sich zumindest am Anfang auf die Akkumulation der Materie ausgewirkt haben. Außerdem dürften die das interstellare Gas „durchpflügenden" Planetesimals Reibungskräften ausgesetzt gewesen sein. Wie stark diese sein können, hängt von der Verteilung des Gases ab, und das wiederum ist eine Folge der Gravitationsfelder der Planetesimals und der heranwachsenden Planeten. Simulationen, die das interstellare Gas berücksichtigen, sind dementsprechend kompliziert. An dieses Problem haben sich Chushiro Hayashi und seine Kollegen von der Universität Kyoto herangewagt. Sie behandelten nicht nur die frühen Stadien des Wachstums der Planetesimals (wie Greenberg) sondern auch spätere Stadien, in denen Körper von der Größe des Mondes und noch größere Objekte entstehen.

Die vom Gas ausgeübte Reibungskraft wächst mit der Größe der Oberfläche des Körpers, der das Gas „durchpflügt". Wegen seiner größeren Trägheit verringert sich die Geschwindigkeit eines massereichen Planetesimals dennoch nicht so stark wie die eines masseärmen Körpers, auf den die gleiche Reibungskraft wirkt. Daher beeinflußt das interstellare Gas kleine Körper stärker als große. Wenn ein Körper hinreichend klein ist, zwingt ihn das interstellare Medium letzlich auf eine nahezu kreisförmige Bahn (auf der der Reibungswiderstand am geringsten ist). Außerdem nähert sich ein solcher Körper langsam auf einer spiralförmigen Bahn der Sonne. Für eine gewisse Zeit erhöht sich für ihn dadurch die Wahrscheinlichkeit, mit einem anderen Planetesimal zusammenzustoßen und weiterzuwachsen. Dann aber schwindet der Einfluß der Reibung allmählich, das heißt, je mehr Masse ein Körper aufnimmt, um so eher kommt die Spiralbewegung in Richtung Sonne zum Erliegen.

Wenn das die ganze Wahrheit wäre, stünde am Ende der Entwicklung ein Schwarm von Körpern, die sich auf nicht-überschneidenden, nahezu kreisförmigen Bahnen bewegen. Dabei übersieht man aber die gravitativen Störungen, die die Planetesimals wechselseitig aufeinander ausüben und die um so stärker sind, je größer die Körper werden. Durch die Störungen erhöhen sich die Geschwindigkeiten der Planetesimals relativ zum gasförmigen Medium. Das läßt auch die Reibungskräfte anschwellen, die etwa proportional zum Quadrat der Geschwindigkeit anwachsen. Dann könnte ein Körper aber wieder aufs Neue in Richtung Sonne spiralisieren – so lange, bis sein Durchmesser tausend und mehr Kilometer beträgt.

Hayashis Simulationen zufolge, entstehen innerhalb von 10 000 Jahren Körper mit Durchmessern bis zu 2000 Kilometern. Was danach geschieht, ist nicht klar. Nur eines steht fest: Das gasförmige Medium beeinflußt den Entstehungsprozeß der ersten großen Körper nur wenig. Sie beschreiben voneinander unabhängige Bahnen kleiner Exzentrizität. Die restliche Masse des Schwarms bleibt in kleineren Körpern stecken, die ihrerseits stark exzentrische Bahnen beschreiben und sich immer mehr der Sonne nähern. Wenn sie zusammenstoßen und zu Planetesimals mit Durchmessern zwischen 100 und 2000 Kilometern verschmelzen, müßten die neu entstandenen Planetesimals durch gravitative Störungen auf höhere Geschwindigkeiten relativ zum gasförmigen Medium beschleu-

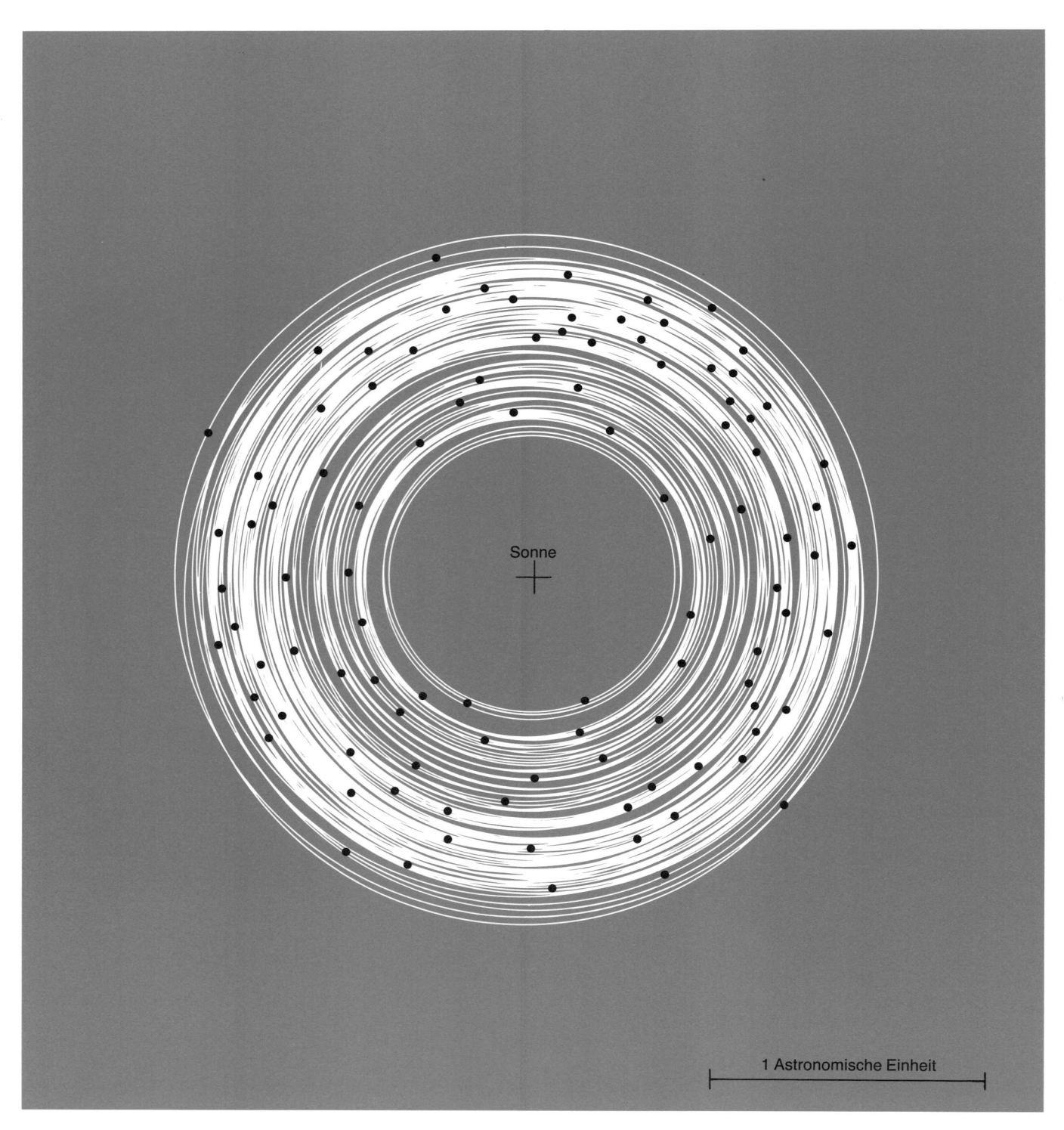

Bild 7: Auch die dreidimensionale Computersimulation ging von hundert Planetesimals gleicher Masse aus, deren Gesamtmasse $1{,}2 \times 10^{28}$ Gramm betrug (der Masse aller terrestrischen Planeten samt ihrer Monde). Die Anfangsparameter wurden wie im zweidimensionalen Fall nach dem Zufallsprinzip ausgewählt. Das Bild zeigt die Bahnen der Körper zu Beginn der Rechnungen, freilich ohne einen Eindruck davon vermitteln zu können, wie die Bahnebenen gegeneinander geneigt sind. Da die Planetesimals vermutlich innerhalb einer dünnen Staubschicht in der Zentralebene der solaren Gaswolke entstanden sind, dürften die Neigungswinkel jedoch kaum größer als fünf Grad sein.

nigt werden. Die größere Reibungskraft würde ihre Bahnen zu ausgeprägten Spiralen werden lassen. Dann aber könnten die Planetesimals radial nach innen wandern und die Bahnen der größten Körper – der Embryonen zukünftiger Planeten – kreuzen. Falls die wandernden Planetesimals aber zu groß würden, könnten sie ihrerseits zu Planeten-Embryonen werden und isolierte, nahezu kreisförmige Bahnen einnehmen. Am Ende stünde dann ein Schwarm von (zu) vielen (zu) kleinen Planeten.

Es hat sich gezeigt, daß es ziemlich schwierig ist, die Wahrscheinlichkeit zu berechnen, mit der das eine oder andere Ereignis eintritt. Dennoch konnte Hayashi voraussagen, wie die Atmosphären, die sich die neugebildeten erdähnlichen Planeten aus dem Gas in der Umgebung des Sonnennebels einfingen, hätten zusammengesetzt sein müssen. Danach wären in den Atmosphären auch bestimmte Mengen an Edelgasen wie beispielsweise Argon enthalten gewesen. Ob das zutrifft, läßt sich feststellen, indem man den Edelgasgehalt von irdi-

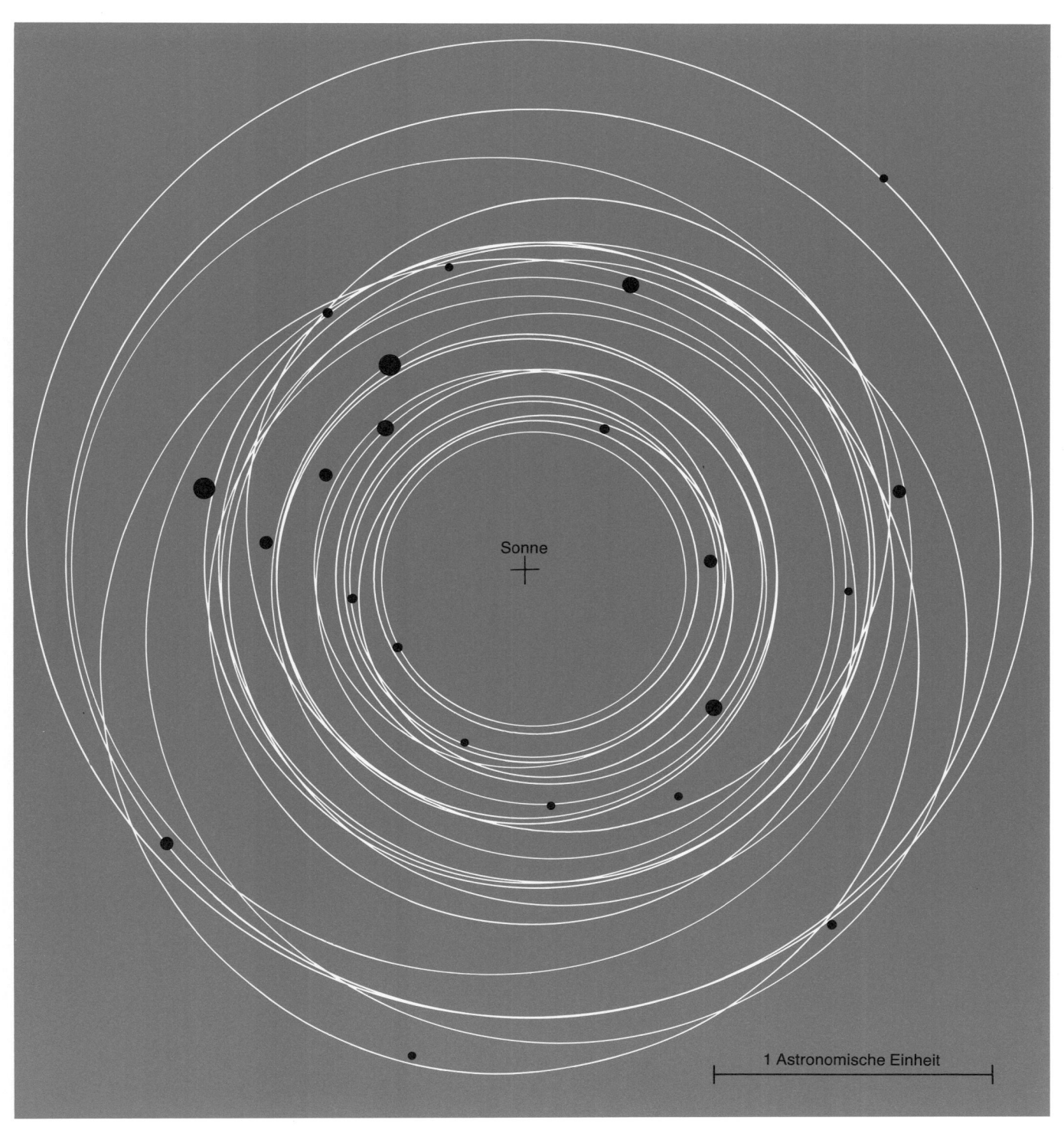

Bild 8: Nach 30,2 Millionen computer-simulierten Jahren sind aus den hundert Planetesimals von Bild 2 zweiundzwanzig größere Körper geworden. Sie umlaufen die Sonne auf weiten, deutlich ausgeprägten Ellipsenbahnen; ihre Relativgeschwindigkeiten sind angewachsen. Die Bahnen der inneren Körper sind enger, die der äußeren weiter als zu Beginn. Die Neigung der Bahnebene läßt Zusammenstöße immer unwahrscheinlicher werden, viel wahrscheinlicher sind jetzt Beinahezusammenstöße. So dauert es auch noch einige Zigmillionen Jahre, bis das System in einen stabilen Zustand übergeht. Im zweidimensionalen Fall (Bild 1) genügen 61 000 Jahre.

schen Gesteinen mißt. Durch solche Analysen könnte man also direkt nachweisen, ob die Erde bei ihrer Geburt von einem gasförmigen Medium umgeben war, und das wäre freilich befriedigender als der indirekte Beweis über Theorien und Simulationen.

Man wird sich in Geduld fassen müssen. Selbst im gegenwärtigen Stadium der theoretischen Arbeiten ist aber schon erkennbar, daß einigen der zahlreichen denkbaren Anfangszustände der Erde eine größere Wahrscheinlichkeit zukommt als anderen. Die Größe, die sich am besten dazu eignet, das aufzuzeigen, ist die Anfangstemperatur der Erde. Darüber, ob sich die Erde bei einer hohen Temperatur gebildet hat und daher am Anfang fast vollständig geschmolzen war oder ob sie schon immer wie heute ein ziemlich kalter und fester Planet gewesen ist, wird schon seit Generationen diskutiert. Um so bemerkenswerter muß es daher erscheinen, daß alle modernen Theorien der Planetenentstehung grundsätzlich eine hohe Anfangstemperatur voraussagen.

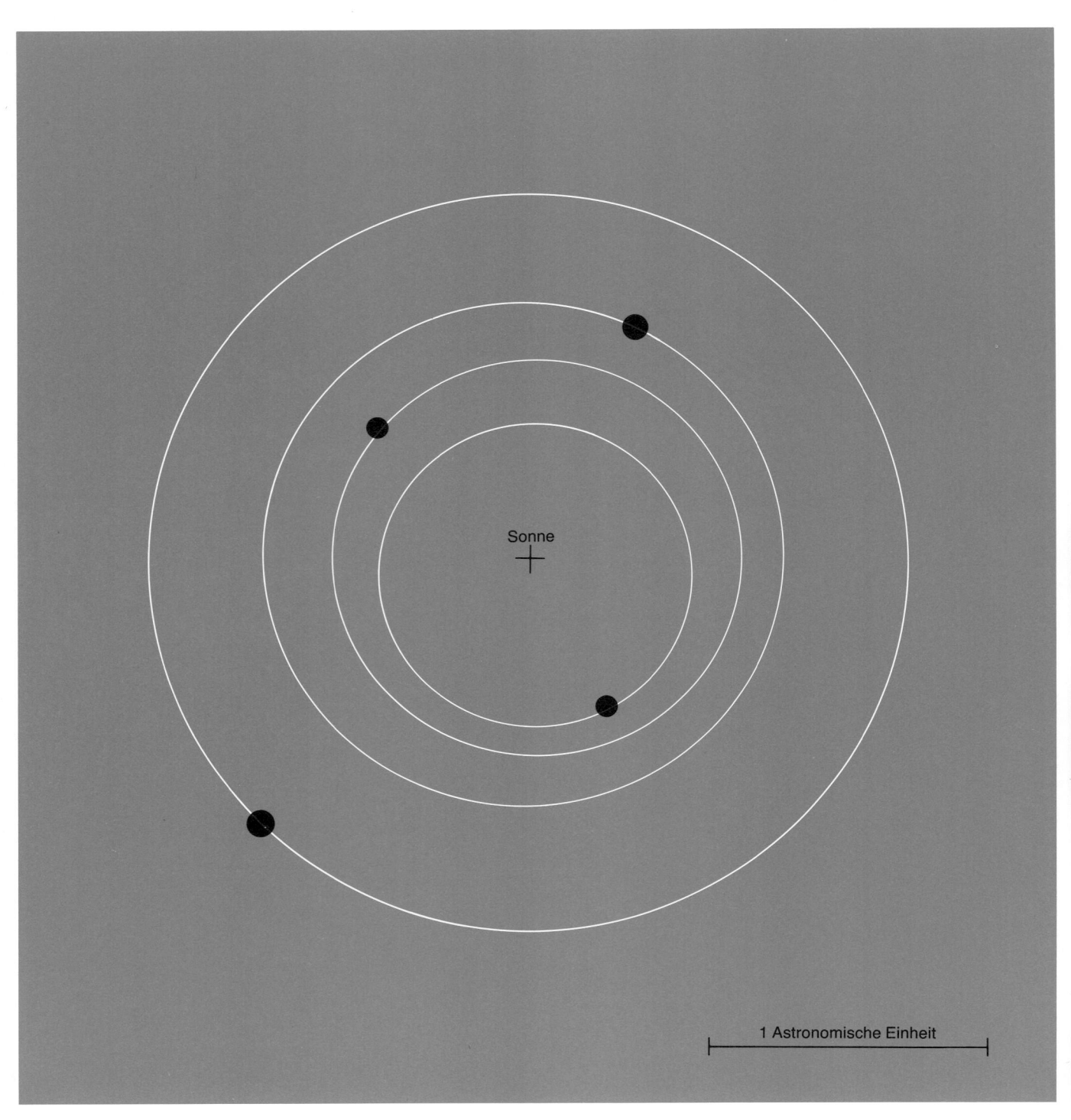

Bild 9: Am Ende des Computer-Experiments stehen vier Planeten, die auf nahezu kreisförmigen, einander nicht überlappenden Bahnen um die Sonnen laufen. Der größte Planet — er ist der äußere der vier — besteht aus 34 Planetesimals. Zwar ist hier der Zustand nach 441 Millionen Jahren gezeigt, aber auch schon wesentlich früher sehen die Verhältnisse ganz ähnlich aus. Nach 79 Millionen Jahren sind aus den hundert kleinen Körpern elf größere geworden, nach 151 Millionen Jahren sind es sechs. Fazit: Wenn die Erde und ihre Nachbarplaneten tatsächlich aus Planetesimals hervorgegangen sind, war dieser Prozeß nach ein paar hundert Millionen Jahren abgeschlossen.

Modellaussagen über die Temperatur der frühen Erde bilden die Brücke zur Geologie

Betrachten wir zunächst die Simulationen der Verschmelzung von Planetesimals zu erdähnlichen Planeten in Abwesenheit von interstellarem Gas. In den Frühphasen dieses Prozesses wachsen einige der kilometergroßen Planetesimals zu Körpern von 100 oder sogar 1000 Kilometern Durchmesser, und zwar auf Kosten ihrer kleineren Nachbarn. Dieses Wachstum beobachtet man im gesamten Abschnitt des Weltraums, der später von den erdähnlichen Planeten des Sonnensystems erfüllt sein wird. Die Wahrscheinlichkeit, daß einer der Planetesimals zum Embryo eines Planeten wird, ist für alle gleich groß. Safronow hat das treffend so ausgedrückt: „Bei ihrer Geburt sind alle Planetesimals gleich." Man kann zeigen, daß nur wenige Planetesimals jemals eine Geschwindigkeit erreichen, die es ihnen erlaubt, das Sonnensystem zu verlassen. Da das innere Sonnensystem heute außer den Planeten und ihren Monden keine Materie enthält, müssen daher fast alle Planetesimals in den Planeten aufgegangen sein.

Gegen Ende des Wachstumsprozesses schlagen nur noch sehr große Körper auf die werdenden Planeten ein. Wie Joseph Barrell, ein Geologe der Yale-Universität, 1918 feststellte, würde beim Einschlag eines Körpers ein Großteil der Stoßenergie im Innern des wachsenden Planeten steckenbleiben. Insbesondere würden alle bei der Kollision entstehenden Bruchstücke zu Teilen des Planeten werden; ihre kinetische Energie käme also ebenfalls dem Planeten zugute. Die beim Zusammenstoß erzeugte Wärme würde Jahrmillionen brauchen, um beispielsweise 1000 Kilometer tief in den Planeten einzudringen. (Schon eine relativ dünne Schicht Erde kann einen Eisblock im Sommer vor dem Schmelzen bewahren!) So bliebe also die Wärme unter den Trümmern, die der Zusammenstoß hinterläßt, begraben. Kurioserweise wäre die einzige Energie, die bei einem solchen Ereignis sofort freigesetzt würde, der relativ kleine Wärmebetrag, den weit vom Ort der Kollision weggeschleuderte Bruchstücke während ihres Fluges in den Weltraum abstrahlen könnten. Man hat die thermischen Folgen solcher Stöße abgeschätzt und herausgefunden, daß masse-akkumulierende Körper von Mondgröße stellenweise geschmolzen und solche von der Größe der Erde zum Teil völlig geschmolzen sein müßten.

Wenn die terrestrischen Planeten während ihrer Entstehung in interstellares Gas eingebettet waren, mußte jeder von ihnen eine massereiche Atmosphäre anziehen. Das hat Hayashi nachgewiesen. Die Verdichtung der Atmosphäre aufgrund der Gravitation eines masse-akkumulierenden Planeten würde ihrerseits schon zu einer Temperatur führen, die über dem Schmelzpunkt des Gesteins liegt – und das bereits lange vor dem Abschluß des Entstehungsprozesses.

Die einzige Alternative zur Planetesimal-Theorie ist die Hypothese von einer großen Gravitationsinstabilität im solaren Nebel, durch die die Erde sozusagen unter ihrem eigenen Gewicht zusammengebrochen wäre. A. G. W. Cameron vom Zentrum für Astrophysik des Harvard College Observatory und Smithsonian Astrophysical Observatory hat gezeigt, daß auch in diesem Fall die Anfangstemperatur sehr groß gewesen wäre.

Jahrzehntelang hat eine Reihe von Wissenschaftlern wie beispielsweise Harold C. Urey, William W. Rubey und A. P. Winogradow, Argumente für die entgegengesetzte Ansicht vorgebracht, bei der man die Erde als eine große chemische Raffinerie auffaßt. Erreicht die Temperatur irgendwo im Erdinnern einen bestimmten Wert, so konzentrieren sich gewisse Substanzen in der Gesteinsschmelze, während andere als fester Rückstand verbleiben. Ähnliche chemische Trennprozesse (sogenannte Differentiationen) spielen eine Rolle, wenn sich beim Wiedererstarren von geschmolzenem Gestein Kristalle einzelner Mineralien bilden. Chemische Trennprozesse, die mit dem Schmelzen und Erstarren einhergehen, sind beispielsweise auch dafür verantwortlich, daß die Kontinentalkruste anders zusammengesetzt ist als der Untergrund des Ozeans (siehe Stephen Moorbath: Die ältesten Gesteine). Wenn die Erde am Anfang mehr oder weniger geschmolzen war, sollten die Trennprozesse, die die Kontinente hervorgebracht haben, aber schon längst abgeschlossen sein. Die Kontinentalkruste sollte dicker sein als sie in Wirklichkeit ist, und es dürfte auch nicht laufend neue Kruste gebildet werden.

Warum die chemische Differentiation der Kruste immer noch andauert, können wir heute leider noch nicht beantworten. Die Wärme, die heutzutage im Erdinnern beim Zerfall langlebiger radioaktiver Kerne erzeugt wird, gelangt hauptsächlich durch konvektiven Transport im Erdmantel an die Oberfläche. Nur ein kleiner Teil des an der Konvektion beteiligten Gesteins dürfte geschmolzen sein. Man hat berechnet, daß die Wärmeproduktion aufgrund des Einschlags von Planetesimals auf die entstehende Erde etwa tausendmal größer gewesen sein dürfte als die durch radioaktiven Zerfall. Zur Zeit der Erdentstehung mußte der konvektive Transport daher weit schneller ablaufen als heute. Auch dürfte ein größerer Teil des Gesteins geschmolzen gewesen sein, und es ist wahrscheinlich, daß der Wärmetransport durch Schmelze eine ebenso große Rolle gespielt hat wie der konvektive Transport durch nicht-geschmolzenes Gestein. Angenommen, die Konvektionsgeschwindigkeit der Schmelze wäre groß, der chemische Trennungsgrad klein und die Dichte des Gesteins, das sich an der Oberfläche verfestigte und begann, eine Kruste zu bilden, wäre nicht sehr viel geringer gewesen als die des darunterliegenden Mantelgesteins. Dann würde es auch nicht mehr schwerfallen, sich vorzustellen, daß Teile der neugebildeten Erdkruste durch die schnelle Konvektion einfach wieder in tiefere Zonen des Erdinneren transportiert worden wären. Mit anderen Worten gesagt: Nur wenn die globalen tektonischen Prozesse langsam ablaufen und nur wenig Material geschmolzen ist, kann sich das Gestein geringerer Dichte, das die Kontinente charakterisiert, vom Rest absetzen und stabil werden.

Noch eine andere Größe von geologischer Bedeutung läßt sich theoretisch ableiten: Wenn die Erde aus einer Gravitationsinstabilität des solaren Nebels entstanden ist, müßte sich diese Geburt im Verlauf von etwa 100 000 Jahren vollzogen haben; die Erdentstehung aus Planetesimals in Abwesenheit eines gasförmigen Mediums würde dagegen 100 Millionen Jahre in Anspruch nehmen. (Die Hälfte der Erdmasse hätte sich allerdings schon nach rund 20 Millionen Jahren angesammelt.) Zwar bereitet es noch einige Schwierigkeiten, die Erdentstehung auch unter der Annahme nachzuvollziehen, daß die Planetesimals in interstellares Gas eingebettet waren, aber es ist unwahrscheinlich, daß sich bei Berücksichtigung des Mediums die Zeitskala wesentlich verändert.

Im Widerspruch zu all diesen Schätzungen leitet man aus den Häufigkeiten verschiedener Bleiisotope in Erzen aber eine viel längere Entstehungszeit der Erde ab (wenn man annimmt, daß die Erde bei ihrer Entstehung heiß war). Aus diesen Meßdaten ist zu schließen, daß die Erde nach 100 Millionen Jahren erst halb vollendet war. Alle theoretischen Modelle der Erdentstehung stehen daher letztlich zu dieser einfachsten aller möglichen Interpretationen der Isotopendaten im Widerspruch. Vielleicht wird uns eine kompliziertere, aber dennoch plausible Deutung der Meßwerte weiterbringen. Es ist ja geradezu ein Charaktermerkmal einer lebendigen wissenschaftlichen Disziplin, daß das Wechselspiel zwischen Theorie und Beobachtung zu neuen Erkenntnissen führt.

Die chemische Entwicklung des Erdmantels

In den Kontinenten haben sich Spurenelemente angereichert, an denen der darunter liegende Erdmantel verarmt ist. Die Geschichte dieser Element-Fraktionierung zwischen Erdmantel und kontinentaler Kruste läßt sich nachzeichnen, wenn man die Häufigkeiten radioaktiver Spurenelemente und ihrer Zerfallsprodukte in den ältesten Kontinentalregionen und den jüngsten Teilen der Erdkruste (unter den Ozeanen) miteinander vergleicht.

Von **R. K. O'Nions, P. J. Hamilton und Norman M. Evensen**

Die Erdkruste unter den Ozeanen macht über zwei Drittel der Erdoberfläche aus, besteht aus basaltischem Gestein und ist im Mittel weniger als ein Tausendstel des Erddurchmessers dick. Nach der weithin anerkannten Theorie der Plattentektonik wird sie an den mittelozeanischen Rücken, an denen Lava aus dem tiefer liegenden Erdmantel nach oben dringt, ständig neu gebildet und gleitet mit Geschwindigkeiten von einigen Zentimetern pro Jahr zu den Rändern der Ozeane. Dort taucht sie unter die Kontinente ab und verschwindet wieder in den Tiefen des Erdmantels.

In dieses bewegte Szenarium sind als Inseln der Stabilität die Kontinente eingebettet. Sie bedecken ein Drittel der Erde und sind dicker und leichter als die ozeanische Kruste. In einzelnen Bereichen hat sich ihr Material über einen Zeitraum von bis zu 3,8 Milliarden Jahren nicht mehr verändert, während die ältesten bekannten Regionen der ozeanischen Kruste nur 0,2 Milliarden Jahre alt sind. Dennoch entstanden offenbar auch die Kontinente erst im Lauf der Erdgeschichte. Auch sie haben Umwandlungen erfahren und scheinen selbst heute noch zu wachsen.

Die kontinentale Kruste ist anders aufgebaut als der Rest der Erde. Obwohl die Kontinente nur 0,4 Prozent der Erdmasse ausmachen, haben sich in ihnen unverhältnismäßig große Teile der Mitgift der Erde an bestimmten Spurenelementen angereichert. Dazu zählen insbesondere die Elemente Kalium, Thorium und Uran mit ihren wärmeerzeugenden, radioaktiven Isotopen. (Isotope eines Elements sind Atome mit den gleichen chemischen Eigenschaften, aber unterschiedlicher Masse. Zu ihrer Kennzeichnung setzt man die Atommasse hinter den Namen des Elements, schreibt also beispielsweise Kalium 40, Uran 238, Uran 235 und Thorium 232. Alle Isotope des Urans und des Thoriums sind radioaktiv.) Seit Beginn der sechziger Jahre mißt man die Häufigkeiten dieser und anderer radioaktiven Isotope in den ältesten Teilen der Kontinente und in den Basalten der mittelozeanischen Rücken, die erst kürzlich aus Material des Erdmantels entstanden sind. Indem man die gefundenen Häufigkeiten miteinander verglich, gelang es, den Entmischungsprozeß zu verfolgen, bei dem sich die Kontinente aus dem Erdmantel absonderten.

Die Bedeutung der radioaktiven Spurenelemente

Um ein genaueres Bild darüber zu gewinnen, wie und in welchen Zeiträumen sich die Kontinente aus dem Material des Erdmantels bildeten, galt es folgende Fragen zu beantworten: Wie groß ist der Teil des Erdmantels, der zur Bildung der Kontinente beigetragen hat? Enthalten die Laven, die vom Erdmantel aufsteigen und an der Erdoberfläche austreten, Material mit der durchschnittlichen Zusammensetzung des Erdmantels oder bestehen sie aus „vorsortierten" Bestandteilen? Während welcher Zeiträume der Erdgeschichte haben sich die Kontinente gebildet und mit welcher Geschwindigkeit sind sie gewachsen? Wieviel ihres ursprünglichen Materials haben sie wieder an den Erdmantel abgegeben?

Diese Fragen zu beantworten heißt aus bruchstückhaften geologischen Daten ermitteln, wie sich zu verschiedenen Zeiten in der Jahrmilliarden alten Geschichte der Erde die chemischen Elemente auf den Erdmantel und die Kruste der Kontinente verteilten. Das ist überaus schwierig, weil das Material des Erdmantels unserem direkten Zugriff entzogen ist und die Ereignisse, um die es sich handelt, längst vergangen sind. Hier helfen uns die radioaktiven Isotope von Spurenelementen weiter, die während der Erdgeschichte mit gleichbleibender Geschwindigkeit zerfallen sind und gleichsam eine Uhr darstellen, die seit der Entstehung der Erde abgelaufen ist. Die Zeit, in der die Hälfte der ursprünglich vorhandenen Menge eines radioakti-

Bild 1: Island, von dessen Südrand hier ein Ausschnitt abgebildet ist, besteht aus vulkanischem Material, das während der jüngeren Erdgeschichte aus dem Erdmantel ausgetreten ist und Aufschluß über die heutige Zusammensetzung des Erdmantels gibt. Noch in jüngster Zeit hat sich an den Stellen, die auf diesem von einem Landsat-Satelliten aufgenommenen Falschfarbenbild blaugrün erscheinen, basaltische Lava auf die Insel ergossen. Die roten Gebiete stellen ältere, mit Lava gefüllte Becken dar. Die unregelmäßigen weißen Flächen kennzeichnen Gletscher, die weißen Kreise die schneebedeckten Spitzen von Vulkankegeln. 1963 entstand bei einem Vulkanausbruch die Insel Surtsey, die als blaugrün schimmernder Fleck am untersten Bildrand zu sehen ist. Der bislang letzte große Vulkanausbruch auf Island verwüstete 1973 Heimaey, die größte der unten auf dem Bild zu erkennenden Westmännerinseln.

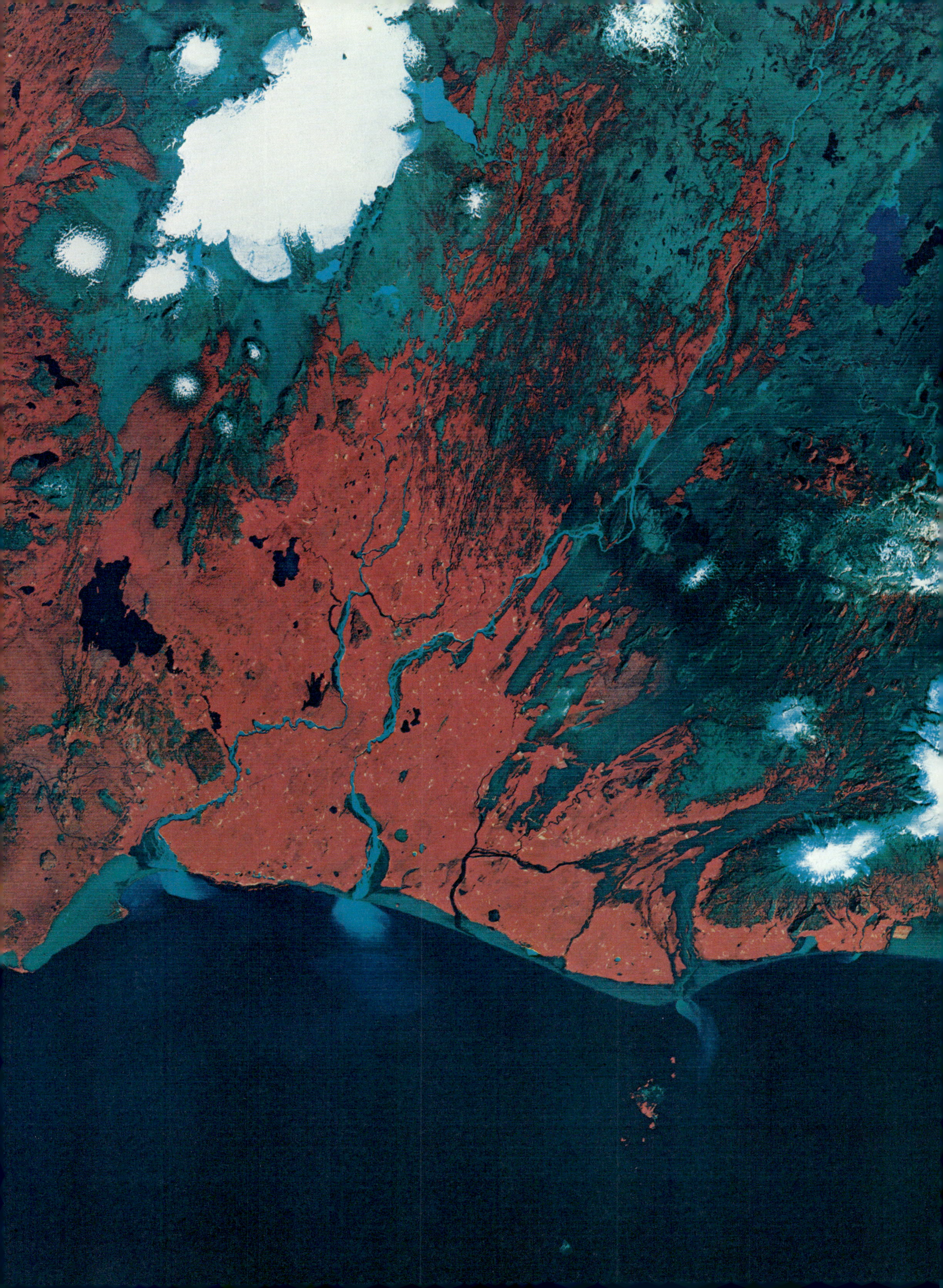

Mutter-Isotop	Tochter-Isotop	Weitere Zerfallsprodukte	Halbwertszeit in Milliarden Jahren
Rubidium 87	Strontium 87	+ 1 Elektron	48,8
Kalium 40	Calcium 40	+ 1 Elektron	1,47
Kalium 40	Argon 40	+ 1 Elektron	11,8
Uran 238	Blei 206	+ 8 Alpha-Teilchen, 6 Elektronen	4,468
Uran 235	Blei 207	+ 7 Alpha-Teilchen, 4 Elektronen	0,7038
Thorium 232	Blei 208	+ 6 Alpha-Teilchen, 4 Elektronen	14,008
Samarium 147	Neodym 143	+ 1 Alpha-Teilchen	106

Bild 2: Einige Spurenelemente, die in Konzentrationen von unter einem Tausendstel Promille auf der Erde vorkommen, enthalten radioaktive Isotope. Unter Isotopen versteht man Elemente mit denselben chemischen Eigenschaften aber unterschiedlichen Atommassen. Zu ihrer Kennzeichnung setzt man die Atommasse hinter den Namen des Elements. Radioaktive Isotope zerfallen im Lauf der Zeit in Isotope anderer Elemente, die man als ihre Tochter-Isotope bezeichnet, während sie selbst dementsprechend Mutter-Isotope genannt werden. Die rechts aufgeführten Halbwertszeiten geben an, nach wieviel Milliarden Jahren sich die Hälfte einer bestimmten Menge radioaktiver Atome in Atome des Tochter-Elements umgewandelt hat. Da die Erde 4,55 Milliarden Jahre alt ist, ist von allen gezeigten radioaktiven Isotopen bis heute erst ein Teil zerfallen. Mit ihnen verfügt man daher über eine innere Uhr, durch die sich Ereignisse in der Vergangenheit datieren lassen. Kennt man in einem Gestein die relative Häufigkeit der Elemente eines Mutter-Tochter-Paares, so kann man aus der bekannten Halbwertszeit das Alter des Gesteins bestimmen. Aber noch in einer anderen Hinsicht sind Mutter-Tochter-Paare von Interesse. Alle gezeigten Spurenelemente und ihre Zerfallsprodukte (mit Ausnahme des Argons) liegen in Gesteinen als positiv geladene Ionen vor, und diese Ionen besitzen einen größeren Radius als die Ionen der Elemente Silicium, Aluminium, Eisen und Magnesium, aus deren Oxiden der Erdmantel hauptsächlich besteht. Die großen Ionen der hier aufgeführten Elemente passen nicht in die dicht gepackten Kristallstrukturen, die für das Material des Erdmantels charakteristisch sind, und wurden deshalb bevorzugt in die weniger dicht gepackten Strukturen der Gesteine eingebaut, aus denen die Kontinente bestehen. Die Elemente mit den größten Ionenradien haben sich dabei am stärksten in den Kontinenten angereichert (siehe Bild 3). Da die Kreise, die die Elemente darstellen, die Größe der aus ihnen gebildeten Ionen maßstabsgetreu widerspiegeln, kann man dem Diagramm entnehmen, ob von einem Mutter-Tochter-Paar bevorzugt die „Mutter" oder die „Tochter" in die Kontinente übergegangen ist. Wegen dieser unterschiedlichen Anreicherung und wegen der inneren Uhr, die der radioaktive Zerfall darstellt, eignen sich die abgebildeten Elemente als „Sonden", mit denen sich die chemische Entwicklung des Erdmantels und der Erdkruste erkennen läßt. Die meisten radioaktiven Isotope zerfallen unter Aussendung von Elektronen und Alpha-Teilchen (Helium-Kernen). Kalium 40 kann ein Elektron abgeben und sich in Calcium umwandeln oder ein Elektron einfangen und das Edelgas Argon bilden. Obwohl der zweite Prozeß wesentlich seltener stattfindet als der erste, stammt das Argon in der Erdatmosphäre (knapp ein Prozent) hauptsächlich aus dieser Quelle.

ven Isotops zerfallen ist, bezeichnet man als seine Halbwertszeit.

Vergleicht man die Häufigkeit radioaktiver Isotope, deren Halbwertszeit ungefähr dem Alter der Erde entspricht, mit der Häufigkeit ihrer stabilen Zerfallsprodukte, so kann man daraus das Alter eines Gesteins ermitteln. Solche natürlich vorkommenden „Mutter-Tochter"-Gemeinschaften radioaktiver Isotope sind Kalium 40/Calcium 40 (oder auch Kalium 40/Argon 40), Rubidium 87/Strontium 87, Samarium 147/Neodym 143, Thorium 232/Blei 208, Uran 235/Blei 207 und schließlich Uran 238/Blei 206 (Bild 2). Es handelt sich dabei um Isotope von Spurenelementen, die als positiv geladene Ionen in den Gesteinen des Erdmantels und der kontinentalen Kruste enthalten sind. Eine gemeinsame Eigenschaft dieser Spurenelemente ist, daß ihre Ionen einen größeren Radius besitzen als die Ionen der im Erdmantel am häufigsten anzutreffenden Elemente Silicium, Aluminium, Eisen und Magnesium. Wegen der Größe ihrer Ionen finden diese Spurenelemente in den dicht gepackten Kristallstrukturen der Gesteine des Erdmantels keinen Platz und werden bevorzugt in die verhältnismäßig lockeren Kristallgitter der Silicate, aus denen die Gesteine der Erdkruste bestehen, eingebaut. Sie heißen daher auch große lithophile (wörtlich: Gestein bevorzugende) Elemente. Um festzustellen, wie sehr sie sich in der kontinentalen Kruste angereichert haben, muß man die Häufigkeit dieser Elemente in der kontinentalen Kruste mit ihrer Häufigkeit auf der Erde insgesamt vergleichen.

Welche Information kann man dabei aus Mutter-Tochter-Gemeinschaften großer lithophiler Elemente gewinnen? Betrachten wir das Isotopen-Paar Uran 238 und Blei 206. Zum Zeitpunkt ihrer Entstehung enthielt die Erde eine bestimmte Menge beider Isotope. Seither ist jedoch ein Teil des Uran 238 zu Blei 206 zerfallen, so daß zu der ursprünglich vorhandenen Menge an Blei 206 radioaktiv gebildetes Blei 206 hinzugekommen ist. Dagegen hat sich der Gehalt der Erde an einem anderen Blei-Isotop, nämlich Blei 204, das bei radioaktiven Prozessen weder entsteht noch verbraucht wird, nicht verändert. Stellen wir uns nun vor, daß sich irgendwann im Lauf der Erdgeschichte in einem Teil der Erde das Uran gegenüber dem Blei und in einem anderen Teil das Blei gegenüber dem Uran angereichert hat. In dem Teil der Erde, der mehr Uran enthält, hätte durch den Zerfall des Uran 238 der Gehalt an Blei 206 und damit das Verhältnis von Blei 206 zu Blei 204 seither stärker zugenommen als in dem an Uran verarmten Teil. Das Verhältnis von Blei 206 zu Blei 204 kann daher als Indikator für eine Fraktionierung zwischen der „Mutter" Uran und der „Tochter" Blei dienen. Dasselbe gilt für das Verhältnis des aus Uran 235 gebildeten Blei 207 zu Blei 204.

In gleicher Weise kann das Verhältnis der Thorium-238-Tochter Blei 208 zu Blei 204 eine Fraktionierung zwischen Thorium und Blei widerspiegeln. Entsprechendes gilt für alle in Bild 2 gezeigten Mutter-Tochter-Paare. Als Bezugs-Isotop, dessen Gesamtmenge sich wie die des Blei 204 während der Erdgeschichte nicht geändert hat, kann für die Mutter-Tochter-Gemeinschaft Samarium 147/Neodym 143 das Neodym 144, für Rubidium 87/Strontium 87 das Strontium 86, und für Kalium 40/Argon 40 das Argon 36 dienen. Aus den Verhältnissen der Isotope, deren Menge zunimmt, zu den Isotopen, deren Menge gleichbleibt, lassen sich also auch hier An- oder Abreicherungen zwischen den jeweiligen Mutter- und Tochter-Elementen ableiten. Da die Halbwertszeiten der Mutter-Isotope in der Größenordnung des Erdalters liegen oder es wie im Fall Rubidium 87/Strontium 87 sogar weit übertreffen (Bild 2), kann man solche Fraktionierungen über die gesamte Erdgeschichte verfolgen.

Aus einer Mutter-Tochter-Gemeinschaft hat sich im allgemeinen dasjenige Element stärker in der kontinentalen Kruste angereichert, das den größten Ionenradius besitzt. In Bild 2 sind die Ionen der Mutter- und Tochter-Isotope maßstäblich gezeichnet. Wie man erkennt, hat bei dem Paar Rubidium 87/Strontium 87 die „Mutter" Rubidium, bei dem Paar Samarium 147/Neodym 143 dagegen die „Tochter" Neodym den größeren Ionenradius. Folglich hat sich im ersten Fall Rubidium (die „Mutter") und im zweiten Fall Neodym (die „Tochter") stärker in der kontinentalen Kruste angereichert als das jeweilige Partner-Element (Bild 3). Weil das Mutter-Isotop Rubidium 87 in der kontinentalen Kruste häufiger war als im Erdmantel, nahm die Konzentration seines Tochter-Isotops Strontium 87 in der kontinentalen Kruste stärker zu als im Mantel. Heute findet man deshalb in der kontinentalen Kruste ein höheres Verhältnis von Strontium 87 zu Strontium 86 als im Erdmantel. Weil sich im Fall des Paars Samarium 147/Neodym 143 dagegen die Tochter Neodym stärker in der kontinentalen Kruste anreicherte als die Mutter Samarium, entstand in der kontinentalen Kruste ein niedrigeres Verhältnis von Samarium 147 zu Neodym 144 als im Erdmantel. Folglich hat auch das Verhältnis der Samarium-147-Tochter Neodym 143 zu Neodym 144 in der kontinentalen Kruste weniger stark zugenommen als im Erdmantel und besitzt

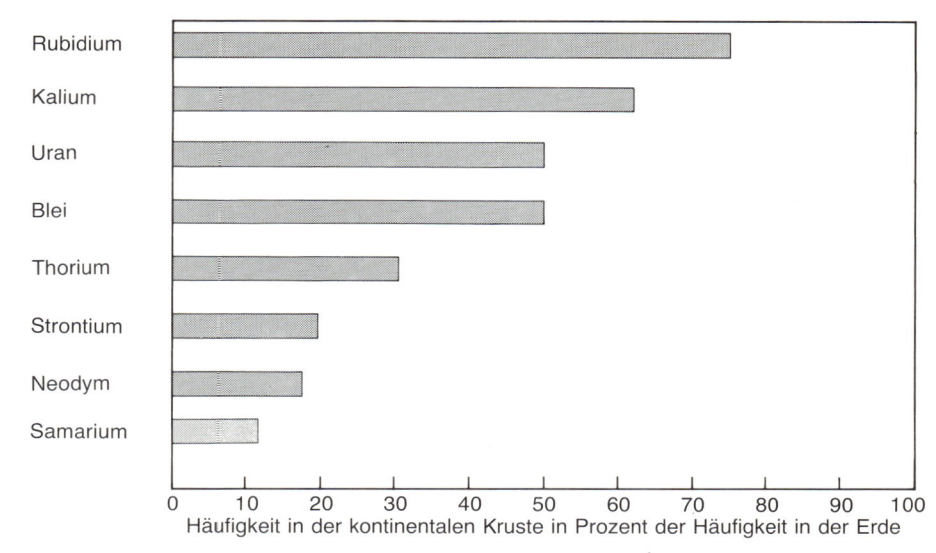

Bild 3: Obwohl die Kontinente nur 0,4 Prozent der Erdmasse ausmachen, enthalten sie einen hohen Prozentsatz an bestimmten Elementen. Wie ein Vergleich mit Bild 2 zeigt, hat sich ein solches Element meist um so mehr in den Kontinenten angereichert, je größer sein Ionenradius ist. Man bezeichnet Elemente mit großen Ionenradien, die in den Kontinenten überproportional vertreten sind, als große lithophile (wörtlich: Gestein bevorzugende) Elemente.

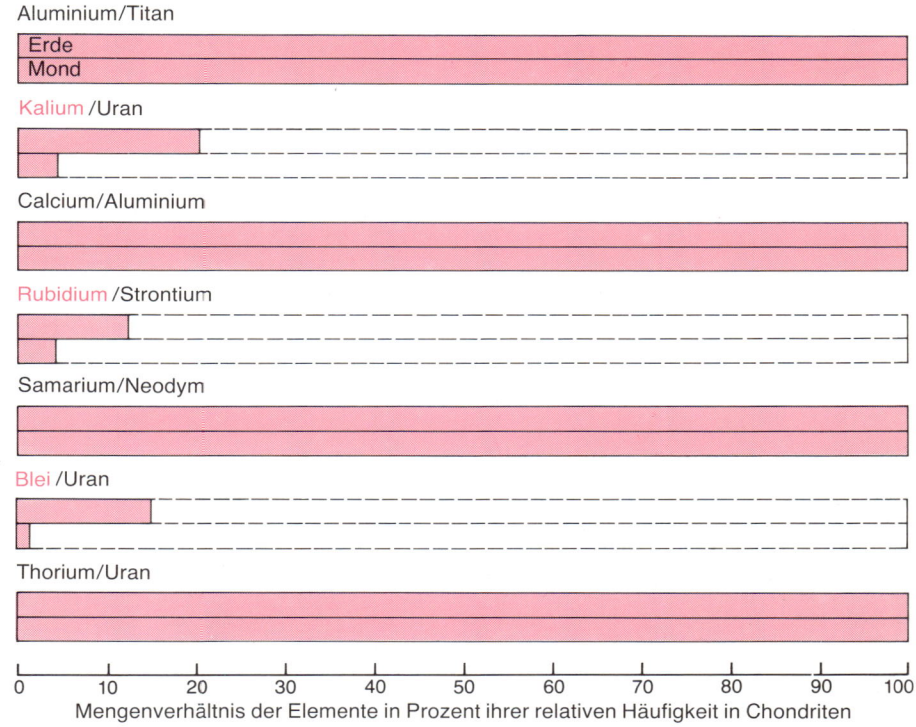

Bild 4: Das Sonnensystem entstand vor 4,55 Milliarden Jahren aus dem solaren Urnebel, dessen chemische Elemente sich nicht gleichmäßig auf die Planeten verteilt haben. Um festzustellen, inwieweit die Zusammensetzung der Erde von der des solaren Urnebels abweicht, braucht man Vergleichsmaterial, das die Häufigkeiten der Elemente im solaren Urnebel getreu widerspiegelt. Das sind bezüglich der in den Gesteinen enthaltenen metallischen Elemente die kohligen Chondrite: Steinmeteorite, die sich aus Kügelchen (Chondren) aufbauen und Kohlenstoff enthalten. Hier sind die Mengenverhältnisse von je zwei Elementen auf der Erde (farbiger oberer Balken) und dem Mond (farbiger unterer Balken) in Prozent der entsprechenden Mengenverhältnisse in den Chondriten angegeben. (Statt der mittleren Häufigkeiten sind Mengenverhältnisse angeführt, weil sie sich genauer bestimmen lassen.) Für die meisten Elementpaare reichen die farbigen Balken bis zum rechten Bildrand: Diese Elementpaare besitzen auf der Erde und dem Mond das gleiche Mengenverhältnis wie in den Chondriten und damit im solaren Urnebel. Das gilt jedoch nicht für die Paare Kalium/Uran, Rubidium/Strontium und Blei/Uran. Bei ihnen ist das farbig geschriebene Element, verglichen mit seinem schwarz geschriebenen Partner, auf der Erde seltener als in Chondriten und auf dem Mond noch seltener als auf der Erde. Die farbig geschriebenen Elemente sind besonders leichtflüchtig, das heißt sie verdampfen schon bei verhältnismäßig niedrigen Temperaturen. Leichtflüchtige Elemente aus dem solaren Urnebel haben sich in den äußeren Riesenplaneten des Sonnensystems (Saturn und Jupiter) angereichert. In der hier betrachteten Blei-Menge ist das Blei, das sich im Lauf der Erdgeschichte aus Uran gebildet hat, nicht enthalten.

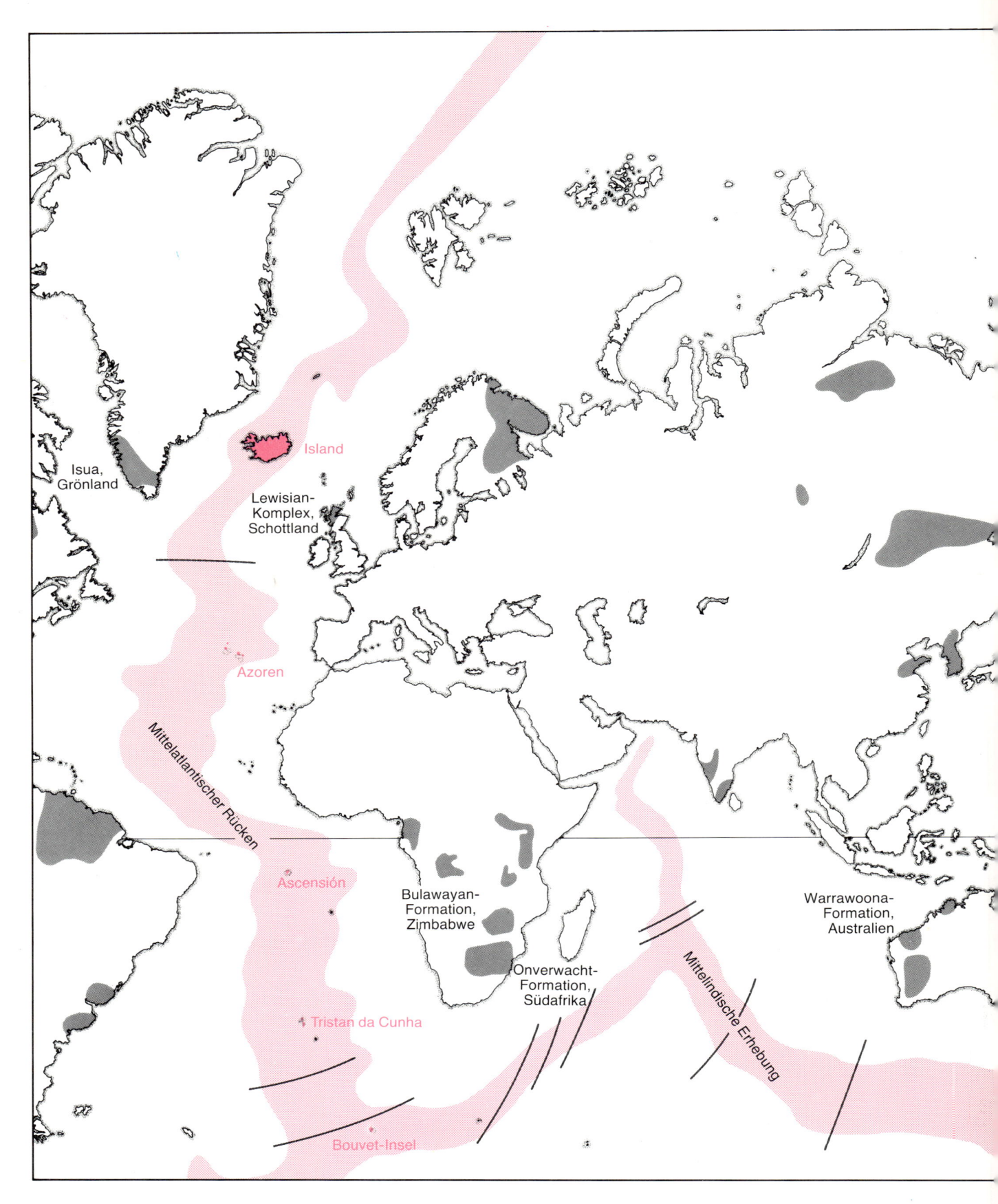

Bild 5: Die Teile der Erdkruste, die unter den Ozeanen liegen, werden an den mittelozeanischen Rücken (hellfarbige Flächen) durch Lava, die aus dem Erdmantel aufsteigt, ständig neu gebildet. Besonders starke Lavaflüsse lassen dabei die Vulkaninseln (farbige Flächen und Schrift) entstehen. Die ozeanische Kruste bewegt sich mit Geschwindigkeiten von einigen Zentimetern pro Jahr zu den Rändern der Kontinente, unter die sie abtaucht, wobei sie wieder mit dem Erdmantel verschmilzt. Weil sich die ozeanische Kruste auf diese Art ständig erneuert, ist sie an keiner Stelle älter als zweihundert Millionen Jahre. Demgegenüber besitzen die ältesten Teile der Kontinente (graue Flächen), die meist in den sehr stabilen kontinentalen Schilden liegen, ein Alter von über zweieinhalb Milliarden Jahren. In Gesteinsproben aus den alten Abschnitten der Kontinente, die hier namentlich bezeichnet sind, wurden die Isotopenverhältnisse einiger großer lithophiler Elemente

(siehe Bild 3) untersucht. Dabei stellte sich heraus, daß die Basalte von den mittelozeanischen Rücken kleinere Mengen an großen lithophilen Elementen enthalten als die ältesten kontinentalen Gesteine. In geringerem Maß gilt das auch für die Basalte von den Vulkaninseln. Der Erdmantel, aus dessen Material sich die mittelozeanischen Rücken und Vulkaninseln erst kürzlich gebildet haben, ist also im Lauf der Erdgeschichte an bestimmten Elementen verarmt, die sich in den Kontinenten angereichert haben.

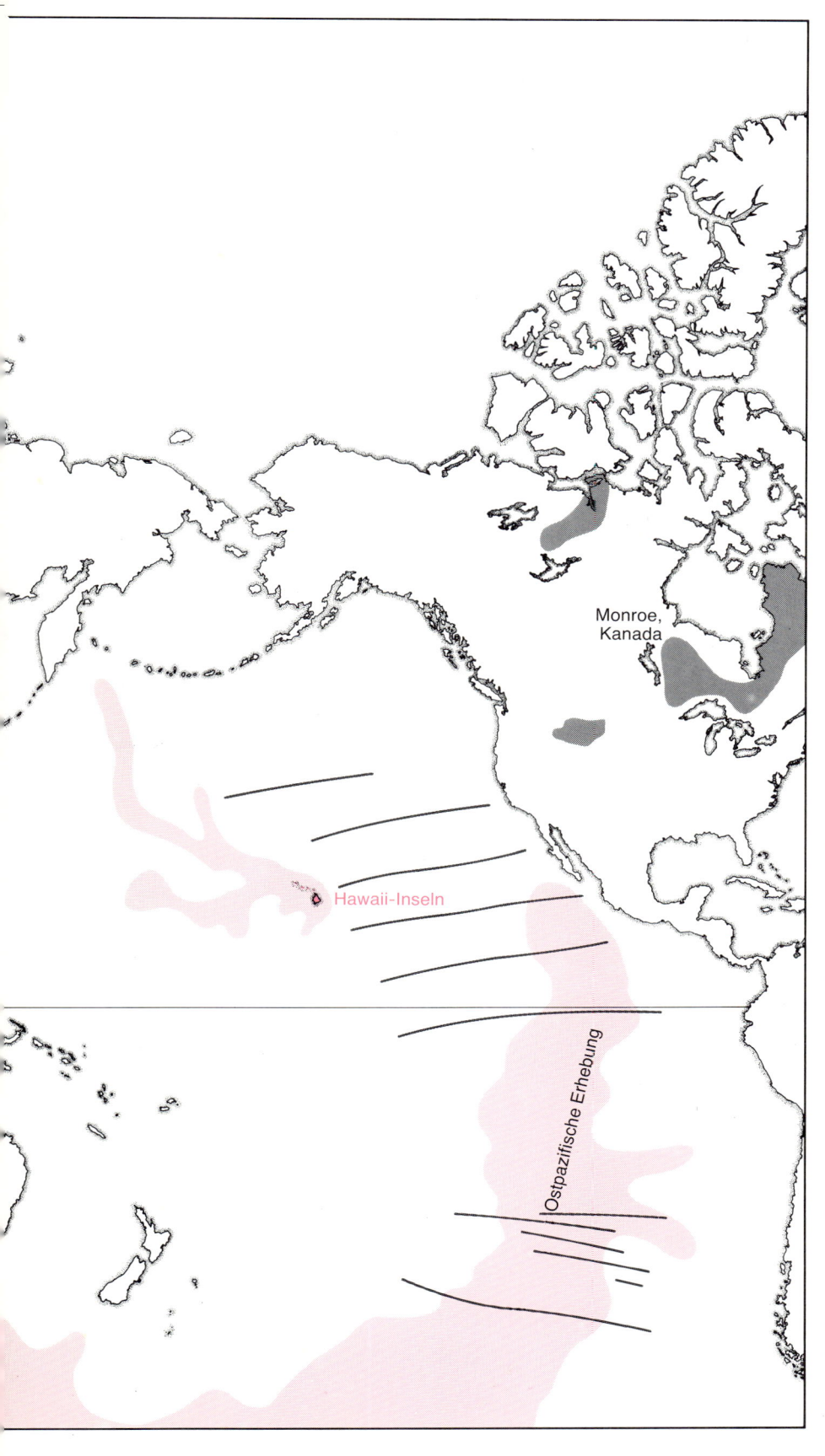

heute in der kontinentalen Kruste einen niedrigeren Wert als im Mantel.

Die Verteilung der Elemente im Sonnensystem

Bevor wir weitere Folgerungen aus solchen Isotopen-Verhältnissen ziehen, ist es zweckmäßig, die Elementverteilung auf der Erde mit der auf dem Mond und im solaren Urnebel zu vergleichen, aus dem das Sonnensystem entstanden ist. Seit langem weiß man, daß bei der Bildung des Sonnensystems vor 4,55 Milliarden Jahren die inneren, erdähnlichen Planeten (Merkur, Venus, Erde, Mars) einen geringeren Anteil leichtflüchtiger Elemente (wie etwa Wasserstoff) mitbekommen haben als die äußeren Riesenplaneten Jupiter und Saturn. In unserem Zusammenhang interessiert jedoch vor allem, ob das Verhältnis der gesteinsbildenden Elemente (beispielsweise Silicium, Aluminium, Calcium, Magnesium und Kalium) sowie der in den Gesteinen enthaltenen Spurenelemente (wie Rubidium, Strontium, Neodym, Samarium, Blei, Thorium und Uran) auf der Erde das gleiche ist wie auf dem Mond und im ehemaligen solaren Urnebel. Man nimmt an, daß die relative Häufigkeit der genannten Elemente im solaren Urnebel derjenigen in bestimmten Steinmeteoriten entspricht, die aus Kügelchen (Chondren) aufgebaut sind, Kohlenstoff enthalten und kohlige Chondrite genannt werden.

Wie Bild 4 zeigt, stimmt die relative Häufigkeit der meisten gesteinsbildenden Elemente und der Spurenelemente auf der Erde, dem Mond und in den Chondriten überein. Es gibt jedoch drei Ausnahmen: Die Elemente Kalium, Rubidium und Blei kommen auf der Erde weniger häufig vor als in Chondriten. Auf dem Mond sind sie sogar noch seltener als auf der Erde. Daß die Erde und besonders der Mond an diesen drei Elementen verarmt sind, ergaben Analysen, bei denen man in Gesteinsproben, die von der Erde, vom Mond und von Chondriten stammten, das Kalium-Uran-Verhältnis sowie die Isotopenverhältnisse für Strontium und Blei ermittelte.

Nach Berechnungen von Lawrence Grossman aus Chicago handelt es sich bei den auf der Erde, dem Mond und in der Chondriten gleich häufigen Elementen um schwerflüchtige Bestandteile des solaren Urnebels, die alle bereits bei Temperaturen oberhalb elfhundert Grad Celsius kondensierten. Dagegen liegen die Kondensationstemperaturen der drei auf der Erde und dem Mond unterrepräsentierten Elemente tiefer. Insbesondere dürfte sich das Blei erst bei etwa zweihundertfünfzig Grad Celsius aus dem solaren Gasnebel in flüssiger Form abge-

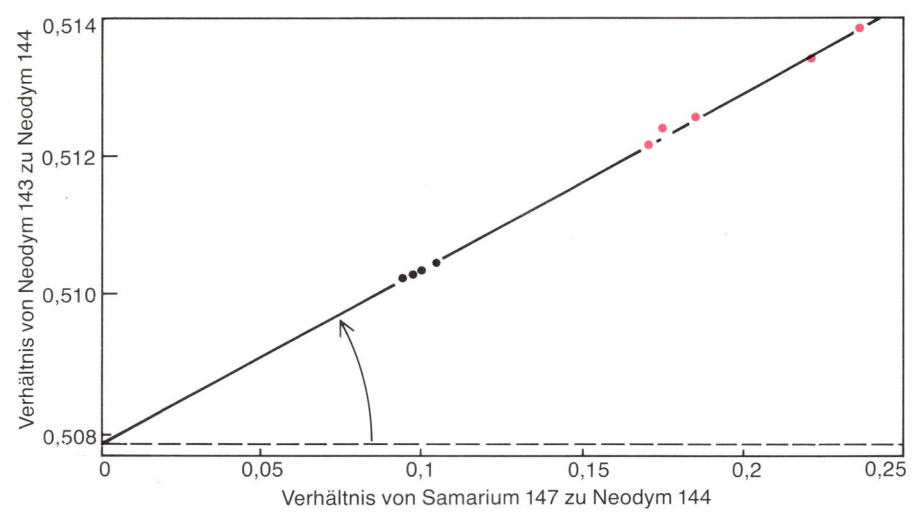

Bild 6: Das älteste bekannte Gestein auf der Erde ist 3,77 Milliarden Jahre alt und befindet sich in der Isua-Formation in Grönland. Kürzlich gelang es, sein Alter zu bestimmen, indem man die Konzentration des radioaktiven Samarium 147 sowie die seines Zerfallsprodukts Neodym 143 maß und durch den Gehalt an Neodym 144 teilte. Die beiden Isotopenverhältnisse sind in diesem Diagramm gegeneinander aufgetragen. (Neodym 144 diente als Vergleichsisotop, weil es weder durch radioaktiven Zerfall entsteht noch selbst zerfällt, seine Menge daher konstant bleibt.) Als sich das Isua-Gestein vor 3,77 Milliarden Jahren aus Material des Erdmantels bildete, besaß es ein einheitliches Mengenverhältnis Neodym 143/Neodym 144, das durch die gestrichelte, waagerechte Linie gekennzeichnet ist. Der Gehalt an Samarium (und Kieselsäure) schwankte dagegen. Das kieselsäurearme Eruptivgestein (farbige Punkte) enthielt mehr Samarium als das kieselsäurereiche Gestein (schwarze Punkte). Zu Anfang lagen die Punkte, die die Isotopenverhältnisse in den verschiedenen Gesteinen wiedergeben, alle auf der gestrichelten Linie. Dann zerfiel das Samarium 147 und bildete Neodym 143, wodurch sich das Mengenverhältnis Neodym 143/Neodym 144 erhöhte. Es entstand umso mehr Neodym 143, je mehr Samarium 147 eine Gesteinsprobe enthielt. Dadurch wurde die Kurve allmählich „angehoben" (Pfeil). Ihre Steigung wuchs mit zunehmendem Alter des Gesteins, so daß der inzwischen erreichte Anstieg das heutige Alter verrät. Eine solche Linie, die zum gleichen Zeitpunkt erhaltene Meßergebnisse miteinander verbindet, heißt Isochrone. Ein hypothetisches Gestein, das kein Samarium 147 enthielt, besäße heute das gleiche Neodym-Isotopenverhältnis wie zum Zeitpunkt seiner Entstehung. Das ursprüngliche Mengenverhältnis Neodym 143/Neodym 144 läßt sich daher ermitteln, indem man die Isochrone bis zu einem Samarium-Neodym-Verhältnis mit dem Wert Null verlängert. Solche Untersuchungen lassen sich auch mit anderen Mutter-Tochter-Paaren durchführen.

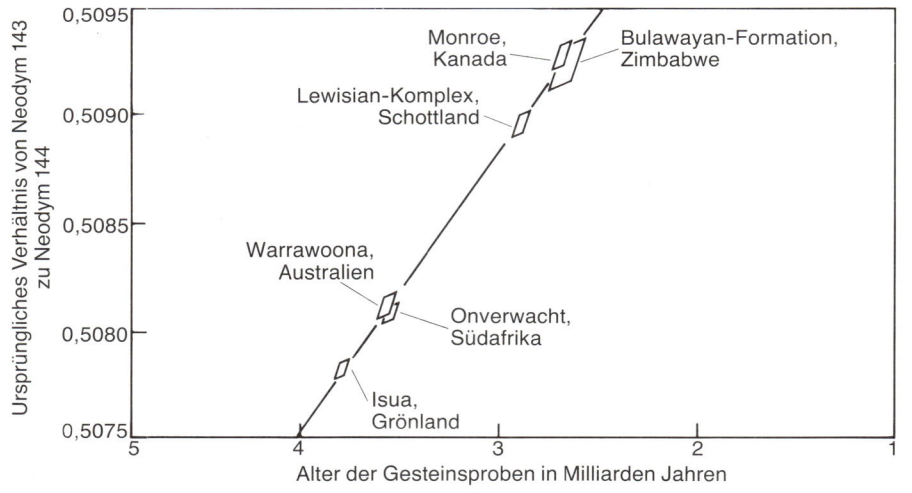

Bild 7: Wie sich das Isotopenverhältnis von Neodym 143 zu Neodym 144 im Erdmantel während der ersten zwei Milliarden Jahre der Erdgeschichte verschob, läßt sich erkennen, wenn man das Alter von Gesteinen aus den ältesten bekannten Teilen der Kontinente (siehe Bild 5) gegen ihr Neodym-Isotopenverhältnis zu dem Zeitpunkt aufträgt, als sie sich aus dem Material des Erdmantels bildeten. (Wie man das ursprüngliche Neodym-Isotopenverhältnis in diesen Gesteinen bestimmt hat, zeigt Bild 6.) Die Parallelogramme stellen Wertebereiche dar, in die der wirkliche Wert mit 95-prozentiger Wahrscheinlichkeit fällt. Die eingezeichnete Gerade ist eine theoretische Kurve, die sich ergibt, wenn man annimmt, daß die Erde bei ihrer Entstehung (ebenso wie der ursprüngliche Erdmantel) das gleiche Mengenverhältnis von Samarium zu Neodym besaß wie Chondrite. Da die Neodym-Isotopenverhältnisse in den ältesten Kontinentalregionen auf dieser Geraden liegen, ist bewiesen, daß diese Annahme zutrifft. Extrapoliert man die Gerade bis in die Gegenwart, so erhält man den Mittelwert für das heutige Neodym-Isotopenverhältnis auf der Erde insgesamt (Bild 8).

schieden haben. Diese Befunde stimmen mit der erwähnten Beobachtung überein, daß die erdähnlichen Planeten bei ihrer Entstehung an leichtflüchtigen Elementen verarmt waren. Die Gründe dafür können hier nicht erläutert werden.

Die Tatsache, daß die Erde weniger Kalium enthält als chondritische Steinmeteorite, widerlegt übrigens eine Vermutung, die lange Zeit unter Geophysikern verbreitet war, die den Wärmefluß aus dem Erdinnern maßen. Zufällig gibt die Erde im Verhältnis genausoviel Wärme nach außen ab wie Chondrite (Bild 12). Daraus schlossen einige Geophysiker, daß die radioaktiven Isotope der Elemente Kalium, Uran und Thorium, bei deren Zerfall die abgegebene Wärme frei wird, in der Erde gleich häufig seien wie in den Chondriten und daß die Erde folglich insgesamt eine chondritische Zusammensetzung besäße. Man weiß heute jedoch, daß die Chondrite ursprünglich weit mehr Wärme abgaben als die Erde und daß ihre Wärme vor allem von dem in hoher Konzentration vorliegenden Kalium 40 erzeugt wurde. Nur weil dieses Isotop wegen seiner kürzeren Halbwertszeit schneller zerfällt als Uran 238, das auf der Erde für den größten Teil der radioaktiven Wärmeproduktion verantwortlich ist, ist die Wärmeerzeugung in den Chondriten inzwischen soweit abgeklungen, daß sie dem für die Erde gemessenen Wert nahekommt.

Die ursprüngliche Zusammensetzung des Erdmantels

Wenden wir uns nach diesem Exkurs wieder der Erde zu. Seit mehr als zwei Jahrzehnten hat man das Rubidium-Strontium-System und das Verhältnis Strontium 87/Strontium 86 sowie das Uran-Blei-System und die Verhältnisse Blei 206/Blei 204 und Blei 207/Blei 204 benutzt, um das Alter der Kontinente zu bestimmen. Allerdings unterscheidet sich das Mutter-Element Rubidium in seinen chemischen Eigenschaften stark von seinem Tochter-Element Strontium. Dadurch wird bei den chemischen Prozessen, die bei der Verwitterung der Vulkangesteine nach ihrer Eruption stattfinden, das Rubidium-Strontium-Paar oft getrennt, was die Interpretation der Strontium-Isotopenverhältnisse erschwert. Ähnliches gilt für das Uran-Blei-System. Dagegen sind sich Samarium und Neodym chemisch sehr ähnlich: Sie bleiben bei der Verwitterung stets zusammen. Allerdings gelang es erst Anfang der siebziger Jahre, technische Schwierigkeiten zu meistern, die die Isolierung von Samarium und Neodym aus Gesteinsproben und die Trennung der Isotope betrafen. Samarium 147 zerfällt wegen seiner großen Halbwertszeit nur sehr langsam. Deshalb muß man für genaue Aussagen noch äußerst geringe Unterschiede in der Häufigkeit seines Tochter-Isotops Neodym 143 nachweisen können. Dank der Pionierarbeit, die Gerald J. Wasserburg und seine Kollegen vom California Institute of Technology leisteten, existieren seit einigen Jahren massenspektrometrische Methoden für derart genaue Messungen. Zum ersten Mal hat Guenter W. Lugmair aus San Diego 1975 eine exakte Isotopen-Analyse für das Samarium-Neodym-System am Beispiel eines nicht-chondritischen Meteoriten und einer Gesteinsprobe vom Mond veröffentlicht. Es folgten gleichartige Untersuchungen an einer Reihe irdischer Proben, die C. J. Allègre aus Paris sowie Donald J. DePaolo, Gerald J. Wasserburg und unsere Arbeitsgruppe durchführten. Sie alle erwiesen die Nützlichkeit der neuen Methode.

So gelang es uns, das genaue Alter einiger suprakrustaler Gesteine (das sind Gesteine, die sich auf der schon existierenden Erdkruste abgelagert haben) zu bestimmen, die kürzlich bei Isua in Grönland entdeckt wurden und zu den ältesten Gesteinen der Erde zählen. Obwohl diese Gesteine viele chemische Umwandlungen hinter sich haben, seit sie als Lava aus dem Erdinnern austraten, hat das die Genauigkeit unserer Messungen nicht beeinträchtigt. Das Alter von 3,77 Milliarden Jahren, das sich ergab, stimmt hervorragend mit dem Wert überein, den Allègre und seine Mitarbeiter erhielten, indem sie das Uran-Blei-Verhältnis in Zirkon-Mineralen maßen, die von Isua stammten. Außer dem Alter des Isua-Gesteins bestimmten wir auch das Verhältnis der Isotope Neodym 143 und Neodym 144 zum Zeitpunkt, als das Gestein aus dem Erdinnern austrat (Bild 6). Entsprechende Daten haben wir zudem von der Onverwacht-Formation in Südafrika (3,54 Milliarden Jahre alt), der Warrawoona-Formation in Australien (3,56 Milliarden Jahre alt), dem Lewisian-Komplex in Schottland (2,92 Milliarden Jahre alt) und der Bulawayan-Formation in Zimbabwe (2,64 Milliarden Jahre alt) gewonnen. Die Lage dieser und einiger anderer alter Teile der kontinentalen Kruste zeigt Bild 5. Das Alter und die Isotopenverhältnisse von Neodym 143 zu Neodym 144 sind in Bild 7 gegeneinander aufgetragen.

Bild 7 zeigt, daß zwischen dem Alter der Proben und ihrem Neodym-Isotopenverhältnis ein linearer Zusammenhang besteht: je kleiner dieses Verhältnis, desto älter die Probe. Nimmt man an, daß das Verhältnis der „Mutter" Samarium zur „Tochter" Neodym auf der Erde wie in Chondriten (und wohl näherungsweise dem gesamten Kosmos) den Wert 0,31 besitzt, und berechnet daraus die theoretische Zunahme des Verhältnisses von Neodym 143 zu Neodym 144 seit der Entstehung des Sonnensystems vor 4,55 Milliarden Jahren, so erhält man die in Bild 7 gezeichnete Gerade. Wie man sieht, liegen die von uns gefundenen Neodym-Isotopenverhältnisse in mehr als 2,5 Milliarden Jahre altem kontinentalem Krustengestein ausnahmslos auf dieser Geraden. Daraus folgt, daß der Erdmantel zu der Zeit, als sich die ältesten Teile der Kontinente aus ihm absonderten, das gleiche Samarium-Neodym-Verhältnis aufwies wie Chondrite. Das gilt auch für die damalige Erde insgesamt, da noch kaum kontinentale Kruste vorhanden war. Verlängert man daher die in Bild 7 gezeigte Gerade bis in die Gegenwart, erhält man einen genauen Mittelwert für das heutige Verhältnis der Isotope Neodym 143 und Neodym 144 auf der Erde insgesamt.

Die heutige Zusammensetzung des Erdmantels

Seit etwa 2,5 Milliarden Jahren hat sich in den wachsenden Kontinenten das Neodym im Verhältnis zum Samarium angereichert. Das Umgekehrte gilt für den Erdmantel. Dadurch besitzt der Erdmantel heute ein höheres Samarium-Neodym-Verhältnis als die Erde insgesamt. Auch sein Gehalt an Neodym 143 im Verhältnis zum Neodym 144 muß aus diesem Grund höher liegen als der Wert, der sich aus einer Extrapolation der Geraden in Bild 7 ergibt, die für die Erde insgesamt gilt.

Um festzustellen, inwieweit der Erdmantel an Neodym verarmt ist, und um zu erkennen, ob alle Regionen des Erdmantels in gleichem Ausmaß Material an die Kontinente abgegeben haben, wäre es natürlich am einfachsten, an verschiedenen Stellen Proben aus dem Erdmantel zu entnehmen und ihr Neodym-Isotopenverhältnis zu ermitteln. Unveränderte Bruchstücke aus Material des Erdmantels sind ganz selten als Xenolithe (wörtlich: Fremdgestein) in Durchschlagsröhren (kimberlitischen Pipes) oder in Basalten an die Erdoberfläche gelangt. Ihre geringe Zahl reicht jedoch für umfangreiche Untersuchungen nicht aus. Wir müssen uns daher mit Messungen an Vulkangestein begnügen, das aus Material des Erdmantels entstanden und in jüngster Zeit ausgebrochen ist. Seine

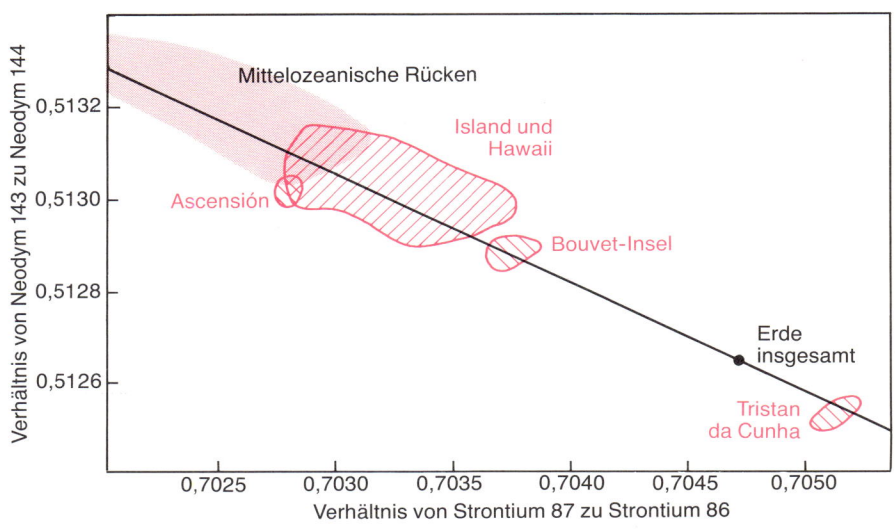

Bild 8: Um die Verarmung des heutigen Erdmantels an großen lithophilen Elementen zu messen, hat man in jungen Basalten, die kürzlich auf den mittelozeanischen Rücken und den Vulkaninseln ausgetreten sind und aus Material des Erdmantels bestehen, die Verhältnisse Neodym 143/Neodym 144 und Strontium 87/Strontium 86 untersucht. Die verschiedenen Basalte besitzen (mit Ausnahme derjenigen von Tristan da Cunha) ein höheres Verhältnis von Neodym 143 zu Neodym 144 und ein niedrigeres Verhältnis von Strontium 87 zu Strontium 86 als die Erde insgesamt. Der Erdmantel ist also weniger stark an Samarium 147, dem Mutter-Isotop des Neodym 143, verarmt als an Neodym 144. Folglich haben sich auch die stabilen Isotope des Samariums weniger in den Kontinenten angereichert als die des Neodyms. Das Umgekehrte gilt für das Rubidium 87 und seine Tochter Strontium 87 und damit zugleich für die stabilen Isotope dieser Elemente. Trägt man die Neodym- und Strontium-Isotopenverhältnisse gegeneinander auf, erhält man eine Gerade mit negativer Steigung: Zwischen beiden Größen besteht eine negative Korrelation. Sie erlaubt, aus dem bekannten Mittelwert für das Neodym-Isotopenverhältnis auf der Erde insgesamt den entsprechenden Wert für das Strontium-Isotopenverhältnis zu ermitteln. Da sich in den Kontinenten die Elemente ansammelten, an denen der Erdmantel verarmte, haben sich die Isotopenverhältnisse in der Kontinental-Kruste komplementär zu denen im Erdmantel entwickelt. Der Punkt für das charakteristische Isotopenverhältnis in den Kontinenten läge auf der Geraden weit rechts von dem Wert, der für die gesamte Erde gilt, und befände sich außerhalb des Diagramms.

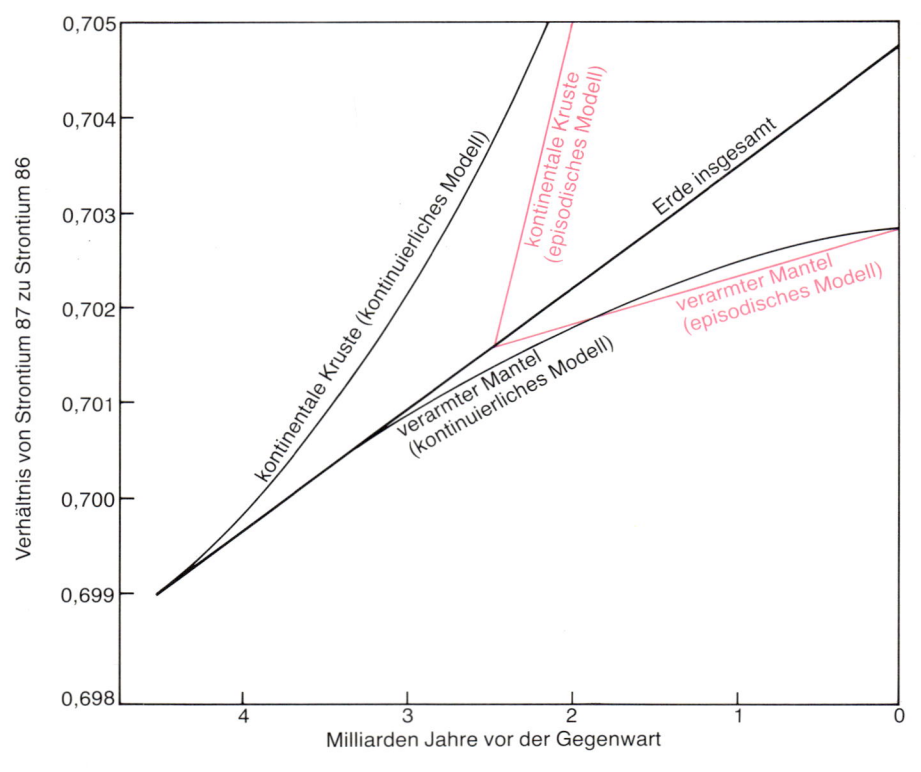

Bild 9: Um ein vollständiges Bild über die Verschiebung der Elemente zwischen Erdmantel und Kontinentalkruste während der Erdgeschichte zu gewinnen, muß man versuchen, die experimentell gefundenen Isotopenverhältnisse durch mathematische Modelle über die Entwicklung der kontinentalen Kruste anzunähern. Dieses Diagramm zeigt die Entwicklung des Strontium-Isotopenverhältnisses auf der Erde insgesamt sowie im Erdmantel und in der kontinentalen Kruste, wie sie sich aus zwei verschiedenen Modellen ergibt. Nach dem kontinuierlichen Modell (schwarze Kurven) haben sich die Kontinente seit der Entstehung der Erde in einem gleichmäßig fortschreitenden Prozeß gebildet: Das Strontium-Isotopenverhältnis in den Kontinenten und im Erdmantel weicht von Anfang an – zunächst nur unmerklich, dann immer stärker – in unterschiedlicher Richtung von dem Verhältnis auf der Erde insgesamt ab. Beim episodischen Modell (farbige Kurven) nimmt man dagegen an, daß sich die Kontinentalkruste vor zweieinhalb Milliarden Jahren in einem einmaligen Ereignis bildete: Erst seit damals haben sich die Isotopenverhältnisse im Erdmantel und in der kontinentalen Kruste unterschiedlich entwickelt. Die Wahrheit dürfte zwischen den beiden Extremfällen liegen. Denn einerseits sind Teile der Kontinente älter als zweieinhalb Milliarden Jahre, andererseits stimmt das Isotopenverhältnis in diesen ältesten Krustenteilen noch weitgehend mit dem auf der damaligen Erde insgesamt überein (Bild 7). Tatsächlich sind die Abweichungen zu Anfang der Entwicklung, besonders was den Erdmantel angeht, der ja ein enormes Element-Reservoir darstellt, so klein, daß man heute noch nicht sicher zwischen den beiden gezeigten Modellen unterscheiden kann. Hätte man das Neodym-Isotopenverhältnis zum Vergleich herangezogen, wären die Abweichungen noch wesentlich kleiner, da Neodym und Samarium in weit geringerem Maß fraktioniert wurden als Rubidium und Strontium.

Zusammensetzung entspricht nicht genau der des Erdmantels, weil es sich, bevor es ausbrach, bereits teilweise entmischt hat, erlaubt aber doch Rückschlüsse darauf. Zu diesem Gestein zählen die basaltischen Laven, die sich in die Tiefseebecken und auf die Kontinente ergossen haben. Die jüngsten Basalte sind dabei entlang der mittelozeanischen Rücken ausgebrochen, an denen die ozeanische Kruste gebildet wird und die Ausdehnung des Meeresbodens (seafloor spreading) ihren Ausgang nimmt. In geringeren Mengen sind Basalte jedoch auch im Innern der Platten und entlang der Inselbögen ausgetreten.

Seitdem sich das Tiefseebohrungs-Projekt (deep sea drilling project) zu einer internationalen Unternehmung ausgeweitet hat, an der neben Amerikanern auch Franzosen, Deutsche, Japaner, Engländer und Russen beteiligt sind, hat man an vielen Stellen im Atlantik, Pazifik und im Indischen Ozean Bohrungen durchgeführt. Die dabei gewonnenen Proben wurden durch solche ergänzt, die man mit Hilfe von Baggern auf der Oberfläche der mittelozeanischen Rücken sammelte. Das vielleicht bemerkenswerteste dieser Bagger-Unternehmen führte Jean-Guy Schilling von der Universität von Rhode Island durch. Er entnahm längs des nördlichen mittelatlantischen Rückens in dichten Abständen systematisch Proben. Natürlich sammelte man auch Basalte auf den Inseln vulkanischen Ursprungs, insbesondere Island und Hawaii (Bild 1).

In allen diesen Proben hat man das Verhältnis Strontium 87/Strontium 86 sowie Neodym 143/Neodym 144 untersucht und mit dem bereits erwähnten Mittelwert für die Erde als ganze verglichen (Bild 8). Die Basalte, die aus den mittelozeanischen Rücken im Atlantik, Pazifik und Indischen Ozean stammen, ergaben eng beieinander liegende Meßwerte. Sie weisen durchweg ein niedrigeres Strontium- aber ein höheres Neodym-Isotopenverhältnis auf als die Erde insgesamt. Daraus folgt, daß diejenigen Teile des Erdmantels, aus denen die mittelozeanischen Basalte stammen, ein höheres Verhältnis von Samarium zu Neodym und Strontium zu Rubidium aufweisen als die Erde als ganze. Das bestätigt, daß die jeweils kleineren Elemente Samarium und Strontium bevorzugt im Erdmantel zurückblieben und sich weniger in der kontinentalen Kruste anreicherten als die größeren Elemente Neodym und Rubidium.

Die unterschiedliche Verarmung des Erdmantels

Im Gegensatz zu dem einheitlichen Bild, das die Untersuchungen der Basalte von den mittelozeanischen Rücken ergaben, fand man, daß die Isotopenverhältnisse für Strontium und Neodym in den Basalten der verschiedenen Vulkaninseln stark streuen. In einigen Fällen, wie den Proben von der Insel Tristan da Cunha, gleichen die gefundenen Isotopenverhältnisse denen, die wir für die Erde insgesamt annehmen. Der Teil des Erdmantels, aus dessen Material die Basalte von Tristan da Cunha entstanden, kann demnach nicht so stark an großen lithophilen Elementen verarmt sein wie der Erdmantel unter dem mittelozeanischen Rücken. Allerdings muß man bedenken, daß auf Tristan da Cunha, verglichen mit den mittelozeanischen Basalten, nur sehr kleine Mengen Lava ausgetreten sind, die nicht typisch für die Zusammensetzung des Erdmantels zu sein brauchen. Die Basalte von Hawaii und den meisten anderen Vulkaninseln zeigen Isotopenverhältnisse, die näher an den Werten der Basalte von den mittelozeanischen Rücken liegen (und mit ihnen sogar teilweise überlappen) als an den Werten der Gesteine von Tristan da Cunha (Bild 8).

Bemerkenswert ist, daß trotz der Unterschiedlichkeit in der Isotopenzusammensetzung der Basalte verschiedenen Ursprungs durchweg eine negative Beziehung zwischen dem Strontium- und dem Neodym-Isotopenverhältnis besteht: je höher das eine desto niedriger das andere. (Generell könnte es solche Beziehungen zwischen den Isotopenverhältnissen aller Elemente geben, die sich in der Erdkruste angereichert haben.) Nachdem wir durch die Analyse des

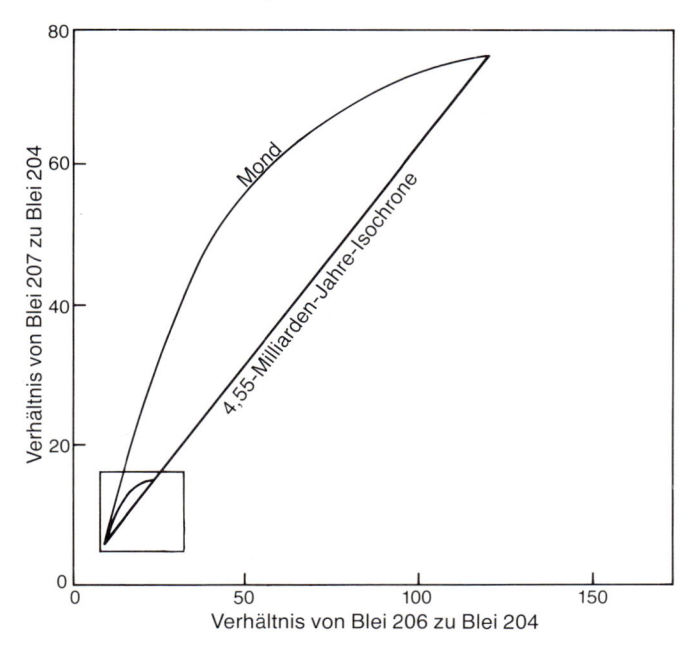

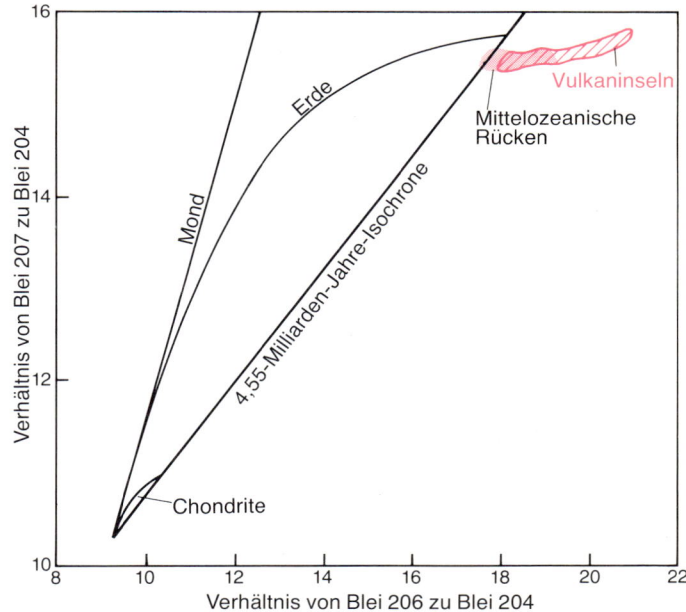

Bild 10: Die beiden Diagramme lassen erkennen, wie sich das Isotopenverhältnis von Blei 207 zu Blei 204 sowie von Blei 206 zu Blei 204 auf der Erde, dem Mond und in den Chondriten während der vergangenen viereinhalb Milliarden Jahre verändert hat. Das rechte Bild zeigt in vergrößerter Form den Ausschnitt, der im linken Bild mit einem kleinen Quadrat umrahmt ist. Man kann davon ausgehen, daß die Erde, der Mond und die Chondrite zum Zeitpunkt der Entstehung des Sonnensystems das gleiche Blei-Isotopenverhältnis besaßen: Es entspricht dem Ausgangspunkt der gezeigten Kurven, der in beiden Diagrammen links unten liegt. Seither hat die Zahl der Isotope Blei 207 (durch Zerfall von Uran 235) und Blei 206 (durch Zerfall von Uran 238) zugenommen, während die Menge an Blei 204 konstant blieb. Da das Verhältnis von Uran zu Blei auf dem Mond höher als auf der Erde war, und auf der Erde höher als in den Chondriten, haben sich auf dem Mond die Verhältnisse von Blei 207 und Blei 206 zu Blei 204 stärker erhöht als auf der Erde, und auf der Erde stärker als in den Chondriten. Uran 235 hat eine kleinere Halbwertzeit als Uran 238. Weil es sich daher schneller in Blei 207 umwandelt als Uran 238 in Blei 206, entsteht zunächst mehr Blei 207 als Blei 206. Das Uran 235 erschöpft sich aus dem gleichen Grund aber auch schneller als das Uran 238. Die Bildung von Blei 207, die zunächst rasch erfolgt, läßt mit der Zeit immer mehr nach, und das Verhältnis zwischen Blei 207 und Blei 206 erniedrigt sich entsprechend: Die Kurve flacht allmählich ab. Alle Kurven enden auf einer Geraden: der Isochronen, die dem Alter des Sonnensystems entspricht. Die Endpunkte geben die heutigen Isotopenverhältnisse auf der Erde, dem Mond und in den Chondriten wieder. Mit einem farbigen Raster sind rechts die Blei-Isotopenverhältnisse von Basalten eingezeichnet, die aus den mittelozeanischen Rücken stammen und ein Maß für die gegenwärtige Isotopenzusammensetzung des Erdmantels bilden. Der Wertebereich für die Basalte von den Vulkaninseln ist farbig schraffiert. Es fällt auf, daß vor allem die Basalte von den Vulkaninseln das Isotopenverhältnis zwischen Blei 206 und Blei 204 stark streut und zudem rechts von der Isochronen liegt. Um diese Befunde zu erklären, scheint es nötig anzunehmen, daß es im Erdmantel zwei verschiedene Bereiche gibt, die unterschiedlich stark an Blei und Uran verarmt sind. Es könnte sich um den oberen und den unteren Erdmantel handeln (Bild 13).

Neodym-Isotopenverhältnisses in Chondriten und einigen mehr als zweieinhalb Milliarden Jahre alten Teilen der Erdkruste einen zuverlässigen Wert für die relative Häufigkeit der Neodym-Isotope auf der Erde insgesamt erhielten, erlaubt uns diese negative Beziehung, auch die relative Häufigkeit der Strontium-Isotope auf der Erde insgesamt zu berechnen. Damit erhalten wir einen Vergleichswert, der uns in die Lage versetzt, auch mit Hilfe des Strontium-Isotopenverhältnisses die Geschichte der chemischen Differenzierung des Erdmantels zu verfolgen (Bild 9).

Daß sich die Neodym- und Strontium-Isotopenverhältnisse auf den mittelozeanischen Rücken und den Vulkaninseln unterscheiden, zeugt davon, daß nicht alle Teile des Erdmantels in gleichem Maß Material an die Kontinente abgegeben haben und daß die großen lithophilen Elemente, die sich in der kontinentalen Kruste anreicherten, vor allem aus den Teilen des Erdmantels stammen, die an den mittelozeanischen Rücken zutage treten. Die uneinheitliche Zusammensetzung des Erdmantels zeigt sich auch an den relativen Häufigkeiten der Blei-Isotope mit den Atommassen 207, 206 und 204 in den untersuchten jungen Basalten, wenn man sie mit den entsprechenden Häufigkeiten auf dem Mond und in den kohligen Chondriten vergleicht. Blei 207 ist die Tochter des Uran 235, das schneller zerfällt als das Uran 238, aus dem sich das Blei 206 bildet (Bild 2). Weil sich Uran 235 schneller in Blei 207 umwandelt als Uran 238 in Blei 206, entsteht aus natürlich vorkommendem Uran mit den beiden Isotopen Uran 235 und 238 zunächst mehr Blei 207 als Blei 206. Wegen seiner kürzeren Halbwertzeit erschöpft sich das Uran 235 aber auch schneller als das langsamer zerfallende Uran 238. Die Bildung von Blei 207, die zunächst rasch erfolgt, läßt mit der Zeit immer mehr nach, und das Verhältnis zwischen Blei 207 und Blei 206 verkleinert sich entsprechend: Die Kurve, die dieses Verhältnis angibt, flacht allmählich ab (Bild 10).

Wie schon erwähnt, war zum Zeitpunkt der Entstehung der Planeten das Verhältnis von Uran zu Blei auf dem Mond größer als auf der Erde und auf der Erde größer als im solaren Urnebel, dessen Uran-Blei-Verhältnis die Chondrite bewahrt haben. In den Chondriten fällt die Menge an Blei 206 und Blei 207, die aus ihrem relativ kleineren Vorrat an Uran im Lauf der Zeit entstand, gegenüber dem von Anfang an hohen Anteil an Blei 204 kaum ins Gewicht. Das Verhältnis Blei 207/Blei 204 und ebenso Blei 206/Blei 204 wächst daher nur wenig (Bild 10), während es auf der Erde mit ihrem höheren Gehalt an Uran stärker zunimmt und am stärksten beim Mond steigt.

Nimmt man an, daß der Mond, die Erde und die Chondrite bei ihrer Entstehung vor 4,55 Milliarden Jahren die Blei-Isotope mit den Atommassen 204, 206 und 207 im gleichen Verhältnis enthielten, so kann man, wie in Bild 10 gezeigt, den Punkt, der durch dieses Verhältnis gekennzeichnet ist, mit den Werten verbinden, die man heute für das Verhältnis der drei Blei-Isotope auf der Erde, auf dem Mond und in den Chon-

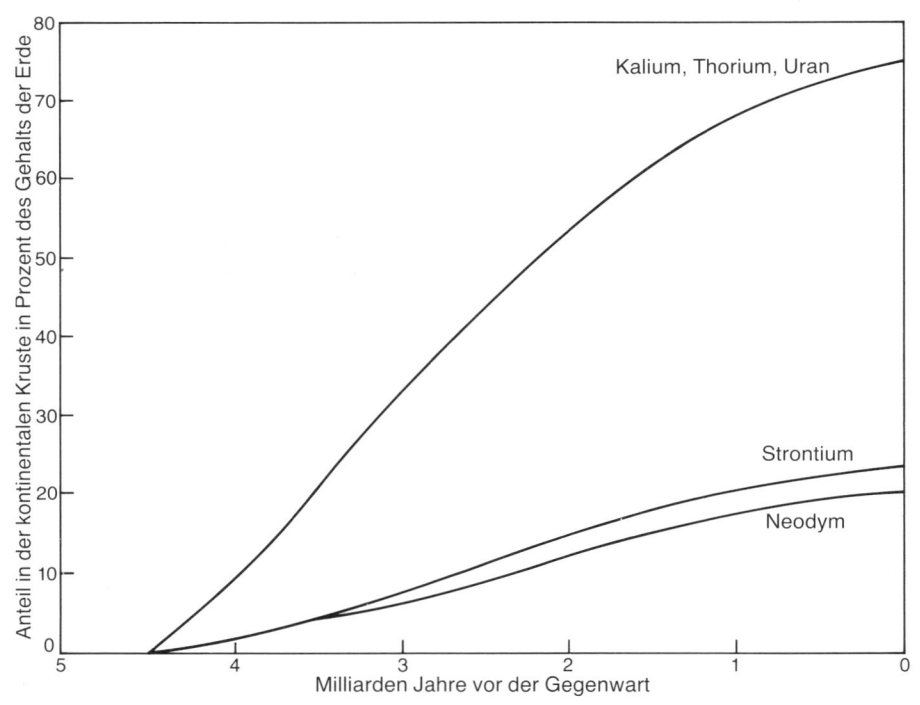

Bild 11: In der kontinentalen Kruste haben sich seit der Entstehung der Erde die großen lithophilen Elemente angereichert (Bild 3). Am stärksten trifft das für die radioaktiven, wärmeerzeugenden Elemente zu, zu denen Uran, Thorium und das Kalium-Isotop mit der Atommasse 40 zählen. Hier ist gezeigt, ein wie hoher Prozentsatz des ursprünglichen Gehalts der Erde an einigen großen lithophilen Elementen sich in der Vergangenheit in den Kontinenten ansammelte. Die Kurven sind das Ergebnis von Rechnungen, die auf der Annahme beruhen, daß nur die obere Hälfte des Erdmantels die kontinentale Kruste hervorgebracht hat, während die untere Hälfte noch heute ihre ursprüngliche Zusammensetzung bewahrt.

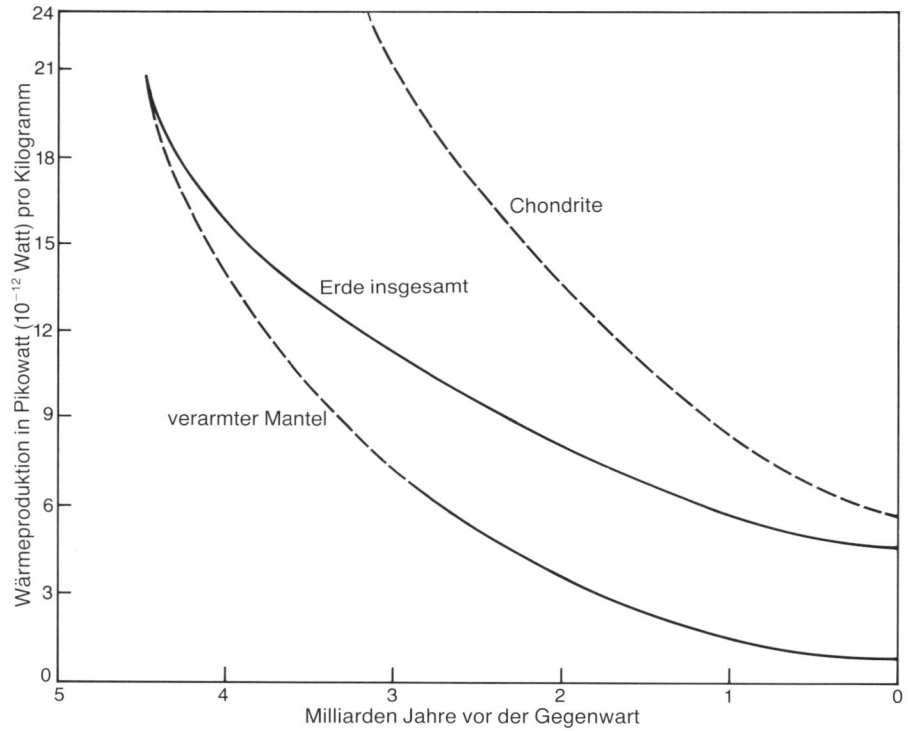

Bild 12: Seit der Entstehung des Sonnensystems ist die Wärmeproduktion in den Chondriten und auf der Erde allmählich abgeklungen. Das geschah in dem Maß, wie die Menge der radioaktiven Elemente, bei deren Zerfall die beobachtete Wärme frei wird, durch ebendiesen Zerfall abnahm. Die ursprünglich sehr hohe Wärmeproduktion der Chondrite beruhte auf ihrer hohen Konzentration an Kalium 40. Da dieses radioaktive Isotop wesentlich schneller zerfällt als das Uran 238, das den größten Teil der Wärmeproduktion auf der Erde verursacht, ist die Wärmeerzeugung in den Chondriten schneller abgeklungen als auf der Erde und hat mittlerweile den irdischen Wert nahezu erreicht. Wie Bild 11 zeigt, ist der Erdmantel im Lauf der Erdgeschichte an radioaktiven, wärmeerzeugenden Elementen verarmt. Dadurch blieb seine Wärmeproduktion zunehmend hinter dem Wert für die gesamte Erde zurück.

driten findet. Man erhält eine Gerade: die sogenannte 4,55-Milliarden-Jahre-Isochrone (was man unter einer Isochrone versteht, ist in Bild 6 erklärt).

Bild 10 zeigt, daß die Basalte von den mittelozeanischen Rücken und den Vulkaninseln zwar in etwa das gleiche Verhältnis Blei 207/Blei 204 besitzen wie die Erde als ganze. Aber das Verhältnis Blei 206/Blei 204 ist deutlich höher als das der Erde insgesamt und variiert zudem sehr stark – insbesondere bei den Basalten, die von den Vulkaninseln stammen. Das macht deutlich, daß der Erdmantel auch bezüglich seines Uran- und Bleigehalts nicht homogen ist. Um die Blei-Isotopenverhältnisse in den Basalten verschiedenen Ursprungs erklären zu können, scheint es erforderlich, die Existenz zweier unterschiedlich zusammengesetzter Bereiche im Erdmantel anzunehmen.

Das Wachstum der Kontinente

Bisher haben wir die Isotopenverhältnisse für Neodym, Strontium und Blei in jungen Basalten, die sich aus Material des Erdmantels bildeten, und die Isotopenverhältnisse für Neodym und Strontium in den ältesten Teilen der Kontinente gesondert betrachtet. Um festzustellen, mit welcher Geschwindigkeit in welchen Zeiträumen aus welchen Bereichen des Erdmantels Material in die kontinentale Kruste übergegangen ist, muß man die Daten, die über die Zusammensetzung der Kontinente und des Erdmantels gewonnen wurden, gemeinsam betrachten und mit Vorstellungen über die Entwicklung der Kontinente vergleichen (Bild 9). Als erster hat sich 1969 Richard L. Armstrong an der Universität von British-Columbia in Kanada mit diesem Problem befaßt. Er nahm an, daß sich die Kontinente vor ungefähr vier Milliarden Jahren in einem einmaligen Vorgang bildeten und seither ständig Material mit dem Erdmantel austauschten. Obwohl Armstrong mit diesen Vorstellungen die Isotopenverhältnisse im Erdmantel, soweit sie vor zehn Jahren bekannt waren, in einigen Fällen erklären konnte, steht sein Modell im Widerspruch zu den heutigen Kenntnissen über das Wachstum der Kontinente.

Deshalb haben wir kürzlich ein neues Modell für den Materialaustausch zwischen Erdmantel und -kruste vorgeschlagen, dem die folgenden Annahmen über die Entwicklung der Kontinente zugrunde liegen: (1) Höchstens verschwindend kleine Teile der Erdkruste sind älter als 3,8 Milliarden Jahre. (2) Die Kontinente sind während der vergangenen 3,8 Milliarden Jahre im großen und ganzen kontinuierlich gewachsen. (3) Vor zweieinhalb bis drei Milliarden Jahren durchlief

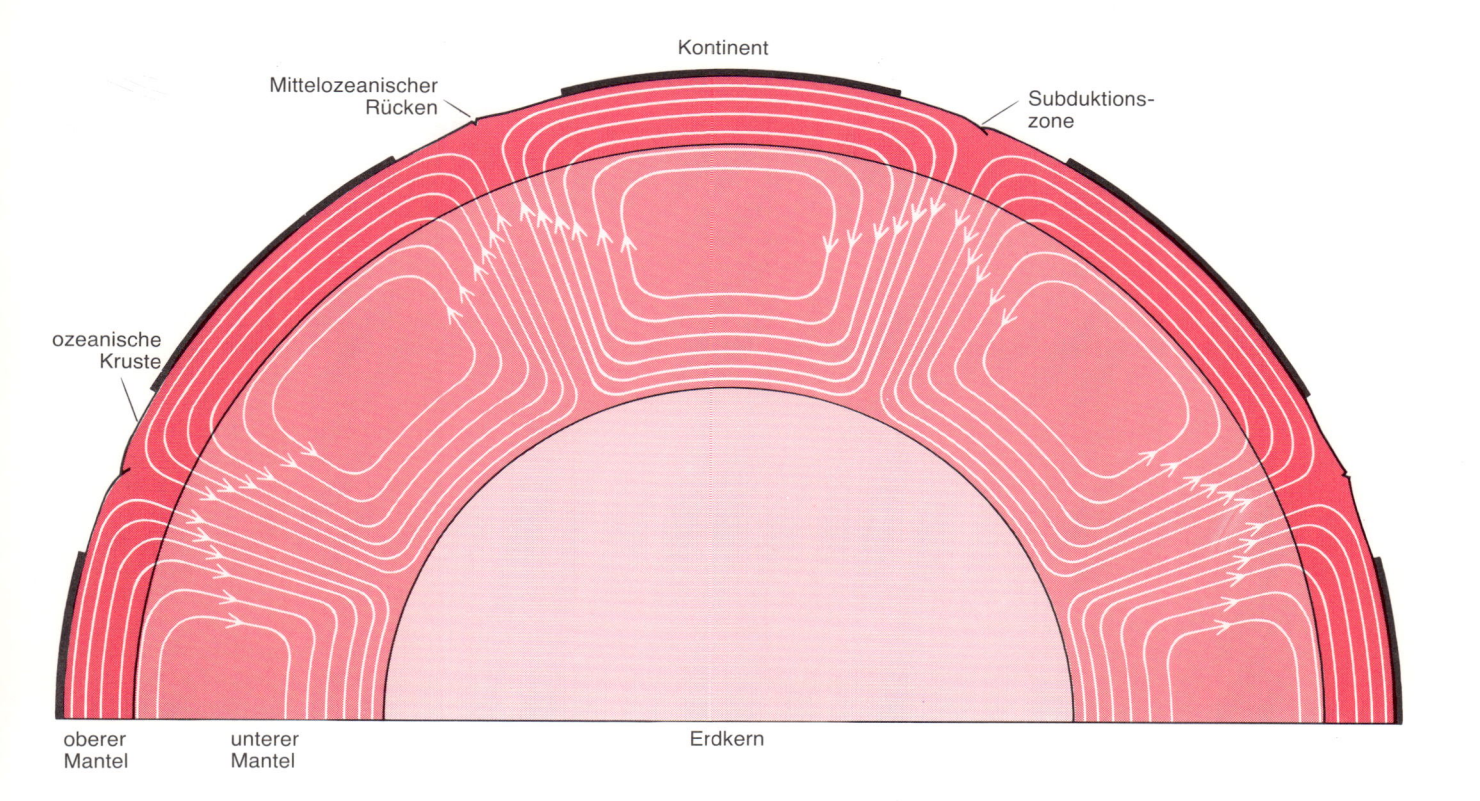

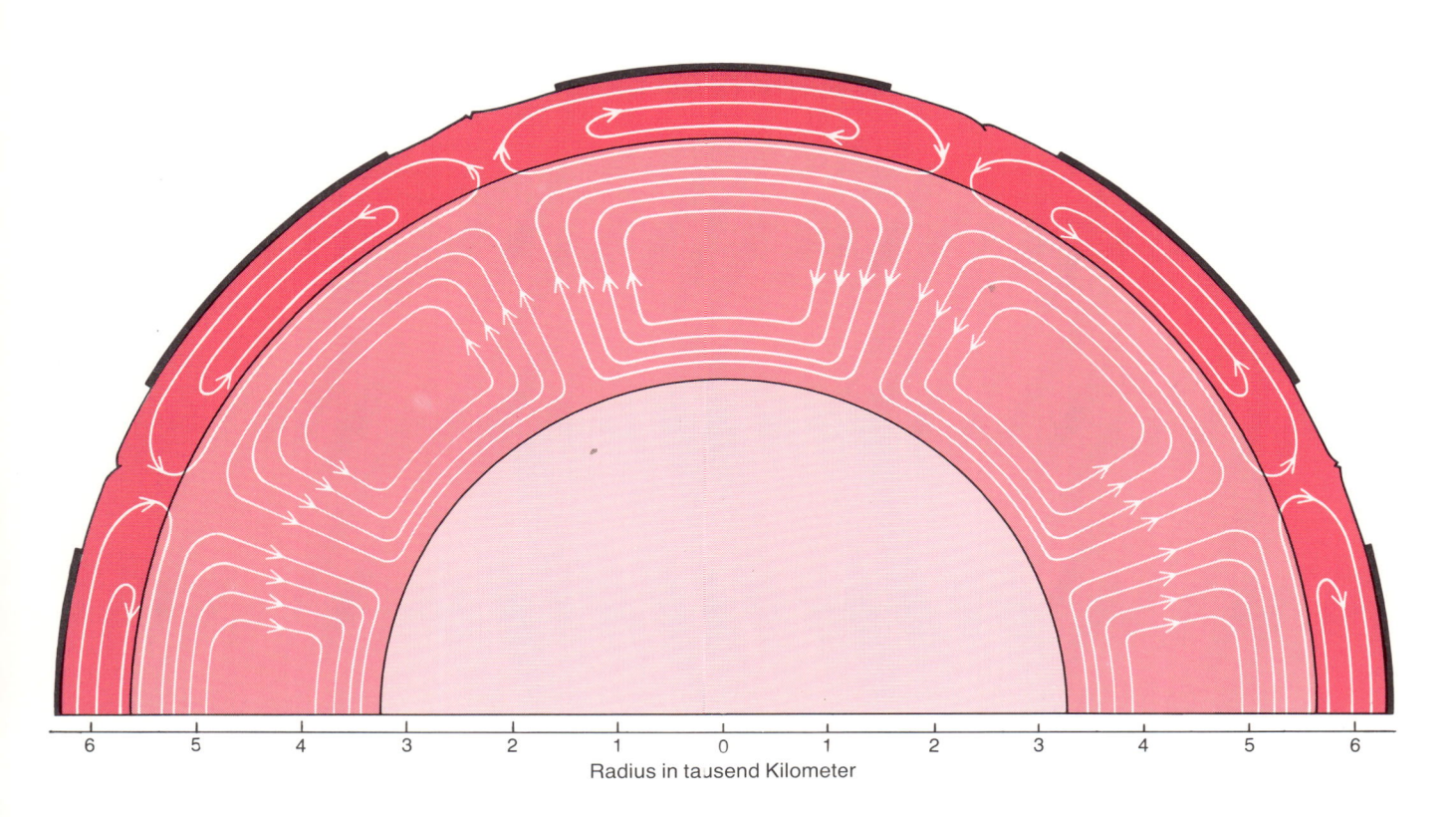

Bild 13: Im Erdmantel treten Wärmeunterschiede auf, die durch Konvektionsströme ausgeglichen werden: Heißes Material steigt auf, kälteres sinkt ab. Das geschieht in Form von charakteristischen Konvektionszellen: Die Richtung des Stofftransports in diesen Zellen ist durch die weißen Pfeile gekennzeichnet. Aus dem Grad, in dem die Basalte in den mittelozeanischen Rücken an großen lithophilen Elementen verarmt sind, kann man Rückschlüsse auf die Art der Konvektionsströme im Erdmantel ziehen. Wäre der gesamte Erdmantel so stark an großen lithophilen Elementen „ausgeblutet" wie die Basalte in den mittelozeanischen Rücken, müßte sich in den Kontinenten eine noch größere Zahl dieser Elemente angereichert haben, als es tatsächlich der Fall ist. In Wirklichkeit kann nur ein Drittel oder höchstens die Hälfte des Erdmantels große lithophile Elemente an die kontinentale Kruste abgegeben haben, während der Rest seine ursprüngliche Zusammensetzung bewahrt hat. Würden die Konvektionsströme im Erdmantel bis zum Erdkern reichen (oberes Teilbild), so würde der Erdmantel ständig völlig durchmischt und es gäbe keine Bereiche unterschiedlicher Zusammensetzung. Solche Bereiche können nur existieren, wenn beispielsweise im unteren und oberen Erdmantel gesonderte Konvektionsströme auftreten (unteres Teilbild).

die Wachstumsgeschwindigkeit der Kontinente ein Maximum. (Diese Annahme folgt aus dem Alter der verschiedenen Teile der Kontinente.)

Die Gültigkeit eines solchen Modells sollte sich daran erkennen lassen, ob es die Häufigkeiten der großen lithophilen Elemente in der Erdkruste korrekt beschreibt. Diese Probe läßt sich jedoch nicht durchführen, da diese Elemente ungleichmäßig über die Kontinente verteilt sind, so daß sich ihre Häufigkeiten nur schwer schätzen lassen. Beispielsweise haben Untersuchungen des Wärmeflusses aus dem Erdinnern und Analysen von Gesteinsproben gezeigt, daß die wärmeerzeugenden radioaktiven Isotope der Elemente Kalium, Uran und Thorium im oberen Teil der Erdkruste wesentlich häufiger auftreten als im unteren Teil.

Die Gültigkeit eines Modells, wie wir es vorgeschlagen haben, läßt sich aber auch daran messen, wie gut es die gegenwärtigen Isotopenverhältnisse der großen lithophilen Elemente im Erdmantel und in den Kontinenten wiedergibt. Entsprechend versuchten wir zunächst, die Neodym- und Strontium-Isotopenverhältnisse in den Basalten, die aus den mittelozeanischen Rücken stammen, rechnerisch zu reproduzieren: Wegen der großen Menge solcher Basalte sollte sich aus ihnen die Isotopen-Zusammensetzung des oberen Erdmantels unter den Ozeanen am zuverlässigsten ableiten lassen. Weiterhin stammt das Material dieser Basalte aus dem Teil des Erdmantels, der offenbar am stärksten an großen lithophilen Elementen verarmt ist und damit die meisten Aufschlüsse über die chemische Entwicklung des Erdmantels verspricht.

Es gelang uns, die Isotopenverhältnisse in diesen Basalten korrekt zu beschreiben, wenn wir annahmen, daß sich das Material im Erdmantel durch Konvektion (Stofftransport zum Ausgleich von Wärmeunterschieden) bewegt (Bild 13) und daß sich diese Bewegung im Lauf der Erdgeschichte in dem Maß verlangsamte, wie die Wärmeproduktion durch den Zerfall radioaktiver Isotope allmählich abklang (Bild 12). Damit wäre zu verstehen, warum sich die Kontinente erst vor 3,8 Milliarden Jahren zu bilden anfingen: Vorher wurde das Material des Erdmantels durch die starken Konvektionsströme so sehr durchmischt, daß sich die Bestandteile der kontinentalen Kruste nicht daraus absondern konnten.

Konvektionsströme im Erdmantel

Aus unserem Modell folgt auch (in Übereinstimmung mit Befunden von DePaolo und Wasserburg), daß höchstens die Hälfte und möglicherweise sogar nur ein Drittel des Erdmantels so stark an großen lithophilen Elementen verarmt sein kann wie der Teil des Erdmantels, aus dem die mittelozeanischen Rücken ihr Material beziehen. Das heißt, die Konvektionsströme können im Gegensatz zur Ansicht der meisten Geophysiker nicht den gesamten Erdmantel gleichmäßig erfassen. Vielmehr müssen in verschiedenen Teilen des Erdmantels, bei denen es sich vermutlich um den oberen und unteren Erdmantel handelt, unabhängige Konvektionsströme existieren (Bild 13).

Der obere Erdmantel ist durch die Bildung der Kontinente ganz allgemein an großen lithophilen Elementen verarmt, am stärksten jedoch an den Elementen Kalium, Uran und Thorium, deren radioaktive Isotope für den größten Teil der Wärmeerzeugung im Erdinnern verantwortlich sind. Das zeigen die in Bild 11 dargestellten Kurven. Sie geben an, ein wie hoher Prozentsatz bestimmter großer lithophiler Elemente im Verlauf der Erdgeschichte aus dem Erdmantel in die kontinentale Kruste überging. Siebzig Prozent der Menge an Kalium, Uran und Thorium, die der Erdmantel einst enthielt, sind heute in den Kontinenten zu finden. Weil der Erdmantel somit zunehmend an radioaktiven Elementen verarmte, hat die Wärmeerzeugung in seinem Innern schneller abgenommen als auf der Erde insgesamt (Bild 12).

Obwohl heute im Erdmantel nur noch wenig Wärme entsteht, bildet er immer noch ein beträchtliches Wärmereservoir, das die Bewegung der ozeanischen Kruste in Gang hält. Die Wärme, die dabei verbraucht wird, stammt teils aus dem radioaktiven Zerfall von Spurenelementen, die in einigen Teilen des Erdmantels (vielleicht im unteren Erdmantel) noch nahezu in ihrer ursprünglichen Konzentration vorhanden sind, und teils aus der Restwärme, die die Erde seit ihrer Entstehung im Innern bewahrt hat. Über den Betrag dieser Restwärme gehen die Vorstellungen der Fachleute allerdings weit auseinander.

Die ältesten Gesteine

Unter den Ozeanen liegt andere Erdkruste als unter den Kontinenten. Welche war zuerst da? Ist die Erdkruste der Kontinente bereits bei der Entmischung der heißen Erde vor 4,6 Milliarden Jahren entstanden oder wurde sie im Lauf der Jahrmilliarden Stück für Stück neu gebildet? Die jüngsten Forschungsergebnisse der Geologen lassen letzteres vermuten.

Von **Stephen Moorbath**

Die Erdgeschichte begann vor 4,6 Milliarden Jahren. Eine große Wolke aus Gas und Staub zog sich zusammen, kondensierte und wurde zum Sonnensystem. Seine Gestalt hat sich seitdem kaum noch geändert. Die Erde bildete sich in kurzer Zeit, wahrscheinlich in wenigen Millionen Jahren. Bei der Zusammenballung von Partikeln durch die Schwerkraft und beim radioaktiven Zerfall kurzlebiger Isotope entstand so viel Wärme, daß der neugebildete Erdball schmolz und sich dabei schnell chemisch differenzierte. Es entstand ein eher flüssiger Kern aus Eisen und Nickel und ein eher fester Mantel, hauptsächlich aus Silikaten und Oxiden aller chemischen Elemente.

Bisher ist auf der Erde noch kein Gestein gefunden worden, dessen Alter auf 4,6 Milliarden Jahre bestimmt werden konnte. Der Beweis für das Alter der Erde wird mit Hilfe von Indizien geführt und basiert auf verschiedenen Überlegungen. Da sind zunächst die Meteoriten. Man nimmt an, daß sie bei der Zusammenballung des Sonnensystems übriggeblieben sind. Bei Altersbestimmungen mit Hilfe radioaktiver Isotope, wie zum Beispiel des Zerfalls von Uran zu Blei oder von Rubidium zu Strontium, ergab sich immer wieder, daß Meteoriten vor 4,6 Milliarden Jahren zu festem Gestein wurden. Für die ältesten Gesteine und Böden des Mondes wurden knapp 4,6 Milliarden Jahre bestimmt, und man nimmt an, daß sich der Mond zu dieser Zeit in Kern, Mantel und Kruste differenzierte.

Da Gesteine vergleichbaren Alters auf der Erde bisher nicht gefunden wurden, ist folgende Beobachtung wichtig: Verfolgt man das Verhältnis der zwei Bleiisotope Pb-206 und Pb-207, die als Endprodukte der beiden radioaktiven Zerfallsketten von Uran-238 und Uran-235 entstehen, durch die Erdgeschichte, dann ergibt sich, daß ihr Verhältnis in dem Material, aus dem die Erde entstanden ist, vor 4,6 Milliarden Jahren das gleiche war wie in dem Material, aus dem die Meteoriten entstanden sind. Verlängert man die Anreicherungskurve der beiden Bleiisotope von der ältesten bekannten Bleilagerstätte rückwärts in die Vergangenheit, dann verläuft sie durch den Punkt, der das Isotopenverhältnis des heute uranfreien, 4,6 Milliarden Jahre alten Meteoriten kennzeichnet, dessen Einschlag den Meteorkrater in Arizona hervorgerufen hat (Bild 2). Im Gegensatz zu Blei-206 und Blei-207 ist das Bleiisotop Pb-204 nicht durch radioaktiven Zerfall anderer Elemente entstanden. Es liefert daher eine zuverlässige Vergleichsbasis, auf der die anderen beiden Isotope einander gegenübergestellt werden können. Das Verhältnis Blei-207 zu Blei-206 ändert sich im Lauf der Zeit, weil Uran-235 viel rascher zerfällt als Uran-238. Die Halbwertszeit für U-235 beträgt 0,71 Milliarden Jahre, die für U-238 dagegen 4,51 Milliarden Jahre. Fast alles Uran-235, das bei der Entstehung der Erde vorhanden war, ist heute zu Blei-207 zerfallen, so daß sich das Verhältnis Blei-207 zu Blei-204 kaum noch ändert. Dagegen ändert sich das Verhältnis Blei-206 zu Blei 204 relativ schnell, denn bei einer Halbwertszeit von 4,51 Milliarden Jahren ist heute gerade die Hälfte des ursprünglich vorhandenen Uran-238 zu Blei-206 zerfallen.

Es sollte noch einmal betont werden, daß immer dann, wenn von dem Begriff „Alter der Erde" die Rede ist, damit der Zeitpunkt vor 4,6 Milliarden Jahren gemeint ist, an dem das Verhältnis der Bleiisotope auf der Erde das gleiche war wie in dem Himmelkörper, von dem die Meteoriten stammen. Anders als der Mond ist die Erde im Inneren noch aktiv, denn sie ist groß genug, um die beim Zerfall langlebiger radioaktiver Isotope entstehende Wärme zu speichern. Dazu gehören die Isotope von Uran, Thorium, Kalium und Rubidium, die sich fein verteilt im Erdmantel befinden.

Plattentektonik und Aktualismus

In den sechziger Jahren erlebten die Geowissenschaften eine tiefgehende Revolution. In der neuen Plattentektonik konnte eine Hypothese gefunden werden, mit der sich praktisch alle wichtigen Merkmale der Erdoberfläche wie die Verteilung der Kontinente und Ozeane, der Gebirge, der Vulkane und der Erdbeben und die Entstehung der häufigsten Gesteine, die sich an oder nahe der Erdoberfläche finden, und ihre Verteilung über Raum und Zeit erklären lassen. Zu der Hypothese gehören so wichtige Beobachtungen wie die Entstehung neuer Ozeankruste durch Aufsteigen von aus dem Erdmantel stammenden Material in den mittelozeanischen Rücken; das Spreizen der Ozeanböden; die Drift der Kontinente; die Subduktion, das Abtauchen schwererer ozeanischer Kruste unter die leichtere Kruste der Kontinente; die Entstehung neuer kristalliner Gesteine aus aufgeschmolzener Ozeankruste; das Anfügen granitischen Materials an den Rändern der Kontinente; und die Kollision der Kontinente, die der vollständigen Subduktion der dazwischenliegenden ozeanischen Kruste und dem Schließen des trennenden Ozeans folgt und Kettengebirge entstehen läßt wie die Alpen und den Himalaya.

Wir verstehen jetzt, daß die heutige Verteilung der Kontinente und Ozeane eine Folge der letzten, noch andauernden Epoche von Kontinentalverschiebungen ist, die vor rund 200 Millionen Jahren begann. Vor 600 Millionen, vielleicht schon vor einer Milliarde Jahren waren die Vorläufer der heutigen Kontinente noch in einem Superkontinent *Pangäa* vereint (Bild 3). Er mag vor rund 2,7 Milliarden Jahren entstanden sein.

Die Großartigkeit und Geschlossenheit des neuen Konzepts ist überwältigend. Dabei haben nur ganz wenige Pioniere unter der vorigen Generation der Geowissenschaftler rechtzeitig erkannt, was auf sie zukam. Mein persönlicher Held unter ihnen ist der britische Geologe Arthur Holmes. Er hatte ein unerschütterliches Vertrauen in die Erkenntnis, daß alle geologischen Erscheinungen miteinander zusammenhängen und voneinander abhängig sind. Holmes war außerdem ein Pionier in der Entwicklung und Anwendung der Isotopentechnik bei der geologischen Altersbestimmung, die bei den folgenden Erörterungen eine zentrale Rolle spielt.

Meine eigene Forschung hat sich auf die Frage konzentriert, wie Kontinentalkruste entstanden ist, wie sie sich weiterentwickelt hat und in geologischer Zeit gewachsen ist. Mit der Suche nach den Antworten verbunden war die Suche nach den ältesten Gesteinen auf der Erde und ihr Vergleich mit jüngeren Gesteinen, deren Herkunft und Bedeutung genau bekannt sind. Am Ende des 18. Jahrhunderts führte James Hutton den Aktualismus in die Geowissenschaften ein. Darin heißt es, daß die Gegenwart der Schlüssel ist für die Vergangenheit. Da uns keine Wells'sche Zeitmaschine zur Verfügung steht, ist das beste, was der Geologe machen kann, die Huttonschen Gedanken im Gelände zu testen. Läßt sich die moderne Theorie der Plattentektonik, die für die letzten Hunderte von Millionen Jahren so gut bewiesen werden konnte, auf weit zurückliegende Jahrmilliarden ausdehnen, vielleicht bis an den Anfang der Erdgeschichte überhaupt? Ich bin davon überzeugt, daß sich eine eingeschränkte Form von Aktualismus viel weiter in die Vergangenheit extrapolieren läßt, als die Wissenschaft bisher für möglich gehalten hat.

Zwei Krustenarten

Rund drei Zehntel der Erdkruste bestehen aus Kontinentalkruste. Das ist das Material, aus dem die Kontinente selbst

Bild 1: Zu den ältesten Gesteinen der Erde gehört eine Serie von metamorphen und stark deformierten kristallinen Gesteinen, nach dem grönländischen Wort für kahl als Amîtsoqgneise bezeichnet. Sie sind rechts im Vordergrund zu erkennen. Das Bild wurde nahe der Hauptstadt Godthaab an der grönländischen Westküste aufgenommen. Altersbestimmungen mit radioaktiven Isotopen im Labor des Autors in Oxford zeigen, daß das Gestein vor 3,75 Milliarden Jahren kristallisierte. Die dunklen Felsen links im Bild, die den Gneis durchschneiden, sind Teil eines Lavagangs. Gneis und dunkler Gang wiederum werden von einem schmalen Gang heller Gesteine gequert, die rund 2,6 Milliarden Jahre alt sind.

und die sie umgebenden Schelfe aufgebaut sind. Die restlichen sieben Zehntel setzen sich aus ozeanischer Kruste zusammen. Sie ist etwas grundsätzlich anderes. Die mittlere Dichte der Kontinentalkruste beträgt 2,7 und die der Ozeankruste 3,0. Der Erdmantel besitzt eine Dichte von 3,4 (Gramm pro Kubikzentimeter). Bis zu ihrer Untergrenze gegen den Mantel ist Kontinentalkruste fünf bis zehnmal dicker als Ozeankruste. Im Mittel sind es 35 bis 40 Kilometer, unter Kettengebirgen 60 bis 70 Kilometer Krustendicke, verglichen mit durchschnittlich sechs Kilometer der ozeanischen Kruste. Auch das Alter der Kontinentalkruste ist viel höher, bisher sind mehr als 2,7 Milliarden Jahre alte Gesteine bekannt. Dagegen wurde noch keine Ozeankruste gefunden, die älter ist als 200 Millionen Jahre. Kontinentalkruste besitzt eine komplizierte geologische Struktur und eine abwechslungsreiche chemische Zusammensetzung. Ozeankruste zeigt eine relativ unkomplizierte Lagenstruktur, ihre Zusammensetzung ist einheitlich.

Die obersten zehn bis zwanzig Kilometer der kontinentalen Kruste bestehen im wesentlichen aus plutonischen und metamorphen Gesteinen. An vielen Stellen liegen Sedimentgesteine darüber. Zusammengefaßt besitzt dieser obere Teil der Kontinentalkruste den gleichen chemischen Inhalt wie das häufig vorkommende plutonische Gestein Granodiorit. Seine Hauptbestandteile sind zu verschiedenen Mineralen zusammengesetzte Oxide, darunter 66 Prozent Siliciumoxid (SiO_2), drei Prozent Kaliumoxid (K_2O), vier Prozent Natriumoxid (Na_2O), fünf Prozent Calciumoxid (CaO), zwei Prozent Magnesiumoxid (MgO) und vier Prozent Eisenoxide (FeO und Fe_2O_3). In geringeren Mengen sind auch noch andere Oxide vorhanden.

Die obere Kontinentalkruste geht nach unten in hochmetamorphe Gneise über. Verallgemeinernd kann man die Gneise als Hochtemperatur- und Hochdruckäquivalent der Gesteine über ihnen bezeichnen. Doch ihre Mineralzusammensetzung ist simpler, ihr Chemismus basischer. Basischer heißt ärmer an Siliciumoxid (Kieselsäure). Die chemische Zusammensetzung der Gneise entspricht etwa der des Diorits oder des Tonalits, zwei plutonischen Gesteinen, die etwas weniger Silicium, Kalium und Natrium besitzen als Granit, dafür etwas mehr Calcium, Magnesium und Eisen. Chemisch gesehen befinden sich die Gneise daher etwa in der Mitte zwischen oberer Kontinentalkruste und der mit 49 Prozent SiO_2, ein Prozent K_2O und drei Prozent Na_2O, aber mit elf Prozent CaO, acht Prozent MgO und neun Prozent FeO und Fe_2O_3 relativ basischen Ozeankruste. Die Gneise der unteren Kontinentalkruste sind darüber hinaus sehr arm an gebundenem Wasser und an verschiedenen wichtigen Spurenelementen wie Uran, Thorium und Rubidium. Die Unverträglichkeit mit diesen Elementen rührt aus der Tatsache, das ihre chemische Affinität und ihre Größe die Atome der genannten Elemente daran hindern, in die dichten Kristallstrukturen eingebunden zu werden, die bei den hohen Temperaturen und Drücken in der unteren Kontinentalkruste und im darunterliegenden Mantel stabil sind.

Doch selbst die geringen Spuren der sogenannten unverträglichen Elemente in der unteren Kontinentalkruste und im Mantel liefern dem Mantel so viel Radioaktivität, daß die Wärmemaschine Erde mit genügend Energie für globale tektonische Ereignisse versorgt ist. Die unverträglichen Elemente, zu denen

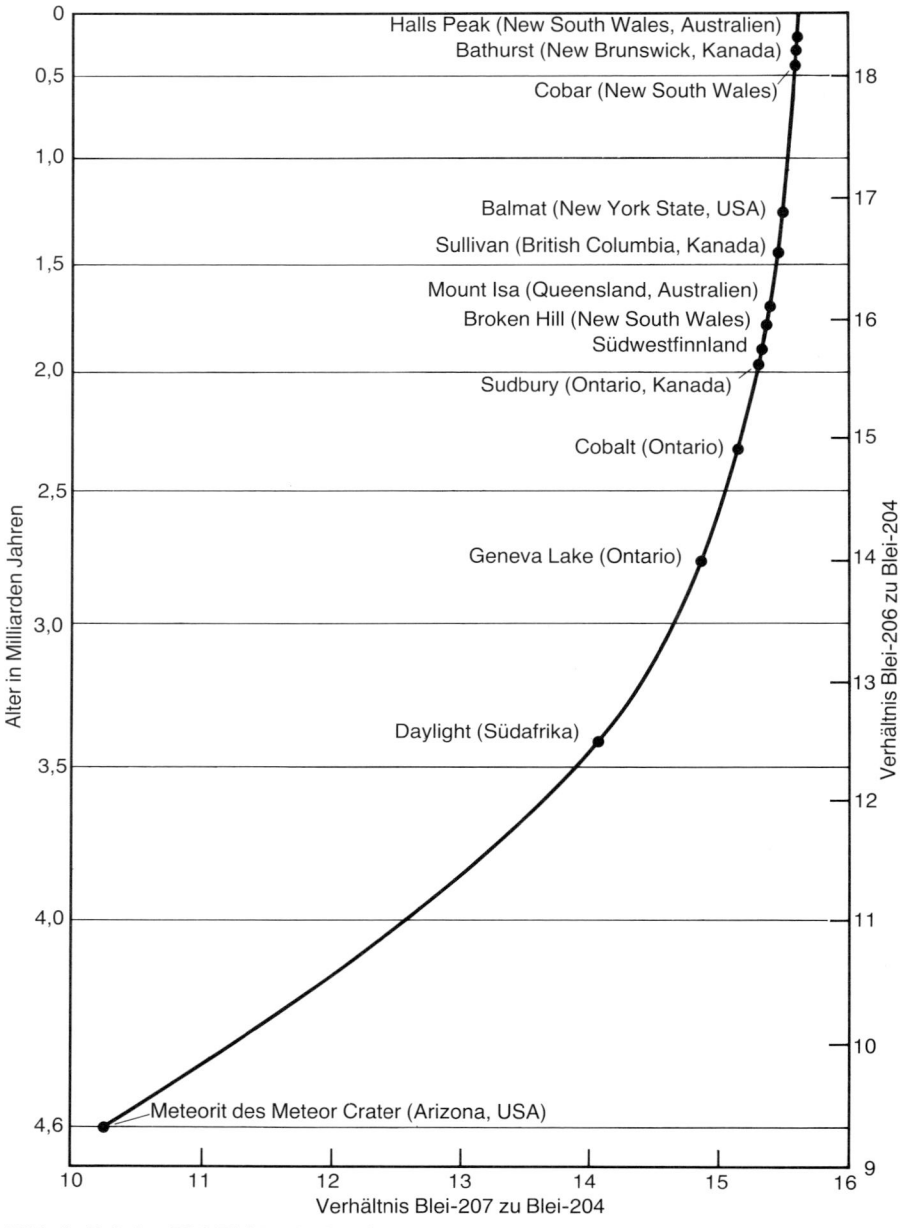

Bild 2: Bei der Blei-Blei-Methode wird das Verhältnis der Bleiisotope zueinander bestimmt. Als Referenzisotope dient Blei-204. Es ist kein Endprodukt einer radioaktiven Zerfallsreihe, seine Menge ist stets gleich geblieben. Blei-206 dagegen entsteht beim Zerfall von Uran-238, Blei 207 bei Uran-235. Die Halbwertszeit von Uran-238 ist mit 4,61 Milliarden Jahren wesentlich höher als die von Uran-235 mit 0,71 Milliarden Jahren. Daher ist der größte Teil des ursprünglich vorhanden gewesenen Uran-235 zerfallen, sodaß sich das Verhältnis von Blei-207 zu Blei-204 in den letzten zwei Milliarden Jahren nicht mehr wesentlich geändert hat. Im Gegensatz dazu wächst das Verhältnis Blei-206 zu Blei-204 immer noch kräftig. Die Kurve der Veränderung der beiden Isotopenverhältnisse kann sehr genau berechnet werden. Auf ihr ist hier das Alter großer Bleilagerstätten aufgetragen. Wird die Kurve in Richtung auf höheres Alter extrapoliert, dann erreicht sie den Wert 4,6 Milliarden Jahre, wie er für Bruchstücke des Eisenmeteoriten aus Arizona ermittelt wurde.

nach einem außerordentlichen Ratschluß der Natur alle radioaktiven Elemente gehören, haben die Tendenz, in den oberen Teil der Kruste zu wandern, wo sie mehr Raum haben und sich besser in die relativ offenen Kristallstrukturen der dortigen Silikate und Oxide einbauen lassen. Die vertikale Abstufung im Chemismus der Kontinentalkruste ist ein Phänomen, dessen Bedeutung erst in den letzten Jahren richtig erkannt worden ist.

Neubildung oder Wiederaufarbeitung?

Es gibt eine Reihe von widersprüchlichen Vorstellungen über die Herkunft und die Entwicklung der kontinentalen Kruste. Auf der einen Seite steht die Hypothese, daß die ganze oder fast die ganze Kontinentalkruste bereits bei der chemischen Differenzierung der Erde entstanden ist und seitdem zwar immer wieder durchgearbeitet wurde, das heißt erhitzt, eingeschmolzen, rekristallisiert, deformiert, wie man an vielen Stellen beobachten kann, daß sie aber seit den frühesten Zeiten nichts oder praktisch nichts dazugewonnen hat.

Im Gegensatz zu dieser Vorstellung steht eine Hypothese, zu der ich und viele andere Geologen sich bekennen: daß das Volumen und die Ausdehnung der ersten Kontinentalkruste relativ klein waren; daß sie im Lauf der Erdgeschichte gewachsen ist, beliefert von der nicht umkehrbaren chemischen Differenzierung des oberen Mantels, in deren Verlauf das neugebildete Material mit bereits existierenden Kontinenten verschweißt wurde, vornehmlich an oder in der Nähe ihrer Ränder. Die Vorgänge, die man sich dabei vorstellt, könnten denen vergleichbar sein, die sich heute an den Westrändern des süd- und des nordamerikanischen Kontinents beobachten lassen. Beide Kontinente werden nach Westen über die dichtere Ozeankruste des Pazifiks geschoben. Die dabei in immer größere Tiefen abtauchende Ozeankruste wird wärmer und wärmer, bis Teile von ihr schmelzen und aus der Schmelze leichtere, silikatreichere Gesteine der kalkalkalischen Diorit-Tonalit-Granodiorit-Familie differenzieren, mit denen die hungrigen Vulkane an der langen amerikanischen Westküste gefüttert werden. Der Keil aus Mantelgestein, der sich zwischen der Kontinentalkruste und der tief abgetauchten Ozeankruste befindet (Bild 13), wird ebenfalls aufgeschmolzen und liefert neues basaltisches und kalkalkalisches Gestein. Das übriggebliebene, ungeschmolzene „ultrabasische" Gestein sinkt wegen seiner Dichte langsam tiefer in den Mantel und nimmt nicht noch einmal am Differenzierungszyklus leichterer Kontinentalkruste teil. Das neugebildete kalkalkalische Magma erstarrt und kristallisiert ganz langsam inmitten der Kruste zu einem riesigen Körper grobkörnigen plutonischen Gesteins: zu einem Batholithen. Nur ein ganz kleiner Teil der Schmelze findet seinen Weg nach oben und tritt als Lava an der Erdoberfläche aus. Man kann heute eine Reihe solcher Batholithen finden, dort, wo die Erdkruste in den letzten zehn oder mehr Millionen Jahren gehoben wurde und von der Erosion tiefere Stockwerke freigelegt worden sind. Zu den am besten untersuchten gehören der Sierra-Nevada-Batholith, der California-Batholith und der Andenbatholith. Von vielen Geologen werden diese Batholithe als echter Zuwachs der Kontinentalkruste betrachtet. Dabei ist es durchaus möglich, daß auch eine kleine Menge älterer Gesteine vom Rand des aufgescho-

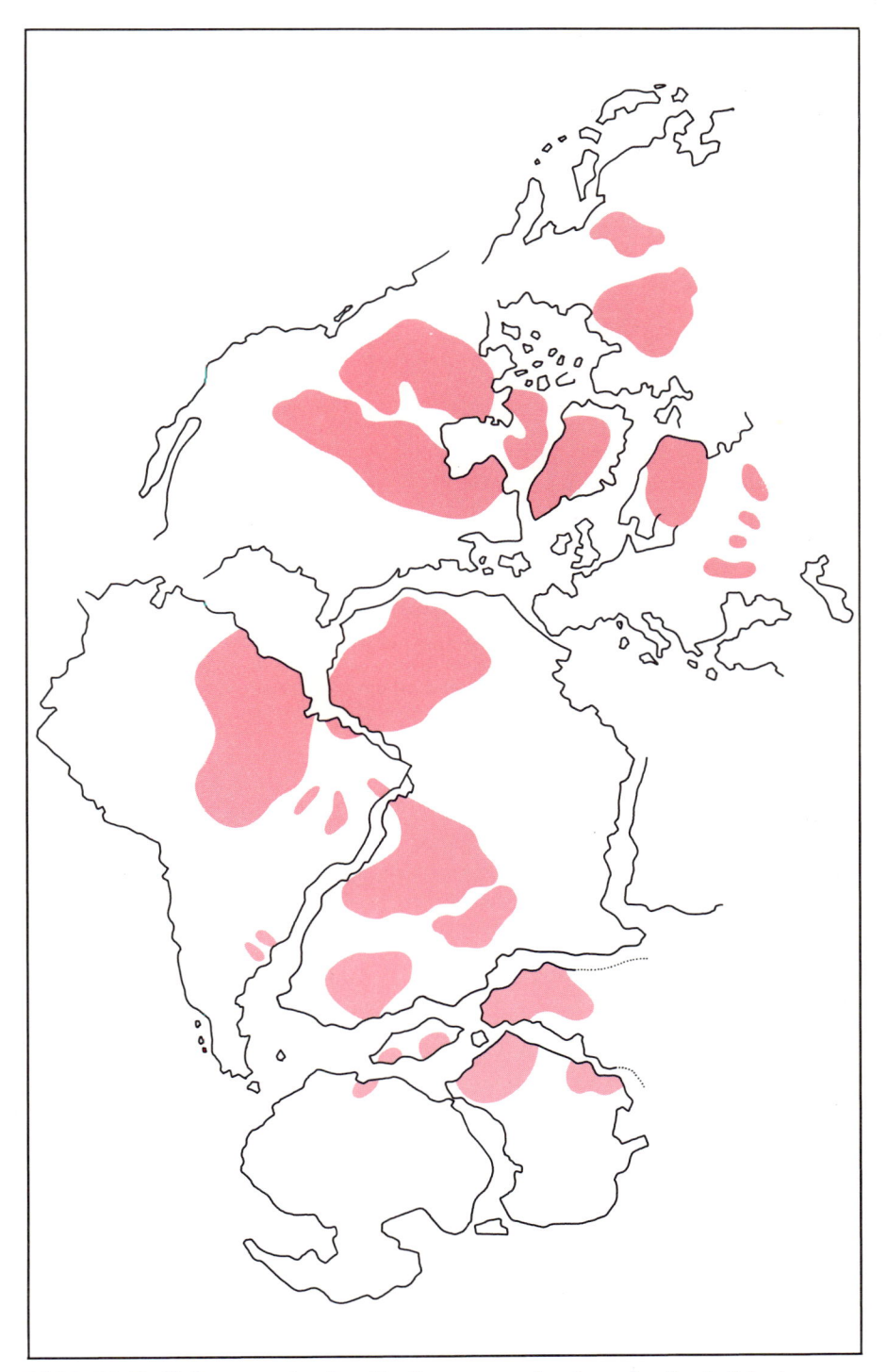

Bild 3: Die Vorläufer unserer heutigen Kontinente waren einst Teil des Superkontinents Pangäa. Er brach vor rund 200 Millionen Jahren auseinander, seine Bruchstücke begannen auseinanderzudriften. Die farbigen Gebiete sind älter als 1,6 Milliarden Jahre.

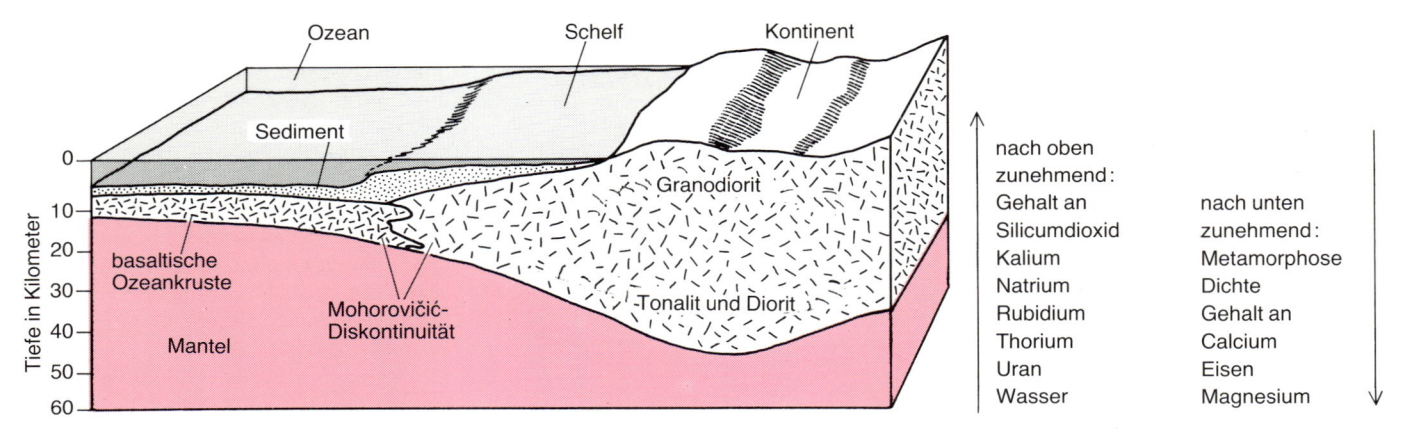

Bild 4: Kontinentale Kruste ist wesentlich dicker als Ozeankruste und hat eine geringere Dichte. Ozeankruste ist relativ homogen. Kontinentalkruste ist durch eine komplizierte tektonische Struktur und eine variable Zusammensetzung gekennzeichnet, die sich mit der Tiefe ändert.

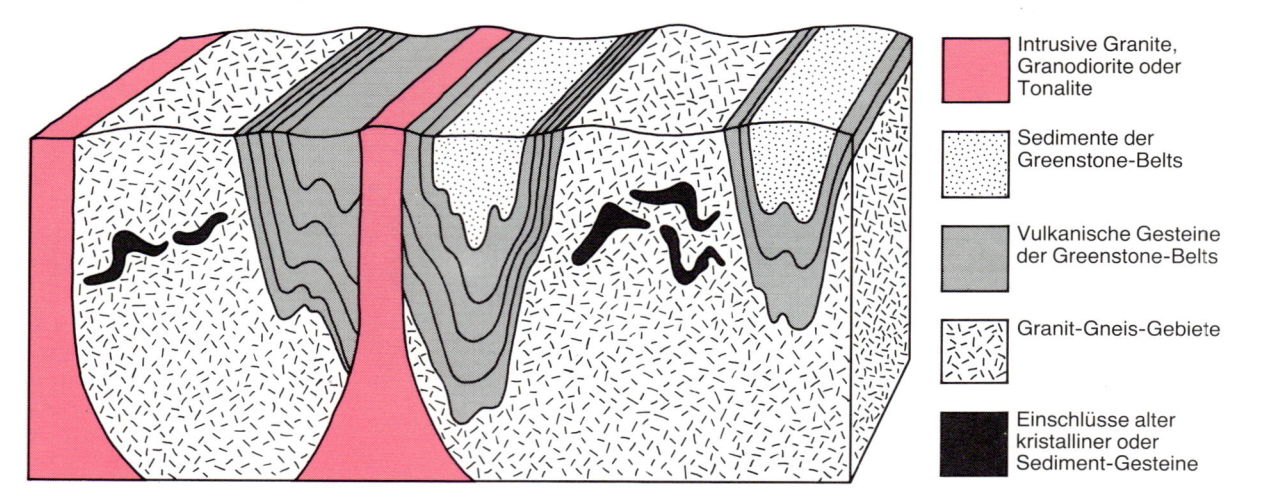

Bild 5: Schnitt durch einen archaischen Schild. Hier werden die ältesten Gesteine der Erde gefunden. Greenstone-Belts sind in große Granit-Gneis-Gebiete eingelagert. In der Legende rechts ist die Altersfolge der fünf wichtigsten Gesteinstypen angegeben. Greenstone-Belts bestehen aus vulkanischen und sedimentären Gesteinen. Die Granit-Gneis-Gebiete sind meist stark deformiert, die kristallinen Gesteine der Granodiorite und Tonalite sind zu gebänderten Gneisen geworden. In den Gneisen stecken eingeschlossene Reste noch älterer Greenstone-Belts.

benen Kontinents in der neuen kalkalkalischen Schmelze aufgegangen ist. Doch es wird auch die Ansicht vertreten, daß es sich bei den großen Granodiorit- und Tonalitbatholithen vor allem um aufgearbeitetes, teilweise aufgeschmolzenes altes Krustenmaterial handelt. Wie wichtig diese Frage für die Diskussion zwischen den Vertretern der Wiederaufarbeitung und den Vertretern eines Wachstums der Kontinente ist, wird sich weiter unten herausstellen. Bevor wir uns mit einer Methode beschäftigen, mit der sich diese fundamentale Frage vielleicht beantworten läßt, wollen wir kurz zusammenfassen, was uns die verschiedenen Gesteine über die früheste Geschichte der Erde berichten können.

Auf jedem Kontinent läßt sich ein Gebiet finden, das die Geologen als „Schild" bezeichnen. Es besteht aus den verschiedensten präkambrischen kristallinen und sedimentären Gesteinen, deren Alter sich mit Hilfe radioaktiver Isotope auf 2,5 bis 2,8 Milliarden Jahre bestimmen läßt. Sie gehören zum Archaikum, dem ersten Zeitabschnitt der Erdgeschichte, der vor rund 2 Milliarden Jahren endete. Wahrscheinlich existierte im Archaikum schon die Hälfte des heutigen nordamerikanischen Kontinents. Bei den übrigen Kontinenten scheint es nicht viel anders zu sein. Bestimmt man die Mächtigkeit der archaischen Gesteinsformationen und untersucht man in den heute durch Hebung und Erosion zugänglich gewordenen kristallinen Gesteinen, welche Hochdruck- und Hochtemperaturminerale in ihnen vergesellschaftet sind, dann kann kein Zweifel entstehen, daß die Kontinentalkruste im späten Archaikum etwa genauso dick war wie heute, zwischen 25 und 40 Kilometer. Es wird dabei auch deutlich, daß die geologischen Prozesse, die zur Entstehung der verschiedenen kristallinen, sedimentären und metamorphen Gesteine geführt haben, nicht weniger kompli- ziert waren als in der jüngsten Vergangenheit. Nur die Rolle lebender Organismen bei der Gesteinsentstehung hatte eine viel geringere Bedeutung.

In den alten Schilden gibt es im jüngeren Archaikum zwei dominierende Gesteinskomplexe, der eine aus basischen, metamorphen Gesteinen und der andere aus Gneis und Granit (Bild 5). Für den Komplex der basischen Gesteine hat sich der englische Begriff *greenstone belt* weltweit durchgesetzt. Er bezieht sich auf die vorwiegend grüne Färbung metamorpher vulkanischer Gesteine und beschreibt das bogen- oder girlandenartige Auftreten der Formation. Ein klassischer Greenstone-Belt besteht im wesentlichen aus Laven und Sedimentgesteinen, die sich entweder über oder unter dem Wasserspiegel abgelagert haben und ist durch eine frühe vulkanische Aktivität charakterisiert, bei der ultrabasische und basische Laven gefördert wurden. Man stellt sich vor, daß diese Laven in einer

Zeit, als viel Wärme abgegeben wurde, durch teilweises Aufschmelzen des oberen Mantels entstanden. In einigen Greenstone-Belts lassen sich von unten nach oben sukzessive Änderungen des Chemismus der vulkanischen Gesteine von „basisch" zu „sauer" (gemessen am Kieselsäure-Gehalt SiO_2) beobachten; sie werden immer ärmer an Magnesium, Eisen und Calcium, dafür immer reicher an Silicium, Kalium, Natrium und Aluminium. Doch vorherrschend ist stets der Basalt. Im jüngeren Teil der Serien werden auch Sedimentgesteine wichtig; wahrscheinlich erhob sich Land über den Meeresspiegel und wurde abgetragen. Von allen Greenstone-Belts ist die Swaziland-Folge im Barberton-Bergland im östlichen Südafrika am besten untersucht. Sie erreicht eine Mächtigkeit von fast zwanzig Kilometer.

**Was kam zuerst:
Ozean oder Kontinent?**

Die archaischen Greenstone-Belts sind unterschiedlich stark metamorph verändert und rekristallisiert. Die Wirkung der Metamorphose kann so schwach sein, daß die alten Laven und Sedimentgesteine so aussehen, als seien sie gerade erst abgelagert worden. Auf dem kanadischen und dem südafrikanischen Schild läßt sich das beobachten. Keiner der beiden Kontinente hat in den letzten 2,8 Milliarden Jahren große vertikale Bewegungen über sich ergehen lassen müssen. Die Gesteine sind nie tiefer als zehn Kilometer unter der Erdoberfläche gewesen. Geraten die Gesteine in tiefere Zonen, bis zu dreißig Kilometer, wie das auf den anderen Kontinenten der Fall war, dann zeigen sie intensive Umwandlung, Verformung und Umkristallisation. Basalt wird zu Amphibolit, Ton zu Schiefer, Kalk zu Marmor. Trotz aller Metamorphose bleiben die wichtigsten Charakteristika erhalten, die Gesteinsfolge bleibt identifizierbar.

Die meisten Greenstone-Belts erscheinen als zerrissene Bänder. Sie sind die von erodierten Stellen unterbrochenen Reste einer ursprünglich kontinuierlichen Ablagerung. Jeder Rest ist einige hundert Quadratkilometer groß. Umgeben sind sie von Riesenflächen aus Gneis, dem metamorphen Gegenstück von Granodiorit oder Tonalit oder anderen plutonischen Gesteinen. Eigentlich sind die Gneise das vorherrschende, charakteristische Gestein des Archaikums. Einige Gneisgebiete sind mehrere tausend Quadratkilometer groß. Obwohl Greenstones und Gneise oft direkt nebeneinander liegen, kann man oft nicht sagen, welches die ältere und welches die jüngere Formation ist. Die Grenze zwischen beiden Gesteinsarten ist zu häufig deformiert worden, um die ursprüngliche Reihenfolge noch rekonstruieren zu können.

Das hindert die Geologen nicht daran, über die Altersbeziehungen zwischen Greenstones und Gneisen heftig zu streiten. Eine Schule behauptet, die Greenstones seien die typischen Reste ozeanischer Ablagerungen und seien überhaupt die Reste alter Ozeane; die Gneise wären dann folgerichtig die Reste alter Kontinente. Bald landet man bei der alten Frage: wer kam zuerst, das Huhn oder das Ei? Der Kontinent oder der Ozean? In welchem Verhältnis standen sie in archaischer Zeit zueinander? Heute beobachtbare tektonische Prozesse können aus Ozeankruste Kontinente entstehen lassen; war das schon im Archaikum möglich? Und stimmt es denn eigentlich, daß die Greenstone-Belts des jüngeren Archaikums alte Ozeane und die Gneise alte Kontinente sind, wie das von einigen behauptet wird? Viel Forscherschweiß wird diesen Fragen noch gewidmet werden müssen.

Wir wollen einmal das Alter einiger Gneisgebiete untersuchen, die eindeutig unter Grünsteingürteln liegen. Die erste Frage dabei heißt: Gibt es irgendwo auf der Erde Gesteine, die älter sind als 2,8 Milliarden Jahre? Wenn ja, wie sehen sie aus? Wie nahe kommen wir an das Alter der Erde von 4,6 Milliarden Jahre heran?

Im Jahre 1966 arbeitete V. R. McGregor, ein junger Geologe aus Neuseeland, für den Geologischen Dienst von Grönland. Sein Auftrag war die Anfertigung einer sehr detaillierten Karte des Berglandes um Godthaab, der Hauptstadt Grönlands. Die große Zahl verschiedener Schichten und ihre komplizierte Tektonik machten ihm seine Aufgabe nicht leicht. Doch nach einigen Jahren Arbeit glaubte er, eine klare Abfolge geologischer Ereignisse entdeckt zu haben. Das älteste erkannte Gestein war der Amîtsoq-Gneis, eine Folge metamorpher und unterschiedlich deformierter kristalliner Gesteine von typisch kontinentalem Charakter; darunter waren Granodiorite, Tonalite und Diorite. McGregors Interpretation der Abfolge wurde jedoch nicht überall akzeptiert.

Ein Hinweis auf das absolute Alter der umstrittenen Gesteine kam von Ole Larsen von der Universität Kopenhagen. Er hatte einige Jahre vorher mit der Kalium-Argon-Methode das Alter einer Probe aus dem Qôrqutgranit auf 2,6 Milliarden Jahre bestimmt. McGregor hatte diesen Granit für relativ jung gehalten und ihn seinem geologischen Ereignis Nummer Zehn zugeordnet (Bild 7). Daraus folgte für ihn, daß die übrigen Gesteine noch älter sein mußten, und die dem Ereignis Nummer Drei zugeordneten wahrscheinlich die ältesten der Erde überhaupt. (Die mit den Ereignissen Zwei und Eins verbundenen Schichten waren zu dieser Zeit noch nicht erkannt.)

Ich hörte 1970 von McGregors Ergebnissen, und auch von den Zweifeln, die an mancher Stelle daran geäußert wurden. Das Problem, so schien mir, müßte sich doch mit Hilfe einiger Rubidium-Strontium- und einiger Uran-Blei-Altersbestimmungen des Amîtsoqgneises lösen lassen. McGregor sandte mehrere Proben an die Universität von Oxford, wo L. P. Black, N. H. Gale, R. J. Pankhurst und ich schnell herausfanden, daß die Stücke sehr viel älter waren als irgend jemand zuvor angenommen hatte, wahrscheinlich zwischen 3,6 und 4 Milliarden Jahren.

Leider hatten wir zunächst nicht genug Proben, um präzisere Ergebnisse zu erhalten. Deswegen gingen McGregor und ich, unterstützt vom Grönländischen Geologischen Dienst, im Sommer 1971 nochmal in das Gebiet von Godthaab und sammelten eine große Menge neuer Proben. Unser besonderes Augenmerk galt dem Gebiet, in dem McGregor die Amîtsoqgneise erkannt hatte (Bild 1). Die nachfolgenden Altersbestimmungen in Oxford bestätigten mit rund 3,75 Milliarden Jahren unsere ersten Ergebnisse. Wir glauben, mit diesem Alter nahe an dem Zeitpunkt zu sein, an dem das plutonische Urmaterial der späteren Gneise von seiner Heimat im oberen Mantel abgetrennt und in dieses einmalig alte, doch absolut typische Stück Kontinentalkruste verwandelt wurde. Zwei Jahre später kam uns noch Halfdan Baadsgaard von der Universität Alberta zu Hilfe, der mit der Uran-Blei-Methode das Alter einiger Zirkone (Zirkonsilikat, ein Halbedelstein) aus verschiedenen Proben des Amîtsoqgneises auf 3,7 Milliarden Jahre bestimmte.

Seit 1971 stand nach Altersbestimmungen durch meine Mitarbeiter und mich weiterhin fest, daß das Ereignis Acht in McGregors Skala vor etwa 2,65 Milliarden Jahren stattfand, und daß der Qôrqutgranit vor 2,6 Milliarden Jahren aufdrang. Dieses jüngste Gestein des Godthaabgebiets hat fast das gleiche Alter wie die bis dahin bekannten ältesten Gesteine aller anderen Regionen. Unsere Feststellungen fielen zeitlich zusammen mit den ersten Berichten über das Alter von Gesteinsproben aus den Basalten verschiedener Maria des Mondes. Obwohl sie mit den Amîtsoqgneisen nicht das geringste zu tun haben, sind die Basalte etwa gleich alt.

Wir wissen von den Amîtsoqgneisen, daß sie bei geologischen Ereignissen zwischen 2,6 und 2,9 Milliarden Jahren aufgeheizt und stark verformt wurden. Nun

85

werden wir häufig gefragt, wie man ein Alter von 3,75 Milliarden Jahren zuverlässig bestimmen kann, wenn das untersuchte Gestein eine Milliarde Jahre später noch einmal so stark verändert wurde. Man verläßt sich heute bei Altersbestimmungen mit der Rubidium-Strontium- und mit der Uran-Blei-Methode auf das sogenannte Ganzstück-Verfahren. Das heißt, eine Gesteinsprobe von rund fünf Kilogramm wird vollständig pulverisiert. Aus dem Pulver werden kleine, repräsentative Proben gezogen und im Labor analysiert. Sie ergaben die 3,75 Milliarden Jahre für den Amîtsoqgneis. Untersucht man jedoch Einzelminerale wie beispielsweise Biotit (Magnesium-Eisen-Aluminium-Kalisilikat, ein dunkler Glimmer) oder Hornblende (Aluminium-Calcium-Magnesium-Eisensilikat mit geringem Kaligehalt), dann bestimmt sich ihr Alter auf rund 2,6 Milliarden, manchmal sogar nur 1,6 Milliarden Jahre. Das sind dann immer die Zeiten, in denen der Gneis stark aufgeheizt wurde.

Schwierige Altersbestimmung

Doch damit ist noch lange nicht erklärt, warum Proben aus dem Mineralgemisch ein anderes Alter ergeben als Einzelminerale des gleichen Gesteins. Daß es so ist, erschließt die Möglichkeit, die komplizierte Reihenfolge geologischer Ereignisse herauszufinden, denen ein metamorphes Gestein ausgesetzt gewesen ist.

Wir wollen zunächst die Rubidium-Strontium-Methode betrachten. Sie nutzt den Betazerfall (bei dem ein Atom seine Ordnungszahl, nicht aber seine Massenzahl ändert), von Rubidium-87 zu Strontium-87. Das seltene Element Rubidium kann anstelle des chemisch eng verwandten Kaliums leicht in Kristallgitter eingebaut werden, sodaß sich in allen kalihaltigen Mineralen auch Spuren von Rubidium finden, wenn auch manchmal nur im Verhältnis eins zu eine Million. Tatsächlich steckt alles Rubidium der Welt in Kalimineralen, denn um spezielle Rubidiumminerale zu bilden, kommt es zu selten vor.

Im Laufe der Zeit verwandelt sich das Rubidium-87 an seinem Platz im Kristallgitter zu Strontium-87. Rubidium und Strontium haben andere chemische Eigenschaften, ihre Ionen haben unterschiedliche Durchmesser, ihre Ladung ist verschieden. Deswegen diffundiert Strontium-87 aus dem Gitter eines Minerals wie Biotit bereits bei Temperaturen zwischen 200 und 300 Grad Celsius heraus. Doch es bewegt sich im allgemeinen nicht weit, bereits der nächste Plagioklas (ein Feldspat, Calcium-Natrium-Aluminiumsilikat) kann das Strontium aufnehmen und seinem Kristallgitter statt eines, dem Strontium sehr ähnlichen Calziumatoms einverleiben. Plagioklas ist ein Bestandteil der meisten Gesteine. Deshalb kann eine Gesteinsprobe von mehreren Kilogramm, in der zusammen mit anderen strontiumliefernden und strontiumaufnehmenden Mineralen Tausende von Biotit- und Plagioklaskristallen stecken, in bezug auf Strontium-87 ein geschlossenes System bleiben, selbst während einer starken Erwärmung des Gesteins. Natürlich muß das System auch für Rubidium geschlossen bleiben. Für die Uran-Blei-Methode gelten ähnliche Grundsätze.

Die Grönlandgeschichte geht noch weiter. McGregor konnte bald beweisen, daß auch die Amîtsoqgneise noch nicht die ältesten Gesteine waren. Wie es bei Gneisen oft zu beobachten ist, waren darin Einschlüsse von noch älteren Gesteinen enthalten. Sie waren zwar stark rekristallisiert, aber immer noch als vulkanischen und sedimentären Ursprungs zu diagnostizieren. Es ließ sich erkennen, daß diese Gesteine auf der Erdoberfläche abgelagert und dann in mehrere Kilometer Tiefe geraten waren, wo das magmatische Ausgangsmaterial der Amîtsoqgneise in sie eindrang und sie zerstückelte. Das Alter der eingeschlossenen Gesteine ist sehr schwer zu bestimmen, deswegen wissen wir nicht, wie groß ihr Altersunterschied zu den Amîtsoqgneisen ist.

Jetzt kommen wir zu einem der interessantesten Kapitel auf der Suche nach

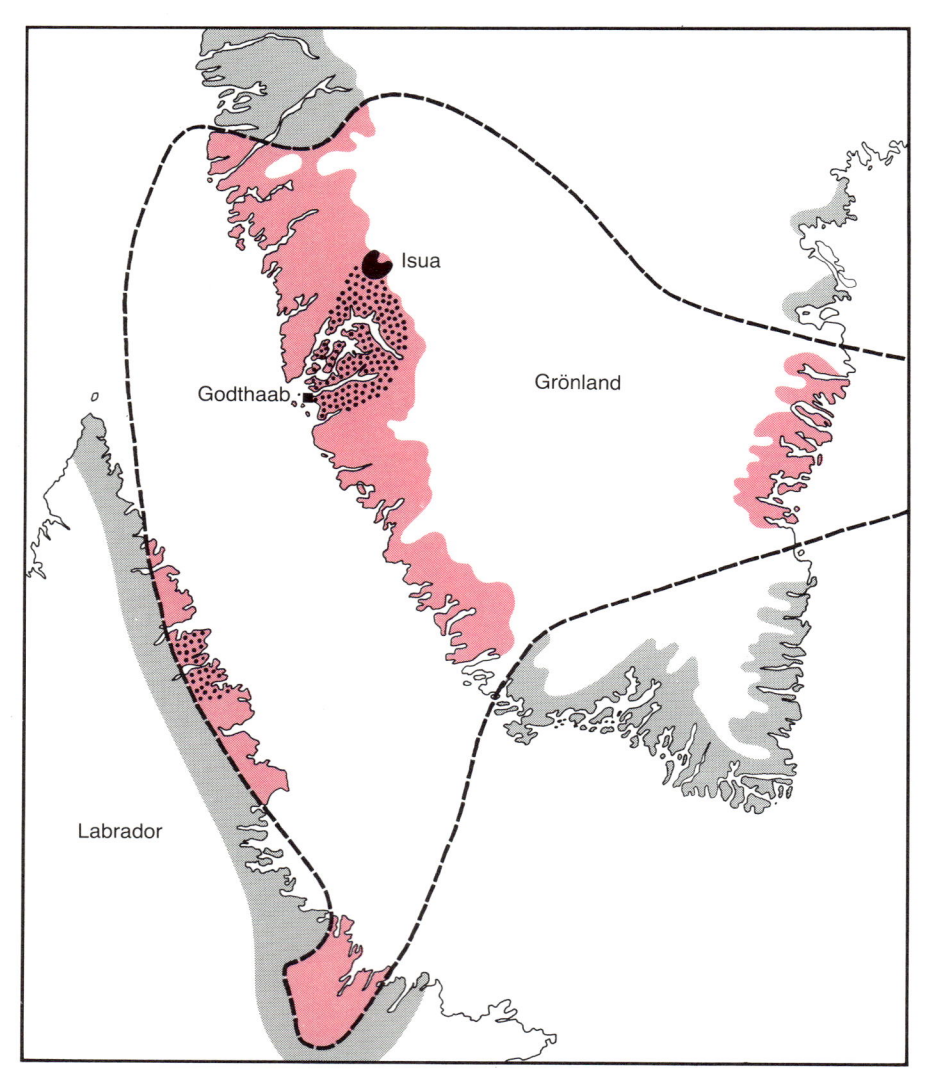

Bild 6: Zum Gebiet das archaischen Schilds Grönlands gehört auch die Küste von Labrador. Erst während der allerjüngsten Phase der Plattentektonik öffnete sich die Davis-Straße und trennte Amerika ab. Heute sind die beiden Landmassen noch dreimal weiter entfernt als auf dieser Darstellung. Die gestrichelte Linie umgrenzt den archaischen Schild. In dem farbigen Gebiet sind die Gesteine mindestens 2,6 bis 2,9, an den schwarzen Punkten 3,6 bis 3,8 Milliarden Jahre alt. Der schwarze Halbmond bei Isua, wo riesige Eisenerzlagerstätten entdeckt wurden, markiert ein Gebiet, in dem sich ausgedehnte Gesteinsformationen befinden, die 3,8 Milliarden Jahre alt sind und auf einer bereits existierenden Kruste abgelagert wurden. Jüngere Gesteine aus dem Präkambrium sind als graue Flächen dargestellt.

Grönlands ältesten Gesteinen. Als McGregor und ich 1971 im Gebiet um Godthaab unsere Proben sammelten, erhielten wir unerwartet die Gelegenheit, an einer Expedition teilzunehmen, die nach Isua, einer abgelegenen Gebirgsgegend am Rand des Inlandeises, etwa 100 Kilometer nordöstlich von Godthaab, führen sollte. Damals hatte die dänische Bergwerksgesellschaft Kryoliselskabet Øresund damit begonnen, im Gebiet von Isua ein riesiges Eisenerzlager zu erforschen, das in 1400 Meter Höhe ausstreicht und teilweise vom Inlandeis bedeckt ist.

Das Eisenerzlager war erst kurz zuvor entdeckt worden, und zwar bei Magnetometermessungen aus der Luft. Die Geologen der Gesellschaft hatten bereits eine erste geologische Karte des Gebietes angefertigt. Der Erzkörper ist Teil eines Gebirgsbogens, dessen unvollständiges Oval Achsen von zwölf und 25 Kilometer besitzt und dessen Gesteine aus einer Folge von etwa 3000 Meter mächtigen, unterschiedlich deformierten und stark metamorphen Vulkaniten und Sedimenten bestehen. Deutlich war festzustellen, daß die Schichten nur bei einem einzigen Vorgang entstanden sein konnten, bei der Ablagerung auf einer schon bestehenden Kruste an der Erdoberfläche oder unter Wasser. Dieser Schichtkomplex ist auf allen Seiten von typischen granitischen Gneisen umgeben. Zahlreiche vertikale Gänge erstarrter Lava durchschneiden sowohl die Gneise als auch den Schichtkomplex.

Die ältesten Gesteine

McGregor und ich hatten sofort den Verdacht, daß es sich bei den Gneisen um die hier weniger deformierten und weniger metamorphen Äquivalente der Amîtsoqgneise handelte und daß die Gänge den Ameralikgängen des Godthaabgebiets entsprächen. In diesem kahlen Hochland waren die Gesteine zwar fast überall aufgeschlossen, doch die Kontaktstellen zwischen Gneis und Schichtkomplex waren außerordentlich gestört und deformiert. Immerhin gab es einigermaßen deutliche Hinweise darauf, daß die Schichten älter waren als die Gneise. Unser erster Eindruck war, daß es sich bei den Isuagesteinen um die gleichen Gesteine handelte wie im Godthaabgebiet, nur daß sie sich in einem wesentlich ursprünglicheren Zustand befanden. Erst sehr viel später stellte sich heraus, daß der erster Eindruck richtig gewesen war.

Als ich zusammen mit R. K. O'Nions und Pankhurst in Oxford daran ging, das Alter der aus Gneisen und Schichtkomplex mitgebrachten Gesteinsproben zu bestimmen, erhielten wir mit der Rubidium-Strontium- und mit der Uran-Blei-Methode für alle Proben das gleiche Alter: 3,8 Milliarden Jahre. McGregor und ich waren in Grönland auf Kontinentalkruste gewandelt, die sich vor 3,8 Milliarden Jahren gebildet hatte und zu der plutonische, vulkanische, sedimentäre und metamorphe Gesteine gehörten, die seit dieser Zeit praktisch keiner größeren geologischen Umwälzung mehr ausgesetzt gewesen waren. Seit dieser Erfahrung zähle ich die generelle Beständigkeit und Unzerstörbarkeit der Kontinente zu den grundlegenden Phänomenen der Geologie.

Inzwischen ist die Geologie des Isuagebiets gründlich untersucht worden. Einige Wissenschaftler halten den Schichtkomplex für älter als das plutonische Ausgangsgestein der Gneise. Doch bis heute ist die Ursprungskruste, auf der sich der Schichtkomplex abgelagert haben muß, nicht gefunden und wird vielleicht auch nicht mehr erkennbar sein. Es besteht die Wahrscheinlichkeit, daß es sich bei dem Schichtkomplex um das gleiche Gestein handelt, das sich in Form von Einschlüssen in den Amîtsoqgneisen des Godthaabgebiets findet.

Die Aufschlüsse von Isua sind charakteristisch für die Verbindung aus Greenstone-Belt und Granit-Gneis-Gebieten im Archaikum. Unsere Analysen ergaben für den Schichtkomplex und für die Gneise das gleiche Alter. Die analytische Unsicherheit beträgt bei einem solchen Wert 50 bis 100 Millionen Jahre. Das heißt, die Ablagerung des Schichtkomplexes und das Aufdringen der Gneis-

Ereignis	Alter in Milliarden Jahren	Beschreibung
1	?	Bildung kontinentaler Kruste unbekannten Typs; nicht mehr zu erkennen.
2	~3,8	Extrusion vulkanischer Laven und Ablagerung von Sedimentgesteinen, teilweise unter Wasser; aus ihnen bestehen die auf einer Kruste gebildeten Gesteine in Isua und die Einschlüsse in den Amîtsoqgneisen im Gebiet von Godthaab.
3	~3,75	Intrusion des Ursprungsgesteins der Amîtsoqgneise: Granodiorite, Tonalite, Diorite.
4	~3,7	Deformation und Metamorphose (Rekristallisation) der älteren Ablagerungs- und Intrusionsgesteine; Bildung der Amîtsoqgneise.
5	?	Intrusion zahlreicher Basaltgänge (Ameralik-Gänge) in alle älteren Gesteine.
6	~2,9+	Extrusion vulkanischer Laven und Ablagerung von Sedimentgesteinen auf bereits vorhandene Kruste.
7	~2,9	Intrusion großer anorthositischer Gesteinskörper (Calcium-Aluminium-Silikatgesteine).
8	~2,8	Intrusion riesiger Mengen von Granodioriten und Tonaliten, den Ursprungsgesteinen der Nûkgneise.
9	~2,7	Weitere Deformation und Metamorphose aller vorhandenen Gesteine. Bildung der Nûkgneise.
10	~2,6	Intrusion des Qôrqutgranits.
11	~2,2+	Intrusion zahlreicher Basaltgänge.
12	~1,6	Erwärmung des gesamten Gebiets.

Bild 7: Abfolge der geologischen Ereignisse im Archaischen Schild an der Westküste Grönlands zwischen Godthaab und Isua, aufgestellt Ende der sechziger Jahre von V. R. McGregor. Die meisten Altersbestimmungen, auf die hier Bezug genommen ist, wurden im Labor des Autors in Oxford gemacht. Die Ereignisse 6 bis 10 sind nur im Godthaab-Gebiet zu finden.

vorläufer fand innerhalb dieser Fehlergrenze vor 3,8 Milliarden Jahren statt.

Zu dieser Zeit muß es auf der Erdoberfläche Wasser gegeben haben. Das zeigt uns der Gesteinscharakter der Sedimente im Schichtkomplex. Gibt es Anzeichen dafür, daß auch Leben existierte? Bartholomew S. Nagy und Lois A. Nagy von der Universität Arizona haben in der Isuaregion nach Lebensspuren gesucht, aber vergeblich. Bisher kommen die frühesten, wenn auch nicht unumstrittenen Anzeichen biologischen Geschehens aus bestimmten, möglicherweise vor mehr als drei Milliarden Jahren abgelagerten Greenstone-Belts im Barberton-Bergland in Südostafrika.

In den letzten Jahren sind noch andere sehr alte Gesteine entdeckt worden. R. W. Hurst von der Universität von Kalifornien in Santa Barbara und G. W. Wetherill in Los Angeles, in Zusammenarbeit mit Kenneth Collerson von der Memorial Universität von Neufundland und David Bridgewater vom Grönländischen Geologischen Dienst haben an der Atlantikküste von Labrador um die Saglek Bay herum 3,6 Milliarden Jahre alte Gesteine nachgewiesen. Das Gebiet der Saglek Bay war dem Godthaabgebiet benachbart, bis sich vor 60 Millionen Jahren die Davis-Straße öffnete und Nordamerika von Grönland trennte (Bild 6). In Nordnorwegen ist P. N. Taylor aus Oxford auf 3,5 Milliarden Jahre alte Gneise gestoßen. Teile des alten Schildes in Rhodesien sind, wie Martha Hickman von der Universität Leeds und eine Arbeitsgruppe aus C. J. Hawkesworth, O'Nions, J. F. Wilson und mir zeigen konnten, 3,5 Milliarden Jahre alt, auch wenn der größere Teil des Rhodesischen Schildes nicht älter ist als 2,7 oder 2,8 Milliarden Jahre. Der Bericht von Samual S. Goldich von der Northern Illinois University und Carl E. Hedge vom U. S. Geological Survey über ein Alter von 3,6 Milliarden Jahren für Gneise im Flußtal des Minnesota River im südlichen Minnesota ist noch umstritten. Der Stand der Forschungsarbeiten läßt erwarten, daß bald weitere geologische Einheiten im Alter zwischen 3,5 und 3,8 Milliarden Jahren beschrieben werden können. Alles in allem können wir schon heute feststellen, daß es auf der Erde schon 800 Millionen Jahre nach ihrer Entstehung typische Kontinentalkruste gab. Das heißt auch, daß Erdkern, Mantel und Kruste schon voneinander geschieden waren. Allerdings kann niemand beweisen, daß die bisher bekannten ältesten Gesteine wirklich die erste Kruste vertreten, die sich auf der Erde gebildet hat.

Ich bin skeptisch, ob sich auf der Erde noch ältere Gesteine entdecken lassen, die die Zeit zwischen 3,8 und 4,6 Milliarden Jahren überbrücken helfen. Voraus-

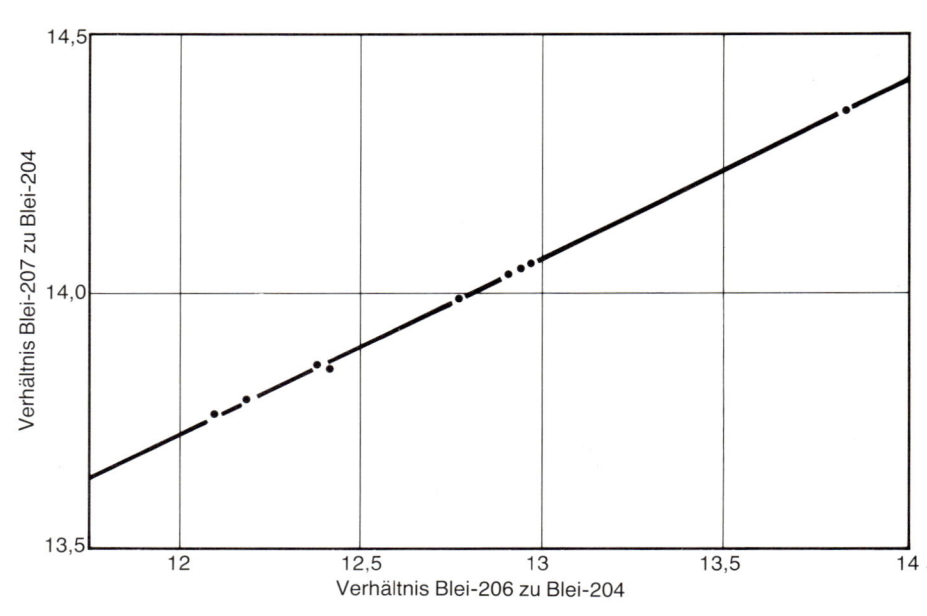

Bild 8: Altersbestimmungen von Proben aus dem gebänderten Eisenerz von Isua zeigen, daß die Sedimente vor 3,8 Milliarden Jahren abgelagert wurden. Wie in Bild 2 erklärt, entsteht Blei-206 beim radioaktiven Zerfall des relativ häufig vorkommenden Uran-238, Blei-207 aus dem viel selteneren Uran-235. Da die Menge des Isotops Blei-204 stets konstant bleibt, ändert sich das Verhältnis Blei-206 zu Blei-204 schneller als das Verhältnis Blei-207 zu Blei-204. Die Kurven der beiden Isotopenverhältnisse schnitten sich für die Proben aus Isua bei 3,8 Milliarden Jahren, das höchste Alter, das bisher für irdisches Gestein ermittelt wurde.

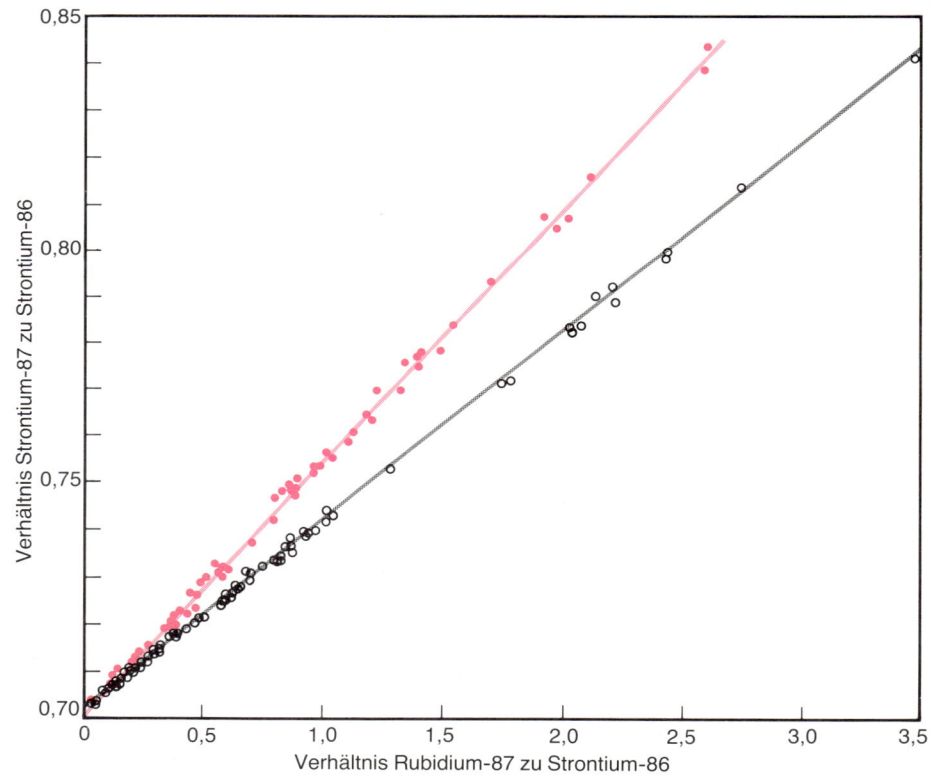

Bild 9: Isochronen-Diagramm der Rubidium-Strontium-Verhältnisse zweier Gruppen archaischer Gneise aus Grönland. Eine Gruppe ist deutlich 900 Millionen Jahre älter als die andere. Wie für die Blei-Blei-Methode wird auch hier die Änderung von Isotopenverhältnissen zur Alterbestimmung benutzt. Das konstante Isotop ist Strontium-86. Radioaktives Rubidium-87 zerfällt mit einer Halbwertszeit von 50 Milliarden Jahren zu Strontium-87. Je mehr Rubidium-87 im Vergleich zu Strontium-86 ur-sprünglich im Gestein war, desto schneller wird das Verhältnis Strontium-87 zu Strontium-86 wachsen. Die beiden Isochronen stehen für Proben aus Amîtsoqgneis (farbig) und Nûkgneis (schwarz). Je steiler die Isochrone verläuft, um so älter ist das Gestein. Für den Amîtsoqgneis ergaben sich nach dieser Methode 3,75 Milliarden, für den Nûkgneis 2,85 Milliarden Jahre. Auf der Ordinate sind die jeweiligen Ausgangswerte des Verhältnisses Strontium-87 zu Strontium-86 aufgetragen.

gesetzt, ein wesentlicher Teil der Wärme, die sich bei der Zusammenballung der Erde gebildet hat, hätte wirksam und schnell in den Weltraum abgeführt werden können, wäre im Prinzip eine chemische Differenzierung der Erde in Kern, Mantel und Kruste innerhalb von 100 bis 200 Millionen Jahren möglich gewesen. Konnte die Wärme nicht schnell genug abgeführt werden, dann wäre die zusammengeballte Masse der Erde in sich zu turbulent geblieben, um eine Scheidung in Kern, Mantel und Kruste früher als vor 3,8 oder 3,9 Milliarden Jahren zu erlauben.

Es ist nicht unwahrscheinlich, daß die Erde wie der Mond in der ersten Phase ihrer Existenz einem Bombardement aus den bei der Bildung des Sonnensystems übriggebliebenen Resten in der Art der Asteroiden ausgesetzt war. Die Einschläge können genug mechanische Störungen und plötzliche Veränderungen des Wärmeflusses hervorgerufen haben, um eine wirksame Differenzierung von Kontinentalkruste aus dem Material des Mantels während des Bombardements zu verhindern. Nach seinem Abflauen vor rund vier Milliarden Jahren hätten dann 100 oder 200 Millionen Jahre zur Verfügung gestanden, um den Prozeß der chemischen Differenzierung in Gang zu setzen.

Wir wissen einfach nicht genug, um die Vorgänge in der ersten Existenzphase der Erde zu beschreiben. Es bleibt nach wie vor lohnenswert, nach noch älteren Gesteinen zu suchen. Bisher hat noch niemand einen klaren Nachweis für einen Meteoriteneinschlag in den ältesten Gesteinen erbracht. Die Vorstellung einiger Geowissenschaftler, die Greenstone-Belts seien das irdische Äquivalent für die großen Lavabecken in den Maria des Mondes ist nach den heutigen Kenntnissen zu unwahrscheinlich, um sie ernsthaft in Betracht zu ziehen. Weder stimmen die geologischen und die zeitlichen Beziehungen innerhalb der Greenstone-Belts noch die Aufeinanderfolge der verschiedenen Gesteinsarten mit dieser Hypothese überein. Greenstone-Belts entstehen wahrscheinlich, wie wir gleich sehen werden, bei Prozessen im Inneren der Erde, die sich auch heute noch beobachten lassen.

Die Strontium-Methode

Lassen Sie uns zunächst zu der Frage zurückkehren, ob die Kontinentalkruste im Lauf der Zeit gewachsen ist, oder ob sie sehr früh in der Erdgeschichte, wenigstens vor 3,8 Milliarden, ein für allemal gebildet und seither nur noch von wiederholten Zyklen der Aufschmelzung, der Sedimentation und der Metamorphose betroffen wurde. Kontinentalkruste hat eine relativ geringe Dichte. Ihr Material könnte deshalb nie in den Mantel hinabgedrückt und dort wiederaufgearbeitet werden. Das ist eine so selbstverständliche Feststellung, daß man sich immer wieder wundert, wie viele Geologen das Recycling von Krustenmaterial über den Erdmantel als wichtigen Prozeß für die Entwicklung der Kontinentalkruste betrachten. Die Tatsache, daß Kontinentalkruste, sobald sie sich einmal gebildet hat, unzerstörbar geworden ist und nicht wieder in den Mantel abtauchen kann, ist einer der Fundamentalsätze in der Theorie der Plattentektonik. Das hat nicht zuletzt einer ihrer Pioniere, D. P. McKenzie von der Universität Cambridge, immer wieder betont.

Glücklicherweise stehen uns heute Untersuchungsmethoden zur Verfügung, die mit Hilfe von Isotopen die Frage beantworten, ob es sich bei einem bestimmten Stück kontinentaler Kruste um alte, wiederaufgearbeitete Kontinentalkruste handelt oder um einen aus dem Mantel herausdifferenzierten Krustenzuwachs. Eine dieser Methoden, bei der die Veränderung des Verhältnisses zwischen den Isotopen Strontium-87 und Strontium-86 im Lauf der Erdgeschichte benutzt wird, wurde am Anfang der sechziger Jahre von Gunter Faure und Patrick M. Hurley am Massachusetts Institute of Technology entwickelt. Strontium-87 entsteht beim radioaktiven Zerfall von Rubidium-87 mit einer Halbwertszeit von 50 Milliarden Jahren. Dagegen bleibt die Menge des Strontium-86 über die Zeit konstant, weil es nicht durch radioaktiven Zerfall entsteht.

Die Änderung im Mengenverhältnis zwischen Strontium-87 und Strontium-86 während einer gegebenen Zeitspanne ist der Änderung des Verhältnisses Rubidium zu Strontium in einer bestimmten Probe direkt proportional; im allgemeinen wird sie als Verhältnis Rubidium-87 zu Strontium-86 angegeben (Bild 9).

Das Verhältnis Strontium-87/Strontium-86 im oberen Erdmantel hat von 0,699 vor 4,6 Milliarden Jahren auf heute 0,704 zugenommen. Den alten Wert kennt man aus der Analyse von Meteoriten und von Mondgestein; der heutige Wert ist der Durchschnittswert der von ozeanischen Vulkanen aus dem oberen Mantel geförderten basaltischen Laven. Gehen wir davon aus, daß die Zunahme von 0,699 auf 0,704 während der Erdgeschichte annähernd linear vonstatten ging, dann können wir daraus ableiten, daß das heutige Rubidium/Strontium-Verhälnis im oberen Mantel den Wert 0,03 besitzt. Für die Kruste ist das gemessene durchschnittliche Rubidium/Strontium-Verhältnis 0,25; die Einzelwerte schwanken allerdings stark, je nachdem, aus welchem Gestein und aus welchem Tiefenstockwerk der Kruste die Probe stammt. Aus all dem folgt, daß das Verhältnis Strontium-87/Strontium-86 in der Kontinentalkruste sehr viel schneller zunimmt als im oberen Mantel (Bilder 10 und 11).

Ein schönes Beispiel für die Anwendbarkeit der Methode liefern Gesteine aus Westgrönland. Es wurde heiß darüber gestritten, ob es sich bei den Nûkgneisen, die den größeren Teil Westgrönlands bilden, um wiederaufgearbeitete, 3,75 Milliarden Jahre alte Amîtsoqgneise handelt oder um einen kräftigen Krustenzuwachs aus der Zeit vor 2,85 Milliarden Jahren. Letzteres war das von Pankhurst und mir bestimmte Alter zahlreicher Proben aus den Nûkgneisen. Das Verhältnis Strontium-87 zu Strontium-86 in den Amîtsoqgneisen war vor 3,75 Milliarden Jahren 0,701; das heutige Rubidium/Strontium-Verhältnis ist rund 0,3. Das liegt ziemlich nahe am Durchschnittswert für normale Kontinentalkruste. Man kann zurückrechnen, daß das Verhältnis Strontium-87 zu Strontium-86 der Amîtsoqgneise vor 2,85 Milliarden Jahren ungefähr 0,715 betragen hat (Bild 12). Wären große Mengen Amîtsoqgneis vor 2,85 Milliarden Jahren aufgeschmolzen und mobilisiert wurden, um als Ausgangsmaterial für die Nûkgneise zu dienen, dann müßten auch die Nûkgneise bei ihrer Erstarrung das gleiche Verhältnis von ungefähr 0,715 Strontium-87 zu Strontium-86 besessen haben.

Wie ist der aktuelle Befund? Das Ausgangsverhältnis Strontium-87 zu Strontium-86 der Nûkgneise liegt nahe bei 0,702. Damit ist klar, daß die relativ jungen Gneise nicht aus wiederaufgeschmolzenen und mobilisierten Amîtsoqgneis bestehen. Welche Erklärung gibt es aber für die Tatsache, daß die Ausgangsschmelze beider Gneise, des älteren Amîtsoqgneises und des jüngeren Nûkgneises, ein fast gleiches Strontium-87/Strontium-86-Verhältnis zeigt, nämlich 0,701 beziehungsweise 0,702? Am überzeugendsten ist die Antwort, daß das granodioritische und tonalitische Ausgangsmaterial beider Gneise bei der chemischen Differentiation von Material gebildet wurde, das jedemal neu, im Zusammenhang mit einem zur Kontinentalkrustenvergrößerung führenden Prozeß, ungefähr zu den gemessenen Zeiten vor 3,75 und 2,85 Milliarden Jahren aus dem oberen Mantel abgezweigt wurde.

Inzwischen sind so viele Analysen der Strontiumgehalte 2,6 bis 2,8 Milliarden Jahre alter Gesteine aus Grönland, Europa, Afrika, Nordamerika und Australien publiziert worden, daß man eins mit relativ großer Sicherheit sagen kann: jedesmal sind Granit-Gneis-Gebiete, Greenstone-Belts und die beide durch-

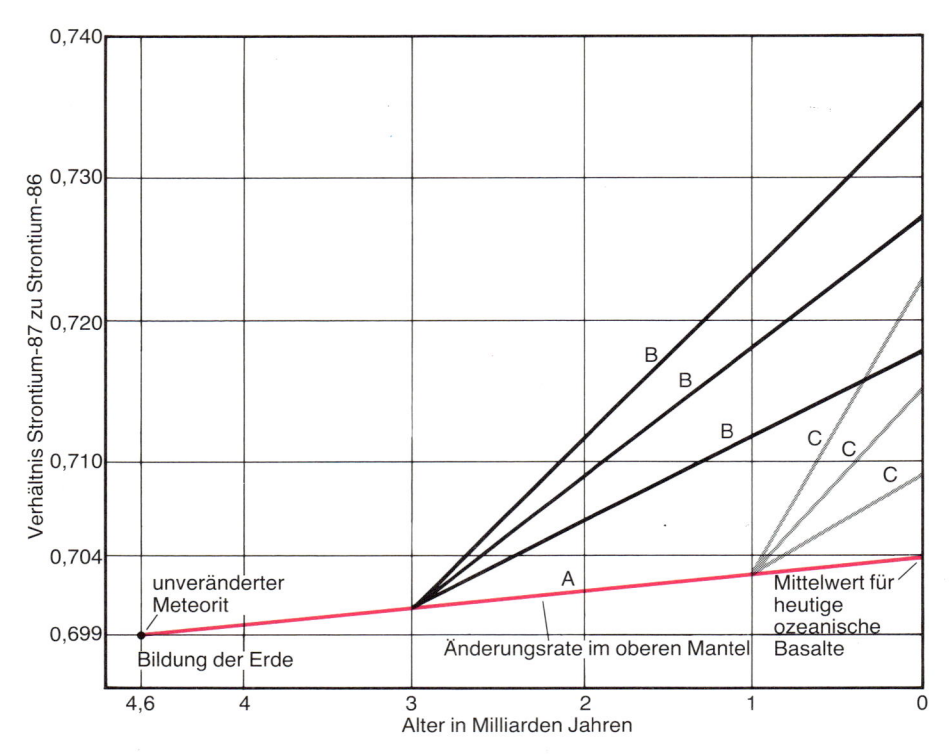

Bild 10: Das Verhältnis Strontium-87 zu Strontium-86 im oberen Mantel der Erde ist innerhalb von 4,6 Milliarden Jahren von 0,699 auf 0,704 gestiegen. Die Änderung stammt aus dem langsamen Zerfall von Rubidium-87 zu Strontium-87. Gesteine mit einem höheren Ausgangswert von Rubidium-87 zu Strontium-86 zeigen einen steileren Anstieg des Verhältnisses Strontium-87 zu Strontium-86 (Bild 9). Trägt man die Verhältnisse auf und extrapoliert die Kurve nach rückwärts, dann lassen sich der gemeinsame Ursprung von Gesteinen mit unterschiedlichen Verhältnissen und das ursprüngliche Isotopenverhältnis von Strontium-87 zu Strontium-86 ermitteln. Fällt letzteres auf die Linie A, dann stammt das Material direkt aus dem oberen Mantel und ist keine wiederaufgearbeitete Kruste. Linien B und C stehen für Gesteine, die vor drei und vor einer Milliarde Jahren aus dem Mantel abgezweigt wurden.

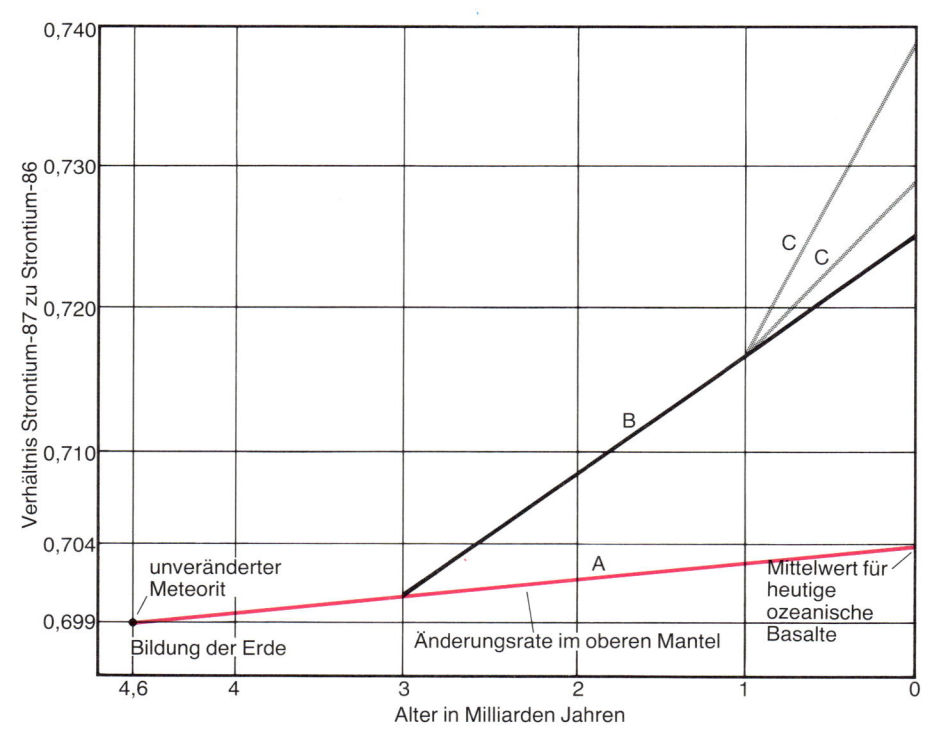

Bild 11: Wiederaufarbeitung kontinentaler Kruste wird angezeigt, wenn die Linien des ansteigenden Verhältnisses Strontium-87 zu Strontium-86 wesentlich steiler sind als für Werte, die sich aus dem oberen Mantel erwarten lassen. Hier wurde Mantelmaterial (Linie A) vor 3 Milliarden Jahren abgezweigt (Linie B) und vor einer Milliarde Jahren wiederaufgearbeitet. Dabei entstanden die Linien C mit einem Anfangsverhältnis von 0,717.

schneidenden Gänge aus kristallinem Material innerhalb einer Zeitspanne von 100 bis 200 Millionen Jahren entstanden. Ihr Ausgangsmaterial sind chemisch differenzierte Schmelzen direkt aus dem oberen Mantel oder aus Material, das dort seinen Ursprung hat. Die Wiederaufarbeitung älterer Kontinentalkruste ist zwar in einigen Gebieten durch Isotopenanalyse zu erkennen, hat aber nachgewiesenermaßen nur eine völlig untergeordnete Rolle gespielt. Die eher spärlichen Uran/Blei-Analysen aus Proben derselben Gesteine führen zu dem gleichen Ergebnis.

Vergleichbar sind auch Isotopenanalysen für 1,7 bis 1,9 Milliarden Jahre alte Gesteine aus Grönland, Nordamerika und vielen anderen Stellen. Sie beweisen, daß sich der ganze eben beschriebene Prozeß auch zu dieser Zeit wiederholt hat. Niedrige Strontium-87/Strontium-86 Ursprungsverhältnisse für viele Gesteine aus dieser Zeit zeigen, daß auch damals der Zuwachs jungfräulicher Kruste über die Aufarbeitung alter Kontinentalkruste dominierte. Je näher man an die Gegenwart heranrückt, desto schwieriger wird es, die Ergebnisse von Strontium- und Blei-Isotopenbestimmungen zu interpretieren. Sie lassen eine Tendenz erkennen, daß alte Kruste zunehmend stärker zum Ausgangsmaterial neuer Krustenteile beiträgt. Doch überwiegt das Wachstum der Kontinentalkruste überall dort, wo Ozeankruste unter einen Kontinent abtaucht.

Die Wurzeln der Batholithe

Eine ganze Reihe von Geologen hat sich inzwischen davon überzeugt, daß die Gesteine archaischer Greenstone-Belts und Gneis-Granit-Komplexe große chemische, petrographische und tektonische Ähnlichkeit mit Gesteinen haben, die sich an den Rändern von Kontinentalplatten finden, und zwar dort, wo ozeanische Kruste unter einen Kontinent subduziert und teilweise aufgezehrt wird, und hat die alten Anschauungen über Bord geworfen. Um es genauer zu sagen, die archaischen Gneis-Granit-Komplexe gleichen in ihrer Zusammensetzung den kalkalkalischen Batholithen der Westküsten von Nord- und Südamerika. Leider ist die Erosion noch nicht so weit fortgeschritten, daß die kieselsäureärmeren Gneisregionen aufgeschlossen sind, aus denen die tieferen Äquivalente der Batholithe aller Wahrscheinlichkeit nach bestehen. Erst diese Gneise ließen sich direkt mit den archaischen vergleichen. Wir müssen zugeben, daß wir tatsächlich nicht wissen, ob sich die nord- und südamerikanischen Batholithe nach unten in gleichaltrigen Gneisen fortsetzen. Doch

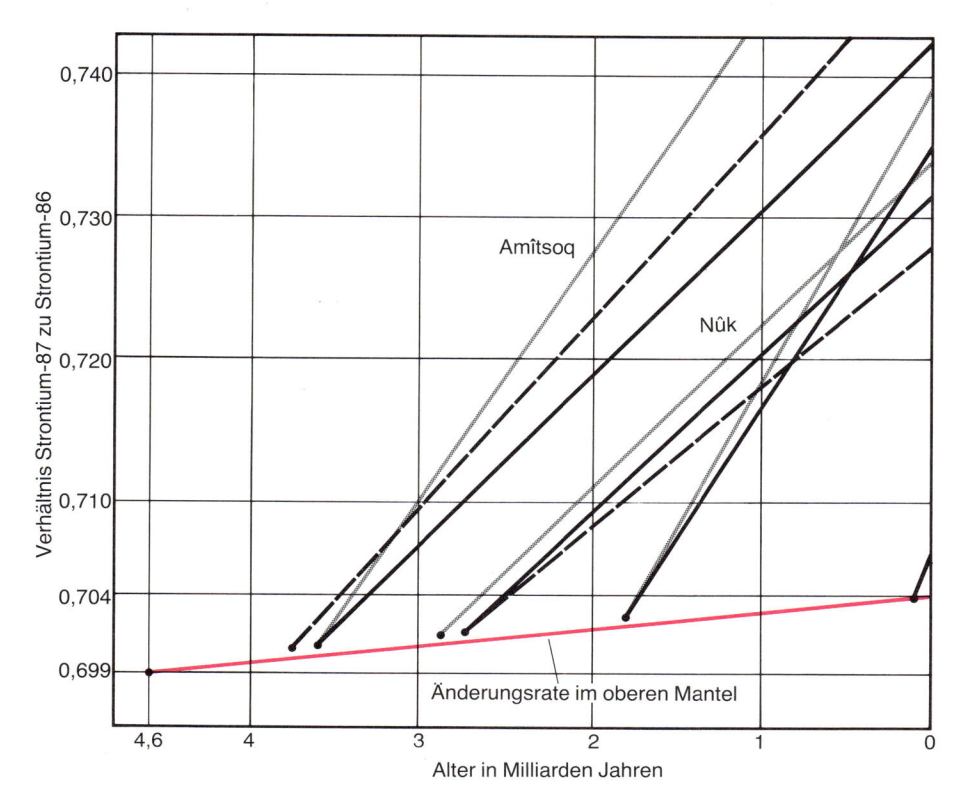

Bild 12: Das Ansteigen des Verhältnisses von Strontium 87 zu Strontium 86, aufgezeichnet für eine Reihe von Granit-Gneis-Gebieten in Grönland (graue Linien), Nord- und Südamerika (schwarze Linien) und auf dem rhodeschen Schild in Afrika (gestrichelte Linien). Der Steigungswinkel jeder Linie ist proportional zum Rubidium/Strontium-Verhältnis der Probe. Da alle Ausgangsverhältnisse Strontium-87 zu Strontium-86 auf der Linie für den oberen Mantel beginnen, kann wenigstens in den beiden jüngeren Gruppen keiner der verschiedenen Gneise aus aufgearbeiteter alter Kontinentalkruste entstanden sein. Die ganz kurze Linie rechts steht für einen erst hundert Millionen Jahre alten Granodiorit aus Chile.

Untersuchungen des Wärmeflusses am Sierra-Nevada-Batholith durch Arthur H. Lachenbruch vom U.S. Geological Survey zeigen, daß die Wärmeproduktion mit der Tiefe abnimmt, weil sich auch die Konzentration radioaktiver Elemente nach unten rasch vermindert. Ich bin jedenfalls davon überzeugt, und befinde mich dabei in Übereinstimmung mit B.F. Windley von der Universität Manchester und Joseph V. Smith von der Universität Chikago, daß die archaischen Granit-Gneis-Komplexe die alten Analoga zu den jungen granodioritischen und tonalitischen Batholithen sind, die man an aktiven Plattenrändern findet.

Zu den archaischen Greenstone-Belts gehören Laven, deren chemische und petrographische Zusammensetzung sowohl mit Laven vergleichbar ist, die aus Eruptionen heutiger Vulkane über Subduktionszonen an oder in der Nähe von Kontinentalrändern stammen, als auch mit Laven aus mittelozeanischen Rücken. Vulkanische Inselbögen (wie beispielsweise Japan) und Vulkane auf Kontinentalrändern sind Teile eines geologischen und geochemischen Umfeldes, das sich deutlich von dem mittelozeanischer Rücken unterscheidet. Dennoch zeigen die Vulkanite in den alten Greenstone-Belts Zusammensetzungen, die sich mit beiden Arten von Lava vergleichen lassen. Der offensichtliche Widerspruch findet eine Erklärung, wenn man John Tarney von der Universität Birmingham, Ian W.D. Dalziel und M.J. de Wit von der Columbia University, Kevin C. Burke, John F. Dewey und W.S.F. Kidd von der State University of New York in Albany folgt, die die Greenstone-Belts den Randmeeren zuordnen, wie man sie über Subduktionszonen an oder in der Nähe von Kontinentalrändern findet (Bild 13).

Diese Randmeere sich echte Spreizungszentren, die bewirken, daß die darüberliegende Kruste ausdünnt, daß sich Gräben bilden oder daß sie ganz abreißt. Noch kann niemand ihre Existenz begründen. Vielleicht hat sie etwas mit der episodenhaften Natur des Subduktionsvorgangs selbst zu tun. Der Vorgang kann eine Zeitlang aussetzen und dem Mantelstück über der subduzierten Platte Gelegenheit geben, eine eigene Konvektionsströmung zu entwickeln, die wiederum zu Grabeneinbrüchen in der darüberliegenden Kruste führt. Im Extremfall könnte sich auch ein Kontinentalspitter selbständig machen und zwischen sich und dem Kontinentalrand einen Miniozean entstehen lassen. Wenn die Subduktion nach ein paar Millionen Jahren wieder einsetzt, wird sich das Randmeer vielleicht schließen und in den inzwischen abgelagerten vulkanischen und sedimentären Gesteinen und in der angrenzenden Kruste beträchtliche Deformation und ein gehöriges Durcheinander hervorrufen.

Aktive Phasen und ruhige Zeiten

Wo stehen wir jetzt mit unseren Erkenntnissen? Das erste geologische Ereignis auf der Erde, bei dem nachweislich ein Kontinent entstand, liegt 3,8 Milliarden Jahre zurück. Niemand hat jedoch das Recht, zu behaupten, daß es sich dabei zwingend um das erste Ereignis dieser Art gehandelt hat. Es gibt auch keinen Beweis dafür, daß es sich bei den Gesteinen dieser Epoche um jungfräuliche Kontinentalkruste handelt. Die meisten Gesteinstypen sind mit den Gesteinen jüngerer geologischer Epochen so eng verwandt, daß sie wahrscheinlich bei vergleichbaren Ereignissen gebildet wurden. Welcher Teil der Erdoberfläche vor 3,5 bis 3,8 Milliarden Jahren von Kontinentalkruste eingenommen wurde, ist nicht bekannt. Ich vermute, daß es nicht mehr als fünf bis zehn Prozent der heutigen Kontinentalfläche waren. Die alte Kontinentalkruste war annähernd zwanzig bis dreißig Kilometer dick. Damit unterscheidet sie sich von der heutigen nur wenig. Sie war genauso stark und starr, wie sich an der Existenz zahlreicher vertikaler, mit basaltischer Lava gefüllter Spalten ablesen läßt, beispielsweise an den Ameralik-Gängen, die vor mehr als 2,9 Milliarden Jahren in die erkaltete, spröde Kontinentalkruste der Amîtsoqgneise eindrangen (Bild 1).

Das nächste große, zur Bildung von Kontinentalkruste führende geologische Ereignis fand vor 2,9 bis 2,6 Milliarden Jahren statt. Dabei entstanden womöglich schon 50 bis 60 Prozent der heutigen Kontinentalfläche. Die durchschnittliche Krustendicke entsprach der heutigen. Die Ergebnisse einer zunehmenden Zahl von Altersbestimmungen lassen darauf schließen, daß ähnliche weltweite kontinentbildende Ereignisse wieder vor 1,9 bis 1,7 Milliarden Jahren, vor 1,1 bis 0,9 Milliarden Jahren und dann in den letzten 600 Millionen Jahren stattfanden. Dieses letzte große Ereignis fällt mit der Zeit zusammen, in der die heute von uns erkannte Plattentektonik zum Zerbrechen eines Großkontinents führte und die Drift der Kontinente einleitete. Vielleicht hat es vorher nur den einen riesigen Superkontinent Pangäa gegeben, vielleicht aber auch zwei, Laurasia im Norden und Gondwanaland im Süden.

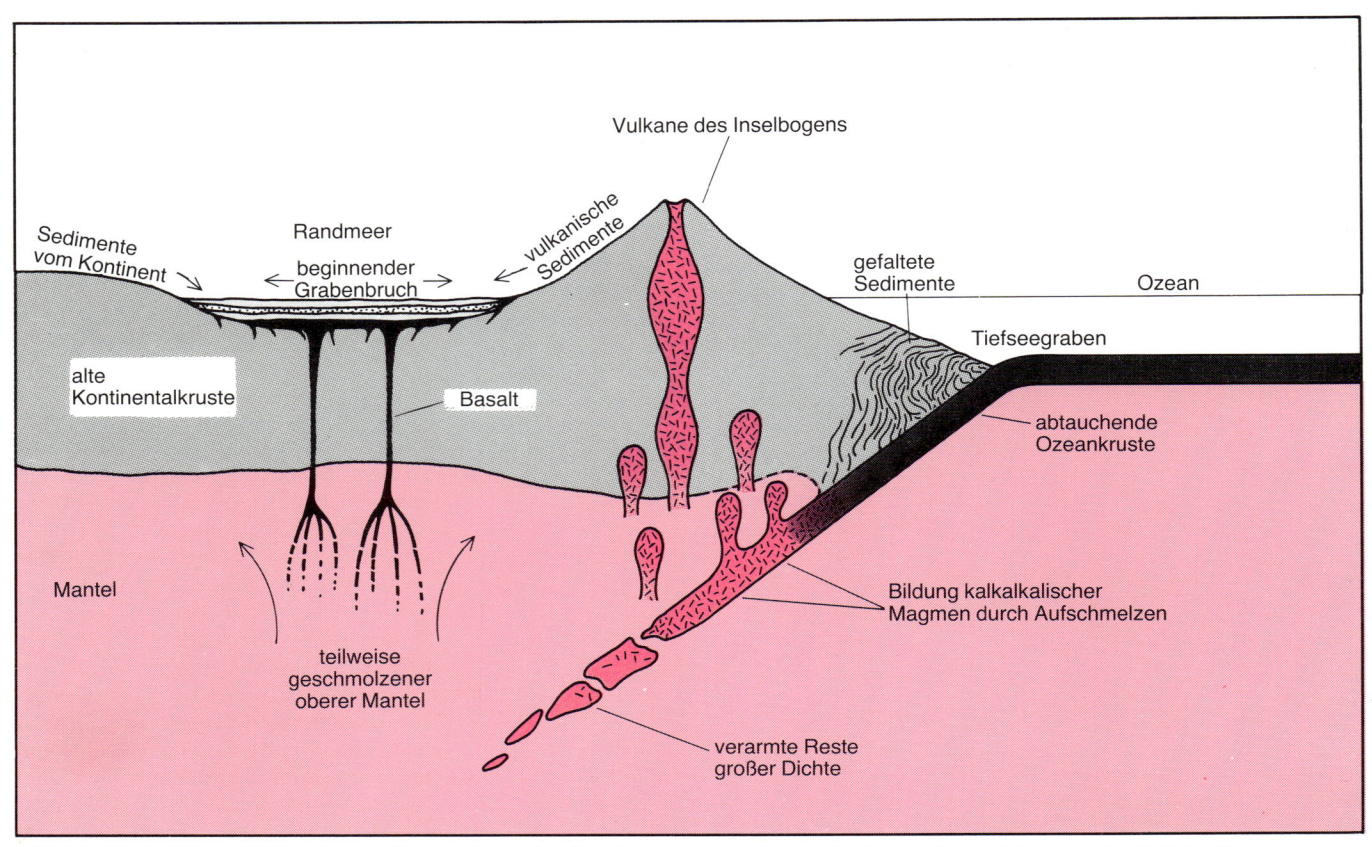

Bild 13: Häufig öffnen sich Randmeere hinter vulkanischen Inselbögen an Stellen, wo ozeanische Kruste unter einen Kontinentalrand abtaucht. Ein Teil des subduzierten Kruste beginnt zu schmelzen und bildet kalkalkalisches Magma. Das meiste bleibt in festem Zustand unter der Kontinentalkruste, doch etwas kann als Lava an der Erdoberfläche austreten. Hört die Subduktion auf, dann wird das sich öffnende Randmeer mit Lava und Sediment gefüllt. Das bekannteste Randmeer ist der Rocas-Verdes-Komplex vor der Südspitze Chiles.

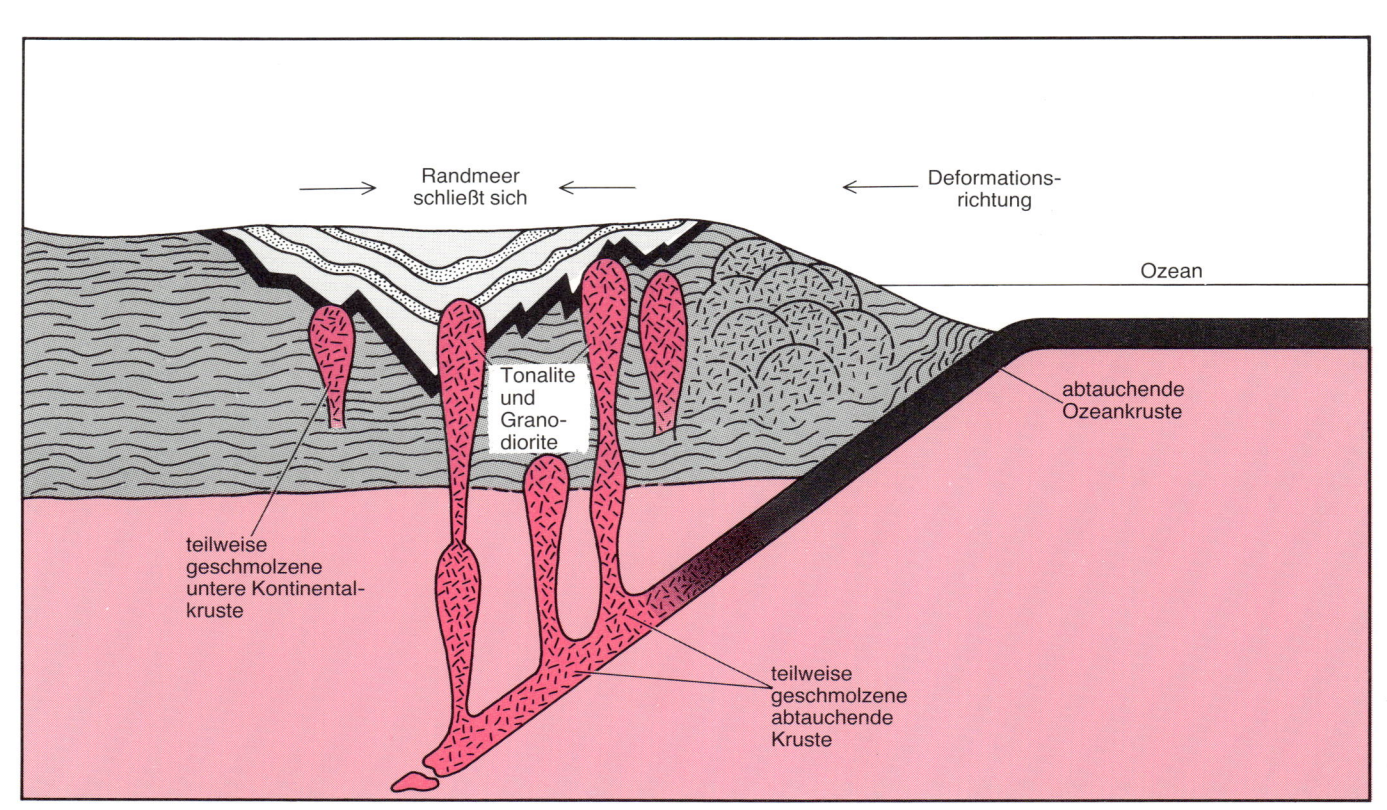

Bild 14: Beginnt die Subduktion von neuem, dann schließt sich das Randmeer nach kräftiger Deformation und Kompression der alten und inzwischen abgelagerten neuen Kruste. Die neugebildete Kontinentalkruste differenziert sich chemisch in Lagen und wird fest mit der alten Kruste verschweißt. Teilweise aufgeschmolzene Ozeankruste der abtauchenden Platte läßt neues Magma in die deformierten Gesteine des zugedrückten Randmeers aufsteigen. Dieses Modell würde zu den Archaischen Komplexen führen, die in Bild 5 dargestellt sind.

Es gibt geologische Hinweise in alten Lineamenten, die sehr den Wurzeln von Kettengebirgen ähneln, daß einzelne Teile des Superkontinents unterschiedlichen Bewegungen von einigen hundert Kilometer relativ zueinander ausgesetzt waren. Wie es auch sei, solange der einigermaßen zusammenhängende Superkontinent gegenüber dem benachbarten Meeresboden beweglich war, kann Meeresboden subduziert, teilweise aufgeschmolzen und chemisch differenziert worden sein. Dabei konnte am aktiven Rand des Protokontinents typische Kontinentalkruste entstehen, genau so, wie sich heute an Inselbögen und Kontinentalrändern Kontinentalkruste ansetzt.

Im Gegensatz zu manchen meiner Kollegen halte ich an der Meinung fest, daß Kontinentalkruste und Ozeankruste auch vor 3,8 Milliarden Jahren schon so dick und starr genug waren, um die eine oder andere Form plattentektonischer Prozesse zu erlauben. Damit ist gesagt, daß sich der kontinentbildende Vorgang damals nicht wesentlich vom heutigen unterschied. Es gibt genügend geologische Beobachtungen dafür, daß die Anordnung alter geologischer Provinzen auf den präkambrischen Schilden keinesfalls zufällig ist. Im Gegenteil, sie liegen, schön nach dem Alter sortiert, der Reihe nach nebeneinander. Genau das würde man aber bei der Vorstellung erwarten müssen, daß ein Kontinent nach und nach gewachsen ist.

Noch kennt niemand den Grund für die offensichtlich periodische Natur kontinentbildender Vorgänge. Vielleicht handelt es sich überhaupt nur um eine Illusion, hervorgerufen aus Mangel an verläßlichen Daten. Aber davon bin ich nicht überzeugt. Die gleichen Zeitbestimmungen werden immer wieder und von allen Kontinenten gemeldet. In einer solchen Zeit scheint die Erde urplötzlich eine wilde Aktivität zu entfalten. Danach kehrt eine Periode relativer Ruhe ein, als ob die Erde Kraft sammele für die nächste dramatische Aktivität. Ich vermute, daß wir dabei den periodischen Stau der beim Zerfall radioaktiver Elemente und bei Änderungen in der Anordnung der Konvektionsströme entstehenden Wärme und eine plötzliche Wärmeabgabe beobachten. Das jedenfalls ist die Meinung von S. K. Runcorn von der Universität Newcastle upon Tyne und von McKenzie. Wenn wir erst einmal alle physikalischen Parameter kennen, dann können wir damit vielleicht die Gleichungen eines neuen Zweigs der Mathematik füttern, der sich Katastrophentheorie nennt. Er beschreibt episodische, diskontuierlich auftretende Phänomene und Zustandsänderungen und sagt sie auch voraus.

Der Stand der Dinge

Zum Schluß möchte ich die wichtigsten Faktoren zusammenfassen, die in meinen Augen die Entstehung der Kontinentalkruste beeinflußt haben. Zunächst hat die irreversible chemische Differenzierung des oberen Mantels, die vor wenigstens 3,8 Milliarden Jahren begann, dazu geführt, daß sich Kontinentalkruste nicht zum Recycling und zur Wiederaufarbeitung eignet. Die alten Anlagerungs- oder Wachstumsprozesse haben wahrscheinlich den heutigen entsprochen. Zu ihnen gehört eine Art Plattentektonik und ein teilweises Aufschmelzen des oberen Mantels, nicht selten gemeinsam mit subduzierter ozeanischer Kruste. Die allererste Kontinentalkruste, falls sie älter ist als 3,8 Milliarden Jahre, ist wahrscheinlich auf dem gleichen Weg erzeugt worden. Man kann sich sehr leicht eine Plattentektonik vorstellen, die nur die ursprüngliche, allererste Basaltkruste betraf. Jedenfalls läßt sich ausrechnen, daß die Masse des oberen Mantels groß genug ist, um aus ihr die Kontinentalkruste aller geologischen Zeitalter zu beziehen, ohne daß sich ihre chemische Zusammensetzung dabei merkbar ändert.

Die absoluten Altersbestimmungen zeigen uns klar und deutlich, wie relativ kurz die einzelnen Wachstumsperioden der Kontinente waren. Die riesige Menge junger vulkanischer und plutonischer Gesteine ist in einer Zeitspanne von höchstens 200 Millionen Jahren aus dem oberen Mantel oder aus subduzierter Ozeankruste differenziert. Gleichzeitig unterliegt das neu entstandene kristalline Material weiterer chemischer Differenzierung und Metamorphose tief in der Kruste. Es entsteht ein abwärts gerichteter Gradient vom normalen Pluton zum metamorphen Gneis. Dabei geht die ehrwürdige Vorstellung von der Unterscheidbarkeit plutonischen und metamorphen Gesteins verloren, denn der Übergang ist fließend. Die Gneise tief unten in den neu angeschweißten Abschnitten des Kontinents sind die Hochdruck- und Hochtemperaturäquivalente der Plutone in den oberen Krustenstockwerken.

Weiterhin müssen wir daran denken, daß einmal gebildete Kontinentalkruste schon wegen ihrer relativ geringen Dichte von besonderer Dauerhaftigkeit ist. Die Plutone, Sedimente und metamorphen Gesteine der Kontinente lassen sich auf Subduktionszonen nicht wieder so weit in den oberen Mantel zurücktransportieren, daß durch ihr Wiederaufschmelzen eine nennenswerte Menge neuer plutonischer Gesteine gebildet werden kann. Stattdessen werden kontinentale Gesteine heftig verformt und in den Kettengebirgen der Kontinentalränder an großen Störungen aufeinandergetürmt. Sobald der Druck nachläßt, läßt der isostatische Auftrieb das ganze betroffene Krustensegment Tausende von Metern aufsteigen, vergleichbar einem unter Wasser gedrückten Korken, der in die Höhe schießt, wenn man ihn losläßt.

Diese Vorstellungen werden keineswegs von allen Geologen geteilt. Ich selbst bin stark beeinflußt von meinen Erfahrungen mit Altersbestimmungen durch Isotopenanalyse und von den Schriften meiner Vorgänger. Aus ihrem Kreis möchte ich Hurley, A. E. Ringwood von der australischen Nationaluniversität und W. S. Fyfe von der Universität von Westontario besonders erwähnen. Ich bin mir bewußt, daß der Unterschied zwischen den geologischen Ereignissen des Archaikums und denen der Neuzeit beim Lesen des Artikels zunehmend verschwimmt. Das liegt daran, daß mir über eine Zeit von 3,8 Milliarden Jahren die Gemeinsamkeiten größer zu sein scheinen als die Unterschiede. Es wäre unrealistisch, wollte ich mich dabei zu sehr auf James Hutton und den Aktualismus in der Geologie verlassen. Sollten aber eines Tages die Beweise für das Vorhandensein einiger wirklich bedeutsamer und deutlich erkennbarer Episoden kontinentalen Wachstums noch viel aussagekräftiger werden, dann sollten sich die Geologen vielleicht doch ernsthaft mit der Aufgabe befassen, den Gedanken des Aktualismus neu zu formulieren.

Die Tiefenstruktur der Kontinente

Die ältesten Teile der Kontinente scheinen tiefreichende Wurzelzonen zu haben, die bei der Bewegung tektonischer Platten mit den Kontinenten „wandern". Offenbar unterscheiden sich diese Zonen in ihrer stofflichen Zusammensetzung vom Nachbargestein.

Von **Thomas H. Jordan**

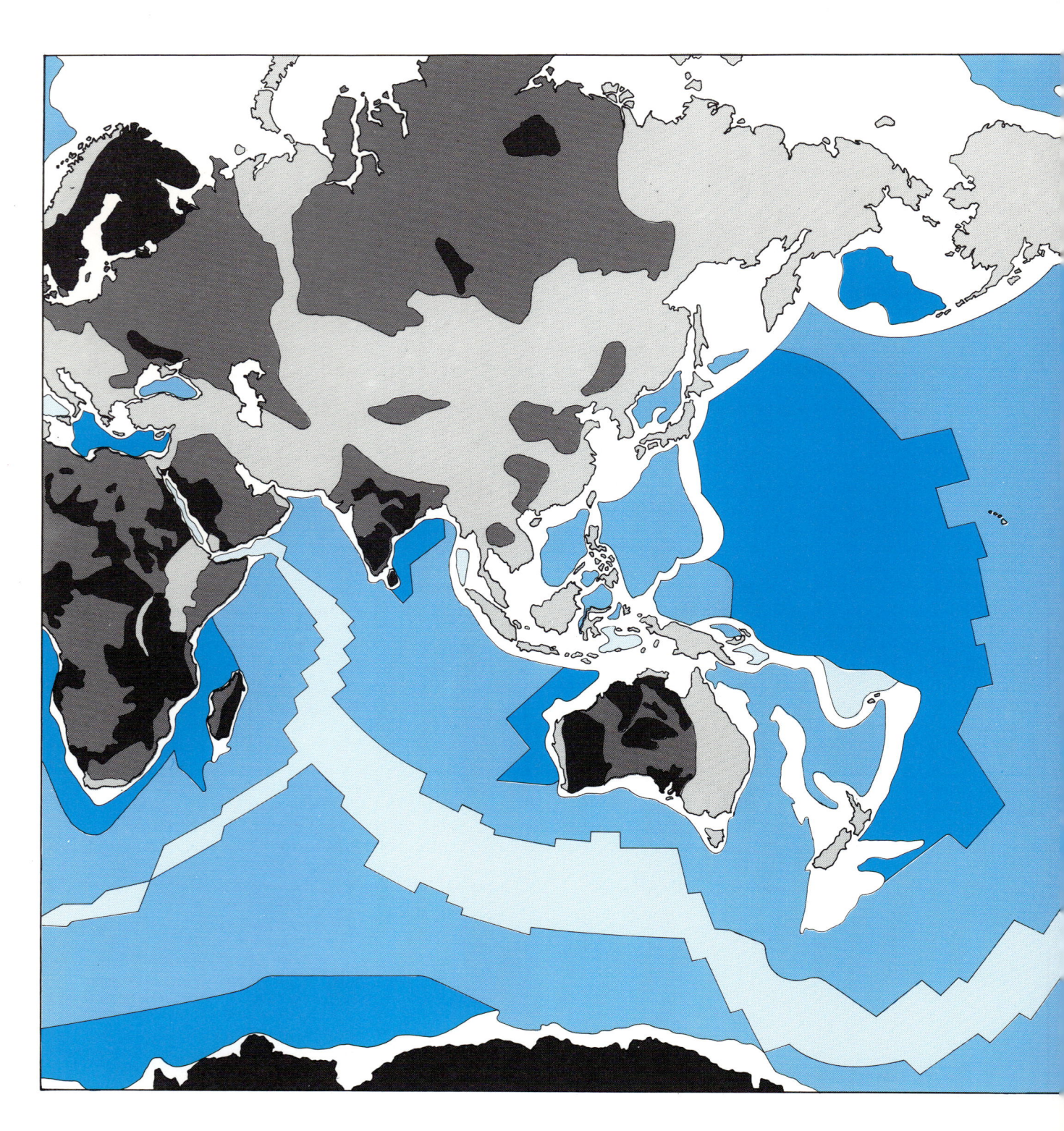

In den letzten Jahrzehnten sind zahlreiche geologische, geophysikalische und geochemische Belege für ein neues Bild von der Geschichte, der Struktur und dem dynamischen Verhalten der äußeren Schichten der Erde zusammengetragen worden. Verständlich wird dieses Bild durch die Theorie der Plattentektonik, die zu erklären vermag, wie sich die rund sieben Kilometer mächtige basaltische Ozeankruste in der Kammregion der mittelozeanischen Rücken durch das Aufsteigen geschmolzenen Magmas aus dem darunterliegenden Erdmantel ständig neu bildet, wie sie als die oberste Schicht von gewaltigen, um ein Zehnfaches mächtigeren, starren Platten mit einer Geschwindigkeit von einigen Zentimetern pro Jahr wandert, und wie sie schließlich in den Subduktionszonen der tiefen Ozeangräben wieder vom Erdmantel verschluckt wird. Weniger erfolgreich war der Versuch, die Entstehung und den Aufbau der Kontinente mit Hilfe der Plattentektonik zu deuten.

Die kontinentale Kruste mit rund 35 Kilometer durchschnittlicher Mächtigkeit ist leichter als die ozeanische Kruste und reicher an Silicium und Kalium. Für die Plattentektonik ist sie ein Produkt wiederholter Schmelzprozesse, das sich in langen Zeiträumen aus der umlaufenden Ozeankruste abgesondert und aneinandergelagert hat. Die Kontinentalverschiebung gilt in der Plattentektonik als passive Bewegung dieser leichten Kruste in Form einer wandernden Platte. Wegen ihres Auftriebs können größere Mengen Kontinentalkruste nicht wieder in den Mantel zurückgemischt werden. Sie schwimmt vielmehr – wie die Schlacke auf geschmolzenem Eisen – auf dem spezifisch dichteren Mantel. Von dieser Besonderheit abgesehen, sieht die Plattentektonik zwischen Bewegungen der Kontinentalkruste und der Ozeankruste beziehungsweise zwischen den unter der Kruste liegenden Strukturen kontinentaler und ozeanischer Platten im Prinzip keine wesentlichen Unter-

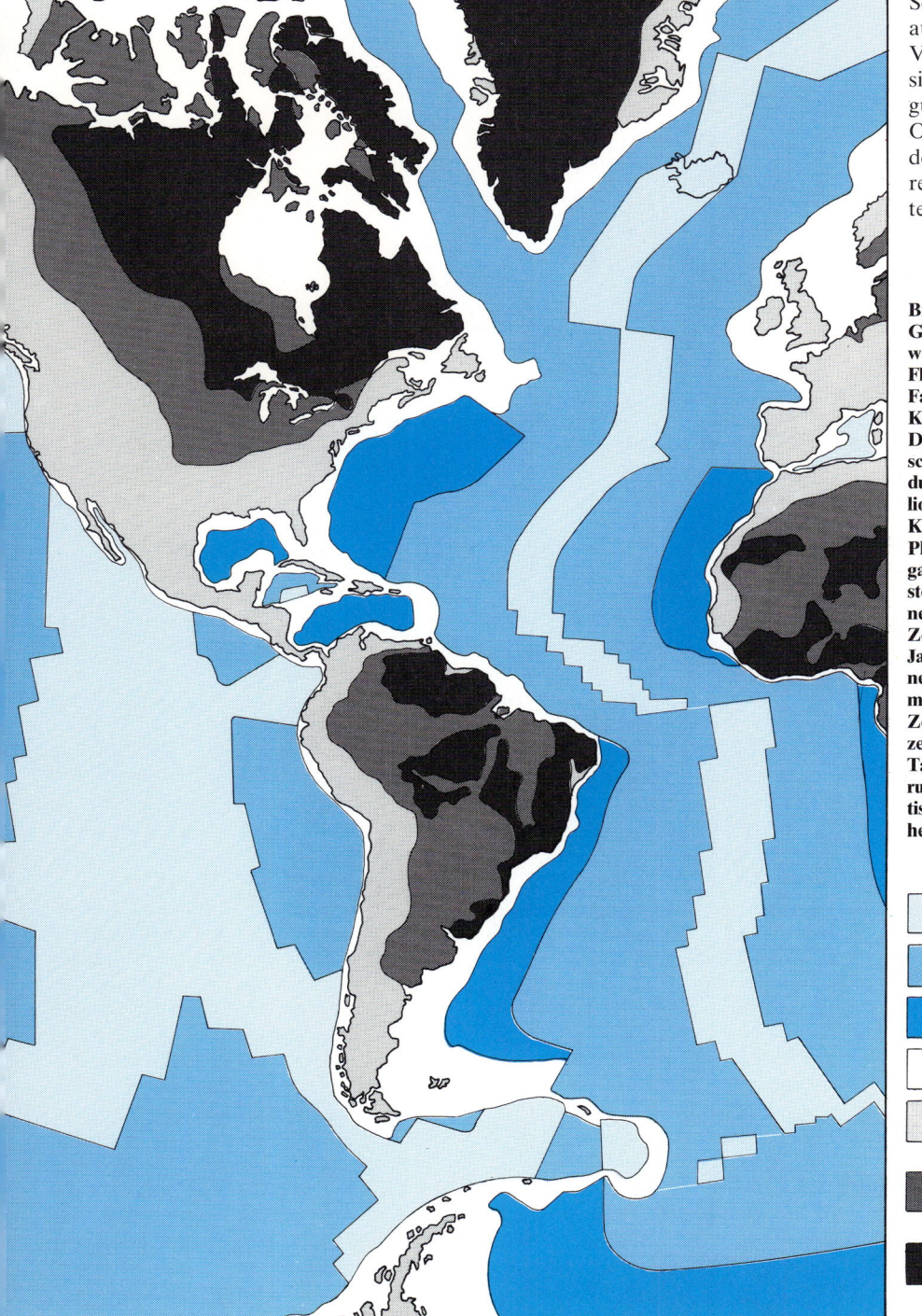

Bild 1: Diese Erdkarte zeigt die sieben Haupt-Gesteinstypen in der Erdkruste. Farbige und weiße Flächen liegen unter, graue und schwarze Flächen über dem Meeresspiegel. Die hellste Farbe kennzeichnet Gebiete der ozeanischen Kruste, die jünger sind als 25 Millionen Jahre. Die mittlere Farbe entspricht einem Alter zwischen 25 und 100 Millionen Jahren, und die dunkelfarbigen Gebiete sind mehr als 100 Millionen Jahre alt. Weiße Flächen bezeichnen Kontinentalränder, Inselbögen und ozeanische Plateaus, das heißt abgesunkene oder im Übergang befindliche kontinentale Kruste. Das hellste Grau entspricht den Bereichen der Kontinentalkruste, in denen sich in phanerozoischer Zeit (also während der letzten 600 Millionen Jahre) Gebirge gebildet haben (Orogen-Zonen). Mittelgrau sind stabile Kontinentaltafeln markiert, auf denen sich in phanerozoischer Zeit Sedimentgesteine ablagerten. Die schwarzen Gebiete schließlich sind alte Schilde und Tafeln, die seit dem Präkambrium (das vor rund 600 Millionen Jahren zu Ende ging) praktisch keine Sedimentation mehr über sich ergehen lassen mußten.

- Junge ozeanische Kruste (jünger als 25 Millionen Jahre)
- Mittlere ozeanische Kruste (25 bis 100 Millionen Jahre alt)
- Alte ozeanische Kruste (älter als 100 Millionen Jahre)
- Übergangszonen (Kontinentalränder, Inselbögen)
- Phanerozoische Orogen-Zone (Kontinentalkruste mit Gebirgsbildung in den letzten 600 Millionen Jahren)
- Phanerozoische Kontinentaltafeln (mit Ablagerungen von Sedimentgestein in den letzten 600 Millionen Jahren)
- Präkambrische Kontinentalschilde und -tafeln (seit mehr als 600 Millionen Jahren keine Ablagerung von Sedimentgestein)

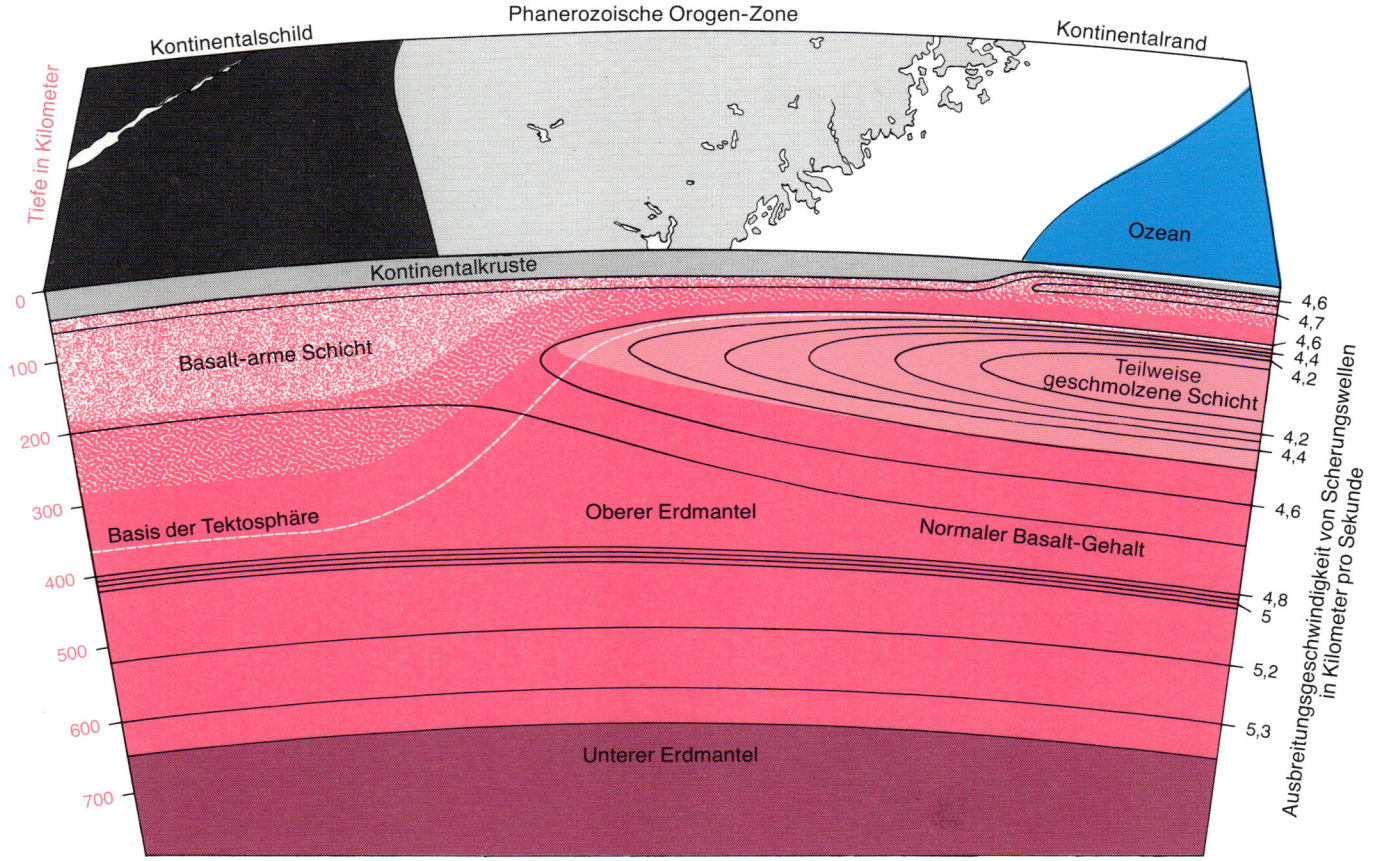

Bild 2: Modelle der Erdkruste und des Erdmantels unter einem typischen Kontinentalrand. Die schwarzen Linien zeigen Niveaus gleicher Scherungswellen-Geschwindigkeiten. Der Obere Mantel besteht aus einer Mineral-Gesellschaft, die man als Peridotit bezeichnet und die – nach einer Hypothese des Autors – unter dem Kontinent an Basalt verarmt ist. Die Dichte der weißen Punkte kennzeichnet den Grad der Verarmung. Die gestrichelte weiße Linie markiert die Basis der Tektosphäre und damit das Volumen der tektonischen Platte, auf der der Kontinent liegt. Die Farben im oberhalb der Erdkruste liegenden Teil des Bildes haben die gleiche Bedeutung wie in Bild 1.

schiede. Seismische Daten zeigen jedoch, daß kontinentale und ozeanische Strukturen wesentlich tiefer reichen als bis zur unteren Kruste. Die ältesten Teile der Kontinente scheinen mehrere hundert Kilometer mächtige Wurzelzonen zu besitzen, die bei der Bewegung der Platten gemeinsam mit den Kontinenten wandern. Die Entdeckung dieser Wurzelzonen stellte einige Kernsätze der Plattentektonik in Frage, brachte gleichzeitig aber auch neue Einsichten in die mechanischen und chemischen Prozesse, welche die Entwicklung der Kontinente und die Tektonik bestimmen.

Die Stabilität der Kratone

Die ältesten Gesteine der Kontinentalkruste finden sich in alten Schilden und Tafeln (Bild 1). Alte Schilde sind herausgehobene Gebiete, denen eine jüngere Sedimentbedeckung weitgehend fehlt. Als Tafel oder Plattform bezeichnet man Gebiete, deren altes Grundgebirge mit nahezu flachliegenden Sedimenten bedeckt ist. Schilde und Tafeln gemeinsam bilden die Kratone, stabile Blöcke im Kern der heutigen Kontinente, deren Gesteine seit mindestens einer Milliarde Jahre ungestört geblieben sind. Das herausgehobene oder unter flachen Sedimenten verborgene Grundgebirge der alten Schilde und Tafeln wurde von sehr alten Gebirgsbildungen geprägt und metamorphisiert. Im allgemeinen ist es seitdem eine Milliarde Jahre oder länger von keiner tektonischen Veränderung mehr betroffen worden.

Die Kontinente bestehen jedoch nicht nur aus stabilen Kratonen. Auch die Zonen junger Gebirgsbildung gehören dazu. Sie entstehen, wenn sich zwei Platten aufeinander zubewegen und die dazugehörigen Kontinente kollidieren. Das ist heute dort besonders gut zu beobachten, wo die nordwärtstreibenden indischen und arabischen Platten auf den eurasischen Kontinent prallen. Der gewaltige Zusammenstoß hat einen mächtigen Gebirgszug aufgeworfen, der sich von der anatolischen Halbinsel über den Mittleren Osten, die südliche UdSSR und den größten Teil Chinas bis zu den Randmeeren des pazifischen Ozeans erstreckt.

Interessanterweise dringt der indische Subkontinent weiterhin mit einer Geschwindigkeit von fünf Zentimetern pro Jahr geradezu ungestüm nach Asien hinein und türmt Hochgebirge auf, ohne sich dabei selbst zu verformen. Es bereitet der Geophysik arge Schwierigkeiten, dieses verblüffende tektonische Verhalten zu verstehen.

Das tektonische Verhalten der Kontinente wird vor allem durch die Struktur der Lithosphäre bestimmt. Sie bildet die äußere feste Schale der Erde und setzt sich aus Kruste und oberem Erdmantel zusammen. Der Lithosphäre verdanken die Platten ihre Starre. Sie hat eine durchschnittliche Mächtigkeit von ungefähr einhundert Kilometern. Das läßt sich aus Untersuchungen des Schwerefeldes der Erde berechnen und aus der Art, in der sie auf Be- oder Entlastungen ihrer Oberfläche durch schwere Massen reagiert, etwa durch die Eismassen während des Glazials oder durch Berge. Unter der Lithosphäre liegt die Asthenosphäre, eine plastische Schicht in einem Bereich des Mantels, in dem schon ein verhältnismäßig geringer gerichteter Druck das Material zum Fließen bringt. Im plattentektonischen Modell ist die Lithosphäre aus Platten zusammengesetzt, die sich relativ zur Asthenosphäre bewegen. Sie nimmt die Schubspannungen auf, die bei der Plattenbewegung entstehen.

Die Festigkeit der Lithosphäre ist im wesentlichen eine Eigenschaft der oberen Schicht des Mantels. Die Festigkeit des Mantelmaterials ändert sich mit der Temperatur, die mit der Tiefe zunimmt, je nach geographischer Lage unterschiedlich schnell (Bild 3). Krustengesteine, deren Zusammensetzung vom Granit bis zum Basalt reicht, haben bei gegebener Temperatur eine beträchtlich geringere Festigkeit als Peridotit, das typische Mantelgestein. Da die ozeanische Kruste dünn ist, finden sich Mantel-Peridotite darunter schon in geringer Tiefe bei vergleichsweise niedrigen Temperaturen. Diese Schicht von kaltem Peridotit gibt der ozeanischen Lithosphäre offenbar ihre Festigkeit und Widerstandsfähigkeit gegen tektonische Verformungen. Die kontinentale Kruste dagegen ist dick, und die Temperaturen an ihrer Basis sind wesentlich höher als die Temperaturen an der Basis der ozeanischen Kruste. Daher ist der obere Bereich des Mantels unter den Kontinenten weicher als unter den Ozeanen, und das scheint zumindest teilweise zu erklären, warum Gebirgsbildungszonen so leicht zu deformieren sind.

Wenn das zutrifft, warum blieben dann die Kratone über so lange Zeiten stabil und unverformt? Die Antwort hängt mit der kontinentalen Tiefenstruktur zusammen. Im Mantel unter einem Kraton nehmen die Temperaturen mit der Tiefe langsamer zu als unter der ozeanischen Kruste. Die für das Fließen der Asthenosphäre erforderlichen Temperaturen werden unter den Kratonen erst in so großer Tiefe erreicht, daß die effektive Mächtigkeit der Lithosphäre unter den Kratonen größer ist als unter Ozeanen oder Zonen der Gebirgsbildung (den Zonen der Orogenese).

Neuerdings scheint es, daß auch Besonderheiten in der stofflichen Zusammensetzung der kratonischen Wurzelzonen im oberen Mantel die Tektonik auf den Kontinenten beeinflussen.

Die elastische Struktur der Erde

Unsere Kenntnisse von der Struktur des Erdinnern verdanken wir vornehmlich der Seismik. Die von Erdbeben oder gewaltigen Explosionen ausgehenden Wellen zeigen uns räumliche Änderungen der elastischen Eigenschaften des Erdkörpers (Bild 2). Die elastische Reaktion auf ein seismisches Signal beschreibt man anhand von drei Parametern: der Dichte, der Fortpflanzungsgeschwindigkeit von Kompressions- oder Longitudinal-Wellen (Schwingungsbewegungen in Richtung des Wellenstrahls) und der Fortpflanzungsgeschwindigkeit von Transversal-Wellen (Schwingungsbewegungen senkrecht zum Wellenstrahl). Jeder dieser Parameter hängt vom Druck, von der Temperatur und von der chemischen Zusammensetzung des Mediums ab.

Für die meisten seismischen Zwecke genügt es, die Erde als symmetrischen Schalenkörper zu betrachten, dessen Druck, Temperatur und Zusammensetzung sich nur mit der Entfernung vom Mittelpunkt ändern. Auf dieser Annahme beruhen beispielsweise die Computer-Programme, mit denen die Zentren großer Erdbeben aus den Ankunftszeiten seismischer Wellen bestimmt werden. Hat man ein Erdbeben in Raum und Zeit geortet, so lassen sich die Laufzeiten der seismischen Wellen zu beliebigen Meßstationen berechnen. Wäre die Erde wirklich kugelsymmetrisch, dann dürften die Laufzeiten nur von der direkten Entfernung auf dem Großkreis zwischen Quelle und Empfänger, nicht aber von den geographischen Koordinaten abhängen. In Wirklichkeit beobachtet man je nach der geographischen Lage einer seismographischen Station kleine, aber signifikante Unterschiede der Laufzeiten, die gewöhnlich in der Größenordnung unter einem Prozent der Gesamtlaufzeit liegen. Die Analyse dieser regionalen Differenzen läßt vermuten, daß bestimmte Strukturen unter den Kratonen mehrere hundert Kilometer tief reichen. Das ist um eine Größenordnung tiefer als die Mächtigkeit der kontinentalen Kruste.

Die seismische Untersuchung der Unterschiede zwischen Kontinenten und Ozeanen wird durch die geringe Zahl seismographischer Stationen im Bereich der Ozeanbecken erschwert. Dort können die Geophysiker nur noch mit Oberflächenwellen arbeiten, deren Energie sich in einer oberflächennahen Schicht gefangen hat und deren Laufzeiten auf

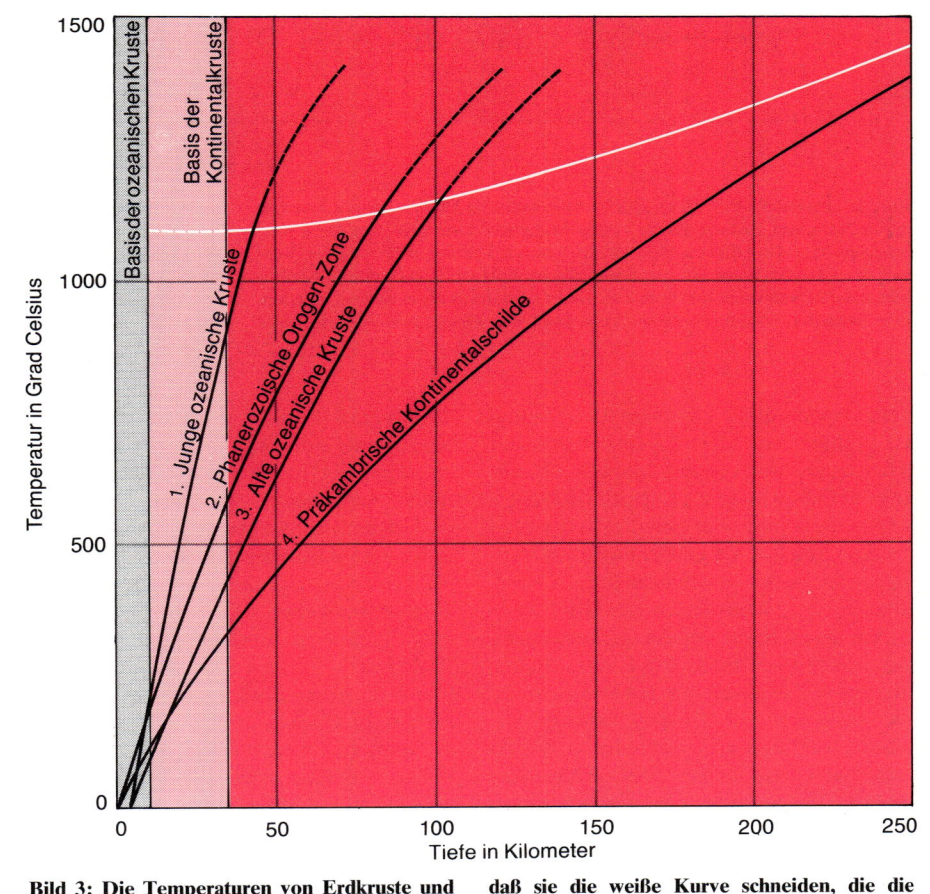

Bild 3: Die Temperaturen von Erdkruste und Erdmantel ändern sich mit der Tiefe, aber sie tun das — wie die schwarzen Kurven zeigen — unter den verschiedenen Krustengesteinen verschieden schnell. Am stärksten steigt die Temperatur unter den jungen ozeanischen Gebieten an (Kurve 1), am langsamsten unter den präkambrischen Kontinental-Schilden (Kurve 4). Diese unterschiedlichen Beziehungen zwischen Temperatur und Tiefe scheinen dafür verantwortlich zu sein, daß sich seismische Wellen nicht überall mit der gleichen Geschwindigkeit fortpflanzen. Die Kurven 1 bis 3 steigen so schnell, daß sie die weiße Kurve schneiden, die die Temperatur angibt, bei der der Mantel zu schmelzen beginnt. Unter den Gebieten der Erdkruste, für die die Kurven 1 bis 3 stehen, nimmt daher die Elastizität des Mantels in einer bestimmten Tiefe ab, was eine seismische „Schicht niedriger Geschwindigkeit" zur Folge hat. Unter den Kontinental-Schilden dagegen steigt die Temperatur langsamer, der Mantel schmilzt hier offenbar nicht, und das entspricht der Beobachtung, daß unter den Schilden die seismische Schicht niedriger Geschwindigkeit fehlt.

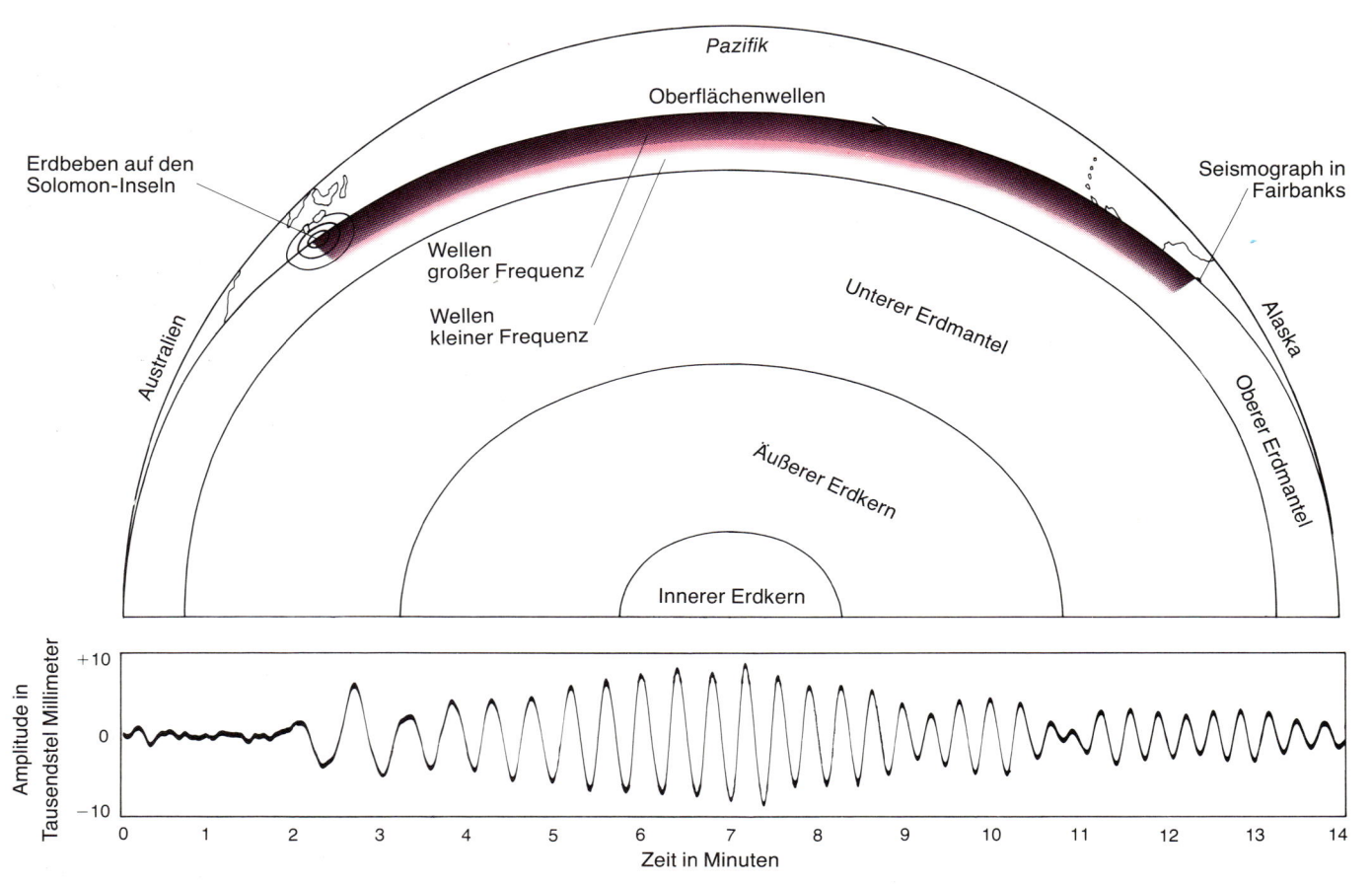

Bild 4: Oberflächen-Wellen, das heißt seismische Wellen, deren Energie in der Nähe der Erdoberfläche verbleibt, geben Auskunft über die elastische Struktur des Oberen Mantels. Im oberen Teil des Bildes ist der Verlauf der Oberflächenwellen skizziert, die im Juni 1970 nach einem Erdbeben auf den Solomon-Inseln in Fairbanks (Alaska) aufgezeichnet wurden. Der darunter wiedergegebene Ausschnitt des Original-Seismogrammes zeigt eine Rayleigh-Welle, das heißt eine seismische Welle mit elliptischer Bewegung in der Fortpflanzungsebene (hier ist nur die vertikale Bewegungs-Komponente dargestellt). Die Komponenten mit kleiner Frequenz (helle Farbe im oberen Teilbild) breiten sich schneller aus und reagieren empfindlicher auf strukturelle Unterschiede in der Tiefe des Oberen Mantels als die Komponenten mit großer Frequenz (dunkle Farbe).

dem ganzen Weg zwischen Quelle und Empfänger von den Eigenschaften der Kruste und des oberen Mantels abhängen (Bild 4). Die Fortpflanzungsgeschwindigkeiten der niedrigfrequenten Anteile solcher Oberflächenwellen reagieren besonders empfindlich auf Unterschiede der Tiefenstrukturen (Bild 5).

Aus der Frequenzabhängigkeit lassen sich daher die elastischen Eigenschaften des oberen Mantels für subkontinentale wie submarine Fortpflanzungswege abschätzen. Die von den Pionieren Benno Gutenberg und Robert Stoneley gesammelten Daten von Oberflächenwellen führten bereits in den zwanziger Jahren zu dem Schluß, daß die Kruste unter den Ozeanen wesentlich dünner ist als unter den Kontinenten. Die systematische Untersuchung der Bereiche unter den Krusten mit einem weltweiten Netz standardisierter Breitband-Seismographen begann in den späten fünfziger Jahren und zeigte, daß strukturelle Unterschiede zwischen Kontinenten und Ozeanen noch tief unterhalb der Kruste fortbestehen. Die Dichte der Gesteine und die Fortpflanzungsgeschwindigkeit der Transversal-Wellen nehmen unter den Kontinenten und Ozeanen mit der Tiefe zu, denn der wachsende Druck komprimiert die Gesteine zu immer dichteren und starreren Strukturen (Bild 2). Aber unter den Ozeanbecken und unter den aktivsten Orogenzonen beginnt die Transversalwellen-Geschwindigkeit in einer Tiefe zwischen fünfzig und hundert Kilometer wieder abzunehmen und bleibt in einem etwa hundert Kilometer mächtigen Kanal niedriger Geschwindigkeit gering. Danach steigt sie wieder an. Unter den Kratonen fehlt diese Schicht niedriger Geschwindigkeit oder sie liegt tiefer und ist weniger ausgeprägt.

Wellengeschwindigkeiten ändern sich im allgemeinen umgekehrt proportional zur Temperatur, und schon ein nur geringer Anteil geschmolzenen Materials hat einen drastischen Abfall der Geschwindigkeit im Gestein zur Folge. Aufgrund der Ergebnisse von Laborversuchen und theoretischen Überlegungen vermutete man, daß die Schicht niedriger Geschwindigkeit wegen der hohen Temperaturen in hundert Kilometer Tiefe unter den Ozeanen und Orogenzonen eine geringe Menge (ein Prozent oder weniger) geschmolzener Peridotite enthält. Unter den Kratonen fällt die Temperatur langsamer ab, die Peridotite schmelzen dort also in größerer Tiefe, wenn überhaupt.

Das Tiefenproblem

Das neue, in den sechziger Jahren von der Seismik entworfene Bild des oberen Mantels paßte außerordentlich gut zu der rasch konkreter werdenden Vorstellung der Plattentektonik und des Spreizens der Ozeanböden. Die Geophysiker fanden Parallelen zwischen der leicht verformbaren Asthenosphäre und dem teilweise geschmolzenen Material in der Schicht niedriger Geschwindigkeit zwischen der starren Lithosphäre und dem kühleren Material oberhalb dieser Zone, und es schien, daß man aus der Fortpflanzungsgeschwindigkeit der Transversalwellen auf die Mächtigkeit der tektonischen Platten schließen konnte.

Wie tief aber reichen die Kratone? Daten von Erdbeben mit sehr tiefen Herden an der Westküste Südamerikas zeigten, daß die Mächtigkeit der Platte, die das südamerikanische Kraton bildet, dreihundert Kilometer übersteigen muß, doch lassen sich aus der Analyse von Oberflächenwellen allein bei solchen Tiefen keine eindeutigen Schlüsse mehr ziehen.

Der entscheidende Beweis, daß Kontinentalstrukturen wesentlich tiefer reichen als zweihundert Kilometer, kam schließlich aus Experimenten mit ScS-Wellen. Diese Transversal- oder Scherungswellen laufen von einem Erdbebenzentrum aus nahezu senkrecht in die Tiefe und werden an der scharfen Grenze zwischen festem Erdmantel und flüssigem Erdkern reflektiert (Bild 7). Die Welle, die man als ScS_1 (oder einfach ScS) bezeichnet, wird nur einmal vom Kern reflektiert, die Welle ScS_2 dagegen zweimal vom Kern und einmal von der Erdoberfläche, und so fort für Wellen höherer Ordnung. Aus dem Unterschied zwischen den Laufzeiten dieser Wellen (Bild 6) lassen sich Schlüsse auf die Struktur des oberen Erdmantels ziehen. So sieht man beispielsweise aus Bild 7, daß die Wellen ScS und ScS_2 in der Nähe von Herd und Empfangsstation nahezu gleichen Wegen folgen, die Welle ScS_2 aber den oberen Erdmantel zusätzlich an einer Stelle durchdringt, die die Welle ScS nicht erreicht. Damit gestatten die ScS-Wellen höherer Ordnung die Untersuchung des oberen Erdmantels auch in Gebieten, in denen seismographische Stationen nur spärlich oder überhaupt nicht vorhanden sind, also etwa unter den tiefen Ozeanbecken.

Wir fanden auf diese Weise, daß die durchschnittlichen Laufzeiten von Scherungswellen auf dem senkrechten Weg durch Mantel und Kruste unter dem Ozeanbecken rund vier Sekunden länger sind als unter den Kratonen. Da man aus der Analyse von Oberflächenwellen wußte, daß die Schicht niedriger Geschwindigkeit unter den Ozeanen stärker ausgeprägt ist als unter den Kontinenten, war die längere Laufzeit als solche nicht überraschend. Ihr großer Betrag kam hingegen unerwartet, denn alle Modelle für die strukturellen Unterschiede zwischen Kontinenten und Ozeanen sagten weit geringere Differenzen voraus.

Versucht man, Modelle zu konstruieren, die sowohl den Laufzeiten der ScS-Wellen als auch den Daten für Oberflächenwellen gerecht werden, muß man strukturelle Unterschiede unter den Kontinenten und den Ozeanen bis in Tiefen von vierhundert Kilometer annehmen (siehe Bild 2), doch bedarf es weiterer Untersuchungen, um diese Modelle zu bestätigen.

Wenngleich man also gegenwärtig noch nicht in der Lage ist, Einzelheiten über Art und maximale Tiefe der Unterschiede zwischen den elastischen Strukturen unter Kontinenten und Ozeanen anzugeben, so steht doch fest, daß sich die Geschwindigkeiten der Scherungswellen auch unterhalb einer Tiefe von zweihundert Kilometern noch unterscheiden. Diese Tatsache erzwingt eine Revision des Konzepts, das im Mittelpunkt des plattentektonischen Modells steht: der Annahme, daß die Platten überall aus Lithosphäre bestehen.

Lithosphäre und Tektosphäre

Definitionsgemäß ist lithosphärisches Material fest und kann den Kräften, denen es bei der Oberflächenbelastung durch Gebirge ausgesetzt ist, ohne wesentliche Deformation Millionen von Jahren standhalten. Eine Lithosphärendicke von etwas mehr als hundert, auf jeden Fall aber weniger als zweihundert Kilometer wurde von den Geophysikern schon am Anfang dieses Jahrhunderts aus Schweremessungen und Beobachtung von Lastveränderungen ermittelt. Alle neuen Messungen und Analysen bestätigten, daß sich an diesem Ergebnis nichts geändert hat, auch nicht für die stabilsten Kratone wie den baltischen oder kanadischen Schild. Dort wurden kürzlich 110 Kilometer gemessen. Damit ist alte Kontinentalkruste nicht viel dicker als alte Ozeankruste, die auch mehr als 75 Kilometer Dicke erreicht. Darunter liegt stets auch das von relativ kleinen Kräften leicht verformbare Material der Asthenosphäre.

Die seismischen Beobachtungen bedeuten demnach, daß die subkratonischen Bereiche hoher Scherungswellen-Geschwindigkeiten unter die Lithosphäre bis in die Asthenosphäre reichen. Dafür gibt es zwei Erklärungen. Entweder sind diese Bereiche statisch mit den darüberliegenden Kontinenten verknüpft und gehören damit zu den Kontinentalplatten, oder sie stellen thermische Besonderheiten dar, die durch einen Materialfluß im Erdmantel erhalten bleiben. Letzteres ginge nur, wenn an allen Kratonen ständig kaltes Material nach unten strömte, denn niedrigere Temperaturen sind erforderlich, um die hohen Geschwindigkeiten der Scherungswellen zu erklären. Solche Materialströme aber müßten Auswirkungen auf das Schwerefeld der Erde haben, wofür es keine Anhaltspunkte gibt.

Offenbar bilden die subkratonischen Bereiche hoher Scherungswellen-Geschwindigkeiten also die unteren Stockwerke der Kontinentalplatten und wurden über Hunderte oder gar Tausende von Millionen Jahren zusammen mit der Kruste befördert, obwohl das Material, aus dem sie bestehen, der Asthenosphäre angehört. Angesichts dieser Situation sind einige Geophysiker dazu übergegangen, einfach die Lithosphäre neu zu definieren, so daß sie diese Strukturen einschließt. Da die uneinheitliche Benutzung eines Begriffes Verwirrung stiften kann, habe ich zur Bezeichnung der zusammenhängenden regionalen Komplexe, die wir Platten nennen, das Wort Tektosphäre vorgeschlagen, so daß für die Lithosphäre die klassische Definition

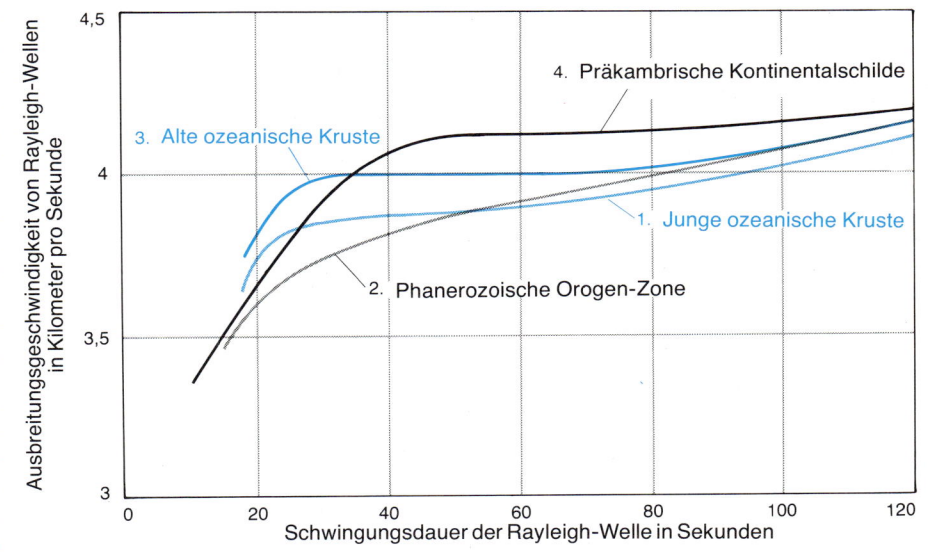

Bild 5: Die Frequenzabhängigkeit der Ausbreitungsgeschwindigkeiten von Oberflächenwellen (siehe Bild 4) kann man benutzen, um abzuschätzen, wie sich die Elastizität des Mantels mit der Tiefe ändert. Die hier wiedergegebenen Kurven entsprechen Mantelgebieten unter verschiedenen Krustenregionen. Oberflächenwellen kleiner Frequenz (das heißt mit einer Schwingungsdauer über vierzig Sekunden) breiten sich am schnellsten unter den präkambrischen Kontinental-Schilden aus (Kurve 4), während sie unter der vergleichsweise jungen Ozeankruste die niedrigsten Geschwindigkeiten erreichen (Kurve 1).

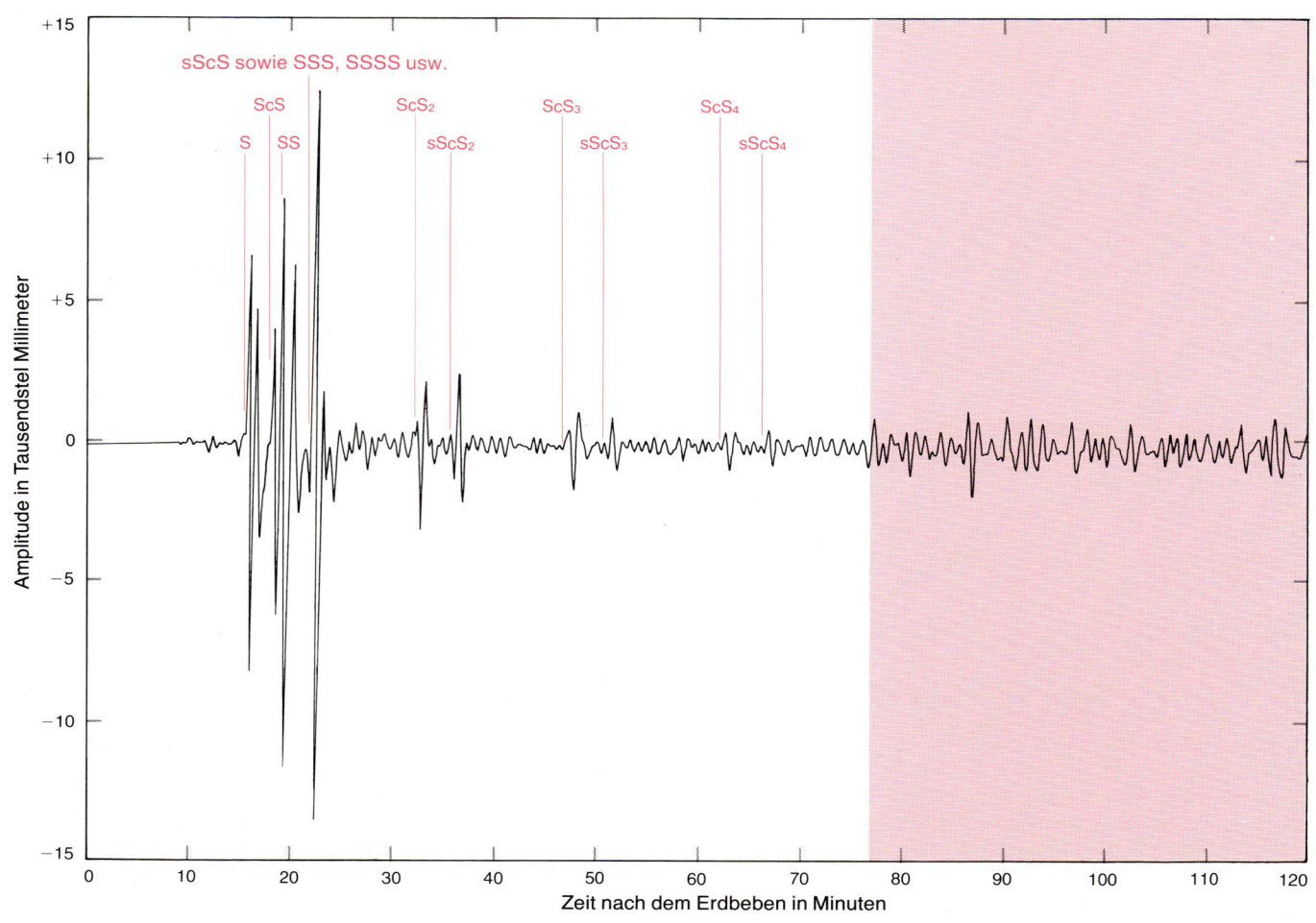

Bild 6: Die Vielfalt der Scherungswellen (die senkrecht zur Fortpflanzungsrichtung schwingen) zeigt diese Kurve, die im Oktober 1974 nach einem Tiefenbeben in der Nähe der südpazifischen Insel Tonga in einer Station auf der Hawaii-Insel Oahu aufgezeichnet wurde. Die farbigen Symbole bezeichnen unterschiedliche Laufwege der Wellen und sind in Bild 7 erklärt. Wellen, die 77 Minuten nach dem Erdbeben und später (farbiger Bereich) in der Station ankamen, liefen auf dem Großkreis zwischen Tonga und Oahu um die Erde.

als Schicht besonderer Festigkeit beibehalten bleibt. (In der deutschsprachigen Literatur gab es den von dem schwedischen Geologen J. J. Sederholm geprägten Begriff Tektosphäre für eine in der Erdkruste gelegene Zone regionaler Aufschmelzung. Er konnte sich nicht durchsetzen. Dagegen ist Tektonosphäre die Zone, in der tektonische Bewegungen stattfinden.)

Meine Tektosphäre ist durch ihr Bewegungsverhalten definiert, während Lithosphäre und Asthenosphäre durch ihr dynamisches Verhalten gekennzeichnet sind, das heißt durch die Art, in der sie auf einwirkende Kräfte reagieren. Unter den Ozeanen sind Tektosphäre und Lithosphäre in ihrer räumlichen Ausdehnung praktisch identisch und erreichen Mächtigkeiten um einhundert Kilometer unter den ältesten Ozeanbecken. Unter den Kontinenten dagegen bezeichnen Tektosphäre und Lithosphäre nicht dasselbe: Die kratonische Tektosphäre reicht wesentlich tiefer als die Lithosphäre, vielleicht sogar bis zu vierhundert und mehr Kilometer.

Die thermische Entwicklung der Kontinente

Die Mächtigkeit der Tektosphäre, wie sie sich aus der Analyse von Oberflächen- und ScS-Wellen ergibt, paßt recht gut mit dem Wärmefluß zusammen, der aus den Bereichen unterhalb der Kruste kommt (Bild 8). Das läßt vermuten, daß die Mächtigkeit der Tektosphäre mit der Temperaturverteilung im Erdmantel zusammenhängt. Ferner besteht eine Beziehung zwischen der Dicke der Tektosphäre und dem Alter der darüberliegenden Kruste: Im allgemeinen findet sich die dünnste Tektosphäre unter der jüngsten Ozeankruste und die mächtigste unterhalb der ältesten Kontinentalkruste. Unter den Ozeanen bot das plattentektonische Modell für beide Korrelationen eine einfache Erklärung: In dem Maße, in dem sich der in der Kammregion eines ozeanischen Rückens neu gebildeter Meeresboden seitwärts ausbreitet, verliert er Wärme durch Abfluß zur Oberfläche, so daß die Temperaturen in einer Art Wärmegrenzschicht mit der Zeit abnehmen. Mit dem Krustenalter wächst diese Grenzschicht an Mächtigkeit, aber der von ihrer Oberfläche ausgehende Wärmefluß wird geringer. Berechnungen ergeben für die Mächtigkeit der ozeanischen Wärmegrenzschicht einen Mittelwert zwischen siebzig und einhundert Kilometer, was der Mächtigkeit der Tektosphäre (und Lithosphäre) unter den Ozeanen entspricht.

Auch die Kontinente weisen eine Abnahme des Wärmeflusses und eine Zunahme der Mächtigkeit der Tektosphäre mit dem Krustenalter auf, sofern man dieses Alter nicht von der ursprünglichen Krustenbildung an rechnet, sondern als die seit der letzten wichtigen Gebirgsbildung verstrichene Zeit definiert. Diese Tatsache ermutigte einige Geophysiker, die Hypothese von der Wärme-Grenzschicht auf die Kontinente zu übertragen und anzunehmen, daß sich der subkontinentale Erdmantel während größerer Gebirgsbildungen stark aufheizt und danach durch Wärmeabfluß zur Oberfläche wieder abkühlt. Dann wären die Kratone Regionen, in denen die Abkühlung sehr lange gedauert hat, wodurch die Wärmegrenzschicht eine extreme Mächtigkeit erreichte. Eine Wärmegrenzschicht mit einer Abkühlungsdauer von ein bis zwei Milliarden Jahren sollte etwa vierhundert Kilometer mächtig sein, was den seismischen Daten entspricht.

Trotz dieser Übereinstimmung gibt es einige Schwierigkeiten bei der Übertragung des Wärmegrenzschicht-Modells. Da die Asthenosphäre keine nennenswerten Schubkräfte aufzunehmen vermag, müssen die auf sie einwirkenden Drücke in einer Zone im oberen Erdmantel ausgeglichen werden, die man als isostatisches Ausgleichsniveau bezeichnet. Die Drücke sind ausgeglichen, wenn in Säulen über gleichgroßen Grundflächen die Massen an Ozean, Kruste und oberem Mantel so verteilt sind, daß die Summe der Produkte aus den Schichtdicken und den Materialdichten in allen Säulen gleich groß ist.

Wenn unter dem Ozean der Mantel abkühlt, nimmt die Dicke der Grenzschicht zu. Zur Erhaltung des Druckausgleichs sinken Kruste und Mantel ab, der Abstand zwischen Meeresboden und Wasserspiegel wird größer. So wird Mantelgestein unter das Ausgleichsniveau verlegt und durch Wasser ersetzt, das eine geringere Dichte hat. Die Massen-Säulen bleiben untereinander in der Balance. Diese Vorstellung erklärt recht gut die Formen der mittelozeanischen Rücken und die Lage der Zentren der Meeresboden-Spreizung in den Kammzonen dieser Gebirgszüge: Unter der neugebildeten Kruste ist der Mantel warm und weniger dicht; er wird kühler und sinkt tiefer, je weiter er von der Spreizungsachse entfernt ist.

Auf den Kontinenten dagegen harmoniert die Geschichte vertikaler Bewegungen bei weitem nicht so gut mit der Hypothese von der Wärmegrenzschicht. Auch kontinentale Krusten- und Mantel-Regionen, die durch gebirgsbildende Vorgänge aufgeheizt wurden, sollten beim Abkühlen absinken und dabei von Sedimentgestein bedeckt werden (denn sonst stünden alle Kratone unter Wasser). Nun findet man zwar an manchen Kontinentalrändern und in einigen kontinentalen Becken große Mengen von Sedimenten, aber das Wachstum einer dreihundert Kilometer mächtigen Wärmegrenzschicht (so viel muß man zur Erklärung der seismischen Daten für Kratone mindestens annehmen) verlangt eine Krustenabsenkung um nahezu zwanzig Kilometer mit kompensierender Auffüllung durch Sedimentgestein. In Wirklichkeit ist gerade das Fehlen einer ausgeprägten Sedimentbedeckung für Kratone charakteristisch: In den Schilden liegt in riesigen Arealen das Grundgebirge zutage, und auch die Sedimentschichten über den alten Tafeln sind kaum mächtiger als fünf Kilometer. Des weiteren sind kratonische Krusten nicht dicker als junge Kontinental-Krusten. Offensichtlich also vermag die Hypothese der Wärmegrenzschicht die Existenz und Entwicklung der kontinentalen Tiefenstrukturen nicht zu erklären.

Wie aber sonst soll man sie deuten? 1975 stellte ich die Hypothese auf, daß die thermische Entwicklung der kontinentalen Tektosphäre unmittelbar mit der chemischen Entwicklung verknüpft sei und daß die von der Seismik offenbarten Tiefenstrukturen der Kontinente ein Ausdruck für unterschiedliche Zusammensetzung oder veränderte Temperaturen im obersten Mantel sei. Ich versuchte damit die besondere Schwierigkeit zu überwinden, die sich aus der Notwendigkeit ergibt, sich mitten in einem instabilen, von Konvektionsströmung bewegten Mantel eine subkontinentale Tektosphäre vorzustellen, die über lange Zeiträume stabil bleibt.

Eine Bedingung dafür, daß unterhalb der Lithosphäre über lange Zeiträume Stabilität herrscht, ist das hydrostatische Gleichgewicht, das heißt ein Ruhezustand, in dem horizontale Flächen konstanten Drucks und horizontale Flächen konstanter Dichte zusammenfallen. Schon geringe Abweichungen von diesem Zustand brächten in der Astheno-

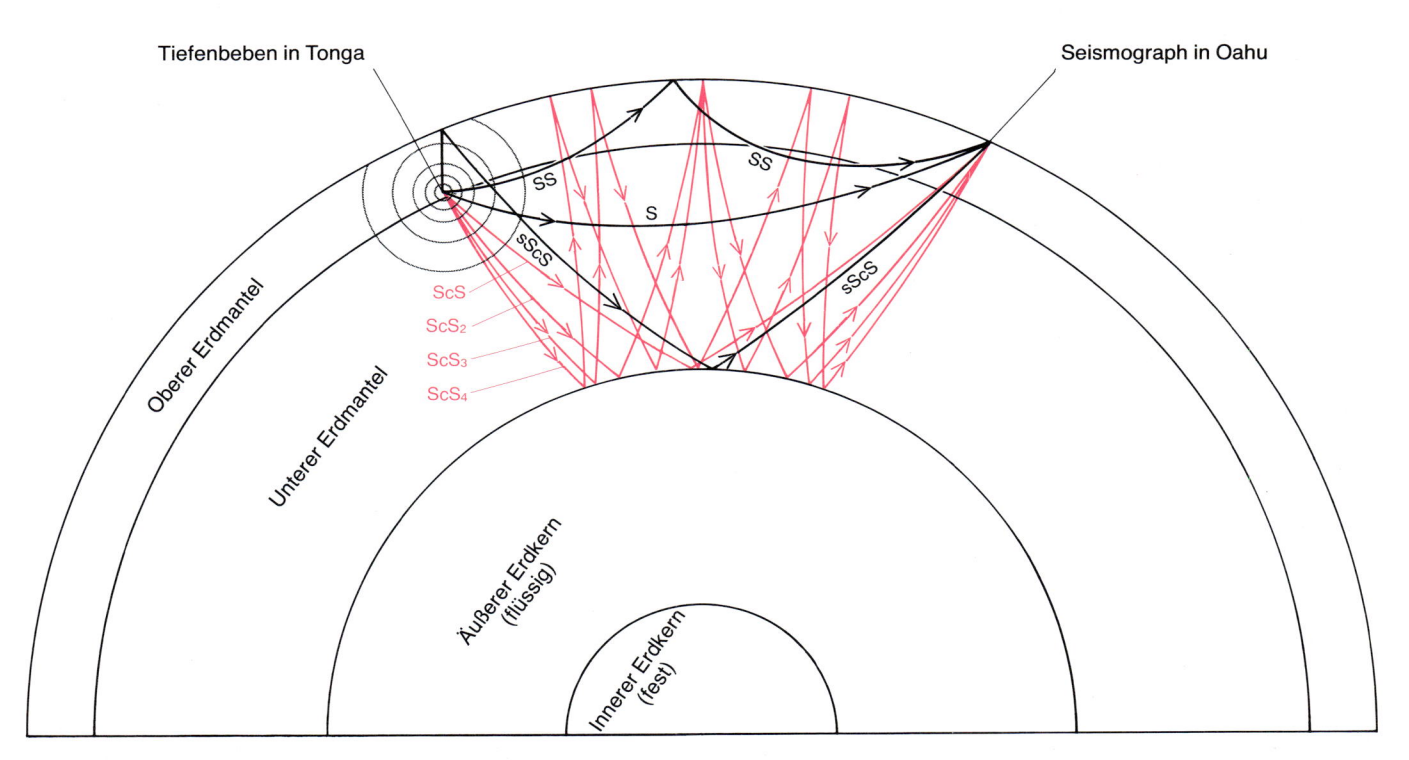

Bild 7: Die Wege der Scherungswellen aus dem in Bild 6 wiedergegebenen Seismogramm mit ihren seismischen Symbolen. Mit den Buchstaben S und SS kennzeichnet man Scherungswellen, die durch den Mantel laufen, ohne den Erdkern zu berühren. ScS-Wellen werden dagegen an der Grenze zwischen dem festen Mantel und dem flüssigen Kern reflektiert, und zwar so oft, wie der hinter dem Symbol ScS stehende Index das angibt (der Index 1 wird nicht geschrieben). Mehrfach reflektierte ScS-Wellen sind besonders nützlich für die Untersuchung der von ihnen durchlaufenen Mantelbereiche, denn sie reagieren empfindlich auf Unterschiede der Elastizität des Mantels in großen Tiefen. Sie geben daher Auskunft über die Tiefe, bis zu der die strukturellen Unterschiede zwischen den Mantelgebieten unter der kontinentalen und ozeanischen Kruste reichen.

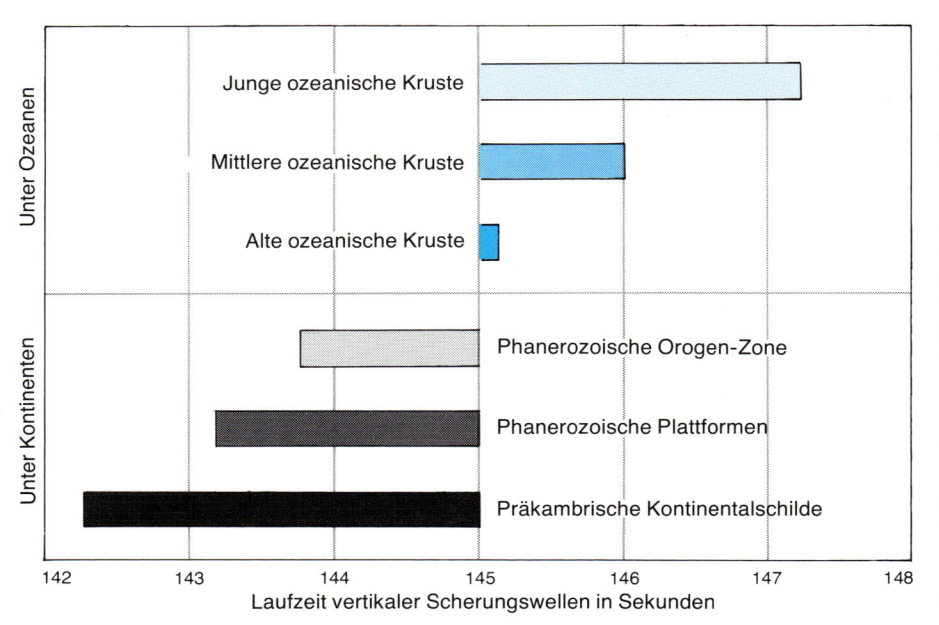

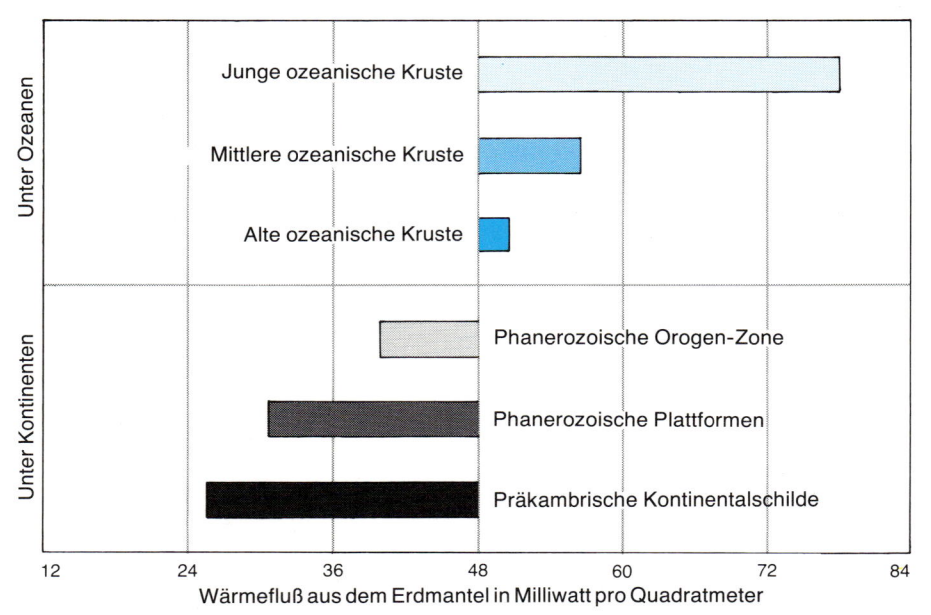

Bild 8: Für die verschiedenen Krustengesteine (die Farben entsprechen denen im Bild 1) besteht eine Beziehung zwischen der Zeit, die eine Scherungswelle für ihren Weg aus siebenhundert Kilometer Tiefe bis zur Oberfläche braucht (oberes Diagramm) und der aus dem Mantel aufsteigenden Wärmemenge (unteres Diagramm). Die durch die Länge der Streifen angegebenen Laufzeiten sind Mittelwerte, die sich aus Messungen an zahlreichen ScS-Wellen ergaben. Die für den gesamten Globus gemittelte Laufzeit beträgt 145 Sekunden. Auch die Angaben über den Wärmefluß sind Mittelwerte. Der globale Mittelwert beträgt 48 Milliwatt pro Quadratmeter. Die Ähnlichkeit der beiden Diagramme zeigt, daß die mit den Krustentypen verbundenen seismischen Unterschiede auf unterschiedliche Wärmeverteilungen in den darunterliegenden Mantelgebieten zurückzuführen sind.

sphäre — also unterhalb von etwa einhundert Kilometer — das Material zum Fließen. Andererseits erfordern die in kontinentalen Tiefenstrukturen beobachteten Geschwindigkeiten von Scherungswellen anormal niedrige Temperaturen unter den Kontinenten. Das heißt nichts anderes, als daß die Temperatur in Tiefen weit über einhundert Kilometer von einer subozeanischen Region in Richtung auf eine subkontinentale Region seitlich abnimmt. Wäre der Mantel chemisch homogen, hätte ein solches Temperaturgefälle ein seitlich verlaufendes Dichtegefälle zur Folge, und Flächen gleicher Dichten könnten nicht mit Flächen gleichen Drucks zusammenfallen. Die Folge wäre ein Materialfluß, der die sublithosphärischen Bereiche der Tektosphäre auseinanderreißen und schließlich durchmischen würde. Die Tektosphäre wird aber nicht zerrissen und vermischt, sondern ist gerade durch ihre Stabilität über lange Zeiten bemerkenswert.

So kam ich zu der Überlegung, daß der Mantel chemisch heterogen sein müsse, und daß das mit den kontinentalen Tiefenstrukturen einhergehende seitliche Temperaturgefälle gegen die Konvektion im Mantel und damit gegen seine Störung durch Unterschiede der stofflichen Zusammensetzung stabilisiert würde (Bild 9). Wäre der Erdmantel chemisch homogen, so hätten die niedrigeren Temperaturen unter den Kontinenten eine höhere Dichte und damit einen Masseüberschuß zur Folge. Nach meiner Hypothese werden diese Masseüberschüsse durch chemisch bewirkte Massedefizite lokal kompensiert. Mit anderen Worten: Das Material in den mächtigen kratonischen Wurzelzonen ist aus Mineralen zusammengesetzt, die bei ihrer Temperatur die gleiche Dichte haben wie die wärmere und daher aus anderen Mineralen zusammengesetzte Materie in gleicher Tiefe unter den Ozeanen. Wären die Temperaturen in subkontinentalen und subozeanischen Regionen gleich, so hätten ihre Mineralgesellschaften verschiedene Dichten.

Die Basalt-Verarmung

Die Vermutung, daß sich die kontinentalen Tiefenstrukturen in ihrer Zusammensetzung vom Rest des Erdmantels unterscheiden, beruhte zunächst nur auf geophysikalischen Erwägungen. Geochemische Betrachtungen zeigten dann bald einen einfachen und reizvollen Weg, auf dem sich Unterschiede in der Zusammensetzung bilden könnten: Wird dem Mantel eine basaltische Komponente entzogen, so sinkt seine Dichte.

Basalt ist das am häufigsten vorkommende, als Lava in Vulkanen die Erdoberfläche erreichende Magma. Rund zwanzig Kubikkilometer Basalt werden jährlich dem Mantel entzogen und der Kruste angefügt. Die dafür verantwortlichen Vulkane sind überwiegend Teil der mittelozeanischen Rücken oder befinden sich auf sogenannten „heißen Flecken", beispielsweise um Hawaii. Aber basaltische Gesteine sind auch wesentliche Bestandteile der kontinentalen Kruste. Kristallisiert der Basalt nahe der Erdoberfläche, so besteht er hauptsächlich aus den Mineralen Plagioklas (einem Calcium-natrium-aluminium-silicat) und Klinopyroxen (einem dunkel gefärbten Silicat, das Eisen, Magnesium, Calcium und Natrium in wechselnden Mengen enthält). In subkrustalen Tiefen kristallisiert das gleiche Magma zu einer anderen Mineralgesellschaft, die als Eklogit bezeichnet wird. Auch dieses Gestein enthält Klinopyroxen, doch statt des Plagioklases führt es als aluminiumreiches Mineral den dichteren Granat.

Noch vor zwanzig Jahren glaubte man, der obere Erdmantel bestünde gänzlich aus Eklogit. Heute hält man die Hauptmenge des oberen Mantels für Peridotit, ein Gestein, das sich in Tiefen von mehr als siebzig Kilometer aus vier Mineralen zusammensetzt: Olivin (60 Prozent), Orthopyroxen (12 Prozent), Klinopyroxen (15 Prozent) und Granat (13 Prozent). Peridotite dieser Art nennt man auch Granat-Lherzolithe. Jedes Mineral eines Granat-Lherzoliths hat eine andere Schmelztemperatur, wobei die basaltischen Komponenten (Klinopyroxen und Granat) früher schmelzen als Olivin und Orthopyroxen. Ist die Temperatur hoch genug, um einen Teil (zehn bis zwanzig Prozent) des Mantel-Lherzoliths zu schmelzen, so hat die Teilschmelze basaltische Zusammensetzung. Wird sie entfernt, so bleibt ein Restgestein, das ärmer an Basalt ist, hauptsächlich aus Olivin und Orthopyroxen besteht und eine um etwa ein Prozent geringere Dichte hat als der ursprüngliche Granat-Lherzolith. Die Ursache für den Dichteverlust ist die Entfernung des Granats, der mit 3,7 Gramm pro Kubikzentimeter beträchtlich dichter ist als die restlichen Bestandteile eines Granat-Lherzoliths (3,3 Gramm pro Kubikzentimeter); gleichzeitig wird dem Mantel Eisen entzogen, das schwerste der häufig vorkommenden Elemente.

Meine Berechnungen zeigen, daß die Basalt-Verarmung auch quantitativ zur Stabilisierung der Tektosphäre ausreicht. Bei Tiefen von 150 bis 200 Kilometer ist der subkontinentale Mantel um dreihundert bis fünfhundert Grad Celsius kälter als der subozeanische Mantel (Bild 9). In einem chemisch homogenen Mantel

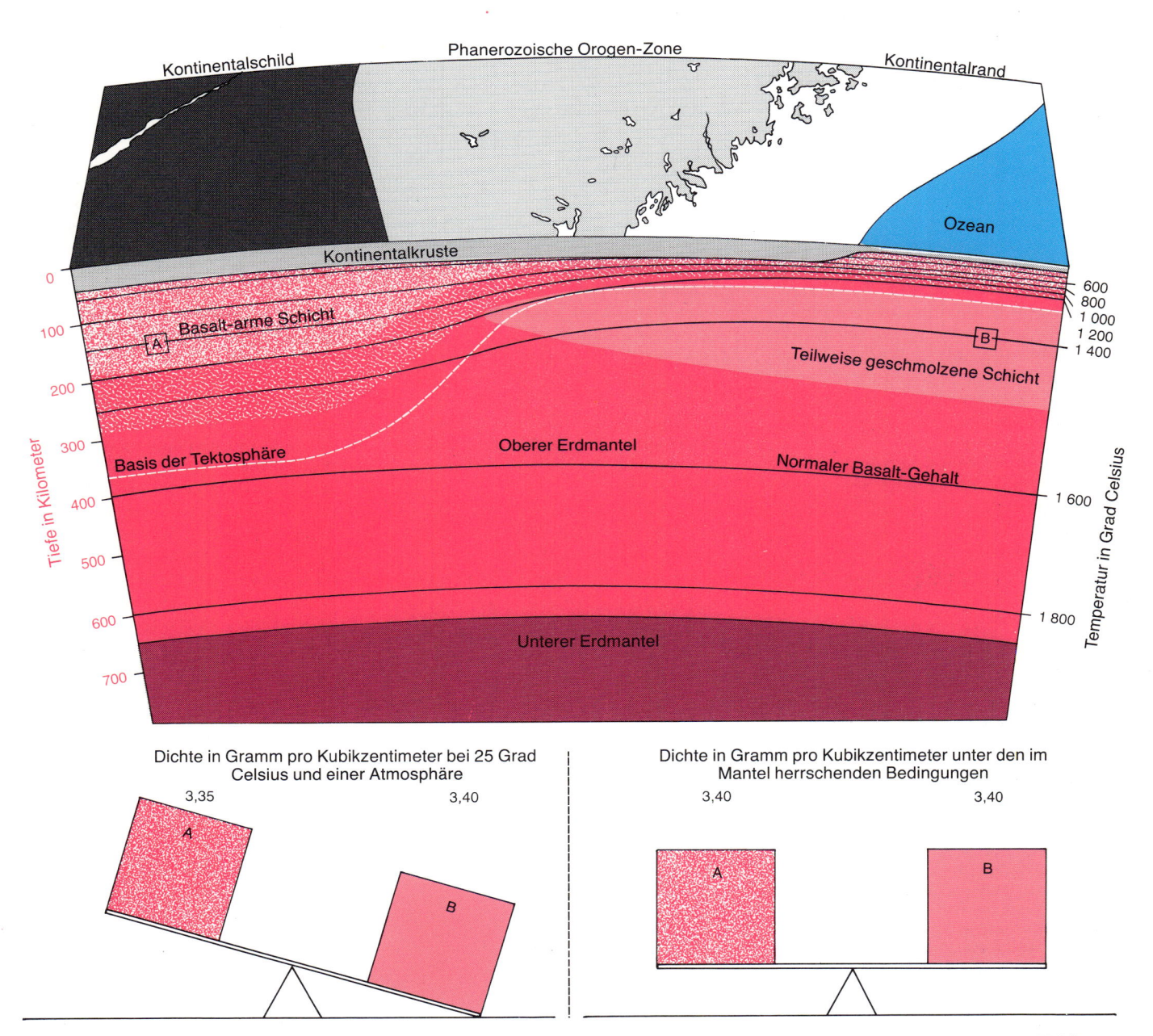

Bild 9: Mantelgesteine, die sich in gleicher Tiefe unter den Kontinenten befinden, müssen aufgrund geophysikalischer Überlegungen die gleiche Dichte haben. Da die Temperaturen unter den Kontinenten niedriger sind als unter den Ozeanen (schwarze Kurven im oberen Teilbild), fordert der Autor eine Verarmung der Mantelgesteine unter den Kontinenten an basaltischen Komponenten (Klinopyroxen und Granat). Unter Normalbedingungen, das heißt bei einer Temperatur von 25 Grad Celsius und einem Druck von einer Atmosphäre, wären dann die Gesteine, die die kühlen Wurzelzonen der Kontinente bilden, um 0,05 Gramm pro Kubikzentimeter weniger dicht als die Gesteine in den Zonen unter den Ozeanen (Teilbild links unten). In einer Tiefe von 150 Kilometern ist der subkontinentale Mantel (A) aber ungefähr 1000 Grad Celsius heiß, und der subozeanische Mantel (B) hat eine Temperatur von etwa 1400 Grad Celsius. Unter diesen Bedingungen hat das an Basalt verarmte Gestein (A) die gleiche Dichte (Teilbild rechts unten) wie das normale Mantelgestein (B). Der Druck in 150 Kilometer Tiefe beträgt etwa 50 000 Atmosphären.

hätte diese Temperaturdifferenz einen Dichteunterschied zwischen 1 und 1,5 Prozent zur Folge. Dichteunterschiede genau dieser Größenordnung würden kompensiert, wenn der heute 150 bis 200 Kilometer tief unter den Kratonen befindliche Peridotit irgendwann in seiner Geschichte zu zehn bis zwanzig Prozent geschmolzen und die basaltische Fraktion in die Kruste gewandert wäre.

Die Hypothese der Basalt-Verarmung läßt sich prüfen. Gesteine, die einst 150 bis 200 Kilometer tief unter der Oberfläche ruhten, finden sich heute in Gestalt rundlicher Gerölle oder Blöcke als Xenolithe (Fremdgesteine) in Kimberlit-Röhren. Das sind durch Erosion freigelegte Hälse röhrenförmiger Vulkane, wie sie einzig in stabilen Kontinentalgebieten vorkommen. Sie sind ausgiebig untersucht worden, da sie die Primärquelle aller Diamanten der Erdoberfläche sind. Die Xenolithe der Kimberlit-Röhren, in denen sich gelegentlich Diamanten finden, wurden offenbar während des heftigen Ausbruchs eines gasreichen Kimberlit-Magmas aus großer Tiefe an den Wänden der Aufstiegsröhre losgerissen und dann rasch und in den meisten Fällen ohne nennenswerte chemische Veränderung zur Kruste transportiert. Geochemische und petrographische Untersuchungen konnten viele von ihnen als Proben aus Tiefen zwischen 100 und 250 Kilometer identifizieren.

Die meisten Xenolithe aus dem Mantel sind Granat-Lherzolithe, aber sie enthalten weniger Granat und Klinopyroxen als das Material, das man heute für den Hauptbestandteil des oberen Mantels hält. Bild 10 zeigt den Unterschied.

Die aus kontinentalem Mantelmaterial stammenden Xenolithe haben eine um 1,3 Prozent geringere Dichte als man sie für das Material des subozeanischen Oberen Mantels berechnet. Die Abweichung von 1,3 Prozent liegt in der Mitte des Intervalls von 1 bis 1,5 Prozent, das sich nach dem Modell der Basalt-Verarmung einstellen müßte.

Nach der Hypothese von der Basalt-Verarmung sollten die Unterschiede in der stofflichen Zusammensetzung subkontinentaler und subozeanischer Bereiche des Mantels umso größer sein, je größer die Temperaturunterschiede sind. Mit zunehmender Tiefe dürften die Temperaturunterschiede geringer werden und an der Basis der Tektosphäre ganz verschwinden. Gleiches muß dann für die Basalt-Verarmung gelten. Wie die Untersuchung von Xenolithen aus verschiedenen Tiefen zeigt, ist das tatsächlich der Fall: Der Dichteunterschied nimmt mit der Tiefe ab.

Die Hypothese von der Basalt-Verarmung vermag auch die hohe Geschwindigkeit seismischer Scherungswellen in der Tektosphäre zu erklären: Die Entfernung von Basalt vermindert den Eisengehalt des Mantels, und Experimente haben gezeigt, daß seismische Wellengeschwindigkeiten mit abnehmendem Eisengehalt des Mediums steigen. Außerdem erhöht die Basalt-Entnahme die Schmelztemperatur des Mantels, und das führt ebenfalls zu höheren Wellengeschwindigkeiten.

Die Hypothese von der Basalt-Verarmung hat also einige attraktive Eigenschaften, aber sie bedarf der eingehenden Überprüfung, bevor sie die Grundlage für eine Theorie der Kontinental-Entwicklung bilden kann. Es wird nicht ganz einfach sein, das Modell zu verifizieren, denn die von ihm beschriebenen Erscheinungen treten unter einer Bedeckung mit Hunderten von Kilometern undurchdringlichen Gesteins auf. Dennoch stellen sich Erkenntnisse über die Beschaffenheit der tiefen Wurzelzonen der Kontinente so rasch und zahlreich ein, daß sich bald herausstellen wird, ob die Hypothese brauchbar oder grundsätzlich falsch ist.

Die Stabilität der Kratone in neuer Bewertung

Bis dahin seien einige Spekulationen über die Ursachen der Stabilität in den Kratonen und über die Entwicklung der Kontinente gestattet.

Unter Gebieten mit tektonischer Aktivität an oder nahe den Plattengrenzen — etwa im Westen der Vereinigten Staaten oder in Südeuropa — scheint die Schicht des an Basalt verarmten Peridotits recht dünn zu sein. Wenn sich der Mantel unter dieser dünnen Lage über einen bestimmten Punkt hinaus abkühlt, sinkt unverarmtes Mantelmaterial ab. Das setzt einen Konvektionsstrom in Gang, der heißes Material nach oben bringt, die Kruste und den obersten Abschnitt des Mantels aufheizt und damit leicht deformierbar macht.

Unter den Kratonen ist die an Basalt verarmte Schicht dagegen wesentlich dicker. Das bewahrt sie zusammen mit ihrer geringeren Dichte davor, durch Konvektionsströme in das normale Man-

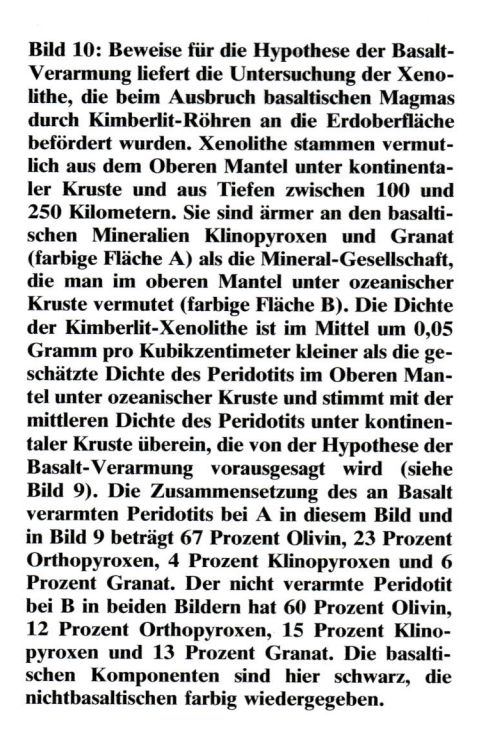

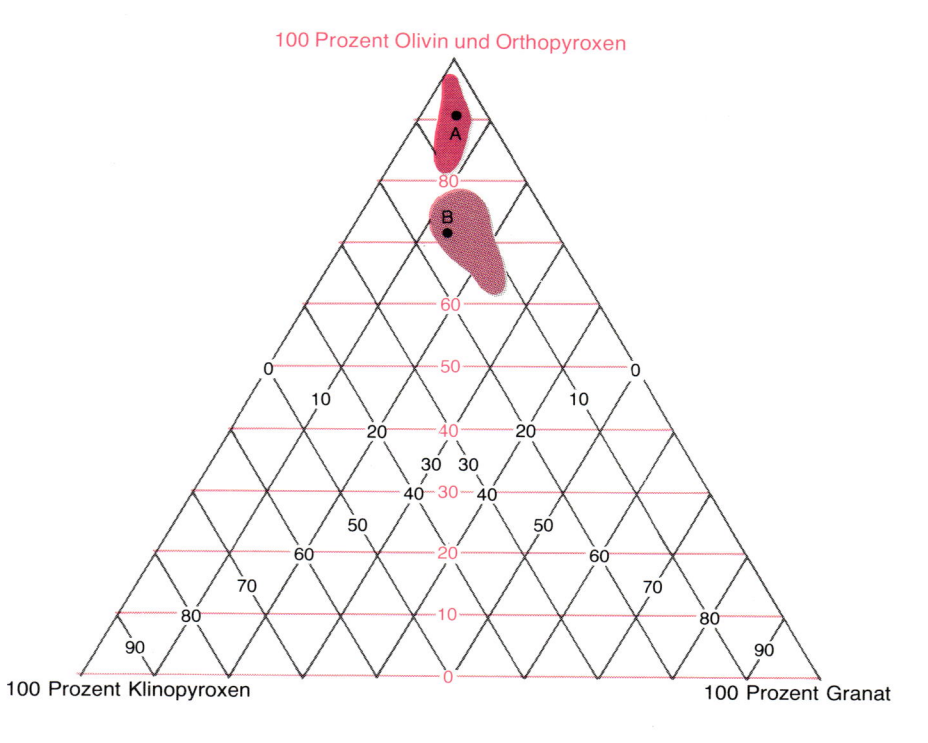

Bild 10: Beweise für die Hypothese der Basalt-Verarmung liefert die Untersuchung der Xenolithe, die beim Ausbruch basaltischen Magmas durch Kimberlit-Röhren an die Erdoberfläche befördert wurden. Xenolithe stammen vermutlich aus dem Oberen Mantel unter kontinentaler Kruste und aus Tiefen zwischen 100 und 250 Kilometern. Sie sind ärmer an den basaltischen Mineralien Klinopyroxen und Granat (farbige Fläche A) als die Mineral-Gesellschaft, die man im oberen Mantel unter ozeanischer Kruste vermutet (farbige Fläche B). Die Dichte der Kimberlit-Xenolithe ist im Mittel um 0,05 Gramm pro Kubikzentimeter kleiner als die geschätzte Dichte des Peridotits im Oberen Mantel unter ozeanischer Kruste und stimmt mit der mittleren Dichte des Peridotits unter kontinentaler Kruste überein, die von der Hypothese der Basalt-Verarmung vorausgesagt wird (siehe Bild 9). Die Zusammensetzung des an Basalt verarmten Peridotits bei A in diesem Bild und in Bild 9 beträgt 67 Prozent Olivin, 23 Prozent Orthopyroxen, 4 Prozent Klinopyroxen und 6 Prozent Granat. Der nicht verarmte Peridotit bei B in beiden Bildern hat 60 Prozent Olivin, 12 Prozent Orthopyroxen, 15 Prozent Klinopyroxen und 13 Prozent Granat. Die basaltischen Komponenten sind hier schwarz, die nichtbasaltischen farbig wiedergegeben.

telmaterial hinabgemischt zu werden. Außerdem hat sie infolge ihrer niedrigen Temperatur eine höhere Viskosität. Daher werden die mit den Plattenbewegungen verbundenen Schubkräfte erst unterhalb der an Basalt verarmten Zone wirksam. Kruste und oberer Mantel bleiben so von thermischen Strömungen und kleinräumigen Massenbewegungen verschont, und das kommt in der Stabilität der Kratone zum Ausdruck.

Wie aber hat sich die dicke, kalte und an Basalt verarmte Tektosphäre gebildet? Woher kommt der Basalt und wo geht er hin? Es scheint, daß die eingangs beschriebenen plattentektonischen Vorgänge (Spreizung des Meeresbodens, Kontinentalverschiebung, Subduktion) auch schon in der Zeit des Präkambriums stattfand, die vor rund sechshundert Millionen Jahren zu Ende ging, und es gibt sogar Anzeichen für plattentektonische Vorgänge in Gesteinsformationen, deren Alter drei Milliarden Jahre und mehr beträgt. Man kann daher annehmen, daß die Entwicklung der Tektosphäre während der letzten drei Milliarden Jahre vom plattentektonischen Zyklus beherrscht wurde.

Welche Prozesse mögen bei der Basalt-Verarmung eine Rolle gespielt haben? Gegenwärtig verliert der Obere Mantel unter den Kontinenten Basalt durch den Vulkanismus in Grabensystemen und über den Keilen von Mantelmaterial zwischen Kontinentalrand und Subduktionszone. Beginnt ein Kontinent auseinanderzubrechen, so fließen gewaltige Mengen Basalt aus. Beispielsweise haben die Basaltdecken des Parana-Beckens in Südamerika, die unmittelbar vor der Öffnung des Südatlantik entstanden, ein Volumen von nahezu zwei Millionen Kubikkilometern. Das Volumen des durch den Ausfluß an Basalt verarmten Mantels muß um ein Vielfaches größer sein. Über einer schräg unter den Kontinent oder einen Inselbogen einfallenden Subduktionszone und unter der Kruste befindet sich noch ein keilförmiges Stück Mantelmaterial. Aus ihm scheinen die noch wesentlich größeren Mengen Basalt zu stammen, die über Subduktionszonen und am landseitigen Rand von Tiefseegräben durch Vulkane auf der Kruste abgelagert werden. Der an Basalt verarmte Mantel-Rest könnte irgendwann den mächtigen tektosphärischen Wurzelzonen einverleibt werden.

Das Ausschmelzen basalthaltiger Komponenten ist jedoch auf den Mantel oberhalb von zweihundert Kilometer Tiefe beschränkt. Darunter ist der Druck so groß, daß sich eine Schmelze nicht mehr bilden kann. Eine an Basalt verarmte Tektosphäre von mehr als zweihundert Kilometer Mächtigkeit ist also allein durch Schmelzprozesse nicht zu erklären. Es ist jedoch denkbar, daß ab und zu verarmter Mantel-Peridotit, dessen Basalt an einem mittelozeanischen Rücken ausgeflossen ist, beim Spreizen des Ozeanbodens in eine Subduktionszone gerät und sich dort an der Tektosphäre unter dem Kontinent ablagert.

Eine auf diese Weise gebildete Tektosphäre wäre zunächst noch dünn und daher für Gebirgsbildungen prädestiniert. Beispiele für dieses Entwicklungsstadium finden wir heute in Indonesien, Westkanada und Patagonien.

Die weitere Verfestigung und Verdikkung der Tektosphäre resultiert dann offenbar aus größerer Kompression an den Grenzen konvergierender Platten, besonders natürlich beim Zusammenprall von Kontinenten. Bei sehr heftigen Kollisionen, wie zwischen Indien und dem eurasischen Kontinent, wird die Kruste am Kontinentalrand auf das Zwei- bis Dreifache verdickt. Es können Hochflächen entstehen wie das tibetische Hochland, wo die Kruste eine Mächtigkeit von rund siebzig Kilometer erreicht. Solche Verdickungen der Kruste könnten von einer proportionalen Verdickung der subkrustalen Tektosphäre begleitet sein, in deren Verlauf seitlich und nach unten basaltarmer Peridotit angelagert wird. Auf diese Weise könnten die mächtigen Wurzelzonen der Kratone entstehen.

Verarmung, Verfestigung und Verdikkung wären demnach die wichtigsten Vorgänge bei der Bildung einer kontinentalen Tektosphäre. Um in einer bestimmten Region eine mächtige Tektosphäre zu stabilisieren, bedarf es vermutlich etlicher Wiederholungen dieser Vorgänge, denn sie müssen immer wieder dem zerstörenden Einfuß strömungsmechanischer Instabilitäten im oberen Mantel standhalten. Die Basalt-Verarmung ist weitgehend irreversibel, aber für die Verfestigung und Verdickung der Tektosphäre gilt das sicher nicht.

Jede nennenswerte Erhitzung einer kühlen, dicken und stabilisierten Tektosphäre – sei es durch Wärmeleitung von der Peripherie her, durch Eindringen heißen Materials oder durch interne Wärmequellen – hat eine Verdünnung und Zerteilung durch das aufwärts und seitwärts fließende Mantelmaterial geringerer Dichte zur Folge. Solche Bewegungen könnten eine entscheidende Rolle bei der Anlage von Gräben und Riffsystemen und beim Auseinanderbrechen von Kontinenten spielen.

Die grobe Skizze von der Struktur und Entwicklung der kontinentalen Tektosphäre, die ich hier gezeichnet habe, ist ein unvollständiges und spekulatives Modell. Sie verdankt ihre Gestalt zahlreichen strittigen Verallgemeinerungen und ihre Farbe der Voreingenommenheit des Verfassers. Sie muß noch viel gründlicher überprüft werden, um festzustellen, wie weit sie tatsächlich brauchbar ist und ob die grundlegenden Hypothesen gerechtfertigt sind. Sie zeigt aber auch, welche Erkenntnisse sich gewinnen lassen, wenn Geologie, Geochemie und Geophysik eng zusammenwirken.

Die Subduktion der Lithosphäre

An den mittelozeanischen Rücken entsteht fortwährend neue Erdkruste. Sie wandert seitwärts und wird nach einem langen Weg wieder in den Erdmantel herabgesogen. Dabei entstehen Tiefseegräben, Erdbeben, Inselgirlanden und Kettengebirge.

Von **M. Nafi Toksöz**

Die Lithosphäre ist die äußere Schale der Erde, gebildet aus Erdkruste und dem oberen Erdmantel. Sie besteht aus rund einem Dutzend starrer, aber nicht fest miteinander verbundener Platten. Neue Lithosphäre entsteht an mittelozeanischen Rücken: Magma dringt aus dem Erdinneren nach oben, erstarrt und bildet neuen Ozeanboden. Wenn aber ständig neue Lithosphäre geschaffen wird und die Erde sich doch nicht ausdehnt, stellt sich uns sofort die Frage: Wo bleibt die „alte" Lithosphäre?

Die Antwort wurde Ende der sechziger Jahre gefunden. Sie war der letzte Stein im Mosaik der Postulate, die zur Theorie der Plattentektonik zusammengefaßt wurden. Die Plattentektonik hat die herkömmliche Deutung tektonischer Prozesse als Ausdruck struktureller Veränderungen im Gefüge der Erde völlig umgewälzt und dabei viele bis dahin widersprüchlich erscheinende wissenschaftliche Beobachtungen in einen logischen Zusammenhang gebracht. Danach wird die alte Lithosphäre subduziert, das heißt, sie taucht, gesogen oder geschoben, wieder in den Erdmantel ab. Beim Prozeß der Subduktion wird die bis dahin starre Platte langsam erwärmt, aufgeschmolzen und in Millionen von Jahren vom Erdmantel absorbiert (Bild 3). Die Subduktion der Lithosphäre ist wahrscheinlich das bedeutendste Phänomen der globalen Dynamik der Erde. Sie wahrt nicht nur das Gleichgewicht zwischen neu entstehender und verschluckter alter Lithosphäre, sie gilt auch als Ursache für viele der geologischen Prozesse, die das Antlitz der Erde formen. Die meisten Vulkane der Erde und fast alle Erdbeben mit tiefen und mitteltiefen Herden stehen in Verbindung mit abtauchenden Lithosphärenplatten. Die beim Blick auf die Weltkarte auffallenden Inselgirlanden wie die Aleuten, die Kurilen, die Marianen, die Japanischen Inseln, sind der Ausdruck von Subduktions-Prozessen in der Tiefe. Die großen Tiefseegräben wie der Java- oder der Tongagraben markieren, soweit sie vor den Inselgirlanden liegen, die dem Ozean zugewandte Grenze einer Subduktions-Zone. Die längsten Kettengebirge entstanden, wenn zwei Platten gegeneinander gepreßt und eine unter die andere subduziert wurde (Bilder 1 und 2).

Um das gigantische Ausmaß der Subduktion richtig einschätzen zu können, muß man sich klarmachen, daß Atlantik und Pazifik erst in den letzten 200 Millionen Jahren durch das sogenannte Sea-Flor-Spreading, das Spreizen des Ozeanbodens, gebildet worden sind. Die ganze Erdkruste unter den Weltmeeren ist demnach jünger als 200 Millionen Jahre. Für jeden Streifen neuen Ozeanbodens, der bei der Öffnung der Ozeane entstand, mußte an anderer Stelle ein Streifen alter Lithosphäre subduziert werden. Eine einfache Rechnung macht deutlich, daß dieser Prozeß mindestens 20 Milliarden Kubikkilometer Krustenmaterial verschlang. Nehmen wir die heutige Subduktionsgeschwindigkeit als Maßstab, dann würde die ganze Erdoberfläche in ungefähr 160 Millionen Jahren vom Erdmantel verschluckt worden sein.

Um den Subduktionsprozeß zu verstehen, muß man den Wärmehaushalt der Erde betrachten. Von der Oberfläche ausgehend steigt die Temperatur zunächst sehr schnell und erreicht in einer Tiefe von 100 Kilometer etwa 1200 Grad Celsius. Dann geht der Wärmeanstieg langsamer, in 500 Kilometer Tiefe sind erst rund 2000 Grad erreicht. Die Minerale des Peridotits, des Gesteins, aus dem der obere Mantel besteht, fangen bei rund 1200 Grad an zu schmelzen, also etwa in 100 Kilometer Tiefe. Unter den Ozeanen ist der obere Mantel relativ weich; möglicherweise enthält er schon in einer Tiefe von etwa 80 Kilometer geschmolzenes Material. Diese weiche Mantelzone, auf der sich die starren Lithosphärenplatten normalerweise bewegen, heißt Asthenosphäre. Es scheint, als ob Platten in bestimmten Gebieten durch Konvektionsströme innerhalb der Asthenosphäre bewegt werden, in anderen Gebieten dagegen die in Bewegung gekommenen Platten die Konvektionsströme erst hervorrufen.

Mittelozeanische Rücken sind die Stellen, an denen aufsteigendes Magma neue Lithosphäre bildet. Die Rücken erheben sich mehr als dreitausend Kilometer über den Meeresboden, denn das austretende Magma hat wegen seiner hohen Temperatur eine geringere Dichte als das kältere Gestein der älteren Ozeankruste. Die neugebildete Lithosphäre entfernt sich vom Rücken, kühlt sich dabei langsam ab und wird dicker. Die Spreizungsgeschwindigkeit liegt im allgemeinen zwischen einem und zehn Zentimeter pro Jahr. Die höheren Geschwindigkeiten wurden im Pazifik gemessen, die niedrigeren am mittelatlantischen Rücken. Bei einer Geschwindigkeit von acht Zentimeter pro Jahr wird die Lithosphäre in 1000 Kilometer Entfernung vom Rücken eine Dicke von 80 Kilometer erreicht haben. Dieser Wert wird für die meisten pazifischen Tiefseeregionen von zahlreichen seismischen Messungen bestätigt.

Bild 1: Der nepalesische Himalaya gehört zu einem der wenigen Gebiete, in denen kontinentale Lithosphäre subduziert wird. In den meisten Subduktions-Zonen taucht dagegen ozeanische Lithosphäre unter die kontinentale Lithosphäre ab. Im Himalaya wird die Lithosphäre des Indischen Subkontinents (unten) unter den schneebedeckten Himalaya subduziert (oben); dabei wird die Gebirgskette angehoben. Das auf der Falschfarben-Auswertung einer Aufzeichnung des Earth Resources Technology Satellite Landsat 1 dargestellte Gebiet ist in West-Ost-Richtung (von links nach rechts) 125 Kilometer breit. Einer der Gipfel des Kamms ganz am rechten oberen Rand des Bildes ist der Mount Everest. Der tektonische Kontakt zwischen der indischen und der eurasischen Platte verläuft von links nach rechts in dem Tal, das durch die beiden kleinen Wolkenfelder unter der Bildmitte und weiter rechts gekennzeichnet ist.

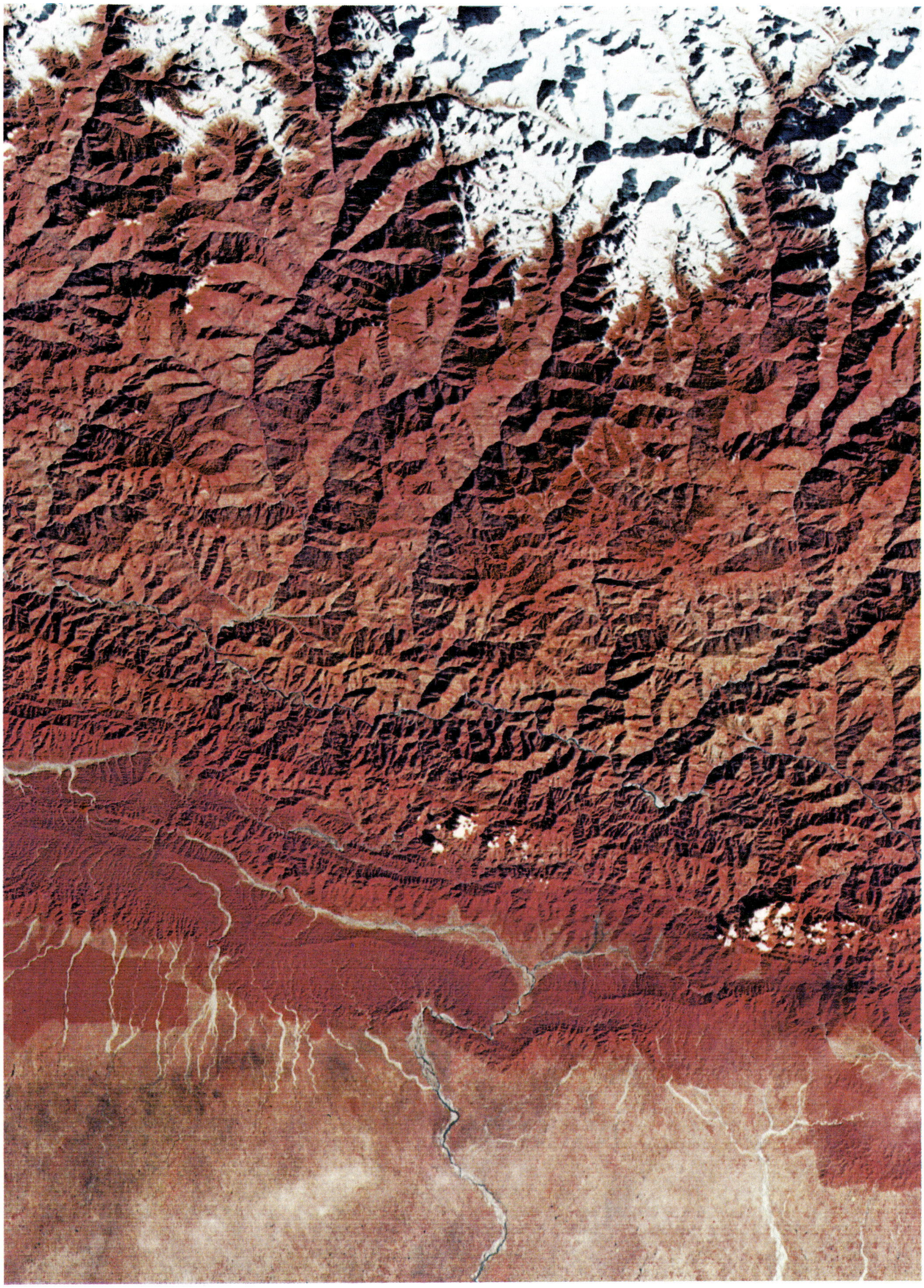

Wenn sich zwei Platten aufeinander zubewegen, wird dort, wo sie aufeinandertreffen, normalerweise die ozeanische Platte nach unten abgebogen und unter die dickere und stabilere Kontinentalplatte geschoben. Entlang der Linie, an der die Subduktion stattfindet, entsteht ein Tiefseegraben, der mehr als 10 000 Meter tief werden kann (Bild 2). Der zunächst flache Neigungswinkel der subduzierten Platte wird mit zunehmender Tiefe steiler. Mit Hilfe von Reflexionsseismik gewonnene Profile verschiedener Tiefseegräben zeigen deutlich die abwärtsgeneigte Oberfläche der abtauchenden ozeanischen Platte.

Das Platteninnere bleibt lange kühl

Die Wärme für das Erhitzen der lithosphärischen Platte beim Abtauchen in den Erdmantel stammt aus mehreren Quellen. Erstens fließt ganz einfach Wärme vom umgebenden Mantel in die kältere Platte. Da sich die Wärmeleitfä-

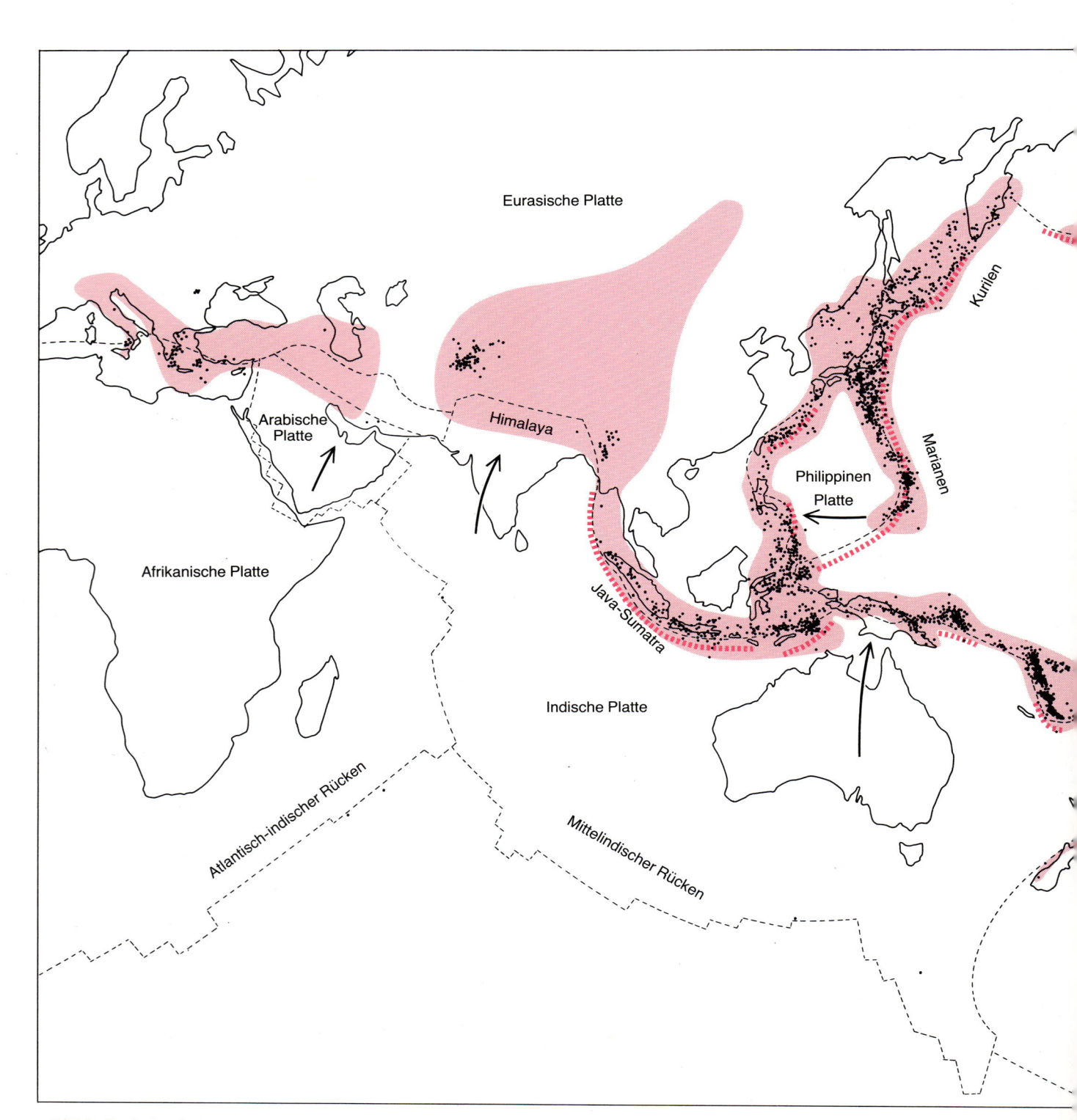

Bild 2: Großtektonische Karte der Erde. Auf ihr sind die wichtigsten Lithosphärenplatten und ihre Bewegungsrichtungen durch Pfeile dargestellt. An mittelozeanischen Rücken wird den Platten durch aufdringendes und erstarrtes Magma aus dem Erdmantel ständig neues Material angefügt. Es wandert mit den Platten nach außen und wird durch Subduktion schließlich dem Erdmantel wieder zugeführt und dort langsam absorbiert. Beim Subduktionsprozeß entstehen Tiefseegräben (farbige, gestrichelte Linien) und Inselbögen mit zahlreichen aktiven Vulkanen. Wo heute in Europa und Asien kontinentale Lithosphärenplatten zusammenstoßen, entstehen junge Kettengebirge. Dagegen sind die Gebirge rund

higkeit mit steigender Temperatur erhöht, wird der Wärmefluß bei zunehmender Tiefe immer stärker. Zweitens wird das abtauchende Lithosphärenstück zunehmendem Druck ausgesetzt, es entsteht Kompressionswärme. Drittens wird das abgetauchte Lithosphärenstück wie die ganze Lithosphäre durch den Zerfall von radioaktivem Uran, Thorium und Kalium erwärmt, die Wärme aber nicht mehr von der Erdoberfläche abgeführt. Viertens entsteht Wärme, weil die gesteinsbildenden Minerale der Lithosphäre wegen des beim Abtauchen zunehmenden Drucks in andere Phasen mit dichteren Kristallgittern übergehen und dabei Energie frei wird. Die fünfte Wärmequelle wird durch Reibung und Scherbewegungen an der Grenze zwischen der subduzierten Platte und dem umliegenden Mantel gespeist. Die wichtigsten Wärmequellen sind die erste und die vierte. Sie führen der absinkenden Platte die meiste Wärme zu.

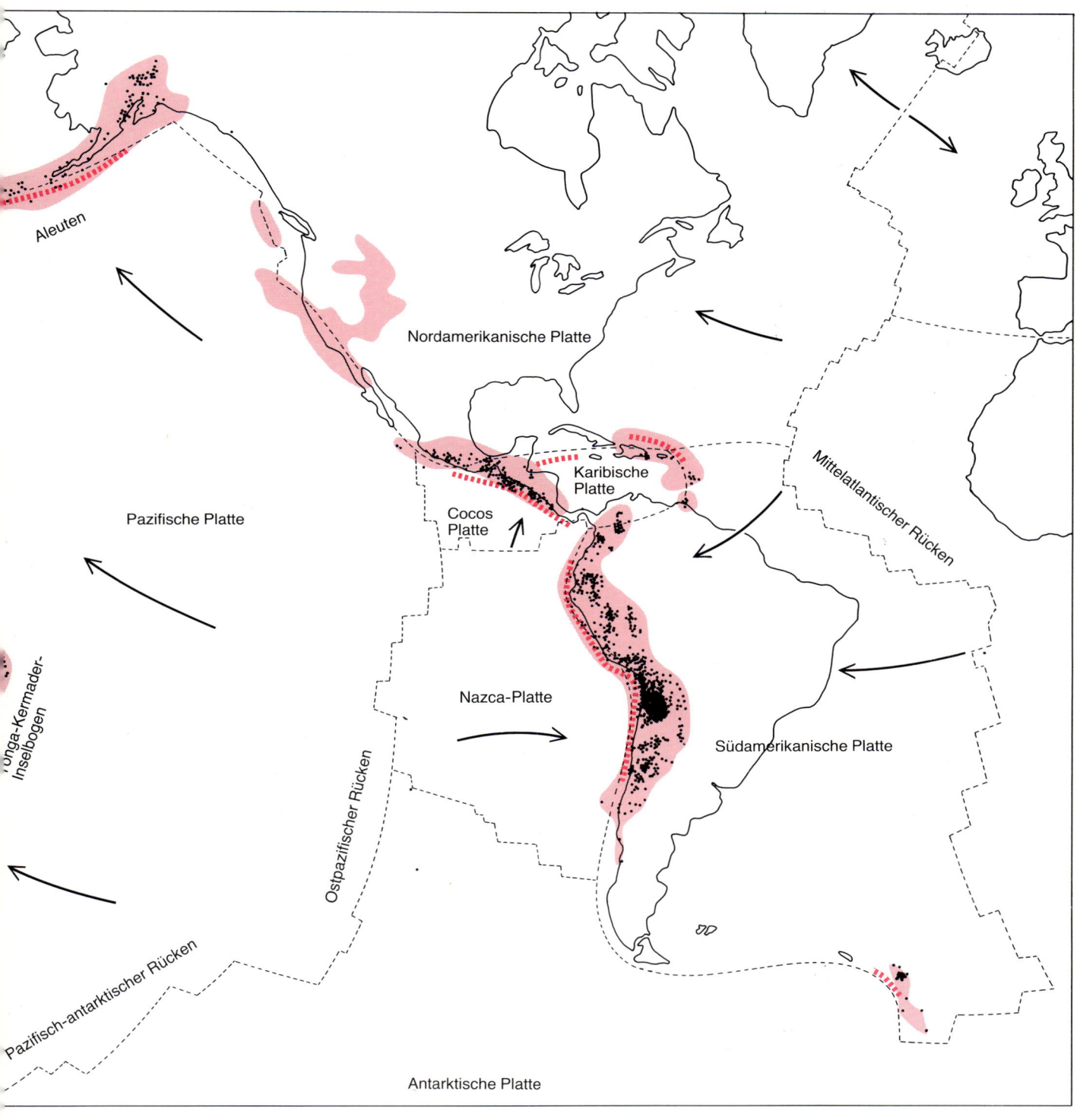

um den Pazifik das Ergebnis der Subduktion ozeanischer Platten unter Kontinentalplatten. Die farbigen Regionen bezeichnen jene Gebiete, in denen zwischen 1961 und 1967 die meisten Erdbeben auftraten, ohne Berücksichtigung der Herdtiefe. Ihrer Darstellung liegen die Karten von H. J. Dorman und M. Barazangie vom Lamont-Doherty Geological Observatory zugrunde. Die Stärke der meisten Beben liegt unter 6,5 der Richter-Skala; es sind Flachbeben mit Hypozentren in Tiefen zwischen 5 und 15 Kilometer. Die Hypozentren der tieferen Beben in mehr als 100 Kilometer Tiefe sind durch schwarze Punkte markiert. Alle Tiefbeben entstehen in den kühlsten Teilen abtauchender ozeanischer Platten.

Subduktionszone	Betroffene Platten	Typ	Länge der Subduktions-Zone (in km)	Subduktions-Betrag (in cm pro Jahr)	Maximale Erdbeben-Herdtiefe (in km)	Typ des subduzierten Materials
Kurilen – Kamtschatka – Honshu	Pazifische unter Eurasische Platte	A	2800	7,5	610	ozeanisch
Tonga – Kermadec – Neuseeland	Pazifische unter Indische Platte	A	3000	8,2	660	ozeanisch
Mittelamerika	Cocos-Platte unter Nordamerikanische Platte	B	1900	9,5	270	ozeanisch
Mexiko	Pazifische unter Nordamerikanische Platte	B	2200	6,2	300	ozeanisch
Aleuten	Pazifische unter Nordamerikanische Platte	B	3800	3,5	260	ozeanisch
Sunda – Java – Sumatra – Burma	Indische unter Eurasische Platte	B	5700	6,7	730	ozeanisch
Süd-Sandwich-Inseln	Südamerikanische Platte unterschiebt Neuschottland	C	650	1,9	200	ozeanisch
Karibik	Südamerikanische unter Karibische Platte	C	1350	0,5	200	ozeanisch
Ägäis (Mittelmeer)	Afrikanische unter Eurasische Platte	C	1550	2,7	300	ozeanisch
Salomonen – Neue Hebriden	Indische unter Pazifische Platte	D	2750	8,7	640	ozeanisch
Izu – Bonin – Marianen	Pazifische unter Philippinen-Platte	D	4450	1,2	680	ozeanisch
Iran	Arabische unter Eurasische Platte	E	2250	4,7	250	kontinental
Himalaya	Indische unter Eurasische Platte	E	2400	5,5	300	kontinental
Ryukyu – Philippinen	Philippinen-Platte unter Eurasische Platte	E	4750	6,7	280	ozeanisch
Peru – Chile	Nazca-Platte unter Südamerikanische Platte	E	6700	9,3	700	ozeanisch

Bild 3: Tabelle der bedeutendsten Subduktionszonen der Erde und ihrer charakteristischen Daten. Die Nazca-Platte ist eine der kleinsten Platten, gehört aber zu der längsten ununterbrochenen Subduktionszone der Erde, die beinahe die ganze Westküste von Südamerika umfaßt. Sie hat auch mit 9,3 Zentimeter pro Jahr die zweithöchste Subduktionsgeschwindigkeit, gemessen senkrecht zur Erdoberfläche. Allgemein gilt, je schneller eine Platte abtaucht, desto größer ist die maximale Herdtiefe ihrer Erdbeben. (Eine wichtige Ausnahme bildet die Subduktions-Zone unter den Philippinen.) Die fünf Haupttypen der Subduktions-Zonen sind in Bild 6A bis 6E schematisch dargestellt.

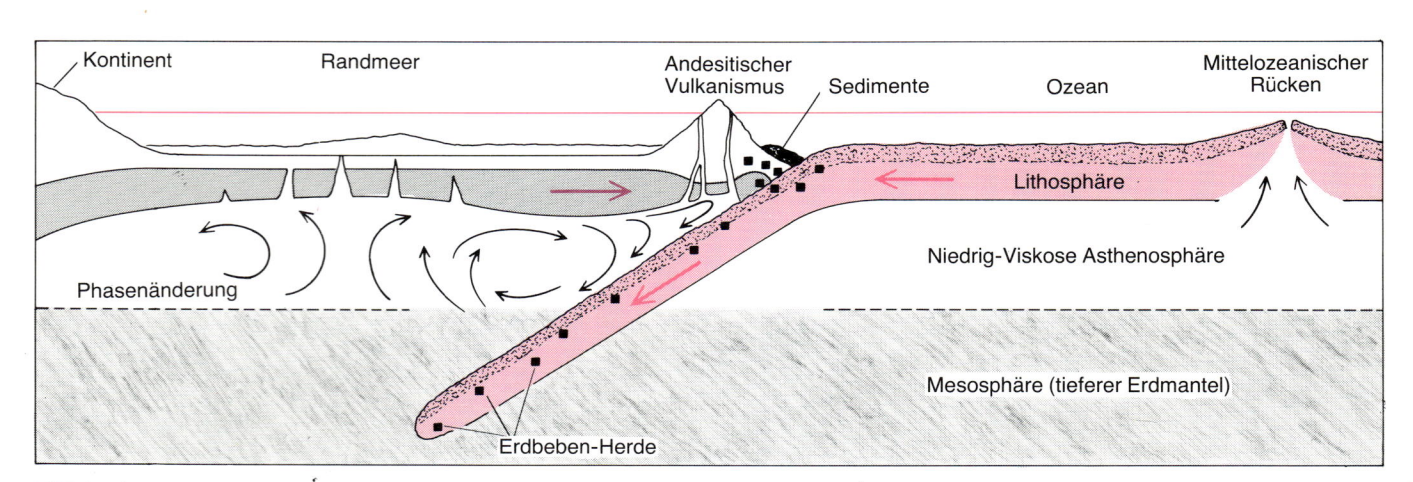

Bild 4: Ein Schnitt durch Kruste und Mantel zeigt, wie man sich Bildung und Subduktion von Lithosphäre vorstellen muß. An den Spreizungszentren der mittelozeanischen Rücken dringt Material aus dem Mantel auf, neue Lithosphäre entsteht. Dort, wo die Lithosphären-Platte in den Erdmantel eintaucht, formt sich ein Tiefseegraben. Erdbeben (schwarze Quadrate) häufen sich im oberen Teil der abtauchenden Platte. Die Pfeile in der weichen Asthenosphäre zeigen die Richtung denkbarer lokaler Konvektionsströme. Diese sekundären Konvektionsströme in dem Asthenosphärenkeil zwischen aktiver und abtauchender Platte können unter dem Randmeer weitere Spreizungszentren entstehen lassen.

Geophysiker aus England, Japan und den USA haben die Temperatur in einer absinkenden Platte theoretisch ermittelt. Trotz unterschiedlicher Berechnungsmethoden stimmen die Ergebnisse recht gut überein. Zum Beispiel hat unsere Gruppe am Massachusetts Institute of Technology die Zunahme der Erwärmung von Platten, die mit verschiedenen Geschwindigkeiten in den oberen Erdmantel eintauchen, für Zeiträume von einigen hunderttausend bis zu mehr als 10 Millionen Jahren errechnet. Wir sind dabei von acht Zentimeter pro Jahr Subduktionsgeschwindigkeit ausgegangen, wie sie für den pazifischen Raum typisch ist. Die Berechnung zeigt, was mit der subduzierten Platte nach 3,6, 7,1 und 12,4 Millionen Jahren geschehen ist (Bild 5). Nach unserem Modell bleibt das Innere der absinkenden Platte so lange deutlich kühler als der umliegende Mantel, bis sie eine Tiefe von rund 600 Kilometer erreicht hat. Dann ist der Wärmetransfer so groß geworden, daß sich das Platteninnere immer schneller erhitzt. Ist die Platte tiefer als 700 Kilometer abgesunken, dann läßt sie sich thermisch nicht mehr als selbständige Einheit betrachten: sie ist im Mantel aufgegangen. Damit steht in Einklang, daß unter 700 Kilometer Tiefe noch nie ein Erdbeben registriert werden konnte. Offensichtlich können Tiefbeben überhaupt nur im Bereich absinkender Platten auftreten. Deswegen läßt sich auch schließen, daß dort, wo Tiefbeben vorkommen, auch abgesunkenes Lithosphärenmaterial existiert.

Doch nicht immer erreicht die absinkende Platte 700 Kilometer Tiefe, bevor sie assimiliert wird. Das hängt von der Subduktionsgeschwindigkeit ab. Beim langsamen Abtauchen wird der Wärmeausgleich schon früher erreicht. Zum Beispiel wird eine Platte, deren Subduktionsgeschwindigkeit einen Zentimeter pro Jahr beträgt, schon in 400 Kilometer Tiefe vom Mantel assimiliert. Endet eine Subduktion völlig, dann verliert das subduzierte Lithosphärenstück in ungefähr 60 Millionen Jahren seine Eigenständigkeit und wird Teil des umliegenden Mantels. Nach der halben Zeit wird die unbewegte Platte bereits zu warm, um noch Erdbeben auszulösen. Die Rechnungen zeigen, warum wir nur die subduzierten Platten erfassen können, die zur jüngsten Phase der Plattentektonik gehören. Zwar lassen sich an der Erdoberfläche die Spuren älterer Subduktionszonen erkennen, aber die subduzierten Platten darunter sind im Erdmantel nicht mehr festzustellen. Die alten Lithosphärenstücke sind verschwunden, nicht nur durch den Assimilations-Prozeß, sondern auch, weil sich die Erdoberfläche in bezug auf den Mantel bewegt.

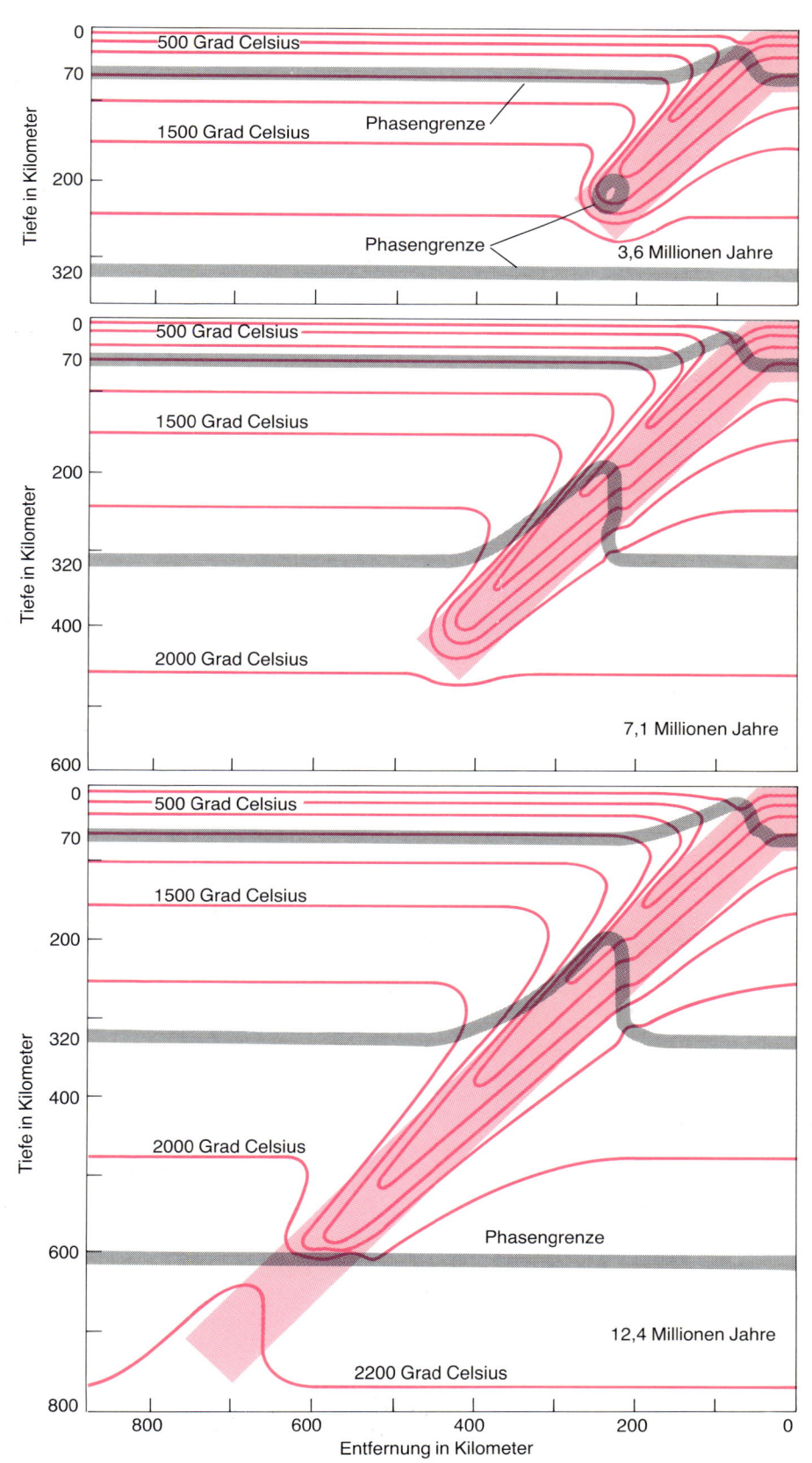

Bild 5: Computer-Modelle im Institut des Autors zeigen das Geschick einer Platte, die mit einem Neigungswinkel von 45 Grad und einer Geschwindigkeit von 8 Zentimeter pro Jahr subduziert wird. Phasenänderungen der Minerale, hervorgerufen durch zunehmenden Druck, treten im Mantel normalerweise in Tiefen von 70, 320 und 600 Kilometer auf. Da in einer abtauchenden Platte im Vergleich zu ihrer Umgebung niedrigere Temperaturen herrschen, finden die beiden ersten Phasenänderungen schon in geringerer Tiefe statt. Bei der Phasenänderung eines Minerals zu einem dichteren Kristallgitter wird Wärme frei. Sie trägt zur Aufheizung des Plattenstücks bei und beschleunigt seine Assimilation. Wenn ein Plattenstück die Temperatur erreicht hat, die in dem umgebenden Mantel in einer Tiefe von 700 Kilometer herrscht, verliert es seine Eigenständigkeit und wird zu einem Teil des Mantels.

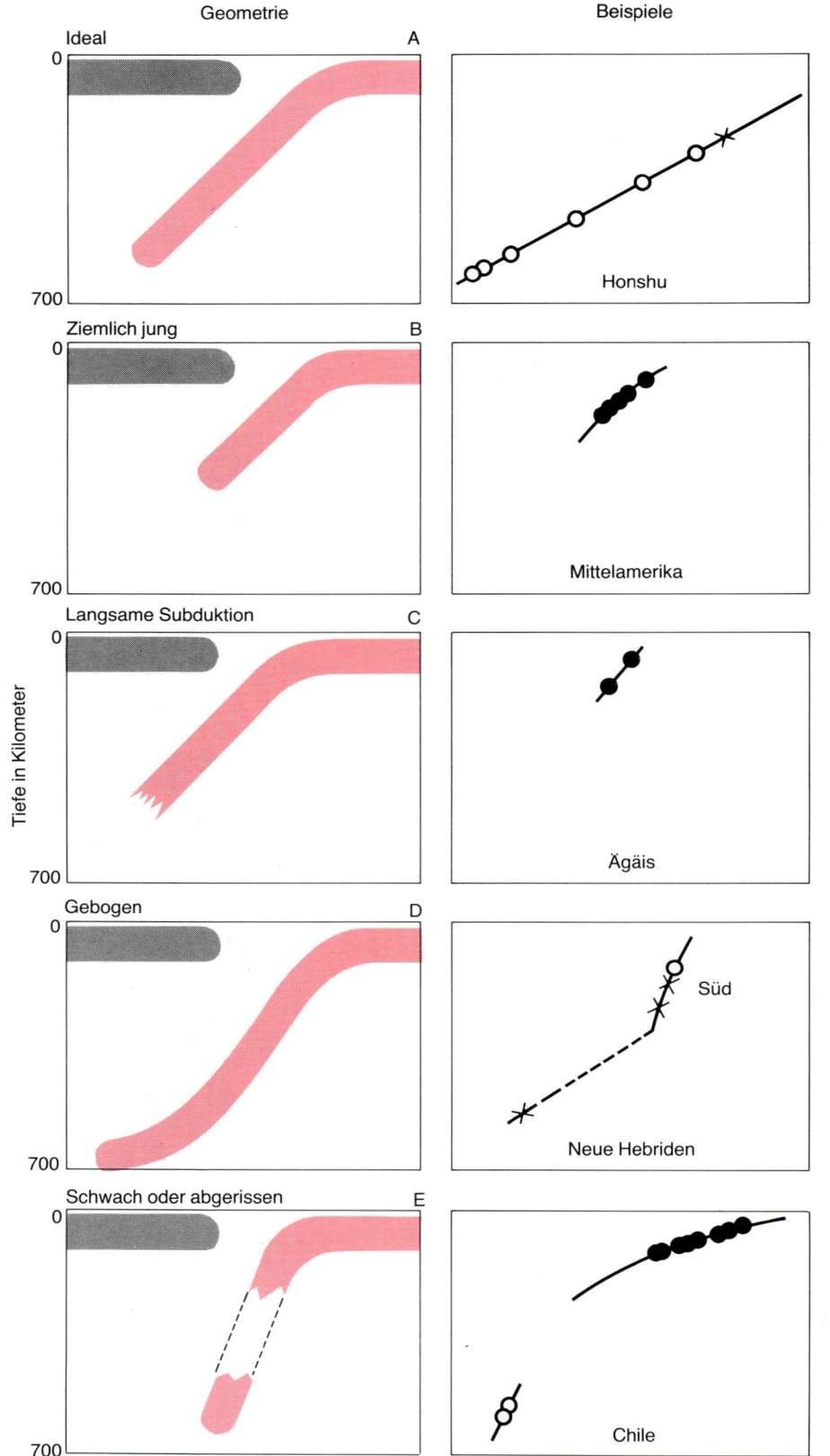

Bild 6: Abtauchende ozeanische Platten lassen sich in fünf Haupttypen einteilen. Für jeden Typ sind rechts Beispiele genannt. Die durchgezogenen Linien kennzeichnen die Lage aller Erdbebenherde, auf die Profilebene projiziert. Die Symbole auf den Linien stehen für besonders heftige Erdbeben, bei denen die Spannungsrichtung bestimmt werden konnte. Offene Kreise bedeuten Druckspannung, schwarze Kreise Zugspannung in der Längsrichtung der Platte; Kreuze bezeichnen Spannungen, die nicht in der Profilebene liegen. Viele Subduktionszonen besitzen eine sogenannte seismische Lücke, eine Zone zwischen 300 und 500 Kilometer Tiefe, in der keine Erdbeben vorkommen. Man ist sich noch nicht im klaren, ob daran eine abgerissene Platte (Typ E) schuld ist oder ob in dieser Tiefe Spannungen fehlen. Beispiele von Bryan L. Isacks von der Cornell University und Peter Molnar vom M. I. T.

Inselgirlanden und Kontinentalränder

Bis jetzt habe ich nur ideale Subduktions-Zonen ohne größere Komplikationen beschrieben. Man kennt sie unter der japanischen Insel Honshu, unter den Kurilen nördlich von Japan und unter den Tonga-Kermadec-Inseln nördlich von Neuseeland. An vielen anderen Stellen verschwindet die Lithosphäre auf viel kompliziertere Art und Weise (Bild 6A bis 6E).

In geologisch jungen Subduktionszonen hat die abtauchende Platte möglicherweise noch längst nicht 700 Kilometer Tiefe erreicht. So ist es zum Beispiel unter den Aleuten, unter der Westküste Zentralamerikas und unter Sumatra. Woanders kann die Subduktionsgeschwindigkeit so niedrig sein, daß die abtauchende Platte schon in wenigen hundert Kilometer Tiefe weitgehend assimiliert ist. Das gilt für die unter die Ägäis abtauchende Mediterrane Platte. An noch anderer Stelle beginnt die Subduktion mit einem flachen Winkel, wird bei mittlerer Tiefe steiler und nähert sich in rund 500 Kilometer Tiefe wiederum fast der Horizontalen. Diese S-förmige Struktur kann unter den Neuen Hebriden im Süd-Pazifik hervorragend beobachtet werden. Die Doppelbiegung mag darauf zurückzuführen sein, daß die obere Asthenosphäre nur geringen Widerstand bot und größerer Widerstand erst in 600 Kilometer Tiefe angetroffen wurde. Der Widerstand stammt entweder von der zunehmenden Dichte oder der zunehmenden Festigkeit des örtlichen Erdmantels, möglicherweise aber von beidem. Andere anomale Verhältnisse sind unter Peru und Chile anzutreffen, die durch das Fehlen von mitteltiefen Erdbebenherden ausgezeichnet sind. Das könnte auf eine spannungsfreie Zone hinweisen oder vielleicht auf eine abgerissene Platte (Bild 6E).

Am häufigsten wird ozeanische Lithosphäre unter einen Inselbogen subduziert. Im westlichen Pazifik ist das die Regel. Dabei gibt es wieder eine Reihe verschiedener Kombinationen und Komplikationen. Zum Beispiel kann sich eine kleine ozeanische Platte wie die Philippinische Platte zwischen zwei Tiefseegräben verfangen haben; eine ozeanische Platte kann unter einen Kontinent subduziert werden wie die Nascaplatte unter die Anden. In diesem Fall lassen sich die Anden noch als eine überdimensionale Inselgirlande betrachten. Anderswo können Horizontal-Verschiebungen wie die San-Andreas-Störung Subduktionslinien durchschneiden. In verhältnismäßig kleinen Gebieten können sich mehrere Subduktionszonen entwickeln. Schließlich können durch die Subduktion zwei Kontinente aneinandergeraten. Das hat jedoch größere tektonische Folgen (Bild 7). Bei der Kollision zweier Kontinente können sich die Platten nicht mehr wie üblich weiterbewegen; denn wegen ihrer geringen Dichte widersetzt sich kontinentale Kruste einer Subduktion in den Mantel. Bei der Kollision von Kontinenten entstehen große Gebirgssysteme. Zu ihnen gehören die Alpen und der Himalaya (Bild 1).

Kontinentale Subduktion ist etwas grundsätzlich anderes als ozeanische Subduktion. Sie ist kein ständiger Prozeß, sondern eine vorübergehende Angelegenheit. Wenn kontinentale Kruste in eine Subduktion einbezogen wird, verhindert ihr Auftrieb in dem dichteren Medium ein tieferes Abtauchen als 40 Kilometer unter ihre normale Tiefenbegrenzung. Hält der Zusammenstoß eine Zeitlang an, dann löst sich die Kruste von der Lithosphärenplatte und wird von anderer kontinentaler Kruste unterschoben. Die dabei entstandene doppelte Kruste hat einen so gewaltigen Auftrieb, daß Hochgebirge entstehen und erhalten werden können. Das lange Stück Ozeankruste, das vor der Ankunft des Kontinents subduziert worden war, wird möglicherweise abreißen und sinken. Jedenfalls verursacht es keine Erdbeben mehr. Hinter der Kollisionsfront kann es zu weiterer Deformation und Kompression kommen; ein Hochplateau mit Oberflächenvulkanismus kann entstehen wie das Hochland von Tibet. Mit der wachsenden Widerstandskraft der verdichteten Kruste kommt die Plattenbewegung bald ganz zum Erliegen. Die Kollision von Kontinenten spielt wahrscheinlich eine wichtige Rolle bei dem periodischen Wechsel der relativen Plattenbewegung.

Wer die geologischen, geochemischen und geophysikalischen Konsequenzen einer Subduktion der Lithosphäre richtig versteht, wird viele wichtige Strukturen der Erdoberfläche erklären können. Gleichzeitig dienen uns die Strukturen der Oberfläche dazu, die theoretisch erarbeiteten Modelle des Subduktionsvorgangs zu überprüfen. Eine Vielzahl von Einzelerscheinungen bietet sich an. Aus Platzgründen will ich meine Betrachtung auf die geologischen Eigenschaften der Sedimente und der abtauchenden Kruste in Tiefseegräben, die andesitischen Magmen der Inselbogenvulkane und die Anomalien des Wärmeflusses und der Gravitation beschränken. Die quantitativ feststellbaren und bewertbaren Eigenschaften dieser drei Phänomene erstrecken sich auf die ersten 100 Kilometer Subduktionstiefe. Darunter liefert nur noch die Seismik brauchbare Resultate. Die Geschwindigkeit und die Dämpfung von Erdbebenwellen, mehr noch ihre Hinweise auf die Lage tiefer und mitteltiefer Erdbebenherde lassen uns die Ausdehnung der relativ kalten und starren Stücke abtauchender Lithosphäre erkennen.

Theorie auf dem Prüfstand

In dem von der abtauchenden Platte geschaffenen Tiefseegräben lagern sich im Laufe der Zeit große Mengen von Sedimenten ab. Sie stammen im wesentlichen vom angrenzenden Kontinent. Werden die Sedimente zwischen der subduzierten ozeanischen Kruste und dem Kontinent oder Inselbogen eingequetscht und in die Tiefe mitgenommen, dann unterliegen sie stärkster Deformation, Zerscherung, Aufheizung und Umwandlung (Metamorphose). Auf reflexionsseismischen Profilen konnten die deformierten Sedimentkomplexe wiedergefunden werden. Einzelne Stücke können auch in große Tiefen mitgeschleppt werden, wo sie schließlich schmelzen und zum Vulkanismus beitragen können. Tun sie das, dann kehren sie in Form von Magma relativ schnell an die Erdoberfläche zurück, und die Gesamtmenge des weniger dichten Krustengesteins erleidet keinen Verlust.

Eine auffallende Erscheinung an Subduktions-Zonen ist ein Vulkanismus, der andesitische Schmelzen zutage bringt. Sie liefern ein feinkörniges, graues Gestein. Woher das Magma der andesitför-

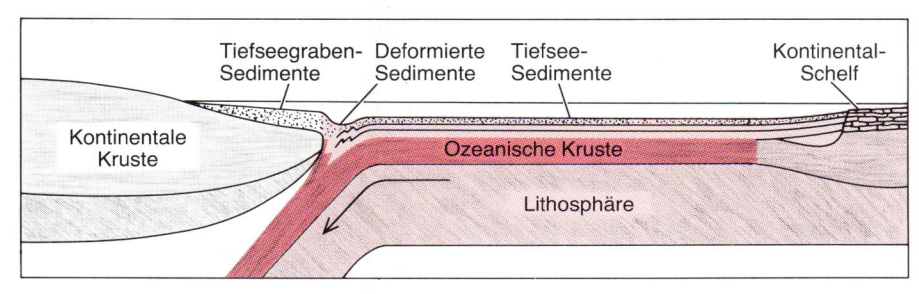

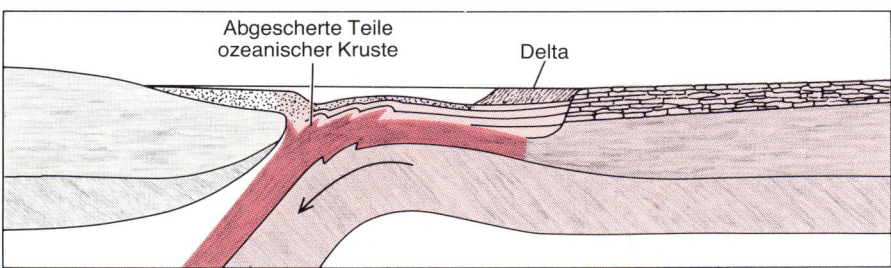

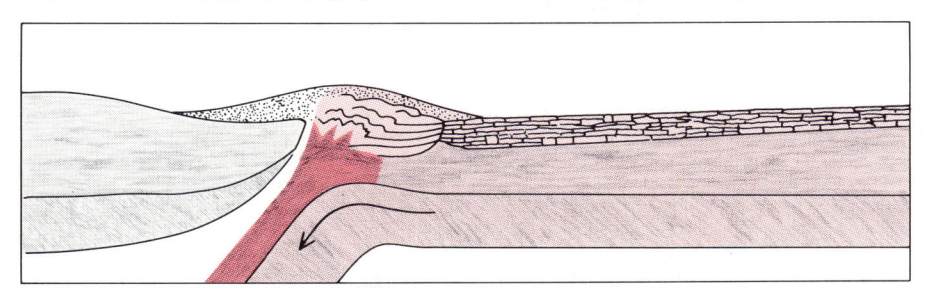

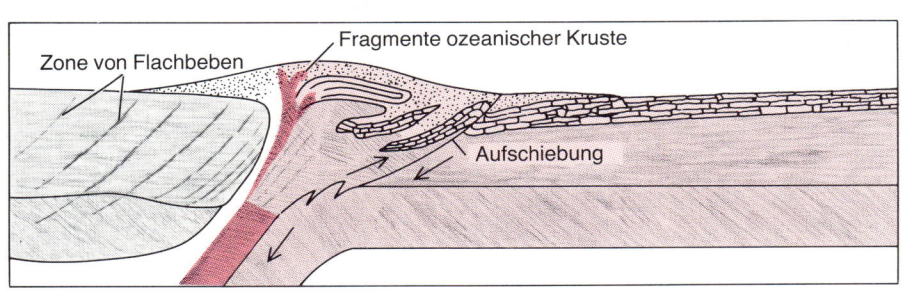

Bild 7: Eine Kollision von Kontinenten ereignet sich dann, wenn eine ozeanische Platte, die am Rand eines Kontinents (links) subduziert wird, Teil einer Lithosphärenplatte ist, zu der auch ein Kontinent gehört (rechts). Ein solcher Zusammenstoß fand statt, als der kontinentale Teil der Indischen Lithosphärenplatte, der 200 Millionen Jahre lang hinter seinem ozeanischen Plattenteil in nördlicher Richtung gewandert war, unter die Eurasische Kontinentalplatte geriet. Mit der Kollision zweier Kontinente endet im allgemeinen die Subduktion. Doch vorher lösen sich Krustenteile von der subduzierten Platte, werden deformiert und zu einem Kettengebirge aufgetürmt. (Beim Auftreffen der Indischen Platte ist es der Himalaya.)

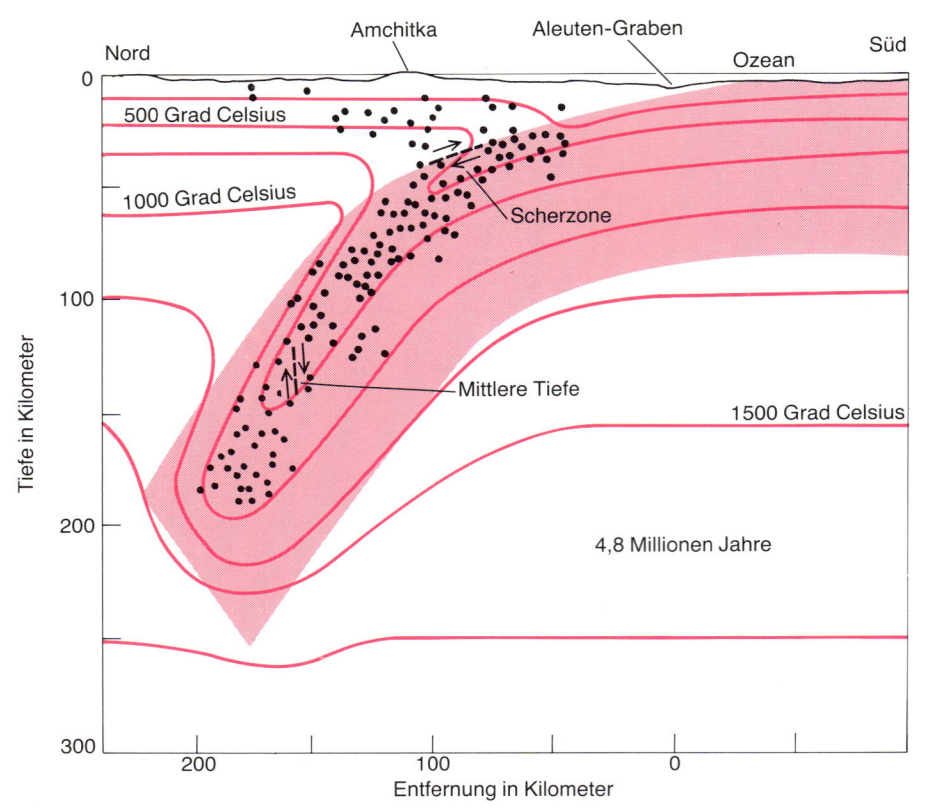

Bild 8: Die Erdbeben der Aleuten lassen die Lage der subduzierten Pazifischen Platte erkennen. Die genaue Lage der Erdbebenherde auf dem kalten abtauchenden Plattenteil konnte bei der Aufzeichnung seismischer Wellen bestimmt werden, die bei Atombombentests auf der Insel Amchitka erzeugt wurden. Dabei stellte sich heraus, daß die Laufzeit der Wellen innerhalb der kühleren Platte kürzer ist als in dem umliegenden Mantel. Ein aus den seismischen Aufzeichnungen berechnetes Modell zeigt, daß Erdbeben mit mitteltiefen Herden (Punkte) im kälteren Platteninneren auftreten, und nicht, wie bis dahin angenommen wurde, in der Scherzone auf der Plattenoberseite. Flachbeben entstehen dagegen in der Scherzone und in der unterschobenen Platte. Die Pfeile geben Gleitflächen und Bewegungsrichtungen an.

dernden Vulkane stammt, weiß man nicht ganz genau. Die geochemischen und petrographischen Eigenschaften der Laven deuten auf eine Entstehung der Schmelze in rund 100 Kilometer Tiefe hin. A. E. Ringwood von der Australian National University deutete 1969 ein teilweises Aufschmelzen der subduzierten ozeanischen Kruste als Quelle des Magmas. Die Scherung an der Oberkante der abtauchenden Platte könnte die notwendige Wärme geliefert haben: Auch Konvektionsbewegungen in dem keilförmigen Stück Asthenosphäre zwischen Kruste und abtauchender Platte könnten eine Magmenbildung verursachen, weil dabei Asthenosphärenmaterial nach oben gerät, wo es unter Druckentlastung schmilzt (Bild 4).

Der Wärmefluß an der Erdoberfläche erzählt uns eine Menge über die Wärmeverhältnisse der oberen Schichten. Tiefersitzende Phänomene machen sich nur indirekt bemerkbar. In den Tiefsee-Gräben ist der Wärmefluß niedrig (weniger als fünfzig Milliwatt pro Quadratmeter); Inselbögen haben wegen ihres Vulkanismus im allgemeinen einen hohen, aber je nach Aktivität veränderlichen Wärmefluß. Hoher Wärmefluß ist auch für die Randmeere hinter den Inselbögen charakteristisch, zum Beispiel für das Japanische Meer, das Ochotskische Meer, das Lua-Becken westlich von Tonga und das Parece-Vela-Becken hinter dem Marianenbogen.

Unter diesen Becken liegt relativ heißes Gesteinsmaterial, das durch Konvektionsströme oder durch Emporquellen aus tieferen Regionen hinter den Inselbögen nach oben befördert wurde. Die Konvektionsströme entstehen in dem Asthenosphärenkeil (Bild 4) über der abtauchenden Platte bei der Abwärtsbewegung. Da es eine ganze Zeit dauert, bis sich ein Konvektionssystem in Bewegung setzt, dürfte in den Becken hinter den jüngsten Subduktions-Zonen noch kein hoher Wärmefluß zu erwarten sein. In der Tat wurden in der Bering-See hinter dem Aleuten-Bogen normale Wärmeflußwerte gemessen.

Anomalien des Gravitationsfeldes haben eine große Ausdehnung längs und quer zur Subduktionszone. Eine abtauchende Lithosphärenplatte ist kälter und dichter als der Mantel, in den sie eindringt: sie erzeugt eine positive Schwereanomalie. Die heiße Region unter einem Randmeer müßte eine geringere Dichte zeigen und eine negative Schwereanomalie zur Folge haben. Aus Veränderungen im Charakter der Kruste vom Ozeanboden zum Inselbogen oder zum Kontinent folgen weitere Anomalien. Zur Deutung der Gravitationswerte über Subduktions-Zonen müssen alle denkbaren Anomalien herangezogen und miteinander kombiniert werden (Bild 9). Die Gravitationswerte stimmen mit den Subduktionsmodellen vorzüglich überein. Ein Beweis sind sie jedoch nicht, da die Tiefenlage der Massen, von denen die Anomalien hervorgerufen werden, nicht genau festzustellen ist.

Erdbebenwellen geben Auskunft

Die zwingendsten Beweise für eine Subduktion der Lithosphäre liefert die Seismik. Die meisten Erdbeben der Welt, unter ihnen praktisch alle Erdbeben mit tiefen und mitteltiefen Hypozentren stehen in Verbindung mit Subduktionszonen (Bild 2). Die Lage der Hypozentren und der Auslösemechanismus der Erdbeben lassen sich am zwanglosesten durch Spannungen in der subduzierten Platte erklären. Die Auswertung der aufgezeichneten Erdbebenwellen bestätigt den Umriß und die Lage der kühleren subduzierten Lithosphärenplatten. Die reichlich vorhandenen Daten einiger Gebiete (Japan, Aleuten, Tongagraben, Südamerika) sind überzeugend.

Die Seismik zeichnet uns folgendes Bild: In relativ geringer Tiefe, wo die Ränder der beiden starren Lithosphärenplatten aneinanderstoßen, treten Erdbeben besonders häufig auf. Viele der verheerendsten Erdbeben der Welt (Chile 1960, Alaska 1964, Kamtschatka 1952, um nur die jüngsten zu nennen) treten neben zahllosen kleineren entlang der Scherfläche zwischen der abtauchenden ozeanischen Platte und dem darübergleitenden Kontinent oder Inselbogen auf. Auf der Ozeanseite eines Grabens entstehen beim Abbiegen der Lithosphärenplatte normale Störungsbeben. Auch abreißende Platten und andere Arten von Spannungsausgleich verursachen Erdbeben in diesen Zonen ausgeprägter Deformation.

Erdbeben mit tiefen und mitteltiefen Hypozentren häufen sich im allgemeinen auf einer Ebene, die unter den Kontinent einfällt, Benioff-Zone genannt. Zuerst hatte man angenommen, daß die Benioff-Zone die Scherzone zwischen der Oberfläche der abtauchenden Lithosphärenplatte und dem sie überlagernden Erdmantel sei. Doch detaillierte Untersuchungen von Bryan L. Isacks von der Cornell University, Peter Molnar

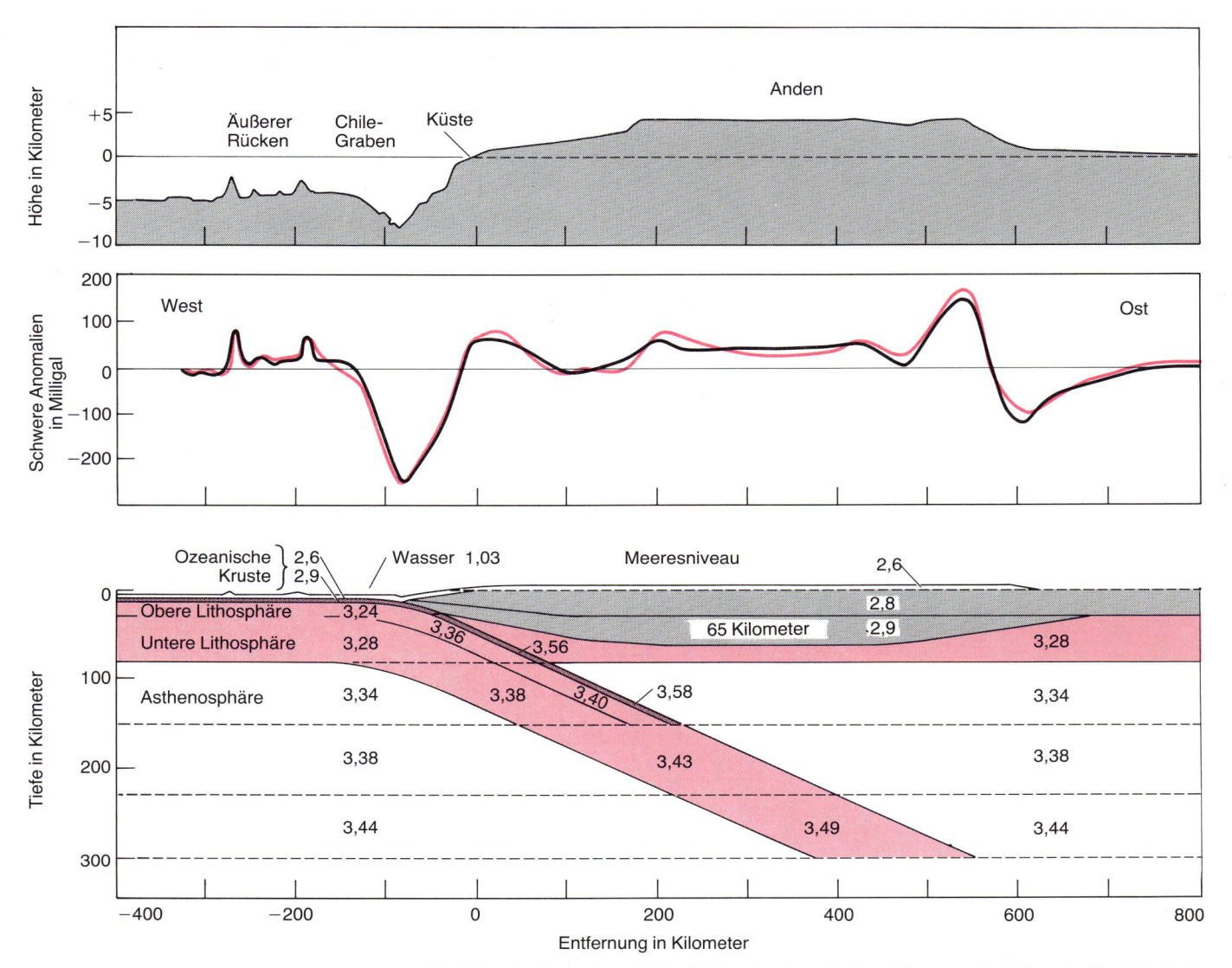

Bild 9: Der Einfluß einer subduzierten Platte auf die Schwerkraftverteilung läßt sich an den Schwereanomalien ablesen, die an der Westküste von Chile und unter den Anden festgestellt wurden. Das obere Diagramm ist ein topographischer Querschnitt durch das Untersuchungsgebiet. Die festgestellte Schwereanomalie, angegeben in Milligal, wird von der schwarzen Kurve im mittleren Diagramm dargestellt. Die farbige Kurve gibt die Anomalie wieder, wie sie nach dem Modell der Lithosphäre (unteres Diagramm) errechnet wurde. (Ein Gal, Abkürzung für Galilei, ist ein Neunhundertachtzigstel der normalen Schwerkraft auf der Erdoberfläche; eine Anomalie von minus 260 Milligal im Chilegraben entspricht einem Schwerkraft-Defizit von circa 0,026 Prozent.) Das Modell beschreibt den Chilegraben, der ein Schwereminimum bedingt, und den kühleren, dichteren Plattenteil, der den gegenteiligen Effekt hervorruft. Die Dichten im Modell sind in Gramm pro Kubikzentimeter angegeben. Das Modell wurde von J. A. Grow und Carl O. Bowin von der Woods Hole Oceanographic Institution ausgearbeitet.

vom Massachusetts Institute of Technology und anderen haben gezeigt, daß für die beobachteten Erdbeben die Auslösung anderer Kräfte notwendig ist als durch den Scherprozeß entstehen können. Zusammen mit genaueren Lagebestimmungen der Erdbebenherde unter verschiedenen Inselbögen weisen ihre Ergebnisse darauf hin, daß Erdbeben mit tiefen und mitteltiefen Hypozentren nur im kältesten Bereich, im Inneren der absinkenden Platte, auftreten können (Bild 8). Die Spannungen, die von der auf das dichte Innere der Platte wirkenden Schwerkraft und vom Widerstand des umliegenden Mantels gegen das Eindringen der Platte aufgebaut werden, sind im kältesten Bereich auch am stärksten. Überdies wirkt das kalte, starre Innere der Platte wie ein Resonator zur Weiterleitung von Spannungen. Die von den Wissenschaftlern berechneten Spannungsrichtungen stimmen mit den von Erdbeben abgeleiteten Richtungen überein.

Das Ergebnis kann in Gebieten, in denen detaillierte Erdbebenuntersuchungen gemacht wurden, überprüft werden. Zu ihnen gehören die Aleuten und Japan. Auf der Insel Amchitka in den zentralen Aleuten lieferten die unterirdischen Atomexplosionen Longshot, Milrow und Cannikin Energiequellen, deren Ort und Zeit genau bekannt waren. Aus den Laufzeiten der die abtauchende Lithosphäre durchlaufenden seismischen Wellen ließ sich die Lage der kühlsten Plattenzone präzise ermitteln. Das dichte Netz seismischer Stationen in diesem Gebiet liefert auch genaue Angaben über die Lage von Erdbebenherden. Flachliegende Herde konzentrieren sich nahe der Aufschiebungsfläche, tiefere Herde im kühlsten Plattenteil (Bild 8).

Die japanischen Inseln sind wahrscheinlich der am intensivsten untersuchte Erdbebengürtel der Welt. Die gemessene Geschwindigkeit seismischer Wellen, ihre Dämpfungscharakteristiken, die genaue Lage der Erdbebenherde und die von ihnen ausgehenden Aktivitäten passen genau in das regionale Subduktionsmodell (Bild 10). Die abtauchende Platte zeigt hohe Wellengeschwindigkeiten bei fehlender bis sehr geringer Laufzeit-Verzögerung, die ein Maßstab für die nichtelastische Dämpfung hochfrequenter Erdbebenwellen ist. Dort, wo die Platten nahe der Oberfläche gegeneinanderstoßen, gibt es eine Vielzahl flachgelegener Erdbebenherde. Tiefe und mitteltiefe Herde finden sich in den kühlsten Plattenzonen, wo die Spannungen am höchsten sind (Bild 10). Es gibt andere Subduktionszonen, in denen die Lage der Erdbebenherde nicht so genau bekannt ist. Doch für alle Gebiete, für die genügend Daten vorliegen, läßt sich zeigen, daß Erdbeben mit tiefen und mitteltiefen Hypozentren vor allem im Inneren der subduzierten Platte, und zwar entlang der kühlsten Zone, auftreten. Das gilt zum Beispiel für den Bereich des Tonga-Grabens, für Peru und Chile. Jetzt wird verständlich, warum unter 700 Kilometer Tiefe keine Erdbeben mehr vorkommen. Die abtauchende Lithosphäre wird dort so heiß, daß sie ihre Eigenschaft als starres, elastisches Medium, in dem Spannungen aufgebaut und abrupt ausgelöst werden können, verliert. Unter 700 Kilometer Tiefe bleiben Spannungen klein und werden durch langsame, plastische Deformation abgebaut und nicht durch plötzliches Auslösen in einem Erdbeben.

Die Gravitationsenergie großer Massen subduzierten kalten, dichten Materials ist groß, auch im Vergleich zur Gesamtenergie, die mit Plattenbewegungen verbunden ist. Im großen und ganzen wird die auftretende Schwerkraft durch den Widerstand des Mantels gegen die eindringende, abtauchende Lithosphäre ausgeglichen. Doch der auf die Platte in der Subduktionszone wirkende Rest ist noch groß genug, um für die Gesamtbewegung der Platte eine wichtige Rolle zu spielen. Andere Kräfte, die zu ihrer Bewegung beitragen, sind der horizontale Fluß des Konvektionsstroms unter der Platte und der nach außen gerichtete Schub des Gesteinsmaterials, das an den mittelozeanischen Rücken an die Oberfläche gelangt.

Nicht alle Probleme sind gelöst, die uns Plattenbewegungen und Subduktion aufgeben. Es ist zum Beispiel ein Rätsel, warum sich die Pazifik-Platte zunächst 6000 Kilometer horizontal bewegt, bevor sie abtaucht. Niemand kann erklären, warum sich bestimmte Subduktionszonen gerade dort befinden, wo sie heute sind. Unklar ist auch, warum sich die Richtung von Plattenbewegungen gelegentlich ändert. Im Vergleich zu der gewonnenen Erkenntnis, wie die Drift der Kontinente, Erdbeben, Vulkanismus und Gebirgsbildung zu erklären sind, besitzen die noch unbeantworteten Fragen jedoch eine untergeordnete Bedeutung. Die Theorie erklärt die wichtigsten Strukturen der Erdoberfläche und ihre Entstehung besser als jedes andere Modell der Geowissenschaften.

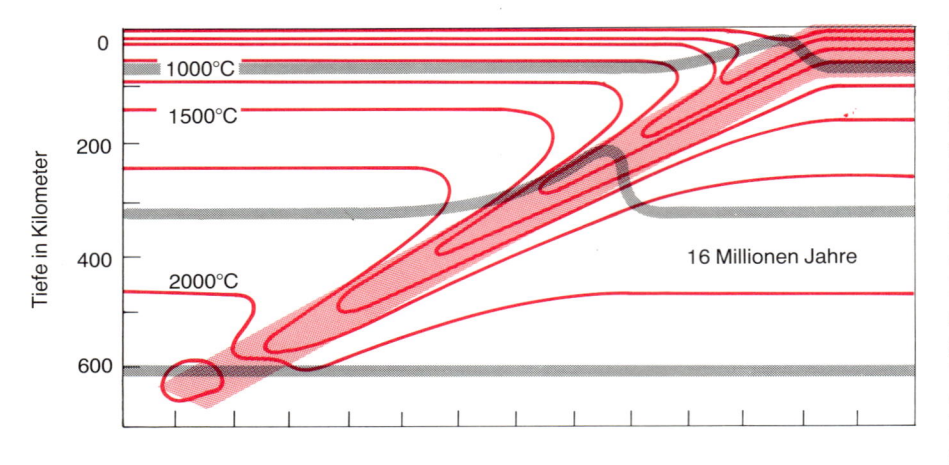

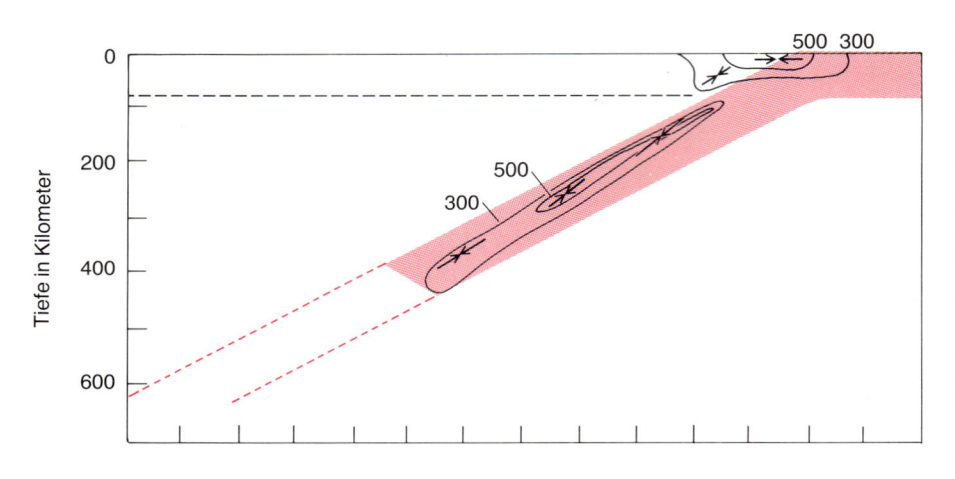

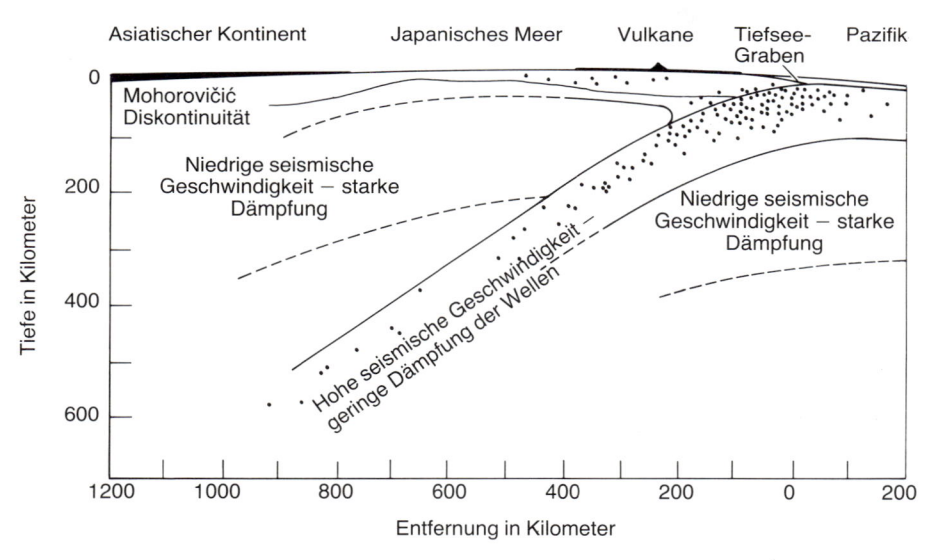

Bild 10: Die Erdbeben der japanischen Inseln werden durch mehrere, nach Westen abtauchende Plattenstücke der pazifischen Lithosphärenplatte verursacht. Der Autor hat ein Temperaturmodell für ein typisches japanisches Plattenstück berechnet (oben). Das Temperaturmodell wurde wiederum dazu benutzt, die im oberen Teil des Plattenstücks auftretenden Druckspannungen zu berechnen (Mitte). Die Spannungen rühren von zwei gegeneinanderwirkenden Kräften in der Platte her: zum einen von ihrer Tendenz, wegen der relativ zum wärmeren Mantel höheren Dichte abzusinken, zum anderen von Gegenkräften wie der Reibung an der Plattengrenze und dem Widerstand der zähen Asthenosphäre gegen das Eindringen der Platte. Der nichthydrostatische Druck ist hier in Bar angegeben (1 bar = 10 N/cm² oder 0,986 923 atm). Pfeile weisen in Kompressionsrichtung. Die errechneten Spannungen erklären die Verteilung der Erdbeben-Herde (unten) und die Art ihrer Entstehung gut.

Die Geschichte des Atlantik

Vor 165 Millionen Jahren bildeten die Kontinente, die heute den Atlantik umgeben, eine riesige Landmasse. Aus dem Erdinneren aufsteigendes Magma drängte sie allmählich auseinander, so daß Raum für den Atlantischen Ozean entstand.

Von **John G. Sclater und Christopher Tapscott**

Vor 165 Millionen Jahren existierte der Atlantik noch nicht, und die Kontinente, die ihn heute umgeben, hingen wie die Teile eines Puzzle-Spiels in einer riesigen Landmasse zusammen. Aus dem Inneren der Erde stieg jedoch geschmolzenes Gestein (Magma) nach oben und begann, die Kontinente mit einer Geschwindigkeit von einigen Zentimetern pro Jahr auseinanderzudrängen. Auf diese Weise bildete sich allmählich das Becken des Atlantik. In den letzten zwanzig Jahren haben Geophysiker an ungezählten Stellen des Atlantik Schallwellen zum Boden gesandt und die zurückgeworfenen Echos analysiert. So gewannen sie ein vollständiges Bild von der Topographie des Beckens. Außerdem hat man seit 1968 vom amerikanischen Bohrschiff „Glomar Challenger" aus auch in der Tiefsee Sedimentproben erbohrt, die Aufschluß über die Schichten des Meeresbodens geben.

Das auffälligste Merkmal des Beckens ist der Mittelatlantische Rücken, ein riesiges Gebirge, das länger ist als die Alpen und das Himalaja-Gebirge zusammen (Bild 2). Es markiert die Mitte des Beckens und erstreckt sich von Island im Norden bis zur Bouvet-Insel im Süden,

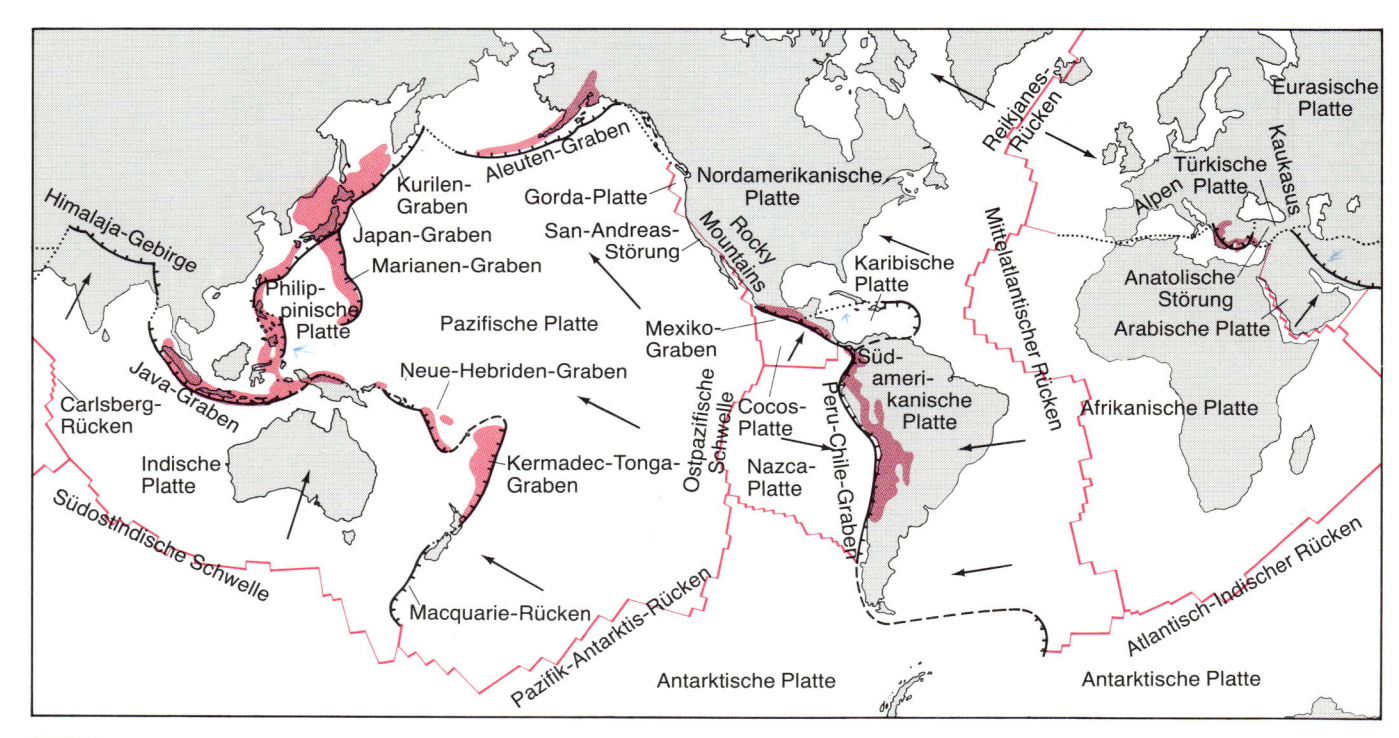

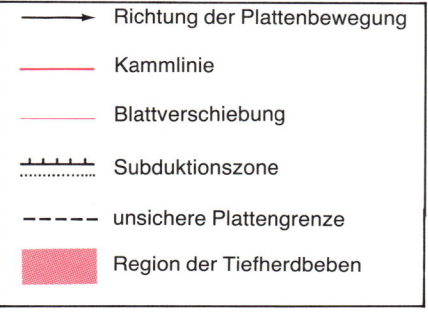

Bild 1: Viele geophysikalische Phänomene lassen sich mit der Theorie von der Platten-Tektonik erklären. Sie beruht auf der Vorstellung, daß die äußerste, etwa hundert Kilometer dicke Schale der Erde (die Lithosphäre) aus sechs großen und einigen kleinen Platten besteht, die ständig in Bewegung sind. Sie schwimmen auf einer Schicht aus leicht verschiebbarem Material, der Asthenosphäre. Die Pfeile im Bild zeigen die Bewegung der Platten, relativ zur Afrikanischen Platte. Eine Platte kann sich von ihrer Nachbarplatte entfernen, mit ihr zusammenstoßen oder an ihr entlanggleiten. Der Boden des Atlantik zeigt, welche Vorgänge ablaufen, wenn sich zwei Platten voneinander entfernen. Stoßen zwei Platten zusammen, so taucht eine von ihnen unter die andere und wird von der Asthenosphäre aufgenommen. Bei diesem Vorgang, den man Subduktion nennt, entstehen längs der Grenze zwischen beiden Platten tiefe Gräben. Wenn zwei Platten aneinander entlanggleiten, sind die Berührungsflächen starken Scherkräften ausgesetzt, die zu Verwerfungen und Bruchstellen führen. Subduktion und Reibung zwischen den Platten sind von starken Erdbeben begleitet.

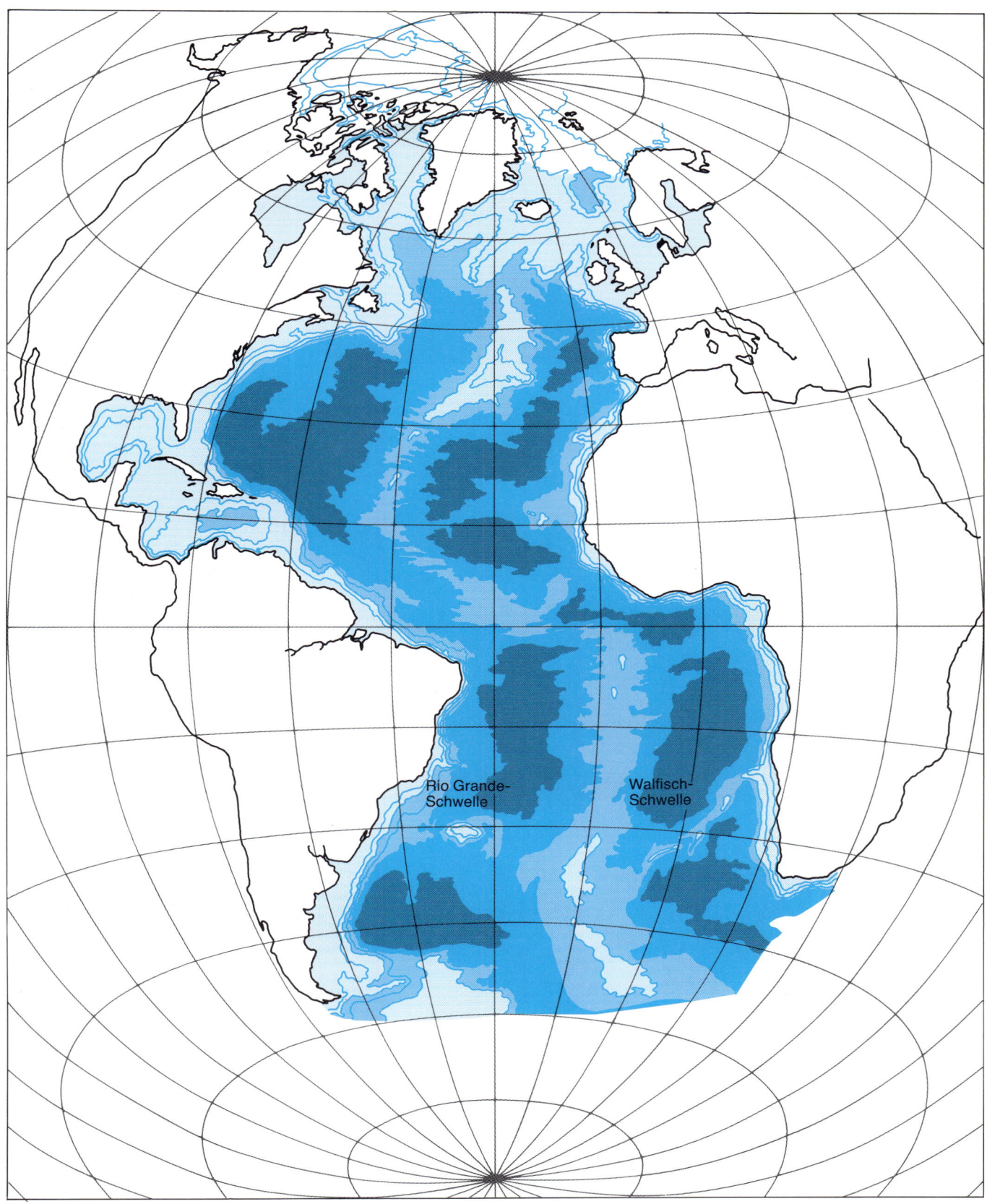

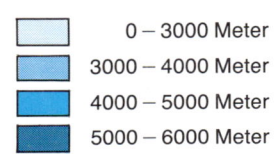

▢	0 – 3000 Meter
▨	3000 – 4000 Meter
▩	4000 – 5000 Meter
■	5000 – 6000 Meter

Bild 2: In den letzten 20 Jahren wurde die Topographie des Atlantischen Beckens vollständig kartographiert. Das auffälligste Merkmal ist der Mittelatlantische Rücken, ein riesiges Unterwassergebirge, das sich in der Mitte des Beckens von Island im Norden bis zur Bouvet-Insel im Süden, 1800 Kilometer vor der Küste der Antarktis, erstreckt. Der Kamm des Mittelatlantischen Rückens liegt etwa 2500 Meter unter der Wasseroberfläche. Östlich und westlich davon fällt der Meeresboden auf Tiefen von 5000 bis 6000 Meter ab und steigt an den Schelfrändern der Kontinente wieder steil an. Die östlichen und westlichen Teilbecken des Atlantik sind durch Querschwellen, Bruchzonen und tiefe Einschnitte im Boden unterteilt. Am stärksten ausgeprägt sind die Walfisch-Schwelle und die Rio-Grande-Schwelle.

Aufspaltung des Riesenkontinents

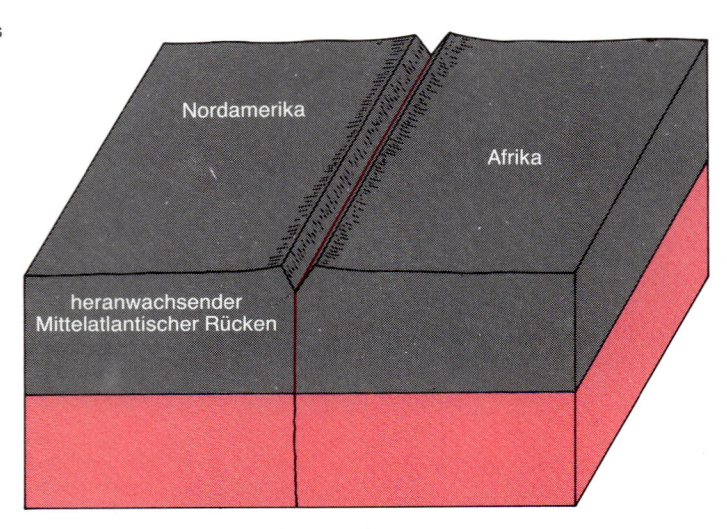

Nordamerika

Afrika

heranwachsender Mittelatlantischer Rücken

Entstehung des Mittelatlantischen Rückens

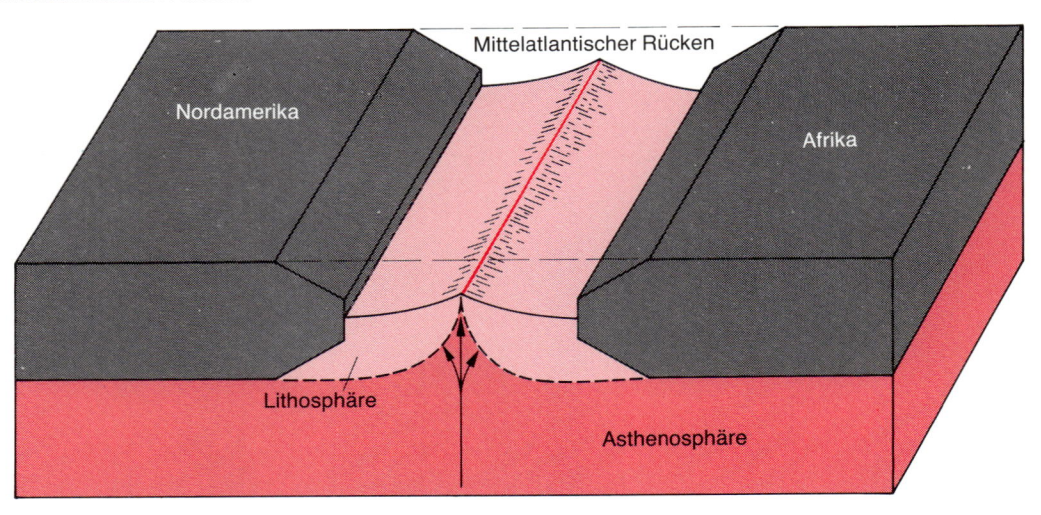

Mittelatlantischer Rücken

Nordamerika

Afrika

Lithosphäre

Asthenosphäre

Ablagerung von Sedimenten auf dem Kontinentalschelf

Sedimente

Mittelatlantischer Rücken

Nordamerika

Afrika

Meeresoberfläche

Lithosphäre

Asthenosphäre

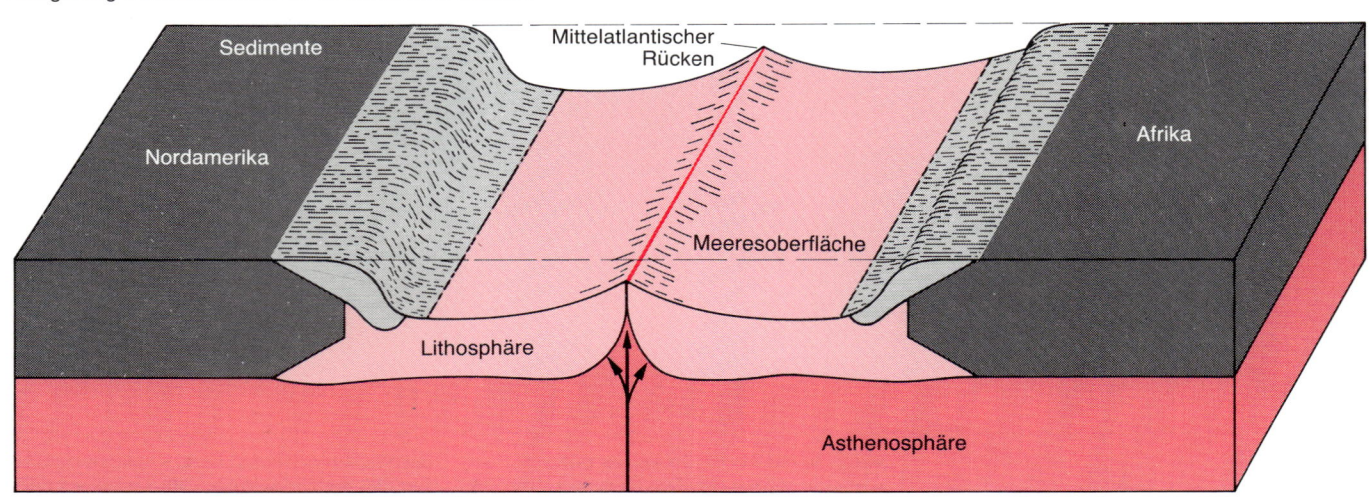

Bild 3: Die Kontinente, die heute den Atlantischen Ozean umgeben, hingen vor 165 Millionen Jahren in einer riesigen Landmasse zusammen (oben). Entlang einer Linie, die der heutigen Kammlinie des Mittelatlantischen Rückens entspricht, drang Magma aus dem Erdinneren nach oben und begann, die Kontinentalplatten auseinanderzuschieben (Mitte). Beim Abkühlen verdichtet sich das Magma, sinkt nach unten und bildet so ständig neue Lithosphäre. Auf den Kontinentalschelfen sammeln sich Sedimente kontinentaler Herkunft an (unten).

etwa 1800 Kilometer vor der Küste der Antarktis. Mit Ausnahme einiger Gebiete um Island und bei den Azoren liegen die Gipfel dieses Gebirges durchschnittlich 2500 Meter unter der Wasseroberfläche. Mit wachsendem Abstand vom Kamm des Mittelatlantischen Rückens fällt der Meeresboden allmählich auf eine Tiefe zwischen 5000 und 6000 Meter ab und steigt an den Schelfrändern der Kontinente wieder steil an.

Der Mittelatlantische Rücken wird von einigen Gräben und Spalten unterbrochen, deren Längsachsen senkrecht zur Kammlinie des Gebirges verlaufen. Diese Schluchten sind bis zu 500 Kilometer lang, 25 Kilometer breit und drei Kilometer tief. Die östlich und westlich des Mittelatlantischen Rückens gelegenen Teilbecken des Atlantik sind durch Gebirgsschwellen weiter unterteilt, die bis zu 2500 Meter über den sie umgebenden Meeresboden aufragen. Am bekanntesten sind die Walfisch-Schwelle vor der Küste Südwest-Afrikas und die Rio-Grande-Schwelle vor Brasilien (Bild 2). Während im Bereich des Mittelatlantischen Rückens die Epizentren der meisten Flachherdbeben im Atlantischen Ozean liegen, sind die in Ost-West-Richtung verlaufenden Gebirgsschwellen seismisch inaktiv.

In der Kammregion des Mittelatlantischen Rückens besteht der Meeresboden hauptsächlich aus hartem, vulkanischem Gestein. Mit zunehmendem Abstand vom Kamm überlagert sich diesem Gestein eine stetig dicker werdende Schicht aus unverfestigtem Sediment (Bild 4). Dabei handelt es sich um eine Mischung aus rotem Ton (leichtem Verwitterungsmaterial, das von den Kontinenten stammt) und Kalkschlamm, wie er beim Abbau der „Skelette" von Mikroorganismen entsteht. Vier bis fünf Kilometer unter der Meeresoberfläche liegt die Kompensationstiefe für Calciumcarbonat. Damit bezeichnet man die Tiefe, unterhalb deren sich der absinkende Kalkschlamm im kalkuntersättigten Wasser löst. In den tiefen Regionen des Atlantik, weitab vom Mittelatlantischen Rücken, herrscht daher im unverfestigten Sediment der rote Ton vor, während an den Abhängen des Mittelatlantischen Rückens der Kalkschlamm dominiert.

In der Nähe der Kontinente überziehen mächtige Ablagerungen aus feinen Ton- und Sandpartikeln, vermischt mit kalkhaltigem Schlamm und anderem Material organischen Ursprungs, die tonige Sedimentschicht. Da diese Ablagerungen vorwiegend durch die Flüsse ins Meer gebracht werden, bezeichnet man sie als terrigen (von der Erde stammend). Wie Bild 4 zeigt, bilden die terrigenen Schichten am Fuß des Kontinentalschelfs große, flache Tiefsee-Ebenen.

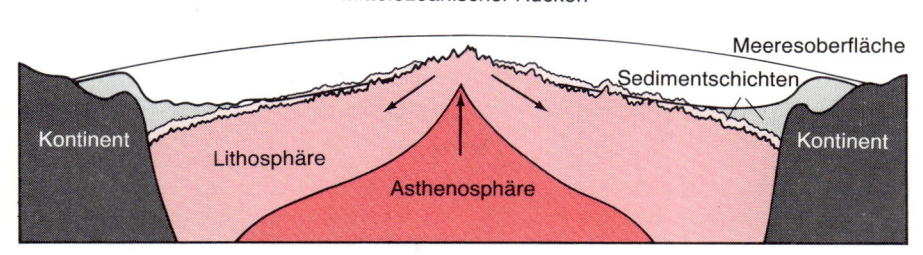

Bild 4: Ein von Osten nach Westen verlaufender Schnitt durch das Becken des Atlantik zeigt, daß die Tiefe des Bodens mit wachsendem Abstand vom Mittelatlantischen Rücken zunimmt. Aus der Asthenosphäre aufsteigendes Magma bildet ständig neue Lithosphäre und drängt die Kontinente weiter auseinander (Pfeile). In der Kammregion des Mittelatlantischen Rückens besteht der Meeresboden hauptsächlich aus magmatischem Gestein. Mit wachsender Entfernung vom Kamm überlagert sich diesem Gestein eine zunehmend dicker werdende Sedimentschicht aus terrigenem Material (graue Flächen) und carbonathaltigem Schlamm (dünne, hellfarbige Flächen). Unter der Last der Sedimente sinkt der Meeresboden ab.

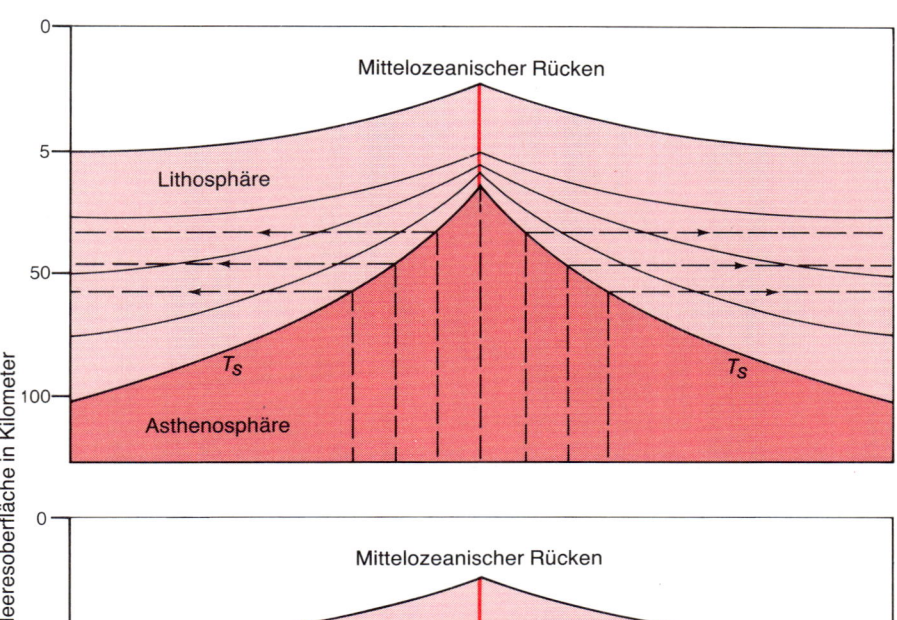

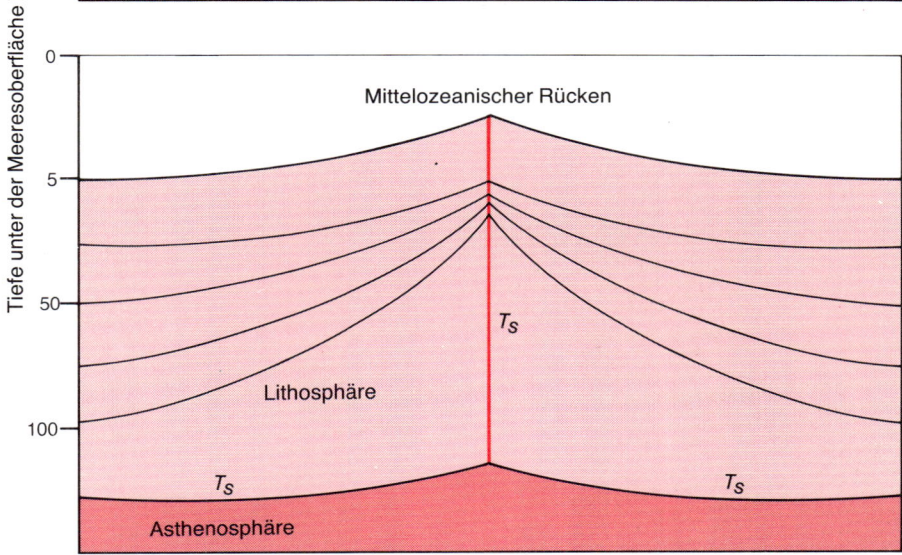

Bild 5: Um die der direkten Beobachtung entzogenen Vorgänge in der Litho- und Asthenosphäre zu beschreiben, hat man Modelle entwickelt und prüft, ob deren Konsequenzen den Tatsachen entsprechen. Die beiden Teilbilder zeigen für das Grenzschicht-Modell (oben) und für das Platten-Modell (unten) den Verlauf der Linien gleicher Temperatur (durchgezogene Linien) und den Materialstrom (gestrichelte Linien). Im Grenzschicht-Modell betrachtet man die Lithosphäre als obere Begrenzung des Wärme-Konvektionssystems im Erdmantel. Das Platten-Modell nimmt darüberhinaus an, daß ständig so viel Wärme aus dem Erdmantel in die Lithosphäre abfließt, daß die Temperatur in etwa 125 Kilometer Tiefe konstant bei 1400 Grad Celsius bleibt. Die mit T_S bezeichnete Temperaturlinie markiert die Grenze zwischen dem festen Gestein der Lithosphäre und dem teilweise geschmolzenen Material der Asthenosphäre. Die anderen Linien gleicher Temperatur verlaufen in beiden Modellen nahezu gleich.

Die Tiefseebohrungen in der Nähe des Kontinentalschelfs führten zu einem überraschenden Ergebnis: Unter der bis zu 1000 Meter dicken Schicht aus terrigenem Material fand man in sechs bis sieben Kilometer Tiefe direkt auf dem vulkanischen Gestein dünne Kalkablagerungen. Diese Entdeckung war zunächst rätselhaft, da die Kompensationstiefe des Calciumcarbonats wesentlich höher liegt. Das Rätsel löste sich jedoch, als man die Geschichte des Meeresbodens lückenlos rekonstruieren konnte.

Ein neues Modell der Erde

Viele der geophysikalischen Phänomene des Meeresbodens lassen sich mit der Theorie von der Platten-Tektonik erklären. Sie beruht auf der Vorstellung, daß die Lithosphäre aus sechs großen und einigen kleinen Platten besteht, die sich gegeneinander verschieben können (Bild 2). Als Lithosphäre (griechisch: líthos = Stein) bezeichnet man die äußerste Schale der Erde, welche die Erdkruste und Teile des oberen Erdmantels umfaßt. Sie ist etwa hundert Kilometer dick. Die Platten schwimmen auf einer Schicht aus beweglichem Material, die man Asthenosphäre (griechisch: asthenés = schwach, kraftlos) nennt. Die Asthenosphäre ist einige hundert Kilometer dick und verhält sich zur Lithosphäre etwa so, wie geschmolzenes Wachs zu erstarrtem Wachs. Die Platten der Lithosphäre sind ständig in Bewegung (was in Bild 2 durch die Pfeile angedeutet ist). Sie verschieben sich horizontal und können sich dabei von den Nachbarplatten entfernen, mit ihnen zusammenstoßen oder an ihnen entlanggleiten.

Der Boden des Atlantik läßt erkennen, welche Vorgänge ablaufen, wenn sich die Platten voneinander entfernen (siehe Bild 3): An der Grenze zwischen den Platten, die durch die Kammlinie des Mittelatlantischen Rückens markiert ist, strömt ständig Magma nach oben. Beim Erstarren verdichtet sich diese Schmelze, sinkt ab und bildet neue Lithosphäre, so daß die Kontinente auseinandergeschoben werden.

Bild 6: Sowohl das Grenzschicht-Modell als auch das Platten-Modell geben den Zusammenhang zwischen dem Alter des Meeresbodens und dem Wärmefluß durch die Lithosphäre gut wieder. In beiden Teilbildern ist auf der horizontalen Achse das Alter des Bodens und in vertikaler Richtung der Wärmefluß aufgetragen. Die gestrichelten, schwarzen Kurven zeigen den vom Grenzschicht-Modell vorausgesagten Zusammenhang zwischen diesen Größen. Die farbigen Kurven entsprechen dem Platten-Modell. Die grauen Flächen geben Meßwerte an verschiedenen Stellen des Weltmeeres wieder. Die Kantenlängen der Rechtecke zeigen, wie genau die einzelnen Meßwerte sind. Bezeichnet q den Wärmefluß in Millionstel Kalorien pro Quadratzentimeter und t das Alter des Bodens in Millionen Jahren, so führt das Grenzschicht-Modell auf die Beziehung $q = 11{,}3/\sqrt{t}$. Im Platten-Modell ist der Zusammenhang zwischen Wärmefluß und Alter durch die Gleichung $q = 0{,}9 + 1{,}6\, e^{(-t/62{,}8)}$ gegeben. Messungen wurden nur an Stellen durchgeführt, an denen eine mächtige wasserundurchlässige Sedimentschicht den Boden bedeckt, denn nur dort wird die Wärme hauptsächlich durch Wärmeleitung und nicht durch zirkulierendes Wasser transportiert. Wie das obere Teilbild zeigt, gilt das Grenzschicht-Modell nur für Lithosphäre, die jünger als 120 Millionen Jahre ist, während das Platten-Modell die Meßwerte ohne Altersbeschränkung wiedergibt. Die anomalen Verhältnisse im zentralen Pazifik kann keines der beiden Modelle erklären. Im unteren Diagramm ist der Logarithmus des Wärmeflusses gegen den Logarithmus vom Alter des Meeresbodens aufgetragen. Diese Darstellung zeigt die Gültigkeit der $(1/\sqrt{t})$–Beziehung für die letzten 120 Millionen Jahre besonders eindrucksvoll.

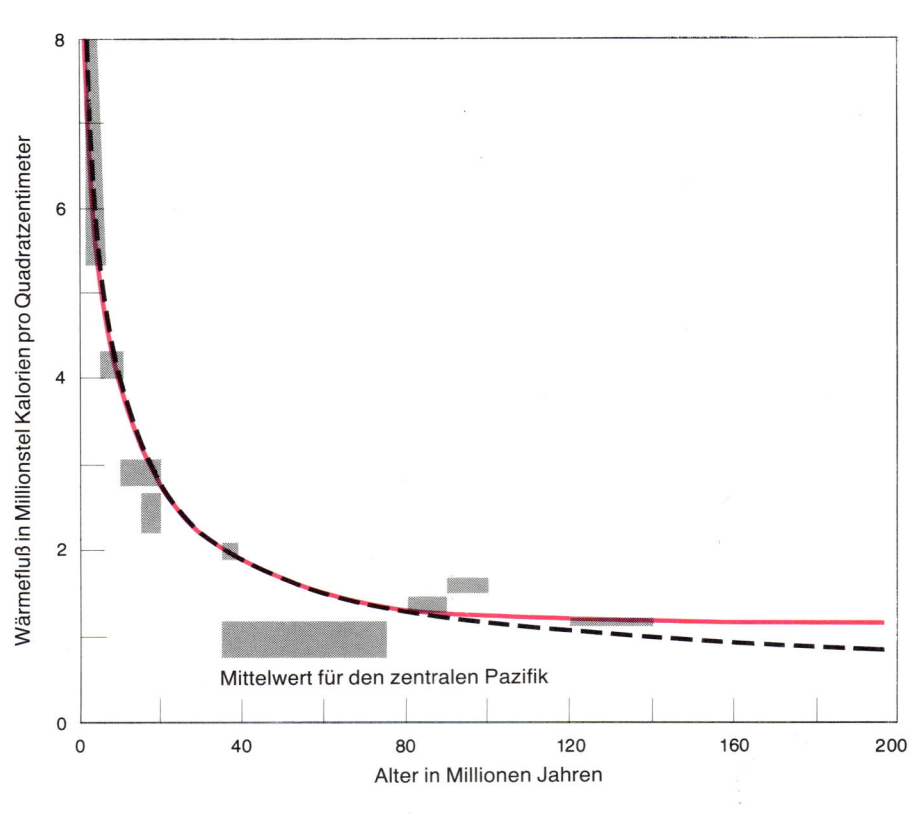

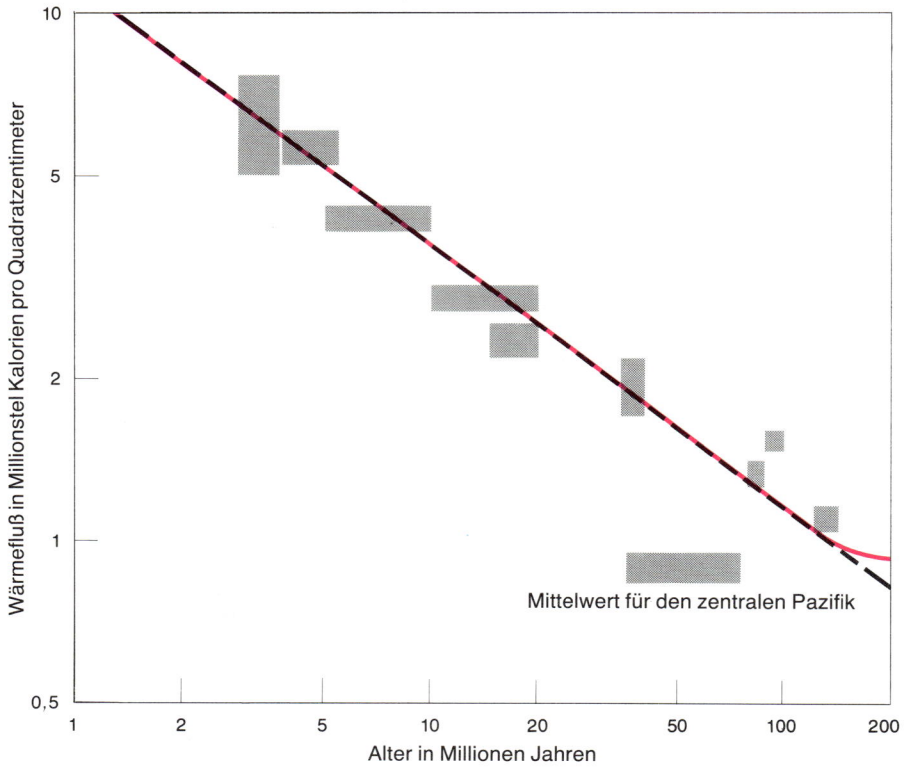

Stoßen zwei Platten zusammen, so kann sich eine Platte über die andere schieben. Bei diesem Vorgang, den man als Subduktion bezeichnet, bildet sich im Meeresboden ein tiefer Graben längs der Linie, an der sich die Platten überlagern. Der Rand der untergetauchten Platte schmilzt in der Asthenosphäre, was sich in starker vulkanischer Aktivität in der Nähe des Randes der obenliegenden Platte, etwa hundert Kilometer vom Graben entfernt, bemerkbar macht. Diesem Vulkanismus verdanken die meisten Gebirgsketten der Erde ihre Entstehung. Auch Erdbeben sind zum überwiegenden Teil die Folge von Subduktionen, das heißt, Erdbebenherde markieren die Grenzen sich überlagernder Platten, ähnlich wie Leuchtfeuer am Ufer des Meeres das Ende des Ozeans anzeigen.

Wenn zwei Platten aneinander entlanggleiten, wird das Material in den Berührungsflächen starken Scherkräften ausgesetzt. Verwerfungen und tiefe Furchen im Boden entstehen, so daß auch diese Bewegung der Platten von starken Erdbeben begleitet ist.

Modelle der Plattenbewegung

Der Boden des Atlantischen Beckens läßt sich mit einem riesigen Förderband vergleichen, das lithosphärisches Material mit einer Geschwindigkeit von einigen Zentimetern pro Jahr vom Mittelatlantischen Rücken zu den Tiefseegräben transportiert, wo es wieder in das Erdinnere absinkt. So wird verständlich, daß das Alter des Meeresbodens mit wachsendem Abstand vom Mittelatlantischen Rücken zunimmt. Temperaturgefälle im Erdmantel halten das Material in Bewegung (in konvektiver Strömung). Die Fließbewegung des Meeresbodens stellt den sichtbaren, oberen Teil eines geschlossenen Kreislaufs – einer „Konvektionszelle" – dar. Die Strömung, die das abgesunkene Material zum Mittelatlantischen Rücken zurückführt, läuft tief verborgen im Erdinneren ab und entzieht sich unserer Beobachtung.

Um die Vorgänge in der „Konvektionszelle" im einzelnen zu verstehen, entwickelt man Modelle und vergleicht die daraus abgeleiteten Vorhersagen mit den Werten meßbarer Größen. Im „Grenzschicht-Modell" (Bild 5, oben) betrachtet man die Lithosphäre als obere Grenzschicht des konvektiven Systems im Erdmantel. Mit diesem Modell läßt sich der Wärmefluß aus dem Meeresboden in der Tiefe des Ozeans erstaunlich gut berechnen. Wie wir gesehen haben, bildet sich die Lithosphäre in der Kammregion des Mittelatlantischen Rückens ständig neu. Sie steht an ihrer Oberfläche mit etwa null Grad Celsius kaltem Wasser in Berührung, so daß sie sich von oben her

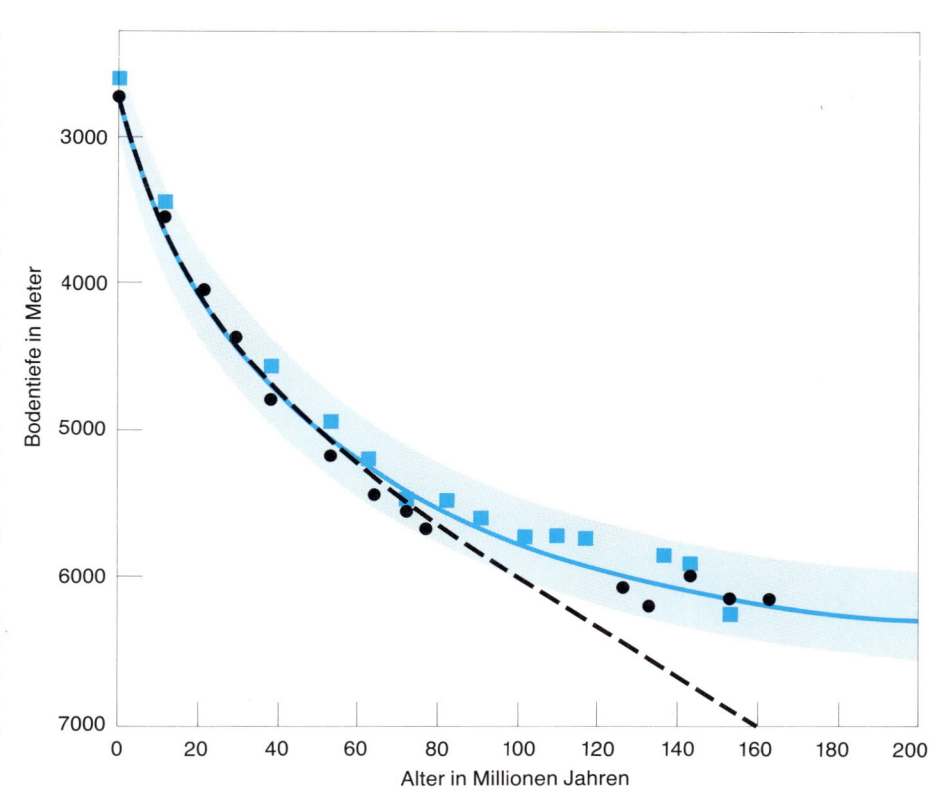

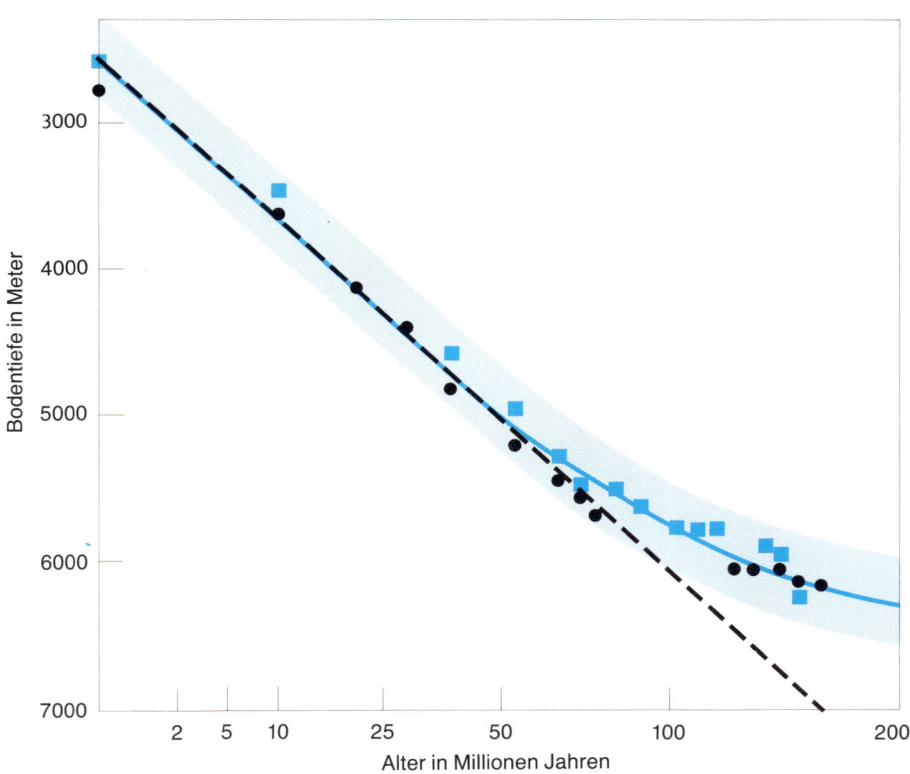

Bild 7: Mit zunehmendem Alter sinkt der Meeresboden immer weiter ab. Der Zusammenhang zwischen Tiefe und Alter des Bodenmaterials läßt sich ebenfalls mit Hilfe von Modellen berechnen. In den beiden Diagrammen sind die Vorhersagen des Grenzschicht-Modells (schwarze, gestrichelte Linien) und des Platten-Modells (farbige Linien) mit Meßwerten aus dem Atlantik (farbige Quadrate) und dem Pazifik (schwarze Punkte) verglichen. Die hellfarbigen Streifen geben an, wie groß der Tiefenbereich ist, innerhalb dessen man Bodenmaterial desselben Alters vorfindet. Bezeichnet D die Tiefe des Meeresbodens in Metern und t sein Alter in Millionen Jahren, so lautet die Beziehung zwischen beiden Größen im Grenzschicht-Modell $D = 2500 + 350\sqrt{t}$ und im Platten-Modell $D = 6400 - 3200\,e^{(-t/62,8)}$ (oberes Teilbild). Wird die Zeit logarithmisch aufgetragen (unteres Teilbild), so erkennt man, daß die Tiefe des Meeresbodens nur bis zu einem Alter von etwa sechzig Millionen Jahren der Quadratwurzel aus dem Alter des Bodenmaterials proportional ist. Die mit höherem Alter langsamer voranschreitende Absenkung wird nur vom Platten-Modell wiedergegeben.

abkühlt und dabei immer dicker wird. Aufgrund des vertikalen Temperaturgefälles strömt Wärme von unten nach oben durch die Lithosphäre. Das Grenzschicht-Modell liefert einen einfachen Zusammenhang zwischen diesem Wärmefluß und dem Alter des Ozeanbodens (Bild 6):

$$(1) \qquad q = 11{,}3/\sqrt{t}$$

In dieser Gleichung bezeichnet q den Wärmefluß in Millionstel Kalorien pro Quadratzentimeter und t das Alter des Bodens in Millionen Jahren. Diese Gleichung gilt jedoch nur an den Stellen des Meeresbodens, an denen der Wärmefluß nicht vom Wärmetransport durch in den

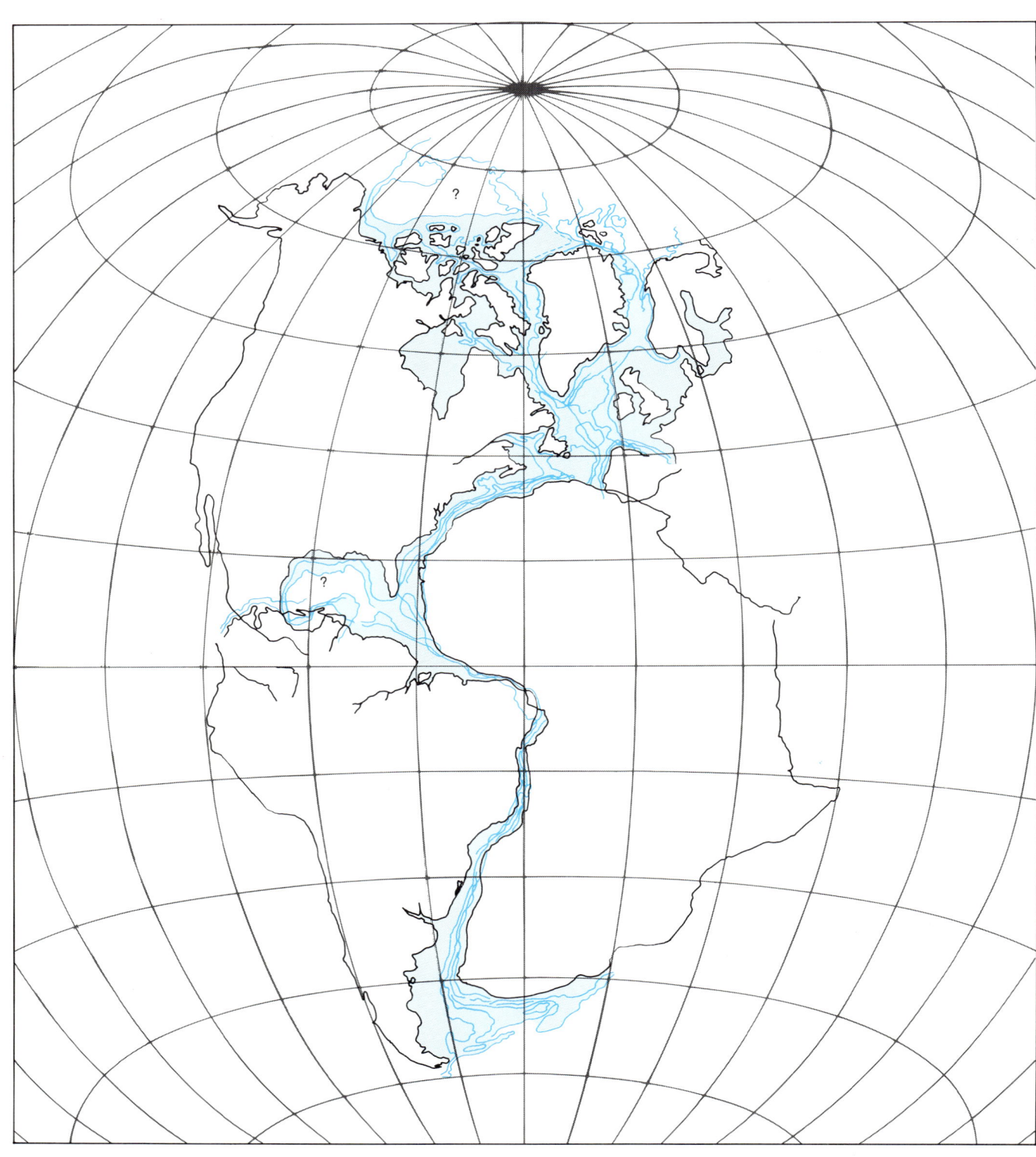

0 – 3000 Meter
3000 – 4000 Meter
4000 – 5000 Meter

Bild 8: Vor 165 Millionen Jahren bildeten Nordamerika, Südamerika, Grönland, Europa und Afrika eine riesige Landmasse (linkes Bild). Aus dem Inneren der Erde nach oben dringendes Magma ließ und läßt noch heute ständig neue Erdkruste entstehen, die sich zwischen die Teile des Riesenkontinentes schiebt und sie zu Einzelkontinenten auseinanderdrängt. Zunächst entfernten sich die nördlichen Kontinente von Afrika und Südamerika, so daß Raum für den jungen Nordatlantik und die Karibische See entstand. Vor ungefähr 125 Millio-

Platten zirkulierendes Wasser überlagert wird. Bei rascher Abkühlung des Magmas können sich Spalten und Verwerfungen bilden, die die Platten wasserdurchlässig werden lassen. Nahe dem Kamm des Mittelatlantischen Rückens transportiert daher zirkulierendes Wasser den überwiegenden Teil der Wärme nach oben, und die Wärmeleitung ist vernachlässigbar klein. Mit wachsender Entfernung vom Kamm bedeckt eine zunehmend dicker werdende Schicht wasserundurchlässigen Sediments das magmatische Gestein, so daß die Wärme schließlich nur noch durch Wärmeleitung transportiert wird. An diesen Stellen stimmt der gemessene Wärmefluß sehr gut mit dem vom Modell vorhergesagten überein (Bild 6). Für litho-

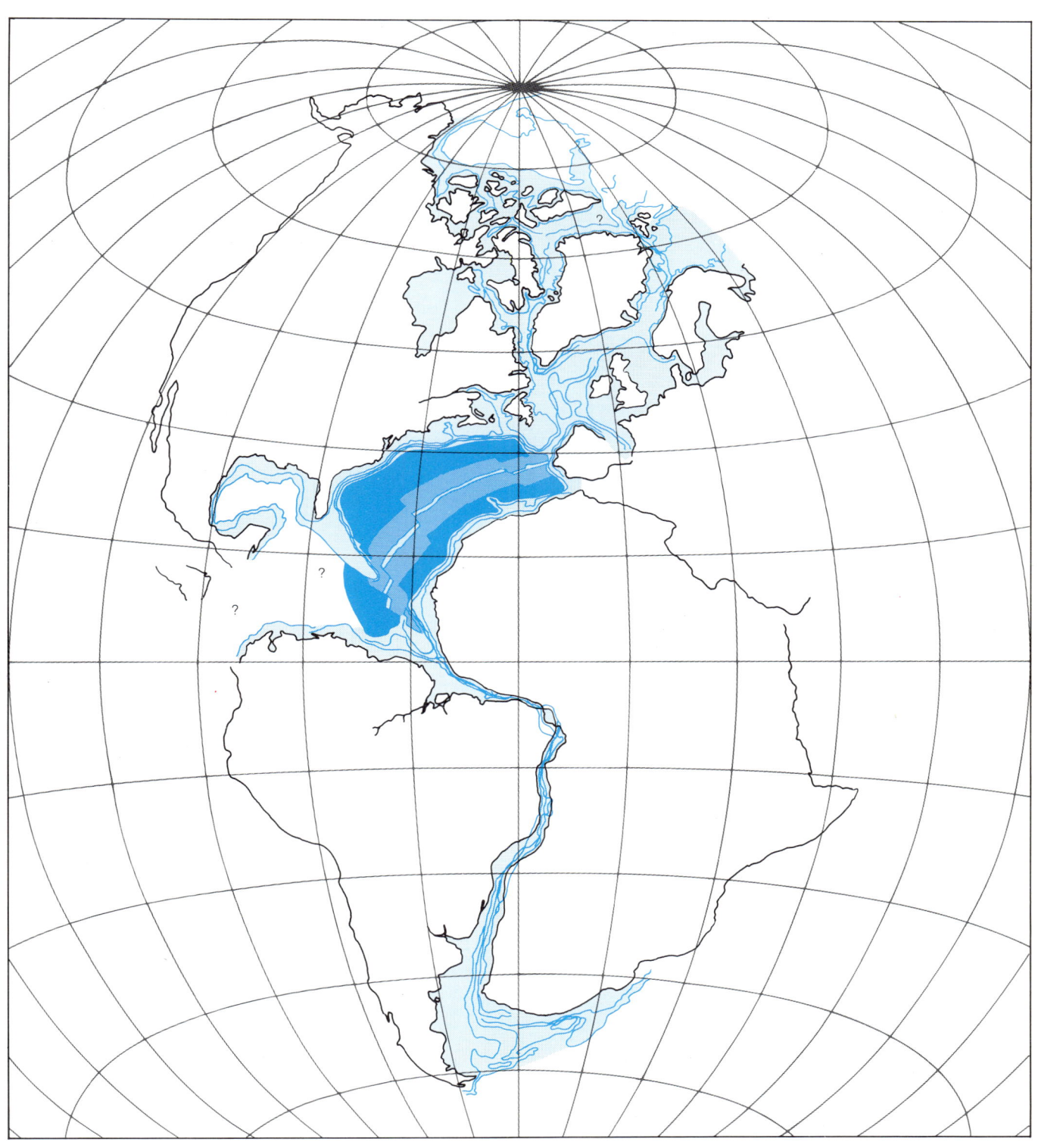

nen Jahren (rechtes Bild) war der Nordatlantik an einigen Stellen bereits viertausend Meter tief. Sein Wasser konnte jedoch kaum nach Norden vordringen, da die Landmasse nördlich von Gibraltar noch zusammenhing und die Meeresenge zwischen Spanien und Afrika extrem schmal war. Zwischen dem Atlantik und der Karibischen See blockierten Korallenriffe auf der Bahama-Plattform die Verbindung, während zwischen der Karibik und dem Pazifischen Ozean ein Wasseraustausch möglich war, da Teile des heutigen Mittelamerikas unter dem Meeresspiegel lagen. Zu dieser Zeit begannen Südamerika und Afrika sich zu trennen, während Nordamerika weiter von Afrika und Spanien wegdriftete. Südamerika bewegte sich relativ zu Nordamerika so, daß die Karibische Region zusammengeschoben wurde.

125

sphärisches Material, das älter als 120 Millionen Jahre ist, liefert Gleichung (1) dagegen einen zu kleinen Wert, da hier zusätzliche Wärme aufsteigt, deren Quelle im Erdmantel liegt.

Beim Abkühlen schrumpft das magmatische Gestein in horizontaler und vertikaler Richtung. Der vertikale Anteil dieses Prozesses bestimmt zusammen mit dem Gewicht der Wassersäule die Tiefe des Meeresbodens. Auch für den Zusammenhang zwischen dem Alter und der Tiefe des Bodens liefert das Grenzschicht-Modell eine einfache Beziehung (siehe Bild 7):

(2) $$D = 2500 + 350\sqrt{t}$$

In dieser Gleichung ist t wiederum das Alter des Bodenmaterials in Millionen Jahren und D die Tiefe des Beckens in Me-

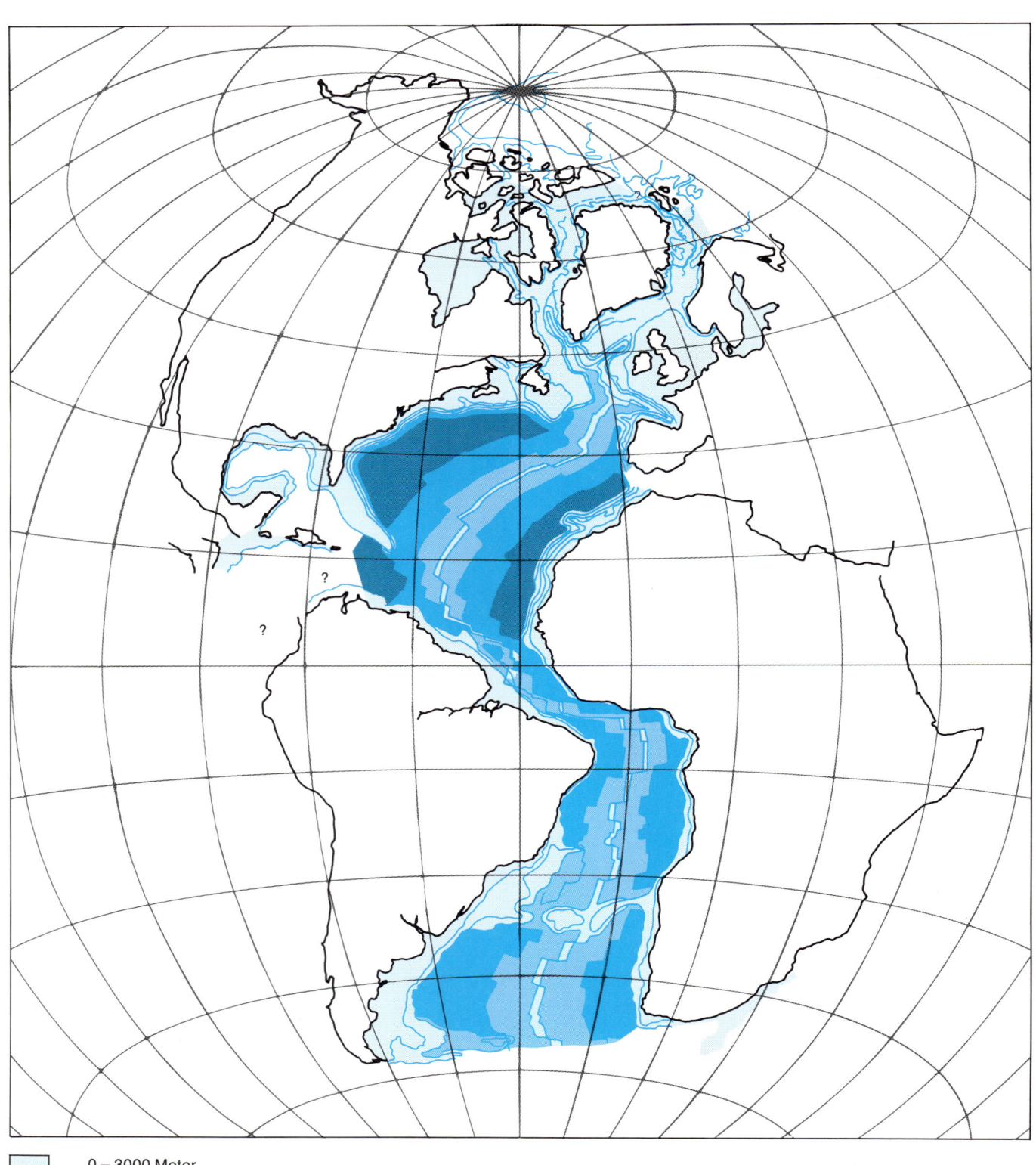

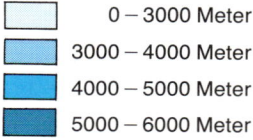

☐	0 – 3000 Meter
☐	3000 – 4000 Meter
☐	4000 – 5000 Meter
☐	5000 – 6000 Meter

Bild 9: Vor achtzig Millionen Jahren (linkes Bild) war der Nordatlantik bereits ein „ausgewachsener" Ozean mit Wassertiefen von mehr als fünftausend Metern. Er stand über die Karibische See und die weit geöffnete Straße von Gibraltar mit den benachbarten Meeren im Austausch. Grönland und Nordamerika lösten sich voneinander und hinterließen in ihrem „Kielwasser" die flachen Nebenmeere des Nordatlantik. Der Südatlantik dagegen befand

tern. Für $t = 0$ ergibt die Gleichung eine Wassertiefe von 2500 Meter, was mit der Tatsache übereinstimmt, daß das Magma in dem in 2500 Meter Wassertiefe gelegenen Kamm des Mittelatlantischen Rükkens an die Oberfläche gelangt. Ozeanboden in 3000 Meter Tiefe besitzt nach Gleichung (2) ein Alter von zwei Millionen Jahren. Viertausend Meter tiefer Boden sollte zwanzig Millionen Jahre und der Boden in 5000 Meter Tiefe etwa fünfzig Millionen Jahre alt sein. Diese Vorhersagen stimmen mit den Ergebnissen von Altersbestimmungen gut überein.

Wie wir gesehen haben, gilt das Grenzschicht-Modell nur in einem bestimmten Altersbereich. Mit einem verfeinerten Modell – man bezeichnet es als Platten-Modell (siehe Bild 5, unten) – läßt sich für Material jeden Alters eine nahezu vollkommene Übereinstimmung zwischen

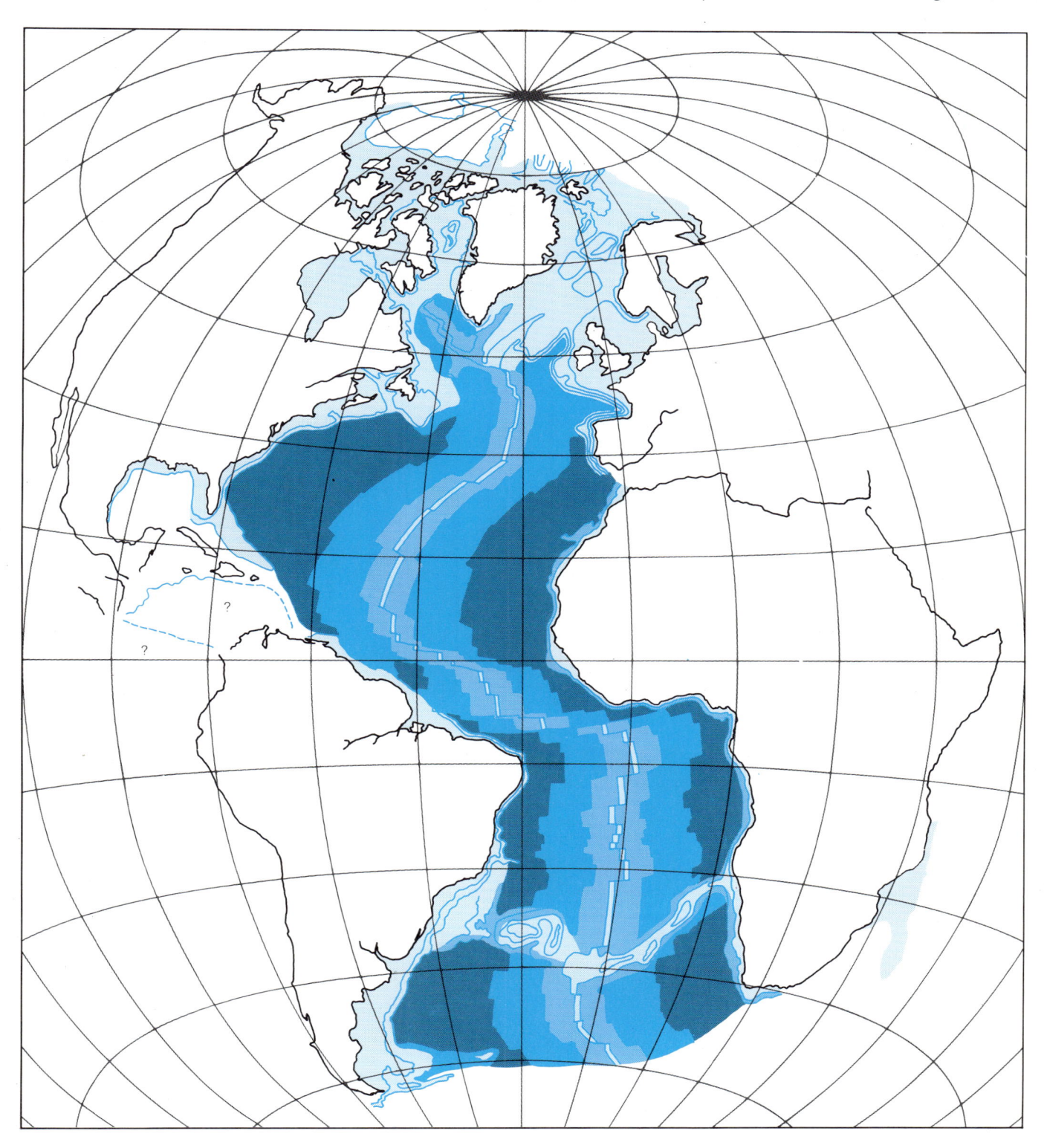

sich noch im „Jugendstadium." Er war maximal viertausend Meter tief und durch die Rio-Grande-Schwelle und die Walfisch-Schwelle in ein nördliches und ein südliches Becken unterteilt. Die Schwellen behinderten die Zirkulation des Wassers zwischen diesen Becken. Die meisten der heutigen topographischen Merkmale des Atlantik bildeten sich vor 36 Millionen Jahren (rechtes Bild). Die Schwellen waren jetzt so weit abgesunken, daß das Tiefenwasser frei zirkulieren konnte. Afrika und Spanien waren weit voneinander entfernt. Sie haben sich während der letzten 36 Millionen Jahre zeitweilig so weit genähert, daß die Verbindung zwischen dem Atlantik und dem Mittelmeer abbrach.

127

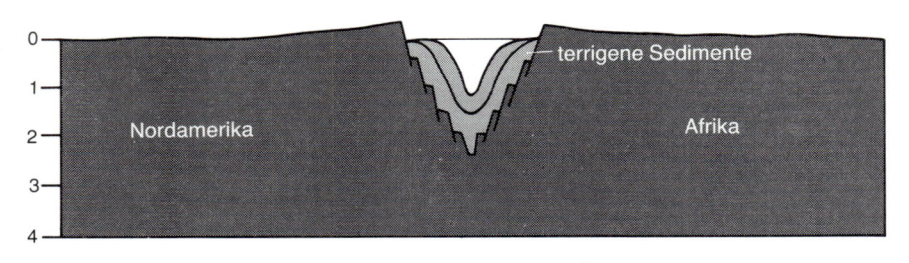

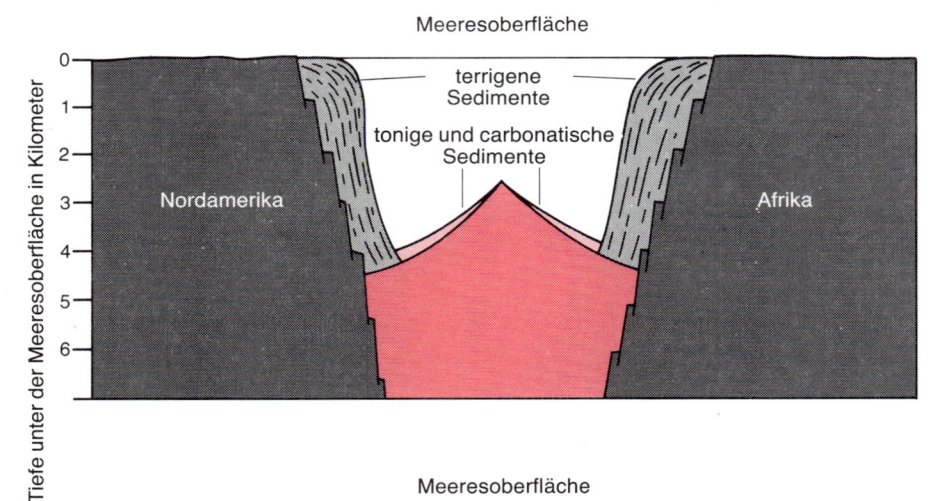

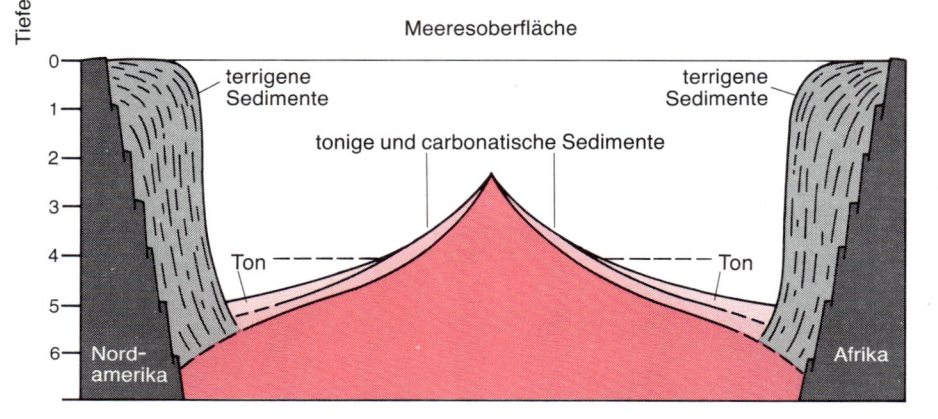

berechneten und gemessenen Werten erreichen (Bild 6 und Bild 7). Dem Platten-Modell liegt die Annahme zugrunde, daß vom Erdmantel ständig so viel Wärme an die Lithosphäre abgegeben wird, daß die Temperatur in etwa 125 Kilometer Tiefe konstant bei 1400 Grad Celsius bleibt. Darunter ist das Material teilweise geschmolzen, so daß die in Platten unterteilte Lithosphäre eine Möglichkeit findet, sich relativ zum Mantel zu bewegen. Das Platten-Modell entspricht somit der Theorie von der Platten-Tektonik wesentlich besser als das Grenzschicht-Modell.

Um zu erklären, warum der über sechzig Millionen Jahre alte Meeresboden ein verhältnismäßig schwaches Gefälle aufweist, fordert das Platten-Modell eine Wärmequelle im Erdmantel, das heißt einen starken Wärmefluß von der Asthenosphäre in die Lithosphäre. Er sorgt dafür, daß sich die Lithosphäre langsamer abkühlt und zusammenzieht, so daß der Meeresboden langsamer absinkt.

Wie schnell bewegen sich die Platten?

Die Geschwindigkeit, mit der die Platten auseinandergeschoben werden, ergibt sich aus den magnetischen Eigenschaften des Meeresbodens. Das flüssige Magma wird stets in Richtung des herrschenden Magnetfeldes der Erde magnetisiert, und die magnetisierten Bestandteile behalten diese Orientierung beim Erstarren des Magmas. Das Magnetfeld der Erde wechselt jedoch im Abstand von etwa einer Million Jahren seine Richtung, so daß der Ozeanboden, der sich wie ein zäher Brei vom Mittelatlantischen Rücken entfernt, parallel zur Kammlinie Streifen mit verschieden ausgerichteter Magnetisierung aufweist. Dadurch kann die Stärke des Magnetfeldes der Erde lokal bis zu einem Prozent vom durchschnittlichen Wert abweichen, und aus dieser Abweichung berechnet man die Breite eines Streifens. Alle Richtungsänderungen des Magnetfeldes der Erde, die in den letzten fünf Millionen Jahren stattfanden, sind durch

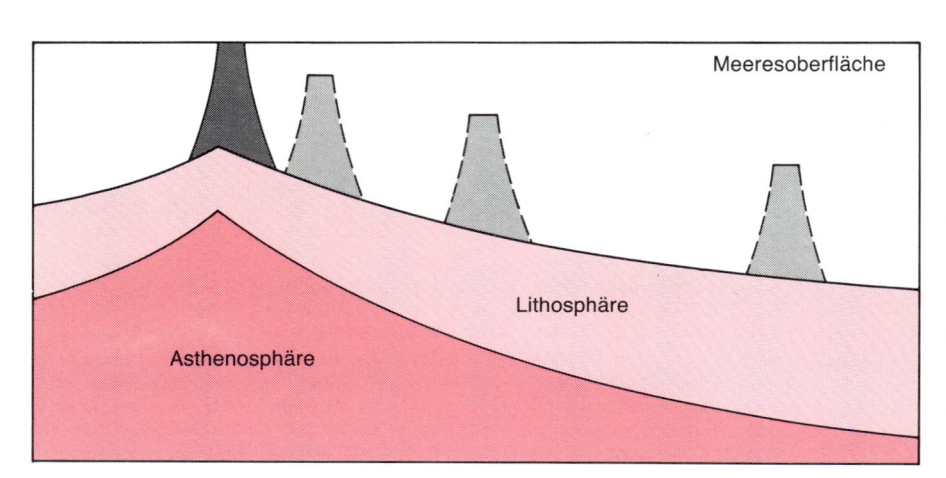

Bild 10: Die Bildung der Sedimente im Nordatlantik vollzog sich in drei Abschnitten: Vor etwa 165 Millionen Jahren begannen terrigene Sedimente, sich auf den entstehenden Kontinentalschelfen abzulagern (oben). Vierzig Millionen Jahre danach (Mitte) war der Boden des Atlantik von rotem Ton (feinkörnigem Verwitterungsmaterial von den Kontinenten) und von Kalkschlamm (der beim Abbau der Kalkgerüste von Mikroorganismen entsteht) bedeckt. Vier bis fünf Kilometer unter der Meeresoberfläche liegt die Kompensationstiefe für Calciumcarbonat (gestrichelte Linie im unteren Teilbild), unterhalb deren sich der Kalkschlamm im kalkuntersättigten Wasser auflöst. Daher herrscht in den tiefen Regionen des Atlantik, weitab vom Mittelatlantischen Rücken, im unverfestigten Sediment roter Ton vor, während an den Abhängen des Gebirges der Kalkschlamm dominiert (unteres Teilbild).

Bild 11: Seismisch inaktive Schwellen „wachsen" in Gebieten mit außergewöhnlich aktivem Magmatismus im oder nahe dem Zentrum des Mittelozeanischen Rückens „heran." Das nach oben dringende Magma bildet Haufen vulkanischen Gesteins (dunkelgraue Fläche), die bis zur Meeresoberfläche aufragen können. Wenn sich der Boden des Ozeans vom Kamm des Mittelatlantischen Rückens wegbewegt, entfernt er auch die Gesteinshaufen von ihrem Entstehungsort (hellgraue Flächen). Sie werden zu passiven „Mitfahrern" auf der Lithosphäre. Folglich sinken die seismisch inaktiven Schwellen mit ungefähr derselben Geschwindigkeit ab wie der Meeresboden, auf dem sie liegen.

Messungen an Lava auf dem Festland bekannt und datiert worden, so daß man auch das Alter der einzelnen Streifen am Boden des Atlantik angeben kann. Aus dem Alter und der Breite eines Streifens ergibt sich die Driftgeschwindigkeit der Platten. Vergleicht man die Abweichungen vom durchschnittlichen Magnetfeld an verschiedenen Stellen des Meeresbodens, so lassen sich auch ältere Streifen datieren.

Auch die Verwerfungen und Bruchstellen, die zwei aneinander vorbeigleitende Platten erzeugen, geben über die Bewegung des Meeresbodens Auskunft. Solange sich die Platten gegeneinander verschieben, ist die Zone, in der sie sich berühren, seismisch aktiv. Die quer zum Kamm des Mittelatlantischen Rückens verlaufenden tiefen Einschnitte sind seismisch inaktiv und markieren die Richtungen abgeschlossener Plattenverschiebungen.

Bevor wir die Geschichte des Atlantischen Ozeans rekonstruieren können, müssen wir noch klären, wie die seismisch inaktiven Schwellen (beispielsweise die Rio-Grande-Schwelle und die Walfisch-Schwelle) entstanden sind: Solche Gebirge „wachsen" im Zentrum des Mittelatlantischen Rückens in Gebieten mit außergewöhnlich aktivem Magmatismus. Das aufdringende Magma bildet Haufen vulkanischen Gesteins, die bis zur Meeresoberfläche aufragen können (Bild 11). Wenn sich der Ozeanboden vom Kamm des Mittelatlantischen Rückens wegbewegt, verschieben sich auch diese Gesteinshaufen. Sie sind gewissermaßen passive „Mitfahrer" auf den Platten. Eine seismisch inaktive Schwelle besteht aus einer Folge von versetzten vulkanischen Gesteinsmassen und senkt sich mit derselben Geschwindigkeit wie der Meeresboden, auf dem sie liegt. Die höchsten Spitzen einer Schwelle erheben sich stets etwa 2500 Meter über den Meeresboden.

Die Geschichte des atlantischen Beckens

Trägt man die aus Messungen am Meeresboden gewonnenen und aus Modellen abgeleiteten Erkenntnisse zusammen, so ergibt sich folgendes Bild von der Entwicklung des Atlantischen Ozeans: Vor 165 Millionen Jahren, in der Mitte des Jura, bildeten Nordamerika, Südamerika, Grönland, Europa und Afrika eine riesige Landmasse (Bild 8, links). Aus dem Erdinneren nach oben dringendes Magma spaltete die Landmasse in Kontinente auf, deren ursprüngliche Begrenzung sich im Umriß der heutigen Kontinentalschelfe erstaunlich gut erhalten hat. Zwischen Nordamerika und Afrika bildete sich neue Erdkruste, so daß sich die nördlichen Kontinente von Afrika und Südamerika trennten und Raum für den noch jungen Nordatlantik und die Karibische See entstand. Ungefähr vierzig Millionen Jahre später hatte sich im Nordatlantik ein Mittelozeanischer Rücken gebildet, und der Ozean erreichte stellenweise schon Wassertiefen von viertausend Me-

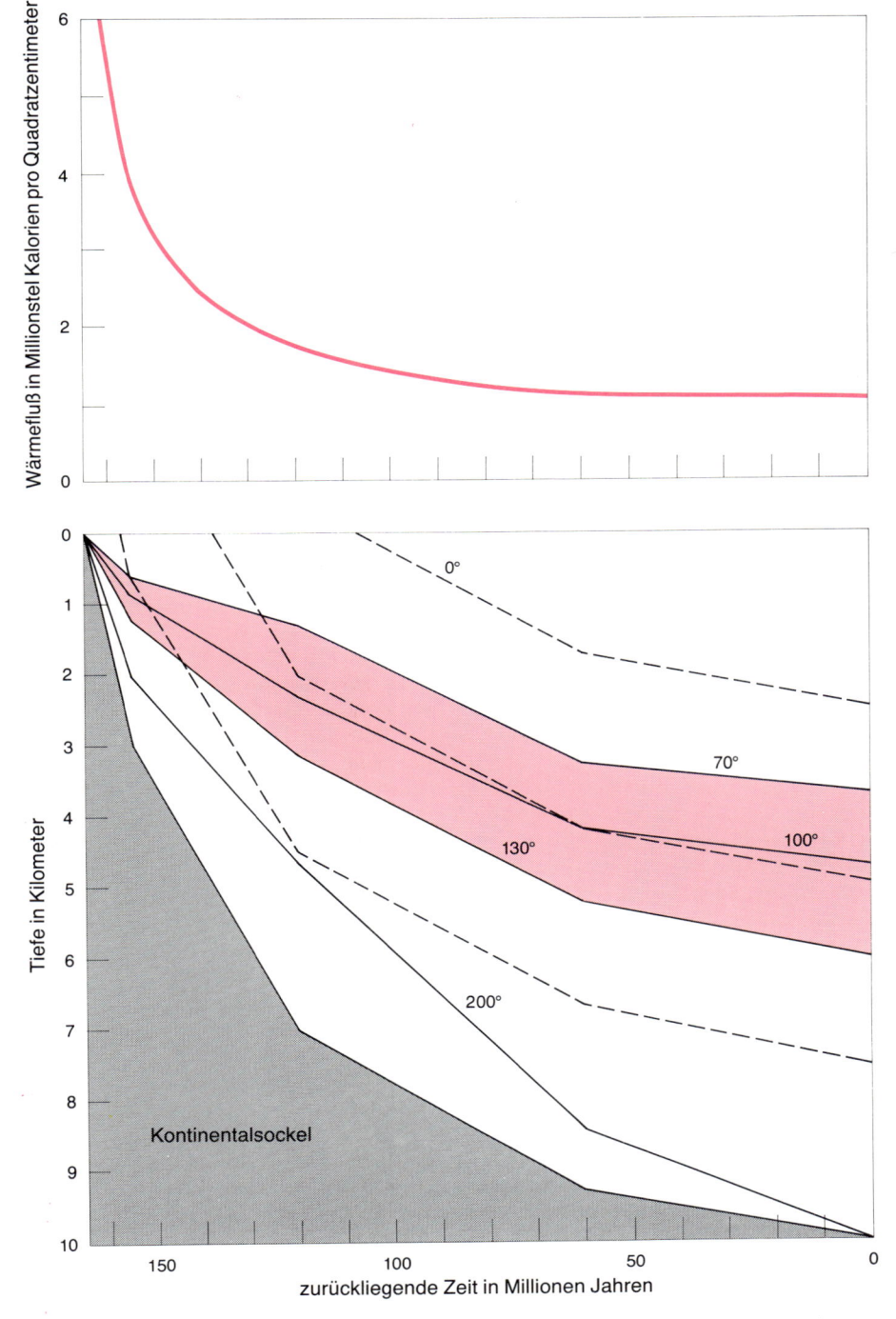

Bild 12: Da die Schelfzonen etwa ebenso schnell absinken wie der Mittelatlantische Rücken, kann man vermuten, daß auch die thermischen Vorgänge in beiden Regionen vergleichbar sind. Mit dieser Annahme läßt sich berechnen, wie groß der Wärmefluß durch die kontinentalen Schelfsedimente in der Vergangenheit war (oben). Der Wärmefluß nimmt danach mit zunehmendem Alter des Sediments sehr schnell ab und strebt einem Gleichgewichtswert zu. In den letzten fünfzig Millionen Jahren hat sich dieser Wert nicht geändert. Aus dem Wärmefluß und der Geschwindigkeit, mit welcher der Ozeanboden unter einer Sedimentbedeckung absinkt, kann man für jede Stelle auf dem Schelf die Entwicklung der Temperatur und Dicke der Sedimentschicht in der Vergangenheit berechnen. Das untere Diagramm zeigt die Kurven gleicher Temperatur (durchgezogene Linien) und die Bewegung der Sedimente (unterbrochene Linien) für eine Stelle auf dem äußeren Kontinentalschelf vor der Ostküste der Vereinigten Staaten. Solche Berechnungen können wirtschaftliche Bedeutung haben, denn einer der Faktoren, die bestimmen, ob ein Sediment Öl oder Gas enthält, ist sein Reifegrad. Er gibt an, wieviel Zeit das Sediment bei einer optimalen Temperatur (zwischen siebzig und hundertdreißig Grad Celsius) verbracht hat (farbige Fläche im unteren Diagramm).

tern (Bild 8, rechts). Sein Wasser konnte allerdings kaum nach Norden vordringen, da die Landmasse nördlich von Gibraltar noch zusammenhing und die Meeresenge zwischen Spanien und Afrika extrem schmal war. Vielleicht lag die Landverbindung zwischen Europa und Afrika sogar noch über dem Meeresspiegel.

Obwohl zu dieser Zeit Teile von Mittelamerika unter dem Meeresspiegel lagen, floß wahrscheinlich kein Wasser aus dem Atlantik durch die Karibische See in den Pazifik, denn zwischen dem Atlantik und der Karibischen See lag die von Florida nach Südosten reichende Bahama-Plattform, und es ist anzunehmen, daß die Korallenriffe auf dieser Plattform ebenso schnell wuchsen, wie die Plattform sank. Unter solchen Bedingungen konnte sich das Salz ablagern, das man heute längs der Kontinentalschelfe von Afrika und Nordamerika antrifft. Schließlich weist auch die Erhaltung großer Mengen organischen Materials in den Sedimenten auf ein nahezu stehendes Wasser hin.

Vor ungefähr 125 Millionen Jahren trennten sich Südamerika und Afrika, und gleichzeitig wuchs der Abstand zwischen Nordamerika sowie Afrika und Spanien. Südamerika bewegte sich relativ zu Nordamerika so, daß die Karibische Region zusammengeschoben wurde und die Platte nördlich von Venezuela unter die Südamerikanische Platte tauchte.

Vor etwa achtzig Millionen Jahren war der Nordatlantik dann ein „ausgewachsener" Ozean, der über die Karibische See und die jetzt weit geöffnete Straße von Gibraltar mit den benachbarten Meeren in Verbindung stand (Bild 9, links). Nordamerika und Grönland begannen auseinanderzudriften und hinterließen in ihrem „Kielwasser" die flachen Nebenmeere des Nordatlantik.

Der Südatlantik ist jünger als der Nordatlantik. Seine Entwicklung begann erst vor ungefähr achtzig Millionen Jahren. Die Rio-Grande- und die Walfisch-Schwelle gliederten ihn in ein nördliches und ein südliches Teilbecken, die beide höchstens 4000 Meter tief waren, und behinderten den Austausch von Wasser zwischen diesen Becken. Während das südliche Teilbecken mit anderen Meeren verbunden war, blieb das nördliche Teilbecken zwischen Afrika und Südamerika in den ersten zwanzig bis dreißig Millionen Jahren seiner Geschichte isoliert. Auf Phasen starker Wasserzufuhr folgten Perioden der Verdunstung, in denen sich Salz ablagerte. Dieses Salz findet sich heute nördlich der Rio-Grande- und der Walfisch-Schwelle auf den Kontinentalschelfen von Afrika und Südamerika.

Obwohl Grönland schon vor etwa 65 Millionen Jahren von Europa wegzudriften begann, verhinderte eine seismisch inaktive Schwelle in der Nähe von Island bis vor ungefähr zwanzig Millionen Jahren den Wasseraustausch zwischen dem Arktischen und dem Atlantischen Ozean. Mit dem Absinken dieser Schwelle setzte der Zustrom kalten Wassers aus dem Nordmeer ein. So entstanden die kräftigen Meeresströmungen, die wir noch heute im Atlantik beobachten.

Die meisten topographischen Merkmale des Atlantik bildeten sich vor etwa 36 Millionen Jahren (Bild 9, rechts). Sowohl der Nordatlantik als auch der Südatlantik waren zu dieser Zeit offene und tiefe Meere, und das Nordatlantische Becken übertraf das Becken des Südatlantik an Größe. Die Rio-Grande-Schwelle und die Walfisch-Schwelle waren inzwischen so weit abgesunken, daß sie die Zirkulation des Tiefenwassers im Südatlantik kaum noch behinderten, und die Karibische See hatte ihre gegenwärtige Größe und Form fast erreicht. Im Unterschied zur heutigen Anordnung der Kontinente war Spanien damals noch weit von Afrika entfernt.

Die Geschichte der Sedimentation

Anfangs hatten wir gehofft, daß sich aus der Entwicklung der Bodentiefe des Atlantischen Beckens auch ableiten ließe, wie die Gestalt des Meeresbodens in der Vergangenheit Flach- und Tiefenwasserströmungen beeinflußt hat. Wir erwarteten, eine Beziehung zwischen den Veränderungen des Bodens und der Verteilung der Sedimente zu finden. Das erwies sich jedoch als unmöglich, da sich kleinräumige Erscheinungen, beispielsweise die Strömung durch Bruchzonen, zu stark auf die Zirkulation des Ozeanwassers auswirken. Dennoch hängen die Tiefe des Meeresbodens und die chemische Beschaffenheit der Sedimente so eng zusammen, daß wir ermitteln konnten, welche Schicht jeweils die oberste Lage des Sediments bildete.

Während nach oben drängendes Magma die Kontinente auseinanderschiebt, lagern sich auf dem Kontinentalschelf vor allem terrigene Sedimente aus Ton, Sand und Kies ab, am Boden des Ozeans tonige und carbonatische Sedimente (Bild 10). Seismisch inaktive Schwellen halten den vom Kontinentalschelf kommenden Strom terrigener Sedimente auf, und selbst eine abgesunkene Schwelle beeinflußt noch die Verteilung der Tiefsee-Sedimente. Die schon erwähnte Kompensationstiefe für Calciumcarbonat unterscheidet sich von Becken zu Becken. Oft hat sie nicht einmal innerhalb eines Beckens überall denselben Wert. Kennt man die Kompensationstiefe, so kann man für jeden Zeitpunkt die Verteilung der carbonatischen und tonigen Sedimente rekonstruieren.

Aus der Geschichte der Tiefenverhältnisse im Atlantik wird auch verständlich, warum die Sedimente noch unterhalb der Kompensationstiefe des Calciumcarbonats Kalk enthalten können: Da die ozeanische Kruste oberhalb der Kompensationstiefe entsteht, können sich carbonatische Sedimente auf ihr ablagern. Im Lauf der Zeit bewegt sich die Kruste von ihrem Ursprungsort weg und sinkt allmählich unter die Kompensationstiefe (Bild 10). Zu diesem Zeitpunkt sind die carbonatischen Sedimente aber bereits von tonigen und kieseligen Sedimenten bedeckt, und diese wiederum können bei nicht allzu großer Entfernung vom Schelf von terrigenen Sedimenten überlagert werden. Diese Schichten schützen die carbonatischen Sedimente vor dem Meerwasser, das sie unterhalb der Kompensationstiefe auflösen würde.

Die Entwicklung der Bodentiefe des Atlantischen Beckens gibt auch Auskunft über die Geschichte der Kontinentalschelfe. Bohrkerne aus dem Schelfgebiet zeigen, daß die Schelfzonen etwa ebenso schnell absinken wie der Mittelatlantische Rücken. Das legt die Vermutung nahe, daß auch die thermischen Vorgänge in der Schelfzone mit denen im Mittelatlantischen Rücken vergleichbar sind (Bild 12). Wenn das zutrifft, müßte der Schelf ungefähr so viel Wärme abgeben wie der benachbarte Ozeanboden. Da die Sedimente im Schelfgebiet wasserundurchlässig sind, wird die Wärme nur durch Wärmeleitung und nicht von zirkulierendem Wasser transportiert. Folglich muß man die Gleichung, die den Wärmefluß durch den Mittelozeanischen Rücken in Abhängigkeit vom Alter des Bodens angibt (Gleichung 1), nur geringfügig ändern, um sie auch auf die Kontinentalschelfe anwenden zu können. In jeder beliebigen Tiefe ist die Temperatur der Sedimentschicht proportional zum Wärmefluß und zur Tiefe und umgekehrt proportional zur Wärmeleitfähigkeit der Schicht. Kennt man also die Mächtigkeit des Sediments und die Geschwindigkeit, mit der es abgelagert wurde, so läßt sich daraus für jede Stelle auf dem Schelf die Temperatur und die Dicke der Sedimentschicht in der Vergangenheit berechnen (Bild 12).

Solche Berechnungen können wirtschaftliche Bedeutung haben: Ob ein Sediment Öl und Gas enthält, hängt unter anderem von seinem Reifegrad ab, das heißt von der Länge der Zeitspanne, die es in einer optimalen Temperaturzone verbracht hat. Geologen rekonstruieren heute für alle Kontinentalschelfe der Erde die Temperaturen, die dort in der Vergangenheit geherrscht haben, um daraus den Reifegrad der Sedimente zu bestimmen (Bild 12) und Hinweise auf bisher unbekannte Öl- und Gaslagerstätten zu erhalten.

Die geologische Tiefenstruktur des Mittelmeerraumes

Die Entstehung der Kettengebirge, die das Mittelmeer umgeben, steht mit einer starken Verengung der Erdkruste in Zusammenhang. Was ist in der Tiefe der Kruste vor sich gegangen und welche Rolle spielte der Erdmantel in diesem geodynamischen Drama?

Von **G. F. Panza, G. Calcagnile, P. Scandone und S. Mueller**

Die Geologen sind sich heute weitgehend darüber einig, daß die das Mittelmeer umrahmenden Kettengebirge durch Krusteneinengung bei der Kollision zwischen den Kontinenten Europa und Afrika entstanden sind. Die beiden Kontinentalschollen haben einen alten Ozean, die Tethys, wie in einem Schraubstock zerquetscht. Im Jura und in der Unterkreide, vor 170 bis 100 Millionen Jahren, nahm die Tethys den Raum zwischen den beiden Kontinenten ein. Daß es sich dabei um einen echten Ozean gehandelt hat, erkennt man heute an den seltenen erhaltenen Überresten des Ozeanbodens, die immer wieder zwischen den die Gebirge aufbauenden Gesteinsdecken aus verschiedenen Sedimenten und Kristallin der Kontinentalränder eingeschoben sind. Die Reste des Ozeanbodens sind die Ophiolithe, das sind Basalte, Gabbros, Serpentinite und Peridotite der ozeanischen Kruste und mit ihnen zusammen vorkommende seltene Tiefseesedimente. In der Zeit zwischen Unterkreide und dem Beginn des Tertiärs, vor 100 Millionen bis vor 50 Millionen Jahren, rückten die Kontinentalränder Schritt für Schritt aufeinander zu, bis sie zusammenstießen. Dabei wurde der größte Teil der Lithosphäre (Kruste und oberster Teil des Mantels) nach unten gezogen und verschluckt. Bei der Kollision der Kontinente wurden dann ihre Ränder in Form von riesigen Scherben übereinandergeschoben. Dabei verloren die Kontinente viele hundert Kilometer ihrer Randgebiete.

Man kann die Struktur der Alpen durchaus mit einem Sandwich vergleichen. Drei unterschiedliche Gesteinspakete liegen in Form von Überschiebungsdecken aufeinander: die helvetischen, unteren penninischen und mittleren penninischen Decken, die alle vom ehemaligen europäischen Kontinentalrand stammen, bilden die unterste Lage; die oberen penninischen Decken, die aus dem ehemaligen ozeanischen Untergrund kommen, liegen in der Mitte; die ostalpinen Decken, die aus der Deformation des afrikanischen Kontinentalrandes hervorgegangen sind, schließen die Folge nach oben ab. Die im letzten Jahrzehnt vervollkommnete Theorie der Plattentektonik gibt den Geologen zum erstenmal die Möglichkeit, mit einem theoretischen Modell der gesamten Erde sämtliche gebirgsbildenden Vorgänge, wenn auch mit gewissen Einschränkungen, einheitlich zu erklären: die Drift der Kontinente, die Ausbreitung der Meeresböden, die Kollision von Kontinentalschollen, die Entstehung von Kettengebirgen, die Tätigkeit der Vulkane, ihre geographische Verteilung und die Ursachen und Verbreitung von Erdbeben.

Mit Hilfe geophysikalischer Meßdaten läßt sich der Erdkörper in Kern, Mantel und Kruste gliedern. Nach der Theorie der Plattentektonik bilden Kruste und oberste Lage des Mantels gemeinsam eine feste, in eine Anzahl von Platten zerbrochene Schale, die Lithosphäre. Die Platten gleiten auf einer mehr oder weniger plastischen Schale des oberen Mantels, der Asthenosphäre. Ihre Plastizität wird von dem großen Druck und den hohen Temperaturen im Mantel verursacht. Die Grenze zwischen Lithosphäre und Asthenosphäre zeigt sich dem Geophysiker daran, daß die Grenzzone eine Schicht geringer Ausbreitungsgeschwindigkeit für Erdbebenwellen bildet, den sogenannten Asthenosphärenkanal, während die Schichten unmittelbar darüber oder darunter den seismischen Wellen höhere Geschwindigkeiten erlauben.

Nach dem Modell der Plattentektonik wird in der Mitte der Ozeane, in den mittelozeanischen Rücken, unaufhörlich neue Lithosphäre erzeugt (siehe auch „Tauchexpedition zur Ostpazifischen Schwelle" von Ken C. Macdonald und Bruce P. Luyendyk in diesem Band). Gleichzeitig wird dort, wo zwei Platten sich aufeinander zubewegen, Lithosphäre in die Tiefe gezogen und dem Kreislauf wieder zugeführt. Ein klassisches Beispiel für diesen, Subduktion genannten, Vorgang ist vor der Westküste Südamerikas zu finden, wo die den Südostpazifik bildende ozeanische Platte im Bereich der chilenisch-peruanischen Tiefseerinne unter die südamerikanische Platte abtaucht (Bild 2). Entlang der Subduktionszone, auf dem Rand der Kontinentalplatte Südamerikas, entwickeln sich die Anden. Ein Gürtel aktiver Vulkane begleitet die Gebirgsbildung, und die Hypozentren der zahlreichen Tiefherdbeben lassen den Weg der subduzierten Platte in die Tiefe des Erdmantels deutlich erkennen.

Wird in einer derartigen Konstellation die zwischen zwei kontinentalen Massen liegende ozeanische Kruste vollständig verschluckt, so daß die Kontinente direkt aufeinanderprallen, dann können bei der Kollision Kettengebirge vom Typ Alpen – Himalaya entstehen. Dabei können einzelne Kontinente durch Angliederung auf Kosten des dazwischenliegenden Ozeans wachsen. Der europäische Kontinent ist zum Beispiel das Ergebnis einer ganzen Reihe von zusammengeschweißten Gebirgen, deren erste im Präkambrium und deren letzte im Karbon entstanden sind. Die das Mittelmeer umgebenden jungen Kettengebirge werden vielleicht das verbindende Element zwischen den Kontinenten Afrika und Europa werden, die am Anfang des Mesozoikums schon einmal zusammen mit Nord- und Südamerika eine einheitliche Kontinentalmasse gebildet haben, Pangäa genannt. Dieser Superkontinent begann vor 180 Millionen Jahren, im Jura, in einzelne Stücke auseinanderzubrechen.

Nach der Plattentheorie endet die Subduktion, sobald die Ozeankruste aufgezehrt ist und die Kontinente direkt aneinanderstoßen. Zwar kann die den Riesenmassen innewohnende Trägheit den Prozeß noch eine Zeitlang weitergehen lassen, doch außer der Zerstörung der Ränder dürfte nichts Wesentliches weiter geschehen. Denn die kontinentalen Gesteine haben eine geringere Dichte als Ozeanböden, sie können nicht wie ozeanische Kruste in die Asthenosphäre hinabgezogen werden. Sie „schwimmen" gewissermaßen auf der dichteren Masse.

Mit dieser eleganten Erklärung ließe sich auch der zyklische Ablauf der Gebirgsbildungen von der Anlage der Geosynklinale bis zur Emporfaltung der Gebirge verstehen. Doch auf die Kettengebirge des Mittelmeergebietes läßt sich das Modell so einfach nicht übertragen. Um ihre Entwicklung zu verstehen, muß man zunächst versuchen, den afrikanischen und den europäischen Kontinentalrand so genau wie möglich zu rekonstruieren. Dabei müssen die verschiedenen, zeitlich aufeinanderfolgenden Deformationen Schritt für Schritt rückgängig gemacht werden. Man muß den Weg wiederfinden, den weit verfrachtete, wurzellos gewordene Gesteinsmassen zurückgelegt haben, man muß die Falten ausglätten und Deckenüberschiebungen zurückführen. Wenn man damit die ursprüngliche Gestalt und Ausdehnung der Gesteinsmassen wiederhergestellt und sie an ihre Ausgangsorte zurückgebracht

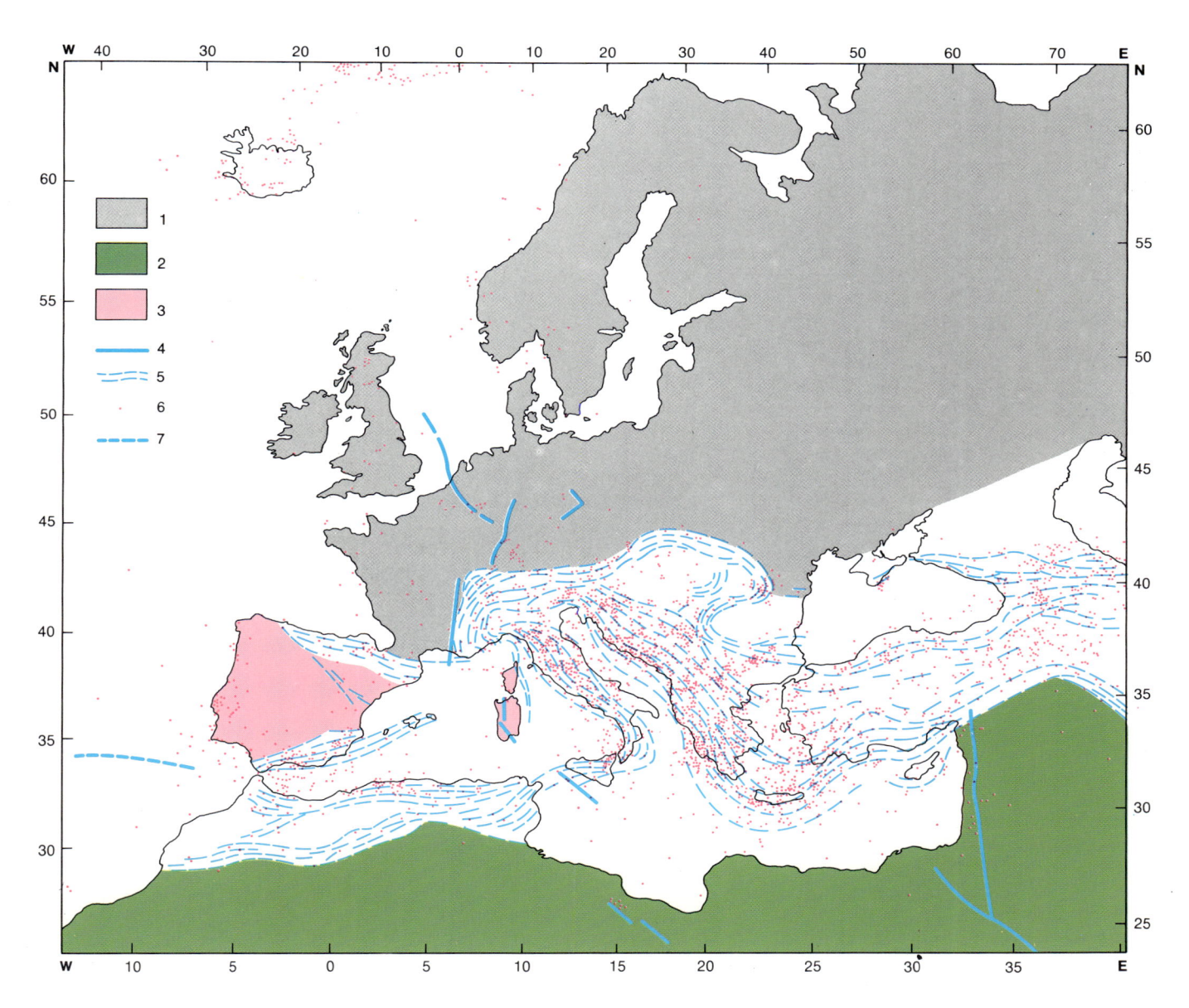

Bild 1: Am Südrand der europäischen Platte (1) und am Nordrand der afrikanischen Platte (2) haben sich die zirkummediterranen alpidischen Kettengebirge als Ergebnis des Kollisionsprozesses zwischen beiden Kontinentalmassen entwickelt. Die Häufigkeit von Erdbeben bezeugt, wie instabil dieser junge Deformationsgürtel (5) noch ist. Die geographische Verteilung der von 1901 bis 1965 aufgetretenen Erdbeben ist durch Punkte (6) wiedergegeben. Die iberische Teilplatte und der korso-sardische Block (3) sind Elemente der euroasiatischen Platte, die gegen den Uhrzeigersinn rotiert worden sind. Die europäische und die afrikanische Platte werden von großen Bruchsystemen durchzogen, die fast senkrecht zum Faltungsgürtel verlaufende kontinentale Rifts erzeugten (4). Auch sie sind von, wenn auch schwächerer, seismischer Aktivität betroffen. Die Erdbebenhäufigkeit in der Umgebung Islands ist auf den mittelatlantischen Rücken zurückzuführen, wo ständig neue Lithosphäre erzeugt wird, die zur weiteren Vergrößerung sowohl der euroasiatischen als auch der afrikanischen Platte beiträgt. Beide Platten grenzen an der Bruchlinie Azoren-Gibraltar (7) aneinander, die ebenfalls von Phänomenen seismischer Aktivität begleitet ist.

133

hat, wird es möglich, das Volumen der kontinentalen Kruste zu berechnen, die von der Krustenverkürzung im Gefolge der Kollision der beiden Kontinente betroffen wurde. Beim System Alpen – Apennin liegt das interessanteste Ergebnis dieser Arbeit in der Feststellung, daß das ursprünglich vorhanden gewesene und der Deformation ausgesetzte kontinentale Krustenvolumen bei weitem größer war (wenigstens doppelt so groß) als das Volumen, das heute in den Kettengebirgen vorhanden ist. Das gilt selbstverständlich unter Berücksichtigung all der Massen, die seit der Heraushebung der Gebirge der Erosion zum Opfer gefallen und wieder abgetragen worden sind. Die von der Kollision verursachte Zerstörung der Kontinentalränder reicht nicht als Erklärung für das Verschwinden enormer Mengen kontinentaler Kruste, die, wenn man die mediterranen Gebirge zusammenrechnet, mehrere zehntausend Kubikkilometer ausmachen. Man muß also zulassen, daß entgegen unseren zu Anfang beschriebenen theoretischen Überlegungen doch ein Teil der kontinentalen Kruste am Subduktionsprozeß teilgenommen hat und abgesunken ist. Das kinematische System der Kollision zweier Kontinente muß ein offenes System sein. Es kann wohl doch ein Teil der kontinentalen Lithosphäre in die Asthenosphäre geraten und dort einer Art von „Recycling" unterliegen. Die Subduktion muß dann auch nicht der Geometrie der klassischen Plattentektonik, wie sie an den Rändern des Pazifik durch die Benioff-Fläche angezeigt wird, entsprechen.

Um die weiteren Folgerungen deutlich zu machen, ist es notwendig, kurz auf die Ergebnisse einzugehen, die die Geophysiker in den letzten Jahren durch verfeinerte Analysen seismischer Aktivität, insbesondere von Erdbebenwellen, und durch die Auswertung von Satellitendaten und ihrem Vergleich mit den herkömmlichen Modellen des Schwerefeldes der Erde gewonnen haben. Danach ist eine reife Kontinentalkruste, wie man sie in den stabilen Teilen Afrikas und Europas heute vorfindet, klar gegliedert. Da gibt es eine oberflächennahe Sedimentschicht mit geringer Ausbreitungsgeschwindigkeit der Erdbebenwellen, darunter ein kristallines Grundgebirge, das uneinheitlich, heterogen strukturiert ist und in dem die Wellengeschwindigkeit mit der Tiefe zunimmt. Beide zusammen bilden die obere Kruste. In einer Tiefe von etwa zehn Kilometern, die aber örtlich stark variieren kann, findet man eine durch Verringerung der Ausbreitungsgeschwindigkeit charakterisierte weiche Zone, die mittlere Kruste. Darunter folgt wieder eine Zone höherer Geschwindigkeit, die bisher oft fälschlich als Basaltschale angesprochen wurde. Sie ist in Wirklichkeit aus hochmetamorphen Gesteinen wie Amphiboliten und Granuliten zusammengesetzt, die aus ursprünglich verschiedenen Gesteinstypen der oberen Kruste hervorgegangen sind. Diese höheren Krustenteile sind bei Kollisionsprozessen in größere Tiefen geraten und befanden sich zunächst mit den in der Tiefe herrschenden Druck- und Temperaturbedingungen nicht im Gleichgewicht. Daraus resultiert der Metamorphoseprozeß, der zu einer chemisch-physikalischen Umwandlung der Gesteine führt. Dabei werden unter anderem die flüchtigen Bestandteile ausgetrieben und wandern nach oben. Möglicherweise reichern sie sich in der mittleren Kruste an und sind dort für partielle Aufschmelzvorgänge und damit für die Abnahme der Festigkeit der mittleren Kruste verantwortlich, die sich in der niedrigen Wellengeschwindigkeit äußert.

Charakteristisch für die Kettengebirge des alpinen Typs, wie sie das Mittelmeer umgeben, sind weite Deckenüberschiebungen, bei denen zusammenhängende Gesteinspakete von Hunderten von Quadratkilometern Ausdehnung über andere, oft jüngere Gesteine hinweggeschoben worden sind. Man kann sich vorstellen, daß diese Überschiebungsdecken, die aus Gesteinen der oberen

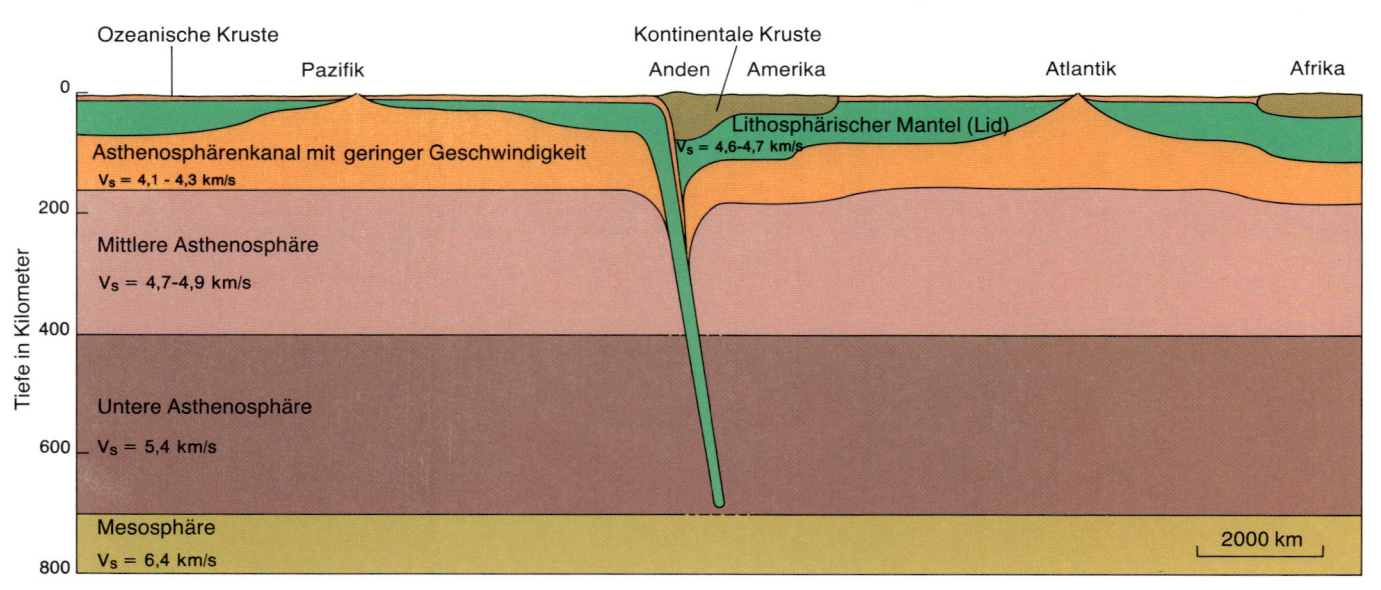

Bild 2: Die Mehrzahl der Beobachtungen zu diesem schematischen Profil durch die Subduktionszone am Westrand des amerikanischen Kontinents stammt aus seismischen Untersuchungen (Lokalisierung der Hypozentren der Erdbeben und Ausbreitungsgeschwindigkeit der seismischen Wellen). Man beachte die bemerkenswerte Verdickung der Kruste und der Lithosphäre im Bereich der Kontinente im Vergleich mit den Ozeanen. Die in Subduktion befindliche Lithosphäre ist bis 700 km Tiefe gezeichnet, da dies die beobachtete Maximaltiefe der Hypozentren ist; es ist jedoch möglich, daß sich die Auswirkungen der Subduktion der Lithosphäre auch noch in lateralen Veränderungen der Mesosphäre äußern. Im oberen Teil der Asthenosphäre liegt ein Kanal geringer Geschwindigkeit, in dem sich sehr wahrscheinlich Material in teilweise aufgeschmolzenem Zustand befindet. Unter der Andenkette ist der Kanal durch die in Subduktion befindliche Lithosphäre unterbrochen. Die angegebenen Geschwindigkeiten der Scherwellen gelten für die Teile des Mantels, die nicht von Dehnungs- oder Kompressionsprozessen betroffen sind, sich also weit entfernt von ozeanischen Rücken oder Subduktionsgebieten befinden. Die subduzierte Lithosphäre ist im Bild ungefähr doppelt so dick wie in Wirklichkeit, weil der Horizontal- zum Vertikalmaßstab zehnfach überhöht ist; aus dem gleichen Grund erscheint auch der Neigungswinkel der subduzierten Lithosphäre zu steil. Er beträgt etwa 45 Grad.

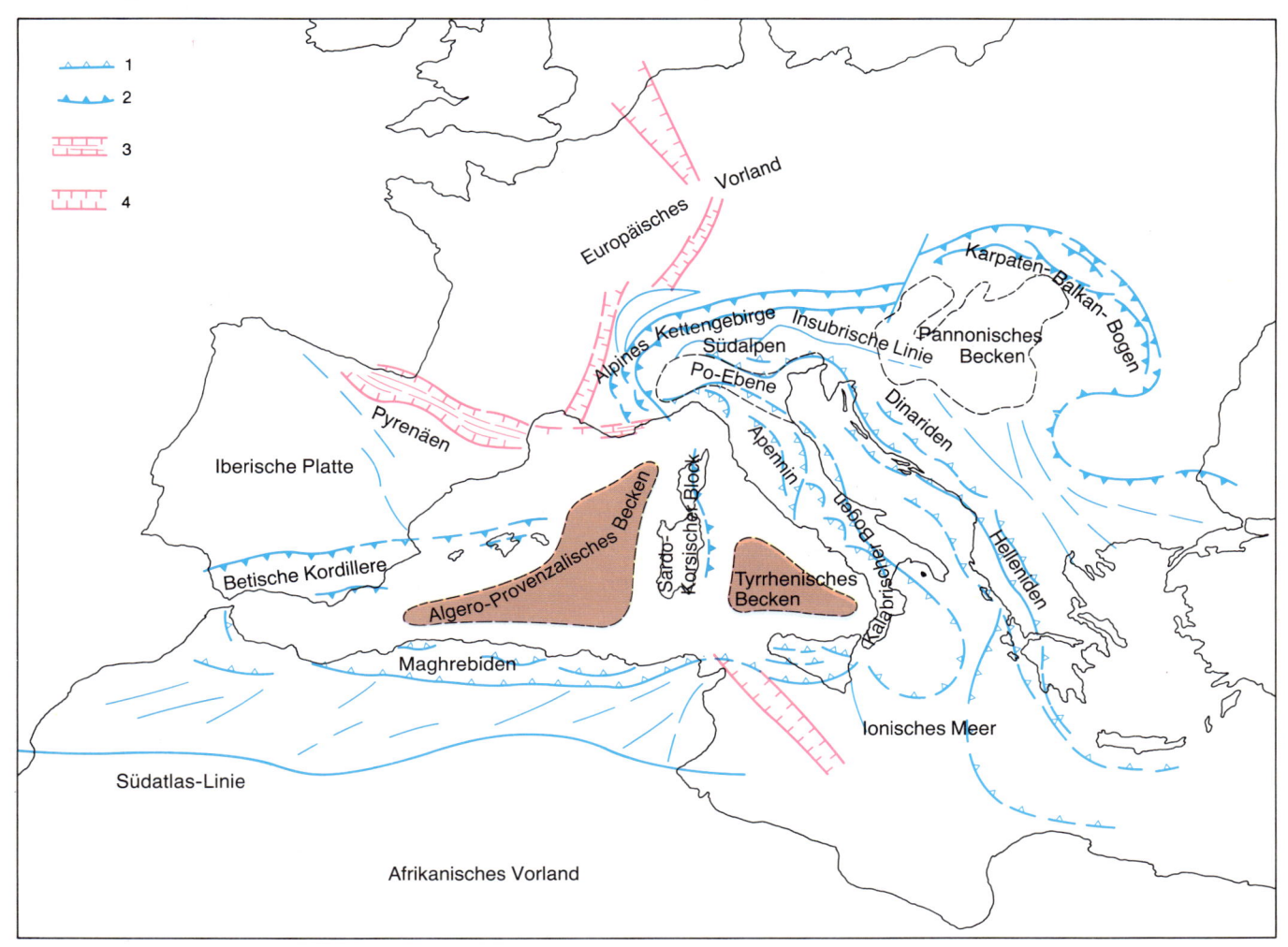

Bild 3: Im Gebiet des zentralen Mittelmeeres stehen sich zwei Faltungssysteme gegenüber: eine Gebirgskette mit Vergenz (1) der Falten und Überschiebungsdecke in Richtung auf das afrikanische Vorland, und eine Gebirgskette mit Vergenz (2) in Richtung auf das europäische Vorland. Die erste, von Gibraltar ausgehend, verläuft im Norden Marokkos, Algeriens und Tunesiens und bewahrt bis Sizilien ihre West-Ost-Richtung. Die Grenze zwischen dem Deformationsgürtel und dem stabilen Vorland ist durch eine große Verwerfung, die Südatlas-Linie, markiert. Im kalabrischen Bogen biegt die Gebirgskette scharf in die Südost-Nordwest-Richtung ein. Die Vergenz des Apennin ist auf die Adria gerichtet, die noch zum afrikanischen Vorland gehört. In Ligurien taucht die afrikavergente Kette unter alpine Elemente und unter die tertiären und quartären Sedimente der Poebene ab, um mit ungefährer Ost-West-Richtung in die Südalpen mit Südvergenz, also immer auf das afrikanische Vorland zu, wiederzuerscheinen. An der italienisch-jugoslawischen Grenze schwenkt sie als Dinariden-Helleniden-Kette erneut in die Nordwest-Südost-Richtung, mit Vergenz zur Adria und zum Ionischen Meer. Wieder in Gibraltar beginnend, läßt sich die europavergente Gebirgskette entlang der Betischen Kordillere bis auf die Balearen verfolgen, wo sie vom algero-provenzalischen Becken unterbrochen wird. Ihre Fortsetzung nach Osten und ihr Anschluß an die Alpen ist unklar. Viele Autoren meinen, daß der Anschluß südlich und östlich des sardo-korsischen Blocks zu suchen ist, und daß der kalabrische Bogen und Nordost-Korsika Bruchstücke dieser Kette darstellen, die durch die Öffnung des algero-provenzalischen und des tyrrhenischen Beckens und infolge der Drehung des sardo-korsischen Blocks und des Apennins zerrissen wurde. In Ligurien-Piemont bildet die europavergente Gebirgskette einen Bogen und schwenkt in die Ost-West-Richtung. Bei Wien zerbricht zunächst die Gebirgsfront der Alpen und läuft in östlicher Richtung auf das Vorland zu; im Karpaten-Balkanbogen erfährt die Kette neue Verbiegungen in die Form eines Fragezeichens. Das pyrenäisch-provenzalische System (3) ist eine dritte Gebirgskette, die durch die Wechselwirkung zwischen iberischem Block und europäischer Scholle hervorgerufen wurde. Diese unterliegt Dehnungsprozessen, die zu einer Reihe von tektonischen Gräben (4) geführt haben. Auch die afrikanische Scholle ist von Grabensystemen betroffen, von denen hier der Pantelleria-Graben zwischen Sizilien und der Großen Syrte zu sehen ist.

Kruste zusammengesetzt sind, an den weniger festen bis aufgeweichten Gesteinen der mittleren Kruste abgeschert sind. Dazu paßt auch die Beobachtung, daß die Ausbreitungsgeschwindigkeit seismischer Wellen, die normalerweise mit der Tiefe steigt, an bestimmten Stellen wieder abnimmt, und man kann daraus schließen, daß die dortigen Schichten den Scherkräften gegenüber wenig Widerstand entgegensetzen. Aus diesen Beobachtungen und Überlegungen läßt sich ein Kollisionsmodell entwickeln, bei dem die Oberkruste teils Überschiebungsdecken bildet, teils sich auch in komplizierter Weise in den Wurzelzonen verkeilt, während fast die gesamte Unterkruste zusammen mit dem obersten, der Lithosphäre zugehörigen Teil des Mantels, von den Geologen auch „Lid" genannt, in die Tiefe gezogen wird. Die Unterkruste hat eine relativ hohe Dichte, und wenn sie der spezifisch leichteren Oberkruste durch Abscherung beraubt ist, gibt es kein isostatisches Hindernis mehr für die Subduktion kontinentaler Lithosphäre. Manchmal kann es vorkommen, daß dennoch auch Stücke der Unterkruste mit in den Deckenbau einbezogen werden, wie das in der Zone von Ivrea am Eingang des Aostatals der Fall ist. Man kann also sagen, daß bei dieser Art von Gebirgsbildung eine Mischung aus allen möglichen Krustenelementen entsteht, die zusammen eine neue, verdickte und unreife Kruste aufbauen, in der das

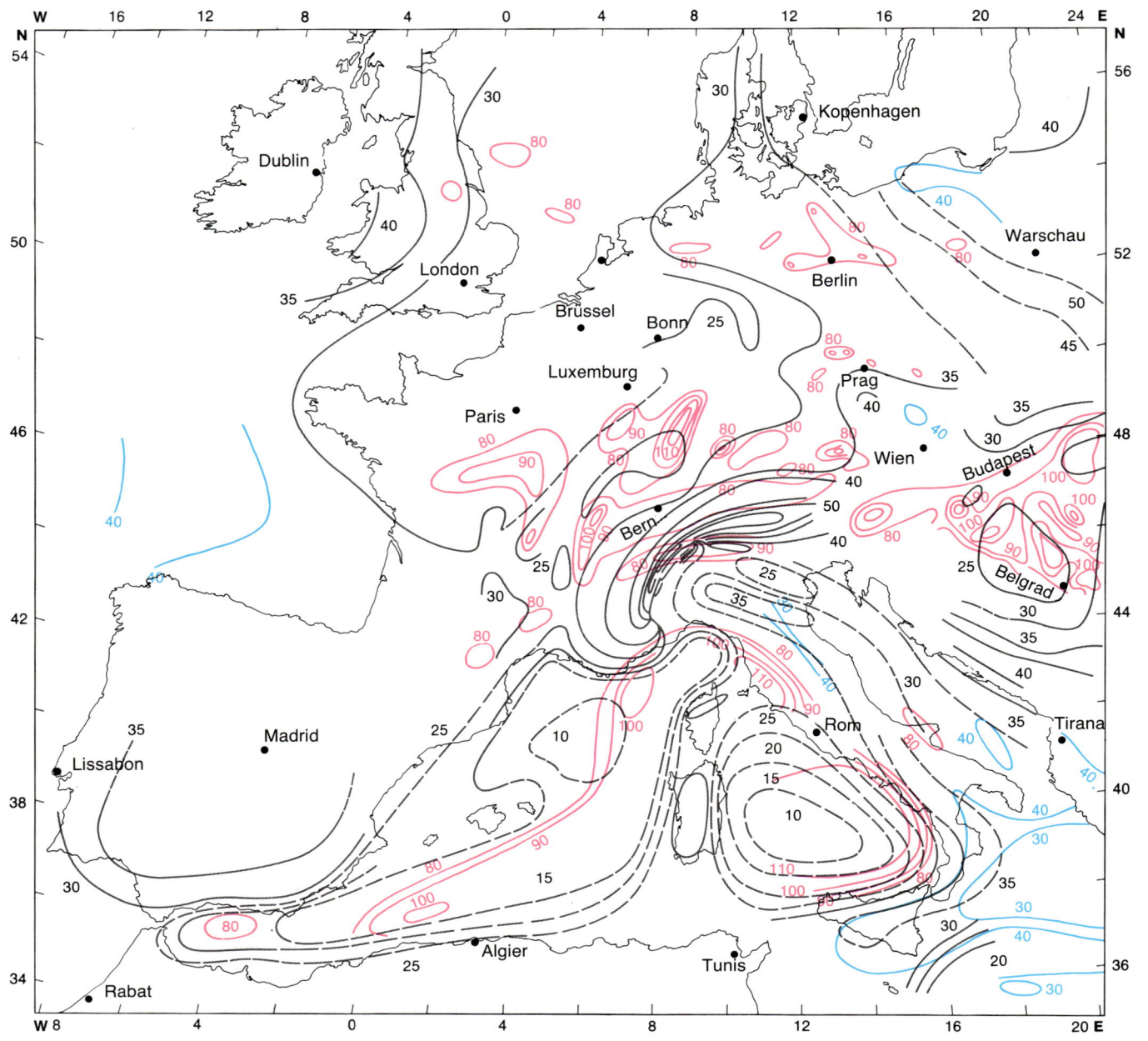

Bild 4: Die Mächtigkeiten der Kruste und der Lithosphäre (Kruste und oberster Mantel zusammen: Bild 5) im Vergleich. Die Kruste in Süd- und Mitteleuropa (graue Linien) schwankt zwischen einem Minimum von rund 10 Kilometer in der Tiefsee-Ebene südlich der Balearen und in der Tyrrhenis, und einem Maximum von über 50 Kilometer im Bereich der Alpen. Neben den lateralen Mächtigkeitsschwankungen kann man auch laterale Veränderungen der elastischen Eigenschaften erkennen, die größtenteils mit dem Alter der Kruste korreliert sind. Daneben ist das Verhalten des Wärmeflusses wiedergegeben, soweit es vom mittleren Wert der Erde von 50–70 Milliwatt pro Quadratmeter abweicht. Abgesehen von den beiden ozeanischen Becken ist es jedoch nicht einfach, eine Korrelation zwischen erhöhter Krustenmächtigkeit und geringem Wärmefluß (blaue Linien) festzustellen; das gleiche gilt für die umgekehrte Korrelation (rote Linien: erhöhter Wärmefluß). Aufgrund dieser Verschiebungen lassen sich wichtige laterale Veränderungen der physikalischen Eigenschaften des oberen Mantels erfassen. Die Veränderungen sind das Ergebnis der komplexen Wechselwirkung zwischen europäischer und afrikanischer Platte.

Modell der seismischen Schichtung, wie wir sie am Anfang für ältere, „reife" Kontinente beschrieben haben, noch nicht gilt.

Die Grenze zwischen Kruste und Mantel, nach ihrem Entdecker, dem jugoslawischen Geophysiker als Mohorovičić-Diskontinuität bezeichnet und „Moho" abgekürzt, ist eine wichtige, geologisch und geophysikalisch definierte Fläche innerhalb der Lithosphäre. Drückt jetzt die spezifisch zwar leichtere, aber durch die Kollision verdickte Kruste diese Grenzfläche nach unten, so daß sich eine Krustenwurzel bildet, dann ist das isostatische Gleichgewicht gestört und im gleichen Moment, in dem die aus der Kollision resultierenden tangentialen Kräfte nachlassen, wird das Kettengebirge beginnen, sich zu heben. Die nach unten verbogenen Isothermen, die Linien gleicher Temperatur, gleichen sich erst aus und steigen dann mit dem sich hebenden Gebirge nach oben. Der unterste Teil der Kruste wird granulitisiert, das heißt bei relativ hohen Temperaturen aufgeschmolzen, und verliert seine flüchtigen Bestandteile. Diese steigen nach oben, und da ihre Anwesenheit den Schmelzpunkt vieler Gesteinsarten herabsetzt, kommt es in der mittleren Kruste zu Aufschmelzungen. Das kann bis zur Bildung eines Krustenmagmas und

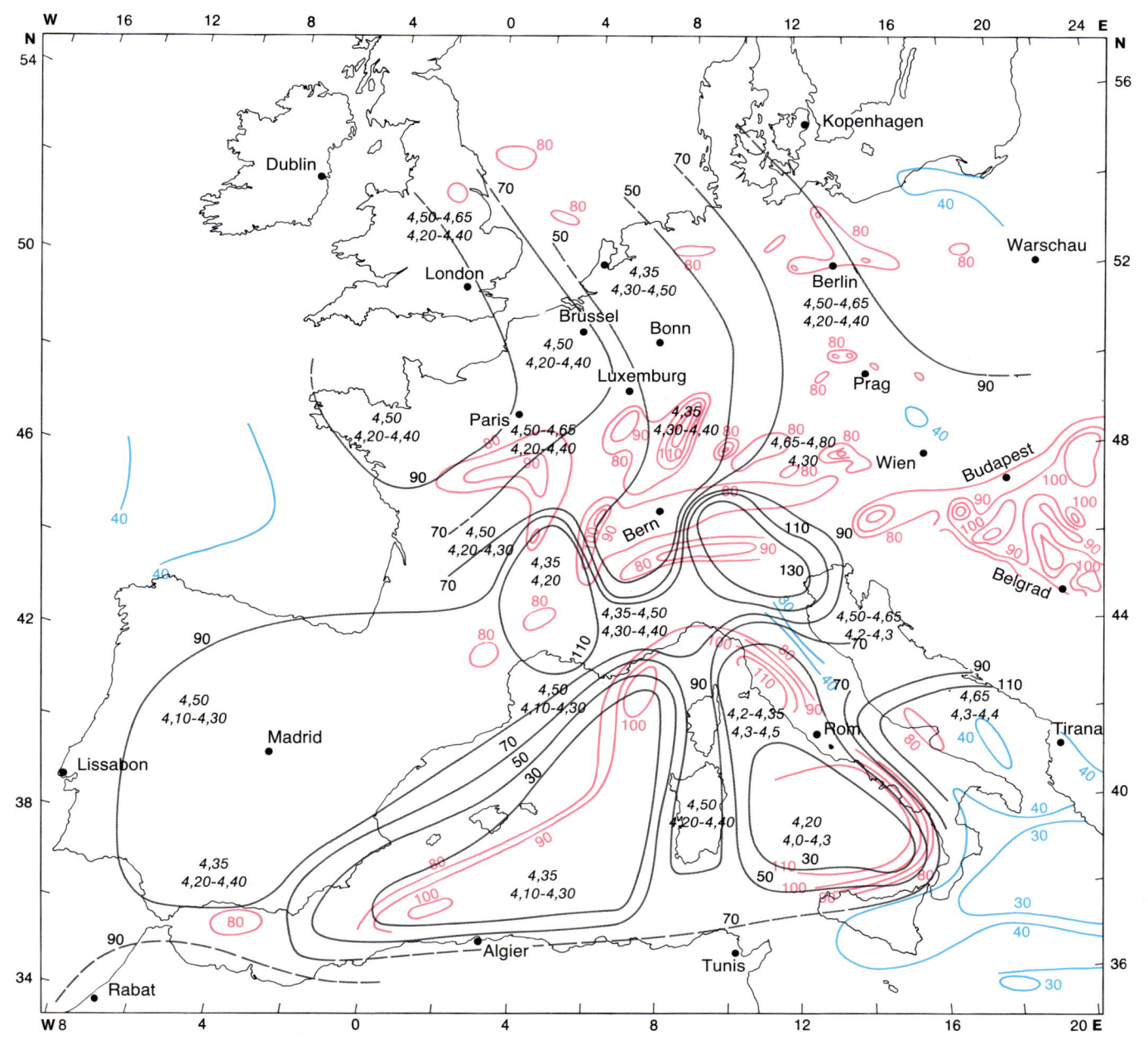

Bild 5: Mächtigkeit der Lithosphäre (graue Linien) und elastische Eigenschaften des Systems Lithosphäre-Asthenosphäre (Ausbreitungsgeschwindigkeit der Transversalwellen in Kilometern pro Sekunde, kursive Zahlen). Unter Westalpen, Zentral- und Nordapennin und toskanischem Archipel beobachtet man eine rund 70 Kilometer mächtige Schicht, in der die Ausbreitungsgeschwindigkeit weit unter den typischen Werten einer kontinentalen Lithosphäre liegt. Darunter folgt eine sich bis in etwa 300 Kilometer Tiefe erstreckende Schicht, in der die Geschwindigkeiten wieder auf die Werte der Lithosphäre zunehmen. Die Lithosphäre variiert zwischen einem Minimum von 30 Kilometer Mächtigkeit in den beiden Ozeanbecken und einem Maximum von 130 Kilometer unter der nördlichen Adria und den Ostalpen. Im Gegensatz zur Kruste allein existiert für die Lithosphäre eine gute Korrelation zwischen den elastischen Eigenschaften und den Werten des Wärmeflusses. Dünner Lithosphäre oder solcher mit geringen Festigkeitswerten entsprechen hohe Wärmeflußwerte (rote Linien), während die Zonen mit mächtiger und fester Lithosphäre einen unterdurchschnittlichen Wärmefluß (blaue Linien) zeigen.

zur Entstehung von Granitkörpern führen. Die Hebung des Gebirges ist von extrem starker Erosion begleitet, die so lange anhält, bis das ganze Gebirge wieder abgetragen ist. Im Endstadium der Gebirgsbildung werden die Krustenwurzeln verschwunden sein, die Isothermen verlaufen wieder gerade, und die Kruste bekommt ihre einigermaßen regelmäßige seismische Schichtung, sie wird zur reifen Kruste.

Die Deformationen, von denen soeben die Rede war, erstrecken sich nach den neuesten seismischen Ergebnissen, die aus der Analyse der Ausbreitungsgeschwindigkeit der Raumwellen und der Dispersion der Oberflächenwellen gewonnen wurden, viel weiter in die Tiefe. Sie beeinflussen nicht nur die Kruste, sondern sind auch im Lithosphärenanteil des Mantels, dem Lid, und in der Asthenosphäre noch nachweisbar und reichen wahrscheinlich bis in eine Tiefe von 1000 Kilometer, bis in die Mesosphäre (Bild 2). Die Geophysiker können seitliche Veränderungen im Mantel bis zu einer Tiefe von 700 Kilometer an langwelligen Verbiegungen des Geoids, der Figur des Gesamtschwerefeldes der Erde, erkennen. Bei der Auswertung von Erdbebenwellen läßt sich im übrigen feststellen, daß unter den ganz alten Kontinentteilen, den präkambrischen Schilden, deren

Alter zwei bis drei Milliarden Jahre beträgt, der Asthenosphärenkanal niedriger Geschwindigkeit nicht mehr existiert. Das zeigt, daß bis in eine Tiefe von etwa 400 Kilometer ein signifikanter Unterschied zwischen gefestigten kontinentalen Strukturen und ozeanischen Strukturen besteht. Bricht daher ein alter Kontinent auseinander, wie beispielsweise der Urkontinent Pangäa am Anfang der Entstehung des Atlantiks, dann beginnen Schollen zu driften, die wesentlich dicker sind als die Lithosphäre (siehe den Beitrag „Die Tiefenstruktur der Kontinente" von T. H. Jordan in diesem Band). Wir müssen daher besser von Tektosphären-Platten sprechen. Ihre Dicke entspricht nur dann der Lithosphäre, wenn unter ihnen der Asthenosphärenkanal existierte. Die Entdeckung, daß eine solche Tektosphären-Platte tiefer reichen kann als die Lithosphäre, stellt einige Dogmen der Plattentektonik in Frage, nicht nur das, daß die Platten überall aus

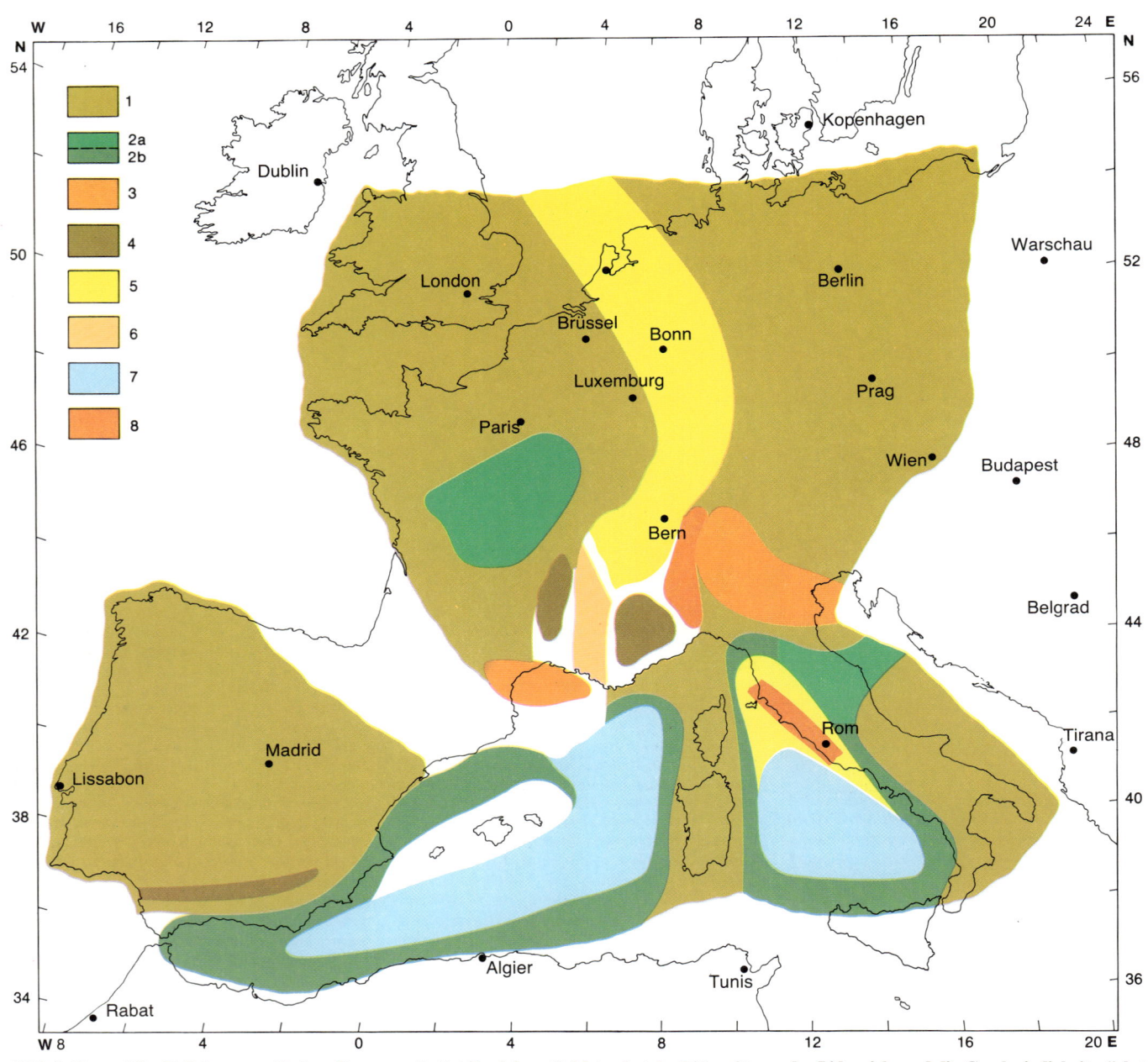

Bild 6: Der größte Teil des europäischen Vorlandes besitzt ein „Lid", das ist der zum oberen Mantel gehörige untere Teil der Lithosphäre, mit normaler Mächtigkeit von 50 bis 70 Kilometer (1). Darunter ist ein gut entwickelter Kanal geringer seismischer Geschwindigkeit zu erkennen, der Asthenosphärenkanal. Die durch die Kollision Europa-Afrika deformierten Gebiete besitzen meist ein in bezug auf Mächtigkeit oder Festigkeit anomales Lid. Es kann auf 30 bis 45 Kilometer ausgedünnt (2) oder auf 80 bis 100 Kilometer verdickt sein (3), wobei der Asthenosphärenkanal häufig noch gut ausgeprägt ist. In einigen Gebieten hat das Lid „mittlere bis weiche" elastische Eigenschaften (4) bei undeutlicher Geschwindigkeitsumkehr (wie in Südfrankreich) oder sogar mit Geschwindigkeitszunahme nach unten (Betische Kordillere, Ligurische Alpen). Die Grenze Lithosphäre-Asthenosphäre ist dort in 80 bis 100 Kilometer Tiefe zu lokalisieren. Im Rhônegraben (6) besitzt das Lid normale Mächtigkeit, zeigt aber geringe Festigkeitswerte (weiches Lid), während es im algero-provenzalischen und im tyrrhenischen Becken weniger als 30 Kilometer dick ist (7). In den kontinentalen Riftzonen ist das Lid weich, und die Geschwindigkeit wächst im allgemeinen mit der Tiefe (5). Der Kanal fehlt. Schließlich, unter den Westalpen und unter den Küsten Latiums und der Toskana ist eine feste Lithosphäre als Wurzel von einem sehr weichen Lid überdeckt (8). Die Eigenschaften des oberen Mantels werden mit Hilfe der Ausbreitungsgeschwindigkeit seismischer Oberflächenwellen ermittelt. Die Zone 2 b erhielt eine abgestufte Farbe, weil ihre Grenzen auf diese Weise nicht ermittelt werden konnten, sondern aufgrund anderer geologischer und geophysikalischer Daten eingezeichnet wurden.

der Lithosphäre gebildet sind, sondern auch die Annahme, daß der obere Mantel überall homogen ist und keine seitlichen Veränderungen aufweist. Aus den Überlegungen zur Gebirgsbildung, wie sie nachfolgend für die alpinen Kettengebirge des Mittelmeerraums dargelegt werden, folgt bereits, daß das „Recycling" von Lithosphärenteilen in der Asthenosphäre langfristig eine Veränderung der chemischen Zusammensetzung des oberen Mantels zur Folge haben muß.

Im folgenden soll jetzt versucht werden, anhand der beschriebenen Vorüberlegungen die heutigen Verhältnisse des Mittelmeerraums zu analysieren. Dann sollen die Entwicklung des Systems Lithosphäre-Asthenosphäre und die Wechselwirkung zwischen europäischer und afrikanischer Platte in den letzten 200 Millionen Jahren rekonstruiert werden. Die meisten Daten stammen aus dem zentralen und dem westlichen Mittelmeergebiet, das wesentlich besser untersucht ist als der östliche Teil (Bild 3). Es läßt sich leicht erkennen, daß sowohl der nördliche, europäische Block als auch der südliche, afrikanische Block von großen Bruchzonen in Mitleidenschaft gezogen worden sind. Es sind in Entstehung begriffene Riftsysteme, die als tektonische Gräben angelegt sind, am deutlichsten der Rheintalgraben, das Rhônetal und der Pantelleria-Graben zwischen Sizilien und Nordafrika. Zwischen den stabilen Teilen der Kontinente liegen die deformierten Zonen, zunächst die Pyrenäen zwischen der europäischen Platte und der iberischen Teilplatte, dann das zweiseitige System der aus der Kollision zwischen afrikanischer und europäischer Platte hervorgegangenen Gebirgszüge. Der nördliche Strang, mit der Überschiebung der Decken zum europäischen Vorland hin, beginnt mit der betisch-balearischen Kordillere, deren östliche Fortsetzung und gegebenenfalls Verbindung mit den Westalpen ungewiß ist, und setzt sich mit der Kette Alpen – Karpaten – Balkan fort. Der südliche Strang, mit Transportrichtung der Überschiebungsdecken zum afrikanischen Vorland hin, beginnt in Marokko mit dem Atlas, setzt sich über Nordafrika, Sizilien, Apennin, Südalpen, Dinariden bis in die hellenischen Ketten Griechenlands fort. Die geographische Anordnung der beiden Stränge mit ihren Bögen und Schlingen war schon entsprechend der ursprünglichen Form der Kontinentalränder so unregelmäßig angelegt und wurde bei der Gebirgsbildung noch dadurch zusätzlich kompliziert, daß sich Teilketten übereinanderschoben und Bruchstücke von Platten um ihre vertikale Achse gedreht wurden. Dabei entstanden zwei neue Ozeanbecken, das algero-provenzalische Becken und das südliche Tyrrhenische Meer, und es kam zur Verbiegung ganzer Abschnitte des Gebirges, wie des sardisch-korsischen Blocks oder des kalabrischen Bogens (Bild 3).

In dem betrachteten Gebiet lassen sich fünf hauptsächliche Krustentypen unterscheiden. Da sind zunächst einmal die klassischen kontinentalen Gebiete mit reifem Krustentyp und regelmäßiger seismischer Schichtung, wie zum Beispiel Zentraleuropa. Ihre mittlere Krustendicke beträgt 30 bis 35 Kilometer. Dann gibt es Gebiete mit ausgedünnter Kruste in den Riftgebieten wie dem Rheintal,

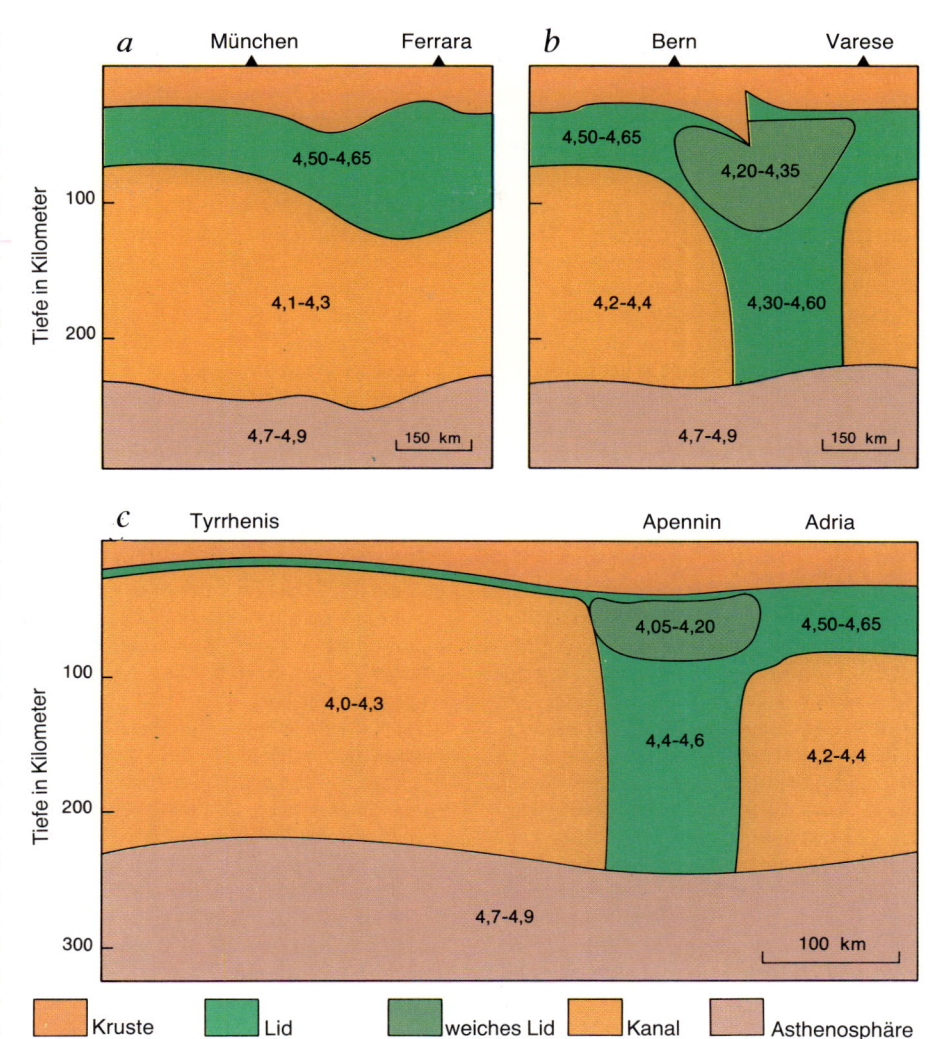

Bild 7: Profile durch die Ostalpen (*a*), die Schweizer Alpen (*b*) und den Apennin (*c*). Im Profil *a* ist die maximale Verdickung des Lids in Relation zu den Krustenwurzeln nach Süden verlagert. (Die tiefe Wurzel wird als eine Lithosphärenverdoppelung infolge Übereinanderschiebens von Europa und Afrika interpretiert.) Es ist evident, daß das Konzept der Krustenwurzeln zur Beschreibung der Tiefenstruktur von Gebirgsketten nicht ausreicht, da die Veränderungen mehr als 200 Kilometer tief reichen. Im Profil *b* ist im Bereich der Zone normaler Deformation ein weicher Mantelanteil zu erkennen, der die durch hohe Festigkeitswerte charakterisierte, den Kanal geringer Geschwindigkeit unterbrechende Lithosphärenwurzel überlagert. Auch der Apennin (Profil *c*) ist durch einen weichen Mantelanteil gekennzeichnet, der auf einer Lithosphärenwurzel mit höherer Festigkeit liegt. Bemerkenswert ist der Mächtigkeitsunterschied zwischen dem Lid der Adria und dem der Tyrrhenis. Alle drei Profile geben starke laterale Veränderungen der elastischen Eigenschaften des Lithosphären-Asthenosphären-Systems wieder, die die Untergrenze des Asthenosphärenkanals beeinflussen.

Gebirge mit verdickter Kruste, das sind die jungen Gebirgszüge wie die Alpen, und verdünnte Zonen unter jungen Gebirgen. Außerdem finden wir im westlichen Mittelmeer und im südlichen Tyrrhenischen Meer einen intermediären bis ozeanischen Krustentyp. Wenn bei einem jungen Gebirge wie beim Apennin die Krustenwurzeln nur 35 Kilometer Tiefe erreichen statt 50 bis 60, wie in den Alpen, dann muß ein zusätzlicher Prozeß stattfinden. Möglicherweise setzt sich unter dem Apennin von der Tyrrhenis her ein tektonischer Dehnungsprozeß fort.

Betrachten wir jetzt nach der Kruste den Mantel, und zwar den Teil, der noch zur Lithosphäre gehört, das „Lid" (Bild 4 und 5). In den kontinentalen Vorlandsgebieten, die durch reife Kruste gekennzeichnet sind, findet sich auch ein normales Lid von 50 bis 70 Kilometer Dicke, unter dem der bekannte Kanal geringer seismischer Geschwindigkeit anzutreffen ist. Das heißt, die gesamte Lithosphäre, Kruste und Lid zusammen, besitzen in Mitteleuropa, Spanien, auch im südlichen Adriagebiet, 90 bis 100 Kilometer Dicke. Die Geschwindigkeit der Erdbebenwellen und der Wärmefluß, die beiden wichtigsten geophysikalischen Werte, sind normal: der Asthenosphärenkanal ist deutlich erkennbar. In den kontinentalen Riftgebieten, in denen schon die Kruste dünner ist, nimmt auch die Dicke des Lids ab, so daß die ganze Lithosphäre nicht dicker ist als 50 Kilometer, so im Rheintal, das zusätzlich noch durch ein sehr weiches Lid gekennzeichnet ist, mit verlangsamten Wellengeschwindigkeiten. Dennoch läßt sich der Asthenosphärenkanal noch gut ansprechen. Interessant ist, daß in der weiteren Fortsetzung des Rheintals, nämlich in den Ligurischen Alpen, sich ebenfalls diese Art aufgeweichtes und ausgedünntes Lid feststellen läßt. Zwar beträgt die Lithosphärenmächtigkeit hier 100 Kilometer, ist damit jedoch bedeutend geringer als unter den Ostalpen. Es sieht so aus, als ob sich in der Tiefe bereits die gleichen Dehnungsvorgänge bemerkbar machten, die zur Entstehung des Rheintalgrabens geführt haben. Nur sind sie in den Ligurischen Alpen noch nicht so weit fortgeschritten. Dagegen weist das Rhônetal, das strukturell dem Rheintal ähnlich ist, zwar ein weiches, aber kein ausgedünntes Lid auf; es wird sogar am südlichen Ende noch dicker, 70 bis 90 Kilometer. Warum das so ist, kann niemand genau sagen, eine Hypothese bringt das Dickerwerden mit den Ausläufern der pyrenäisch-provenzalischen Faltenzüge in Verbindung (Bild 3).

Im Deformationsgürtel zwischen den beiden kontinentalen Blöcken Afrika und Europa ist das System Lithosphäre-Asthenosphäre besonders kompliziert. Die Mächtigkeit des Mantels und seine elastischen Eigenschaften verändern sich in seitlicher Richtung erheblich. Die Lithosphäre insgesamt muß man sich verdickt vorstellen, das Lid bleibt jedoch gut unterscheidbar. In den Zentralalpen und in den Ostalpen werden Mächtigkeiten der Lithosphäre von rund 130 Kilometer erreicht (Bild 5). Dieser Teil der Alpen hat entlang seiner Achse ausgeprägte Krustenwurzeln und ist durch besonders hohen Wärmefluß gekennzeichnet. Auch das pannonische Becken (die ungarische Tiefebene, siehe Bild 3) zeigt anormal hohe Wärmeflußwerte, und es besteht die Möglichkeit, daß beide Regionen miteinander in Verbindung stehen und das Anfangsstadium einer senkrecht zu den großen Riftsystemen Mitteleuropas sich bildenden Dehnungszone darstellen.

Eine besonders interessante Situation bietet sich im Gebiet der nördlichen Tyrrhenis und des westlichen Apennins in der Toskana und in Latium. Dort ist die Lithosphäre besonders ausgedünnt. Das Lid weist geringe Festigkeitswerte auf, obwohl es sich um eine Kettengebirgszone handelt, und der Wärmefluß ist außergewöhnlich hoch. Die Eigenschaften der Lithosphäre sind eigentlich typisch für ein Rift. Wenn es sich um die südliche Fortsetzung des Rheintal-Rifts handelt, dann gibt es schon deswegen einen Unterschied, weil es hier in einem aus junger, ungeordneter Lithosphäre gebildeten Kettengebirgsgebiet mit gut entwickelten Krustenwurzeln entstanden sein muß, während sich das Rheintal in einem konsolidierten, aus reifer kontinentaler Kruste bestehenden Vorlandsgebiet geöffnet hat.

Die südliche Tyrrhenis und das algero-provenzalische Becken des westlichen Mittelmeers zeigen die verdünnte Lithosphäre eines jungen Ozeans (weniger als 30 Kilometer). Die Tyrrhenis ist mit einem Alter von 7 bis 10 Millionen Jahren jünger als das westliche Mittelmeer, das vor 20 bis 25 Millionen Jahren entstanden ist, und besitzt dementsprechend höhere Wärmeflußwerte und niedrigere Festigkeitswerte als das algero-provenzalische Becken.

Nach den klassischen Schemata der Plattentektonik sollen Lithosphäre und Asthenosphäre gut unterscheidbar sein, und zwar durch den Kanal geringer Geschwindigkeit seismischer Wellen. In den stabilen kontinentalen Gebieten läßt sich diese Ordnung deutlich bestätigen. In den Riftgebieten ist dagegen die Unterscheidung zwischen Lithosphäre und Asthenosphäre nicht sauber zu treffen, weil die Festigkeit des Lids und damit die Ausbreitungsgeschwindigkeiten herabgesetzt sind. Daß sie das sind, läßt sich damit erklären, daß zum einen das ein Rift verursachende Dehnungskräftefeld die Festigkeit der Gesteine herabsetzt, und zum zweiten der vom Aufsteigen der Isothermen begleitete höhere Wärmefluß ebenfalls die Eigenschaften der Lithosphäre verändert. In den betrachteten Kollisionsgebieten schließlich gibt es eine komplexe Wechselwirkung zwischen Lithosphäre und Asthenosphäre, und der Kanal der geringen Geschwindigkeit wird unter den sich bildenden Gebirgen undeutlich bis zur Auslöschung, wie es an den Westalpen zu sehen ist. An solchen Stellen ist nicht nur die Trennfläche zwischen Lithosphäre und Asthenosphäre, das wäre die Obergrenze des Kanals geringer Geschwindigkeit, unregelmäßig, sondern auch seine Untergrenze. Doch bereits die Trennfläche zwischen Kruste und Mantel, die Moho, ist verbogen. Profilschnitte quer zu den Alpen und zum Apennin zeigen eine Lithosphärenwurzel höherer Festigkeit, die weit, bis zu 200 Kilometer, in die Asthenosphäre eindringt und dabei den Asthenosphärenkanal unterbricht. Diese Wurzeln, deren unterer Teil höhere Festigkeitswerte besitzt, deren oberer Teil hingegen weicher und gleichzeitig elastischer reagiert, entwickeln nicht, wie die Plattenränder an den Benioff-Flächen des Pazifik, eine eigene seismische Aktivität mit mitteltiefen oder Tiefherdbeben, sondern sind nur durch Abweichungen in den Ausbreitungsgeschwindigkeiten seismischer Wellen anderen Ursprungs feststellbar.

Nach der Beschreibung der wichtigsten beobachteten oder aus geophysikalischen Messungen ableitbaren Strukturen wollen wir versuchen, die geodynamische Geschichte des Mittelmeerraums während der letzten 200 Millionen Jahre, von der oberen Trias an, in großen Zügen zu rekonstruieren. Zunächst gab es noch keinen Atlantik, Afrika und Europa bildeten gemeinsam mit Süd- und Nordamerika den Superkontinent Pangäa (Bild 8a).

Alles, was heute Tyrrhenis, Apennin und südliche Adria ist, war damals eine einzige, undifferenzierte kontinentale Lithosphäre. Gegen Ende des unteren Jura begannen sich Europa und Afrika zu trennen. Es entstand zunächst eine Riftzone, die sich im Laufe der Zeit zu einem echten Ozean, der Zentraltethys, ausweitete. Unter Bildung neuer ozeanischer Lithosphäre wurden die Kontinente auseinandergetrieben. An den Kontinentalrändern lagerten sich mächtige marine Sedimente ab, die heute die Berge Ostsardiniens, den Apennin, den Monte Gargano und Apulien bilden (Bild 8b). Während der Kreide kehrte sich die Bewegungsrichtung der Kontinente um, die Zentraltethys wurde langsam aufgezehrt. Aus der obersten Kruste des Ozeanbodens entstanden die ophiolithführenden Überschiebungsdecken. Als die beiden Kontinente kollidierten, schoben sich die Ophiolithdecken auf den europäischen Rand auf (Bild 8c). Je weiter sich die Kontinente aufeinander zuschoben, um so mehr Decken kontinentaler, teils europäischer, teils afrikanischer Herkunft entwickelten sich. So entstand der erste Kern des alpinen Kettengebirges. Aber die Subduktion endete nicht mit dem Zusammenstoß, wie nach den klassischen Modellen der Plattentektonik gefordert, sondern setzte sich fort, indem sich die afrikanische Lithosphäre unter den europäischen Kontinent schob. Im mittleren Tertiär, zwischen

Oligozän und Untermiozän, entwickelte sich dabei entlang des sardo-korsischen Randes ein Vulkanbogen andesitischen Typs. Aus der „Abschälung" der oberen afrikanischen Lithosphäre entstanden die Überschiebungsdecken des Apennin (Bild 8d). Im Mittel- bis Obermiozän ließ eine Rotation der italienischen Halbinsel erneut die Lithosphäre zerreißen. Von einem Aufstieg der Asthenosphäre begleitet, öffnete sich das ozeanische Becken der südlichen Tyrrhenis. Auch das heute von der nördlichen Tyrrhenis eingenommene Gebiet unterlag einem Prozeß starker Dehnung, doch kam es hier nicht zum vollständigen Aufreißen der Lithosphäre, da der Öffnungsbe-

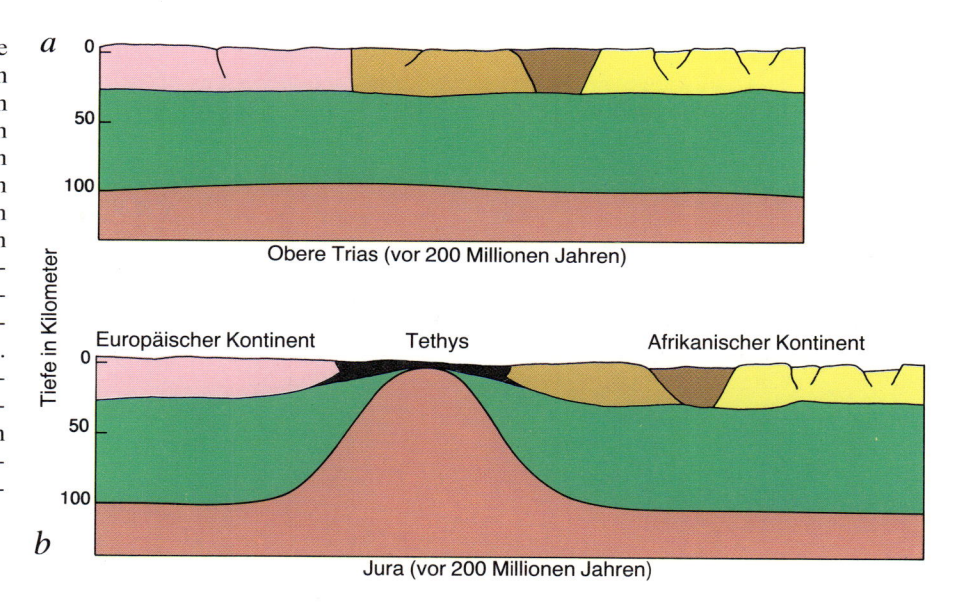

Bild 8: Wechselwirkung zwischen Afrika und Europa von der Obertrias bis zur Gegenwart, dargestellt in West-Ost-Profilen vom sardokorsischen Block bis zur südlichen Adria. In den Obertrias (a) sind europäischer und afrikanischer Kontinent noch nicht unterschieden und gehören der einheitlichen Lithosphäre des Superkontinents Pangäa an. Im Jura (b) sind europäische und afrikanische Platte durch ein ozeanisches Gebiet, die Tethys, voneinander getrennt. Als der Ozean zusammengeschoben wurde, bildeten sich in der Kreide Bruchstücke aus seiner obersten Kruste und ihrer sedimentären Bedeckung, die Ophiolithdecken. Die Kollision der Kontinente (c) führt vom Eozän an zur Bildung zahlreicher Überschiebungsdecken kontinentalen Ursprungs. Sie sind, nachdem ein großer Teil der Lithosphäre durch Subduktionsprozesse in der Tiefe verschluckt worden ist, nur noch ein kleiner Rest, und zwar sozusagen die abgeschürfte Haut der Randzonen der beiden Kontinente. Profil d veranschaulicht die engen Beziehungen zwischen der Subduktion kontinentaler Lithosphäre Afrikas, der Entwicklung der Apennindecken und der Bildung eines andesitischen Vulkanbogens am Rande Europas. Während des oberen Mittelmiozäns wird in einer Dehnungsphase der Subduktionsprozeß durch Wiederaufstieg der Asthenosphäre unterbrochen. Das führt zur Öffnung eines Beckens ozeanischen Typs in der südlichen Tyrrhennis (e). Das Wiedereinsetzen der Subduktion ist für die letzten gebirgsbildenden Phasen des Apennins und für die Anlage eines neuen andesitischen Vulkanbogens, der Äolischen Inseln, verantwortlich. Im Profil f erreicht die Krustenmächtigkeit kaum 30 bis 35 Kilometer. Diese Besonderheit ist auf Dehnungsprozesse zurückzuführen, die mit der anhaltenden Erweiterung des tyrrhenischen Beckens verbunden sind, und die auf eine Beseitigung der Krustenwurzeln und die Anlage eines „weichen" Mantels hinwirken. Unter dem weichen Mantelstück kann eine Lithosphärenwurzel bis in 100 Kilometer Tiefe identifiziert werden. Unter Sardinien hat das Lithosphäre-Asthenosphäre-System kontinentale Eigenschaften; in Richtung auf die Tyrrhenis dünnt die Lithosphäre aus, die Scherwellen werden langsamer. Die Zahlen zeigen die Geschwindigkeitsbereiche der Scherwellen, die sich aus der Dispersion seismischer Oberflächenwellen ergeben, in Kilometer pro Sekunde.

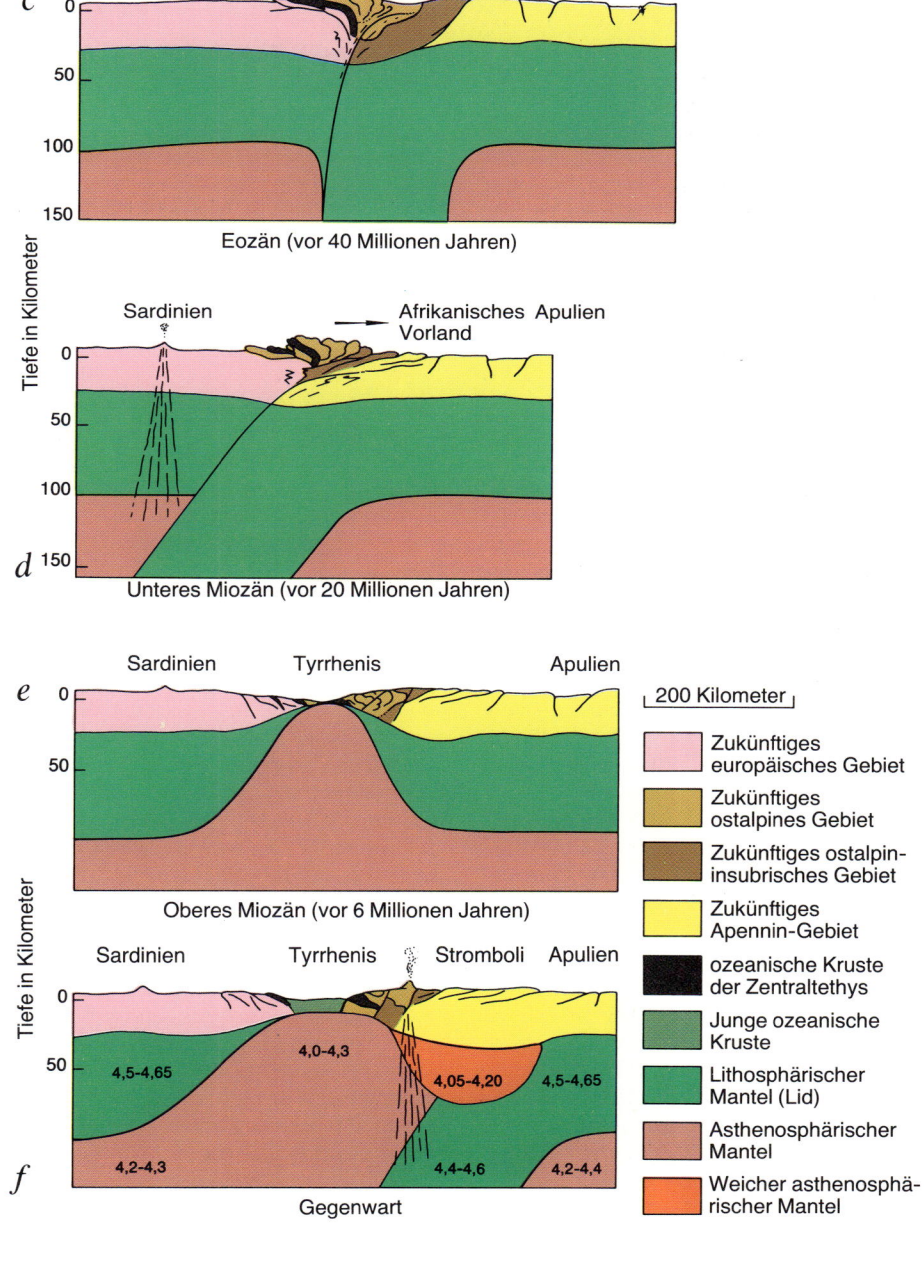

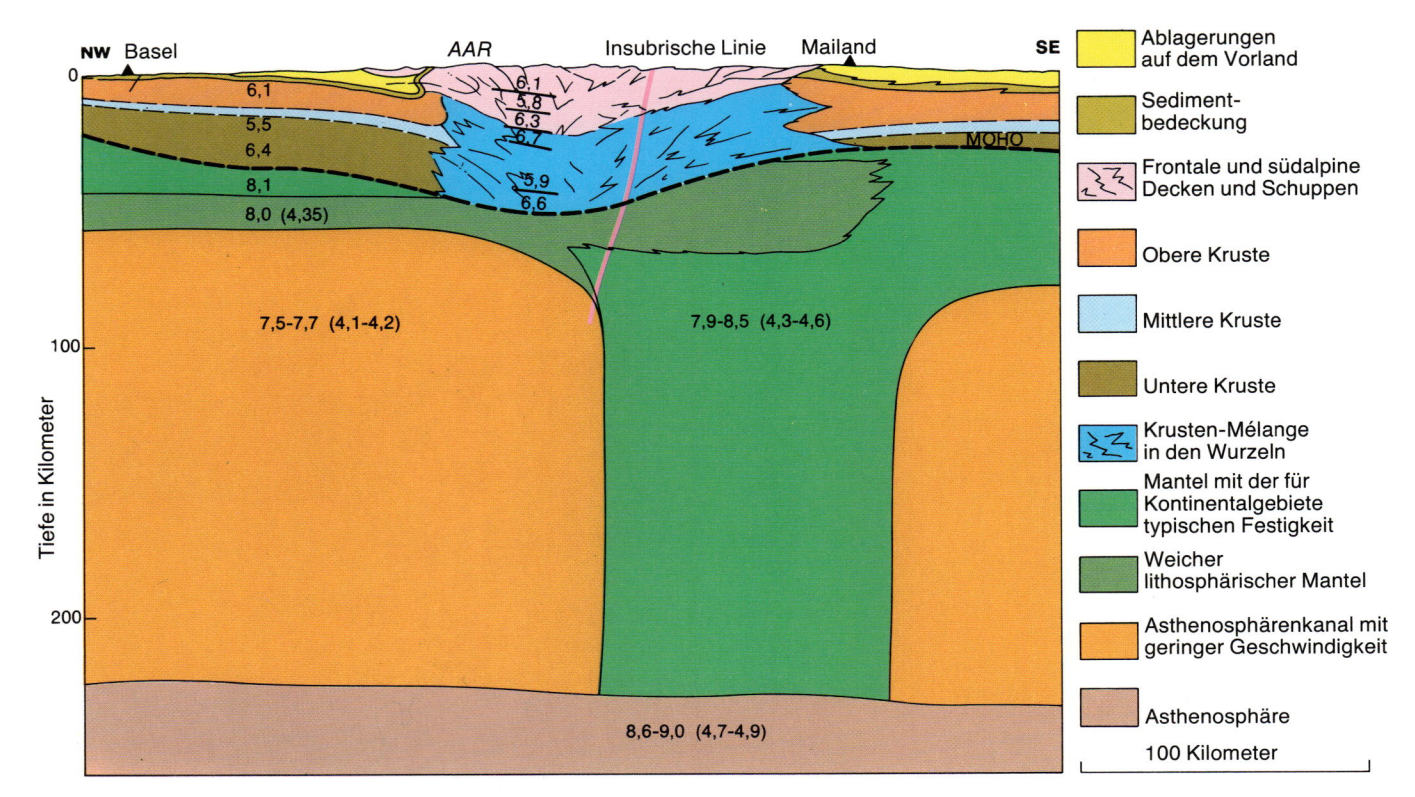

Bild 9: Im Gegensatz zu den Profilen in Bild 8 lassen sich in den Alpen gut entwickelte Krustenwurzeln feststellen. Im Bereich der Wurzel ist es unmöglich, eine Unterscheidung von oberer, mittlerer und unterer Kruste vorzunehmen; stattdessen zeigen die geophysikalischen Daten, daß diese Zone durch ein Gemisch von Krustenmaterial, eine sogenannte Melange, gekennzeichnet ist. Die Lithosphärenwurzel ist relativ zur Krustenwurzel nach Südosten versetzt, und die Fortsetzung der Insubrischen Linie zum Nordrand der in Subduktion befindlichen Lithosphäre ist so evident, daß man sie für eine Lithosphärenstörung halten kann. Der Unterschied zwischen der Zusammensetzung der Lithosphäre des europäischen Blocks (ungefähr 50 Kilometer Mächtigkeit, ein Drittel davon Unterkruste) und der des afrikanischen Blocks (ungefähr 90 Kilometer Mächtigkeit, davon ein Drittel für die gesamte Kruste) ist bemerkenswert. Die Zahlen geben die Ausbreitungsgeschwindigkeit der Longitudinalwellen wieder (in Klammern die Geschwindigkeit der Scherwellen), beide in Kilometer pro Sekunde.

trag in der Nähe des Rotationsgelenks geringer war (Bild 8e). Die fortgesetzte Subduktion afrikanischer Lithosphäre verursachte das Voranschreiten der Deformationen im Apennin, und ein neuer andesitischer Vulkanbogen entstand, die heutigen Äolischen Inseln. In der Zone maximaler Deformation wird gegenwärtig die dort immer noch aktive Subduktion durch das häufige Auftreten von mitteltiefen und tiefen Erdbeben in der südlichen Tyrrhenis und von der vulkanischen Aktivität des Stromboli bezeugt (Bild 8f).

Unter den Alpen, deren Anlage Bild 9 im Profil zeigt, müssen ungeheure Mengen kontinentaler Lithosphäre, im Widerspruch zur allgemeinen Theorie der Plattentektonik und zur Isostasie, durch Subduktion verschlungen worden sein und dabei das System Lithosphäre-Asthenosphäre tiefgründig modifiziert haben.

Mit seismischen Methoden konnten große laterale Veränderungen des Mantels auf kurze Entfernungen als Beweis für die Existenz komplexer Prozesse, wie sie von dem kinematischen Modell gefordert werden, festgestellt werden. Aus allem bisher Gesagten ist abzuleiten, daß die geodynamischen Vorgänge, die zur Bildung der alpidischen Kettengebirge im Mittelmeerraum geführt haben, viel komplizierter sind als nach den klassischen Schemata der Plattentektonik beim Zusammenstoß von Kontinentalrändern zu erwarten wäre. Damit sollen diese Schemata, die im wesentlichen aus den geodynamischen Verhältnissen an Kontinentalrändern vom pazifischen Typ abgeleitet wurden, nicht verworfen werden. Wo es jedoch eine Wechselwirkung Kontinent-Kontinent wie in dem Gebirgssystem Alpen-Himalaya gibt, dürfen die Modelle nicht so stark vereinfacht werden. Die größere Komplexität der beobachteten Phänomene verlangt nach differenzierteren Vorstellungen. Ganz besonders lehrt uns die Geschichte des Mittelmeergebietes, daß ein alter Kontinentalbereich mit mehr oder weniger reifer, teilweise von Rifting-Phänomenen betroffener Lithosphäre (Trias) bereits im Jura in gleicher Weise wie die atlantischen Kontinentalränder unter Bildung typischer ozeanischer Lithosphäre auseinanderdriftet. Während der nachfolgenden kompressiven Phasen, die sich anfänglich (Kreide, Paläozän) noch einigermaßen mit der aktuellen Situation der Ränder vom Pazifiktyp vergleichen lassen, trat eine Kollision der Kontinente Afrika und Europa ein, bei der auch kontinentale Lithosphäre in großer Menge subduziert wurde, was zu komplexen Wechselwirkungen zwischen Lithosphäre und Asthenosphäre führte. Die bei der Kollision sich abspielenden Vorgänge wurden weiter kompliziert durch die Öffnung kleiner Becken ozeanischen Typs, deren Existenz wiederum die Eigenschaften des Systems Lithosphäre-Asthenosphäre veränderte.

Die modernen seismischen Untersuchungs- und Auswertungsmethoden haben gestattet, im Mittelmeergebiet starke laterale Veränderungen der Lithosphäre, bis zur Untergrenze des Kanals geringer Geschwindigkeit in mehr als 200 Kilometer Tiefe, zu erkennen, und es ist wahrscheinlich, daß in Zukunft auch noch Deformationen beobachtet werden können, die die ganze Asthenosphäre in Mitleidenschaft gezogen haben. Man vermutet sie bereits aufgrund der aus den Bahnen der künstlichen Satelliten abgeleiteten Eigenschaften des Schwerefeldes der Erde.

Der Bau der Alpen

Als der Atlantische Ozean entstand und Amerika sich von Europa und Afrika trennte, änderten Europa und Afrika auch ihre Lage zueinander. An der Stelle eines mehr als tausend Kilometer breiten Ozeans baute sich zwischen beiden Kontinenten ein System hoher Kettengebirge auf.

Von **Hans P. Laubscher**

Dort, wo heute die Alpen stehen, ist ein vollständiger Ozean, der einschließlich mittelozeanischem Rücken, Tiefseebecken und Kontinentalrändern in nord-südlicher Richtung einmal mehr als 1000 Kilometer breit war, auf weniger als 100 Kilometer Breite zusammengedrückt worden. Mit diesem kurzen Satz läßt sich das Ergebnis der geologischen Forschung eines Jahrhunderts beschreiben, an der Wissenschaftler vieler Nationen beteiligt waren. Sie fanden die Sedimente des ehemaligen Meeresbodens und Teile der Erdkruste, auf denen sie abgelagert wurden, fern vom Ort ihrer Entstehung übereinander getürmt in wild gefalteten Schichtkomplexen, die sie Decken nannten. Die Plattentektonik lehrt uns heute, daß die dem Vorgang zugrundeliegende Kompression zwar auf die ganze, rund hundert Kilometer betragende Mächtigkeit der beteiligten, relativ starren Lithosphärenstücke gewirkt hat, aber nur die oberste Haut der Kruste zu dem Deckensystem wurde, das für die Alpen so charakteristisch ist. Der größere Rest der Lithosphäre verschwand nach unten in Tiefen von einigen hundert Kilometern.

Es ist ziemlich sicher, daß das Volumen der Erde innerhalb großer Zeiträume einigermaßen konstant bleibt; deshalb muß in die Tiefe abgewandertes Lithosphärenmaterial von Mantelmaterial ersetzt werden, das an anderer Stelle den Weg nach oben findet. Es gibt diesen Weg an den mittelozeanischen Rücken. Dort erhalten die Platten ihren Zuwachs. Anders formuliert, bevor die Alpen zum Schauplatz der Krustenvernichtung wurden, befand sich an ihrer Stelle ein Ozean, die Tethys, an deren mittelozeanischem Rücken neue Kruste entstand.

Jeder Betrachtung über die Entstehung der Alpen müssen die Analyse ihrer heutigen Form und die Frage vorausgehen, wie ihre wichtigsten Gesteinseinheiten zueinander stehen und woher sie stammen (Bilder 1 und 2). Dabei entdeckt man schnell, daß heute jede Einheit eine relative Position einnimmt, die grundverschieden ist von ihrer ursprünglichen Lage, bevor die enormen Kräfte der Kompression eine Einheit auf die andere türmten. Wir beginnen daher bei dem Versuch, die heutigen Decken auszuglätten und die Entstehungsgebiete ihrer Schichten zu rekonstruieren, Entstehungsgebiete, die später der vor 200 Millionen Jahren im mittleren Mesozoikum beginnenden Kompression zum Opfer gefallen sind (Bild 3). Vergleicht man dazu Bild 2, so fällt besonders ins Auge, daß die ostalpinen Decken, große Gesteinsmassen vom Südrand der Tethys, zunächst auf die Gesteine des ehemaligen Meersbodens (auf das Südpenninikum) und dann beide gemeinsam auf den Rand des nördlichen Kontinents aufgeschoben wurden. Dabei spielten die Gesteine des Tethysbodens eher die Rolle eines dünnen, unregelmäßigen Kissens, auf dem heute das Ostalpin sitzt. Im Vergleich zur Dicke der Kruste sind alle Decken dünne Gebilde, die in Falten gelegt und verdreht, übereinandergeschoben und nach rückwärts umgebogen sind. Die gesamte Verkürzung mag 500, möglicherweise auch mehr als 1000 Kilometer betragen. Doch da heute nur die dünne oberste Haut der Kruste in den Alpen zu finden ist, muß alles, was darunter war, fast die ganze Masse der Lithosphäre, in der Tiefe des Mantels verschwunden sein.

Die geologische Struktur des alpinen Deckengebäudes, die wir heute beobachten, ist das Ergebnis mehrerer Deformationsschübe, deren Auswirkungen sich überlagert haben. Die beiden wichtigsten werden ins untere und ins obere Tertiär gestellt. Die Deckenbildung gehört ins Untertertiär. Die einzige Ausnahme bilden die im Jungtertiär entstandenen nördlichsten Decken, die dem helvetischen Ablagerungsraum zugerechnet werden (Bild 6).

In allen Kettengebirgen läßt sich beobachten, daß die Kompression von den inneren Zonen auf das Vorland zuwandert und immer neue, entferntere Streifen in das Gebirgssystem einbezieht. Vorland nennt sich das Gebiet, gegen das die Kompression gerichtet ist. In den Alpen ist die Lage der nacheinander betroffenen deformierten Streifen außerordentlich asymmetrisch. Während im Norden ein Streifen nach dem anderen von der Lithosphäre abgelöst und als Decke nach Norden verfrachtet wird, entwickelt sich im Süden, neben allgemeiner Faltung und Störung des Schichtgefüges, eine besondere und reichlich geheimnisvolle Störungszone, die Insubrische Linie (Bild 1). Sie durchschneidet heute Deckenstrukturen aus der älteren Gebirgsbildungsphase. Das heißt, sie ist in einer jüngeren Phase aktiv gewesen. Doch alle Anzeichen deuten darauf hin, daß parallel zur Insubrischen Linie schon gegen Ende der älteren Phase, vielleicht sogar noch viel früher, Bewegungen stattgefunden haben.

Interessanterweise besitzt die Insubrische Linie zwei Abschnitte mit ganz verschiedenen geologischen und geophysikalischen Verhältnissen. Ihr Westteil bildet die Grenze zwischen dem alpinen Deckensystem und der Zone von Ivrea mit Gesteinen hoher Dichte. Die Störungsfläche scheint schräg unter die Zentralalpen einzufallen (Bild 2). Im Osten scheidet die Insubrische Linie das alpine Deckensystem mit einer sehr steilen Störungsfläche von den gravimetrisch ungestörten Südalpen.

Untersuchen wir zunächst einmal die Bedeutung dieser Störungszone an ihrem östlichen Teilstück, so stellt sich heraus, daß die Nordalpen an ihr beträchtlich gehoben worden sind, wahrscheinlich zwischen zehn und zwanzig Kilometer (Bild 2 oben). Im Tessin liegen Teile des alpinen Deckengebäudes auf gleicher Höhe neben den höchsten autochthonen Gesteinen der Südalpen. Physikalische Altersbestimmungen zeigen, daß die Hebung in den letzten 20 Millionen Jahren vonstatten ging. Gleichzeitig mit der Hebung erneuerte sich die Kompression in Nord-Süd-Richtung. Doch diesmal hatte sie nördlich der Insubrischen Linie ganz andere Auswirkungen als südlich von ihr. Im Süden beobachten wir Verbiegungen und Falten in der Unterlage der südalpinen Schichten, auch gelegentlich Aufschiebungen mit Ablösung der Schichten vom Untergrund, aber keine echte Deckenbildung. Nördlich der insubrischen Linie wurden die in der ersten Kompressionsphase entstandenen Decken noch einmal schwer deformiert und so gequetscht, daß enge Falten mit steilen, fast parallelen Flanken entstanden. Man hat dort früher die sogenannte Wurzelzone der alpinen Decken gesehen, weil es so aussah, als ob die meisten penninischen und ostalpinen Decken an dieser Stelle aus ihren Entstehungsbecken herausgepreßt worden wären.

Nördlich der Wurzelzone schließt sich eine breite und kompliziert gebaute Aufwölbungszone an, in deren Kern die Gruppe der Bergellgranite eingedrungen ist. Die Granite sind einige Millionen Jahre jünger als die alttertiäre Gebirgsbildung. Das zeigt sich an den Stellen, an denen sie mit datierbaren Sedimentschichten in Berührung stehen, und ist auch durch physikalische Altersbestimmungen belegt. Ihr Kontakt mit den Decken über ihnen ist diskordant; dagegen liegen sie an einigen Stellen konkordant auf der Decke unter ihnen. Das kann nur bedeuten, daß die Granitkörper zwischen zwei Decken in den Kern der Aufwölbungszone eingedrungen sind und dort linsenförmige Körper gebildet haben, die man in anderen Gebirgen unter dem Namen Lakkolith kennt.

Der Kontakt zwischen den Granitkörpern und den unter und über ihnen liegenden Decken ist außerdem von Bewegungen gestört, die während oder nach der Intrusion stattgefunden haben. Ent-

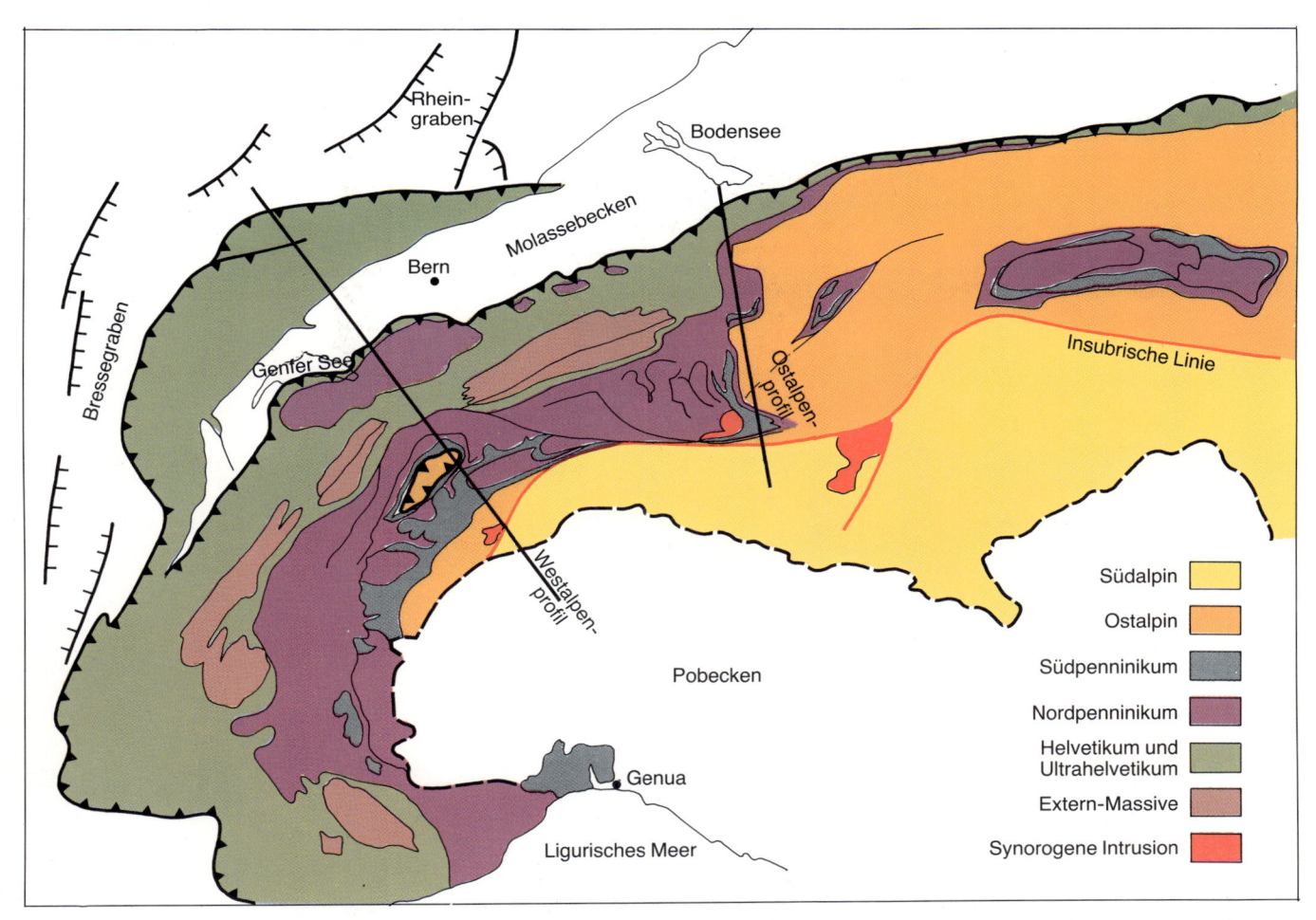

Bild 1: Vereinfachtes Schema der einzelnen Bestandteile des Alpenkörpers. Jede Farbe bezeichnet eine eigene tektonische Einheit, deren Name aus der Legende entnommen werden kann. Entlang der beiden schwarzen Linien sind die in Bild 2 dargestellten Profile gezeichnet. Die Nordgrenzen des Jura und der Alpen sind durch gezackte Linien, die tektonischen Gräben durch Linien mit Querstrichen angedeutet.

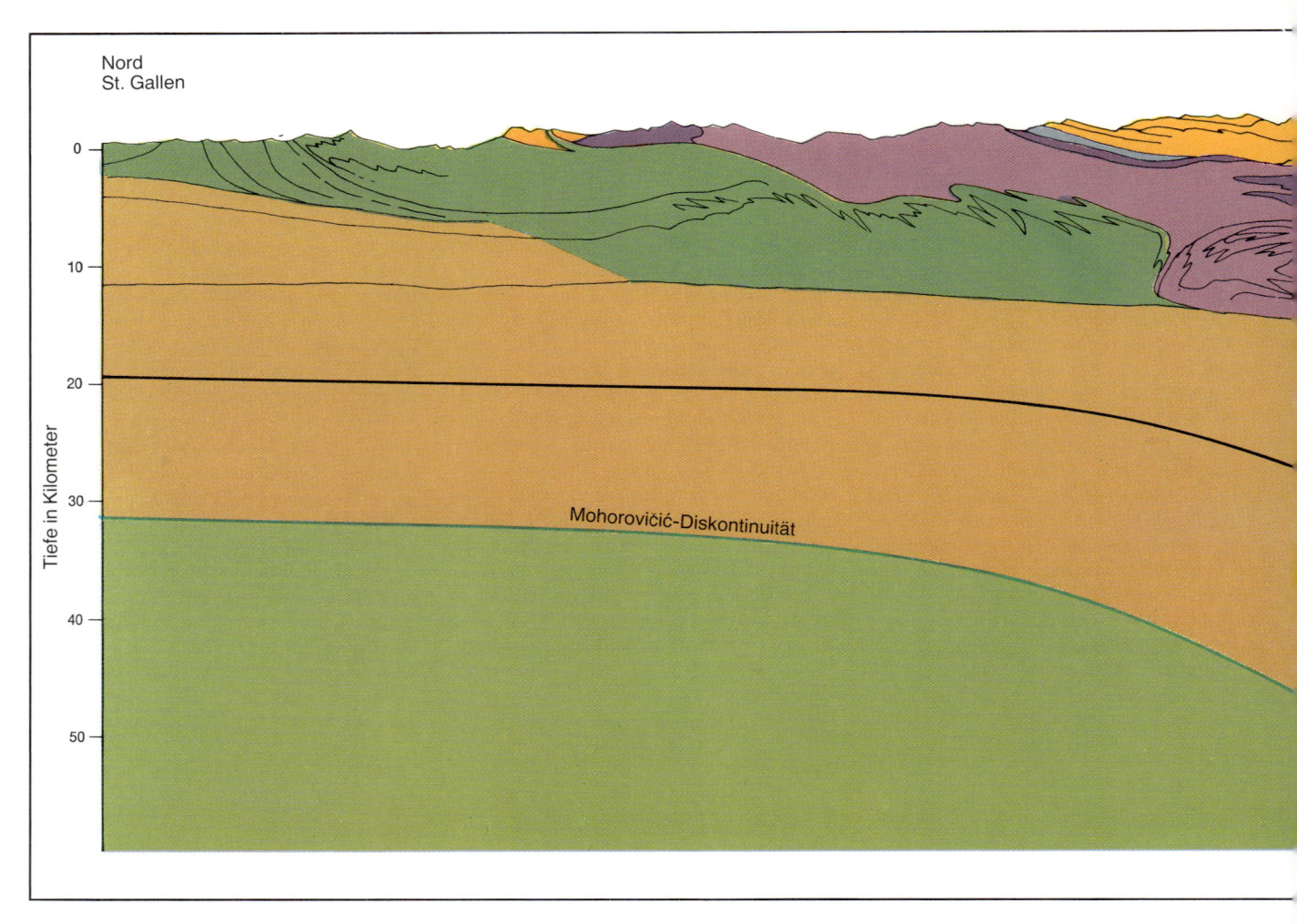

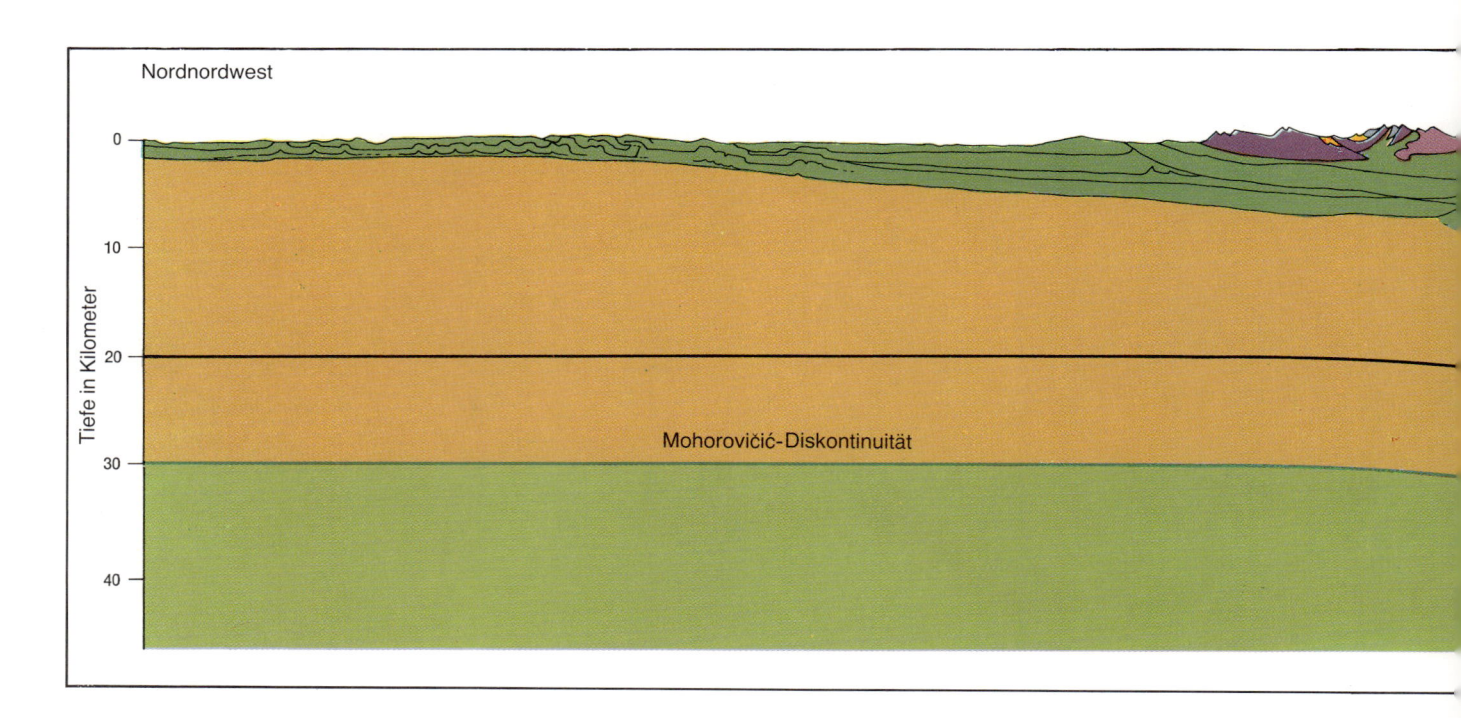

Bild 2: Zwei Profile durch das ganze alpine Gebäude. Das obere verläuft auf der Grenze zwischen Zentralalpen und Ostalpen, das untere an der Grenze zwischen Zentralalpen und Westalpen. Es werden die gleichen Farben verwendet wie in Bild 1, aus dem auch die genaue Lage der Profile hervorgeht. Nur im Penninikum ist zusätzlich das untere vom mittleren durch ein helleres Violett geschieden. Die Kruste ist hellbraun, der untere Teil der Lithosphäre hellgrün. Beide Profile sind Kombinationen aus Beobachtungen an der Erdoberfläche und geophysikalischen Daten. Alle verwendeten Informationen geben Raum für willkürliche Interpretation, und die tieferen Zonen der Profile sind reine Spekulation. Die Profile zeigen die Neuverteilung der Gesteinsmassen nach der Gebirgsbildung. Ihre ursprüngliche Lage während des mittleren Jura ergibt sich aus Bild 3. Das Alpengebäude besteht aus zahlreichen selbständigen Einheiten, die im Laufe seiner Entstehungsgeschichte aufeinandergetürmt wurden. Die

beiden Profile haben einiges gemeinsam, zeigen aber auch signifikante Unterschiede. So haben sich die helvetischen Decken im Westteil der Alpen (unteres Profil) wesentlich weiter nach außen auf das Vorland bewegt als im Osten, weil ihre untersten Schichten Gips- und Salzlagen der Trias enthalten, die wegen ihrer Beschaffenheit die Ablösung der Decken vom Untergrund und ihren weiten Transport erleichtert haben. Wichtiger ist das ins Auge fallende Verhalten der Insubrischen Linie am Südrand der Alpen. Diese Störung ist jünger als die alttertiäre Deckenbildung und beweist mit ihrer Existenz die große Bedeutung der jungtertiären Gebirgsbildungsphase. Parallel zur Insubrischen Linie fanden bedeutende Horizontalverschiebungen statt. Alle bei der ersten Gebirgsbildung entstandenen Decken und die älteren Störungszonen sind von nachfolgenden Faltungen und neuen Verschiebungen bis zur Unkenntlichkeit deformiert, was die Rekonstruktion der Vorgänge außerordentlich erschwert.

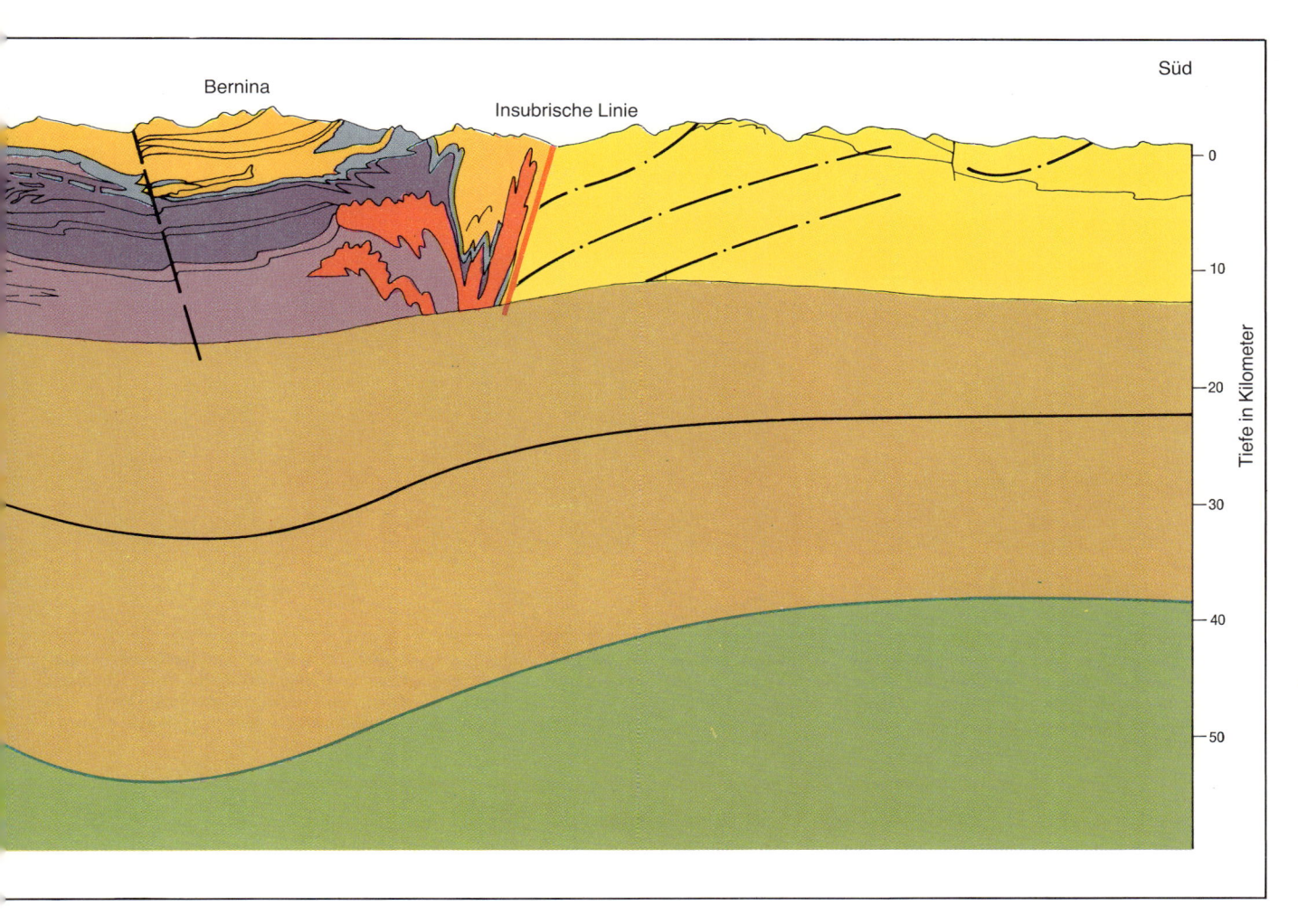

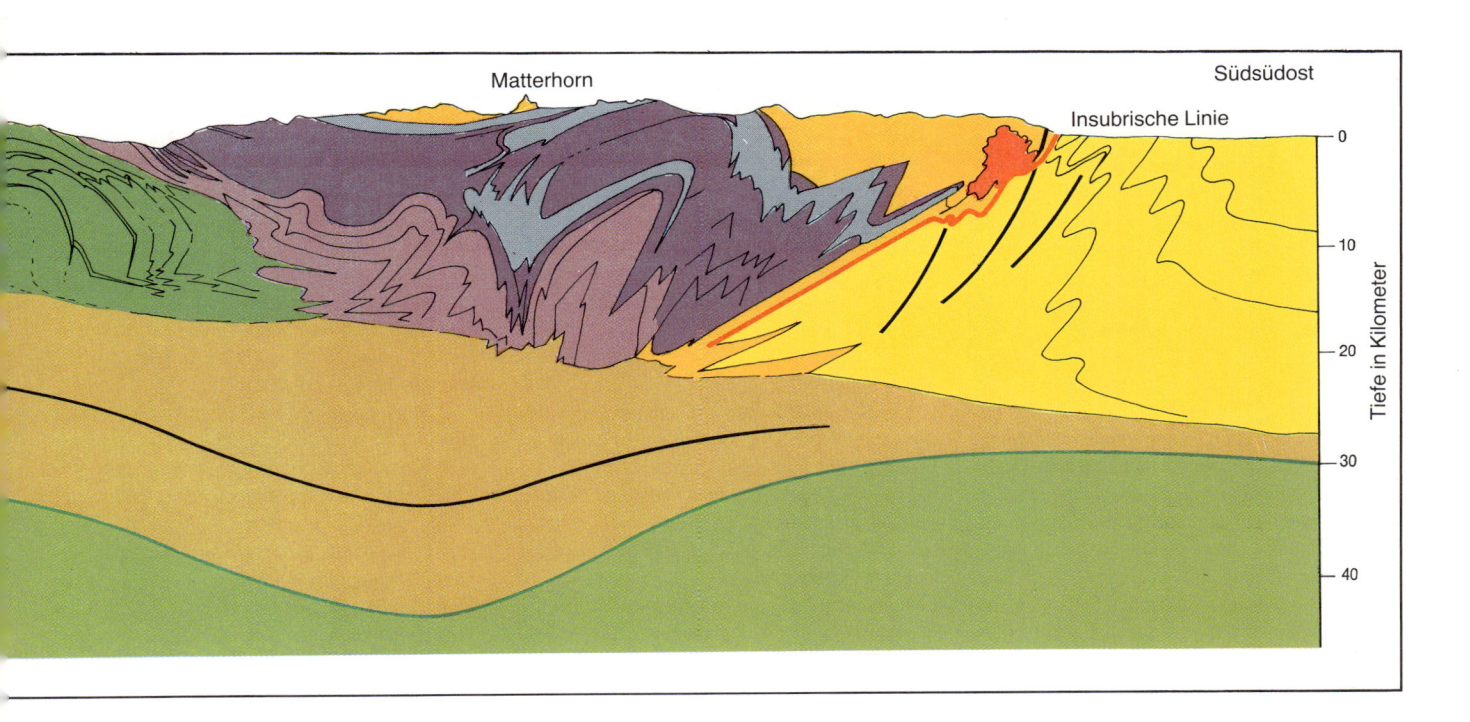

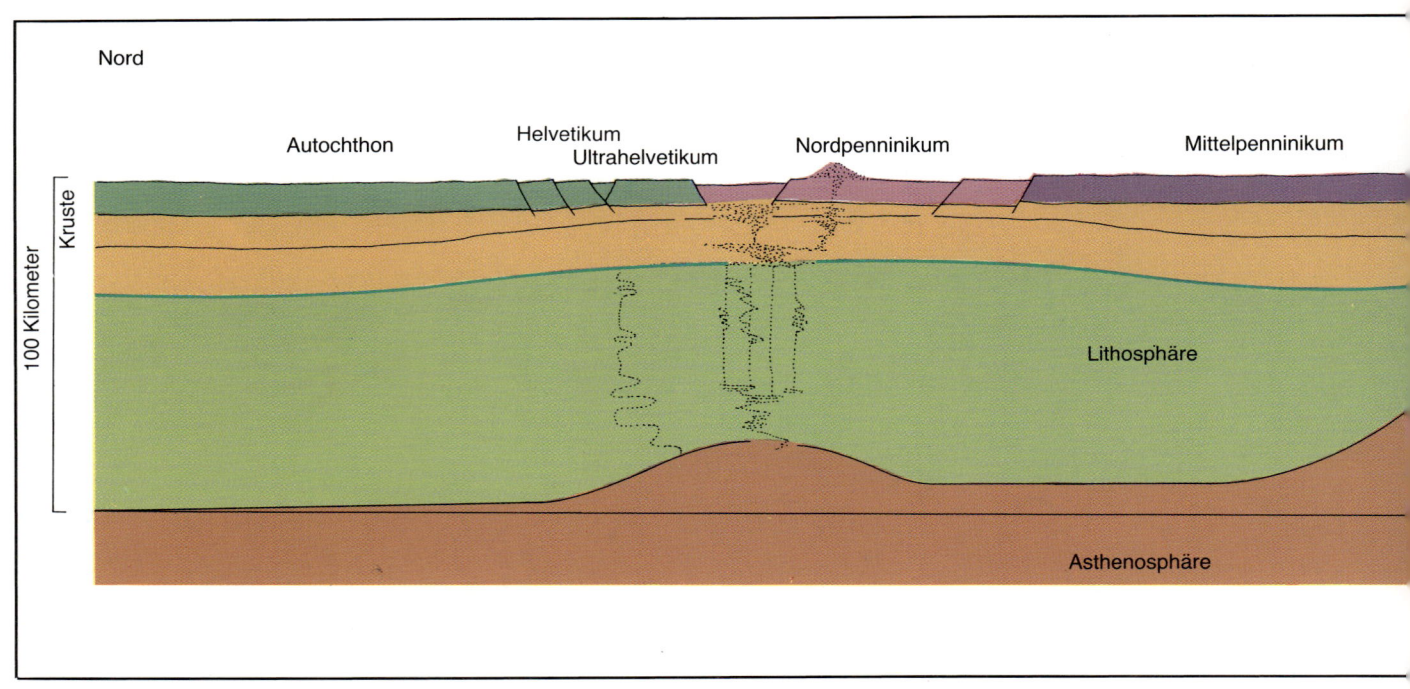

Bild 3: Rekonstruktion der Lage aller in Bild 1 und 2 erwähnten tektonischen Einheiten vor Beginn des mittleren Mesozoikums vor rund 160 Millionen Jahren. Die Überschiebungen der Decken wurden rückgängig gemacht und alle Falten ausgeglättet. Kruste und untere Lithosphäre sind im Profil so dargestellt, wie es die heutigen plattentektonischen Vorstellungen und aktuelle geologische und geophysikalische Beobachtungen verlangen. Die Dicke von Kruste und tieferer Lithosphäre ergibt sich aus der Berechnung des hydrostatischen Gleichgewichts zwischen Kruste

lang der Insubrischen Linie zieht sich ein ganzer Schwanz weiterer Granitintrusionen hin. Es macht den Eindruck, als ob der südliche Gebirgsblock während der Intrusionszeit wenigstens 50 Kilometer entlang der Störungszone nach Westen gewandert sei. Die Beobachtung ist einer der vielen Hinweise darauf, daß horizontale Verschiebungen, und zwar relativ zueinander immer der südliche Block in westlicher Richtung, vielleicht die wichtigste, oft aber die am wenigsten beachtete Rolle in der alpinen Tektonik spielen. Der Bau der Alpen ist eine Sache von Bewegungen in allen drei Dimensionen und ist deswegen in zweidimensionalen Profilen nur schwer darstellbar.

Um weiter in die Geheimnisse alpiner Strukturen einzudringen und ein Gefühl für die dreidimensionale Natur aller Vorgänge zu bekommen, soll auch das westliche Teilstück der Insubrischen Linie unter die Lupe genommen und mit dem östlichen Teilstück verglichen werden (Bild 3). Im Westen beruht die Erklärung der Funktion der Störungszone und der Rolle, die sie für die von ihr abgeschnittenen Gebirgseinheiten spielt, weniger auf geologischen Beobachtungen als auf geophysikalischen Daten. Auf Schwerekarten zeigt sich die Zone von Ivrea als größte gravimetrische Anomalie im Gebiet der Alpen (Bild 5 unten). Eine Anomalie dieser Stärke kann nur von einem besonders dichten Gesteinskörper erzeugt werden, der dick ist, sich über ein größeres Gebiet erstreckt und in der Tiefe weit unter die Alpen reicht. Die gravimetrischen Daten lassen zwar keine Details erkennen, und jeder kann sie auf seine Art interpretieren, doch eins steht fest: die Gesteinsmassen, die diese Anomalie im Schwerefeld der Erde hervorrufen, müssen bei der tektonischen Entwicklung der Alpen eine entscheidende Rolle gespielt haben.

Hier kann die Seismik weiterhelfen. Ihre etwas detaillierteren Daten eröffnen uns die Möglichkeit, Modelle einer Massenverteilung zu entwickeln, die sowohl mit der Schwereverteilung als auch mit den seismischen Verhältnissen übereinstimmen. Die Geophysiker sind dabei besser dran als die Geologen, denen Hunderte und Tausende von Metern tertiäre und quartäre Sedimente der Poebene den Blick auf die Innengrenze des Alpenbogens versperren. Das geophysikalische Modell läßt sich daher nicht durch Geländebeobachtungen überprüfen. Eine geologische Bestätigung der geophysikalischen Modelle war daher bisher nicht möglich.

In den Augen des Geologen können die geophysikalischen Modelle zweierlei bedeuten: ein dickes Stück Lithosphäre aus unterer Kruste und oberem Mantel wurde abgerissen und in westlicher Richtung 50 bis 100 Kilometer in Richtung auf das Alpeninnere über weniger dichte Oberkruste und daraufliegende Sedimente bewegt; gleichzeitig oder später wurden Oberkruste und Sedimente aus dem Inneren der Alpen 25 bis 50 Kilometer nach rückwärts in östlicher Richtung über das Lithosphärenstück geschoben, oder, was ebenfalls denkbar ist, das Lithosphärenstück wurde selbst noch einmal nach rückwärts gefaltet (Bild 5 oben).

Doch Detailbeobachtungen der italienischen Geologen im Gebiet von Canavese nördlich von Turin stimmen nicht mit diesem generalisierten Bild überein. Das letzte Wort ist noch nicht gesprochen, und die Interpretation im unteren Profil von Bild 2 und in Bild 5 ist nur eine von mehreren Möglichkeiten, die Verhältnisse darzustellen.

Man kann den Bau der Alpen nur verstehen, wenn man zunächst den Versuch macht, die heutige Struktur in eine zeitliche Abfolge einzelner Bewegungen aufzulösen. Das geht nur sehr schematisch und mit vielen Hilfsannahmen, was auch für die Profile in Bild 6 gilt, in denen ich die wichtigsten Stationen im Schicksal der Lithosphärenhaut und der eigentlichen, in den Mantel abgetauchten Lithosphäre dargestellt habe.

Die zu Decken gewordene Haut hat früher auf jedem der beiden kollidierenden Kontinente einen viele hundert Kilometer breiten Lithosphärenstreifen bedeckt. Da die Haut heute in Form von Decken aufeinandergetürmt ist, müssen zwangsläufig Hunderte von Kilometern Lithosphäre beider Kontinente in der Tiefe verschwunden sein. Wann geschah das, und in welche Richtung sind sie abgetaucht?

Süd

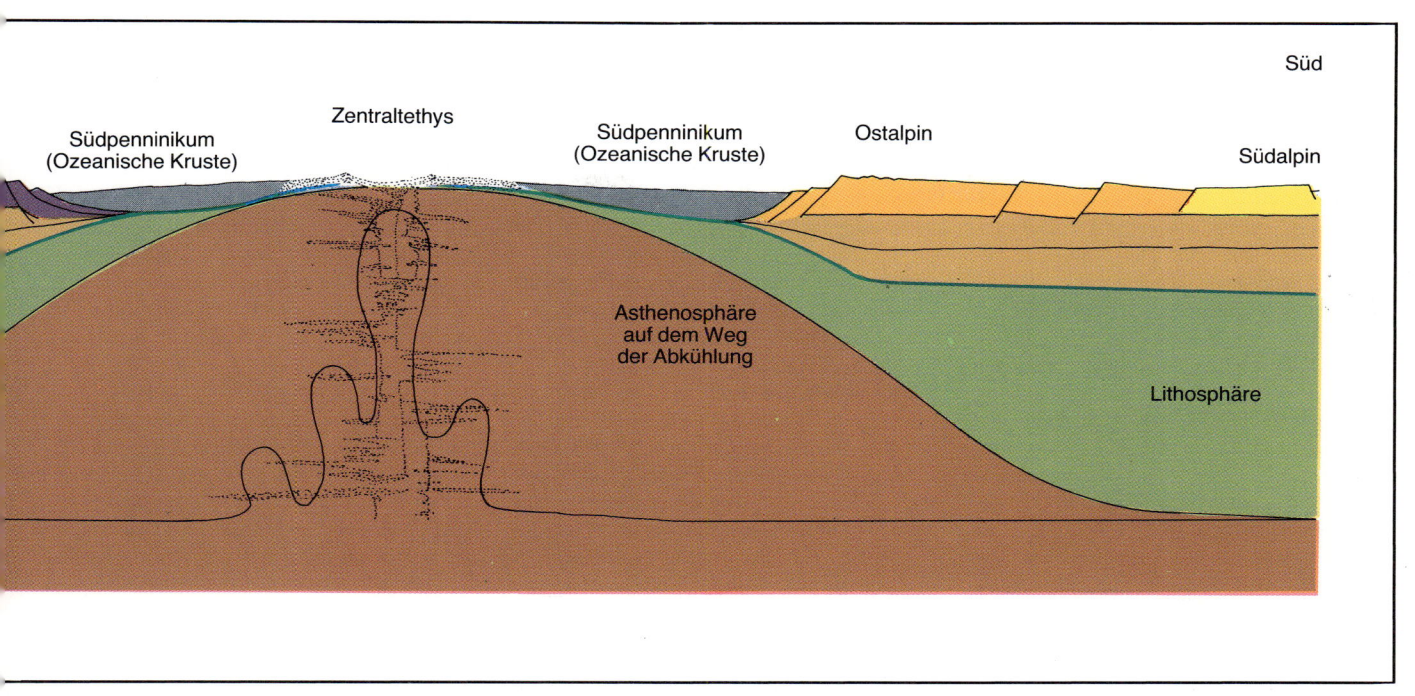

Südpenninikum (Ozeanische Kruste) — Zentraltethys — Südpenninikum (Ozeanische Kruste) — Ostalpin — Südalpin

Asthenosphäre auf dem Weg der Abkühlung

Lithosphäre

und Mantel, Kontinenten und Ozeanen. Die seitliche Verdrängung der Lithosphäre wird von Brüchen in der Oberkruste und von Intrusionen aus der teilweise geschmolzenen Asthenosphäre begleitet, es entsteht ein Ozeanbecken, in dem Helvetikum, Ultrahelvetikum und Nordpenninikum abgelagert werden. An der Spreizungsachse des südpenninischen Trogs entsteht neue Ozeankruste. Ihre oberste Schicht besteht aus hochmobilen Laven (gepunktet), darunter kommen körnige, zähflüssige Olivingesteine vor. Beide findet man heute in den Ophiolitdecken des Penninikums.

Ein Ozean wird verzehrt

Genauso wie andere Kettengebirge sind auch die Alpen von innen nach außen gewachsen. Die großen Subduktionszonen der Gegenwart liegen alle an den Rändern von Kontinenten. Die Ozeankruste wird unter den Kontinent gezogen und taucht ab. Ist sie aufgebraucht und wirken die Kräfte, von denen die Subduktion in Gang gehalten wird, weiter, dann kann sich die Subduktionszone wohl auch ein Stück unter den Kontinent verlagern.

Nach diesem Prinzip sind auch die Alpen entstanden. Zunächst umschlossen zwei Kontinentalschollen das Ozeanbecken der Tethys. An ihrem Südrand bildete sich die erste größere Subduktionszone, ozeanische Kruste tauchte nach Süden unter die insubrische Kontinentalplatte ab. Je mehr Tethysboden subduziert wurde, umso näher rückte der im Norden gelegene europäische Kontinent. Eines Tages war der ganze Ozean verschwunden, nur einige Fragmente des Meeresbodens blieben erhalten und bildeten später die Ophiolitdecken. Nach und nach wurden an der Subduktionszone immer größere Teile des nördlichen Kontinentalrandes aufgearbeitet; die mittleren und nördlichen penninischen Decken entstanden, dann die ultrahelvetischen und am Schluß die helvetischen Decken (Bild 6).

Ganz offensichtlich können während dieses Prozesses auf dem südlichen Kontinent keine Decken entstehen. Das geht nur, wenn Lithosphäre des Südkontinents aufgezehrt und dabei ihre Oberschicht abgestreift wird, und dazu wird eine nach Norden abtauchende Subduktionszone benötigt. Daß es zeitweilig eine solche Subduktionszone gab, ist an der von Norden nach Süden zunehmenden Kompression der aus dem Süden stammenden ostalpinen Decken zu erkennen (Bilder 3 und 2).

Wird ein Gestein erhöhtem Druck oder erhöhter Temperatur ausgesetzt, dann bilden sich anstelle der ursprünglichen Minerale neue, den veränderten Bedingungen angepaßte. Da sie sich im allgemeinen nicht wieder zurückverwandeln, können sie später als vorzügliche Indikatoren für die Bedingungen dienen, denen ein Gestein zu einem bestimmten Zeitpunkt seiner Existenz ausgesetzt war. Der Vorgang der Umwandlung und Rekristallisation heißt Metamorphose.

Die zweite, nach Norden einfallende Subduktionszone hat offenbar Prozesse ausgelöst, bei denen Gesteine der Ozeankruste, des nördlichen und des südlichen Kontinents einer besonderen Art von Metamorphose unterworfen wurden. Die dabei entstandenen Minerale können sich nur bei hohem Druck, aber bei niedriger Temperatur bilden. Daraus läßt sich rekonstruieren, daß das Ursprungsgestein als großes Gesteinspaket oder als Decke in einem frühen Stadium relativ schnell in die Tiefe subduziert worden ist und dort hohem Druck ausgesetzt wurde, sich selbst aber noch nicht besonders erwärmt hatte. Bevor sich aber seine Temperatur der Umgebung angleichen und die neugebildeten Hochdruckminerale wieder zerstören konnte, muß das Gestein wieder an die Oberfläche zurückbefördert worden sein. Als erreichte Tiefe stehen 10 bis 50 Kilometer zur Debatte, genau weiß man es nicht.

Es gibt kein Modell, das einen derartigen Vorgang zufriedenstellend beschreibt. Doch Beobachtungen im Gelände lassen kaum Zweifel daran auftauchen, daß der Vorgang so ähnlich abgelaufen sein muß. Als erstes Indiz könnte gelten, daß die metamorphen Gesteinspakete nirgendwo einen direkten Kontakt zu anderen Schichten besitzen. Sie sind an Oberfläche und Unterfläche in ozeanische oder kontinentale Kruste oder in Sedimente eingepackt, die sie wie eine Haut umhüllen. Die Hochdruckminerale weisen darauf hin, daß das ganze Paket mit seiner Haut nicht länger als einige Millionen Jahre in der Tiefe gesteckt haben kann. Bei der üblichen Geschwindigkeit der Plattenbewegungen von einigen Zentimetern pro Jahr liegt das durchaus im Bereich des Möglichen. Doch wieder gibt es keinen Ort, an dem sich der Geologe mit eigenen Augen davon überzeugen könnte. Auch ist es nicht zwingend, daß alle Decken eine solche Behandlung erlitten haben müssen. Eine Decke kann sich sehr wohl von der Lithosphäre gelöst haben und weitergewandert sein, ohne dabei in die Subduktion geraten und einer Hochdruckmetamorphose ausgesetzt worden zu sein.

Um mehr über die sukzessive Entwicklung der einzelnen Decken im alpinen Deckengebäude zu erfahren, beginnt man am besten mit der Untersuchung der äußeren, am weitesten auf den Kontinent vorgeschobenen Decken. Denn womit die Deformationen beginnen und wie ihre ersten Stadien aussehen, läßt sich im wenig oder gar nicht beanspruchten Vorland und in den äußeren Ketten leichter herausfinden; man kann dann versuchen, die Beobachtungen mit dem zu vergleichen, wie man sich den schwer zu enträtselnden Ablauf der Gebirgsbildung in den besonders stark deformierten Zentralzonen der Alpen vorstellt. Das nördliche Vorland eignet sich hierfür besser als das südliche, das, von tausenden von Metern jüngster Sedimente bedeckt, unter der Poebene begraben ist. Das nördliche Vorland ist an der Erdoberfläche relativ gut aufgeschlossen und bei der Suche nach Erdöl geologisch, geophysikalisch und durch Bohrungen intensiv untersucht worden. Deswegen müssen wir unsere Rekonstruktionsversuche im wesentlichen auf das nördliche Vorland und auf die ersten Ketten der Nordalpen beschränken. Sie geben eine Menge Details über den Vorgang der Deckenentstehung preis. Als generelle Regel schält sich heraus, daß die Ablösung einer Decke von ihrer Unterlage an Schwächezonen der Sedimente oder ihrer Unterlage selbst stattfindet, und zwar um so höher in der Kruste, je weiter man nach außen kommt.

Als Schwächezonen in den Sedimenten bieten sich bestimmte Gesteinsarten an, wie Salz- und Gipslagen oder Tonschichten. Die über hundert Kilometer weiten Deckenüberschiebungen des nördlichen und westlichen Alpenrands in Richtung auf das Vorland haben fast überall die Salz- und Gipsschichten der mittleren und oberen Trias als Gleitbahn benutzt. So entstand auch der klassische Faltenbau des Jura. Im Deckengebäude sind Überschiebungen häufig durch Falten ersetzt, und bei einigen Decken haben sich sauber abgeschnitten erscheinende Überschiebungen als liegende, pilzförmige Falten erwiesen. Wie dieser Mechanismus im einzelnen abläuft, ist auch heute noch nicht ganz klar.

Das gilt auch für den Ablösungsbereich im Bereich der obersten Kruste. Man kann sich überlegen, ob Wasser, Kohlendioxid und andere flüchtige Bestandteile abtauchender Gesteine durch die Wärme freigesetzt werden und seitlich in besonders empfängliche Krustenlagen eindringen; das würde die Ablösung der vom isostatischen Auftrieb begünstigten leichteren Oberschichten ermöglichen. Die Schwächung des inneren Gefüges von Quarz und Feldspat durch die zirkulierenden Lösungen, ein erhöhter Porendruck im Gestein und eine Reihe unbekannter Prozesse könnten die Ablösung herbeiführen. Für die Ophiolitdecken und vielleicht auch für die Gesteine der Ivreazone kann man sich eine Metamorphose vorstellen, die das spezifisch schwerere Gestein Peridotit in den leichteren Serpentin umwandelt, dabei

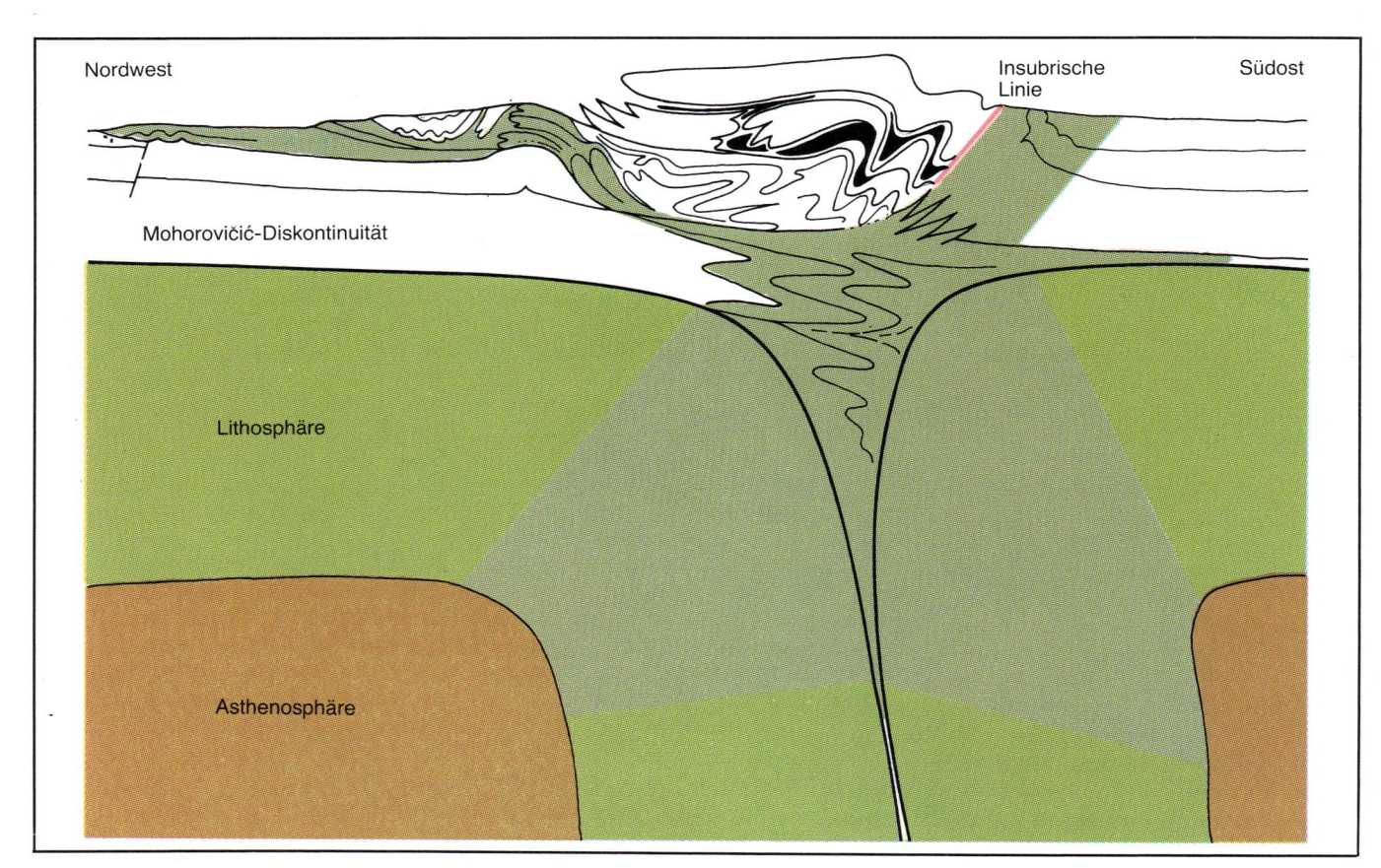

Bild 4: Aspekte der alpinen Gebirgsbildung. Vereinfachte Version des unteren Profils aus Bild 2. Es soll gezeigt werden, wie gering die Menge des Lithosphärenmaterials ist, das an der eigentlichen Gebirgsbildung auf der Oberfläche beteiligt ist. Im Gegensatz dazu steht die große Menge, die bei der zunehmenden Kompression der Lithosphäre in die Tiefe des Mantels abgewandert ist. Es läßt sich erkennen, daß es nur Splitter der oberen Kruste und die auf ihnen liegenden Sedimente sind, die sich heute als alpines Gebirge an der Oberfläche wiederfinden. Nur ganz selten, und die Zone von Ivrea ist dafür ein Beispiel, sind auch Stücke der tieferen Kruste und des oberen Mantels in das Gebirge eingebaut worden. Das Profil zeigt noch einen zweiten interessanten Aspekt, der bei der Entstehung von Kettengebirgen auftritt. In den Alpen verlagerte sich das Zentrum der Gebirgsbildung seit dem Alttertiär immer weiter nach außen in Richtung auf das Vorland. Offenbar bewegten sich die in der alttertiären Gebirgsbildungsphase verfestigten Blöcke auf einer oder mehreren beweglichen Schichten und übertrugen die gebirgsbildenden Kräfte der jungtertiären Phase nach außen. Die wichtigsten, im Jungtertiär deformierten Zonen sind farbig gerastert. Die in der zweiten Phase der alpinen Gebirgsbildung durch die Kräfte der Kompression erzeugte Einengung der Kruste wird auf einhundert bis dreihundert Kilometer geschätzt.

Auftrieb entstehen läßt und Ablösungsflächen liefert.

Unter der oberen Erdkruste gibt es eine Zone, in der die Geschwindigkeit von Erdbebenwellen niedriger ist als darüber und darunter. Unter den Zentralalpen ist die Zone deutlicher als nördlich und südlich davon. Auch sie kann als Indikator für das Vorhandensein von Gesteinen geringer Festigkeit gelten.

Eine andere interessante, ja faszinierende Beobachtung ist bei der Auswertung der von den Erdbebenwarten ständig aufgezeichneten Erdbebenwellen zu machen. Eine der bekanntesten Erscheinungen im Bau der Erde ist die Mohorovičić-Diskontinuität. An dieser Fläche, die als Grenze zwischen Kruste und Mantel gilt, ändern seismische Wellen ihre Geschwindigkeit, ein Teil wird reflektiert, ein anderer Teil in Richtung auf die tieferen Schichten gebrochen. Unter den Alpen ist zwar eine Eindellung der Fläche nach unten zu erkennen, nicht aber das trichterförmige Abbiegen, das von den plattentektonischen Modellen der Tiefenstruktur unter den Alpen zu erwarten wäre. Das kann nur bedeuten, daß sich nach der Deformation der Gesteine und der Verbiegung der Isothermen (Linien gleicher Temperatur) bereits wieder eine krustenparallele Schichtung der physikalischen Eigenschaften, vor allem wohl der Temperatur, eingestellt hat. Daß es diesen Ausgleich gibt, ist von der seismischen Schichtstruktur unter den alten Schilden bekannt, die aus den Zentralzonen sehr alter Kettengebirge zusammengesetzt sind. Offenbar wandern bei oder nach der Subduktion eines Krustenteils die flüchtigen Bestandteile, vielleicht aber auch Lösungen von Quarz und Feldspatmineralen nach oben und lassen in der Tiefe dichter gewordene Gesteine zurück, die in ihrem seismischen Verhalten den Gesteinen der unteren Kruste und des oberen Mantels gleichen. Die auf-

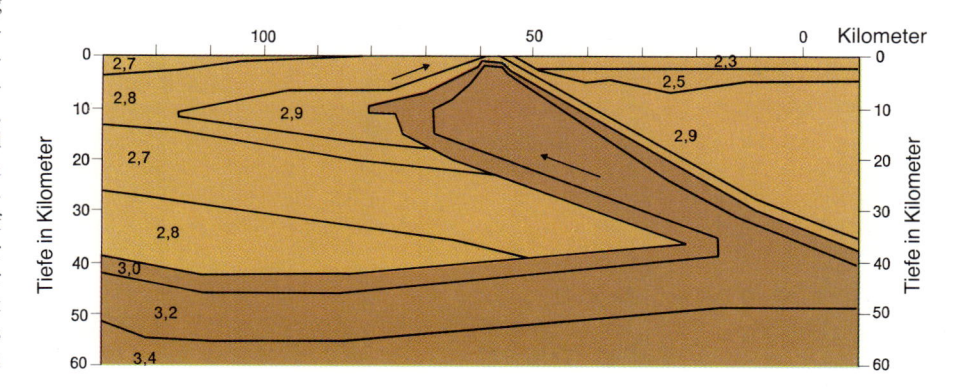

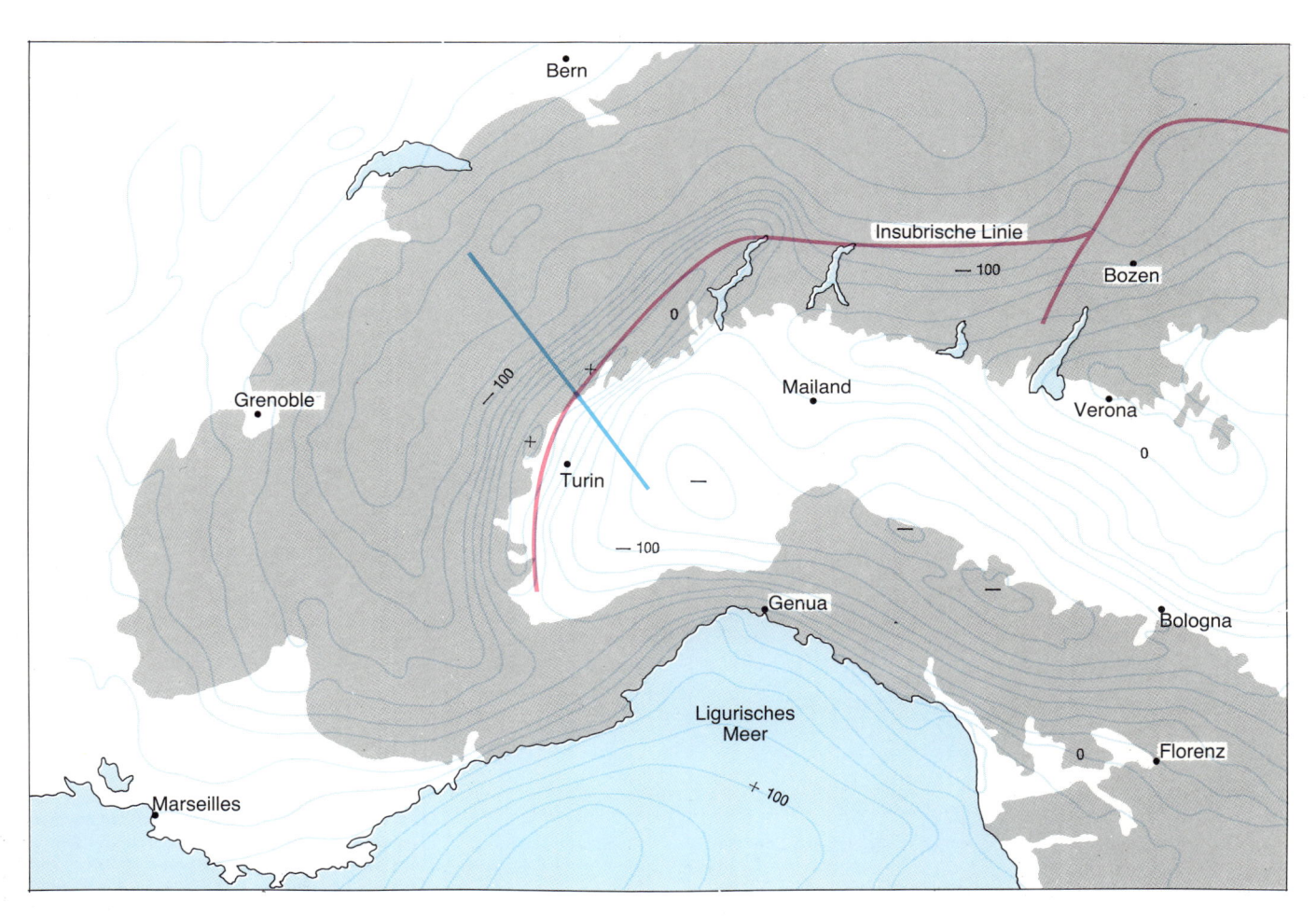

Bild 5: Schwerekarte des Alpengebiets (unten) und Interpretation der Daten an einem Profil durch die Westalpen (oben). Das Profil (blaue Linie) schneidet die Zone von Ivrea, dem Gebiet mit der größten positiven Schwereanomalie (zwei Maxima über der Nullinie). Ein langgestreckter dicker Körper dichten Gesteins, wie es normalerweise nur in der unteren Lithosphäre und im Mantel vorkommt, ist hier bis an die Erdoberfläche hochgedrückt worden. Parallel zum Verlauf der Schwereanomalie wendet sich die Insubrische Linie aus der Ost-West-Richtung nach Südsüdwesten. Man kann daraus schließen, daß jungtertiäre Bewegungen an dieser Störungszone zu der anomalen Lage des Gesteinskörpers geführt haben und dabei eine tiefsitzende Ost-West-Kompression wirksam war.

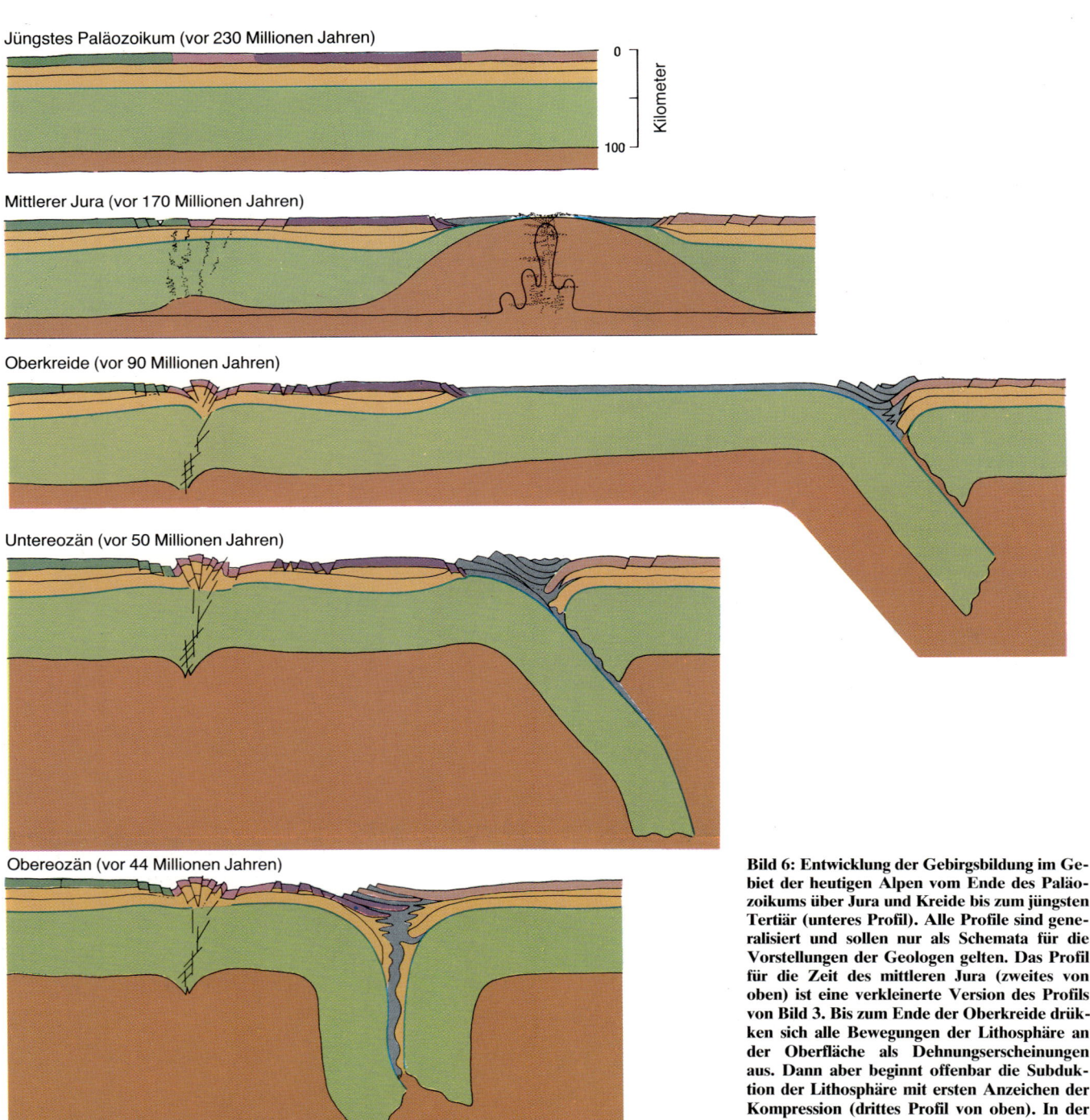

Jüngstes Paläozoikum (vor 230 Millionen Jahren)

Mittlerer Jura (vor 170 Millionen Jahren)

Oberkreide (vor 90 Millionen Jahren)

Untereozän (vor 50 Millionen Jahren)

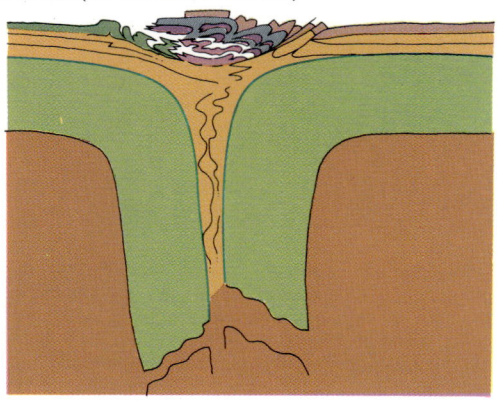

Obereozän (vor 44 Millionen Jahren)

Pliozän (vor 5 Millionen Jahren)

Bild 6: Entwicklung der Gebirgsbildung im Gebiet der heutigen Alpen vom Ende des Paläozoikums über Jura und Kreide bis zum jüngsten Tertiär (unteres Profil). Alle Profile sind generalisiert und sollen nur als Schemata für die Vorstellungen der Geologen gelten. Das Profil für die Zeit des mittleren Jura (zweites von oben) ist eine verkleinerte Version des Profils von Bild 3. Bis zum Ende der Oberkreide drücken sich alle Bewegungen der Lithosphäre an der Oberfläche als Dehnungserscheinungen aus. Dann aber beginnt offenbar die Subduktion der Lithosphäre mit ersten Anzeichen der Kompression (drittes Profil von oben). In der nun folgenden ersten Phase der eigentlichen Gebirgsbildung werden Sedimentschichten gleichsam abgeschält und mit Splittern der Oberkruste zu Decken verfestigt, die über große Entfernungen über das südliche, vorwiegend aber auf das nördliche Vorland aufgeschoben werden. Geht die Subduktion schneller als die Ablösung der Gesteinsdecken, dann kann sich eine Hochdruckmetamorphose in Gesteinsdecken entwickeln, die zeitweise mit hinabgezogen, später aber wieder an die Oberfläche ausgestoßen wurden. Ein kleiner Teil der ehemaligen Ozeankruste der Tethys hat ebenfalls seinen Weg an die Oberfläche gefunden in Form von Ophiolitdecken, ein Teil wurde in den Mantel subduziert. Es ist möglich, daß sich ein weiterer Teil in großen Falten auf der Erdoberfläche aufgetürmt hat und, als die Ozeankruste aufgezehrt war und die Kollision der Kontinente stattfand, bereits wieder abgetragen wurde. Die Struktur des alpinen Deckengebäudes wurde im Miozän und Pliozän vollendet (unten).

steigenden flüchtigen Bestandteile und Lösungen beeinträchtigen aber auch die mechanische Festigkeit der durchwanderten Gesteine, besonders dann, wenn sie sich an der mechanisch besonders beanspruchten Grenze zwischen abtauchender Lithosphäre und ihrer abgetrennten Haut seitwärts ausbreiten können. Die komplizierte Struktur von Teilen der unteren Kruste, wie sie sich bereits vor der Entstehung der Alpen während der variszischen Phase der Gebirgsbildung im Paläozoikum vor rund 300 Millionen Jahren entwickelt hat, ist in der Zone von Ivrea glücklicherweise freigelegt und dort eingehend zu studieren. Die Zone von Ivrea ist eins der faszinierenden Beispiele für die ganz seltene Tatsache, daß ein Stück Unterkruste nicht unter einen Kontinent subduziert, sondern auf ihn aufgeschoben wurde.

Auf der Suche nach den auslösenden Kräften

Bevor wir uns mit lokalen Details beschäftigen, wollen wir nach einem Schlüssel zum Verständnis übergeordneter regionaler Beobachtungen suchen. Da existiert zum Beispiel das außerordentliche Schwerehoch in der Zone von Ivrea (Bild 5 unten). Die geologische Interpretation der geophysikalischen Daten verlangt zunächst eine Aufschiebung der ganzen Kruste nach Westen über Gesteine geringer Dichte und anschließend, vielleicht auch gleichzeitig, eine Rückwärtsaufschiebung von leichteren Gesteinen nach Osten (Bild 5 oben). Dabei ist das ursprüngliche Gebiet in ostwestlicher Richtung um wenigstens 100 Kilometer kleiner geworden. Im Norden und Süden ist die Schwereanomalie wie abgeschnitten. Man kann sich eine schmale Platte vorstellen, die gegenüber den in Nord und Süd angrenzenden Gebieten mehr als 100 Kilometer nach Westen gewandert ist, unabhängig von der in gleicher Richtung wirkenden Kompression, der die Ivreazone und die angrenzenden Gebiete ausgesetzt waren.

Die scharfen Trennungslinien im Norden und Süden der Ivreazone müßten dann Horizontalverschiebungen sein, von denen die eine „linkshändig" wirkte, was heißen soll, der südliche Block ist nach Osten bewegt, und die andere „rechtshändig" mit der Bewegung des nördlichen Blocks nach Osten, mit dem Resultat, daß das Mittelstück, nämlich die Ivreazone, nach Westen verschoben erscheint. Auch wenn diese Bewegungen nur eine Komponente im vielschichtigen Bauplan der Westalpen sind, sie sind auch eine Bestätigung für die schon geäußerte Vermutung großangelegter rechtshändiger Horizontalbewegungen auf einem östlichen, auch als Tonale-Linie bezeichneten Teilstück der Insubrischen Linie.

Um den Kräfteplan zu erkennen, müssen wir uns immer wieder klarmachen, daß das geometrische System des deformierten Deckengebäudes der abgestreiften Haut grundsätzlich anders ist als das der subduzierten Lithosphäre selbst. Selbst ein klar begrenztes Lithosphärenstück würde in seiner abgestreiften Haut ein schwer zu entzifferndes Schichtendurcheinander hinterlassen (Bild 8).

An der heutigen Erdoberfläche beobachtet man ein verwickeltes Deformationsmuster aller Größenordnungen. Mit Hilfe eines primitiven Experiments soll versucht werden, eine vergleichbare, wenn auch um vieles simplere Situation zu simulieren. Dazu dienen mehrere nebeneinanderliegende Bretter, auf denen sich eine Schicht Lehm oder Sand befindet. Verschiebt man jetzt ein Brett parallel zum nächsten, dann entsteht an der Oberfläche eine breite Deformationszone, die sich nach unten keilförmig verjüngt (Bild 8 unten).

Die Einzelheiten hängen von der Art des verwendeten Materials ab. Es ist mit Sicherheit anzunehmen, daß einfache Bewegungen abtauchende Lithosphärenplatten ähnliche Phänomene an der Erdoberfläche entstehen lassen. Natürlich sind die Grenzen der Lithosphärenplatten nicht so einfach und geradlinig wie die Kanten zweier Bretter. Außerdem unterliegen die Platten zweifellos inneren Verformungen und anderen Spannungen. Das Spiegelbild ihrer Bewegungen an der Oberfläche wird also noch komplizierter ausfallen als in dem einfachen Experiment, das nur qualitativ auf den Unterschied zwischen der Kinematik der Unterlage und der ihrer Oberfläche hinweisen soll.

Wir kehren zu den Alpen zurück. Die Insubrische Platte, das im Südosten gelegene Lithosphärenstück, hat sich nach Nordwesten in Richtung auf die europäische Platte bewegt. Da die Plattengrenzen im schrägen Winkel zur Bewegungsrichtung verlaufen, wird die resultierende Deformation der obersten Plattenschicht nicht nur von Komponenten der Kompression erzeugt, sondern auch von Spannungen quer zur Kompressionsrichtung, die zu Horizontalverschiebungen führen. Eine ganze Reihe von einander unabhängiger Beobachtungen deutet darauf hin, daß es sich dabei um starke rechtshändige Seitenverschiebungen entlang einer steilen Störungszone handelt.

Wir nehmen an, daß diese Störungszone die insubrische Platte im Norden begrenzt, während die europäische Platte subduziert wird und die zur Deformation der abgelösten Hülle nötige Kompressionskomponente liefert. An der Westgrenze der insubrischen Platte sind Überschiebungen in westlicher und Rückwärtsaufschiebungen in östlicher Richtung stark vertreten, die Rückwärtsaufschiebungen haben möglicherweise das Übergewicht. Das ist nur vorstellbar, wenn an dieser Plattengrenze beide betroffenen Platten nach unten abgebogen worden sind. In der Schale haben Kompression und laterale Spannungen zu einer breiten Zone zusammengesetzter Deformationsphänomene mit zahlreichen kleinen Seitenverschiebungen geführt, die nur selten, wie in der insubrischen Störungszone, zu großen Störungslinien mit bemerkenswerten Verschiebungsbeträgen aufsummiert sind.

Ich habe versucht, die komplizierten Verhältnisse der dreidimensionalen Bewegungen während der letzten Gebirgsbildungsphase im oberen Tertiär darzustellen, wo sie sich noch am leichtesten auseinanderdividieren lassen. Wir haben allen Grund, anzunehmen, daß die Gebirgsbildungsvorgänge der früheren Phasen nach ähnlichen Gesetzmäßigkeiten abgelaufen sind. Die heute zu beobachtenden Strukturen resultieren aus der Überlagerung von Deformationen verschiedener Stadien der alpinen Gebirgsbildung. Da zu Beginn der älteren Bewegungen die Grundmuster an der Erdoberfläche andere waren als nach ihrem Abklingen und zu Beginn der jüngeren Bewegungen, beobachtet man heute eine phantastische Konfusion. Eine genaue Analyse und Identifikation der Einzelvorgänge ist gänzlich ausgeschlossen. Nur durch Zusammenfassung regionaler Beobachtungen und ihrer graphischen Darstellung in einer paläotektonischen Karte läßt sich ein gewisses Verständnis für die Bewegungsabläufe in einer bestimmten Region gewinnen.

Rekonstruktion des Ablaufs

Das Genaueste, und damit auch die Grenze dessen, was heute über die Entstehungsgeschichte der Alpen bekannt ist, läßt sich am besten in Modellen für einzelne Zeitabschnitte darstellen (Bild 7). Man kann leicht erkennen, daß nacheinander ganz unterschiedliche Bewegungen stattgefunden haben. Frühere tektonische Linien werden eine nach der anderen inaktiviert und dann von jüngeren radikal durchschnitten. Am Anfang standen allgemeine Dehnungsvorgänge, die nicht nur die zwischen beiden Kontinenten gelegene Tethys betrafen, sondern auch angrenzende Becken, Schelfe, Kontinentalränder und schon vorhandene Störungszonen. Die Dehnung wurde ergänzt durch immense linkshändige Seitenverschiebungen. Man braucht auf Bild 7 nur die geographische Lage Italiens vor und nach der ersten Gebirgsbildungsphase zu betrachten, um ihr Ausmaß zu begreifen. Am Ende der Unterkreide treten die ersten Anzeichen von Kompression auf. Die linkshändigen Horizontalverschiebungen der Dehnungsphase werden durch rechtshändige der Kompressionsphase abgelöst. Wir wollen versuchen, den Zustand des Alpengebiets für die Zeiten Trias, Jura, Kreide (ohne Kartendarstellung), Alttertiär und Jungtertiär zu beschreiben.

Die Trias begann vor 225 und endete vor 190 Millionen Jahren. Der Atlantik hatte sich noch nicht geöffnet. Zwei große Sedimentations- und Lebensbereiche lassen sich unterscheiden: die alpine Trias mit mächtigen marinen Sedimenten, vor allem Kalken und Dolomiten der Mittel- und Obertrias, und die germanische Trias mit wüstenhaften Sandsteinen (Buntsandstein), Karbonaten eines Flachmeeres (Muschelkalk) und bei der Verdunstung übriggebliebenen Salz- und Gipslagen neben Sandsteinen (Keuper). Spätere Strukturen wie der Rhein-Rhône-Graben und das Nordpyrenäenbecken zeichnen sich ab, der Ozeangürtel der Tethys existiert bereits. Neufundland grenzt noch an Spanien.

Zu Beginn des Jura (190 bis 135 Millionen Jahre vor unserer Zeit) scheint die Tethys auch nach Westen ihre größte Ausdehnung zu besitzen und schließt die heutige Karibik ein. An ihrem ost-west-verlaufenden Rücken entsteht neue Ozeankruste. Den Nordatlantik gibt es noch nicht. Am Südrand des europäischen Kontinents entwickeln sich gewaltige Störungszonen. Die wichtigste grenzt das Piemonter Becken von der Zentraltethys ab. Es liegt innerhalb des Tethysmeeres, etwa 100 Kilometer südlich seiner Nordküste der Triaszeit. Beim Auseinanderdriften bleibt ein Teil der Sedimente des Piemonter Beckens am Kontinent des nördlichen Küstensaums hängen, der Rest driftet nach Süden. Am Nordrand der Tethys existieren kleine Flachmeere, in denen sich Sedimente germanischer Fazies absetzen. Sie driften ebenfalls davon und werden am Südrand der Tethys eingebaut. Eins davon wird später zu den Toskaniden. Störungszonen schaffen im Norden ein weiteres Becken, das sich zu einem ständigen Faktor der Instabilität entwickelt: den nordpenninisch-ultrahelvetischen Trog. Sein größter Teil wurde im Lauf der Gebirgsbildung bis zur Unkenntlichkeit deformiert, doch am Rande des Geschehens haben sich Reste im Rhônetal und westlich von Wien erhalten.

Die Aktivität am mitteltethyschen Rücken scheint im mittleren und oberen Jura ihr Maximum zu erreichen. Ausfließende Lava liefert das Material für die späteren Ophiolitdecken in den Liguri-

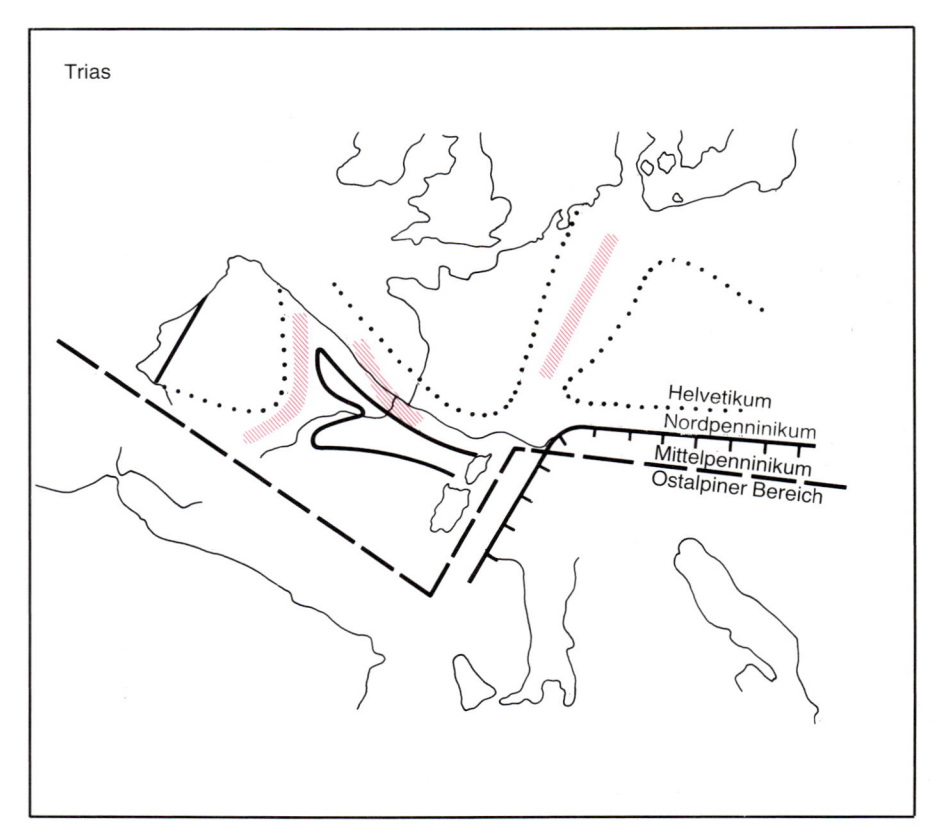

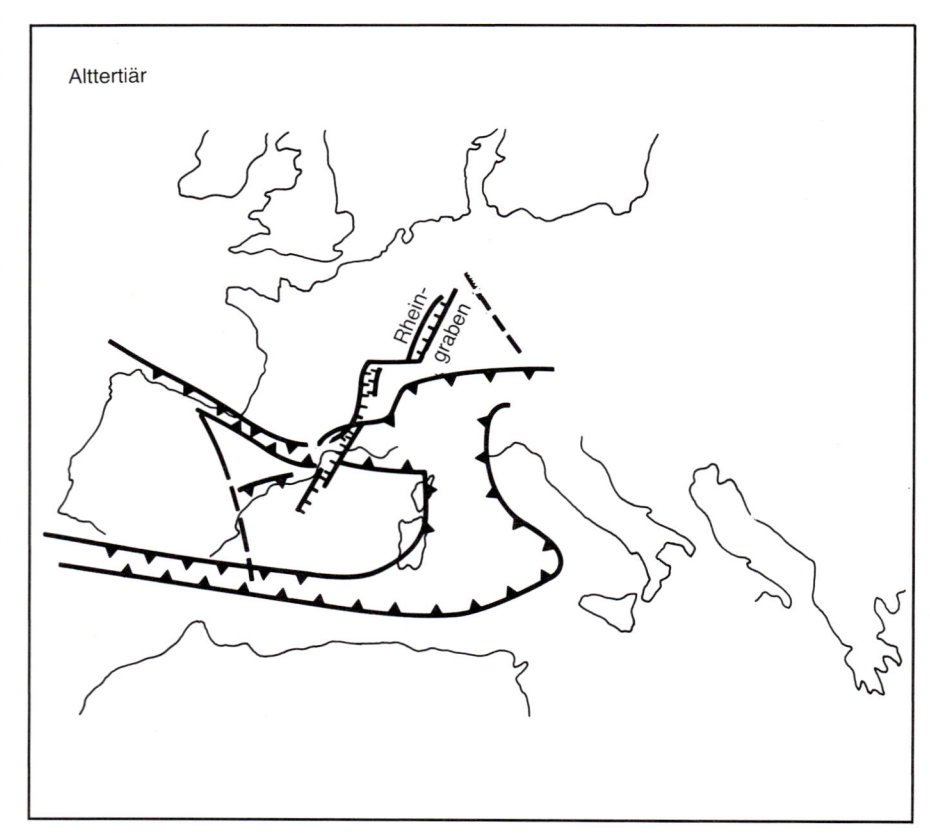

Bild 7: Entwicklung der alpinen Region von der Trias bis zum Jungtertiär. Die gegenwärtigen Küstenlinien sind nur zur allgemeinen Orientierung eingezeichnet. Die gestrichelte Linie deutet die Bruchlinie an, an der im Jura der ehemalige Superkontinent auseinanderbrach und sich in eine Nord- und eine Südscholle teilte. Die punktierten Linien bezeichnen die Grenzen der auf dem nördlichen Kontinent eingesunkenen Becken, deren Achse jeweils farbig markiert ist. Die Linie mit weiten Kammstrichen grenzt die Sedimentation in germanischer Fazies von der Sedimentation in alpiner Fazies ab, die Linie mit engen Kammstrichen bezeichnet die Ränder tektonischer Gräben. Die Hauptfaltungsrichtungen werden von der Sägeblattlinie ange-

schen und Piemonteser Alpen. Auf den Kontinenten bilden sich große Flachmeere. Es entstehen Bruchzonen in rheinischer (NNE wie der Oberrheingraben) und herzynischer (NW wie der Harznordrand) Richtung. Ganz offensichtlich wurde der europäische Kontinent in ein Mosaik von Blöcken zerschnitten, deren Ränder in den Hauptbewegungsrichtungen der Atlantiköffnung und der Tethys reagieren.

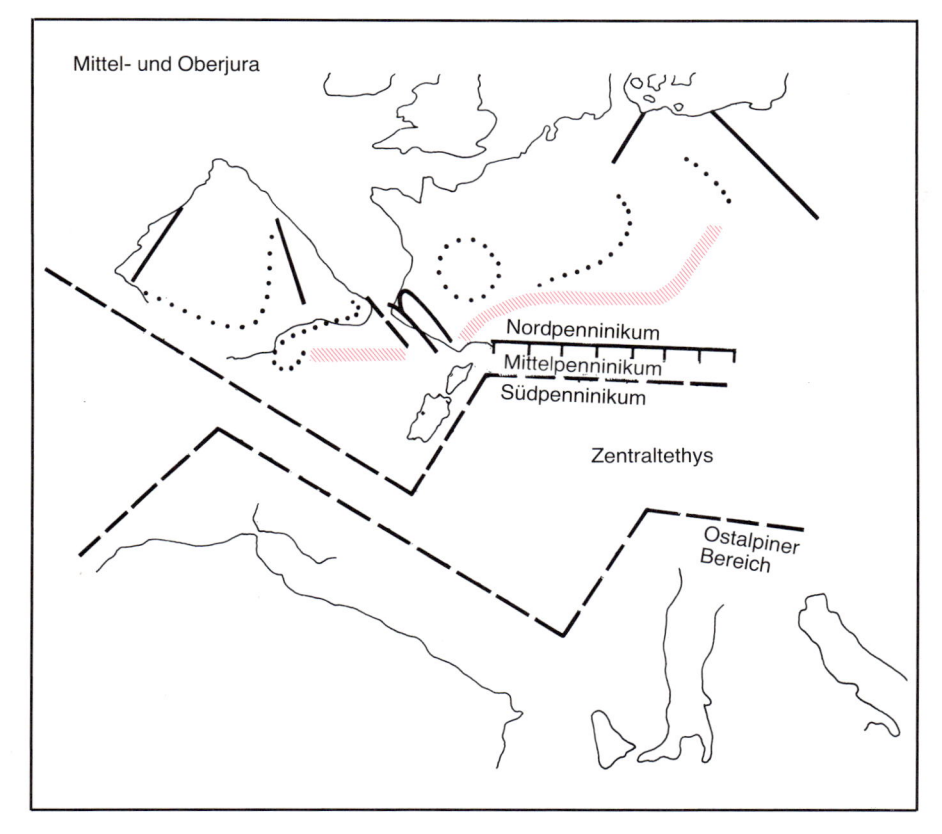

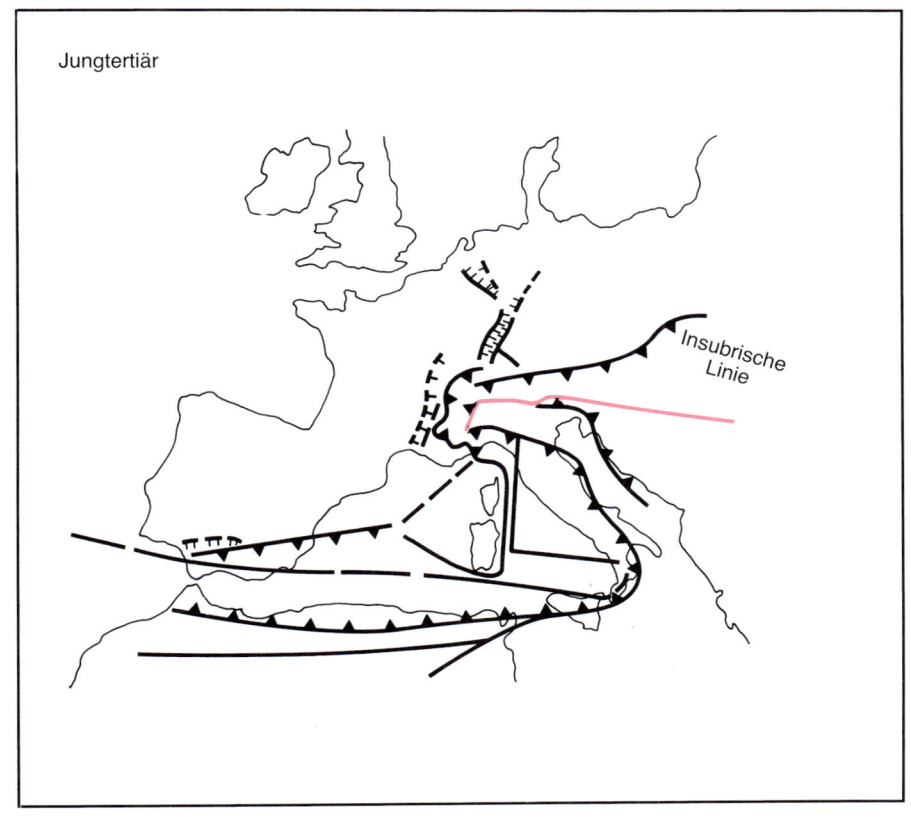

Die Kreide (135 bis 60 Millionen Jahre) beginnt mit der weltweit spürbaren, sprunghaften Öffnung des Südatlantik. Auch im Alpengebiet ändern sich die Bewegungsmuster. Es entsteht der Golf von Biscaya, und zum erstenmal wird das Gebiet der späteren Pyrenäen von tektonischen Ereignissen berührt. Von Störungszonen begrenzte, tief eingesenkte Becken entstehen. In der Mittelkreide ist die erste Kompressionsphase zu erkennen. Auch das Entstehen der riesigen Flyschmassen, Tausenden von Metern Ton, Mergel, Kalk, Sandstein und Quarzit, in der Oberkreide und im Alttertiär weist auf anhaltende tektonische Unruhe bei Vorherrschen von Kompressionskomponenten hin.

Der nordpenninisch-helvetische Trog zeigt genau die gleichen tektonischen Erscheinungen. Er ist offensichtlich als Stück der Plattengrenze der Biskaya-Pyrenäen-Platte reaktiviert worden. Obwohl es keine sichtbare Verbindung zwischen Pyrenäen und Alpen gibt, die Anzeichen der kretazischen Kompression ziehen sich von dort über die Provence bis zu den Westalpen. Ein anderer Zweig der Plattengrenze setzte sich wahrscheinlich in den südpenninischen Trog fort und verband sich dort mit der kretazischen Subduktionszone. Die Ophiolite wurden gegen oder auf den Kontinentalrand gepreßt. Die Kreidesedimente am Nordrand des nordpenninischen Trogs sind mit ihrer Keilform, der starken Mächtigkeitsabnahme von Nord nach Süd, charakteristisch für die späteren helvetischen Decken. Sie enden im Osten an einer wichtigen Blockgrenze des Vorlandes, die in der Nähe von Salzburg das Alpengebiet erreicht und die wir heute als Westgrenze von Bayerischem Wald und Böhmerwald wiedererkennen.

Zum Alttertiär (65 bis 26 Millionen Jahre) gehören Paläozän, Eozän und Oligozän. Die erste große kompressive Gebirgsbildungsphase reicht vom Obereozän bis ins Unteroligozän, das heißt, sie beginnt vor rund vierzig Millionen Jahren und dauert etwa fünf Millionen Jahre. Ihre Spuren lassen sich am Nordrand des alpinen Systems von den Pyrenäen über Provence und Westalpen bis in die Ostalpen verfolgen. Ein großangelegtes Deckengebäude entsteht, vor allem im Eozän. Während die Pyrenäen

geben. Oben links die Situation in der Trias vor Öffnung des Atlantik. Im Gebiet der Alpen werden sehr mächtige marine Sedimente abgelagert (alpine Trias), während weiter im Norden terrestrische und Flachmeer-Sedimente entstehen. Rechts oben die Situation im Jura. Jetzt öffnet sich eine Ozeanverbindung zwischen der Zentraltethys und der noch benachbarten Karibik, die auch durch Fossilien belegt ist. Die beiden Kontinente Eurasia und Afrika bilden die nördlichen und die südlichen Küsten. Links unten die Situation im Alttertiär. Die erste Hauptkompressionsphase führt zum alpinen Deckengebäude. Im Jungtertiär (rechts unten) entstehen am Außenrand der Alpen die subalpinen Ketten und der Faltenjura.

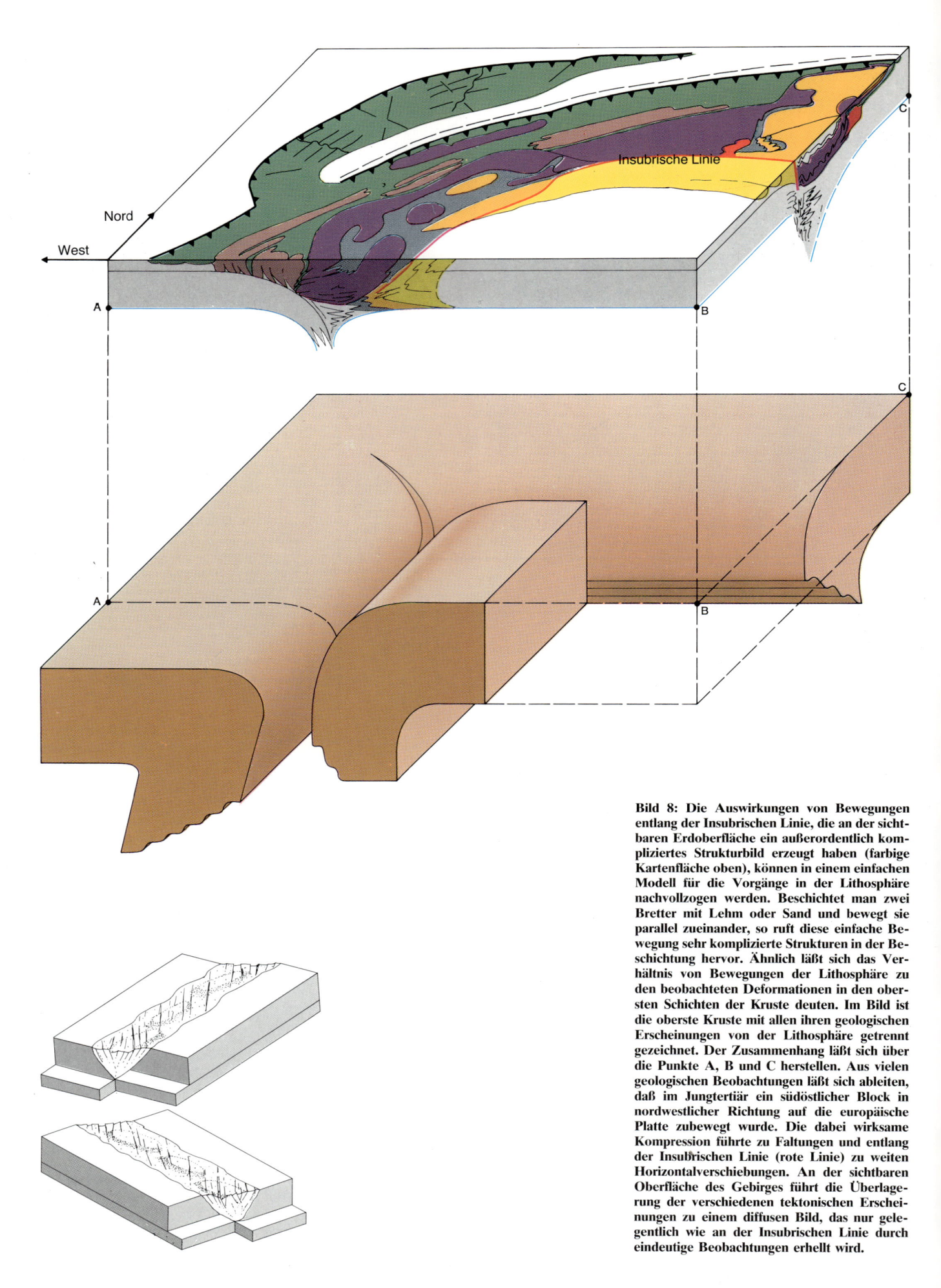

Bild 8: Die Auswirkungen von Bewegungen entlang der Insubrischen Linie, die an der sichtbaren Erdoberfläche ein außerordentlich kompliziertes Strukturbild erzeugt haben (farbige Kartenfläche oben), können in einem einfachen Modell für die Vorgänge in der Lithosphäre nachvollzogen werden. Beschichtet man zwei Bretter mit Lehm oder Sand und bewegt sie parallel zueinander, so ruft diese einfache Bewegung sehr komplizierte Strukturen in der Beschichtung hervor. Ähnlich läßt sich das Verhältnis von Bewegungen der Lithosphäre zu den beobachteten Deformationen in den obersten Schichten der Kruste deuten. Im Bild ist die oberste Kruste mit allen ihren geologischen Erscheinungen von der Lithosphäre getrennt gezeichnet. Der Zusammenhang läßt sich über die Punkte A, B und C herstellen. Aus vielen geologischen Beobachtungen läßt sich ableiten, daß im Jungtertiär ein südöstlicher Block in nordwestlicher Richtung auf die europäische Platte zubewegt wurde. Die dabei wirksame Kompression führte zu Faltungen und entlang der Insubrischen Linie (rote Linie) zu weiten Horizontalverschiebungen. An der sichtbaren Oberfläche des Gebirges führt die Überlagerung der verschiedenen tektonischen Erscheinungen zu einem diffusen Bild, das nur gelegentlich wie an der Insubrischen Linie durch eindeutige Beobachtungen erhellt wird.

und die südliche Provence von weiteren Kompressionsvorgängen verschont bleiben, erleben die im Alttertiär gebildeten Alpen während des Jungtertiärs eine zweite Kompressionsphase. Doch zwischendurch begann der Rhein-Rhône-Graben, der schon während des ganzen Mesozoikums vorgezeichnet war, ernsthaft einzubrechen und öffnete sich entlang gewaltiger, nordnordöstlich gerichteter Störungssysteme, die im Süden bis in den Pyrenäenzweig des alpinen Systems schnitten. Im Norden machten sich die Randstörungen der böhmischen Masse wieder bemerkbar. Diese Reorientierung der Bewegungsrichtungen scheint direkt mit der jetzt in großen Schritten fortschreitenden Öffnung des Nordatlantik zusammenzuhängen. Auch Verbindungen mit anderen aktiven Plattenrändern sind denkbar, zum Beispiel mit der noch nicht weit entfernten Karibischen Platte, an der eine ins Auge fallend ähnliche Entwicklung stattfindet. In dieser Zeit werden die ganze Tethys und die penninischen und ultrahelvetischen Becken vernichtet. Auf beiden Seiten der Alpen und der Pyrenäen entwickeln sich Vorlandtröge, in denen die Molasse abgelagert wird.

Im Jungtertiär (von 26 bis 2 Millionen Jahre) bleibt der Pyrenäen-Provence-Gürtel von weiteren Gebirgsbildungen verschont. Lediglich entlang des Rhein-Rhône-Grabens und bei der Bildung des Mittelmeers treten neue Bewegungen auf. Dagegen setzte sich die Kompression im Alpengebiet fort. An seinem äußeren Rand entstanden die subalpinen Ketten Frankreichs, der Schweizer Faltenjura, ein guter Teil der helvetischen Decken und die gefaltete subalpine Molassezone.

Wir müssen feststellen, daß sich der komplizierte Bauplan der heutigen Alpen nur als Überlagerung einer zeitlichen Folge verschiedener geologischer Ereignisse verstehen läßt, die im Lauf der letzten 200 Millionen Jahre stattgefunden haben. Wir müssen weiter festhalten, daß sich die regionalen Ereignisse bei der Entstehung der Alpen nicht trennen lassen von globalen tektonischen Vorgängen wie der Öffnung des Atlantischen Ozeans. Das hatte der Schweizer Geologe E. Argand, einer der bekanntesten Vertreter der klassischen Deckentheorie, schon vor mehr als einem halben Jahrhundert erkannt. Er bekannte sich mit ganzem Herzen zu der gerade von A. Wegener vorgetragenen Theorie der Kontinentalverschiebung. Nach Jahrzehnten der Ablehnung hat die Vorstellung von der Drift der Kontinente in den letzten Jahren eine beispiellose Wiedergeburt erfahren und wurde zur Theorie der Plattentektonik erweitert. Sie ermöglicht uns heute ein besseres Verständnis der Prozesse, die zur Entstehung der Alpen geführt haben. Dennoch befinden sich viele plattentektonische Modelle noch im Zustand grobgeschnitzter Arbeitshypothesen, sind oft unzuverlässig im Detail und verlangen nach Überprüfung oder, noch häufiger, nach gründlicher Modifikation. Örtlich vorhandene geologische Information muß neu analysiert werden. Das gilt besonders für die alpinen Ketten. Zur Erklärung ihrer Entstehung sind in den letzten Jahren Rekonstruktionen und Bewegungsablaufmuster vorgestellt wurden, die mit den direkt zu beobachtenden geologischen Fakten nur wenig gemein haben. Natürlich muß man sich davor hüten, über den oft verwirrenden Details am Ort die regionalen Zusammenhänge aus den Augen zu verlieren. Ich habe versucht, einen passablen Mittelweg zwischen beiden Anfechtungen zu finden.

Das Wachstum der Kontinente

Lange Zeit wußte man nur wenig darüber, wie sich Kontinente entwickeln und wie sie wachsen. Aufgrund reflexionsseismischer Messungen in den Südappalachen kennen wir jetzt Einzelheiten dieser Vorgänge: Ein Kontinent wächst, indem sich an seinen Rändern dünne Schichten Gesteinsmaterial horizontal übereinanderschieben.

Von **Frederick A. Cook, Larry D. Brown und Jack E. Oliver**

Mit der Theorie der Plattentektonik, in der die Erdkruste als oberer Teil starrer, sich gegenseitig beeinflussender Platten angesehen wird, gelang es, die Entwicklungsgeschichte der Ozeanböden zu rekonstruieren. Wie sich die Kontinente entwickeln, war dagegen bis vor kurzem noch weitgehend unklar; erst in den letzten Jahren haben wir darüber einiges erfahren können. In erster Linie ist dieser Fortschritt auf die intensive Erforschung der Erdkruste und des oberen Erdmantels mit reflexionsseismischen Verfahren zurückzuführen, wie sie bei der Suche nach Erdöl in großem Umfang angewandt werden. Bei dieser Technik nützt man aus, daß sich Schallwellen in Gesteinsschichten mit verschiedenen Dichten unterschiedlich schnell ausbreiten und an Grenzflächen zwischen zwei Schichten reflektiert werden.

Wo Krustenplatten zusammenstoßen, kommt es zu Überschiebungen und Subduktionen. Unter Subduktion (*lateinisch: subducere = unten wegziehen, wegnehmen*) versteht man das Abtauchen von ozeanischer Kruste in den Erdmantel. Subduktionszonen sind durch tiefe Tröge im Meeresboden in der Nähe von Kontinentalrändern charakterisiert. Schon seit langem haben die Geologen vermutet, daß Kontinente wachsen, indem sich im Bereich von Subduktionszonen Krustenmaterial anlagert — reflexionsseismische Profile aus den Südappalachen im Osten der Vereinigten Staaten (Bilder 1 und 2) und andere Resultate geologischer Untersuchungen aus diesem Gebiet zeigen, wie dieser Prozeß konkret abläuft: Kontinente entstehen und wachsen, indem sich dünne Scheiben aus Krustenmaterial horizontal gegeneinander verschieben und übereinanderschichten.

Die Profile wurden vom „Consortium for Continental Reflection Profiling" (COCORP) aufgenommen, einer Gruppe von Geologen und Geophysikern aus verschiedenen Universitäten, aus der Industrie und aus dem Regierungsdienst, die von Sidney Kaufman (Cornell-Universität) und zweien von uns (Brown und Oliver) geleitet wird. Unsere ersten Messungen führten wir 1975 in Hardeman County in Texas durch, und seither haben wir in elf verschiedenen Gebieten reflexionsseismische Profile aufgenommen. Die Sondierungen reichten in Tiefen von bis zu fünfzig Kilometern und galten vor allem der Erforschung der Kristallingesteine unter den Sedimentablagerungen und somit des Kontinentalsockels. In der mittleren Erdkruste in Zentral-Neumexiko entdeckten wir einen Magmenkörper, in Michigan ein altes, jetzt zugedecktes System tektonischer Gräben und im Südwesten von Wyoming eine große Überschiebungsfläche, die tief in die Kruste hineinreicht. Vor den Untersuchungen in Wyoming gaben die Tiefenlage und der Verlauf dieser Überschiebung, die die Grenze eines geologisch bedeutsamen Abschnitts der Rocky Mountains bildet, Anlaß zu vielen kontroversen Debatten.

Das meiste Aufsehen erregten die COCORP-Messungen in den südlichen Appalachen. Wie aus den Profilen hervorgeht, liegt unter dem Gebirge in bis zu achtzehn Kilometern Tiefe eine dünne horizontale Schicht aus sedimentärem Material. Sedimentgesteine bilden mit den magmatischen und metamorphen Gesteinen die drei am weitesten verbreiteten Gesteinstypen. Sie entstehen aus Ablagerungen an der Erdoberfläche, die auf die Wirkung von Wasser und Wind zurückzuführen sind. Magmatische Gesteine entstehen bei der Abkühlung und Erstarrung von Magma; metamorphes Gestein bildet sich, wenn Sedimente oder magmatische Gesteine längere Zeit Hitze und Druck ausgesetzt sind. Je nach dem Grad der Rekristallisation, der im Verlauf der Metamorphose erreicht wird, unterscheidet man niedrig- und hochgradig metamorphes Gestein.

An der Oberfläche der Südappalachen (Bild 1) findet man hauptsächlich stark deformiertes metamorphes Gestein, das älter als (oder mindestens ebenso alt wie) die erwähnte, neu entdeckte Sedimentschicht ist. Wie an späterer Stelle ausführlich begründet wird, läßt sich daraus schließen, daß vor ungefähr 475 Millionen Jahren ein Prozeß einsetzte, in dessen Verlauf das Oberflächengestein in Form einer dünnen Platte mindestens 260 Kilometer weit über den östlichen Krustenplattenrand einer Landmasse hinweggeschoben wurde, die sich zu dem

Bild 1: Die geologische Struktur des Kontinentsockels im Bereich der Appalachen im Osten Nordamerikas gibt Aufschluß darüber, wie ein Kontinent wächst. Dieses im Herbst aufgenommene Falschfarben-Satellitenbild zeigt einen Ausschnitt des Gebirges westlich der Stadt Roanoke im Bundesstaat Virginia. (Die Grenzen des hier abgebildeten Gebietes sind in Bild 2 als gestrichelte farbige Linien eingetragen.) Roanoke erscheint auf der Photographie als großer hellgrüner Fleck am rechten Bildrand; die türkisfarbenen Flächen stellen Flüsse und Seen, die rotbraunen Flächen Vegetation dar. Die zwischen 500 und 1000 Meter hohen, langgestreckten Berge bestehen aus sedimentärem Material, während im Gebiet rechts unten (Südosten) kristallines Gestein vorherrscht. Wie man aus reflexionsseismischen Messungen (vergleiche Bild 4) schließen kann, wurde das kristalline Gestein vor ein paar hundert Millionen Jahren als dünne Schicht auf den damaligen Kontinentalschelf geschoben.

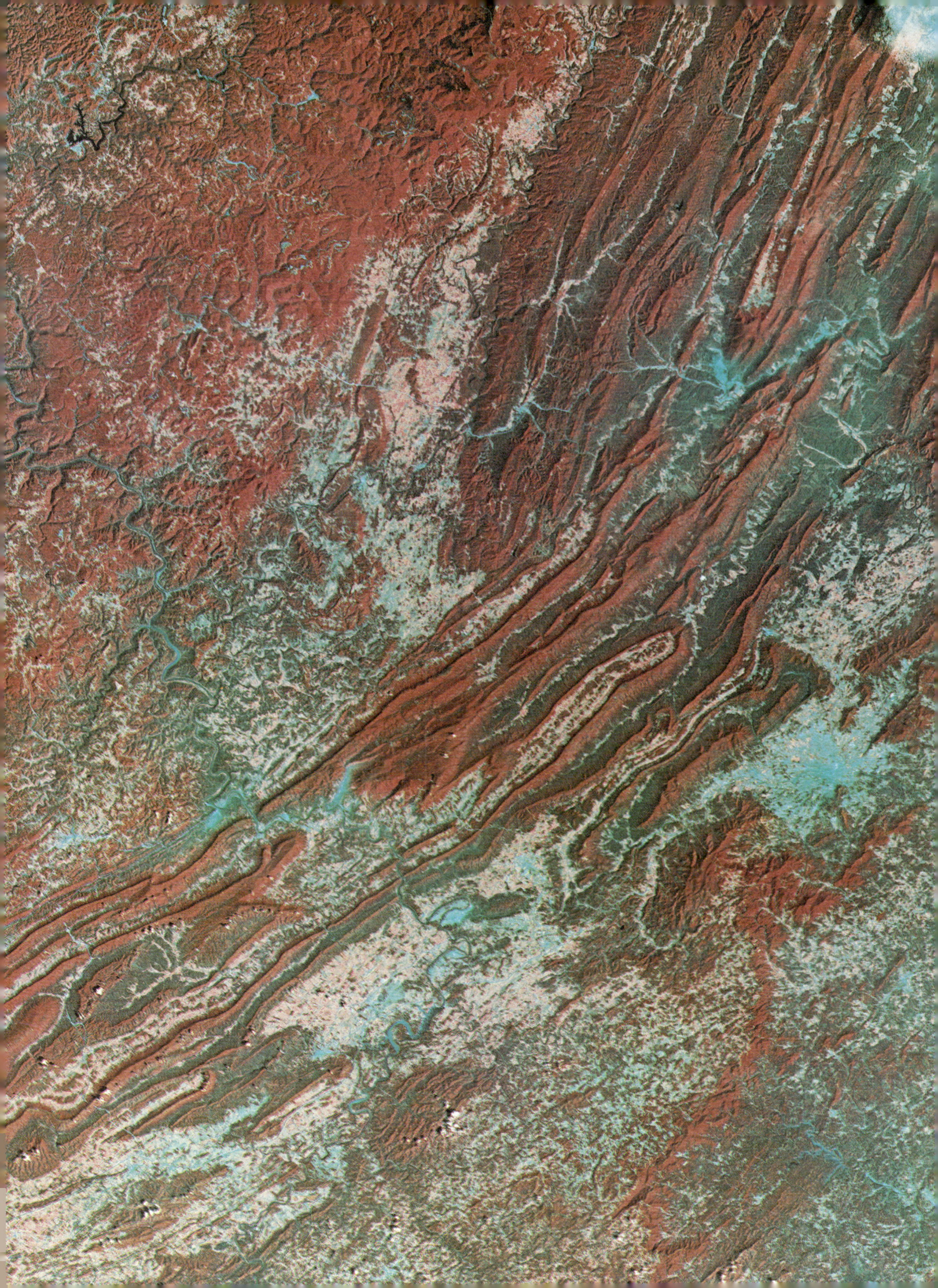

entwickelt hat, was wir heute den nordamerikanischen Kontinent nennen. Dieser Befund stützt die Hypothese, nach der große Mengen Krustenmaterial über beträchtliche Entfernungen horizontal oder nahezu horizontal verschoben werden können. Zugleich wird auch der Schluß nahegelegt, daß ein Kontinent wächst und sich entwickelt, indem sich an seinen Rändern dünne, horizontal orientierte Scheiben Krustenmaterial anlagern.

Den reflexionsseismischen Sondierungen könnte auch eine sehr konkrete Bedeutung zukommen, dann nämlich, wenn sich die Vermutungen einiger Geologen bestätigen sollten, daß im Sedimentgestein unter bestimmten Abschnitten der Südappalachen Öl oder Gas enthalten ist. Bekanntlich ist es nur sinnvoll, primäre Öl- oder Gasvorkommen in Sedimentgesteinen zu suchen, da sie hier nicht wie in metamorphen oder gar magmatischen Gesteinen Drucken und Temperaturen unterworfen waren, durch die in ihnen eingeschlossene Kohlenwasserstoffe hätten zerstört oder ausgetrieben werden können.

Reflexionsseismik

Die ältesten reflexionsseismischen Profile von Sedimentbecken stammen aus den zwanziger Jahren. Seit dieser Zeit wurde die Technik der Reflexionsseismik von der Erdölindustrie intensiv weiterentwickelt und bei der Suche nach wirtschaftlich verwertbaren Öl- und Gasvorkommen eingesetzt. Das Grundprinzip ist sehr einfach (Bild 4): Schallwellen, die man durch eine Explosion oder andere Quellen akustischer Energie an der Erdoberfläche erzeugt, breiten sich im Boden aus und werden überall dort reflektiert, wo sich die Dichte des Gesteins und damit die Geschwindigkeit der Welle sprunghaft ändert. Die Gesamtheit dieser Punkte bezeichnet man als Unstetigkeitsfläche. Die Zeit, die eine Schallwelle braucht, um von ihrer Quelle zu der Unstetigkeitsfläche und von dort zurück an die Oberfläche zu gelangen hängt von der Tiefenlage der reflektierenden Fläche und von der Beschaffenheit des Gesteins ab. Die Energie der reflektierten Schallwelle registriert man mit Geophonen oder Vibrationsfühlern, die an der Erdoberfläche aufgestellt werden. (Zusätzliche Informationen über eine Unstetigkeitsfläche lassen sich gewinnen, indem man die Geophone so aufstellt, daß sie vor allem die vertikal und nahezu vertikal laufenden Wellen registrieren.)

Bei reflexionsseismischen Messungen, die dazu dienen, Öl- oder Gasvorkommen aufzufinden, arbeitet man mit Wellen, deren Laufzeiten kleiner als vier

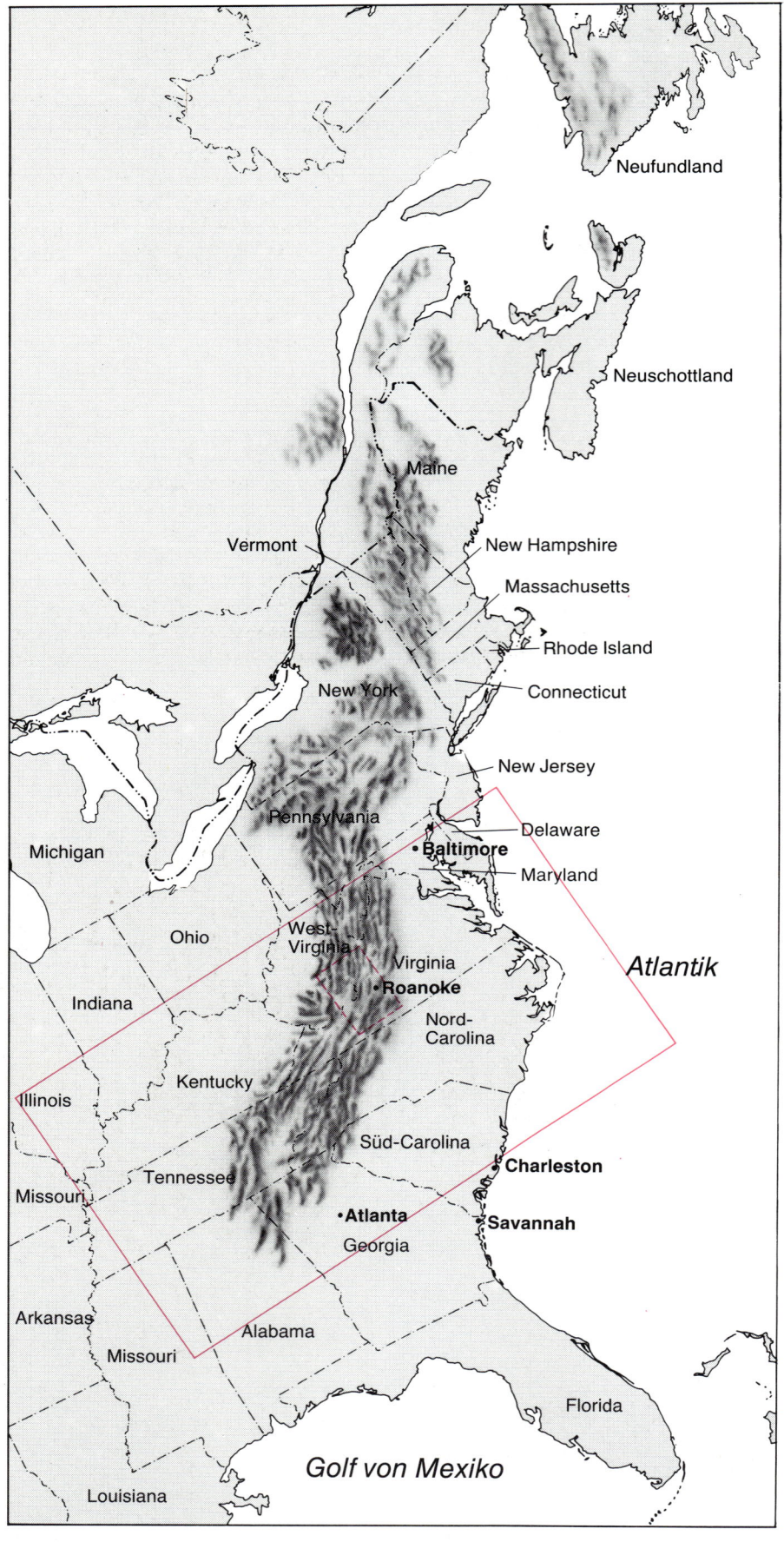

Bild 2: Die Appalachen erstrecken sich von Zentral-Alabama im Süden bis nach Neufundland im Norden. Das große farbig gezeichnete Rechteck umrahmt das in Bild 3 in größerem Maßstab wiedergegebene Gebiet der Südappalachen. Das kleine Rechteck umschließt den Ausschnitt des Gebirges, der auf dem Satellitenphoto (Bild 1) zu sehen ist.

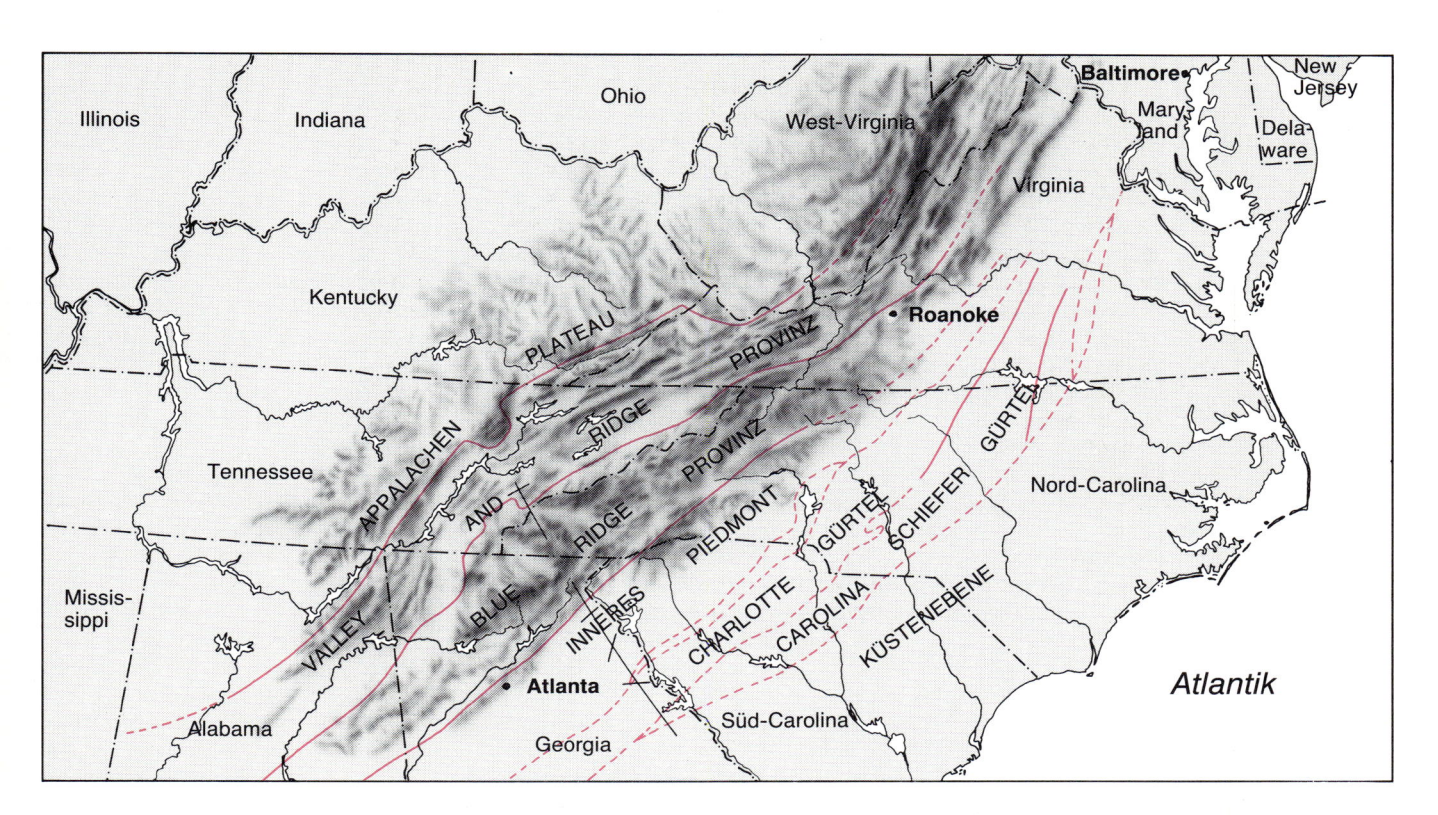

Bild 3: Die Südappalachen setzen sich aus vier großen topographischen Einheiten zusammen, deren Längsachsen von Nordosten nach Südwesten verlaufen. Es sind die Provinzen Valley and Ridge, Blue Ridge und Piedmont (zu der zuletzt genannten gehören das Innere Piedmont, der Charlotte-Gürtel und der Carolina-Schiefer-Gürtel) sowie die Küstenebene (Coastal Plain). Mit Provinzen werden hier Regionen bezeichnet, deren Gesteine dieselbe geschichtliche Entwicklung durchgemacht haben. Ein Gürtel ist ein langgestrecktes Gebiet, dessen Gesteine eine ähnliche Zusammensetzung aufweisen. Das „Consortium for Continental Reflection Profiling" (COCORP) untersuchte den Kontinentalsockel dieses Gebietes entlang der Strecke, die als durchgezogene schwarze Linie in die Karte eingetragen ist. Die farbigen Linien bezeichnen den Verlauf der Aufschiebungen und die Grenzen zwischen Sediment- und Kristallingestein (vergleiche Bild 7).

oder fünf Sekunden sind. Die Sondierungen reichen dann gewöhnlich nur bis in Tiefen zwischen acht und zehn Kilometern. Wellen mit längeren Laufzeiten werden dagegen hauptsächlich in solchen Tiefen reflektiert, die mit den üblichen Methoden der Bohr- und Pumpfördertechnik nicht zu erreichen sind. Das COCORP arbeitet dagegen mit Wellen, die Laufzeiten bis zu zwanzig Sekunden haben und in Tiefen von sechzig oder siebzig Kilometern reflektiert werden.

Unsere Profile wurden nach einem „Vielkanal-Verfahren" aufgenommen, bei dem auf einer Strecke von mehr als 6,5 Kilometern Länge bis zu 2304 Geophone (angeordnet in 96 Gruppen zu je 24 Stück) ausgelegt waren. Die Detektoren sind mit einem Aufzeichnungsgerät verbunden, das auf einem Lastwagen installiert ist. Dort werden die eingehenden Daten digitalisiert und auf ein Magnetband geschrieben.

Als Quelle der akustischen Energie verwendet man heute nur noch selten Sprengstoff. Das COCORP und die meisten Ölgesellschaften arbeiten nach einem nichtexplosiven, „Vibroseis" genannten Verfahren, das die Umwelt schont. Es wurde in den fünfziger Jahren bei der Continental Oil Company entwickelt. Bei einer typischen Profilnahme durch das COCORP senden vier oder fünf auf Lastwagen montierte Vibratoren Signale mit Frequenzen zwischen acht und 32 Hertz in die Erde (Bild 4, oben). Die Vibratoren werden etwa dreißig Sekunden lang eingeschaltet und ihre Frequenz dabei verändert, so daß eine Art „Zwitschern" entsteht. Nach jedem Sendevorgang fahren die Wagen einige Meter weiter, und die Vibratoren geben das nächste Signal. Nach sechzehn Sendestationen, die auf einer Strecke von 122 Metern Länge verteilt sind, fährt ein Wagen 134 Meter zum Anfangspunkt der nächsten Serie von Sendepunkten weiter.

Ziel dieses aufwendigen Verfahrens ist es, möglichst viele Wellen zu registrieren, die am selben Punkt der Erdrinde reflektiert wurden. Die große Datenfülle erlaubt es, bei der Auswertung durch Computer Störgeräusche zu unterdrücken, das reflektierte Signal zu verstärken und die Geschwindigkeit der reflektierten Welle zuverlässig zu schätzen. Aus den Meßwerten, die man bei vielen verschiedenen Plazierungen der Schallquellen und der Sensoren gewinnt, setzt ein Computer schließlich das reflexionsseismische Bild des Kontinentuntergrundes zusammen. Die Methode ähnelt dem medizinischen Verfahren der Computer-Tomographie, bei dem man Röntgenbilder, die aus vielen verschiedenen Richtungen aufgenommen wurden, zusammensetzt, um daraus einen Querschnitt durch das Innere eines lebenden Körpers zu erhalten.

Oft dauert es einige Monate, bis ein reflexionsseismisches Profil aufgenommen und ausgewertet ist. Die Schallquellen und die Geophone „kriechen" mit Geschwindigkeiten zwischen einem und vier Kilometer pro Tag über den Boden und die Ermittlung der geologischen Strukturen des Untergrundes verlangt die Auswertung ungeheuer großer Datenmengen. Um die Daten eines ausgedehnten Profils in den beiden benachbarten Staaten Tennessee und Georgia auszuwerten, mußten wir beispielsweise rund zwei Milliarden Einzeldaten verarbeiten: An 3843 Punkten wurden Schallwellen ausgesandt und die reflektierten Signale mit 96 Geophonen aufgenommen. Die Meßzeit betrug jeweils 50 Sekunden und die „Signaldichte" lag bei 1/0,008 Signale pro Sekunde. Multipliziert man diese vier Zahlen miteinander, so kommt man auf über zwei Milliarden Einzeldaten.

Der Computer sortiert die auf Band gespeicherten Daten, sondert besonders stark gestörte Messungen aus, berechnet die Geschwindigkeiten der Wellen, sammelt alle Signale, die von in derselben Tiefe reflektierten Wellen herrühren, gleicht Entfernungsunterschiede zwischen Schallquellen und Empfängern aus, berücksichtigt den Einfluß der Topographie und der oberflächennahen geologischen Strukturen und überlagert schließlich die kohärenten Signale, die einen gemeinsamen Reflexionspunkt haben (Bild 4, unten). Am Ende entsteht ein seismisches Profil, das sich von einem gewöhnlichen geologischen Profil vor allem darin unterscheidet, daß in vertikaler Richtung nicht die Tiefe in einer Längeneinheit sondern die Laufzeit der Signale aufgetragen ist. Hinzukommt, daß laterale Schwankungen der Schallgeschwindigkeit im Gestein die Geometrie der Reflexion verzerren können.

Um aus einem seismischen Profil ein exaktes geologisches Profil abzuleiten, bedarf es großer Geschicklichkeit und Erfahrung. So erscheinen beispielsweise geneigte Grenzflächen in seismischen Profilen als Reflexionen, die versetzt zu sein scheinen und je steiler eine Fläche, desto größer ist die Versetzung. Daher müssen Reflexionen häufig erst in ihre „richtige" Lage geschoben werden. (Das COCORP-Profil durch die Südappalachen enthielt nur wenige stark geneigte Flächen, so daß diese Korrektur nicht häufig angebracht werden mußte.)

Die Geologie der Südappalachen

Die Appalachen sind mehr als dreitausend Kilometer lang und erstrecken sich von Neufundland im Norden bis nach Zentral-Alabama im Süden. Ihr Südteil ist in verschiedene geologische „Provinzen" und „Gürtel" gegliedert, deren Längsachsen von Nordosten nach Südwesten verlaufen (Bild 3). (Mit Provinzen sind Regionen bezeichnet, deren Gesteine dieselbe geschichtliche Entwicklung durchgemacht haben; Gürtel sind langgestreckte Gebiete, in denen die Gesteine eine ähnliche Zusammensetzung aufweisen.)

Im Nordwesten der Südappalachen liegen die Valley-and-Ridge-Provinz, an die sich im Südosten die Blue-Ridge-Provinz und die Piedmont-Provinz (bestehend aus dem Inneren Piedmont, dem Charlotte-Gürtel und dem Carolina-Schiefer-Gürtel) anschließen. Den Abschluß im Südosten bildet die Küstenebene (Coastal Plain). Die Valley-and-Ridge-Provinz ist aus gefalteten und überschobenen Gesteinsschichten aufgebaut, die vor 600 bis 300 Millionen Jahren entstanden sind und überwiegend aus nichtmetamorphen Sedimentgesteinen bestehen. Wie die Überschiebungen und Falten anzeigen, sind die Schichten in horizontaler Richtung stark zusammengeschoben worden. Lange Zeit rätselte man, ob auch die kristallinen Gesteine des Kontinentsockels der Valley-and-Ridge-Provinz Verformungen aufweisen (in diesem Fall müßte man von Tiefentektonik sprechen) oder ob die Verformung im wesentlichen auf die Sedimentschicht über dem Sockel beschränkt ist (Oberflächentektonik). Mit Hilfe der Reflexionsseismik konnte das Rätsel gelöst werden: Die Verformung ist überwiegend oberflächennah. Die Sedimentschichten scheinen sich in weiten Gebieten vom kristallinen Sockel abgelöst zu haben und westwärts geglitten zu sein. Man könnte sie mit einem welligen Teppich vergleichen, der über einen glatten Parkettboden gerutscht ist.

Eine große nach Südosten einfallende Überschiebungsfläche bildet die Grenze zwischen der Valley-and-Ridge-Provinz und der Blue-Ridge-Provinz. Anders als die Sedimentgesteine der Valley-and-Ridge-Provinz wurden die Gesteine des Blue Ridge im allgemeinen stark metamorphosiert. In beiden Provinzen ist das Gestein allerdings während dreier Phasen der Gebirgsbildung (Orogenesen) deformiert worden: in der taconischen, der akadischen und der alleghenischen Orogenese.

Im Kontinentsockel unter dem Blue Ridge findet man präkambrische Gesteine, die mindestens eine Milliarde Jahre alt sind. Für viele Geologen war dies ein Indiz dafür, daß die Provinz an Ort und Stelle eingewurzelt und damit Bestandteil des Hauptkörpers von Sockelgesteinen sei, der hier die Erdkruste bildet. Zwar ist Sedimentgestein in der Blue-Ridge-Provinz selten, aber dennoch hat man es inzwischen hie und da in sogenannten „Fenstern", das heißt Abschnitten, in denen die metamorphen Gesteine wegerodiert sind und das Material des Untergrundes bloßliegt, angetroffen. Die Fenster liegen meist im westlichen Blue Ridge, so daß die Kristallingesteine des Sockels dort von nicht-metamorphen Sedimenten unterlagert sein müssen. Eines der größten Fenster, das Grandfather-Mountain-Fenster in Nord-Carolina, liegt im östlichen Teil der Blue-Ridge-Provinz. In ihm stehen kambrische Carbonate und Schiefer an, die zeigen, daß auch im Osten der Provinz Sedimente liegen, die nur eine geringe Metamorphose durchgemacht haben.

Im Osten wird die Blue-Ridge-Provinz von der Brevard-Zone, einem schmalen Gürtel mehrfach deformierter Gesteine, begrenzt. Die Brevard-Zone erstreckt sich von Alabama bis Virginia und grenzt ihrerseits im Osten an das Piedmont. Da über die Geschichte und die Art der Deformation in der Brevard-Zone viel diskutiert worden ist, hofften wir, durch unsere Messungen die offenen Fragen beantworten zu können. Einen sehr wichtigen Beitrag leistete Robert D. Hatcher, jr. von der Universität von Süd-Carolina: Er führte die Existenz von Sedimentgesteinen mit einem ungewöhnlich niedrigen Metamorphosegrad darauf zurück, daß tief unter der Oberfläche in der Brevard-Zone Sedimentgestein liegen müsse, das durch Verwerfung an die Oberfläche gelangt. Wenn dies richtig ist, sollte auch die Blue-Ridge-Provinz zumindest in ihrem östlichen Teil von einer Sedimentschicht unterlagert sein.

Südöstlich der Brevard-Zone liegt das Innere Piedmont. Hier dominiert hochgradig metamorphes Gestein, in das Magmenkörper wie der Stone-Mountain-Granit und der Elberton-Granit, eingedrungen sind. Üblicherweise betrachtet man das Piedmont als den „metamorphen Kern" der Südappalachen. Da ein großer Teil des metamorphen Materials aus Sedimentgesteinen hervorgegangen zu sein scheint, die sehr stark deformiert wurden, glaubten die Geologen, das Piedmont müsse vertikal angehoben

Bild 4: Bei der reflexionsseismischen Meßmethode nutzt man aus, daß sich Schallwellen in Gesteinsschichten unterschiedlicher Dichte verschieden schnell ausbreiten und an Grenzflächen reflektiert werden. In der oberen Bildhälfte ist dargestellt, wie ein reflexionsseismisches Profil des Untergrundes aufgenommen wird: Auf Lastwagen montierte Vibratoren senden niederfrequente Schallwellen in den Boden, die an einer Grenzfläche (Grenze zwischen den hell- und dunkelgrauen Flächen) teilweise reflektiert und von mehreren Detektoren, sogenannten Geophonen, empfangen werden. Die Geophone geben ihre Signale an ein Aufzeichnungsgerät, das sich in einem zweiten Lastwagen befindet. Nach jeder etwa dreißig Sekunden dauernden Sendeperiode fährt der Wagen mit der Schallquelle ein paar Meter weiter. Der dicke schwarze Pfeil im oberen Teilbild und die roten Pfeile in den beiden Teilbildern darunter zeigen den Weg von Schallwellen, die jeweils am selben Punkt (P) der Schichtgrenze reflektiert werden. Im unteren Teil des Bildes sind die neun wichtigsten Stationen der Datenverarbeitung schematisch wiedergegeben. Zunächst werden die Signale auf dem Bildschirm dargestellt (1) und verrauschte Messungen eliminiert (2). Danach sammelt man alle Signale, die von Wellen herrühren, welche am selben Punkt der Grenzfläche reflektiert wurden (3). Im weiteren Schritt werden phasengleiche Störungen mit großen Amplituden unterdrückt (4). Bevor man danach die zusammengehörenden Signale addiert (6), muß man sie „in Phase" bringen, das heißt, die auf dem Bildschirm sichtbaren Linien auf gleiche Höhe stellen (5). Im siebten Schritt wird die Amplitude des Summensignals verkleinert (7). Schließlich stellt man alle so verarbeiteten Signale gleichzeitig auf dem Bildschirm dar (8) und beginnt mit der Interpretation (9).

| Vibrator | Geophon | Aufzeichnungsgerät |

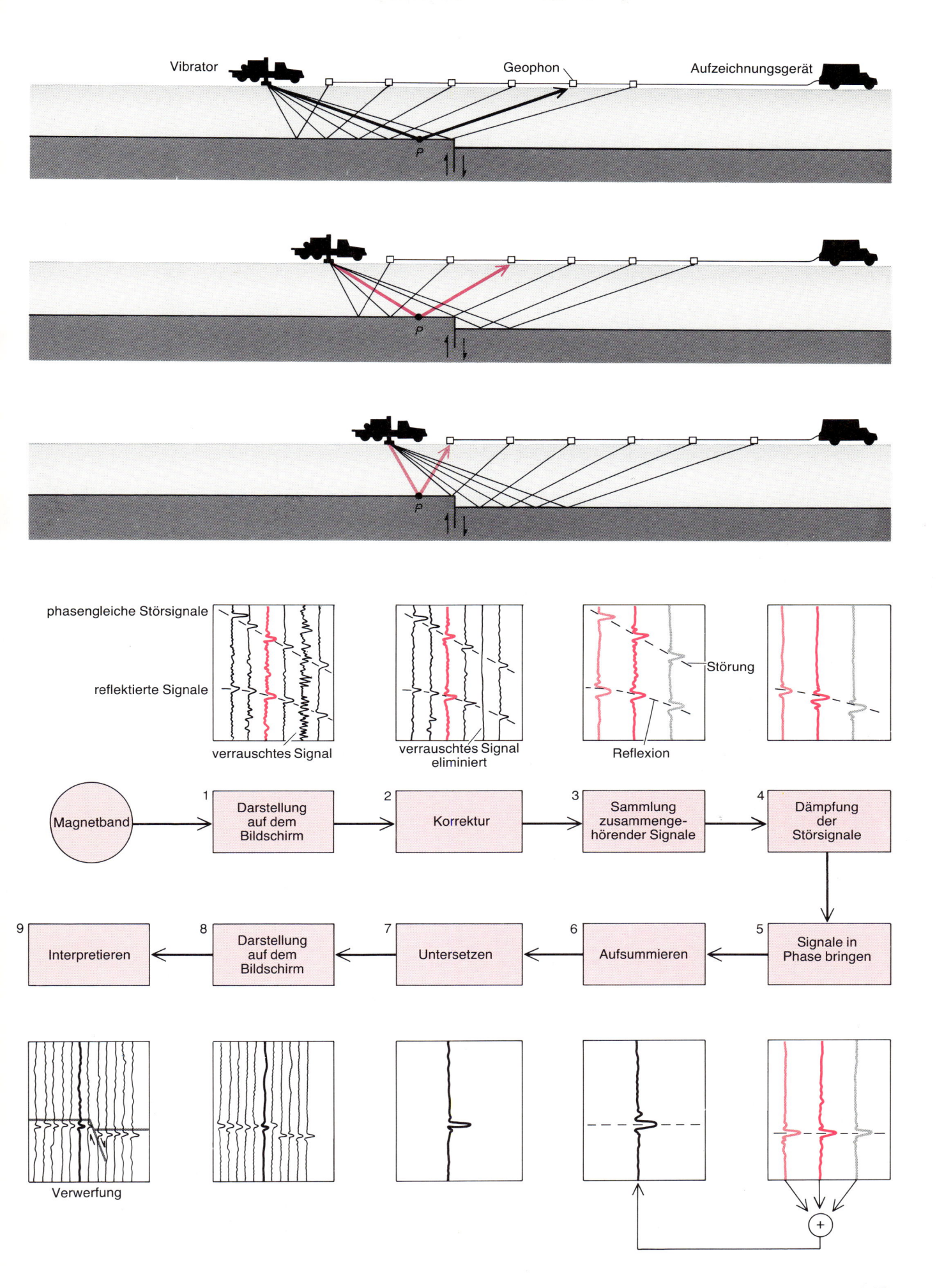

phasengleiche Störsignale
reflektierte Signale
verrauschtes Signal
verrauschtes Signal eliminiert
Störung
Reflexion

Magnetband → 1 Darstellung auf dem Bildschirm → 2 Korrektur → 3 Sammlung zusammengehörender Signale → 4 Dämpfung der Störsignale

9 Interpretieren ← 8 Darstellung auf dem Bildschirm ← 7 Untersetzen ← 6 Aufsummieren ← 5 Signale in Phase bringen

Verwerfung

163

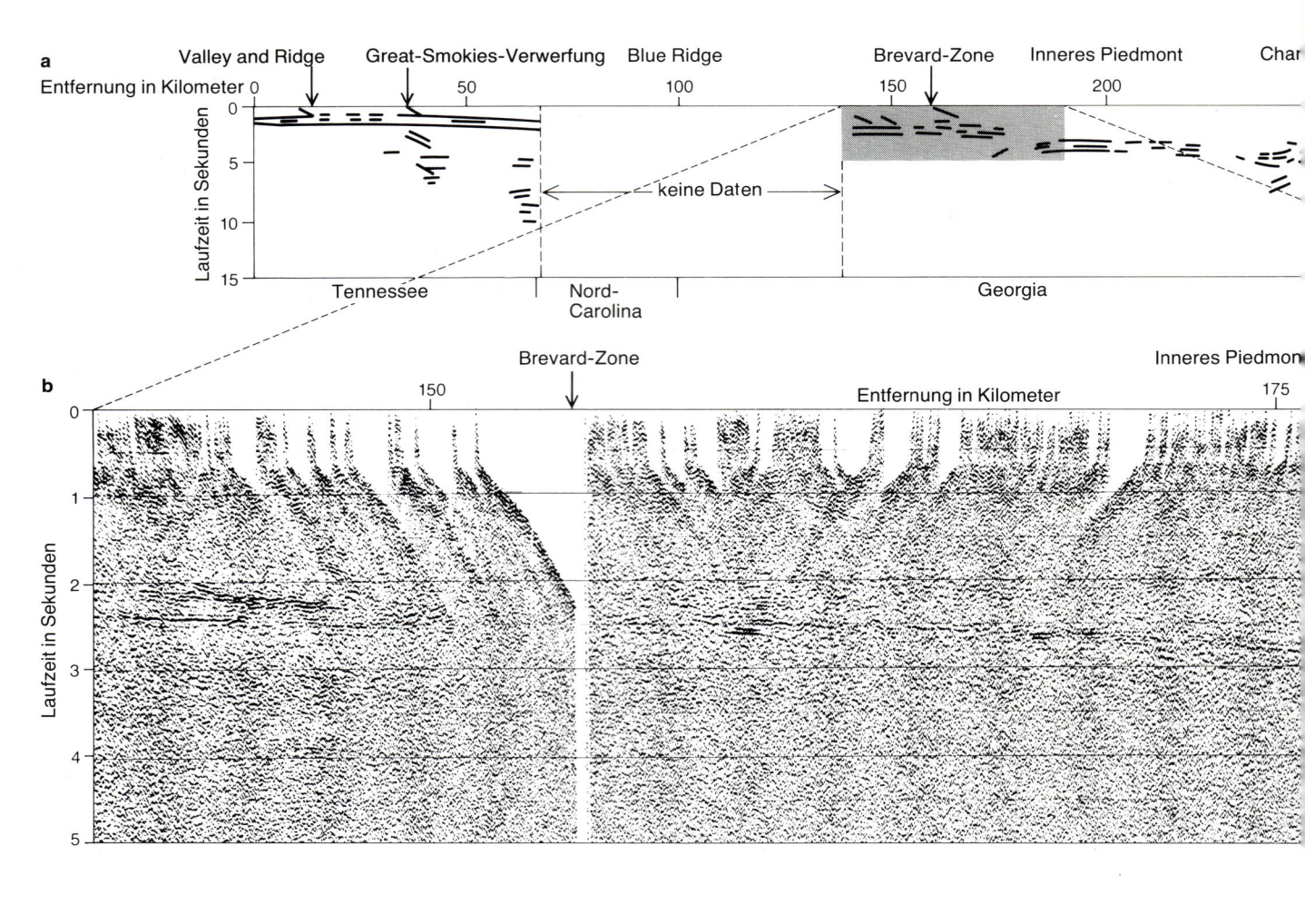

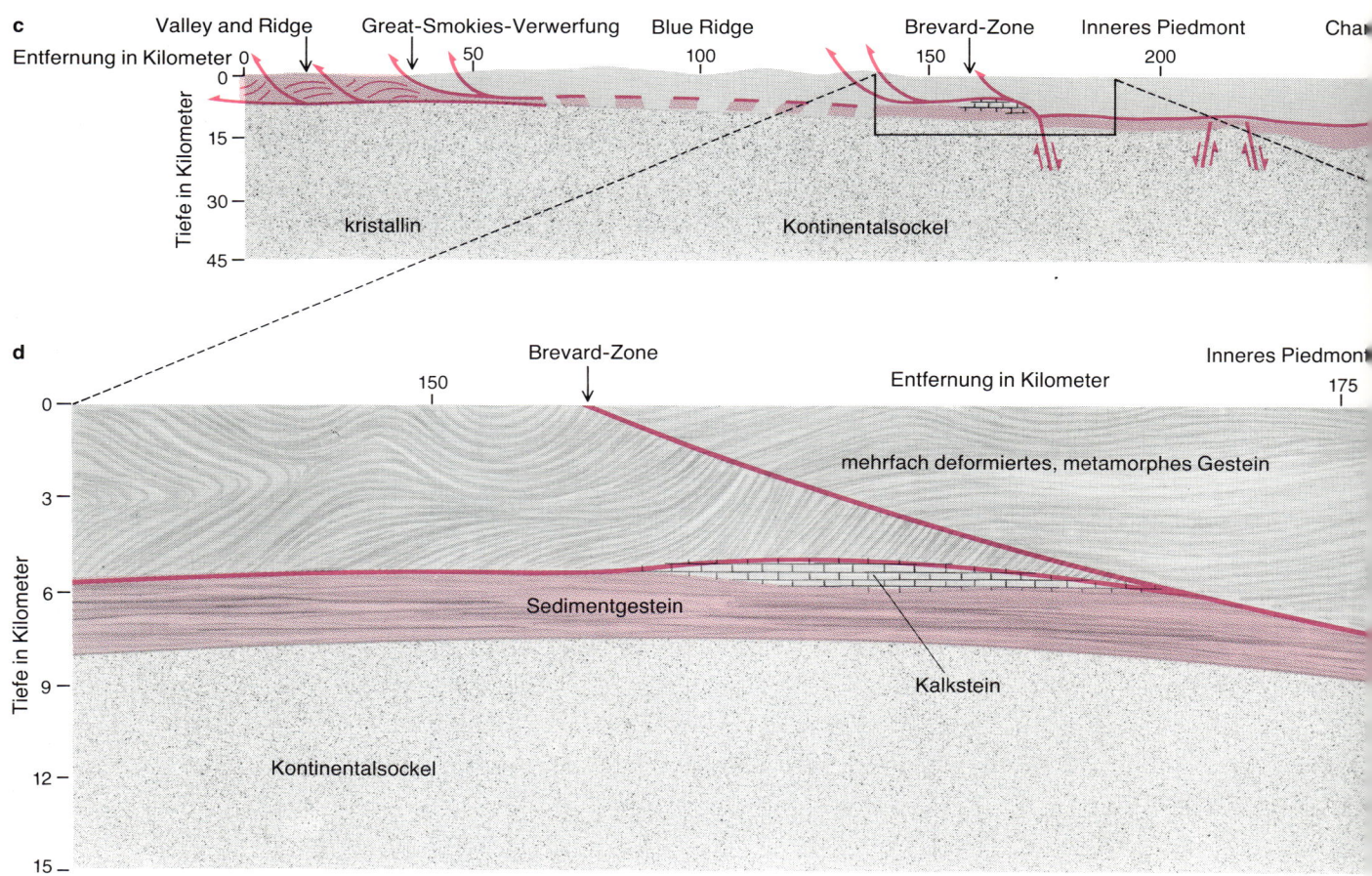

a Valley and Ridge   Great-Smokies-Verwerfung   Blue Ridge   Brevard-Zone   Inneres Piedmont   Char

Entfernung in Kilometer

Laufzeit in Sekunden

keine Daten

Tennessee   Nord-Carolina   Georgia

b Brevard-Zone   Inneres Piedmont

Entfernung in Kilometer

Laufzeit in Sekunden

c Valley and Ridge   Great-Smokies-Verwerfung   Blue Ridge   Brevard-Zone   Inneres Piedmont   Char

Entfernung in Kilometer

Tiefe in Kilometer

kristallin   Kontinentalsockel

d Brevard-Zone   Inneres Piedmont

Entfernung in Kilometer

Tiefe in Kilometer

mehrfach deformiertes, metamorphes Gestein

Sedimentgestein

Kalkstein

Kontinentalsockel

164

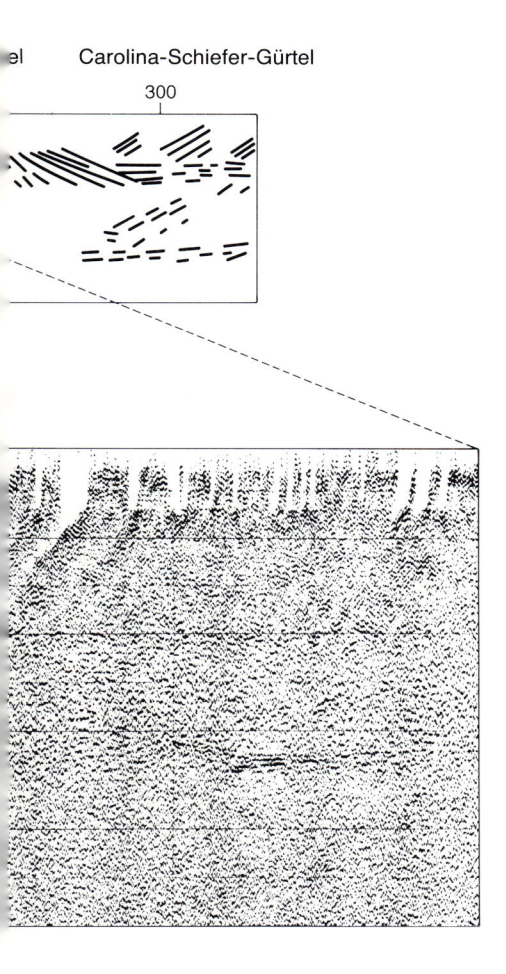

worden sein und die Verformung habe sich in westlicher Richtung bis in die Blue-Ridge- und die Valley-and-Ridge-Provinz fortgesetzt. Die Resultate der neuen reflexionsseismischen Messungen zeichnen jedoch ein völlig anderes Bild.

Im Südosten wird das Innere Piedmont vom Kings-Mountain-Gürtel flankiert. Dabei handelt es sich um ein schmales Band metamorpher Sediment- und Eruptivgesteine, von denen einige die Reste eines sich schließenden Ozeans oder eines geologischen Beckens am Rande des Kontinents sein könnten. Die Hauptfalten des Mountain-Gürtels und die Falten des sich im Südosten anschließenden Gebietes erstrecken sich ähnlich wie die Falten im Inneren Piedmont und in der Blue-Ridge-Provinz von Südosten nach Nordwesten. Der Gürtel trägt die Male aus mindestens zwei Verformungsperioden, von denen eine wahrscheinlich 450, die andere etwa 350 Millionen Jahre zurückliegt.

Das südöstliche Piedmont gliedert sich in den Charlotte-Gürtel, der aus metamorphem sedimentärem Gestein besteht, und den Carolina-Schiefer-Gürtel, der in erster Linie metamorphes Gestein vulkanischen Ursprungs enthält. Der Carolina-Schiefer-Gürtel scheint der Rest eines Vulkanbogens zu sein, den man mit den Bögen aus heute noch aktiven Vulkanen vergleichen könnte, wie sie im Westpazifik vorkommen. Der Vulkanismus setzte hier vermutlich vor 700 bis 650 Millionen Jahren ein und dauerte bis zum Ende des Kambriums, also bis vor ungefähr 500 Millionen Jahren.

Die Küstenebene südöstlich des Piedmonts besteht aus einer Folge junger Sedimente (jünger als 200 Millionen Jahre), die auf einem Sockel von Kristallingestein liegen. Bei Bohrungen, die bis in diesen Sockel reichten, kamen metamorphes Sediment- und metamorphes Vulkangestein zutage, die dem sedimentären Gestein im Inneren Piedmont sowie den Vulkaniten des Carolina-Schiefer-Gürtels ähneln. Möglicherweise ragen also die dort nachgewiesenen Schichten aus metamorphen Gesteinen weit in den Sockel der Küstenebene hinein.

Das Gegenstück der Appalachen in Westafrika

Nach der Theorie der Plattentektonik waren die Kontinente, die heute den Atlantik begrenzen, einmal wie die Teile eines Puzzle-Spiels zu einer riesigen Landmasse zusammengefügt. Vor etwa 200 Millionen Jahren begannen die Teile des „Puzzles" auseinanderzudriften: Nordamerika löste sich von seinen Nachbarn Europa, Südamerika und Afrika (siehe auch den Beitrag „Die Geschichte des Atlantik"). Um die Entwicklung der Appalachen zu rekonstruieren und den Aufbau des Gebirges zu verstehen, kann man daher auch geologische Befunde aus Europa und Afrika heranziehen. (Die meisten Geowissenschaftler gehen davon aus, daß im Karbon, also vor der Öffnung des Atlantik, Westafrika an das südliche Nordamerika grenzte. Demgegenüber kam kürzlich Edward Irving vom kanadischen Ministerium für Energie, Bergbau und Bodenschätze anhand paläomagnetischer Daten zu dem Schluß, daß nicht Westafrika sondern das nördliche Südamerika einmal unmittelbar an den südöstlichen Teil des nordamerikanischen Kontinents grenzte. Wie dem auch sei, sowohl Westafrika als auch das nördliche Südamerika besitzen Falten- und Überschiebungsgürtel, die vermutlich in der gleichen Phase der Gebirgsbildung im Karbon entstanden sind wie die Appalachen.)

Bei einem Schnitt durch die mauretanische Gebirgskette (die Mauretaniden) in Westafrika beobachtet man eine ähnliche Folge von Gürteln, wie wir sie von den Appalachen kennen. Die östlichen Mauretaniden bestehen aus nicht metamorphen sedimentären Schichten, auf denen zum Teil metamorphes Gestein liegt, das von Westen her aufgeschoben wurde. Nach Westen zu folgen

Bild 5: Das „Consortium for Continental Reflection Profiling" hat ein über 300 Kilometer langes reflexionsseismisches Profil des Kontinentalsockels im Gebiet der Südappalachen aufgenommen. Die Meßreihe beginnt in der Ridge-and-Valley-Provinz und verläuft in südwestlicher Richtung bis zum Carolina-Schiefer-Gürtel (vergleiche Bild 3). Im oberen Teilbild (a) sind die Messungen schematisch wiedergegeben; das zweite (b) ist eine Photographie des Meßschriebes im Bereich der Brevard-Zone, eines engen Gürtels mehrfach deformierter Gesteine, der die Grenze zwischen der Blue-Ridge-Provinz und dem Inneren Piedmont bildet. In beiden Fällen ist auf der waagerechten Achse die Entfernung in Kilometern angegeben. (Skizze a enthält außerdem die geologischen Provinzen und andere wichtige Strukturen sowie die Grenzen der Bundesstaaten.) Auf der senkrechten Achse ist die Zeit aufgetragen, in der die Schallwellen den Weg vom Sender zur reflektierenden Schicht und von dort zum Empfänger zurücklegen. Die Teilbilder c und d enthalten eine Interpretation der Messungen: Kristalline Gesteine – sie sind überwiegend kontinentalen Ursprungs – sind grau gezeichnet, gefaltete metamorphe Gesteine in der Nähe der Oberfläche sind als graue Flächen mit gewellten Linien dargestellt und die hell gefärbten Flächen bezeichnen Sedimentschichten. Die aus dem reflexionsseismischen Profil abgeleiteten Überschiebungsflächen sind in dunkler Farbe gezeichnet und mit jeweils zwei Halbpfeilen versehen, die die Relativbewegung des Gesteins anzeigen.

1 vor mehr als 650 Millionen Jahren

Proto-Nordamerika (PNA)

Proto-Afrika (PA)

Piedmont (Pied)   Carolina-Schiefer-Gürtel (CSG)

2 vor 650–600 Millionen Jahren

PNA   Pied   CSG

3 vor 550–500 Millionen Jahren

PNA   Pied   CSG

4 vor 500–450 Millionen Jahren

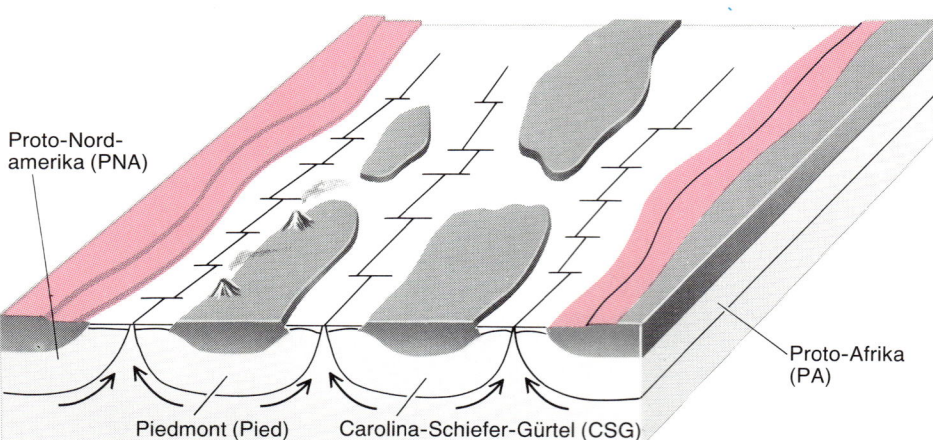

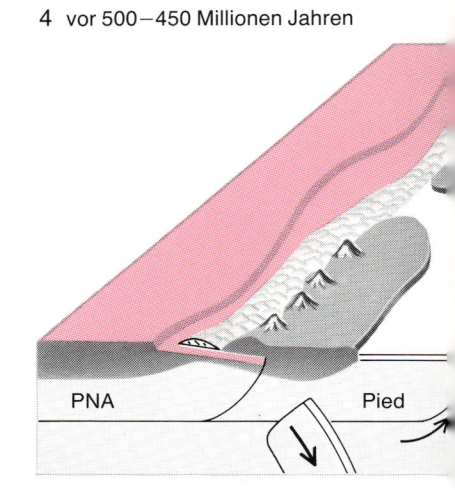

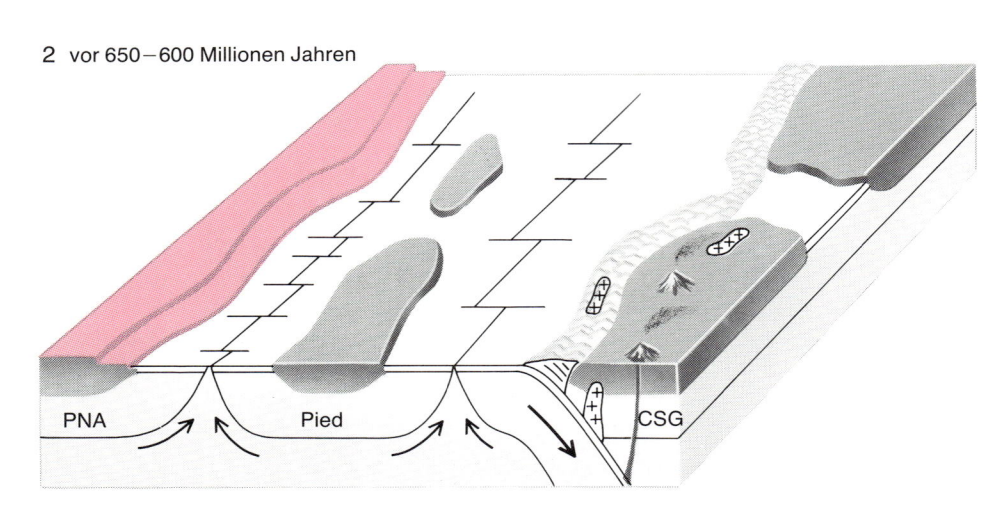

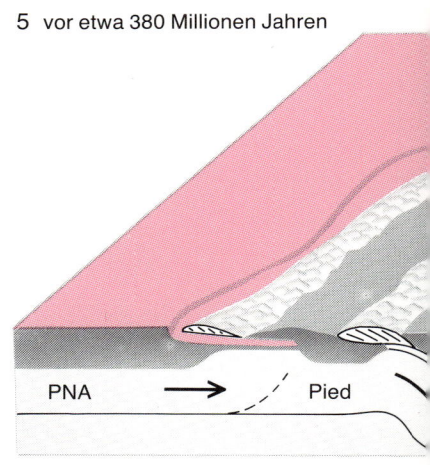

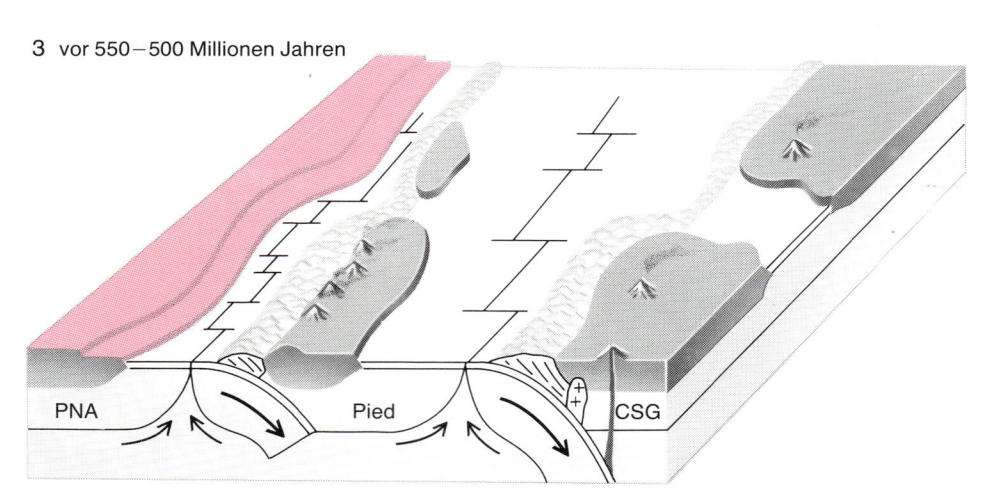

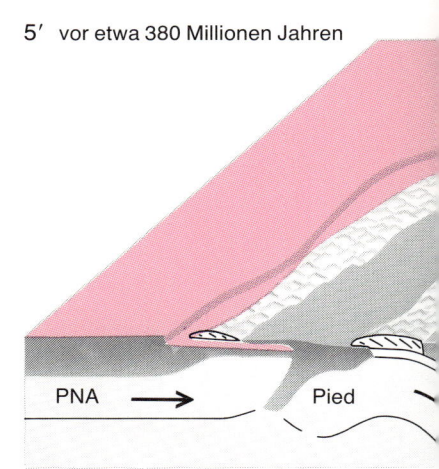

PNA   Pied

5 vor etwa 380 Millionen Jahren

PNA   Pied

5' vor etwa 380 Millionen Jahren

PNA   Pied

Bild 6: Die tektonische Geschichte der Südappalachen ist hier als Folge von neun Blockbildern dargestellt. In allen Bildern bedeuten dunkelgraue Flächen kontinentales Krustenmaterial, weiße Flächen ozeanische Kruste und Flächen mit heller Farbe Sedimentgesteine des Kontinentalschelfs. Abgescherte Sedimente sind „wolkig" gezeichnet, Granitintrusionen als Kreuze dargestellt. Nach der Plattentektonik besteht die Erdrinde aus wenigen, etwa 100 Kilometer dicken, starren Platten, die zusammenstoßen, auseinanderdriften oder aneinander vorbei gleiten können. Bei der Kollision zweier Platten kann eine unter die andere gezogen, subdiziert werden und in den oberen Erdmantel eintauchen. Ein Gebiet, in dem ein solcher Prozeß stattfindet, bezeichnet man als Subduktionszone. Es ist durch einen Trog im Meeresboden charakterisiert. Wie sich bei einer Subduktion das Oberflächengestein eines Kontinents aufwölbt, kann man am Beispiel Nordamerikas und der südlichen Appalachen verfolgen. In der tektonischen Geschichte der Appalachen unterscheidet man drei Phasen: die taconische, die akadische und die alleghenische. Vor ungefähr 650 Millionen Jahren, gegen Ende des Präkambriums (1), zerbrach die damals existierende riesige Landmasse in zwei große kontinentale Platten (Laurentia oder Proto-Nordamerika und Gondwana oder Proto-Afrika mit Proto-Südamerika) und in mehrere kleine Bruchstücke, zu denen auch das Inneres-Piedmont/Blue-Ridge-Fragment (Pied) und das Bruchstück des Carolina-Schiefer-Gürtels (CSG) gehörten (1). Als Folge der Subduktion kam es im Carolina-Schiefer-Gürtel vermutlich

6 vor etwa 330 Millionen Jahren

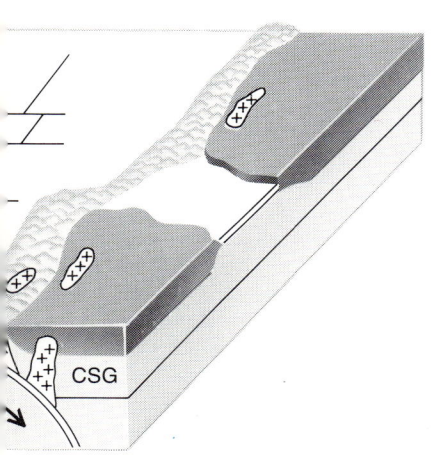

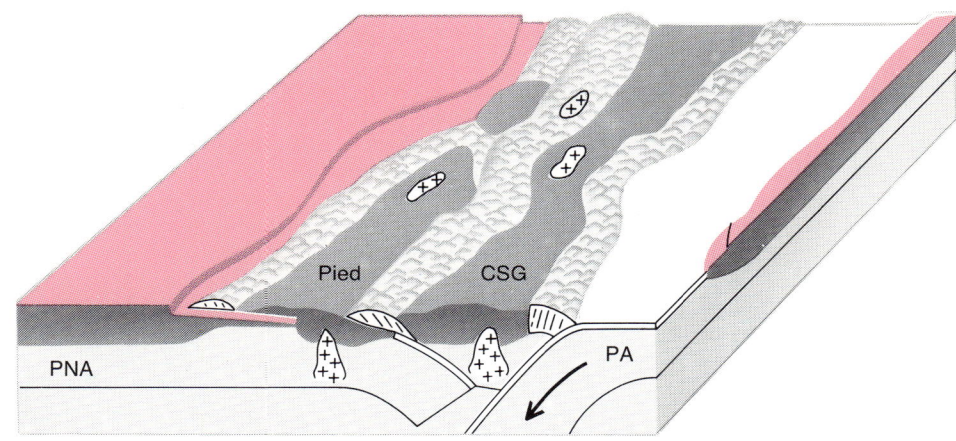

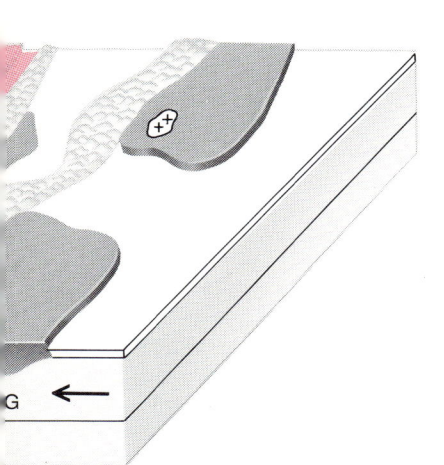

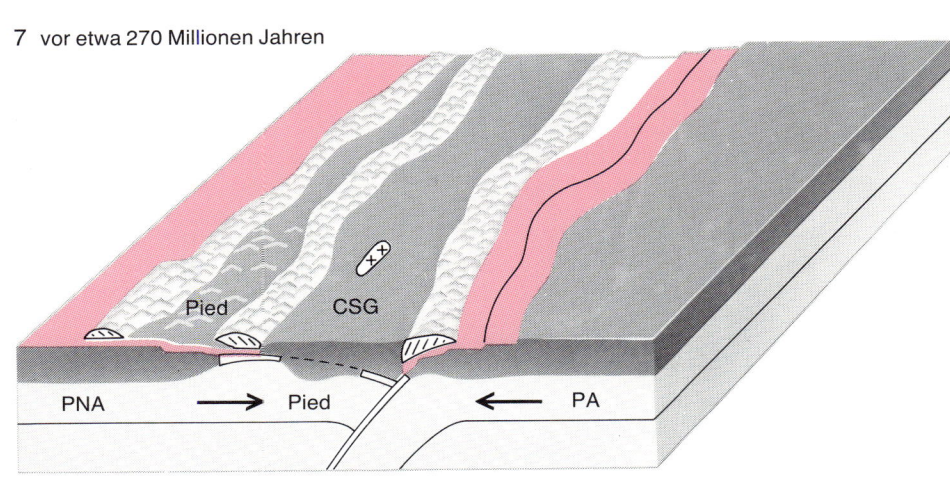

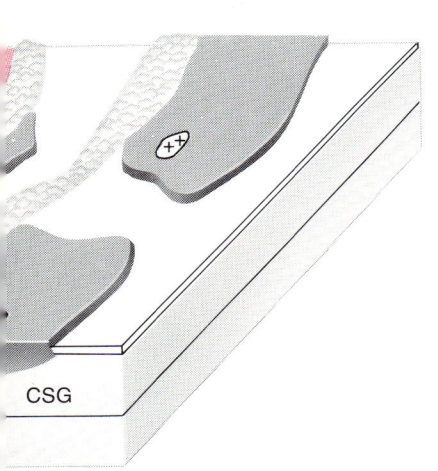

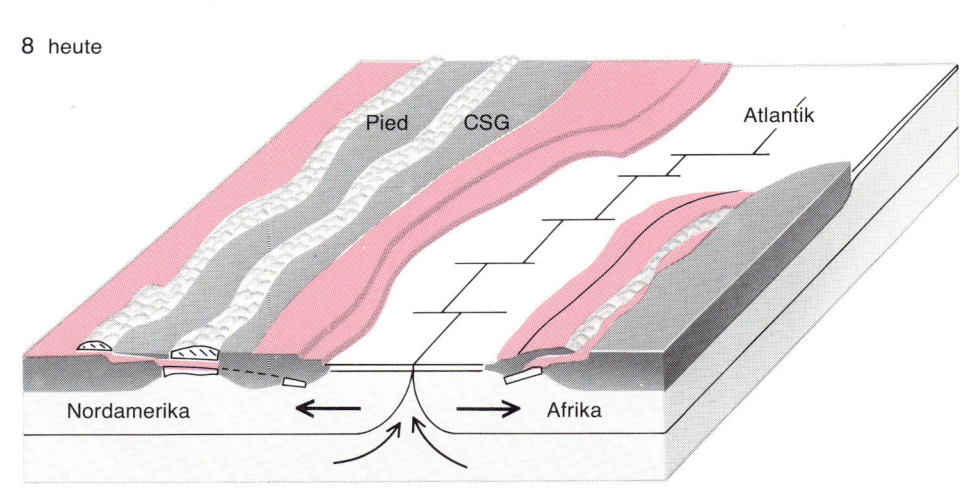

7 vor etwa 270 Millionen Jahren

8 heute

vor 625 Millionen Jahren zum ersten Mal zu Vulkanausbrüchen (2); die vulkanische Aktivität ebbte ungefähr 125 Millionen Jahre später wieder ab. Die erste Phase der Gebirgsbildung (vor 500 bis 450 Millionen Jahren) ist wahrscheinlich auf das Schließen des Ozeanbeckens zwischen Proto-Nordamerika und dem Piedmont zurückzuführen (3, 4). In dieser Zeit begannen sich dünne Platten übereinander zu schieben – ein Vorgang, der sich auf zwei mögliche Ursachen zurückführen läßt: Einmal könnte der Untergrund des Piedmont nach Osten subduziert worden sein (4, 5), wobei sich die obere zehn bis fünfzehn Kilometer dicke Schicht abgeschält hat. Der Untergrund des Inneren Piedmont und des Blue Ridge kann aber auch nach Westen unter den nordamerikanischen Kontinent gezogen worden sein (5'), während sich die Überschiebungsdecke aus dem oberen Teil dieses Kontinentfragments gebildet hat. Vor 400 Millionen Jahren begann sich das Ozeanbecken zwischen dem Inneren Piedmont und dem Carolina-Schiefer-Gürtel zu schließen (5, 6). In der etwa 50 Millionen Jahre dauernden Phase setzte sich die Überschiebung des Piedmont auf den amerikanischen Kontinent fort. Diese zweite Phase der Gebirgsbildung bezeichnet man als akadische Phase. Die jüngsten Abschnitte der Appalachen entstanden in der alleghenischen Phase, vor etwa 270 Millionen Jahren. In dieser Zeit wurden Proto-Amerika und Proto-Afrika zusammengeschoben (7). Etwa 70 Millionen Jahre später begann sich der Atlantik zu öffnen. Damit war die Gebirgsbildung im Osten Nordamerikas abgeschlossen.

ältere, hochgradig metamorphe Gesteine, die denen des Piedmont ähneln. Den Abschluß im Westen bildet eine Küstenebene aus horizontalen Schichten junger Sedimentgesteine. Wie man aus dem geologischen Aufbau dieses Gebietes ableiten kann, liegt zwischen der Phase einer leichten Deformation vor etwa 550 Millionen Jahren und dem Beginn der Kontinentaldrift eine Periode der Metamorphose und Überschiebung. Wahrscheinlich fällt sie mit der alleghenischen Phase der Gebirgsbildung zusammen. Im weitesten Sinn kann man daher die Mauretaniden als das Spiegelbild der Appalachen bezeichnen.

Das reflexionsseismische Profil der Südappalachen

Das COCORP untersuchte die Appalachen in Tennessee, Nord-Carolina und Georgia. (Die Meßergebnisse und ihre Interpretation sind in den Bildern 5 und 7 zusammengefaßt.) Unsere ersten Messungen lagen im Städtedreieck Knoxville (in Tennessee), Augusta und Atlanta (beide in Georgia). Die bedeutendste Entdeckung war eine nach Südosten einfallende reflektierende Schicht in Tiefen zwischen vier und zehn Kilometern, die sich von der Valley-and-Ridge-Provinz unter dem Blue Ridge bis unter das Innere Piedmont erstreckt.

Obwohl man sich mehrere Gesteinstypen und -konfigurationen vorstellen kann, die zu einem reflexionsseismischen Profil führen, wie wir es gemessen haben, glauben wir, daß die reflektierende Schicht aus Sedimentgestein besteht. Dafür gibt es vier Anhaltspunkte: Erstens, die reflektierende Schicht unter der Blue-Ridge-Provinz und dem Inneren Piedmont läßt sich bis zu einer ähnlichen Schicht in der Valley-and-Ridge-Provinz verfolgen, von der man weiß, daß sie sedimentär ist. (In der Tat ähneln auch Teile des reflexionsseismischen Profils aus der Blue-ridge-Provinz und dem Piedmont sehr stark dem Profil aus der Valley-and-Ridge-Provinz.) Zum zweiten zeigt die Existenz von Sedimenten in den erwähnten tektonischen Fenstern der Blue-Ridge-Provinz, daß dort offensichtlich Kristallingesteine Sedimente überlagern. Drittens ist das Vorkommen von ungewöhnlichen Carbonatgesteinen in der Brevard-Zone wahrscheinlich darauf zurückzuführen, daß diese Gesteine an den Rändern der Verwerfung von den unterlagernden Sedimenten abgehobelt worden sind. Schließlich spricht auch die Ähnlichkeit des COCORP-Profils mit reflexionsseismischen Profilen von heutigen Kontinentalrändern, die selbstverständlich aus Sedimentmaterial bestehen, für unsere Interpretation.

H. Clark und seine Mitarbeiter vom Virginia Polytechnic Institute haben einen kleineren Abschnitt der Appalachen in Nord-Carolina, etwa hundert Kilometer nördlich unseres Untersuchungsgebietes, ebenfalls mit reflexionsseismischen Methoden erforscht. Wie ihre Studie zeigt, liegen auch in diesem Bereich des Blue Ridge horizontale Sedimentschichten. Vermutlich unterlagern solche Schichten weite Teile der Südappalachen. Schließlich haben Leonard Harris und Ken Bayer vom U. S. Geological Survey unlängst an Hand reflexionsseismischer Profile auch in Nord-Carolina Sedimentschichten nachgewiesen, die von der Valley-and-Ridge-Provinz ausgehen, sich unter der Blue-Ridge-Provinz erstrecken und bis unter das Piedmont reichen.

Daß Kristallingesteine auf Sedimenten lagern, läßt sich verstehen, wenn man annimmt, daß das Sedimentgestein entlang einer horizontalen, unter der Oberfläche liegenden Überschiebungsbahn von den Kristallingesteinen überschoben worden ist. Die Brevard-Störung ist vermutlich eine Überschiebung, die von der Hauptüberschiebung abgeschert oder abgebrochen ist. Auch andere Störungen in dieser Gegend könnten auf Abscherungen zurückzuführen sein.

Es gelang uns, die horizontal gelagerten Reflektoren (Grenzflächen) bis unter den Inneren Piedmont und unter den Charlotte-Gürtel nachzuweisen. Da sie den Reflektoren in der Kruste unter der Blue-Ridge-Provinz ähneln und seitlich in jene übergehen, nehmen wir an, daß die Sedimentlagen von der Valley-and-Ridge-Provinz bis zum Charlotte-Gürtel durchgehen. Über weite Strecken des Profils unterscheiden sich die einzelnen reflektierten Signale kaum voneinander. Lediglich etwa 250 bis 300 Kilometer vom nordwestlichen Endpunkt unseres Profils entfernt weisen sie eine charakteristische Besonderheit auf: Hier, unter dem Charlotte-Gürtel, liegt eine Folge nach Osten einfallender, paralleler Schichten, ähnlich wie man sie häufig in den Ablagerungen auf einer Kontinentalböschung antrifft. Im ganzen restlichen Teil des Profils bildet das Sedimentgestein dagegen dünne, horizontal verlaufende Bänder. Über den geneigten Sedimentschichten findet man an der Oberfläche Elberton-Granit − einen großen Körper magmatischer Gesteine, der in die Kruste eingedrungen ist.

Eine zweite deutlich abgegrenzte Folge paralleler Schichten liegt unter den gefalteten, metamorphen Gesteinen im Osten des Charlotte-Gürtels. Im Gegensatz zur ersten Schichtfolge verlaufen die Schichten hier horizontal. Der Keil aus nach Osten abfallenden reflektierenden Schichten unter dem Elberton-Granit und dem Charlotte-Gürtel sowie die eben erwähnten horizontalen Schichten lassen vermuten, daß in Tiefen zwischen zwölf und achtzehn Kilometern eine mächtige Folge von geschichtetem Gestein existiert.

Auch am südöstlichen Ende unseres Profils weisen die Signale auf eine geologische Besonderheit hin. Wir registrierten hier Signallaufzeiten zwischen 10,5 und elf Sekunden, was Tiefen zwischen 30 und 33 Kilometern entspricht. Bei dieser horizontalen Unstetigkeitsfläche könnte es sich um die bekannte Mohorovičić-Diskontinuität (kurz Moho genannt) handeln, an der die Kruste in den Mantel übergeht. Im nordwestlichen, über 200 Kilometer langen Abschnitt des Profils hatten wir an keiner Stelle Reflexionen an der Moho oder an noch tiefer liegenden Diskontinuitäten registriert. Aus anderen seismischen Messungen geht hervor, daß die Kruste im Inneren Piedmont und in der Blue-Ridge-Provinz zwischen 40 und 45 Kilometer dick ist.

Über der Moho im südwestlichen Abschnitt des Profils findet man höchst interessante, nach Westen abfallende reflektierende Flächen. Diese Flächen könnten eine Störungszone darstellen, Teile einer Subduktionszone sein oder zu einer noch älteren geologischen Struktur gehören, die nichts mit den Appalachen zu tun hat. Ohne eine Erweiterung des reflexionsseismischen Profils nach Osten lassen sich diese Befunde allerdings nur schwer interpretieren.

Ebensowenig wissen wir, warum die reflektierenden Flächen beim Übergang vom Inneren Piedmont zum Charlotte-Gürtel ihre Lage ändern. Eine Erklärung könnte sein, daß sich im Gebiet der nach Osten einfallenden Flächen unter dem Charlotte-Gürtel die Haupt-Überschiebung versteilt und tief in die Kruste eintaucht. Weil sich dann aber die horizontalen reflektierenden Flächen im Südosten, unter dem Carolina-Schiefer-Gürtel, nur schwer erklären lassen, bevorzugen wir eine andere Interpretation. Wir meinen, daß die horizontalen Flächen unter dem Carolina-Schiefer-Gürtel sowie der breite Abschnitt nach Osten einfallender Flächen unter dem Charlotte-Gürtel aus Sedimentgesteinen bestehen, die zu einem Kontinentalrand beziehungsweise zu einer kontinentalen Schelfkante gehören, die heute unter einer überschobenen Decke begraben sind. Da diese Sedimentgesteine ziemlich tief liegen, sind sie vermutlich metamorph.

Mit dieser Hypothese wird auch verständlich, warum die Mohorovičić-Diskontinuität im Südosten weniger tief liegt als im Nordwesten: Längs des Profils vollzieht sich der Übergang von kontinentaler Kruste im Westen zu ehemali-

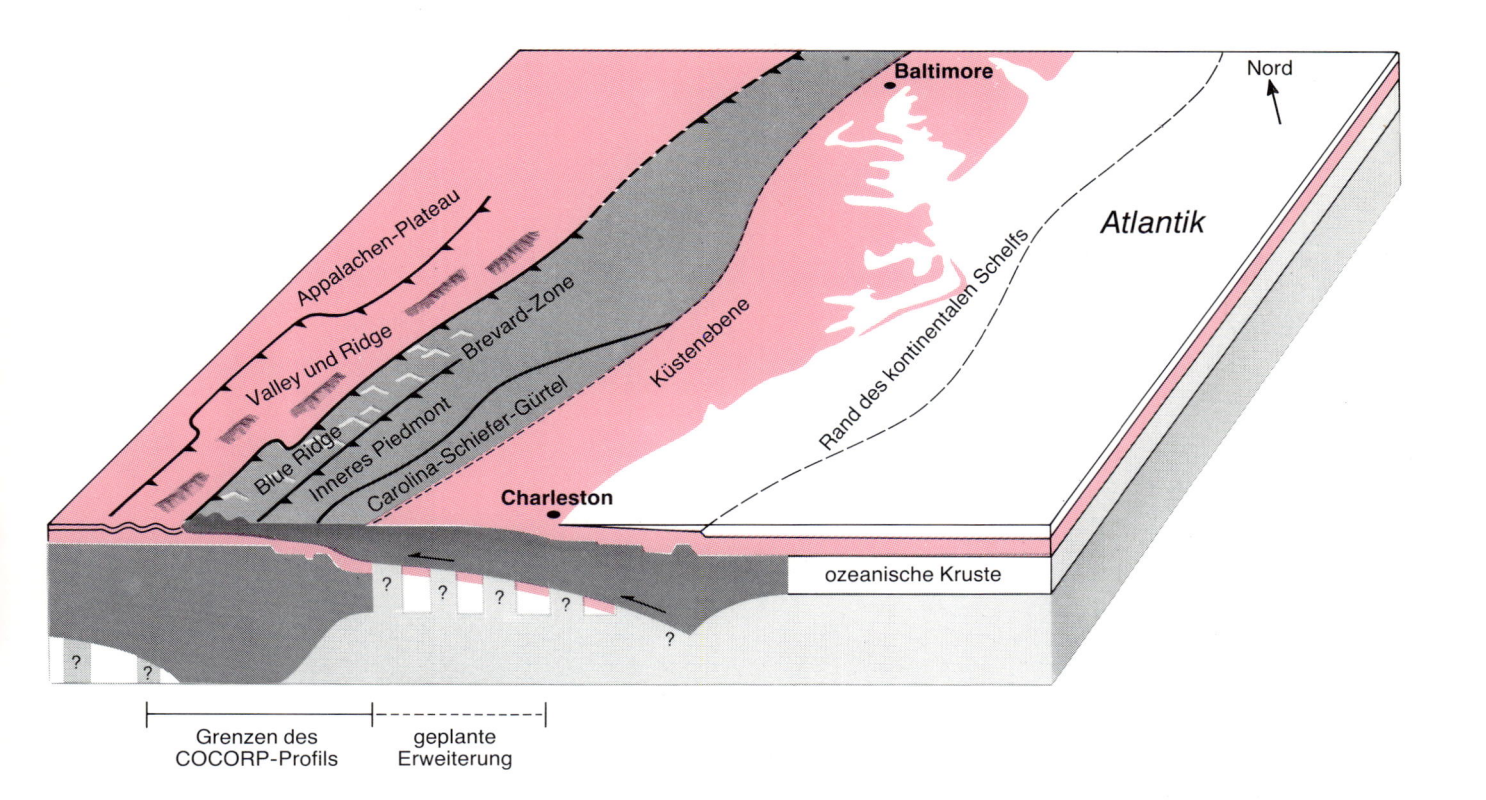

Bild 7: Wie sich aus der Geologie des Untergrundes im Bereich der südlichen Appalachen ableiten läßt, schob sich auf den Kontinentalschelf im Osten des nordamerikanischen Kontinents eine dünne, nahezu horizontal liegende Schicht kristallinen Gesteins. (Kristallingesteine überwiegend kontinentalen Ursprungs sind dunkelgrau, sedimentäre Schichten farbig und basaltische ozeanische Kruste weiß gezeichnet.) Der Überschiebungsprozeß läßt sich in drei Abschnitte unterteilen, deren erster vor 500 Millionen Jahren begann und deren letzter vor 250 Millionen Jahren zu Ende ging. Danach bildete sich ein neuer Schelf am Ostrand des Kontinents. Am unteren Bildrand ist angedeutet, in welchem Abschnitt das COCORP reflexionsseismische Messungen durchgeführt hat und wie das Profil fortgesetzt werden soll.

ger ozeanischer Kruste oder ausgedünnter kontinentaler Kruste im Osten. Wenn dem so ist, müßten die verformten Gesteine des Charlotte-Gürtels und des Carolina-Schiefer-Gürtels ebenso wie die der Blue-Ridge-Provinz und des Inneren Piedmont über einen Stapel von Sedimentgesteinen geschoben worden sein. Ob sich die Überschiebung auch noch weiter östlich beobachten läßt – dies wäre nach unserer Deutung zu erwarten –, werden die im Augenblick laufenden Messungen zeigen.

Wenn die Reflexionen unter dem Charlotte- und dem Carolina-Schiefer-Gürtel wirklich auf sedimentäres oder metamorphes sedimentäres Gestein zurückzuführen sind, müssen die hochgradig metamorphen und stark verformten Gesteine der Blue-Ridge-Provinz vor der Überschiebung weit von ihrer gegenwärtigen Position entfernt gelegen haben. Da sie vermutlich noch östlich der heutigen Position des Carolina-Schiefer-Gürtels und damit jenseits des südöstlichen Endpunktes unseres Profils lagen, muß man annehmen, daß sie mindestens 260 Kilometer weit über den Kontinentalrand hinweg nach Westen geschoben wurden.

Die tektonische Geschichte der Appalachen

Was sagen die reflexionsseismischen Messungen über die tektonische Geschichte der Appalachen aus? Nach der Theorie der Plattentektonik schwimmen die starren etwa hundert Kilometer dicken Lithosphären-Platten auf der Asthenosphäre, einer beweglichen, zähflüssigen Schicht des Erdmantels, die ein paar hundert Kilometer mächtig ist. Jede Platte besteht aus einer oberen Lage, der Kruste (bei einer kontinentalen Platte ist sie zwischen 35 und 40 Kilometer dick, bei einer ozeanischen Platte fünf bis zehn Kilometer), und einer unteren Schicht aus festem, starrem Mantelmaterial. Ozeanische Lithosphäre entsteht in den Mittelozeanischen Rücken, wo kontinuierlich Magma aus dem Mantel aufdringt, sich abkühlt und erhärtet und somit das „hintere" Ende einer sich bewegenden Platte bildet. Wie erwähnt, taucht das Lithosphären-Material letztendlich in den Subduktionszonen wieder in den Erdmantel ein.

In einer Subduktionszone verschwindet solange Lithosphären-Material bis ein Kontinent oder Inselbogen in sie hineinwandert. Da kontinentale Kruste spezifisch leichter ist als der Erdmantel, nehmen viele Geologen an, daß ein ganzer Kontinent nicht subduziert werden kann. Wenn das zutrifft, muß der Zusammenstoß eines Kontinents oder eines Inselbogens mit einer Subduktionszone den Ablauf der Subduktion drastisch ändern oder das Abtauchen sogar zum Stehen bringen. Im Kollisionsbereich kann sich die Lithosphäre so verformen, daß ein Gebirge entsteht.

Die Appalachen bildeten sich in einer Folge von Kollisionen, bei denen Bruchstücke von Kontinenten oder Inselbögen mit dem amerikanischen Kontinent zusammenstießen. (Die tektonische Geschichte der Appalachen ist in Bild 6 als Folge von neun Blockbildern dargestellt). Man unterscheidet die taconische, die akadische und die alleghenische Phase der Gebirgsbildung. Mehrere Autoren haben Modelle aufgestellt, mit denen der Verlauf dieser Perioden im einzelnen beschrieben werden soll. Unsere Messungen haben jetzt wichtige neue Befunde geliefert, die jedes Modell reproduzieren muß. Wir wollen ein vielversprechendes Modell diskutieren, das Robert D. Hatcher entwickelt hat, um die auf der Ober-

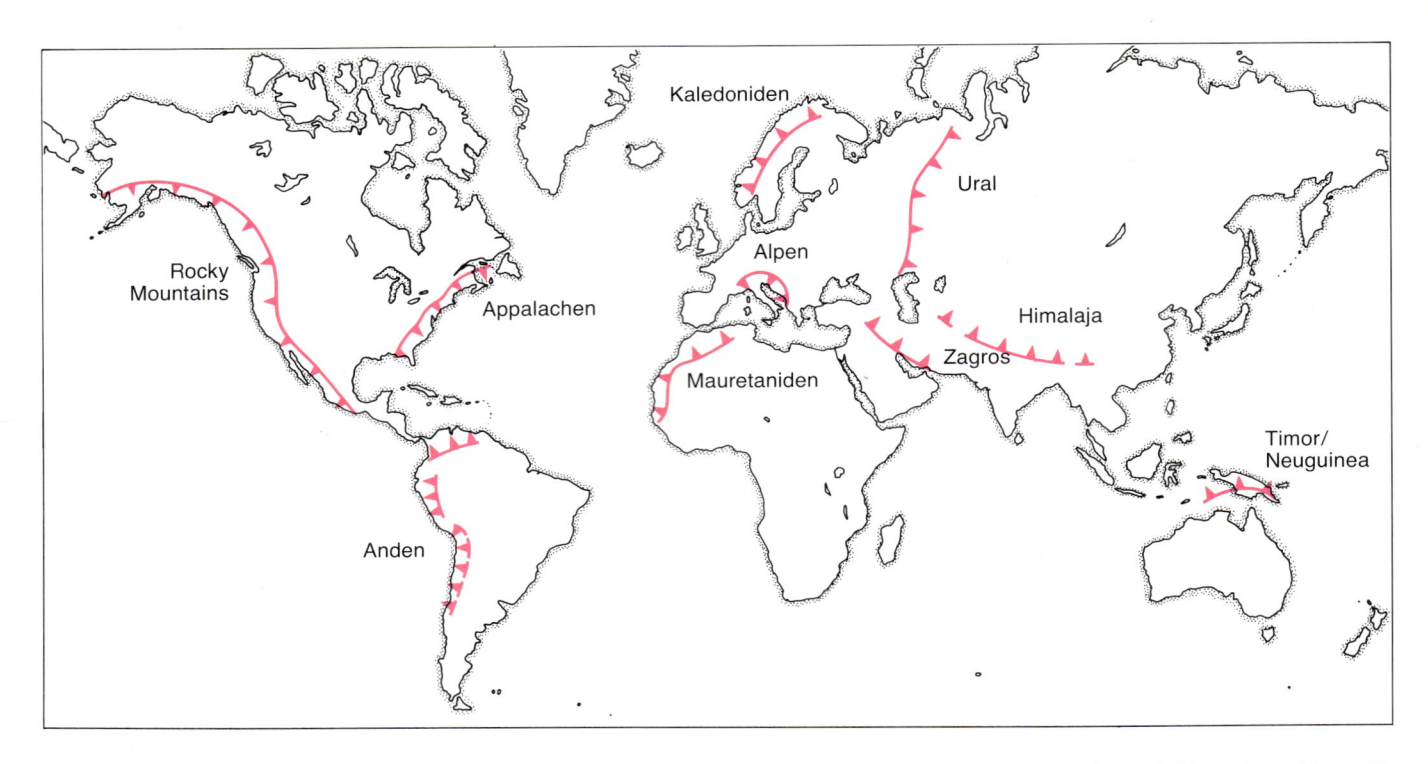

Bild 8: Wahrscheinlich bestehen nicht nur die südlichen Appalachen sondern auch viele andere Gebirgszüge der Erde aus dünnen, überschobenen Gesteinsschichten. Auf dieser Weltkarte sind die wichtigsten Gebirge eingezeichnet, für die diese Vermutung zutreffen dürfte.

fläche gewonnenen Daten zu interpretieren. Wir haben es so abgewandelt, daß sich auch die COCORP-Meßwerte vom Untergrund miteinbeziehen lassen. Wann die Prozesse der Gebirgsbildung stattgefunden haben, wurde aus der Ablagerung der Sedimente im Appalachen-Becken und aus radioaktiven Altersbestimmungen an metamorphen und magmatischen Gesteinen abgeleitet. Die Zusammensetzung der kollidierenden Massen ergab sich aus der Analyse der Gesteine in den verschiedenen Provinzen und Gürteln.

Vor ungefähr 750 Millionen Jahren drang Magma aus dem tiefen Erdinneren auf und spaltete die zusammenhängende Landmasse der Erde in mindestens zwei große Kontinente: in Laurentia (oder Proto-Nordamerika) und Gondwana (oder Proto-Afrika mit Proto-Südamerika) und in mindestens zwei Kontinentfragmente, zu denen das Inneres-Piedmont/Blue-Ridge-Bruchstück und das Fragment des Carolina-Schiefer-Gürtels gehören. Im frühen Stadium der Bruchspaltenbildung wurden die Gesteine, die jetzt das vulkanische und das metamorphosierte Sedimentmaterial des Blue-Ridge bilden, in einem Becken abgelagert, das Proto-Nordamerika von dem Inneres-Piedmont/Blue-Ridge-Fragment trennte.

Es läßt sich nicht schlüssig beweisen, daß der nordamerikanische Kontinent und die beiden erwähnten Kontinentfragmente einmal zum selben Riesenkontinent gehörten. Auf der anderen Seite weisen einige Gesteine der Piedmont- und der Blue-Ridge-Provinz dasselbe radiometrisch bestimmte Alter (ungefähr eine Milliarde Jahre) auf, wie das Gestein des nordamerikanischen Kontinentalsockels. Das Krustenmaterial der Kontinentfragmente metamorphosierte also im selben Zeitabschnitt des Präkambriums wie das Material des Kontinentalsockels. Die Vermutung liegt daher nahe, daß der nordamerikanische Kontinent und die beiden Kontinentfragmente Bestandteile ein und desselben Kontinentalblocks waren. Es ist unwahrscheinlich, daß die geologische Struktur der Appalachen auf die Kollision eines einzigen Kontinentfragments mit Nordamerika zurückzuführen ist, vielmehr dürfte sie die Folge von mehreren Zusammenstößen des Kontinents mit kleineren Kontinentfragmenten und Inselbögen sein. Die Verhältnisse ähneln denen, die wir heute im Südwestpazifik beobachten, wo zahlreiche Kollisionen stattfinden, weil die australische Platte nach Norden gegen die asiatische Platte drängt und dabei eine Gruppe von Inselbögen und Kontinentfragmenten, die zwischen den großen Platten eingeklemmt sind, gegeneinander verschoben werden.

Die ältesten Zeugnisse vulkanischer Tätigkeit im Carolina-Schiefer-Gürtel sind etwa 650 Millionen Jahre alt, woraus man schließen kann, daß der Subduktionsvorgang – die Ursache des Vulkanismus – ungefähr zur gleichen Zeit einsetzte. Als Folge der Subduktion begann sich vor circa 500 Millionen Jahren das Becken zwischen Proto-Nordamerika und dem Inneres-Piedmont/Blue-Ridge-Fragment zu schließen. Aus der Existenz von Sedimentlagen unter dem Blue Ridge und dem Piedmont läßt sich ableiten, daß das Material in östlicher Richtung subduziert wurde, denn bei einer Subduktion in die entgegengesetzte Richtung zu jener Zeit wären die Sedimente vermutlich durch die Vulkanausbrüche zerstört worden. Vor 500 bis 450 Millionen Jahren kamen die Sedimente, aus denen sich die heute in der Valley-and-Ridge-Provinz anstehenden Sand- und Tonsteine gebildet haben, von Proto-Nordamerika; in den folgenden 250 Millionen Jahren kamen sie dagegen hauptsächlich von einer Landmasse, die in entgegengesetzter Richtung, also im Osten gelegen war. Dieser Wechsel im Ablauf der Sedimentation fällt mit der ersten Phase der Deformation und Metamorphose, der taconischen Phase der Gebirgsbildung, vor 500 bis 450 Millionen Jahren zusammen. Die Ereignisse sind auf das Schließen des Beckens zwischen dem Inneres-Piedmont/Blue-Ridge-Fragment und Proto-Nordamerika und die anschließende Kollision dieser Landmassen zurückzuführen. Die Sedimentgesteine im Osten stammen aus der Überschiebungsdecke, die begonnen hatte, sich nach Westen auf den Kontinent zu schieben.

Es ist völlig unklar, wie sich eine zehn bis zwanzig Kilometer dicke Schicht von der Oberseite der Lithosphäre des Inneres-Piedmont/Blue-Ridge-Fragments loslösen und auf den Kontinentalschelf schieben konnte. Warum spaltete sich die Lithosphäre gerade in dieser Tiefe und was geschah mit ihrem unteren etwa achtzig Kilometer dicken Teil? Einer Hypothese zufolge wurde die untere Lithosphäre auch nach der Aufspaltung weiterhin ostwärts subduziert und stieß mit dem Inselbogen des Carolina-Schiefer-Gürtels zusammen. Eine andere, ähnliche Hypothese geht davon aus, daß sich die Richtung der Subduktion in dem Becken umkehrte, so daß eine „Schuppe" („flake") der oberen Kruste gegen den Kontinent geschoben wurde, während die untere Lithosphäre des Inneren Piedmont und des Blue Ridge westwärts abtauchte. (Mit der Flake-Hypothese hatte E. R. Oxburgh von der Universität Cambridge zuvor einige Strukturen der Alpen erklärt.)

Die zweite Phase der Gebirgsbildung, die akadische Orogenese, liegt im Zeitabschnitt zwischen 400 und 350 Millionen Jahren vor heute. Sie wurde durch das Schließen des Ozeanbeckens zwischen dem Inneres-Piedmont/Blue-Ridge-Fragment und dem Fragment des Carolina-Schiefer-Gürtels ausgelöst und ist durch umfassende Metamorphose und Verformung des Gesteins gekennzeichnet. Zu dieser Zeit hatte sich das Inneres-Piedmont/Blue-Ridge-Bruchstück wahrscheinlich schon an den nordamerikanischen Kontinent angelagert. Möglicherweise ist der Kings-Mountain-Gürtel der sichtbare Rest der alten Kollisionszone zwischen dem Inselbogen des Carolina-Schiefer-Gürtels und dem Inneren Piedmont. Zwar weiß man nicht, wie groß das Carolina-Schiefer-Gürtel-Fragment einmal war, aber da sich metamorphe Gesteine, die denen des Gürtels ähneln, bis unter die Küstenebene erstrecken, ist zu vermuten, daß es beachtlich groß gewesen ist.

Die letzte große Einengungsperiode im Bereich der Südappalachen begann vor 300 Millionen Jahren und dauerte 50 Millionen Jahre; man nennt sie die alleghenische Phase der Gebirgsbildung (alleghenische Orogenese). Sie ist auf den Zusammenstoß der Kontinente Proto-Nordamerika und Proto-Afrika (oder vielleicht auch Proto-Südamerika) zurückzuführen, an dessen Ende wieder eine riesige zusammenhängende Landmasse stand. In den Nordappalachen hatte die alleghenische Orogenese verglichen mit den vorangegangenen Phasen der Gebirgsbildung nur geringe Folgen, aber für die Südappalachen gilt das nicht: Dort führte sie zu großräumigen Überschiebungen und intensivem Eindringen von Magma.

In dieser Zeit brach die Brevard-Zone auf, und carbonatische Sedimente gelangten an die Oberfläche. Wie radioaktive Altersbestimmungen zeigen, sind viele der Magmenkörper des Piedmont vor 300 bis 250 Millionen Jahren eingedrungen. In dieser Zeit gab es auch im westlichen Afrika großräumige Überschiebungen, deren westliche Begrenzung allerdings noch nicht festgestellt werden konnte. Wir vermuten, daß sich ein Abschnitt des afrikanischen (oder südamerikanischen) Kontinentalschelfs unter den Ostrand des Carolina-Schiefer-Gürtels schob und dadurch einen Falten- und Überschiebungsgürtel entstehen ließ.

Die Becken an der Ostküste der Vereinigten Staaten, wie beispielsweise die tektonischen Gräben (das sind Tröge mit nahezu senkrechten Wänden) in New Jersey und Connecticut stammen aus diesem Zeitabschnitt (der Trias). Während sich der Atlantik öffnete, wurden die jetzigen Kontinentalschelfe vor der Ostküste Nordamerikas (und der Westküste Afrikas sowie der Nordküste Südamerikas) aufgebaut.

Allgemeine Lehren

Führt jede Kollision von Kontinenten zu ausgedehnten dünnen Überschiebungsdecken? Einiges deutet darauf hin, daß es so ist. Wir haben die geologische Struktur der Falten- und Überschiebungsgürtel in Westafrika und im nördlichen Südamerika erwähnt, die der der Appalachen-Gürtel sehr ähnelt. David Gee vom Schwedischen Geologischen Dienst hat auch in den Kaledonischen Gebirgszügen Skandinaviens große horizontale Überschiebungen festgestellt. Einige davon weisen Schubweiten von mehreren hundert Kilometern auf.

Überschiebungen von dünnen Platten, wie wir sie aus der Ridge-and-Valley-Provinz kennen, trifft man auch in den Falten- und Überschiebungsgürteln der Kettengebirge in Montana und Alberta an, die zu den Rocky Mountains gehören. Diese Gebiete sollen in einem künftigen Programm des COCORP untersucht werden, das zum Ziel hat, die Westgrenze der Überschiebungen festzustellen. Dünnplattige Überschiebungen haben wahrscheinlich auch bei der Entstehung anderer Gebirge eine große Rolle gespielt, beispielsweise bei den Alpen, dem Himalaja und dem Zagros-Gebirge im Südwesten Persiens (Bild 8). Einige Geologen sind der Ansicht, daß eine Überschiebung, wie sie in den Appalachen stattgefunden hat, zur Zeit im Gebiet der Insel Timor nordwestlich von Australien abläuft, wo sich der australische Kontinentalschelf etwa bereits 150 Kilometer unter den Timor-Roti-Inselbogen geschoben hat (vergleiche dazu Bild 10 in dem Beitrag „Alfred Wegeners Kontinentalverschiebung aus heutiger Sicht").

Die Entdeckung des unter mächtigen Schichten metamorphen Gesteins eingeschlossenen Sedimentgesteins in der Blue-Ridge- und der Piedmont-Provinz ist nicht nur für unser Verständnis des Wachstums der Kontinente von Bedeutung. Wenn die Metamorphose nicht stark genug war, um alle in den Sedimenten vorhandenen Kohlenwasserstoffe auszutreiben, würde dieses Gebiet der Appalachen eine „Erdölfalle" darstellen, die auszubeuten man erwägen könnte.

Möglicherweise finden schon seit den Anfängen der plattentektonischen Prozesse dünnplattige Überschiebungen statt, in deren Verlauf Gebirgsgürtel entstehen. Wenn dies zutrifft, wachsen die Kontinente nicht indem sie Material anlagern wobei die Grenzfläche zwischen altem und neuem Gestein senkrecht verläuft, sondern indem sich dünne Scheiben horizontal übereinanderschieben. Wir vermuten, daß durch solche Vorgänge die Gestalt der Kontinente bereits seit mehr als zwei Milliarden Jahren verändert wird.

171

Ophiolithe: Ozeankruste an Land

Als gestrandete Trümmer des Meeresbodens sind sie steingewordene Zeugen der Prozesse, die tief unter den Ozeanen zur Bildung neuer Erdkruste führen. Zugleich erschüttern sie die Grundfesten der modernen Plattentektonik, wonach die schwere ozeanische Kruste stets unter die leichtere kontinentale abtauchen muß. Wie erklärt sich das Rätsel ihrer Entstehung?

Von **Ian G. Gass**

Nach der Theorie der Plattentektonik bildet sich an den mittelozeanischen Rücken ständig neue ozeanische Kruste, wandert im Gefolge des Sea-Floor Spreading zum Rand des Ozeans und taucht dort an den Subduktionszonen wieder ins Erdinnere ab. Dank dieses eingebauten Selbstzerstörungsmechanismus ist der Ozeanboden – er nimmt etwa siebzig Prozent der festen Erdoberfläche ein – nirgendwo viel älter als zweihundert Millionen Jahre. Die leichtere kontinentale Kruste kann dagegen nicht ohne weiteres abtauchen, sondern wird beim Sea-Floor Spreading und anderen plattentektonischen Prozessen passiv auf der Erdoberfläche mitgeschleppt. Tatsächlich haben sich in Kontinentalgesteinen fast vier Millionen Jahre alte Zeugnisse der Erdgeschichte erhalten.

Gelegentlich kommt es vor, daß ein Stück ozeanischer Kruste nicht ins Erdinnere absinkt, sondern an der kontinentalen Stirnseite der Platte, die an die Subduktionszone grenzt, hängenbleibt. Für diesen Vorgang prägte Robert G. Coleman vom amerikanischen Geological Survey den Begriff Obduktion. Nach Colemans Berechnungen hat es weniger als 0,001 Prozent der gesamten ozeanischen Kruste auf das Festland verschlagen. Obwohl gering an Zahl, vermitteln diese an Land verschleppten ozeanischen Überbleibsel doch einzigartige Einblicke in die verborgenen Prozesse, die sich unter den Achsen der ozeanischen Rücken und Schwellen abspielen. Darüber hinaus geben sie Aufschlüsse über die Entwicklung ehemaliger Ozeane, die Vorgänge bei der Kollision von Platten und die Lage alter Plattenränder, an denen zwei Platten zusammenstießen. Schließlich liefern sie deutliche Hinweise, daß plattentektonische Prozesse seit mindestens einer Milliarde Jahre im Gange sind. Man nennt solche an Land deponierten Bruchstücke der ozeanischen Kruste Ophiolithe.

Was sind Ophiolithe?

Wie viele andere geologische Bezeichnungen, so hat auch der Begriff Ophiolith mit der Entwicklung der Plattentektonik einen Bedeutungswandel erfahren. Doch schon vorher paßte er sich mehrfach dem sich ändernden Verständnis der geologischen Prozesse an. Zum ersten Mal taucht der Name Ophiolith in der geologischen Literatur der zwanziger Jahre des letzten Jahrhunderts auf. Er geht auf den Franzosen Alexandre Brongniart zurück, der damit Gesteine bezeichnete, die man auch als Serpentinite oder serpentinisierte Peridotite kennt – magmatische Gesteine, die gewöhnlich in tektonisch deformierten Gebieten zu finden sind. Ophiolith leitet sich vom griechischen, Serpentinit vom lateinischen Wort für Schlange ab: *ophis* und *serpens*. Beide Namen spielen auf die Ähnlichkeit der Gesteine mit einigen gesprenkelten grünlichen Schlangenarten an. Dem Begriff Ophiolith kam zunächst wenig Bedeutung zu – außer daß er die Vorliebe einiger europäischer Geologen für die klassischen Sprachen bewies. Bis ins frühe zwanzigste Jahrhundert hinein benutzte man ihn ziemlich wahllos als Sammelnamen für serpentinisierte Peridotite und deren Begleitgesteine.

Seinen ersten Bedeutungswandel erfuhr der Begriff, als der Deutsche Gustav Steinmann im Jahr 1906 berichtete, daß in den alpinotypen Faltengebirgen rund um das Mittelmeer serpentinisierter Peridotit in enger Verbindung mit anderen magmatischen Gesteinen und Tiefwassersedimenten – beispielsweise Radiolarit – auftritt. Zu Ehren dieses herausragenden Wissenschaftlers nannte man die Vergesellschaftung von Serpentinit, Radiolarit und Kissenlaven (unter Wasser ausgeflossene, in Kissenform erstarrte Laven) später Steinmann-Trinität. Allmählich bürgerte es sich schließlich ein, diesen Namen synonym zu Ophiolith zu verwenden. Ophiolith bezeichnete also nicht mehr eine einzige Gesteinsart, sondern eine Gruppe verwandter Gesteine.

Aufgrund von Steinmanns Beobachtungen erklärten andere Forscher Ophiolithe für magmatische Gesteinsmassen, die ehemals in Geosynklinalen

Bild 1: Der Ophiolithkomplex auf der Arabischen Halbinsel gibt sich auf diesem Falschfarbenbild vom nördlichen Oman, das von einem Landsat-Satelliten aufgenommen wurde, als dunkler Gebirgszug zu erkennen, der sich schräg über das Bild erstreckt. Die gebirgige Zone trägt den Namen Samaildecke. Die Ophiolithe bestehen größtenteils aus Basalten, Gabbros und Peridotiten – Gesteinen, wie sie typisch für die ozeanische Kruste und den Erdmantel darunter sind. Man hält sie daher für an Land verfrachtete Trümmerstücke des Ozeanbodens. Die nahezu schwarze Fläche oben rechts ist der Golf von Oman, der den Persischen Golf mit dem Indischen Ozean verbindet. Das helle Gebiet links der Ophiolithe repräsentiert kontinentale Gesteine – vor allem Kalkgestein –, von denen die granitischen Gesteine der kontinentalen Arabischen Platte überlagert sind. Die kleinen roten Flecke längs der Küste und in anderen Bereichen zeigen Pflanzenbewuchs an. Die unnatürlichen Farben entstehen dadurch, daß die von den Infrarot-Sensoren des Satelliten aufgenommene Wärmestrahlung entsprechend ihrer Wellenlänge nach willkürlichen Farbcode in Farben umgesetzt wurde. Zudem hat ein Computer der Earth Satellite Corporation die Satellitendaten so aufbereitet, daß die Bildkontraste stärker hervortreten. Der Bildausschnitt umfaßt ein 130 Kilometer großes Gebiet.

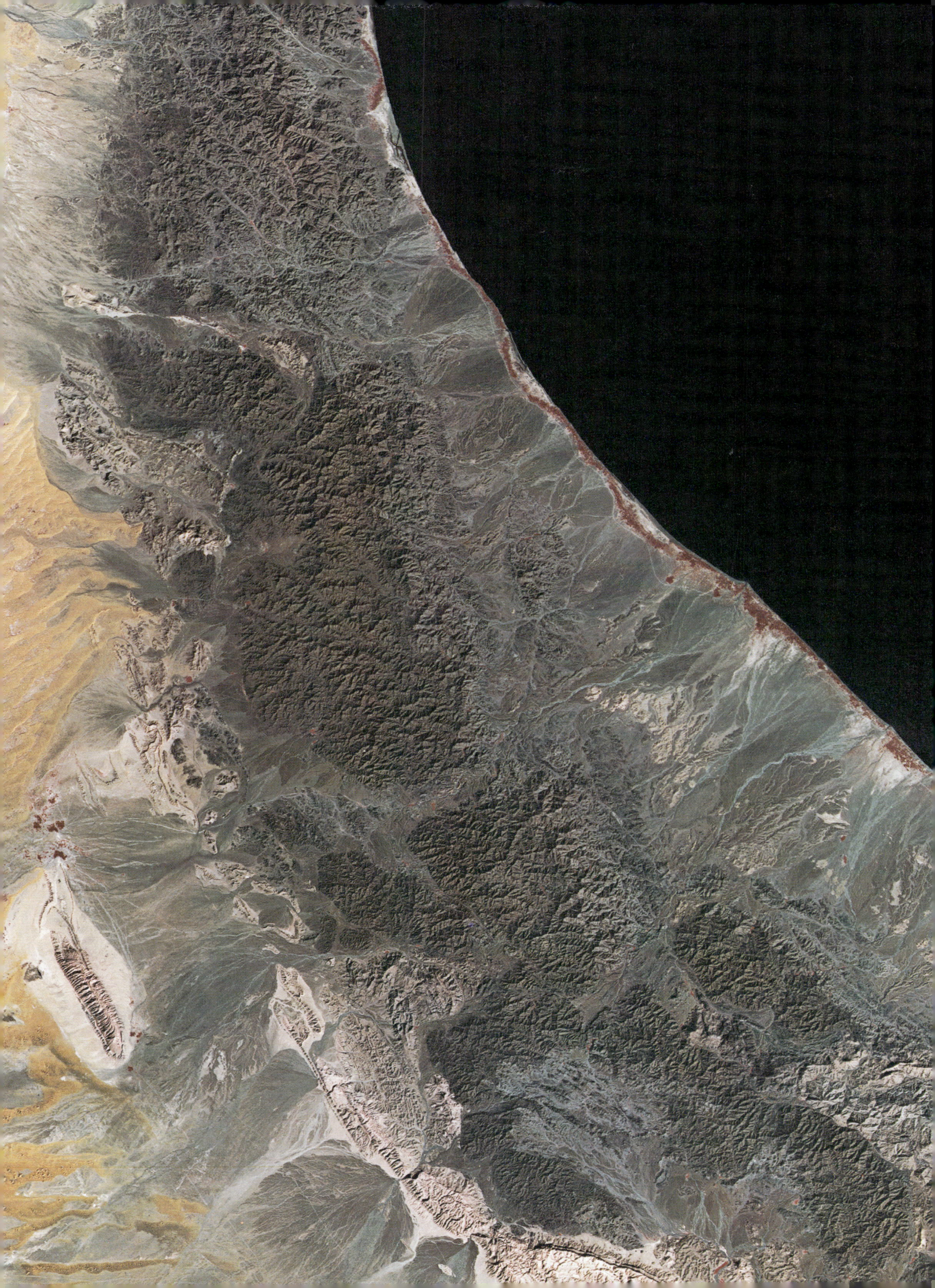

eingelagert worden waren. (Geosynklinalen sind riesige, langgestreckte Einsenkungen in der Erdkruste, die sich mit Sedimenten füllen.) Nach Meinung einiger Wissenschaftler sollten die magmatischen Gesteine als Sills (horizontale gangförmige Intrusionen) in die Sedimentschichten eingedrungen sein, andere sahen sie als riesige Ballons aus Magma (geschmolzenem Gestein) an, das entlang der Geosynklinalflanken auf die Oberfläche der Sedimente ausgeflossen sei. Die Vertreter dieser Auffassung stellten sich vor, daß die Außenhaut des Ballons nach der Eruption schnell abkühlte und aufbrach, worauf sie von Dikes (vertikalen gangförmigen Intrusionen) aus dem noch geschmolzenen Balloninnern durchsetzt wurde. Anschließend wären Kissenlaven auf der Balloninneren auskristallisierte, sanken zunächst die schweren Minerale ab und erzeugten gebänderte Peridotite; über diese Schicht legten sich anschließend gebänderte Gabbros.

Hier muß ich kurz innehalten, um die Bezeichnungen Peridotit und Gabbro zu erläutern. In diesem Zusammenhang sind damit Gesteine der ozeanischen Kruste und des darunterliegenden oberen Erdmantels gemeint. Peridotit hält man für den Hauptbestandteil des oberen Erdmantels. Er setzt sich fast ausschließlich aus den magnesiumhaltigen Mineralen Olivin $[(Mg,Fe)_2 SiO_4]$ und Pyroxen $[Ca(Mg,Fe) Si_2O_6]$ zusammen. Daneben findet man Dunit, ein Gestein, das fast nur Olivin enthält.

Die Gesteine der ozeanischen Kruste – wie Basalt und Gabbro – weisen einen höheren Gehalt an Kieselsäure (SiO_2) auf. Während Basalt feinkörnig ist, besitzt der langsamer auskristallisierende Gabbro ein grobkörniges Gefüge. Beide bestehen aus den gleichen Mineralen: Olivin, Pyroxen und Plagioklas ($NaAlSi_3O_8$-$CaAl_2Si_2O_8$). Läßt man die überlagernden Sedimente unberücksichtigt, so bildet der Basalt den oberen 1 bis 2,5 Kilometer mächtigen Teil der ozeanischen Kruste und der Gabbro den unteren 3,5 bis 6 Kilometer mächtigen Teil.

Kehren wir zum Geosynklinalmodell der Ophiolithe zurück. Es wurde zwischen den dreißiger und frühen fünfziger Jahren unseres Jahrhunderts entwickelt und fand unter den Geologen bis in die Mitte der sechziger Jahre allgemeine Anerkennung. Das Modell besagt im wesentlichen, daß die Ophiolithe im ersten Entwicklungsstadium einer Geosynklinale entstanden sind. Sie wären demnach autochthone (an Ort und Stelle gebildete) Gesteine, die Magma entstammen, das sich über die Sedimente der Geosynklinalen ergoß oder in Form von horizontalen Gängen in sie eindrang. Heute sieht man fast sämtliche Ophiolithmassen als allochthon an: Sie sind nicht an ihren Fundorten entstanden, sondern erst durch tektonische Prozesse dorthin gelangt.

Nach dem weithin anerkannten gegenwärtigen Modell gelten Ophiolithe als Fragmente ozeanischer Kruste, die der Achse eines ozeanischen Rückens entstammen, durch das Sea-Floor Spreading über das Meer verfrachtet und schließlich an Land gehoben wurden. Mit der veränderten Deutung der Herkunft der Ophiolithe verschwand auch das Modell der Geosynklinalen, das bis dahin die geologische Literatur beherrscht hatte, praktisch aus dem Lehrgebäude der Geologie.

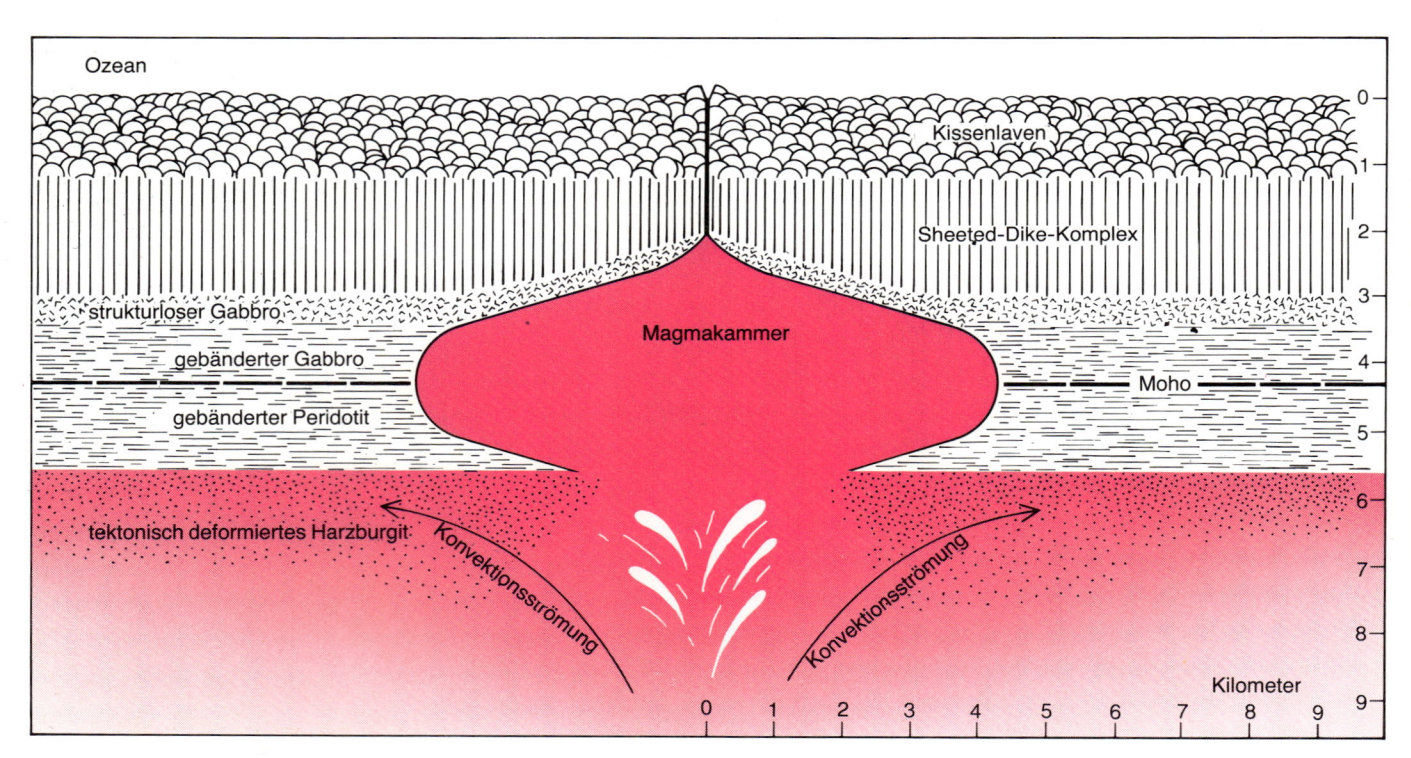

Bild 2: Dieser schematische Querschnitt durch die ozeanische Erdkruste basiert auf Untersuchungen an Ophiolithen. In der Bildmitte liegt – senkrecht zum Schnitt – die Axialzone eines ozeanischen Rückens. Der oberste Teil der Kruste (unterhalb einer dünnen, nicht gezeichneten Sedimentschicht) besteht aus Kissenlaven: Laven, die sich aus einer in geringer Tiefe liegenden Magmakammer auf den Meeresboden ergossen haben. Darunter folgt ein sogenannter Sheeted-Dike-Komplex: vertikale, schichtartig gestapelte vulkanische Gänge, die aus erstarrtem Magma bestehen, das an der Achse des ozeanischen Rückens in die Meereskruste eingedrungen ist, und die anschließend beim Auseinanderdriften des Meeresbodens, dem Sea-Floor Spreading, seitlich weggeführt wurden. Weiter unten ist das Gestein des Sheeted-Dike-Komplexes grobkörniger. Es setzt sich aus strukturlosen Gabbros zusammen: Schmelze, die über dem Dach der Magmakammer auskristallisiert ist. Die gebänderten Gabbros und Peridotite darunter sind inmitten der Kammer entstanden. Zwischen ihnen verläuft die sogenannte Moho (abgekürzt von Mohorovičić-Diskontinuität) – die Grenzfläche zwischen Erdkruste und -mantel. Auf die gebänderten Peridotite folgen tektonisierte (deformierte) Harzburgite. Bei den hohen Temperaturen im Erdmantel ist der Peridotit teilweise geschmolzen. Die Schmelze sammelt sich in ballonförmigen Körpern – sogenannten Diapiren – an. Konvektionsströmungen im Erdmantel lassen die Diapire aufsteigen. Dabei kristallisiert das Mineral Olivin aus, während die übrige Schmelze nach oben entweicht und die Magmakammer auffüllt.

Der radikale Bedeutungswandel des Begriffs Ophiolith ist einer Reihe von Untersuchungen zuzuschreiben. Diese zeigten zum einen, daß sämtliche Ophiolithe erst durch tektonische Prozesse in die ihnen heute benachbarten Gesteinsverbände gelangten – und somit allochthon sein müssen. Zweitens ergaben detaillierte Analysen der Ophiolithe des östlichen Mittelmeerraumes – insbesondere des Troodos-Massivs auf der Insel Zypern –, daß sich deren innere Struktur nicht mit der Entstehung in einer Geosynklinalen vereinbaren läßt, sondern nur dann überzeugend zu erklären ist, wenn die Gesteine ihren Ursprung magmatischen Prozessen an den ozeanischen Rücken und Schwellen verdanken. Drittens weisen die Ophiolithe des östlichen Mittelmeerraums nicht nur alle die gleiche Gesteinsfolge auf, sondern diese Gesteinsfolge gleicht überdies derjenigen, die man aus geophysikalischen Messungen für die ozeanische Kruste abgeleitet hat. Viertens schließlich wurden vom Tiefseeboden inzwischen Gesteine gefördert, die den ophiolithischen Gesteinsarten ähneln.

Heute zweifelt niemand mehr an der ozeanischen Herkunft der Ophiolithe. Es hat sich sogar umgekehrt eingebürgert, die notwendigerweise magere Hülle ozeanographischer Daten über den Aufbau der ozeanischen Rücken und Schwellen mit Daten auszufüllen, die aus Ophiolithanalysen stammen (Bild 2). Gleichwohl legten die Teilnehmer der Penrose-Konferenz der Amerikanischen Geologischen Gesellschaft im Jahre 1972 bei der Neudefinition des Begriffs Ophiolith Wert auf die Feststellung, daß damit ausschließlich eine bestimmte Gruppe zusammen vorkommender Gesteine bezeichnet, aber nichts über deren Ursprung ausgesagt werde.

Aufbau

Ein vollständiger Ophiolithkomplex besteht aus einer regelmäßigen Abfolge verschiedener Gesteinsarten. Meist wurde bei der Obduktion die ursprünglich zusammenhängende Gesteinsmasse zertrümmert und in Fragmenten über eine weite Fläche verstreut. Oft lassen sich die Trümmer des zerstückelten Ophiolithkörpers wieder zusammenfügen, wenn man das tektonische Puzzlespiel löst. Natürlich ist es einfacher, relativ unverformte Ophiolithe wie die des Troodos-Massivs von Zypern und der Samail-Decke im Sultanat von Oman auf der Arabischen Halbinsel (Bild 1) zu erforschen – weshalb auch die folgende allgemeine Beschreibung zum größten Teil auf den an solchen Ophiolithen gewonnenen Erkenntnissen basiert.

Bild 3: Die Kissenlaven im Wadi Jizzi auf der Samaildecke im Oman zeigen eine ausgesprochen längliche Form. Wahrscheinlich sind sie auf einem flachen Abhang am Ozeanboden ausgetreten und erst noch ein kurzes Stück nach unten geflossen, bevor sie erstarrten.

Bild 4: Der Sheeted-Dike-Komplex der Samaildecke hat vom Aussehen her gewisse Ähnlichkeiten mit einem Blätterteig. Er setzt sich aus einer Vielzahl senkrechter Dikes zusammen, in denen einst Magma nach oben drang. Sein Entstehungsort ist die Achse eines ozeanischen Rückens oder einer Schwelle. Die vom Rücken weg gerichtete Konvektionsströmung im Erdmantel (Bild 2) führt zu Spannungsrissen, in die Magma aufsteigt – ein neuer Dike entsteht. Die Gänge sind durchschnittlich einen Meter mächtig. Der Meeresboden rückt daher alle fünfzig bis hundert Jahre sprungartig um einen Meter auseinander und kriecht nicht, wie in den theoretischen Modellen der Geophysiker angenommen, mit einer gleichbleibenden Geschwindigkeit von ein bis zwei Zentimeter pro Jahr zur Seite.

Die meisten Ophiolithe werden von marinen Sedimenten überlagert. Manchmal sind es eisen- und manganführende Tonsteine oder Radiolarite aus der Tiefsee (wie bei den Ophiolithen von Zypern und Oman). In anderen Fällen ähneln die Ablagerungen denen auf den Kontinentalschelfen oder rund um vulkanische Inselbögen – ein Hinweis darauf, daß die ozeanische Kruste, der diese Ophiolithe entstammen, einst am Rand eines Kontinents oder eines Inselbogens gelegen hat. Solche Sedimente liefern den überzeugendsten Beweis dafür, daß die Geburtsorte der Ophiolithe zu Ozeanbecken gehörten, die später über den Meeresspiegel angehoben wurden. Besonders wertvoll sind in dieser Hinsicht Untersuchungen von Alistair Robertson von der Universität Edinburgh und Alan Gilbert Smith von der Universität Cambridge.

Der obere Teil des eigentlichen Ophiolithkörpers besteht aus extrudierten (durch die Erdoberfläche gepreßten) Basalten. Viele dieser Gesteine zeigen die für unter Wasser ausgeflossene Laven typische Kissenform (Bild 3). Von der Entstehung solcher Kissenlaven gibt es sogar Filmaufnahmen, die Taucher während eines submarinen Ausbruchs auf Hawaii machten. Auch bemannte und unbemannte Unterseeboote, die den Boden der zentralen Bruchzone des Mittelatlantischen Rückens und der Ostpazifischen Schwelle untersuchten, sind schon wiederholt auf Kissenlaven gestoßen.

Einige der Lavakissen sind annähernd kugelförmig, andere haben eine eher längliche Gestalt, so daß „Lavarollen" vielleicht der treffendere Ausdruck wäre. Die Form der Kissen hängt wahrscheinlich von der Beschaffenheit des Meeresbodens ab, auf den sich die Lava ergoß. An steilen Hängen bildet die Schmelze Kugeln, die den Hang hinunterrollen und sich am Fuß sammeln, während die länglichen Kissen wohl an flacheren Hängen entstehen, wo die Lava erst ein ganzes Stück nach unten fließt, bevor sie sich verfestigt. Ergießt sich die Lava dagegen in Mulden oder auf ebene Flächen, so bilden sich schwerlich Kissen aus; stattdessen scheint das Gestein in strukturlosen Schichten unterschiedlicher Mächtigkeit zu erstarren.

Kissenlaven können in sehr tiefem, aber auch in flachem Wasser entstehen und ebenso dort, wo an Land ausgetretene Lava ins Wasser fließt. In welcher Wassertiefe sie erstarrt sind, verrät ihr Gehalt an Gesteinsblasen. Solche Blasen entstehen, wenn das in der Gesteinsschmelze gelöste Gas infolge Druckerniedrigung freigesetzt wird. Ist der Druck der auf dem Gestein lastenden Wassersäule hoch genug, tritt allerdings kein Gas aus, und die Blasenbildung unterbleibt. Einen groben Zusammenhang zwischen Blasengehalt und Wassertiefe, in der die Lava sich ergoß, entdeckte James G. Moore vom amerikanischen Geological Survey, als er die Häufigkeit von Blasen in Basalten aus bekannten

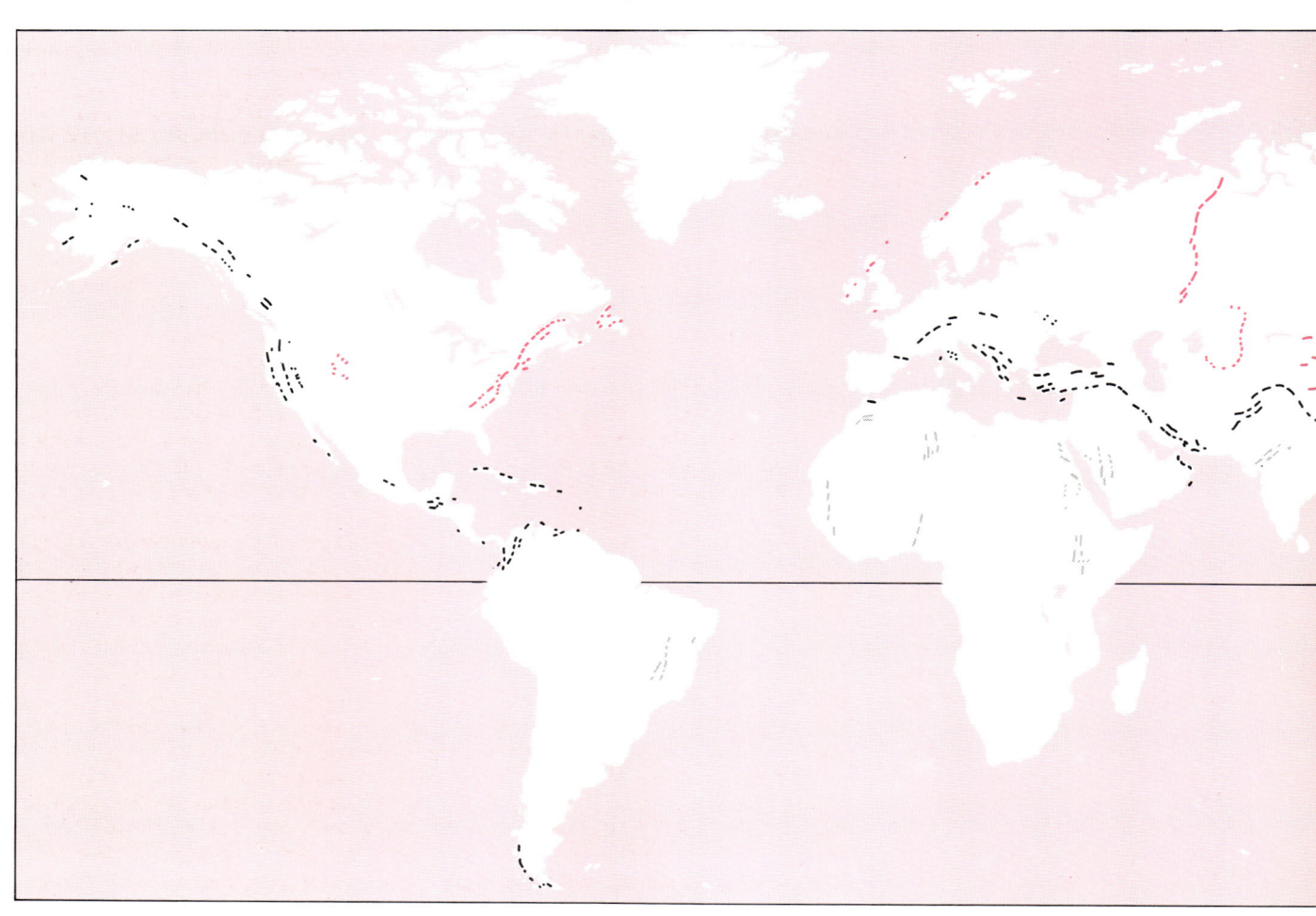

Bild 5: Die weltweite Verteilung der Ophiolithe spiegelt ihr Alter wider. Die schwarzen Linien entsprechen weniger als 200 Millionen Jahre alten Ophiolithen, die farbigen solchen, die vor 200 bis 540 Millionen Jahren entstanden sind, und die grauen Linien repräsentieren Vertreter, die zwischen 540 Millionen und 1,2 Milliarden Jahre zählen. Die jüngsten Ophiolithe entstammen dem gegenwärtigen plattentektonischen Zyklus – es gab davor schon einige andere. Zu den jungen Ophiolithen gehören die am Pazifikrand. Alle befinden sie sich in der Nähe von sogenannten Subduktionszonen, wo die ozeanische Kruste in den Erdmantel abtaucht. Zur zweitältesten Gruppe zählen Ophiolithe, die sich quer durch die Appalachen ziehen, bis nach Nova Scotia und Neufundland reichen und sich schließlich nach Irland, Schottland und Norwegen fortsetzen. Sie kennzeichnen die Schließung des Japetusmeeres im Paläozoikum. Ebenso alte Ophiolithe im Ural markieren gleichfalls die

Wassertiefen maß. So verringert sich der Blasengehalt mit zunehmender Tiefe (und steigendem Druck). Obwohl diese Methode nicht sehr genau ist, da der Gasanteil verschiedener Magmen variiert, stellt der Blasengehalt ein weiteres Indiz für den ozeanischen Ursprung der Ophiolithe dar.

Die meisten Laven in Ophiolithen ähneln Basalten, die von ozeanischen Rücken zutage gefördert wurden. In Oman bilden solche Basalte jedoch nur den unteren Teil der Lavafolge und der darunterliegenden Dikes. Die oberen Laven weisen eine andere geochemische Zusammensetzung auf. Sie wurden, wie Julian A. Pearce und Tony Alabaster von der Open University in England überzeugend nachgewiesen haben, in der Nähe eines Inselbogens ausgeschleudert – und damit ein gutes Stück außerhalb der aktiven Rückenzone. Die Laven von Zypern setzen sich wieder anders zusammen: Sie gleichen Vulkaniten, die an Subduktionszonen ausgestoßen wurden.

Kollisionsnaht zweier Platten aus dieser erdgeschichtlichen Epoche. Nicht alle eingezeichneten Ophiolithkomplexe sind eindeutig nachgewiesen. Beispielsweise lassen die unzureichenden Beschreibungen, die von den Ophiolithen in China vorliegen, keine absolut sichere Klassifikation zu.

Rätselhafte magmatische Gänge

Der obere Teil der Lavafolge besteht in jedem Fall aus extrudiertem Gestein. Weiter unten finden sich zunehmend Eruptivgänge (Bild 2). Viele dieser Dikes verlaufen gekrümmt; sie mußten sich anscheinend durch die Lavafolge nach oben winden. Obwohl die Mächtigkeit der Laven variiert, hat sie im Troodos-Massiv mit etwa einem Kilometer im Mittel den gleichen Wert wie in Oman, wo sie zwischen 0,5 und 1,5 Kilometer liegt. An der Basis der Lavafolge sind Dikes und Lavagestein ungefähr gleich häufig. Je weiter man nach unten kommt, um so mehr Gänge treten auf: Über eine Strecke von fünfzig bis hundert Metern nimmt ihr Anteil von fünfzig auf hundert Prozent zu, so daß zwischen den Gängen schließlich fast keine Lava mehr vorkommt. Zudem verlaufen die Dikes nun nicht mehr gekrümmt, sondern fast vertikal einer neben dem anderen. Man hat diesen Teil der Ophiolithe mit einem hochkant stehenden Kartenstapel verglichen und Sheeted-Dike-Komplex (auf deutsch vielleicht: Blätter-Dike-Komplex) genannt (Bild 4).

Dieser Sheeted-Dike-Komplex war es, der in den fünfziger Jahren – vor dem Aufkommen der Plattentektonik – die meisten Schwierigkeiten bereitet hatte, wenn es um eine Deutung der Ophiolithe ging. Nirgendwo sonst war man auf einen ausschließlich aus Gängen bestehenden Gesteinskomplex gestoßen. So machen die Dikes in klassischen alten Vulkangebieten – wie den Hebriden in Nordwestschottland – weniger als zehn Prozent des gesamten Aufschlusses aus. Daher lag das Hauptgewicht bei der Suche nach Dikes auf dem Wirtsgestein der Gänge. Jedes Gestein, das nur ein wenig anders aussah, wurde genau unter die Lupe genommen. Als aussichtsreichstes Wirtsgestein galten strukturlose Basalte. Niemand hätte meines Wissens damals die Möglichkeit in Betracht gezogen, daß es überhaupt kein Wirtsgestein geben könne. Erst nachdem der Sheeted-Dike-Komplex in dem undeformierten und gut aufgeschlossenen Troodos-Massiv entdeckt war, machte man sich auch in stärker verformten Gesteinskörpern auf die Suche nach solchen Komplexen – und wurde fündig.

Als die Theorie der Plattentektonik aufkam, erkannte man sehr schnell, daß die Achse eines ozeanischen Rückens oder einer Schwelle der Ort war, an dem sich ein reiner Dikekomplex bilden würde. Heute nimmt man an, daß die meisten Gänge längs einer nicht mehr als fünfzig Meter breiten Zone im Axialbereich eines Rückens aufgedrungen sind und dann durch das Sea-Floor Spreading wegtransportiert wurden.

Bei ihren Untersuchungen der Dikes im Troodos-Massiv stießen Johnson R. Cann und Rupert G. W. Kidd von der Universität von East Anglia auf eine merkwürdige Asymmetrie im Gefüge der Gänge. Meist entstehen gangähnliche Körper, indem Magma in einen Spalt in kaltem Gestein eindringt. An den kalten Spaltwänden wird die Schmelze abgeschreckt, so daß sie dort zu einem besonders feinkörnigen Gestein erstarrt. Cann und Kidd erkannten nun, daß viele Dikes im Troodos-Massiv nur an einem statt an zwei Rändern abgeschreckt waren. Außerdem lagen die abgeschreckten Ränder überwiegend auf einer Seite (geographisch gesehen auf der Ostseite).

Als Erklärung für diese überraschende Entdeckung nahmen Cann und Kidd an, daß an einem ozeanischen Rücken Magma bevorzugt entlang der noch flüssigen oder zumindest weichen Achse eines älteren Ganges emporquillt, diesen dabei in zwei Hälften teilt und auseinanderdrückt. Die beiden Hälften, jede nun ein eigener Gang, bewegen sich anschließend in entgegengesetzter Richtung von der Rückenachse weg. Da beide nur auf der Seite mit kaltem Wirtsgestein in Berührung kamen und abgeschreckt wurden, die von der Rückenachse abgekehrt liegt, sollten beide auch bevorzugt auf dieser Seite ein feinkörniges Gefüge zeigen. Aus solchen Überlegungen folgerte man, daß der ozeanische Rücken, der einst die in Nordsüdrichtung verlaufenden Dikes des Troodos-Massivs hervorbrachte, westlich des heutigen Aufschlußgebietes gelegen habe. Es sollte jedoch betont werden, daß die Zahl der auf der einen Seite abgeschreckten Gänge die Zahl der auf der entgegengesetzten Seite abgeschreckten Gänge nur geringfügig übertrifft und daß größere Aufschlüsse mit einer für verläßliche statistische Untersuchungen ausreichenden Zahl von Gängen selten sind. Wenn die Vorstellung von einseitig abgeschreckten Dikes auch recht attraktiv und einleuchtend erscheint, so ist sie bislang doch keineswegs gesichert.

Obwohl die Sheeted-Dike-Komplexe den besten Beweis dafür liefern, daß sich die Bildung der Ophiolithe entlang der Dehnungszonen von ozeanischen Rücken und Schwellen vollzog, müssen sie nicht in jedem Fall vorliegen. So enthält der Voúrinos-Ophiolith von Griechenland – so wie ihn Eldridge M. Moores von der Universität von Kalifornien in Davis beschreibt – nur einen schwach entwickelten Sheeted-Dike-Komplex. Als Erklärung dafür wurde vorgeschlagen, Sheeted-Dike-Komplexe entstünden nur, wenn das Sea-Floor Spreading langsam genug erfolgt, damit ein Dike erstarren kann, bevor der nächste eindringt. Da die ozeanische Kruste jedoch

177

rasch abkühlt und darüber hinaus stark von einsickerndem Meerwasser durchdrungen wird, erscheint diese Erklärung fragwürdig. Zudem können die Oman-Ophiolithe mit einem prachtvollen Sheeted-Dike-Komplex aufwarten, obwohl an diesem Überrest eines ozeanischen Rückens der Meeresboden einst in beiden Richtungen mit der hohen Geschwindigkeit von zwei Zentimetern pro Jahr auseinanderdriftete. Wenn das Fehlen von Sheeted-Dike-Komplexen in einigen Ophiolithkörpern auch ein geologisches Problem bleibt, so erscheint der Hinweis angebracht, daß in vielen Ophiolithen, von denen es zunächst hieß, sie besäßen keinen Sheeted-Dike-Komplex, bei genauerem Hinsehen doch noch einer zum Vorschein kam.

Brodelnde Magmatöpfe

Die Dikes müssen von einer tieferliegenden Magmaquelle gespeist worden sein (Bild 2). Es überrascht daher nicht, daß die basaltischen Gänge, verfolgt man sie in die Tiefe, nach zehn bis hundert Metern gabbroiden Gesteinen Platz machen, die zwar ganz ähnlich zusammengesetzt sind, aber ein deutlich grobkörnigeres Gefüge aufweisen. Eine detaillierte Kartierung dieser plutonischen Komplexe (in großer Erdtiefe erstarrte magmatische Gesteine) deutet darauf hin, daß die obersten Gabbros – sie bilden eine zwischen zehn und dreihundert Meter mächtige Lage – entstanden sind, als die Schmelze abkühlte und am Dach der Magmakammer auskristallisierte. Die Gabbros und die – nur in manchen Fällen vorhandenen – Peridotite unterhalb dieser Lage sind deutlich gebändert. Diese Bänderung führte man bis vor kurzem darauf zurück, daß sich die auskristallisierten Minerale – entsprechend ihrer Dichte – auf dem Boden der Magmakammer absetzten.

Eine andere Erklärung brachten Alexander R. McBirney und Richard M. Noyes von der Universität Oregon vor, nachdem sie die gebänderten Gabbros von Skaergaard in Ostgrönland untersucht hatten. Danach ändern sich die chemische Zusammensetzung und Temperatur des Magmas mit der Tiefe so, daß die Minerale an horizontalen Flächen in der Schmelze auskristallisieren. In diesem Fall käme es zu einer Bänderung, ohne daß die Kristalle nach unten sinken. Aber was auch die Ursache der Bänderung sein mag, sie weist auf einen großen magmatischen Körper unterhalb der Achsen der ozeanischen Rücken oder Schwellen hin. Eine Arbeit über das Troodos-Massiv von Cameron R. Allen von der Universität Cambridge ergab, daß in dieser langsam auseinandergedrifteten Zone – die Driftgeschwindigkeit belief sich auf einen Zentimeter pro Jahr – zahlreiche Magmakammern von vier bis fünf Kilometer Durchmesser lagen. Im Gebiet der Oman-Ophiolithe, in dem schnellere Dehnungsprozesse – mit Geschwindigkeiten von zwei Zentimetern pro Jahr – stattfanden, scheinen die Magmakammern Durchmesser von etwa zwanzig Kilometern erreicht zu haben.

Die gebänderten Plutonite sind der Beweis, daß sich unter den Achsen der ozeanischen Rücken Magmakammern befanden, deren Dimensionen in erster Linie davon abhingen, wie groß der Wärmetransport vom Erdmantel zum Rücken war und wie schnell das heiße Material durch den Prozeß des Sea-Floor Spreading abkühlte. Aber stellen die gebänderten Gesteine nun einen einzigen, völlig auskristallisierten Magmakörper dar oder entstand dieser Magmakörper in Raten, indem immer wieder von unten her frische Gesteinsschmelze nachgeschoben wurde? Untersuchungen, die E. Dale Jackson vom amerikanischen Geological Survey an den Voúrinos-Ophiolithen in Griechenland, Cameron Allen am Ophiolithkomplex des Troodos-Massivs sowie John D. Smewing und Paul Browning von der Open University an der Samaildecke in Oman durchgeführt haben, bestätigten die näherliegende Annahme einer schubweisen Wiederauffüllung mit Magma. In allen drei Fällen nämlich bestehen die gebänderten Plutonite aus sich periodisch wiederholenden Gesteinszyklen mit der Abfolge: Dunit (unten), Peridotit (Mitte) und Gabbro (oben) – ein untrügliches Zeichen für eine Entstehung in Raten.

An der Basis jeder vollständigen Ophiolithfolge liegt ein tektonisierter (deformierter) Peridotit, der fast ausschließlich aus den Mineralen Olivin und Orthopyroxen (Mg, Fe) SiO_3 besteht. Peridotit dieser Zusammensetzung nennt man Harzburgit. Die chemische und mineralogische Homogenität des tektonisierten Harzburgits deutet darauf hin, daß er aus Material des obersten Erdmantels besteht, dem basaltische Schmelze entzogen wurde. Für diese Vermutung spricht, daß er zwei Arten von Einschlüssen enthält: Gabbrolinsen, bei denen es sich wahrscheinlich um Klumpen basaltischer Schmelze handelt, die auskristallisierte, bevor sie aus dem Erdmantel entweichen konnte, und einzelne Peridotbrocken anderer Zusammensetzung (sogenannter Lherzolit), vermutlich Reste von Mantelmaterial, das beim Erstarren noch mehr oder minder seinen gesamten Anteil an basaltischer Schmelze besaß.

Die meisten Forscher stimmen darin überein, daß tektonisierter Harzburgit das Restgestein darstellt, das übrigblieb, nachdem dem Mantelmaterial jene basaltische Schmelze entzogen worden war, die die darüberliegenden Schichten bildete: (von unten nach oben) gebänderter Plutonit, Sheeted-Dike-Komplex und Lava (Bild 2). Zur Erklärung hat man folgendes Modell vorgeschlagen: In einer Tiefe von 25 bis 30 Kilometern trennt sich das basaltische Magma vom übrigen Mantelmaterial ab, und beide Komponenten – Magma und Harzburgit – steigen mit Konvektionsströmungen im Mantel nach oben. Das aufsteigende Magma sammelt sich in ballonförmigen Körpern, sogenannten Diapiren, deren Durchmesser einen bis fünf Kilometer beträgt. Die Diapire bewegen sich zusammen mit dem Mantelmaterial weiter nach oben. Währenddessen beginnt Olivin aus der Schmelze auszukristallisieren und sich am Boden des Diapirs zu einer Kristallschicht anzusammeln. Die Schmelze entweicht in die Hauptmagmakammer, während der Olivin im Mantel zurückbleibt und die späteren Dunitlinsen im tektonisierten Harzburgit bildet. Wenn auch heiß, ist der Harzburgit doch nicht geschmolzen, so daß er, während er aufsteigt und unter der Rückenachse schließlich seitlich abdriftet, deformiert wird. Nach Untersuchungen von Adolphe Nicolas und seinen Mitarbeitern an der Universität Nantes erfolgt die Deformation bei einer Temperatur von ungefähr tausend Grad Celsius. Sie prägt dem Harzburgit ein lineares Gefüge auf, das senkrecht zur Achse des Rückens verläuft.

Was die Ophiolithe über den Meeresboden verraten

Untersuchungen an Ophiolithen haben somit vieles über die strukturellen und magmatischen Verhältnisse an alten ozeanischen Rücken und Schwellen ans Licht gebracht. Können sie uns auch etwas über die ozeanische Kruste verraten? In den ozeanischen Rücken und Schwellen finden sich wiederholt (durchschnittlich alle dreißig Kilometer) Querbrüche, an denen die Rücken- und Schwellenteile ein Stück gegeneinander versetzt sind. Diese sogenannten Transformstörungen ermöglichen es den starren Platten, sich auf der Oberfläche der annähernd kugelförmigen Erde zu bewegen. Selbst wenn die Ophiolithe nur 0,001 Prozent der subduzierten ozeanischen Kruste repräsentieren, sollte ein Ophiolithkomplex, der mehr als dreißig Kilometer eines ozeanischen Rückens in sich birgt, auch eine Transformstörung enthalten. Tatsächlich gibt es solche Störungszonen, und sie wurden auch näher erforscht: auf Zypern von meinem ehemaligen Kollegen Kapo Simonian, auf

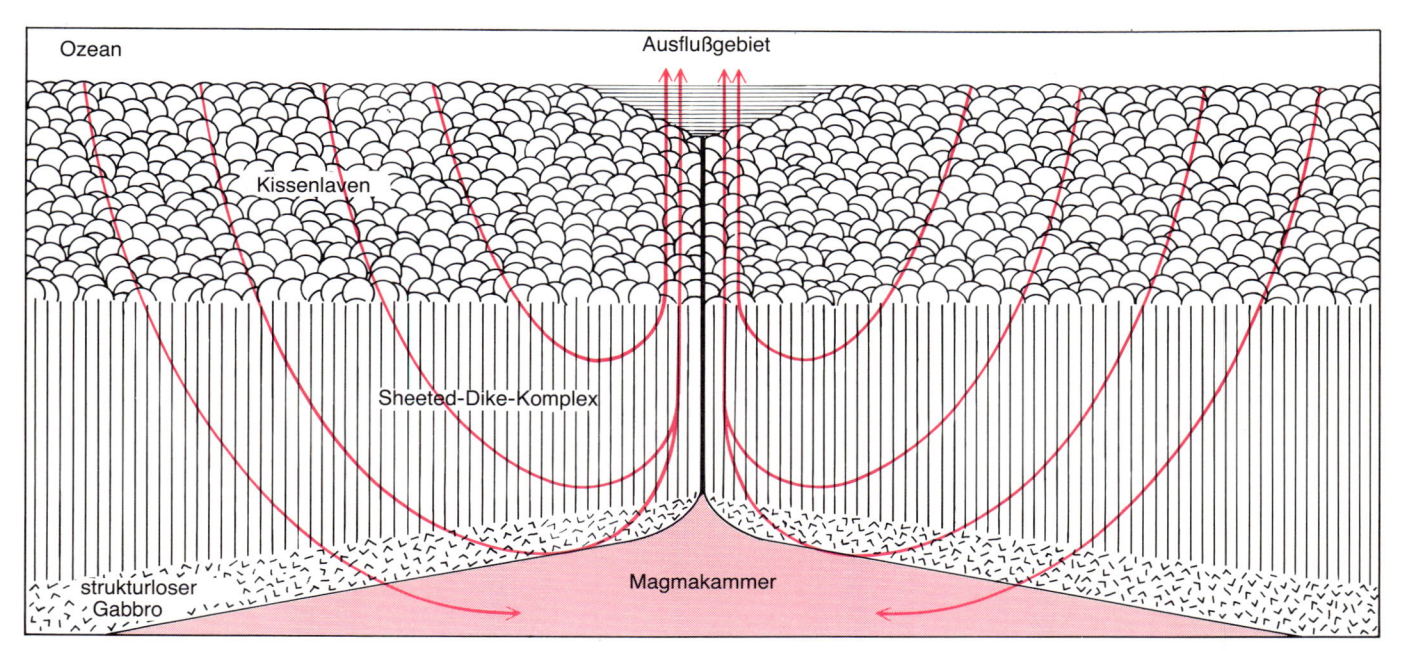

Bild 6: Meereswasser sickert in der unmittelbaren Umgebung der Rückenachsen in den heißen, porösen Ozeanboden ein. Dabei erwärmt es sich und nimmt leichtlösliche Stoffe auf. Als heiße, metallreiche Salzlösung strömt es in Hochtemperaturzonen an Bruchspalten entlang schließlich zum Meeresboden zurück. Beim Austritt ins Meer werden die gelösten Stoffe wieder ausgefällt.

der Insel Masira (Oman) von Ian Abbott und Frank Moseley von der Universität Birmingham und auf Westneufundland von John F. Dewey und seinen Mitarbeitern von der Staatsuniversität von New York in Albany. Was bei der Untersuchung dieser Strukturen in verschiedenen, durch Erosion freigelegten Höhenniveaus herauskam, hat unser Verständnis der zeitgenössischen Transformstörungen wesentlich vertieft.

Noch ein Merkmal der Ophiolithe setzt sie in Beziehung zur ozeanischen Kruste: Sie sind metamorphisiert, haben also eine Umwandlung ihres Gefüges und ihrer Zusammensetzung erfahren. Praktisch alle magmatischen Gesteine, die in einiger Entfernung von den Axialzonen der ozeanischen Rücken und Schwellen zutage gefördert wurden, liegen metamorphisiert vor. Im Gegensatz zu den meisten kontinentalen metamorphen Gesteinen zeigen sie jedoch keinerlei gerichtetes Gefüge. Ihre Umwandlung vollzog sich demnach ohne die Deformationsprozesse, die eine kontinentale Metamorphose gewöhnlich begleiten.

Die wesentliche Antriebsfeder des Umwandlungsprozesses ist daher in der Wärme zu suchen, die Magma unter den ozeanischen Rücken abgab. Mitbeteiligt an der Metamorphose war aber sicher auch das in der neugebildeten, noch heißen ozeanischen Kruste zirkulierende Meereswasser (das Temperaturgefälle in diesen Krustenabschnitten beträgt mehr als 150 Grad Celsius pro Kilometer). Triebkraft der Zirkulation sind Konvektionsströmungen: Kaltes Meereswasser sickert in die porösen Gesteine der ozeanischen Kruste ein, erwärmt sich und wird an Hochtemperaturzonen wieder ausgestoßen (Bild 6).

Das zirkulierende Meereswasser laugt Metalle aus der ozeanischen Kruste aus und bewirkt auch eine Umverteilung von Silicium und anderen Elementen. Da es entlang Störungszonen zur Erdoberfläche zurückströmt, tritt es in Form einzelner Quellen aus dem Meeresboden wieder aus. An geschützten Stellen — wie Vertiefungen im Meeresboden — führen chemische Reaktionen zwischen der heißen, mit Metallen angereicherten Lösung und dem Meereswasser zur Ausfällung von Eisen- und Kupfersulfiden und zur Entstehung dichter sulfidischer Erzkörper sowie eisen- und manganführender Sedimente. In jüngster Zeit gelang es, mit bemannten Unterseebooten eine ganze Reihe solcher hydrothermalen Schlote, aus denen metallreiche Salzlösungen austreten, längs der Ostpazifischen Schwelle aufzuspüren und zu untersuchen (siehe „Tauchexpedition zur Ostpazifischen Schwelle" in Spektrum der Wissenschaft, Juli 1981).

Das Studium dieser Umwandlungsprozesse hat zu interessanten neuen Erkenntnissen über die Plattentektonik geführt. So vertraten die Geowissenschaftler — allen voran Nikolas Christensen und Matthew Salisbury — lange Zeit die Ansicht, die horizontale Schichtung der ozeanischen Kruste, die man anhand der Geschwindigkeiten von Erdbebenwellen entdeckt hatte, sei metamorph bedingt. Der Übergang von der für die zweitoberste Schicht charakteristischen Geschwindigkeit (5,07 Kilometer pro Sekunde) zu der für die darunterliegende Schicht typischen (6,69 Kilometer pro Sekunde) sollte den Wechsel von einem Metamorphosetyp zum anderen widerspiegeln. Nun erfolgt in Ophiolithkörpern der Übergang vom Dike-Komplex zu den Gabbros etwa auf der gleichen Höhe wie der Metamorphosewechsel. Beide Arten von Übergängen können daher für den Geschwindigkeitssprung der Erdbebenwellen in der ozeanischen Kruste verantwortlich sein.

Wie kommt Meeresboden auf's Festland?

Bisher haben wir uns mit der Struktur, der Zusammensetzung und den metamorphen Merkmalen der Ophiolithe befaßt und gefragt, was sie uns über die Meeresgeologie verraten. Aber die Ophiolithe werfen noch eine weitere Frage auf. Wenn sie aus ozeanischer Kruste bestehen, die an ozeanischen Rücken und Schwellen aufgequollen ist, wie gelang es ihnen dann, den „Todesstreifen" der Subduktionszonen an den Plattenrändern bei den Kontinenten und Inselbögen zu überwinden? Wie kam es zu einer Ob- statt einer Subduktion?

Der Begriff Subduktion gehört zum Vokabular, das mit der Theorie der Plattentektonik Eingang in die geologische Literatur fand. Das Wort leitet sich vom lateinischen *sub* (unter) und *ducere* (führen) ab. Subduzieren bedeutet daher wörtlich „unterführen", anschaulicher ausgedrückt abtauchen. Obduzieren bezeichnet das Gegenteil, also „darüber-

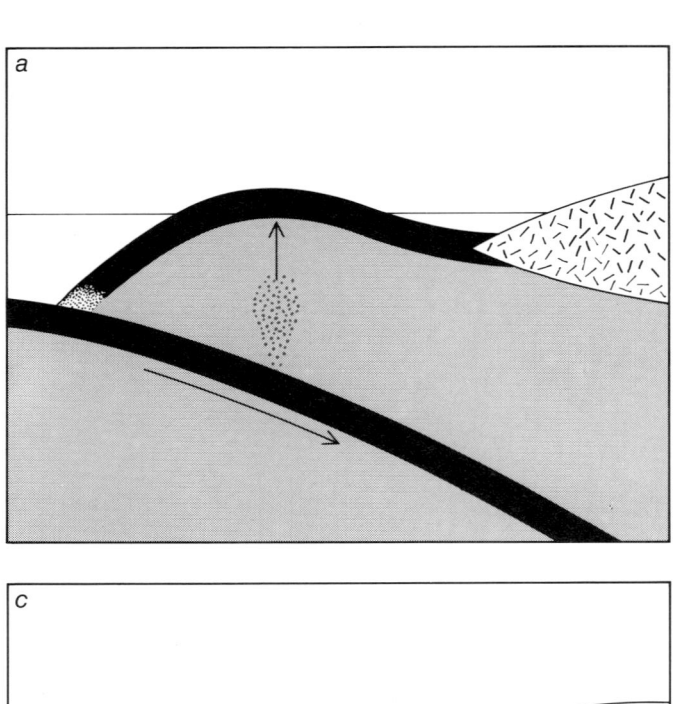

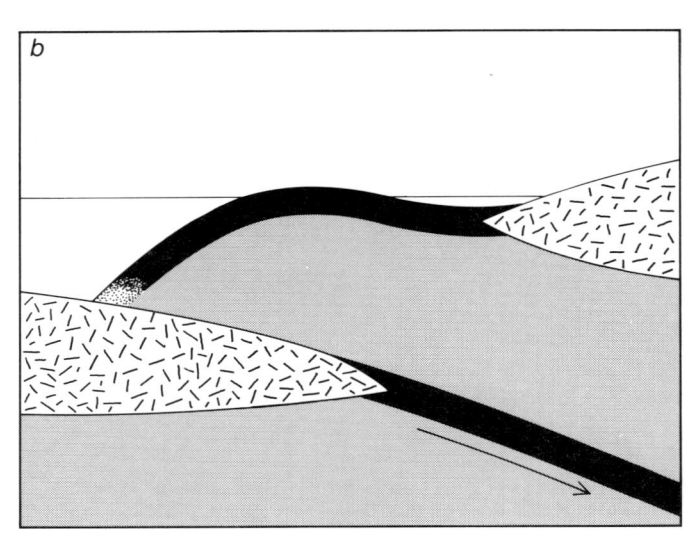

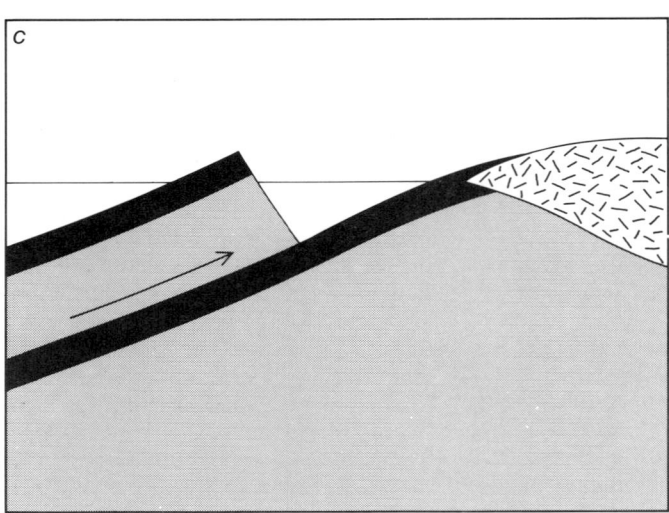

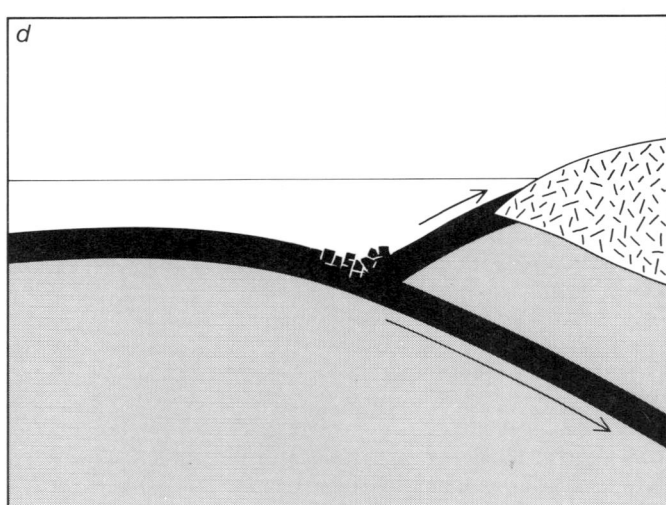

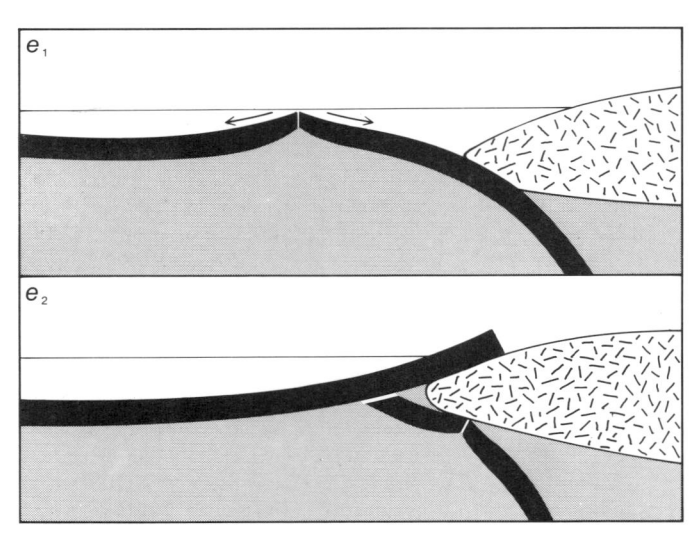

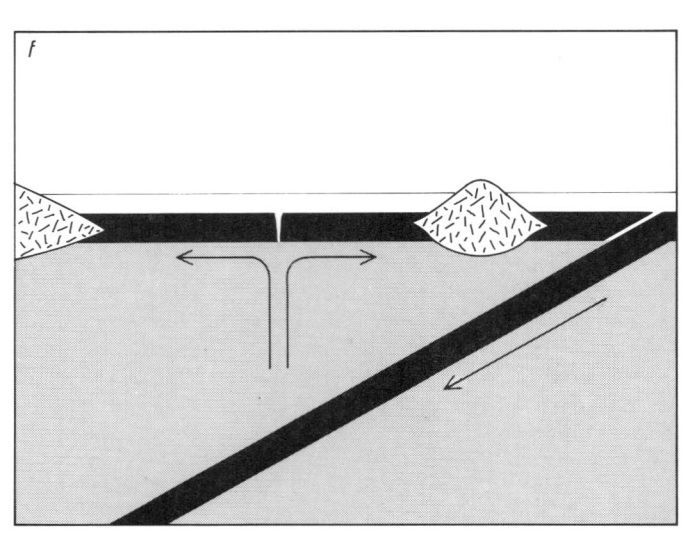

Bild 7: Ophiolithe können auf verschiedene, bislang nicht völlig geklärte Arten an Land verfrachtet werden. Sechs mögliche Modelle sind hier dargestellt. Im Modell *a* wölbt sich ozeanische Kruste (gekrümmtes schwarzes Band), die mit einem Kontinent oder einem Inselbogen (linsenförmiger Körper rechts) verwachsen ist, nach oben, weil ein anderes Stück Ozeankruste darunter abtaucht. Das von der abtauchenden Platte mitgeführte und in der Tiefe freigesetzte Wasser wandelt den Peridotit des darüberliegenden Erdmantels in weniger dichtes Gestein um, das daraufhin einen Auftrieb erfährt und die überlagernde ozeanische Kruste nach oben drückt. Im Modell *b* taucht kontinentale Kruste unter ozeanische ab und drückt wegen ihrer geringeren Dichte alles Gesteinsmaterial über ihr nach oben. Im Modell *c* schiebt sich Ozeankruste in Pfeilrichtung über ein zum Meer einfallendes ozeanisches Plattenstück. Beim Modell *d* bricht ein Teil der ozeanischen Kruste in Stücke, und einige der Fragmente fallen in eine nahegelegene Tiefseerinne. Solche Trümmer findet man dann als Einlagerungen in Gesteinen aus Serpentinit oder tonigen Sedimenten. Im Modell *e* wandert eine ozeanische Schwelle in Richtung einer Subduktionszone (e_1). Weil die Kruste über der Magmakammer verdünnt ist (Bild 2), taucht der Krustenteil links der Rückenachse nicht ab, sondern ist leicht genug, um sich über den Kontinentalrand zu schieben (e_2). Nach Modell *f* entstehen Ophiolithe an kleineren Nebenrücken in einem Randmeer über einer Subduktionszone. Natürlich können bei der Verfrachtung der Ophiolithe auf den Rand eines Kontinents oder Inselbogens auch mehrere dieser Prozesse zusammenwirken.

führen" oder darüberschieben: Die ozeanische Kruste schiebt sich über die kontinentale. Wie ihr das gelingt, obwohl sie doch schwerer ist, darüber herrscht bis heute Rätselraten.

Am einfachsten läßt sich das Vorhandensein der Ophiolithe auf dem Festland erklären, wenn man sie als Fragmente ozeanischer Kruste ansieht, die einem Kontinent oder einem Inselbogen angeschweißt wurden. Damit sind sie zunächst einmal Teil dieses Kontinents oder Inselbogens geworden, und der Rest der ozeanischen Platte taucht nicht mehr direkt unter den Kontinent oder Inselbogen ab, sondern unter das daran angeschweißte ozeanische Krustenstück. Um als Ophiolith in Erscheinung zu treten, muß dieses Krustenstück jetzt nur noch über den Meeresspiegel angehoben werden. Das kann auf verschiedenen Wegen geschehen.

Da die abtauchende Platte gewöhnlich ozeanischen Ursprungs ist, besteht sie zum Teil aus wasserhaltigen metamorphen Mineralen wie Zeolithen und Amphibolen. Beim Abtauchen in den Erdmantel heizen sich diese Minerale auf und setzen das enthaltene Wasser frei. Dieses kann nun einen Teil des Peridotits im darüberliegenden Erdmantel in Serpentinit umwandeln. Die Serpentinisierung des Peridotits ist mit einer Volumenzunahme – und damit einer Verminderung der Dichte – verbunden: Das Gestein erfährt einen Auftrieb und drückt das überlagernde Krusten- und Mantelmaterial nach oben (Bild 7a).

Es könnte aber auch sein, daß sich schließlich kontinentale Kruste, die fest mit der zunächst subduzierten ozeanischen Kruste verwachsen ist, unter den potentiellen Ophiolithkomplex schiebt (Bild 7b). In diesem Fall drängt das spezifisch leichtere Kontinentalgestein nach oben und bewirkt ebenfalls eine Aufwölbung. Nach den Ergebnissen von Schwerkraftmessungen, die David Masson-Smith vom Institute of Geological Sciences und ich 1963 über dem Troodos-Massiv durchführten, scheint ein solcher Prozeß für dessen Entstehung verantwortlich zu sein. Der Hebungsvorgang wurde durch den Aufstieg einer Serpentinitmasse unter dem heutigen Zentralmassiv allerdings noch verstärkt.

Für eine Unterschiebung der späteren Ophiolithe durch abtauchende Kruste sprechen auch Untersuchungen an den metamorphen Gesteinen, die sich oft als dünne Schicht an der Basis der Ophiolithe befinden und diese von dem tieferen Material trennen. Sie stammen aus einer lokalen etwa 600 Grad Celsius heißen Erwärmungszone, unterhalb derer die Temperatur wieder rapide abnahm, so daß nur wenige hundert Meter tiefer keine Metamorphose mehr stattfand.

Die treibende Kraft der Gesteinsumwandlung war wahrscheinlich die Reibungswärme, die bei der Subduktion der unterlagernden Kruste entstand. Auch die Art und Verteilung der bei der Metamorphose neu gebildeten Minerale läßt sich am besten mit der fortwährenden Subduktion einer ozeanischen Platte erklären.

Zwar besitzen wenig deformierte Ophiolithe die gleiche Schichtstruktur, wie man sie anhand seismischer Untersuchungen auch für die ozeanische Kruste annimmt, doch sind die einzelnen Schichten deutlich dünner. Das ließ die Hypothese aufkommen, Ophiolithe repräsentierten verdünnte ozeanische Kruste, die an Nebenrücken in kleinen Randmeeren entstanden sei (Bild 7f). Verdünnte Kruste aber – so argumentierte man – könne leichter obduziert werden. Tatsächlich lassen sich die geochemischen Merkmale ophiolithischer Basalte am besten dadurch erklären, daß die Ophiolithe einer wasserhaltigen Schmelze entstammen, und daß dieses Wasser aus einer darunterliegenden Subduktionszone freigesetzt wurde. Außerdem liegen das Alter eines Ophiolithkomplexes und der Zeitpunkt, als er seine heutige Position erreichte, gewöhnlich sehr nah beieinander. Daher nahm man an, die ozeanische Kruste werde bereits als Ophiolith am späteren Fundort abgelagert, bevor die Förderbänder des Subduktionsprozesses richtig auf Touren gekommen sind. Auch das könnte die geringe Mächtigkeit der Ophiolithlagen erklären.

Andere Faktoren sind jedoch nicht so leicht mit diesem einfachen Modell zu vereinbaren. Zweifellos lagern die meisten Ophiolithe auf Gestein kontinentalen Ursprungs. In einigen Fällen läßt sich beweisen, daß sich die Fragmente der ozeanischen Kruste über das Kontinentalgestein geschoben haben (Bild 7c). Ein klassisches Beispiel dafür sind die Ophiolithe von Papua-Neuguinea. Sie befinden sich nach den Beschreibungen von Hugh L. Davies vom Australian Bureau of Mineral Resources im südlichen Teil einer nach Norden einfallenden Überschiebungszone, die – im Gegensatz zu allen anderen rund um den Pazifik – zum Meer geneigt ist. Hier handelt es sich daher wohl um einen der wenigen Fälle, in dem die Bezeichnung Obduktion wirklich berechtigt ist.

Andererseits findet man Blöcke ozeanischer Kruste von oft mehreren Kilometern Durchmesser in einer Grundmasse aus Serpentinit oder tonigen Sedimenten eingebettet. Wahrscheinlich haben sie sich aus dem Gesteinsverband gelöst, als sich die ozeanische Platte bog und brach, bevor sie schließlich abtauchte (Bild 7d). Die losgelösten Blöcke fielen in eine angrenzende Tiefseerinne, die unter allen sichtbaren Anhaltspunkten das Hauptindiz für eine Subduktionszone darstellt.

Zwei verwirrende Namen

Der Begriff Obduktion ist somit irreführend, aber solange man die komplizierten Vorgänge, die er beinhaltet, nicht aus dem Auge verliert, läßt sich damit arbeiten. Immerhin bringt er zum Ausdruck, daß Ophiolithe im gegenwärtigen Zyklus der Plattentektonik – es gab in der Vergangenheit noch andere – meist an oder in der Nähe von Subduktionszonen zu finden sind. Damit lassen sich Ophiolithe als Indikatoren für alte Plattenränder verwenden, an denen ozeanische Kruste vernichtet wurde. Von dieser Möglichkeit haben Robert Coleman, John Dewey und Alan Gilbert Smith Gebrauch gemacht, um Gebiete aus dem Meso- und Paläozoikum geologisch zu rekonstruieren.

Auch „Ophiolith" ist eine etwas unglückliche Bezeichnung für die an Land abgelagerten Fragmente ozeanischer Kruste – unglücklich wegen der vielen Bedeutungsänderungen, die dieser Ausdruck in der Vergangenheit erfahren hat. Bevor sich die Plattentektonik durchsetzte, brachte man Ophiolithe mit dem ersten Entwicklungsstadium einer Geosynklinale in Verbindung. Entsprechend verstand man darunter hauptsächlich aus Serpentinit bestehende Gesteine, die im Laufe eines Gebirgsbildungszyklus – beginnend mit der Absenkung einer Geosynklinale – metamorphisiert worden waren. Das Troodos-Massiv zeigt keine typischen Merkmale einer einstigen Geosynklinale – und so sah man es bei den ersten gründlichen geologischen Untersuchungen in den fünfziger Jahren nicht als Ophiolithkomplex an. In den frühen siebziger Jahren zeichnete sich dann ab, daß Strukturen wie das Troodos-Massiv verbreitet genug sind, um einen gemeinsamen Namen zu verdienen. Viele der Gesteinskomplexe, die bei näherer Untersuchung den gleichen Aufbau wie das Troodos-Massiv aufweisen, hatte man früher als Ophiolithe bezeichnet. Deshalb war es wohl unvermeidlich, daß man den Namen Ophiolith beibehielt, auch wenn die klassische Geosynklinale inzwischen aus der Literatur verschwunden ist. Die Bezeichnung erhielt allerdings eine neue, weit präzisere Bedeutung. Heute verstehen die meisten Geowissenschaftler darunter Bruchstücke ozeanischer Kruste, die einst an ozeanischen Rücken oder Schwellen gebildet wurden. Und so sollte man den Namen eben akzeptieren, auch wenn er nicht unbedingt ins Schwarze trifft.

Nordamerika: Ein Kontinent setzt Kruste an

Im Widerspruch zur klassischen Theorie der Plattentektonik wachsen Kontinente keineswegs langsam und stetig, sondern in Schüben. So wurden während mehrerer Epochen der Erdgeschichte ozeanische Gesteinsblöcke an die Westküste Nordamerikas verschleppt, wo sie mit dem alten Festland verwuchsen – ein Prozeß, der auch neues Licht auf die Entstehung anderer Gebirge wirft.

Von **David L. Jones, Allan Cox, Peter Coney und Myrl Beck**

Nach der Theorie der Plattentektonik sitzen die Landmassen der Erde auf großen Platten der Erdkruste, die sich ständig gegeneinander verschieben. Seit dieses Modell vor knapp zwei Jahrzehnten in weiten Kreisen Anerkennung fand, gingen die Geowissenschaftler davon aus, daß die Kontinente langsam und stetig wachsen – ähnlich wie Bäume, deren Stämme jedes Jahr um einen Jahresring dicker werden. Die Wachstumsringe der Kontinente bestehen dabei aus Gesteinen verschiedenen Ursprungs. Einen Großteil stellen Sedimente, die Flüsse auf dem Kontinentalschelf abgelagert haben. Dazu kommen Trümmer ozeanischer Kruste, die am Rand des Kontinents abgeschabt wurden, als die benachbarte Platte mit ihrem ozeanischen Teil darunter abtauchte – ein Prozeß, der als Subduktion bekannt ist. Eine dritte Gesteinsgruppe schließlich entstammt vulkanischen Inselbögen, die sich über den Subduktionszonen bilden.

Wie es heute scheint, erfolgt das Wachstum der Kontinente jedoch keineswegs langsam und stetig. Neue Befunde machen vielmehr klar, daß es in Schüben vor sich geht – wobei der letzte große Wachstumsschub von Nordamerika vor zweihundert Millionen Jahren einsetzte. Im Grunde genommen wurde der ganze, im Durchschnitt etwa fünfhundert Kilometer breite Küstenstreifen entlang des Pazifik von Baja California im Süden bis zur Spitze von Alaska im Norden auf den bereits bestehenden Kontinent „aufgepfropft" (Bild 1), indem sich nacheinander große Krustenblöcke anlagerten, von denen die meisten eine Reise über Tausende von Kilometern in nordöstlicher Richtung von ihren Entstehungsorten im pazifischen Becken hinter sich hatten. Im horizontalen Querschnitt messen diese Blöcke Hunderte bis Tausende von Kilometern.

Viele davon sind ozeanischen Ursprungs und bestehen aus normaler ozeanischer Kruste oder Gestein von Inseln, Plateaus, ozeanischen Rücken oder Inselbögen. Bei ein paar Blöcken allerdings handelt es sich eindeutig um kontinentale Bruchstücke. Einige haben mehrere tausend Kilometer zurückgelegt, ohne stärkere Deformationen davonzutragen. Nachdem sie an Nordamerika anstießen, wurden sie gewöhnlich durch Horizontalverwerfungen in schmale Scheiben zerschnitten und parallel zum Kontinentalrand auseinandergezogen. Viele Blöcke drehten sich während oder nach der Kollision. Der Westen Nordamerikas wirkt somit wie ein Mosaik aus miteinander verwachsenen Krustenschollen (Bild 1). Es entstand während der letzten zweihundert Millionen Jahre, als immer wieder Trümmer ozeanischer Kruste auf den Kontinent aufprallten. Den Prozeß, in dessen Verlauf sich der Rand eines Kontinents durch den Transport, das Anlagern und die Drehung großer Krustenblöcke verändert, nennt man heute oft Mikroplattentektonik. Die Blöcke selbst bezeichnet man mit ihrem englischen Namen als Terranes.

Aktive und passive Plattenränder

Die Mikroplattentektonik ist eine wichtige Ergänzung der Plattentektonik in dem Teilbereich, wo es um die Wechselwirkung zwischen zwei Platten entlang sogenannter aktiver Kontinentalränder geht. Das sind solche, die zu zwei sich aufeinander zu bewegenden Platten gehören. Driften Platten dagegen – wie die afrikanische und die südamerikanische – an dem sie trennenden mittelozeanischen Rücken auseinander, so bezeichnet man die zugehörigen Kontinentalränder als passiv. Auch an solchen Rändern

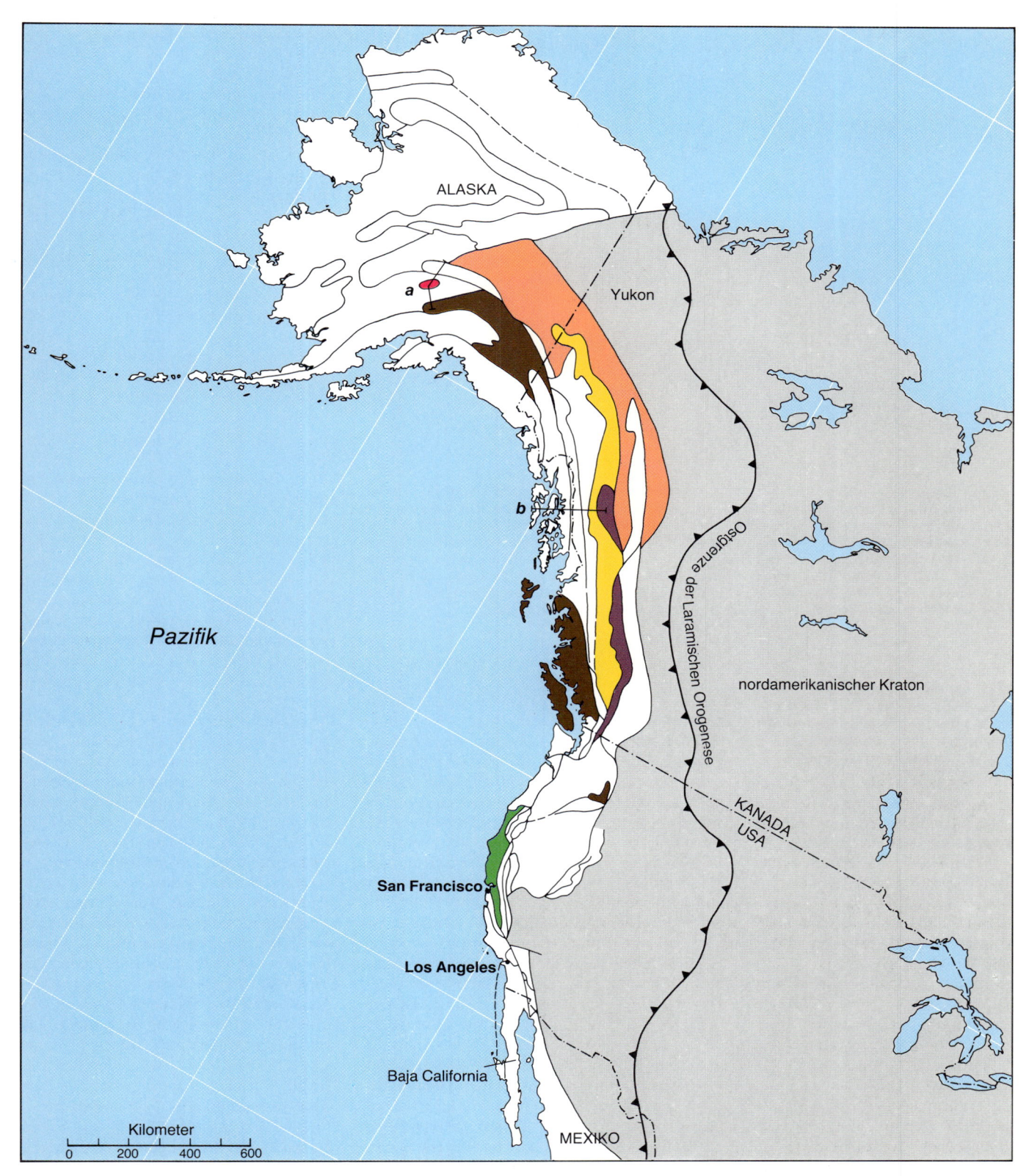

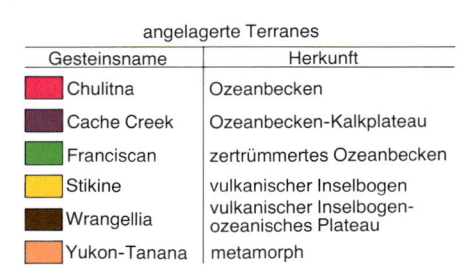

Bild 1: Fremdländische Schollen – sogenannte Terranes –, die nach einer langen Reise durch den Pazifik an der Westküste Nordamerikas strandeten, haben den amerikanischen Kontinent während der letzten zweihundert Millionen Jahre um die hier weiß und farbig gezeichneten Gebiete wachsen lassen. Rund hundert solcher Terranes wurden bisher identifiziert. Sie unterschieden sich in ihrer geologischen Entwicklung, ihrem Fossilgehalt (Bild 2) und ihrer Magnetisierungsrichtung (Bild 8) grundlegend von dem alten nordamerikanischen Kraton, dem Urkontinent (grau). Viele Terranes – darunter alle farbig gekennzeichneten (mit Ausnahme vielleicht des Yukon-Tanana-Terranes) – bestehen aus Gesteinen, die sich einst am Meeresboden abgelagert haben. Bei einigen zeugt die Magnetisierungsrichtung davon, daß sie Tausende von Kilometern südlich ihrer gegenwärtigen Position entstanden sind. Die gezackte Linie nahe dem Westrand des Urkontinents markiert die Ostgrenze der Laramischen Orogenese, einer Gebirgsbildungsära vor achtzig bis vierzig Millionen Jahren. Einen Querschnitt durch die Gesteinsschichten bei a und b zeigen die Bilder 14 und 15.

angelagerte Terranes	
Gesteinsname	Herkunft
Chulitna	Ozeanbecken
Cache Creek	Ozeanbecken-Kalkplateau
Franciscan	zertrümmertes Ozeanbecken
Stikine	vulkanischer Inselbogen
Wrangellia	vulkanischer Inselbogen-ozeanisches Plateau
Yukon-Tanana	metamorph

Bild 2: Fossilien bezeugen, daß die Terranes über weite Strecken gewandert sind. Bei jedem der Aufschlüsse a, b und c fand man versteinerte Fusuliniden (marine Mikroorganismen) aus dem Perm (vor 290 bis 240 Millionen Jahren). Die bei a und b gefundenen Fossilien werden zur Gruppe der Tethys-Fusuliniden gezählt, weil die Tiere vermutlich einst im Urmeer der Tethys — Bild 3 gibt einen Überblick — beheimatet waren. Sie unterscheiden sich sowohl in der äußeren Gestalt als auch in der inneren Struktur von den nordamerikanischen Formen (c). Offenbar wurden sie gleichsam als blinde Passagiere auf Terranes Tausende von Kilometer weit durch den Ozean an die Westküste Nordamerikas verschleppt.

wächst der Kontinent ins Meer hinaus — durch die Ablagerung von Flußsedimenten und Kalkresten von Meeresorganismen, die sich als Kalkgestein verfestigen —, doch geschieht das sehr langsam. Die fortlaufenden Sedimentfolgen dieser nahezu flachlagernden Schichten nennt man miogeoklinale Sedimente. Die meisten von ihnen sind ungestört und weisen in ihrer zeitlichen Abfolge keine Lücken auf — was darauf schließen läßt, daß an passiven Kontinentalrändern im allgemeinen keine Gebirgsbildungsprozesse stattfinden.

Entlang aktiver (oder konvergenter) Ränder — wie jener, die ringartig fast den ganzen Pazifik umgeben — wachsen die Kontinente in der Regel bedeutend schneller. Es sind die Ränder, wo eine ozeanische Platte unter die kontinentale abtaucht. Dabei werden an der kontinentalen Platte Tiefseesedimente sowie Bruchstücke der basaltischen Ozeankruste abgeschabt, die dann hängen bleiben. Gleichzeitig erwärmt sich der abtauchende Plattenteil und schmilzt partiell auf, was einen ausgedehnten Vulkanismus und Gebirgsbildungsprozesse in Gang setzt. Ein klassisches Beispiel dafür sind die Anden an der Westküste Südamerikas.

Folgt man der Plattentektonik in ihrer ursprünglichen Version, so war die Westküste Nordamerikas während des späten Paläozoikums und des frühen Mesozoikums (vor etwa 350 bis 210 Millionen Jahren) zunächst ein passiver Plattenrand und wandelte sich erst später in einen aktiven um. Bisher nahm man an, daß der Kontinent während des passiven Stadiums in begrenztem Maße wuchs, indem an einigen Stellen der Küste — beispielsweise an den kalifornischen Coast Ranges — Sedimente und magmatisches Gestein ozeanischen Ursprungs angefügt wurden. Immerhin konnte dieses Modell so scheinbar widersprüchliche Gesteine wie das durch lokale Subduktionsprozesse entstandene Material der kalifornischen Coast Ranges — in Fachkreisen als Franciscan-Formation bekannt — und die Granite der Sierra Nevada weiter östlich, die ursprünglich zweifellos Wurzeln von Vulkanen waren, wie sie heute in den Anden vorkommen, zufriedenstellend erklären.

Im Lichte der Mikroplattentektonik bleibt zwar die plattentektonische Rekonstruktion der geologischen Entwicklung von West-Nordamerika in den Grundzügen die gleiche, die Einzelheiten erscheinen jedoch völlig verändert. So weiß man inzwischen, daß Nordamerika im Mesozoikum (vor 240 bis 65 Millionen Jahren) um ein bedeutend größeres Stück in Richtung Pazifik wuchs, als sich allein durch den Vulkanismus entlang Inselbögen und das Anfügen mariner Sedimente erklären läßt. Außerdem hat sich herausgestellt, daß einige der heute benachbarten Krustenblöcke keineswegs von ihrer Entstehung her miteinander verwandt sind — wie man es nach dem einfachen plattentektonischen Modell erwarten würde —, sondern sehr wahrscheinlich aus völlig verschiedenen Teilen der Welt stammen und nur rein zufällig am Ende ihrer langen Reise nebeneinander zu liegen kamen.

Vier wesentliche Fragen gilt es in diesem Zusammenhang zu beantworten. Wie kann man die einzelnen Terrranes erkennen, aus denen sich das gegenwärtige tektonische Mosaik West-Nordamerikas zusammensetzt? Woraus läßt sich ablesen, wo sie entstanden und wie weit sie gewandert sind? Welche Strukturen haben sich dort herausgebildet, wo die Krustenschollen miteinander verwachsen sind? Und schließlich: Welcher Prozeß hat sie an den Kontinentalrand „geklebt"?

Die Beantwortung dieser Fragen erfordert eine enge Zusammenarbeit zwischen Geowissenschaftlern der verschiedensten Richtungen. So haben Geologen, Geophysiker und Paläontologen ganz verschiedene Methoden, um Teile der Erdkruste zu erkennen, die von weither an ihren gegenwärtigen Ort transportiert wurden. Ein einfaches, aber realistisches Beispiel soll das erläutern: Die Halbinsel Baja California im Nordwesten Mexikos und der dünne Streifen Kaliforniens westlich der San Andreas-Störung gleiten mit einer Geschwindigkeit von etwa fünf Zentimetern pro Jahr relativ zum übrigen Nordamerika nach Norden. Hält diese Bewegung kontinuierlich an, so wird sich das kalifornische Gestein in fünfzig Millionen Jahren an den Kontinentalrand Alaskas verlagert haben.

Der Unterschied zwischen dem „einheimischen" Gestein Alaskas und dem „eingewanderten" Gestein Kaliforniens würde sich durch drei grundlegende Dinge verraten. Zunächst gäbe es ausgeprägte „Sprünge" zwischen den Zusammensetzungen und Mächtigkeiten der Gesteinsschichten beiderseits der Trennlinie, was auf eine sehr unterschiedliche geologische Entwicklung der benachbarten Schollen schließen ließe. Ähnliche Diskontinuitäten könnte man — zweitens — auch bei den Fossilien von Pflanzen und Tieren beobachten. So ließen sich die tropischen Arten im eingewanderten Gestein leicht von den Arten kühlerer Klimate in den einheimischen Schollen unterscheiden. Als drittes schließlich wären die beiden Terranes deutlich verschieden magnetisiert. Die Ursache: Während eine Gesteinsschmelze abkühlt, wird ihr die Richtung des örtlichen Erdmagnetfeldes aufgeprägt. Somit weist Magma, das in der Nähe des Äquators erstarrt ist — wo die Linien des Erdmagnetfeldes nahezu horizontal verlaufen —,

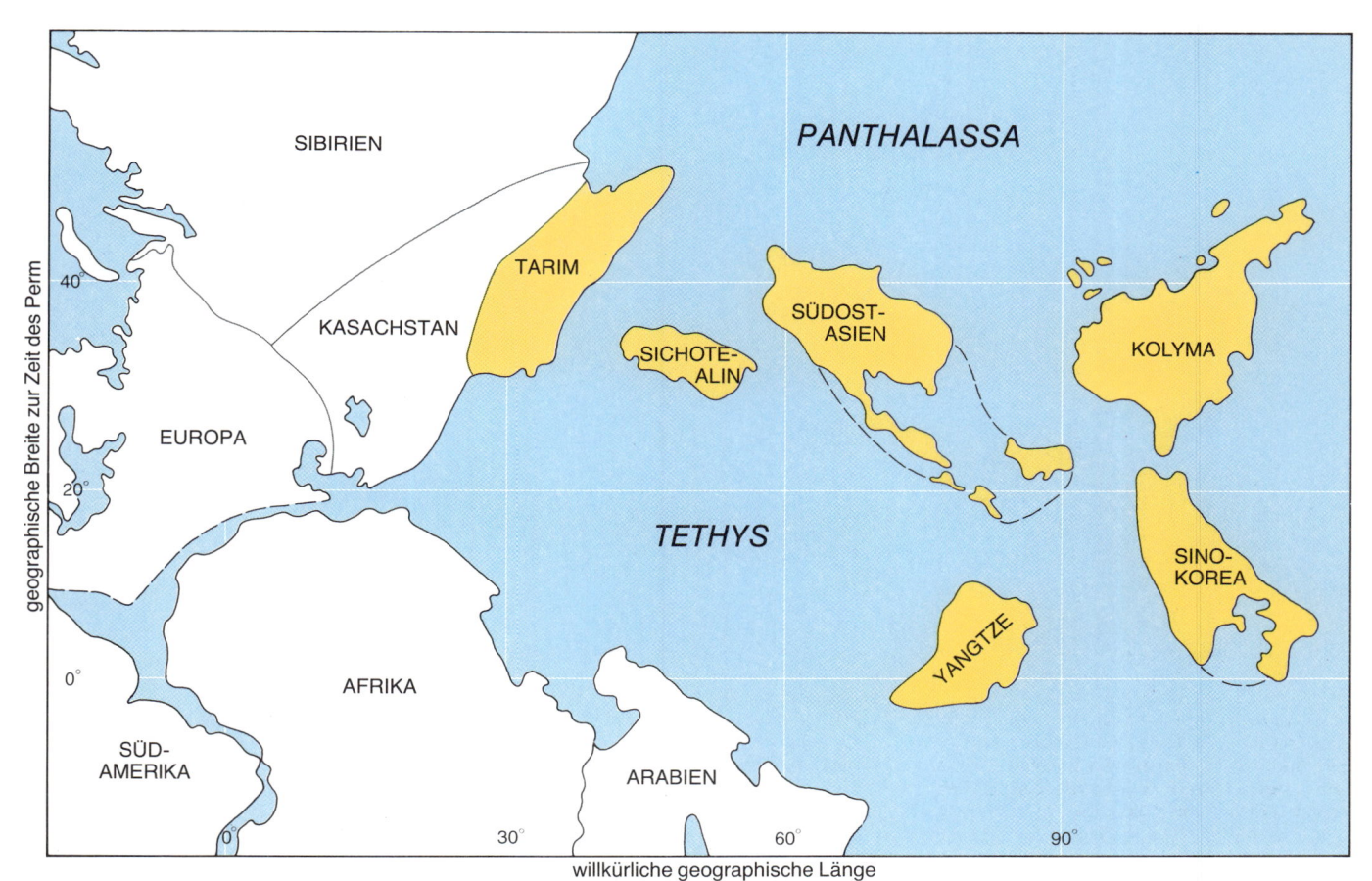

Bild 3: Die Rekonstruktion der Tethys und ihrer Umgebung während der erdgeschichtlichen Periode des Perm vor 250 Millionen Jahren zeigt, wie sich verschiedene Blöcke (farbig), die später mit dem eurasischen Kontinent verschmolzen, einst verteilt haben könnten. Das Gebiet der Tethys beherbergt eine spezifische Tierwelt, von der die Fusuliniden (Bild 2) typische Vertreter sind. Die Karte beruht – wie die von Bild 4 – auf Untersuchungen von M. W. McElhinny von der Australischen Nationaluniversität, B. J. Embleton von der Australian Commonwealth Scientific and Industrial Research Organization sowie X. H. Ma und Z. K. Zhang von der chinesischen Akademie für Geowissenschaften.

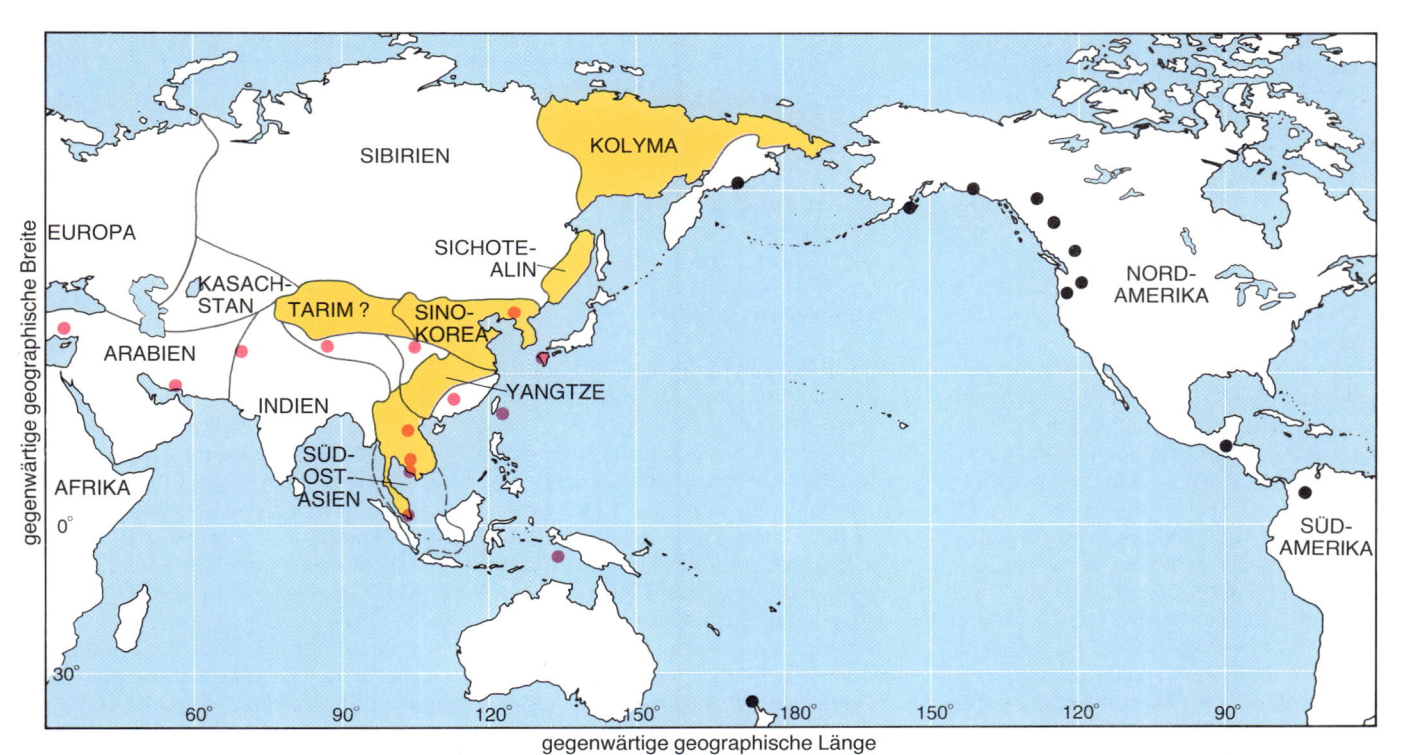

Bild 4: Einen Teil der Tethys-Fusuliniden findet man heute noch dort, wo ihr einstiger Lebensraum war (farbige Punkte). Andere dagegen haben eine weite Reise hinter sich: sie wurden nach Ostsibirien, Neuseeland und in die westliche Hemisphäre verschleppt (schwarze Punkte). Diese Fossilien fremder Herkunft sind ein starkes Indiz dafür, daß sich einige der Krustenblöcke aus der Tethys-Region weiträumig verlagert haben. Die Position der Terranes, die mit Eurasien verwachsen sind (farbig), entspricht einem Vorschlag von McElhinny.

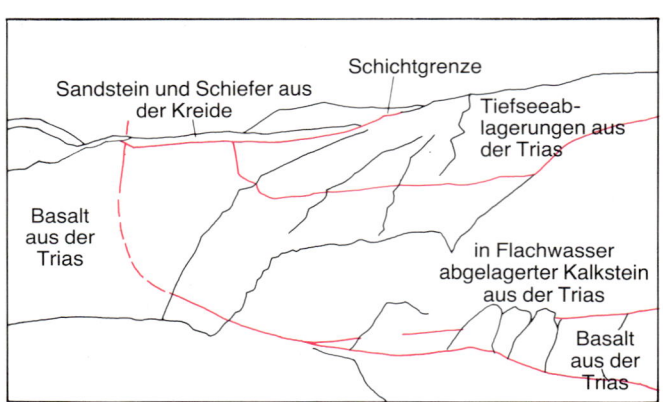

Bild 5: An diesem Kliff in den Wrangell Mountains, etwa 400 Kilometer östlich der Stadt Anchorage in Alaska, läßt sich die Entwicklung des Wrangellia-Terranes über hundert Millionen Jahre ablesen. Die wesentlichen geologischen Merkmale, die auf der Photographie zu erkennen sind, zeigt die Skizze darunter. Das älteste Gestein – Basalt aus der erdgeschichtlichen Periode der Trias, vor etwa 240 Millionen Jahren – entstand auf einem Inselbogen irgendwo im alten Pazifik. Die feingeschichteten, etwa 1200 Meter mächtigen Kalksedimente darüber enthalten in flachem Wasser abgelagerte Hartteile von Meeresorganismen, die das in der Trias absinkende basaltische Plateau besiedelten. Der Kalkstein wurde anschließend von weiteren Sedimenten – hauptsächlich Resten von Lebewesen, die in großen Meerestiefen zu Hause sind, wie Schwämme und Radiolarien – bedeckt. Das Gestein des Gebirgsrückens links – in flachem Wasser abgelagerter Sandstein und Schiefer – stammt aus der Kreide und hat ein Alter von etwa 120 Millionen Jahren. Nach der Hypothese der Autoren kam es zu Faltungen und Störungen dieser triasischen Schichten, als Wrangellia bei Nordamerika strandete.

nur eine schwache paläomagnetische Inklination (Neigung der Magnetfeldlinien gegen die Horizontale) auf. Das einheimische Gestein würde dagegen eine starke Inklination zeigen, da die erdmagnetischen Feldlinien in den höheren Breiten Alaskas sehr viel schräger verlaufen.

Der Tatsache, daß das westliche Nordamerika Gesteinsblöcke fremden Ursprungs enthält, kam man auf die Spur, als man Anomalien der beiden erstgenannten Arten, nämlich geologische und paläobiologische Diskontinuitäten, entdeckte. Aber erst die auffallenden Unterschiede in den paläomagnetischen Daten brachen der Einsicht Bahn, daß eine weiträumige Verschiebung der Blöcke für die Anomalien verantwortlich sein muß.

Rätselhafte Fusuliniden

Die Verteilung der größeren Terranes im westlichen Nordamerika zeigt Bild 1. Daneben wurden viele kleinere entdeckt, die aber in diesem Maßstab nicht wiederzugeben sind. Jedes Terrane verkörpert eine gesonderte geologische Einheit. Es ist durch eine spezifische Gesteinsfolge gekennzeichnet, die auffallend von der des Nachbarterranes abweicht, und wird rundherum von größeren Verwerfungen begrenzt; Übergangsschichten, die benachbarte Krustenblöcke miteinander verbinden, fehlen völlig.

Das wesentliche Merkmal eines Terranes stellt jedoch die einzigartige Abfolge der geologischen Ereignisse dar, die sich aus ihm ablesen lassen. Dazu gehören die Ablagerung vulkanischer und sedimentärer Gesteine, das Eindringen von granitischem Material sowie Bewegungen der Erdkruste wie Faltungen und Verschiebungen. Auch die Entstehung von Erzlagerstätten mag Teil dieser geologischen Geschichte sein. So lieferte die Untersuchung der Terranes die Erklärung dafür, warum gewisse Mineralisationsvorgänge an bestimmten Stellen im Gestein plötzlich aufhören: Wo das Terrane zu Ende ist, muß natürlich auch die Lagerstätte abbrechen.

Bereits 1950 machten M. L. Thompson und Harry E. Wheeler von der Universität von Washington und W. K. Danner vom Wooster College darauf aufmerksam, daß bei bestimmten marinen Mikrofossilien – versteinerten Fusuliniden (schalentragenden Einzellern) – aus der erdgeschichtlichen Periode des Perm

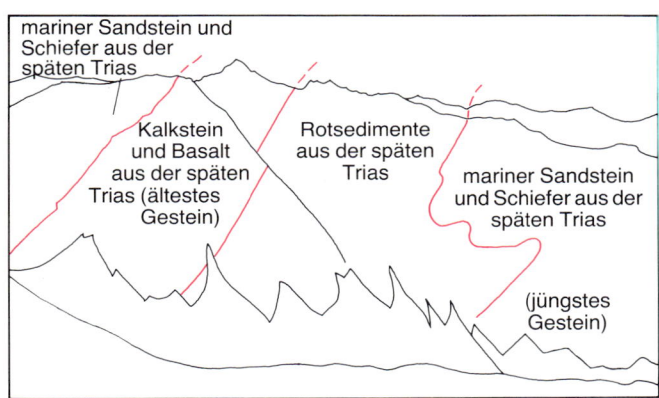

Bild 6: Dieser natürliche Aufschluß des Chulitna-Terranes liegt etwa sechzig Kilometer nordwestlich der Nordgrenze von Wrangellia. Das in der Länge kaum fünfzig Kilometer messende Terrane weist eine Gesteinsfolge auf, wie man sie an keiner anderen Stelle in Alaska oder auch weiter südlich in Nordamerika findet. Bild 7 zeigt sie noch einmal genauer. Die Gesteine wurden gefaltet und so stark überkippt, daß die Schichtfolge jetzt praktisch auf dem Kopf steht, die hell und dunkel gebänderten Schichten links oben – sie stammen aus der oberen (späten) Trias – also die ältesten sind. Bei den hellen Schichten handelt es sich um Basalt, bei den dunklen um Kalkstein. Sie wurden einst von den – heute rechts liegenden – Red Bed-Folgen (aus Sandstein und verfestigtem Geröll) bedeckt. Das braune Gestein noch weiter rechts ist in flachem Wasser sedimentierter Sandstein und Schiefer und birgt eine Fülle von Flachwasserfossilien aus der späten Trias. Die Kippung der Schichten erfolgte wahrscheinlich, als Chulitna vor neunzig Millionen Jahren Alaska erreichte. Der Aufschluß mißt in der Vertikalen 600 Meter. Die Photographie stammt – wie die von Bild 5 – von einem der Autoren (Jones).

(vor etwa 290 bis 240 Millionen Jahren) die im äußersten Westen Nordamerikas verbreiteten Arten völlig verschieden von denen sind, die man weiter östlich in den Rocky Mountains und im Zentralteil des Kontinents findet. Die im Westen vorkommenden Arten gehören zu den in China, Japan, den ostindischen Inseln und der Malaischen Halbinsel häufig vorkommenden Arten (Bild 2). Sie bevölkerten einst vor allem die Tethys, das Urmeer südöstlich der eurasischen Landmasse, so daß wir mit ihrer Hilfe heute die Grenzen dieses Ozeans ermitteln können. Dagegen gehören die Fusulinidenarten in Nevada, Texas und Kansas (Bild 2) biogeographisch gesehen zur nordamerikanischen Faunenprovinz.

Zunächst vermuteten die Forscher, die fremdartigen Tethys-Fusuliniden seien in das westliche Nordamerika gelangt, indem sie ein kompliziertes System enger Seewege durchwanderten, das aus irgendwelchen Gründen von West nach Ost, nicht aber umgekehrt, passierbar war. Diese Seewege sind nichts anderes als das marine Gegenstück zu den Landbrücken, die vor dem Aufkommen der Plattentektonik als Notbehelf dienten, um ähnliche Ungereimtheiten in der Verteilung der Landtiere zu erklären. Im Jahre 1968 wies dann J. Tuzo Wilson an der Universität Toronto – der zu den Vätern der Plattentektonik gehört – darauf hin, daß sich die Existenz der ungewöhnlichen marinen Fossilien in Nordamerika erklären ließe, wenn man annähme, daß der Pazifik einst geschlossen war, so daß Asien und Nordamerika direkt aneinanderstießen. Bei der erneuten Öffnung des Pazifik seien Bruchstücke vom Rand der eurasischen Platte mit Fossilien aus der Tethys am passiven Kontinentalrand Nordamerikas hängen geblieben. Zwar ist eine solche Serie wiederholter Schließungen und Öffnungen – man nennt sie heute Wilson-Zyklus – für den Atlantik gut belegt, doch gibt es so gut wie keine Hinweise darauf, daß sich auch der Pazifik einstmals vollständig geschlossen hätte – zumindest nicht während der letzten paar hundert Millionen Jahre.

Im Jahre 1971 stellten James W. H. Monger vom kanadischen Geological Survey und Charles A. Ross von der Western Washington University die einfache Hypothese auf, daß die aus dem Perm stammenden Tethys-Fusuliniden und das sie beherbergende Gestein während des Perm nahe dem Äquator am

Meeresboden abgelagert wurden. Später sollen die Gesteinstrümmer dann auf einer ozeanischen Platte nordwärts nach Kanada transportiert worden sein und sich zum Teil an den Kontinentalrand Nordamerikas angelagert haben.

Den Terranes auf der Spur

Eines der ersten Terranes, das man als solches erkannte, war das von Cache Creek in British Columbia, der westlichsten Provinz Kanadas. Um den Geburtsort dieser Scholle bestimmen zu können, muß man wissen, ob die äquatorialen marinen Organismen der Tethys einst nur in einem bestimmten Gebiet oder überall am Äquator vorkamen. Schaut man sich die gegenwärtige Verteilung der Tethys-Fusuliniden an (Bild 4), so sieht es zunächst ganz danach aus, als ob diejenigen, die in einem vom Mittelmeer im Westen bis nach Borneo und möglicherweise Japan im Osten erstreckenden Gürtel zu finden sind, auch dort gelebt hätten. Ihr Heimatgewässer, die Tethys, wurde im Perm von Indien, Tibet, Australien und Afrika im Süden sowie Europa und Asien im Norden begrenzt (Bild 3).

Dieses Meer umschloß mindestens fünf größere Inselmassen, die nach und nach am östlichen Rand Asiens an verschiedenen Stellen angelagert wurden. Heute verteilen sie sich in einem Gebiet zwischen dem Äquator und der Beringsee (Bild 4). Auf jeder dieser mit Asien verwachsenen Inselmassen finden sich Fusuliniden der Tethys. Von gleicher Wichtigkeit ist die Beobachtung, daß die in der westlichen Hemisphäre entstandenen äquatorialen Gesteine aus dem Perm keinerlei Tethys-Fusulinide aufweisen. Der Grund für die gegenwärtige Verteilung dieser Fossilien kann daher nicht eine Wanderung der Tiere während des Perm sein, sondern muß vielmehr in einer späteren Verschiebung der Terranes liegen, auf denen sich, nachdem sie im Tethys-Becken entstanden waren, Fusuliniden ablagerten und versteinerten.

Diese einfache Erklärung für den Ursprung der rätselhaften Fossilien im Cache Creek-Terrane führt zu einem wichtigen Schluß. Immerhin wurden die fremdartigen Gesteine fünfhundert Kilometer landeinwärts von der nordamerikanischen Küste gefunden. Wenn sie tatsächlich von weit her stammen — wie Monger und Ross spekulierten — so muß man erwarten, daß die seewärts (westlich) davon liegenden Gesteine ebenfalls fremden Ursprungs sind. Dieser Verdacht hat sich inzwischen vielfach bestätigt.

So stehen viele paläozoische und mesozoische Gesteine — mit einem Alter zwischen 590 und 65 Millionen Jahren —, die man in Teilen von Alaska, British Columbia, den US-Bundesstaaten Washington, Oregon und Kalifornien sowie im Westen von Nevada und Mexiko gefunden hat, in keinem offensichtlichen Zusammenhang mit dem alten nordamerikanischen Kraton (der Kernmasse Nordamerikas). Der Verlauf des Westrands von Nordamerika in der Endphase seines passiven Stadiums läßt sich anhand lithologischer (gesteinskundlicher) und geochemischer Befunde recht genau

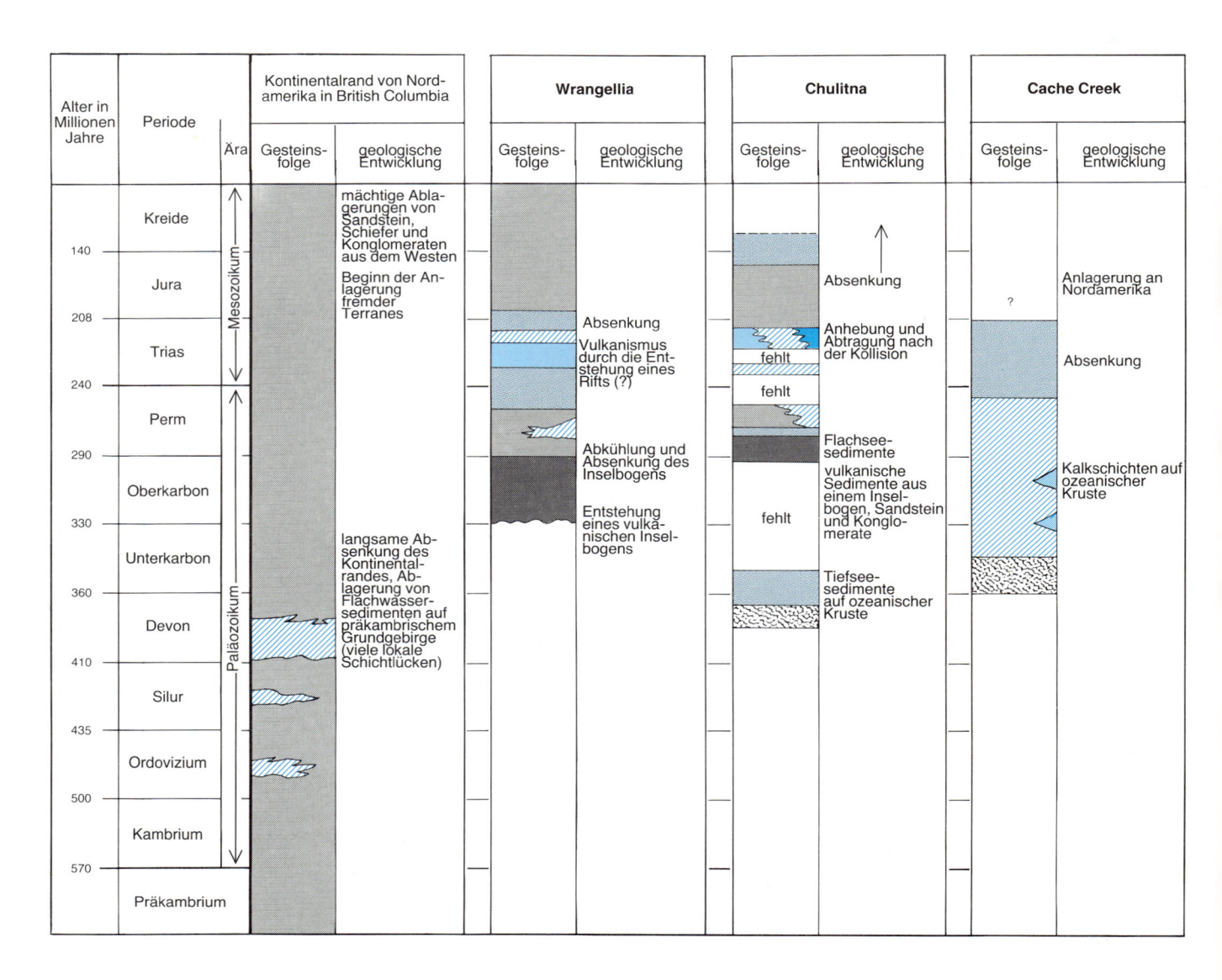

Alter in Millionen Jahre	Periode	Ära	Kontinentalrand von Nordamerika in British Columbia — geologische Entwicklung	Wrangellia — geologische Entwicklung	Chulitna — geologische Entwicklung	Cache Creek — geologische Entwicklung
140	Kreide	Mesozoikum	mächtige Ablagerungen von Sandstein, Schiefer und Konglomeraten aus dem Westen			
208	Jura		Beginn der Anlagerung fremder Terranes		Absenkung	Anlagerung an Nordamerika
240	Trias			Absenkung; Vulkanismus durch die Entstehung eines Rifts (?)	fehlt; Anhebung und Abtragung nach der Kollision	Absenkung
290	Perm	Paläozoikum		Abkühlung und Absenkung des Inselbogens	fehlt; Flachseesedimente	Kalkschichten auf ozeanischer Kruste
330	Oberkarbon		langsame Absenkung des Kontinentalrandes, Ablagerung von Flachwässersedimenten auf präkambrischem Grundgebirge (viele lokale Schichtlücken)	Entstehung eines vulkanischen Inselbogens	vulkanische Sedimente aus einem Inselbogen, Sandstein und Konglomerate	
360	Unterkarbon					
410	Devon				Tiefseesedimente auf ozeanischer Kruste	
435	Silur					
500	Ordovizium					
570	Kambrium					
	Präkambrium					

nachzeichnen. Ein Hauptmerkmal eines solchen passiven Randes ist das Vorhandensein kristalliner Gesteine unter einer dicken Schicht paläozoischer Sedimente, die kontinentaler Herkunft sind und in tiefem Wasser abgelagert wurden. Das aber beobachtet man bei den Terranes westlich des alten Kontinentalrandes von Nordamerika nicht. Sie bestehen vielmehr aus Gesteinen, die charakteristisch für Inselbögen oder ozeanische Kruste und deren Sedimente sind.

Ein wichtiges geochemisches Merkmal, das die Grenze zwischen der alten kontinentalen Kruste und dem verfrachteten Gestein ozeanischer Herkunft zu erkennen gibt, ist die Änderung des Mengenverhältnisses der beiden Isotope Strontium-87 und Strontium-86. In der alten kontinentalen Kruste aus dem Präkambrium (vor mehr als 570 Millionen Jahren) ist es höher als in der jungen ozeanischen Kruste. Die durch den Sprung im Isotopenverhältnis markierte Grenze stimmt gut mit derjenigen überein, die man aus lithologischen Unstetigkeiten ermittelt hat.

Diese Grenze verläuft wenige bis etliche hundert Kilometer östlich des heutigen Kontinentalrandes. Das aber bedeutet, daß sämtliches Gestein westlich davon dem nordamerikanischen Kontinent durch irgendeinen Anlagerungsprozeß angefügt wurde. Der größte Wachstumsschub fand in dem relativ kurzen Zeitabschnitt vor etwa zweihundert bis ungefähr fünfzig Millionen Jahren statt. Wie wir heute glauben, wurden während dieser 150 Millionen Jahre Gesteinstrümmer von unbekannten Ursprungsorten im Pazifik gegen den westlichen Rand Nordamerikas getrieben und dort angelagert. Man hat inzwischen mehr als hundert sehr unterschiedliche Fragmente identifiziert.

Verschiedene Terranefamilien

Die Gesteinsblöcke lassen sich zweckmäßigerweise in vier Hauptgruppen unterteilen: geschichtete, zerbrochene, metamorphe und zusammengesetzte. Geschichtete Terranes sind durch zusammenhängende Schichtfolgen gekennzeichnet, bei denen sich die zeitliche Aufeinanderfolge der Ablagerungen ermitteln läßt. In manchen Fällen – aber nicht immer – besteht der Sockel aus kristallinem Grundgebirge. Die Gesteinsfolgen in solchen geschichteten Terranes lassen sich wiederum grob in drei Untergruppen gliedern – je nachdem, ob hauptsächlich Material kontinentaler Kruste, ozeanischer Kruste oder vulkanischer Inselbögen vorkommt. In manchen Fällen – wenn die Schollen eine bewegte Geschichte hinter sich haben – ist in den Schichtfolgen Gestein aller drei Arten vertreten.

Kontinentale Bruchstücke – die erste Untergruppe – sind durch präkambrisches Grundgebirge und eine darüber liegende Schichtfolge von Flachwassersedimenten aus dem Paläozoikum und Mesozoikum charakterisiert. Zu dieser Untergruppe gehören auch Sedimente kontinentaler Herkunft, die vom Grundgebirge losgelöst wurden.

Trümmer ozeanischer Kruste erkennt man an den für die ozeanische Kruste typischen Lagen vulkanischen Gesteins. Darüber lagern gewöhnlich Schichten aus Kieselschiefer, der hauptsächlich aus den Hartteilen von Radiolarien (marinen Einzellern) besteht. Diese zweite Untergruppe schließt auch vom Grundgebirge abgetrennte Tiefseesedimente ein.

Die Fragmente vulkanischer Inselbögen schließlich setzen sich hauptsächlich aus vulkanischem Material oder Plutoniten (in der Tiefe erstarrtem magmatischem Gestein) aus den Wurzeln von Inselbögen zusammen. Dazu kommt sedimentärer Schutt von Vulkanen. Diese dritte Untergruppe ähnelt in ihrer Zusammensetzung dem Gestein gegenwärtig aktiver vulkanischer Inselbögen wie etwa der Aleuten.

Bei den zerbrochenen Terranes – der zweiten Hauptgruppe – handelt es sich um Blöcke verschiedenen Gesteinsinhaltes und Alters, die gewöhnlich in eine Grundmasse aus Schieferton oder Serpentinit – das ist ein metamorphes (stark umgewandeltes) Gestein magmatischer Herkunft – eingebettet sind. Die meisten dieser Schollen beherbergen Bruchstücke ozeanischer Kruste – wie Kalksteinblöcke, die dem Flachwasserbereich entstammen, Kieselschiefer aus der Tiefsee und Schichtpakete aus Grauwacke („schmutigem Sandstein") mit eingelagerten Linsen aus Konglomerat (kleinen abgerundeten Gesteinstrümmern, die miteinander verbacken sind). In vielen zerbrochenen Terranes findet sich auch Glaukophanschiefer, ein metamorphes Gestein, das unter hohem Druck entsteht und sowohl regionalen als auch fremden Ursprungs sein kann.

---

ozeanische Kruste	in flachem Wasser abgelagerte Sandsteine, Schiefer und Konglomerate in Wechselschichtung
im Tiefseebereich abgelagerter Kieselschiefer und Argillit	kieselsäurereiches vulkanisches Gestein aus vulkanischen Inselbögen
Sandsteine und Konglomerate nicht marinen Ursprungs	in flachem Wasser abgelagerter Kalkstein
Basalte durch den Vulkanismus an einem Rift (?)	

Bild 7: Die geologische Entwicklung der drei Terranes Wrangellia, Chulitna und Cache Creek verlief völlig verschieden voneinander und hat auch nichts mit der Entwicklung des alten Kontinentalrandes von Nordamerika gemein. Beginnt man mit dem ältesten Gestein, so liest sich die geologische Geschichte wie folgt. Am westlichen Kontinentalrand Nordamerikas lagerten sich vor 570 bis 200 Millionen Jahren Schichten ab, wie sie typisch für Kontinentalränder auf auseinanderdriftenden Platten (passive Kontinentalränder) sind – ein Hinweis darauf, daß sich die Westküste während dieser Zeitspanne langsam absenkte, ähnlich wie es heute bei der Ostküste der Fall ist. Als dann ozeanische Platten unter die Westküste abzutauchen begannen, verwandelte sich diese in einen aktiven Kontinentalrand. Wrangellia entstand vor etwa 330 Millionen Jahren als Teil eines vulkanischen Inselbogens weit vor dem Kontinent. Als sich das vulkanische Material abkühlte und nach unten sank, wurde es zunächst von Flachwassersedimenten bedeckt, über die sich dann Tiefseesedimente lagerten. Vor etwa 220 Millionen Jahren entwickelte sich ein Rift (eine grabenartige Absenkung, begleitet von Vulkanismus), und das Terrane wurde von mächtigen Basaltschichten begraben. Es entstand ein vulkanisches Plateau und möglicherweise eine Vulkaninsel. Als das Plateau mit der Zeit absank, sammelten sich Kalk- und Tonablagerungen darauf an. Die ältesten Sedimente kontinentalen Ursprungs stammen aus der Kreide, als Wrangellia mit Nordamerika zusammenstieß. Die geologische Geschichte des Chulitna-Terranes beginnt viel früher. Seine ozeanische Kruste entstand bereits im Devon. Darüber lagerten sich zunächst Tiefseesedimente, dann grobe vulkanische Sedimente, die einem vulkanischen Inselbogen entstammen, und noch später in flachem Wasser abgelagerter Kalkstein aus dem Perm und der frühen Trias. Kurze Zeit später gelangten grobe kontinentale Sedimente auf das Terrane, aus denen die auffälligen Red Bed-Folgen von Bild 6 bestehen. Sie könnten die „Landung" von Chulitna an Nordamerika auf niedriger geographischer Breite dokumentieren. Spätere tektonische (auf Kräfte in der Erdkruste zurückgehende) Prozesse führten vermutlich zur Anhebung des Gesteinsblocks. In der folgenden Periode sank er wieder ab und wurde dann nordwärts bis zu seiner heutigen Position in Alaska verfrachtet. Die Geburt des Cache Creek-Terranes vollzog sich vor etwa 360 Millionen Jahren mit der Entstehung eines ozeanischen Krustenblocks und eines basaltischen Plateaus, auf dem sich mehrere Kilometer dicke Schichten von Kalkstein aus dem Flachseebereich ansammelten. Diese Kalksedimente beherbergen Tethys-Fusuliniden aus dem Perm (Bild 3). In der Trias sank das Plateau weiter ab und wurde von Tiefseeablagerungen bedeckt. Im Jura – vor etwa 180 Millionen Jahren – endete die Reise von Cache Creek durch den westlichen Pazifik: Das Terrane strandete in British Columbia.

189

Zusammengesetzte Terranes – die dritte Hauptgruppe – bestehen aus zwei oder mehr Einzelterranes, die vor langer Zeit zusammenwuchsen und deshalb schon vor ihrer Angliederung an Nordamerika eine gemeinsame geologische Entwicklung durchliefen. Die Gesteine der vierten Hauptgruppe, der metamorphen Terranes, erlebten vor oder nach ihrer Anlagerung eine wechselvolle geologische Geschichte, die das Terrane als Ganzes betraf. Manchmal fand dabei eine Neubildung von Mineralien in solchem Ausmaß statt, daß die ursprüngliche Schichtfolge nicht mehr zu erkennen ist.

Terranes zeigen enorme Größenunterschiede. Einige erstrecken sich über Zehntausende von Quadratkilometern, andere nur über einige hundert. Viele Terranes, die zunächst eine Einheit bildeten, zerbrachen später und bestehen heute aus einzelnen Brocken, deren Zusammengehörigkeit anhand der Schichtung zu erkennen ist.

Bei der Untersuchung der verschiedenen Terranes kam eine bemerkenswerte Tatsache ans Licht. Jeder Gesteinsblock besitzt eine deutlich andere geologische Entwicklung als sein Nachbar. In den meisten Fällen sind diese Unterschiede so kraß, daß die benachbarten Schollen unmöglich nebeneinander entstanden sein können. Besonders deutlich wird das, wenn man zwei Terranes im südlichen Alaska – Wrangellia (Bild 5) und Cache Creek – miteinander und mit dem stabilen Teil des westlichen Kontinentalrandes Nordamerikas vergleicht (Bild 7).

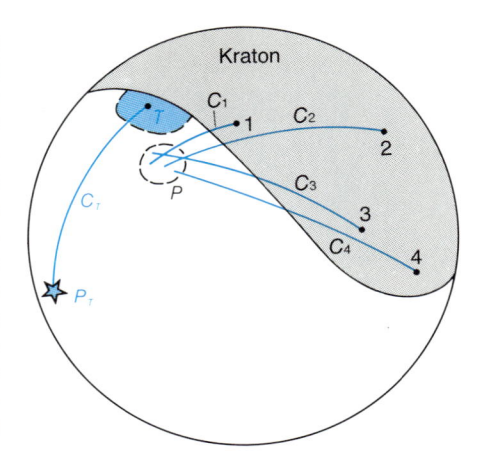

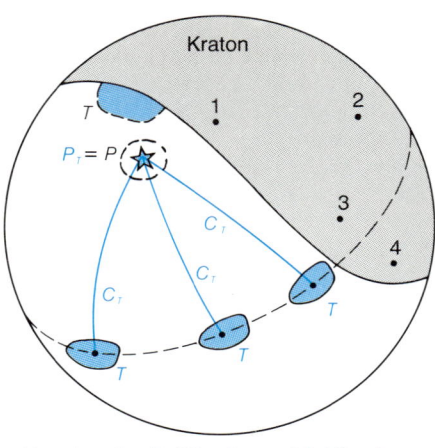

Bild 8: Paläomagnetische Untersuchungen liefern den Beweis, daß einige Terranes – wie Wrangellia – eine weite Reise hinter sich haben. Wenn sich Gesteine ablagern oder erstarren, werden sie in der Richtung des herrschenden Erdmagnetfeldes magnetisiert, dessen Orientierung sich durch zwei Größen charakterisieren läßt: die Deklination und die Inklination. Während die Deklination die Richtung zum magnetischen Nordpol angibt, hängt die Inklination mit der Neigung der magnetischen Feldlinien zusammen. Da diese am Äquator horizontal verlaufen und mit wachsender Nähe zum Pol immer weiter in die Vertikale kippen, spiegelt die Inklination die Entfernung C des Gesteins vom alten Nordpol des Magnetfeldes wider. Aus der Deklination und Inklination an einigen Aufschlüssen (1, 2, 3 und 4) auf dem stabilen Kraton (altem verfestigten Krustenteil) lassen sich Richtung und Entfernung – und damit die einstige mittlere Position – des magnetischen Nordpols P relativ zum Kraton bestimmen (links). Untersucht man Gesteine desselben Alters aus dem Terrane T (farbig), so erhält man die Lage des paläomagnetischen Nordpols P_T (farbiger Stern) relativ zum Terrane. Da die Erde stets nur einen Nordpol besitzt, müssen P_T und P einst zusammengefallen sein (rechts). Offenbar liegt der Ursprungsort des Terranes irgendwo auf einem Kreis um P mit dem Radius C_T – es sei denn, die Scholle hat sich gedreht (Bild 10).

Cache Creek, Wrangellia und Chulitna

Das Cache Creek-Gestein setzt sich aus mächtigen, spätpaläozoischen Kalkschichten zusammen, die in flachem Wasser direkt auf dem ozeanischen Untergrund abgelagert wurden, während das älteste Gestein von Wrangellia aus einer mächtigen Folge spätpaläozoischer Vulkanite (wie sie charakteristisch für Inselbögen sind) besteht, auf der dünne Schichten von Flachwassersedimenten – marinem Schiefer, Sand- und Kalkstein – liegen. Die permischen Fusuliniden dieser Kalksteine unterscheiden sich völlig von den Formen, die zur selben Zeit in der Tethys lebten und im benachbarten Cache Creek-Terrane erhalten sind – ein Hinweis darauf, daß Wrangellia außerhalb des Bereichs der Tethys entstand, vermutlich östlich davon in der Panthalassa, einem Urozean, zu dem auch der Urpazifik gehörte.

Direkt über dem fossilhaltigen spätpaläozoischen marinen Gestein von Wrangellia finden sich mächtige Schichten aus Basalt (versteinerter Lava). Die ersten Lavaströme scheinen unter Wasser ausgeflossen zu sein, doch bald danach muß der Vulkankegel über die Meeresoberfläche hinausgewachsen sein. Am Ende hatten sich zwischen 100 000 und 200 000 Kubikkilometer Basalt aufgetürmt. Woher dieses Material stammt, ist bis heute ein Geheimnis; wir vermuten jedoch, daß die Magmenquelle mit der Entstehung eines Rifts (einer grabenförmigen Bruchzone) in dem alten Meeresboden zusammenhängt. In der Spättrias kam der Lavafluß schließlich zum Stillstand, und das ganze Plateau versank im Meer. Die ältesten Sedimente auf den Basalten ähneln den karbonatischen Flachwassersedimenten, die sich heutzutage im Gezeitenbereich tropischer Gewässer – wie dem Persischen Golf – ablagern. Als diese Kalksedimente immer weiter nach unten sanken, wurden sie allmählich von Tiefseesedimenten bedeckt, die mit Überresten von Lebewesen aus der Tiefsee durchsetzt sind. Nach Gesteinstrümmern kontinentalen Ursprungs sucht man vergebens. Wir vermuten daher, daß Wrangellia damals isoliert mitten im Ozean lag, wahrscheinlich in der Nähe des Äquators. Aber seine lange Reise nach Norden hatte bereits begonnen.

Nahe bei Wrangellia und Cache Creek im südlichen Zentralalaska liegt das winzige Chulitna-Terrane (Bild 6), das sich gleichfalls auffallend von seinen Nachbarn unterscheidet. Obwohl es in der Länge kaum fünfzig Kilometer mißt, trägt es die Spuren einer langen und komplizierten Geschichte ozeanischer und kontinentaler Sedimentationen, wie sie in der Geologie Nordamerikas einzigartig ist. Die ältesten Gesteine des Terranes sind paläozoische Basalte und umgewandelte Plutonite – beides typische Bestandteile der ozeanischen Kruste – sowie Gesteine, die sich aus Tiefseesedimenten gebildet haben. Das etwas jüngere Gestein – aus dem späteren Paläozoikum und dem frühesten Mesozoikum – enthält Konglomerate, deren verbackene Gesteinstrümmer einem Inselbogen entstammen, sowie Kalkablagerungen aus dem Flachwasserbereich. Da die Schichtfolge keine kontinentalen Sedimente aufweist, muß sie als Teil einer mittelozeanischen Insel entstanden sein. In der ausgehenden Trias (vor etwa 200 Millionen Jahren) haben sich die geologischen Bedingungen dann offenbar schlagartig und dramatisch geändert: Plötzlich tauchen große Mengen groben, quarzreichen Schutts auf, die sich mit den Trümmern ozeanischen Gesteins vom Sockel des Terranes selbst mischen. Die Ablagerungen zeugen davon, daß Chulitna damals am Rande des nordamerikanischen Kontinents „anlegte".

All diese Befunde machen deutlich, daß Chulitna während der Trias eine tiefgreifende Wandlung erfuhr: aus seiner isolierten Lage inmitten des Ozeans wurde es an den Rand eines Kontinents verfrachtet. Intensive Faltungen, Bruchbildungen und Hebungen begleiteten die Kollision und führten dazu, daß der ozeanische Sockel des Terranes abgetragen wurde und sich die Trümmer mit Material des angrenzenden Kontinents vermischten. Keines dieser dramatischen Ereignisse hat Spuren auf dem nahen Wrangellia-Terrane hinterlassen. Obwohl die beiden Schollen also heute direkte Nachbarn sind, haben sie eine ganz unterschiedliche Geschichte.

Ein großes, bisher ungelöstes Rätsel ist der Entstehungsort von Chulitna — denn seine Schichtstruktur besitzt keinerlei Ähnlichkeit mit der irgendeines anderen bekannten Terranes in Nordamerika. Zwei Indizienketten sprechen für eine Entstehung der Scholle weit südlich ihrer heutigen Position. Zunächst gibt es in ihr mächtige Schichten rötlicher Sedimente aus der Trias (Red Bed-Folgen), zu denen man fast nur weit im Süden, jenseits der amerikanisch-kanadischen Grenze, Gegenstücke findet. Als zweites ähneln die triassischen Fossilien in und unter den Red Bed-Folgen Formen, wie man sie ebenfalls nur aus südlichen Breiten kennt.

Die ins Auge stechenden geologischen Unterschiede zwischen Chulitna und seinem Nachbarn Wrangellia sind jedoch nur zwei Beispiele unter vielen. Der wichtigste Punkt ist, daß sich aus jedem Gesteinsblock eine einzigartige Folge geologischer Ereignisse ablesen läßt, von denen man nirgendwo in Nordamerika ein genaues Duplikat findet. Wie die Grenzen zwischen den Terranes verlaufen, läßt sich recht sicher sagen — man ermittelt sie aus den im Gestein „konservierten" geologischen Daten. Wie aber die Unterschiede zwischen den einzelnen Schollen einerseits sowie zwischen ihnen und dem alten Kontinentalteil Nordamerikas andererseits zu deuten sind, ist Gegenstand fortwährender Untersuchungen und Interpretationen. Die offenen Fragen lauten: Wo haben die Terranes ihren Ursprung? Wann und auf welchem Weg wurden sie verfrachtet? Wichtige neue Informationen zur Beantwortung dieser Fragen haben paläomagnetische Untersuchungen beigesteuert.

Ein innerer Kompaß

Die Reiseroute eines Terranes läßt sich zurückverfolgen, wenn man die in seinem basaltischen oder sonstigen magmatischen Gestein gleichsam „eingefrorene" Richtung des Erdmagnetfeldes genau bestimmt (Bild 8). Wie wir bereits erwähnt haben, verläuft der magnetische Feldvektor in Äquatornähe mehr oder weniger horizontal und neigt sich um so stärker, je weiter man nach Norden oder Süden kommt. Außer durch diesen Neigungswinkel — die Inklination — wird der magnetische Feldvektor auch noch durch eine zweite Größe beschrieben: die Deklination — den Winkel zwischen dem Vektor und der geographischen Nordrichtung.

Die paläomagnetische Inklination verrät, wie weit das Gestein bei seiner Entstehung vom geographischen Nordpol entfernt war. Man errechnet diese Entfernung mit einer einfachen Gleichung, die auf der Annahme basiert, das Magnetfeld der Erde gleiche dem eines magnetischen Dipols oder Stabmagneten, der parallel zur Rotationsachse der Erde ausgerichtet ist. Für kurze Zeiträume wird diese Voraussetzung allerdings nicht exakt erfüllt, da das Erdmagnetfeld beträchtlichen Schwankungen unterliegt. Das Dipolmodell besitzt nur dann Gültigkeit, wenn man den Durchschnittswert der Inklination aus Gesteinsschichten ermittelt, deren Alter eine Zeitspanne von mindestens einigen tausend Jahren umfaßt. In diesem Fall läßt sich aus den paläomagnetischen Daten die geographische Breite, auf der das Gestein erstarrte, auf etwa fünf Grad genau berechnen.

Der zweite Wert, die paläomagnetische Deklination, legt die Richtung des einstigen geographischen und magnetischen Nordpols fest. Wie den Neigungswinkel, so muß man auch den Richtungswinkel über eine größere Zeitspanne mitteln, um einen aussagekräftigen Wert zu erhalten. Die Genauigkeit der Deklinationsbestimmung hängt von der geographischen Breite des Ursprungsortes ab. Am größten ist sie für Gestein aus Äquatornähe.

Hat man die paläomagnetische Deklination und Inklination an einem Aufschluß für das Gestein eines bestimmten Alters ermittelt, so ist die Berechnung des paläomagnetischen Pols nur noch eine simple geometrische Aufgabe. Die

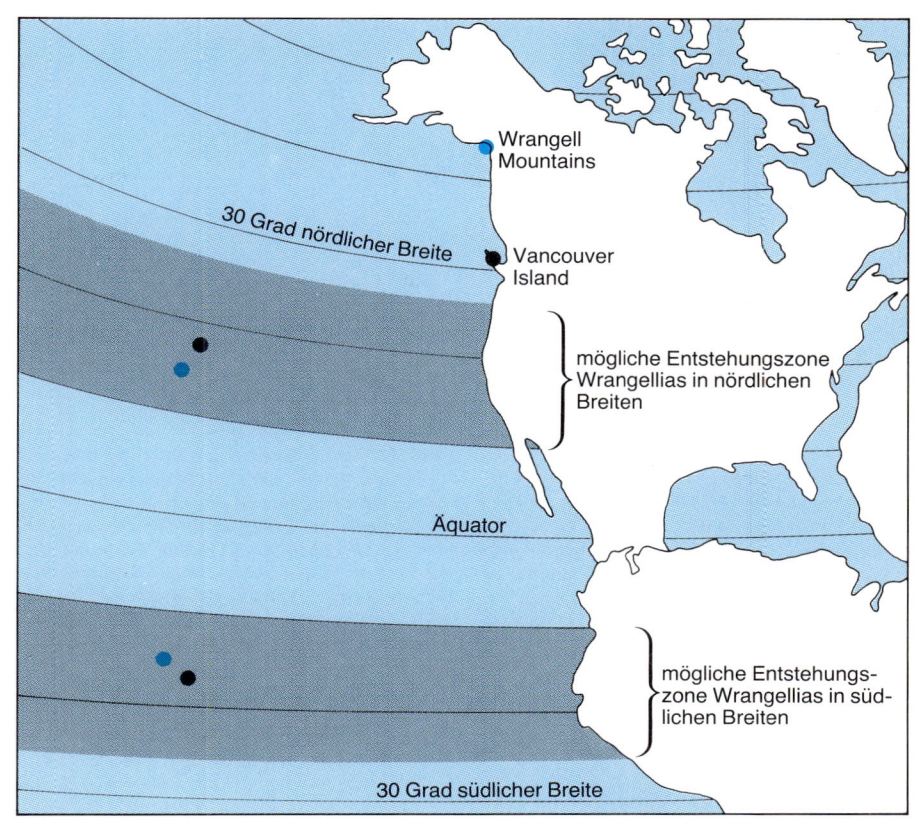

Bild 9: Der Entstehungsort des Wrangellia-Terranes läßt sich aufgrund paläomagnetischer Daten auf eine von zwei möglichen Stellen eingrenzen. Zu diesem Ergebnis gelangten Raymond W. Yole von der Carleton-Universität und Edward Irving vom kanadischen Ministerium für Energie, Bergbau und Rohstoffe, als sie zwei Aufschlüsse in Wrangellia untersuchten: einen in den Wrangell Mountains von Alaska und einen anderen auf Vancouver Island in British Columbia (Kanada). An beiden Stellen stammen die Gesteine aus der späten Trias von einer Insel im Protopazifik etwa sechzehn Grad entweder nördlich oder südlich des damaligen Äquators. Berücksichtigt man mögliche Fehlerquellen, so lassen die paläomagnetischen Daten darauf schließen, daß der Geburtsort von Wrangellia in einer der beiden dunkel schattierten Zonen lag. Ob das Terrane nördlich oder südlich des Äquators entstand, hängt davon ab, ob das Erdmagnetfeld damals so gepolt war wie heute oder ob der Nordpol — wie zu vielen anderen Zeiten der Erdgeschichte auch — am heutigen Südpol lag. Gewisse Anhaltspunkte sprechen eher für die zweite Möglichkeit, also die untere Zone.

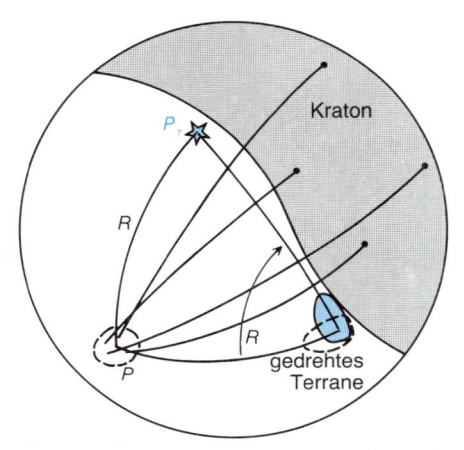

Bild 10: Dreht sich ein Terrane einige Zeit, nachdem die Richtung des herrschenden Magnetfeldes in seinen Gesteinen gleichsam eingefroren wurde, um einen Winkel R — wie im südlichen Kalifornien beobachtet, so ändert sich seine Deklination und damit die scheinbare Richtung des zugehörigen paläomagnetischen Nordpols um den gleichen Winkel. Der Paläonordpol des Terranes (P_T) erscheint dann gegenüber dem des stabilen Kratons (P) versetzt.

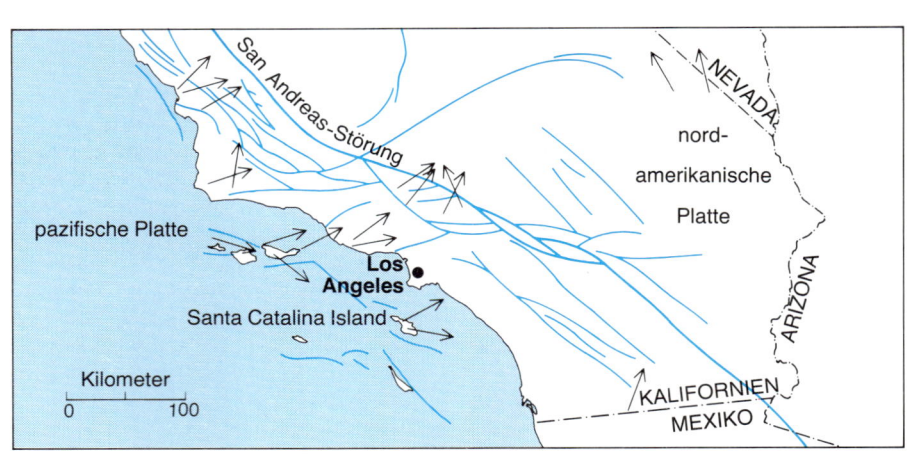

Bild 11: Im südlichen Kalifornien finden sich Gesteine, die weit aus ihrer ursprünglichen Lage gedreht wurden. Dafür spricht, daß ihre paläomagnetische Deklination (Pfeile) deutlich von der fast genau nach Norden weisenden des Kratons abweicht. Das Alter der Gesteine beträgt zwischen 10 und 26 Millionen Jahre — ein Zeitraum, in dem sich die Lage des magnetischen Nordpols, wie man weiß, kaum verändert hat. Die gedrehten, von Störungen (farbige Linien) begrenzten Terranes liegen allesamt westlich der San Andreas-Störung auf der pazifischen Platte, die nordwestwärts am nordamerikanischen Kontinentalrand entlanggleitet. Die Plattenbewegung an einer einfachen Störung dieser Art allein wäre jedoch nicht in der Lage, Drehungen in dem beobachteten Tempo — bis zu fünf Grad pro Million Jahre — zu erzeugen. Kompliziertere tektonische Prozesse müssen dafür verantwortlich sein (Bild 12).

Deklination gibt den Großkreis an, auf dem der einstige Nordpol lag — er führt durch den Aufschluß und weicht um den Deklinationswinkel von der gegenwärtigen Nordrichtung ab — und die Inklination besagt, wie weit der damalige Nordpol von dem gerade erstarrten Gestein entfernt lag. Dabei nimmt man an, daß zu der Zeit — genau wie heute — der magnetische Nordpol im Mittel mit dem geographischen Nordpol zusammenfiel. Da sich die nordamerikanische Platte relativ zur Rotationsachse der Erde bewegt hat, ist dieser Pol von Nordamerika aus gesehen scheinbar gewandert.

An einem Beispiel soll erläutert werden, wie sich anhand paläomagnetischer Daten herausfinden läßt, ob ein Terrane — sagen wir aus der Trias — seine Lage relativ zum stabilen nordamerikanischen Kontinent verändert hat oder nicht. Man beginnt damit, die mittlere Lage des paläomagnetischen Nordpols in der Trias aus Material zu bestimmen, das dem stabilen Teil des Kontinents entnommen wurde. Als nächstes ermittelt man die paläomagnetische Inklination der triassischen Gesteine in dem betreffenden Terrane und erhält dessen einstige geographische Breite — und damit auch seine Entfernung vom Pol. Das Terrane muß in der Trias irgendwo auf diesem Breitenkreis um den mittleren Paläonordpol gelegen haben. Führt der Kreis durch die Aufschlußstelle, so blieb die Position der Scholle im Laufe der Zeit unverändert — es sei denn, sie ist entlang seiner Peripherie gewandert.

Wie sich bei solchen Messungen herausstellte, haben viele Terranes im Westen Nordamerikas eine Tausende von Kilometern weite Reise aus dem Süden hinter sich. Durchgeführt wurden diese Untersuchungen in Westkanada von Raymond W. Yole von der Charleton-Universität und Edward Irving vom kanadischen Ministerium für Energie, Bergbau und Rohstoffe, in Alaska von Duane R. Packer und David B. Stone von der Universität von Alaska sowie J. W. Hillhouse vom amerikanischen Geological Survey und schließlich in Washington, Oregon und Kalifornien von einem der Autoren (Beck). Besonders beeindruckend sind die Ergebnisse für Wrangellia. So zeigen Proben aus Teilen dieses Terranes in Vancouver Island (British Columbia) und in den Wrangell Mountains (Alaska), daß sich die Ursprungsorte des Gesteins von beiden Entnahmestellen — die heute 2500 Kilometer trennen — während der Trias in der Nähe des damaligen Äquators auf ungefähr derselben geographischen Breite befanden (Bild 9). Daß sie heute so weit auseinanderliegen, ist das Ergebnis von Horizontalverschiebungen während und nach der Anlagerung dieser Blöcke an Nordamerika, durch die Wrangellia anscheinend in Nord-Süd-Richtung auseinandergezogen wurde.

Rotierende Terranes

Ein weiteres erstaunliches Ergebnis erbrachte die Bestimmung der paläomagnetischen Deklination. Dabei kam heraus, daß sich viele der Terranes im westlichen Nordamerika gedreht haben — die meisten im Uhrzeigersinn und einige um über siebzig Grad. In manchen Fällen erzwingt die beobachtete Rotation eine Revision der bisherigen Vorstellungen über die örtlichen geologischen Verhältnisse. Beispielsweise lassen marine, im Eozän (vor 54 bis 38 Millionen Jahren) abgelagerte Sedimente in den Coast Ranges von Oregon die einstige Strömungsrichtung am Meeresboden erkennen. Bevor die paläomagnetischen Daten existierten, glaubte man, daß die Strömung nordwärts — parallel zum heutigen Kontinentalrand — gerichtet war. Den paläomagnetischen Untersuchungen von Robert W. Simpson vom amerikanischen Geological Survey sowie von einem der Autoren (Cox) zufolge haben sich diese Sedimente jedoch seit ihrer Ablagerung um mehr als fünfzig Grad im Uhrzeigersinn gedreht, so daß die tatsächliche Richtung der Bodenströmungen im Eozän tatsächlich nach Nordwesten, von der Küste weg, verlief.

Hat ein Terrane seine Orientierung beibehalten, so zeigt seine Deklination auf den paläomagnetischen Nordpol, der mit Hilfe von gleichaltrigem Gestein aus ungestörten Gebieten des Kontinents bestimmt wurde. Hat es sich jedoch gedreht, so weicht seine Deklination vom Erwartungswert ab (Bild 10). Aus solchen Untersuchungen in Washington, Oregon und Kalifornien schloß einer von uns (Beck) im Jahre 1976, daß viele Terranes im Uhrzeigersinn gedreht wurden.

Nun beobachtet man Rotationen nicht nur bei Krustenschollen, die über weite Strecken gewandert sind, sondern auch bei solchen, die sich kaum vom Fleck bewegt haben. Die Drehungen der weitgereisten Krustenblöcke lassen sich auf Richtungsänderungen während des Transports und des „Anlegens" am Kontinent zurückführen. Bedeutend schwerer verständlich ist, warum sich auch manche Terranes, die kaum gedriftet sind, gedreht haben. Wir werden das an zwei Beispielen erläutern.

In Südkalifornien stellten Bruce P. Luyendyk und Marc J. Kamerling von der Universität von Kalifornien in Santa Barbara an Gesteinen, die nicht älter als dreizehn Millionen Jahre sind, Drehungen um über sechzig Grad im Uhrzeigersinn fest. Welche Kräfte in der Erdkruste können die für geologische Verhältnisse äußerst hohe Rotationsgeschwindigkeit von fast fünf Grad pro Million Jahre verursacht haben? Letztlich liegt die Ursache sicherlich in Deformationen, die daher rühren, daß die pazifische Platte an Nordamerika entlang nach Nordwesten gleitet. Man nennt den Bewegungssinn dieser Drift dextral oder rechtshändig, da es für einen Beobachter auf einer der Platten so aussieht, als ob sich die andere nach rechts bewege. Was den Wissenschaftlern Kopfzerbrechen bereitet, ist die Frage nach dem Mechanismus, durch den eine dextrale Scherbewegung — wie sie auch entlang der San Andreas-Störung stattfindet — die beobachtete Drehung im Uhrzeigersinn hervorruft.

Mit dem einfachen Modell der Plattentektonik läßt sich das nicht erklären. Danach finden sämtliche Verschiebungen zwischen zwei Platten an einer einzigen Störungslinie statt. Wenn also jemand eine Gerade quer über eine Plattengrenze — beispielsweise die San Andreas-Störung — legen würde, so wäre sie nach einer Million Jahre in zwei etwa fünfzig Kilometer gegeneinander versetzte, parallele, gerade Liniensegmente zerteilt — eine Drehung fände nicht statt (Bild 12b). Aber selbst wenn sich die Platten an einer Reihe paralleler Störungen gegeneinander verschieben würden, wäre die Gerade nur stufenartig in parallele Abschnitte zergliedert, hätte aber ihre Orientierung beibehalten (Bild 12c). Ein Vorschlag lautet nun, die gedrehten Gesteinsblöcke in Südkalifornien als Mikroplatten zu betrachten: Segmente der Lithosphäre (sie umfaßt die Erdkruste und den starren oberen Teil des Erdmantels), die ringsum von Störungen begrenzt sind. Die Störungen sollen bis zur Asthenosphäre (dem zähflüssigen Bereich des Erdmantels unterhalb der Lithosphäre ab etwa hundert Kilometer Tiefe) reichen und so ermöglichen, daß benachbarte Mikroplatten aneinander entlanggleiten können. Dementsprechend müßte man erwarten, daß Mikroplatten Durchmesser von gleichfalls etwa hundert Kilometern besitzen. Da viele der gedrehten Blöcke in Südkalifornien nur zehn bis zwanzig Kilometer im Querschnitt messen (Bild 11), sieht es jedoch ganz danach aus, als ob sich die Störungen an den Plattengrenzen auf die oberen fünfzehn Kilometer der spröden Kruste beschränkten und nicht bis zu der plastischen Schicht darunter reichen würden. Bei gedrehten Schollen solch kleinen Ausmaßes handelt es sich also eher um Intrakrustalblöcke als um echte Mikroplatten. Die südliche San Andreas-Region scheint daher in ihrer geologischen Entwicklung, die auch die Bildung und Verformung ölhaltiger Becken einschließt, von sehr komplizierten Störungssystemen geprägt zu sein (Bild 12e und f).

Im westlichen Oregon und in Washington hat man bei Gesteinen, die zwischen 30 und 55 Millionen Jahren alt sind, Drehungen von 25 bis 70 Grad beobachtet (Bild 13). Die größten Werte findet man bei den ältesten Gesteinen, zu denen Lavaströme und Sedimente gehören, die ursprünglich am Meeresboden abgelagert wurden und heute am Westrand des Kontinents liegen, wo sie den Gebirgszug der Coast Ranges in Oregon bilden. Die jüngere Cascade Range östlich davon ist nur um etwa 25 Grad im Uhrzeigersinn gedreht.

Im Untergrund Westoregons sind zwar die gleichen Kräfte am Werk wie in dem Südkaliforniens, sie haben dort aber ganz andere Auswirkungen. In Westoregon ereignen sich weniger Erdbeben, und die Schichtenfolgen weisen auch nicht so viele Störungen auf. Wie J. Magill von Stanford und einer von uns (Cox) vermuten, erfolgten die Drehungen der Gesteinsblöcke dort in zwei Phasen bei verschiedenen tektonischen (durch Kräfte in der Erdkruste verursachten) Prozessen. Die erste Rotationsperiode fand vor 55 bis 40 Millionen Jahren statt, als sich ozeanische Kruste — sie bildet das älteste Stockwerk der Coast Ranges — an den Kontinent anlagerte. Die vor etwa 20 Millionen Jahren einsetzende zweite Phase stand in Zusammenhang mit der gut belegten Ausdünnung und Dehnung der Kruste, die mit der Erweiterung der Basin and Range Province der nordamerikanischen Kordilleren im Osten Oregons und in Nevada einherging. Ob es sich bei den gedrehten Blöcken in Westoregon und in Washington um echte Mikroplatten oder um dünne, von der Lithosphäre losgelöste Krustenblöcke handelt, ist noch nicht geklärt. Während die gedrehten Blöcke in Oregon sehr lang sind, so daß man sie durchaus für Mikroplatten halten könnte, besitzen die in Washington nicht die erforderliche Größe.

Das „Anschweißen" der Terranes

An den Anfang unserer Überlegungen, wie die verfrachteten Terranes mit Nordamerika zusammenwuchsen, wollen wir einige aufschlußreiche Beobachtungen stellen. Als erstes zeigt die Stirnseite eines angelagerten Terranes nicht das für Subduktionszonen typische nahtähnliche Aussehen. (In einer Subduktionszone taucht die Kante einer ozeanischen Platte steil unter einen Kontinentalrand ab.) Die Terranes werden vielmehr von einfachen Überschiebungen oder Horizontalverschiebungen begrenzt. Bei einer Überschiebung gleitet ein Block entlang einer schwach geneigten Störungsfläche über einen anderen, bei einer Horizontalverschiebung bewegen sich zwei Blöcke entlang einer steil einfallenden Störungsfläche horizontal aneinander vorbei.

Als zweites beobachtet man, daß die meisten Terranes parallel zur Küste Nordamerikas stark in die Länge gezogen wurden. Dies gilt besonders für die alten Krustenblöcke von Alaska und British Columbia, die auf einer geologischen Karte in kleinem Maßstab wie dünne Furnierholzleisten wirken, die man an den Kontinentalrand geklebt hat.

Daß viele dieser Terranes auf ozeanischen Platten nach Nordamerika geschleppt wurden, steht aufgrund von Fossilienfunden und paläomagnetischen Daten ziemlich fest. Ist das aber der Fall, so muß die ozeanische Platte in einer Subduktionszone verschluckt worden sein, als das Terrane den Kontinentalrand erreichte. Die Gesteinsblöcke scheinen den Abtauchprozeß dagegen überstanden zu haben. Da die für Subduktionszonen typischen „Nähte" an vielen der heutigen Terranegrenzen erstaunlicherweise fehlen, muß man annehmen, daß sie durch spätere geologische Prozesse umgewandelt oder verdeckt wurden — etwa durch Überschiebungen oder Horizontalverschiebungen, beides häufig anzutreffende geologische Prozesse.

Ein weiteres rätselhaftes Charakteristikum der Terranes ist, daß die meisten bei der Anlagerung kaum deformiert wurden. Das erstaunt um so mehr, als das „Ankleben" der Krustenblöcke mit einer Kollision einhergeht, so daß starke Verformungen zu erwarten wären. Was man jedoch findet, sind große Schollen aus verhältnismäßig undeformiertem Gestein — wie Wrangellia — in enger Nachbarschaft zu stärker veränderten, kleineren Schollen — wie Chulitna. Wie sehr ein Terrane bei seiner Anlagerung verformt wurde, hängt offenbar von mehreren Faktoren ab: der Driftgeschwindigkeit der konvergierenden Platten, dem Winkel, unter dem sie aufeinandertrafen, der Größe der Kollisionszone, der Dauer des Anlagerungsprozesses und nicht zuletzt der Festigkeit der Gesteine, aus denen das Terrane besteht. Wird eine Subduktionszone durch ein angetriebenes Terrane verstopft, so kann es passieren, daß sie sich sprunghaft auf die dem Ozean zugewandte Seite des gerade „gelandeten" und weitgehend undeformierten Gesteinsblocks verlagert.

Die Beschreibung von drei Gebieten auf den exotischen Terranes im Westen Nordamerikas mag die Komplexität und Vielfalt der Strukturen illustrieren, die durch den Anlagerungsprozeß entstehen. So liegt in Südwestalaska und im benachbarten British Columbia an tief ins Land einschneidenden Fjorden eine kompliziert aufgebaute Nahtzone, an die Wrangellia und mehrere andere Terranes angrenzen, offen zu Tage. Anscheinend kollidierte Wrangellia in der Mittleren Kreide (vor etwa hundert Millionen Jahren) mit Krustenschollen, die sich heute im Osten befinden. Der Zusammenstoß führte zu starken Deformationen und Gesteinsumwandlungen, gefolgt von einer deutlichen Anhebung und Verschiebung der Schollen nach Osten (Bild 14). Das vergleichsweise junge Datum der Kollision belegen feinkörnige Tiefseesedimente und vulkanisches Gestein aus dem ausgehenden Jura bis zur Mittleren Kreide (vor etwa 150 bis 100 Millionen Jahren), die in einem tiefen Meeresbecken auf der dem Kontinent zugewandten Seite von Wrangellia abgelagert wurden. Außerdem findet man in der Tiefe erstarrtes granitisches Gestein, das im frühen Tertiär (vor etwa sechzig Millionen Jahren) in die angehobenen östlichen Terranes eindrang. Es ist weitgehend unverformt – ein Hinweis darauf, daß Wrangellia bereits zu diesem Zeitpunkt an Nordamerika angewachsen war.

Eine weitere gut erhaltene Nahtzone derselben Plattengrenze liegt weiter nördlich im Süden Alaskas: Sie erstreckt sich über mehrere hundert Kilometer östlich und westlich des Mount McKinley in der Alaska Range. Das geologische Geschehen, das sich dort ablesen läßt, ist jedoch ein ganz anderes als in Südwestalaska und British Columbia. Zwar findet sich auch in der Alaska Range (Bild 15) Gestein aus dem Jura und der Kreide, das sich einstmals in einem tiefen Meeresbecken ablagerte, es wurde jedoch verformt und ineinandergeschoben, bis es schließlich nur noch einen kleinen Bruchteil der einstigen Fläche bedeckte. Danach glitt das Wrangellia-Terrane vom Süden her entlang einer großen Aufschiebungszone darüber. In dem eingestürzten und zertrümmerten Becken liegen viele kleine, von Störungen begrenzte Terranes verstreut, von denen Chulitna vielleicht das eindrucksvollste

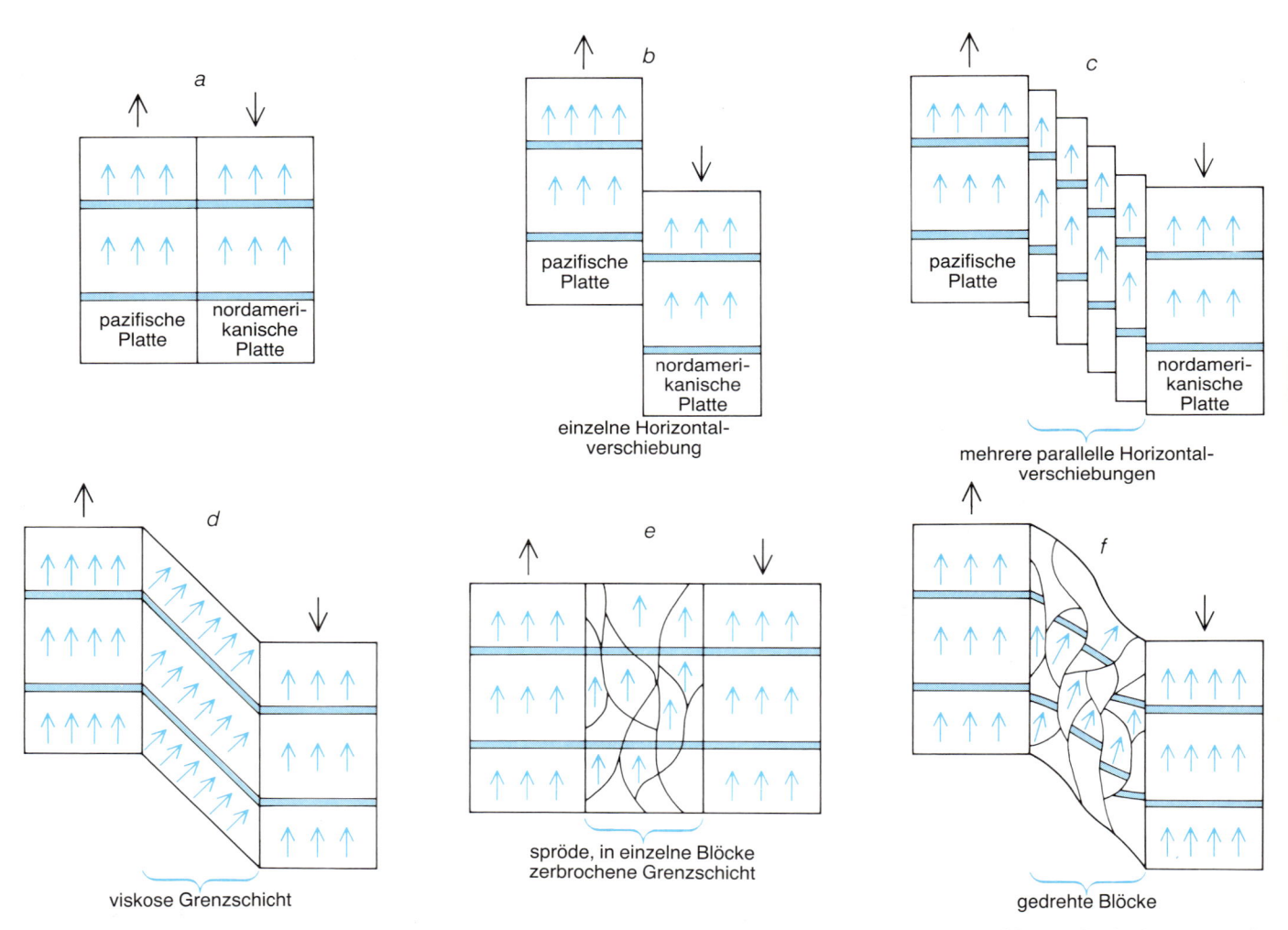

Bild 12: Die Deformationen an einer Plattengrenze, entlang derer zwei Platten aneinander vorbeigleiten, können verschiedener Art sein. Um sie zu verfolgen, denkt man sich zwei farbige Linien quer über die Störungsgrenze gezeichnet, bevor die Bewegung der Platten (schwarze Pfeile) begonnen hat (*a*). Die farbigen Pfeile markieren die im Gestein „eingefrorene" Magnetisierungsrichtung. Ob nun bei der Bewegung der Platten nur eine einzige Störung entsteht (*b*) oder eine ganze Reihe parallel zu den Plattengrenzen (*c*) – die gezeichneten Linien bleiben stets parallel, und die magnetischen Vektoren werden nicht gedreht. Anders, wenn zwischen den Platten ein schmaler Krustenstreifen liegt, dessen Gestein sich wie ein viskoser (zähflüssiger) Stoff verhält (*d*). (Zwar kann eine derartige Situation in der starren oberen Kruste nicht vorkommen, wohl aber in einer etwa fünfzehn Kilometer tiefen viskosen Zone.) Ist die Kruste in dem Streifen spröde genug, so könnten die von der Bewegung der Platten und der viskosen Zone erzeugten Kräfte bewirken, daß sie in einzelne Blöcke zerspringt (*e*), die dann durch die Drift der Platten gedreht werden (*f*).

ist. Herkunft und geologische Entwicklung dieser kleinen Gesteinsblöcke stehen in keinem Zusammenhang mit der Wrangellias oder Zentralalaskas – auch nicht mit irgendwelchen bekannten geologischen Vorgängen in Nordamerika. Die gemeinsame Entwicklung begann erst, nachdem sich die Schollen bei der Kollision mit Nordamerika genau wie Wrangellia über die jüngeren Sedimentschichten des Meeresbeckens geschoben hatten. Nach der Kollision wurde das gesamte Gebiet durch eine rechtshändige Horizontalverschiebung weiter zusammengepreßt und verformt – ein Prozeß, der noch heute andauert.

Das dritte Gebiet, das wir beschreiben wollen, liegt weiter östlich im kanadischen Yukon-Bezirk (Bild 1). Den Arbeiten unserer kanadischen Kollegen zufolge kam das dortige Stikine-Terrane erstmals im mittleren Jura (vor etwa 160 Millionen Jahren) mit Nordamerika in Berührung. Diese riesige Krustenscholle – wahrscheinlich die größte aller bisher bekannten – wurde auf einer Platte transportiert, die neben Material aus den Wurzeln eines vulkanischen Inselbogens auch Gestein mit sich schleppte, bei dem es sich anscheinend um ozeanische Trümmer des Cache Creek-Terranes handelt, das im Osten an Stikine grenzt. Durch die Kollision wurde möglicherweise das vulkanische und ozeanische Material in Form von riesigen Überschiebungsdecken auf den Kontinentalrand gehievt und nach Osten geschoben. Spätere Anlagerungsprozesse ließen Wrangellia und andere jüngere Terranes mit der Heckseite von Stikine verwachsen. Dieses Stranden von Überschiebungsdecken entlang des alten Westrands von Nordamerika schuf einen bis zu 600 Kilometer breiten Streifen neuer, mit dem Kontinent verwachsener Kruste. Die nachfolgenden Faltungs- und Überschiebungsprozesse, die noch während der ausgehenden Kreide und sogar bis ins frühe Tertiär anhielten, gingen mit ausgedehnten Horizontalverschiebungen einher, durch die große Teile der kanadischen Kordilleren (des gesamten Massivs von Gebirgsketten am Westrand des Kontinents) relativ zu Nordamerika Hunderte von Kilometern nach Norden verschleppt wurden.

Terranes und Gebirgsbildung

Die Anlagerung von Terranes spielt eine Hauptrolle in einem der dramatischsten Prozesse der globalen Tektonik: der Entwicklung von Gebirgsketten entlang konvergierender Kontinentalränder. Schon lange vor dem Aufkommen der Plattentektonik erklärte man die Entstehung gewisser Gebirgszüge, die wie der Himalaya zwischen zwei gewaltigen, konvergierenden Landmassen eingebettet sind, durch den Zusammenstoß von Kontinentalmassen. Daß Kollisionen auch an der Bildung von Gebirgen beteiligt sein könnten, die unmittelbar ans offene Meer grenzen – wie die Anden Südamerikas und die Kordilleren Nordamerikas – ist jedoch ein erst seit kurzem diskutierter Gedanke. In diesen Fällen stößt ein Kontinent mit bedeutend kleineren Landmassen zusammen – beispielsweise Tiefseebergen (einzeln stehenden Bergen am Meeresgrund), Inselbögen und marinen Plateaus. Die Folge der starken Stauchung der Kruste, der Überschiebungen und Gesteinsumwandlungen sind dabei jedoch ganz ähnlich wie bei der Kollision von Kontinenten. Folgt man dem Prinzip „ähnliche Wirkungen – ähnliche Ursachen", so müssen massive, vielfältig deformierte Gebirgssysteme stets auf den Zusammenstoß zwischen konvergierenden mächtigen Krustenblöcken zurückgehen.

Die weit ineinandergeschobenen Gesteinsschichten des Himalaya, wo sich die Kruste vermutlich um 800 Kilometer und mehr verkürzt hat, lassen sich mit der Kollision zweier Kontinente außerordentlich gut erklären. Offenbar war die etwa vierzig Kilometer mächtige Kontinentalkruste Indiens zu leicht, um an der Naht zwischen dieser Platte und der asiatischen sehr tief abzutauchen. Stattdessen glitten die konvergierenden Krustenblöcke an Überschiebungszonen übereinander, bis die Kruste doppelt so mächtig war wie normale Kontinentalkruste; das Himalayagebirge war geboren. Seit Beginn der Kollision vor vierzig Millionen Jahren driftet der indische Subkontinent immer weiter nach Norden, schiebt asiatisches Krustengestein nach Norden und Osten und verursacht intensive Bruchbildungen bis weit nach

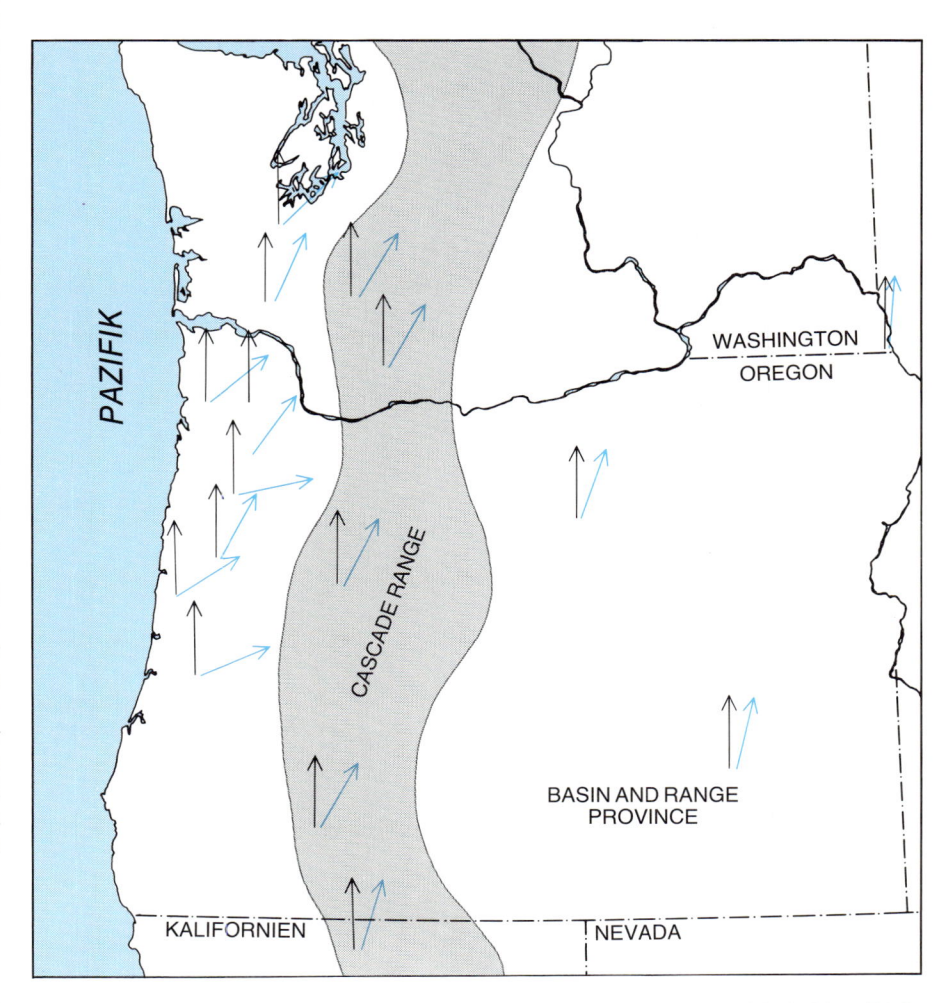

Bild 13: Gedrehte Gesteinsblöcke mit einem Alter von weniger als sechzig Millionen Jahren beobachtet man in den Terranes am Westrand von Washington und Oregon. Die schwarzen Pfeile geben die Richtung zum paläomagnetischen Nordpol wieder, wie man sie aus Gesteinsproben vom stabilen nordamerikanischen Kraton bestimmt hat. (Sie sind hier der Einfachheit halber leicht gedreht, so daß sie genau nach Norden weisen.) Die farbigen Pfeile zeigen die mittlere Richtung zum Pol in jeder an dem jeweiligen Ort gesammelten Probe. Alle Drehungen erfolgten im Uhrzeigersinn und betragen zwischen 25 und 70 Grad. Am weitesten wurden die ältesten Gesteine gedreht, die vor der Küste am Ozeanboden entstanden und heute westlich des Gebirgszugs der Cascade Range mit dem Kontinent verwachsen sind.

China hinein. Die anhaltende Konvergenzbewegung der beiden Kontinente ist auch für die meisten verheerenden Erdbeben in dieser Region verantwortlich.

Von den Anden weiß man bedeutend weniger. Vermutlich entstanden sie durch die Subduktion von ozeanischer Kruste unter kontinentale. Allerdings gibt es eine Fülle von Hinweisen, die auf Kompressionen und Faltungen in breiten Gürteln weit im Hinterland der Subduktionszone deuten. Einer von uns (Coney) führt sie auf die rasche Drift des Kontinents gegen den unmittelbar über der Subduktionszone liegenden Tiefseegraben zurück, der die Grenze zwischen dem Kontinent und der abtauchenden ozeanischen Platte markiert. Dabei sollen Kompressionsspannungen entstehen, die vom Kontinentalrand ins Landesinnere übertragen werden. Dieser Argumentation schlossen sich später Kevin C. Burke von der Staatsuniversität von New York in Albany sowie Tuzo Wilson an.

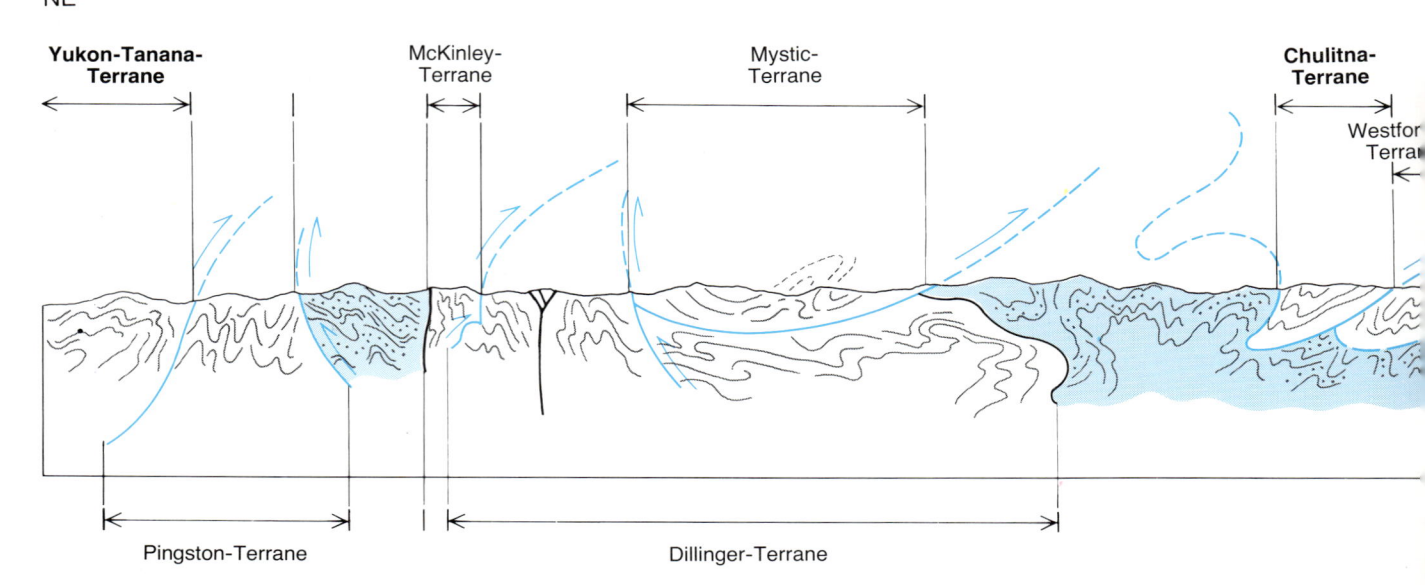

Bild 14: Ein Schnitt durch den Zentralteil der Alaska Range (in Bild 1 mit *a* gekennzeichnet) zeigt zehn verschiedene Terranes, darunter das Chulitna-Terrane. Die meisten Krustenschollen in diesem stark deformierten Gebiet werden von großen Aufschiebungen (farbige Linien) begrenzt. Die farbigen Flächen markieren deformierte Sand- und Schieferschichten. Das Yukon-Tanana-Terrane (links) war das erste,

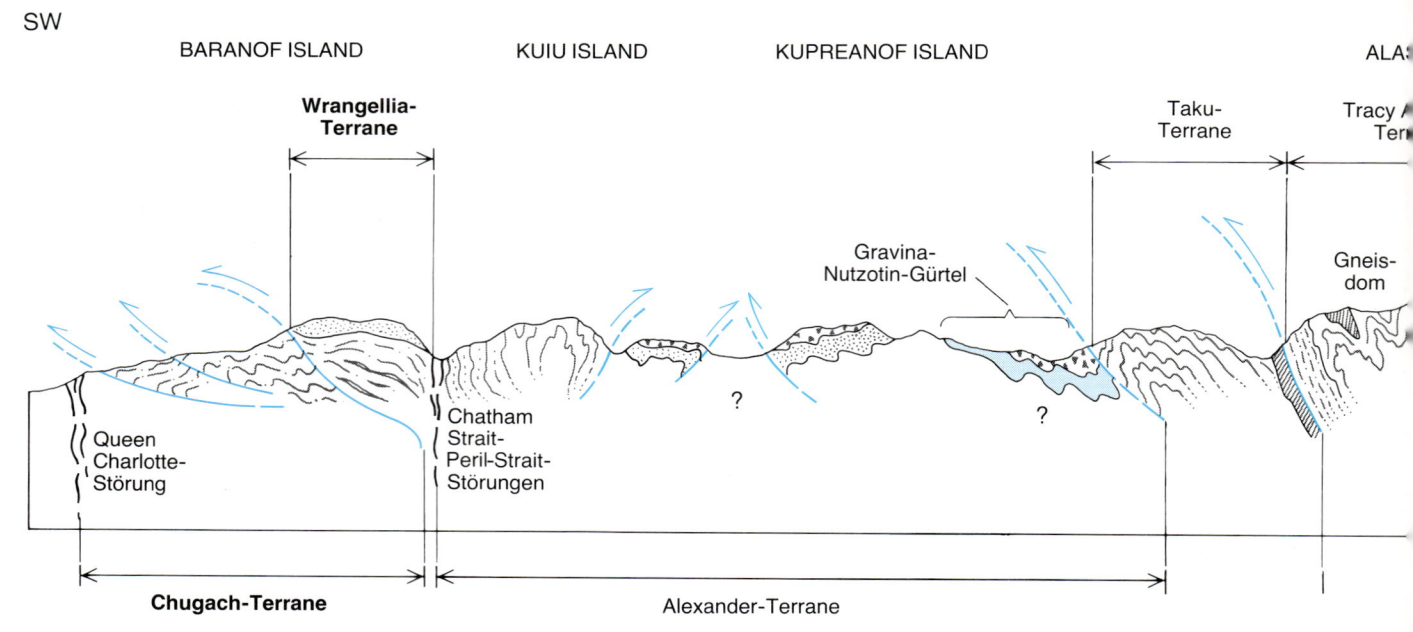

Bild 15: Dieser Schnitt durch Südost-Alaska und British Columbia (in Bild 1 mit *b* markiert) erstreckt sich vom jüngsten angelagerten Terrane, dem Chugach-Terrane (links) bis zur ersten Scholle, in der man Gestein fremden Ursprungs entdeckte, dem Cache Creek-Terrane (rechts). Dieser Gesteinsblock enthält versteinerte Tethys-Fusuliniden, die im Perm in Bereichen der Tethys Tausende von Kilometern südwestlich ihrer gegenwärtigen Lage heimisch waren. Er wurde von der nach Osten driftenden pazifischen Platte mitgeschleppt, bis er vor 170 bis 180 Millionen Jahren an Nordamerika „anlegte". Im Westen schob sich das Wrangellia-Terrane über die gefalteten und von Störungen

Auch in einem anderen Modell der Gebirgsbildung spielen Terranes eine Schlüsselrolle. Zvi Ben-Avraham und Amos M. Nur von Stanford sowie zwei von uns (Jones und Cox) haben es vor kurzem in die Diskussion gebracht. Danach hängt die Entstehung von Gebirgen vom Typ der Anden eher mit Kollisionsprozessen ähnlich denen bei der Geburt des Himalaya als mit einfachen Subduktionsvorgängen zusammen. Große ozeanische Plateaus, Tiefseeberge und Vulkanrücken, von denen einige in ihrer Mächtigkeit und spezifischen Gesteinsdichte durchaus mit Kontinenten vergleichbar sind, sollen die gleiche Funktion übernehmen wie der indische Subkontinent bei der Bildung des Himalaya. Auch diese Gesteinsmassen sind so leicht, daß sie nicht subduziert werden, sondern die horizontale Bewegungskomponente der abtauchenden ozeanischen auf die darüberliegende kontinentale Platte übertragen. Aus dieser Sicht könnte die Ursache für das Wachstum der Anden die Anlagerung ozeanischer Plateaus — vielleicht noch unentdeckter Terranes — am Kontinentalrand Südamerikas gewesen sein. Die unterschiedlichen Dimensionen der Anden und des Himalaya würden dann den Größenunterschied zwischen dem indischen Subkontinent und den Plateaus, die zur Bildung der Anden führten, widerspiegeln.

Wie stichhaltig dieses Modell ist, läßt sich an einer seiner Vorhersagen überprüfen. Ihm zufolge muß die Gebirgsbildung zeitlich mit der Anlagerung der exotischen Terranes Hand in Hand gehen. Einen geradezu idealen Testfall dafür stellt die Laramische Orogenese (Bild 1) dar. So nennt man die letzte intensive, großräumige Umformungs- und Gebirgsbildungsära in den nordamerikanischen Kordilleren, die vor vierzig bis achtzig Millionen Jahren stattfand. Sie erfaßte eine breite Zone, die sich von der Sierra Nevada bis zu den Rocky Mountains erstreckte. Die Laramische Orogenese ist eine der am besten beschriebenen, aber am wenigsten verstandenen Gebirgsbildungsären. Auf ihr Konto geht die gewaltige Anhebung der Rocky Mountains und des Colorado-Plateaus, die beide zusammen für die enorme Breite der Kordilleren verantwortlich sind. In den gleichen Zeitraum wie die Laramische Orogenese fallen auch die meisten Deformationen der kanadischen Rocky Mountains und der Sierra Madre Oriental im Osten Mexikos. Zwar tauchte während dieser Deformationsperiode ozeanische Kruste unter die Westküste Nordamerikas ab, aber die Frage bleibt: Wie konnte dieser Vorgang Gebirgsbildungsprozesse mehr als 1200 Kilometer weiter östlich in Gang setzen?

Einer von uns (Coney) hat dafür zwei alternative Erklärungen vorgeschlagen, die sich beide auf die Theorie der Plattentektonik stützen. Nach der ersten tauchte die ozeanische Platte so flach unter Nordamerika ab, daß sie mit der darüberliegenden Kontinentalplatte noch 1500 Kilometer landeinwärts mechanisch gekoppelt war und sie nach oben drückte. Die zweite Erklärung nimmt an, Nordamerika und die ozeanische Platte im Westen seien ganz einfach so schnell aufeinandergeprallt, daß die Deformationen eine ungewöhnlich breite Zone erfaßten. Wenn es für beide Interpretationen auch einige Belege gibt, so halten doch viele Wissenschaftler sogar beide

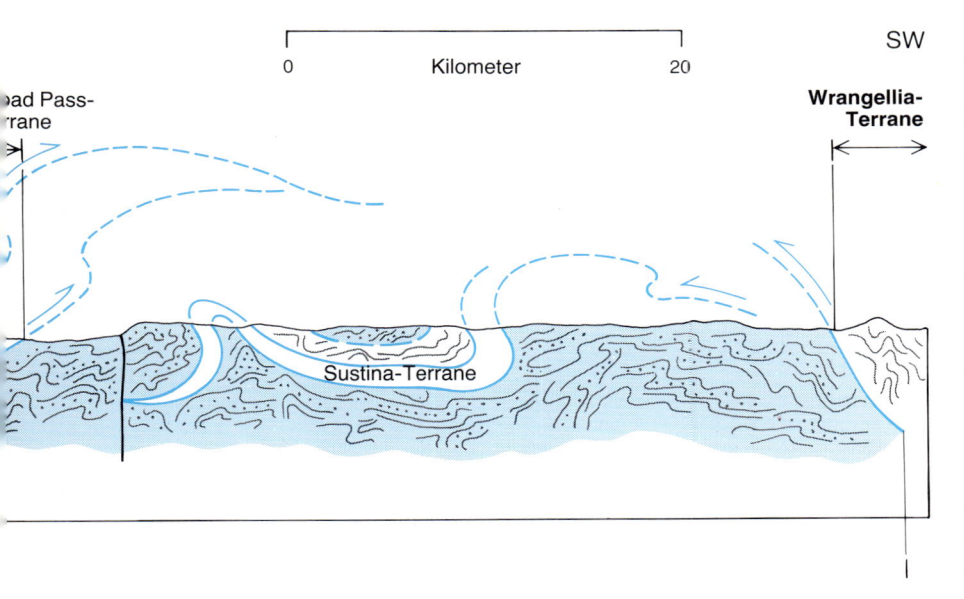

das — vor vielleicht 180 bis 200 Millionen Jahren — am Kontinentalrand des alten Nordamerikas strandete. Wrangellia (rechts) traf erst in der mittleren Kreide — vor etwa 90 Millionen Jahren — ein. Die anderen Gesteinsblöcke kamen im Zeitraum dazwischen an.

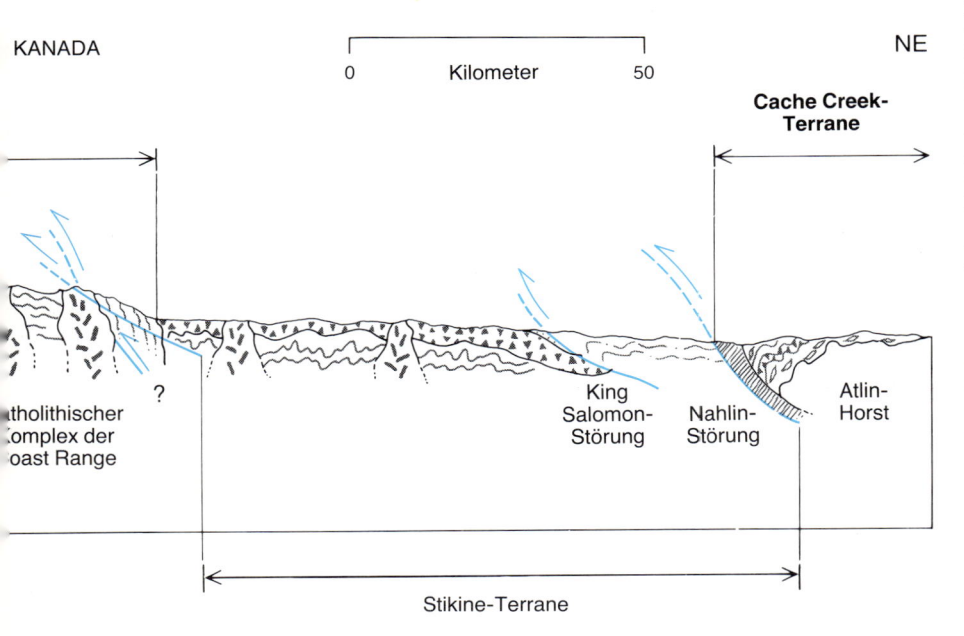

durchsetzten Sandstein- und Schieferschichten des noch jüngeren Chugach-Terranes. Zwischen Chugach und Cache Creek finden sich vier weitere Krustenschollen. Das Gestein dieser Terranes besteht hauptsächlich aus Vulkaniten, die von Plutoniten (in der Tiefe erstarrtem magmatischem Gestein) und Metamorphiten (stark umgewandeltem Gestein) durchsetzt sind. Ein Teil davon entstand, als die Schollen mit dem Kontinent kollidierten.

zusammen für unzureichend, um eine solch umfassende und tiefgreifende Orogenese auszulösen.

Als dritte Kraft, die den Deformationen erst zu den beobachteten gewaltigen Ausmaßen verhalf, könnte sehr wohl das Auftreffen von Terranes gewirkt haben. Obwohl die meisten der fremdländischen Gesteinsblöcke den Kontinent offenbar schon vor der Laramischen Orogenese erreichten, repräsentiert dieses Ereignis doch möglicherweise die Schlußphase des Anlagerungsprozesses. Die Faltungen und Störungen überall in den Kordilleren wären dann das Ergebnis eines letzten „Abdichtens" und Zusammenschweißens der bis dahin nur locker aneinandergefügten Gesteinsblöcke fremder Herkunft. Die Wechselwirkung der Terranes mit der angrenzenden alten Kruste könnte die Ursache für Rotationen, Anhebungen und Überschiebungen in einer breiten Zone sein, die sowohl den alten verfestigten Krustenteil Nordamerikas als auch die verschiedenen Terranes umfaßt.

Es sieht freilich ganz danach aus, als sei die Antriebsfeder dieses Prozesses eher die anhaltende Subduktion der pazifischen Platte unter die nordamerikanische Kontinentalplatte gewesen als die fortwährende Ablagerung neuer Terranes im Känozoikum – der erdgeschichtlichen Epoche, die vor 65 Millionen Jahren begann und unsere Gegenwart einschließt. Daß auch noch während der Laramischen Orogenese weitere Terranes mit dem nordamerikanischen Kontinent verwuchsen, ist jedoch nicht vollständig auszuschließen. So legen neuere paläomagnetische Daten aus dem mittleren und südlichen Kalifornien, die David Howell, Jack Vedder und Dwayne Champion vom amerikanischen Geological Survey gesammelt und ausgewertet haben, die Vermutung nahe, daß im Eozän (vor 53 bis 37 Millionen Jahren), als die Lamarische Orogenese schon ihrem Ende zu ging, ein großes kontinentales Bruchstück, das ursprünglich auf der Höhe Südamerikas gelegen hatte, mit dem Südwestrand Kaliforniens zusammenstieß und dort angelagert wurde.

Die Entdeckung einer Vielzahl von Terranes im Westen Nordamerikas ergänzt die geologische Geschichte dieses Kontinents um ein wichtiges neues Kapitel. Unsere These lautet, daß der Westen Nordamerikas durch die Anlagerung fremder Krustenblöcke seit dem frühen Jura – also in den letzten 200 Millionen Jahren – um mehr als 25 Prozent gewachsen ist. Die angefügten Terranes waren ozeanischen und nicht kontinentalen Ursprungs. Das aber impliziert ein echtes Wachstum des Kontinents – und nicht nur ein Recycling kontinentalen Materials. Der gesamte Prozeß von Kollision, Anlagerung und Kontinentalwachstum ist kompliziert und noch kaum verstanden, aber soviel steht fest: Es werden weiträumig Gesteinsschichten ineinandergeschoben und dabei große Massen transportiert. Am Ende steht eine durch Überschiebungsprozesse auf die Mächtigkeit normaler kontinentaler Kruste verdickte und mit dem alten Kontinent verschweißte neue Kruste. Das Modell einer Orogenese, bei der am Westrand Nordamerikas nach und nach gestrandete Terranes eine wichtige Rolle spielen, läßt auch den Ursprung und die Entwicklung der anderen erdumspannenden Gebirgsketten in neuem Licht erscheinen – könnten viele doch eine ganz ähnliche Geschichte haben.

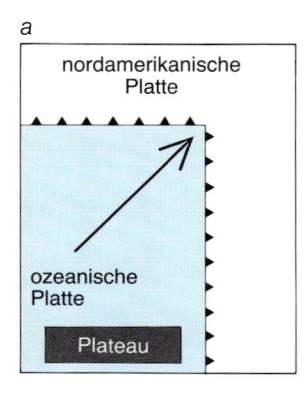

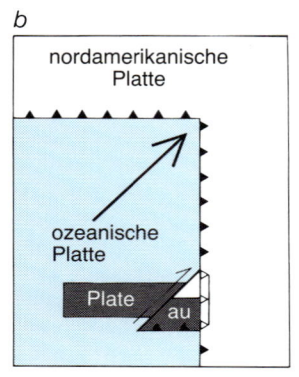

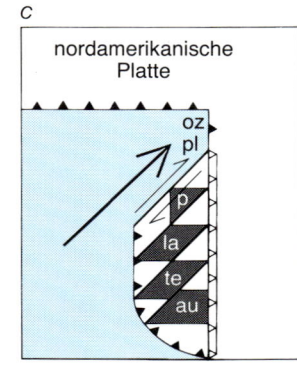

Bild 16: Die Ursache der Dehnungsprozesse, durch die viele Terranes deformiert wurden, könnte sein, daß die abtauchende ozeanische Platte schräg und nicht senkrecht auf den Kontinentalrand traf (a). Das von der Platte mitgeschleppte Plateau – das spätere Terrane – tauchte nicht mit ab, sondern kollidierte mit dem nordamerikanischen Kontinent. Dabei brach am Ende ein Stück ab. Während sich das Bruchstück verkeilte, driftete das restliche Plateau entlang der Bruchstelle weiter nach Norden (b). Dieser Prozeß wiederholte sich mehrmals, bis die Subduktionszone (gezackte Linie) schließlich nach Westen sprang (c).

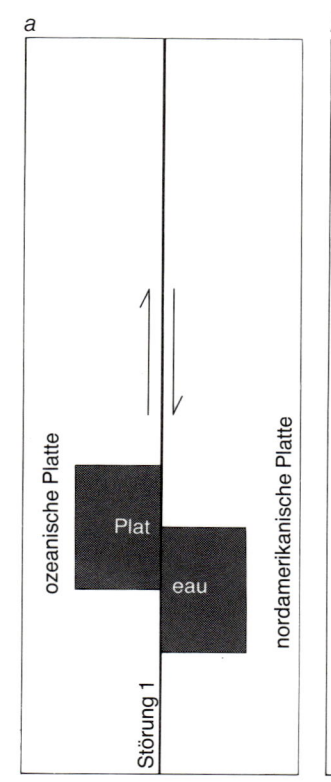

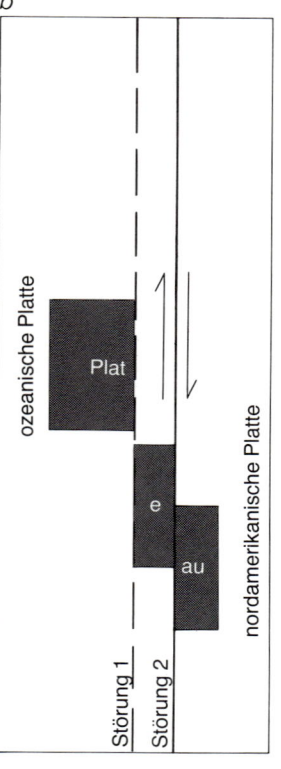

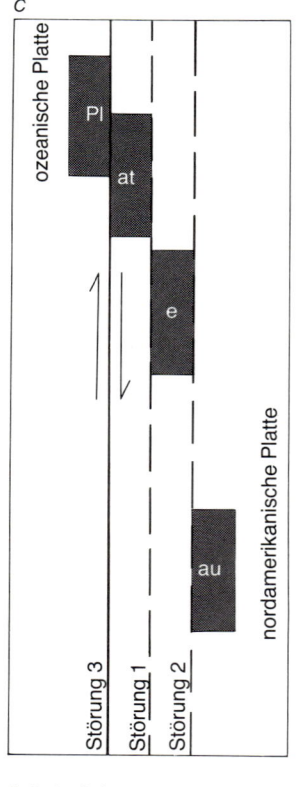

Bild 17: Ein anderer möglicher Dehnungsprozeß könnte im Hin- und Herspringen von Störungen im Plateau bestehen. Nachdem das Plateau am Kontinent „angelegt" hat, bildet sich zunächst die Störung 1 aus, entlang der sich eine Hälfte nach Norden (oben) verschiebt (a). Mit der Zeit wird sie inaktiv, und es entwickelt sich östlich (rechts) von ihr die Störung 2, die den bereits mit dem Kontinent verwachsenen Plateauteil durchschneidet (b). Später – nachdem auch sie zur Ruhe gekommen ist – folgt die Störung 3 im Westen.

Geographisches Institut
der Universität Kiel
Neue Universität

Tauchexpedition zur Ostpazifischen Schwelle

Wie eine Naht teilt die Ostpazifische Schwelle den Boden des Pazifik in zwei auseinanderdriftende Platten. In 2500 Meter Tiefe fanden Wissenschaftler hier eine exotische Welt: mächtige Schlote, aus denen bis zu 350 Grad heiße Wasserfontänen aufsteigen, und bizarre Organismen, die sich von den heißen Quellen ernähren.

Von **Ken C. Macdonald und Bruce P. Luyendyk**

Die Ostpazifische Schwelle gehört zur längsten Gebirgskette der Welt: dem 75 000 Kilometer langen Rift-System, das die Erde wie die Naht eines Tennisballs umspannt. Der größte Teil dieses Systems, einschließlich der gesamten Ostpazifischen Schwelle, liegt unter Wasser. Es handelt sich um ein Netz aus mittelozeanischen Rücken, das in der Plattentektonik, die sich in den letzten Jahrzehnten zum Schlüssel unseres geologischen Weltbildes entwickelt hat, eine zentrale Rolle spielt. Jedes Rift ist eine schmale Zerrüttungszone, an der Platten aus ozeanischer Kruste ständig auseinandergedrückt oder -gezogen werden. An diesen Stellen, wo das Sea-Floor Spreading, die Spreizung des Meeresbodens, seinen Ausgang nimmt, steigt flüssiges Gestein aus dem Erdmantel auf, füllt Klüfte und Spalten und schweißt so an die bereits existierende Meereskruste neue Abschnitte an, die, wie von zwei riesigen Förderbändern bewegt, beständig auseinanderwandern.

Mit der Idee des Sea-Floor Spreading lassen sich eine Fülle geologischer Erscheinungen erklären. Doch einige wichtige Fragen über das Rift-System sind noch immer unbeantwortet. So zeigen Unterwasseraufnahmen und Gesteinsproben Spuren eines jungen Vulkanismus im Bereich der mittelozeanischen Rücken. Anscheinend befindet sich unter der Mittellinie dieser Gebirgsrücken also eine Magmakammer, das heißt ein Reservoir an geschmolzenem Gestein. Handelt es sich dabei um ein dauerhaftes Merkmal solcher Rift-Systeme? Und wenn ja: Wie tief ist die Kammer und wie breit? Welches sind die physikalischen und chemischen Eigenschaften des Magmas? Wieviel Wärme entweicht aus dem Erdinnern, wenn bei Vulkanausbrüchen am Meeresboden neue Kruste entsteht? Die Beantwortung dieser und ähnlicher Fragen könnte uns einen tieferen Einblick in Aufbau und Zusammensetzung der Erdkruste ganz allgemein verschaffen, denn mindestens siebzig Prozent dieser Kruste haben sich an den mittelozeanischen Rücken gebildet.

Wir hatten zusammen mit einigen Mitarbeitern vor kurzem die Gelegenheit, einen kleinen Ausschnitt aus der Kammregion der Ostpazifischen Schwelle aus nächster Nähe zu erforschen (Bild 4). Dabei ergaben sich wichtige neue Indizien dafür, daß sich unter der Kammlinie tatsächlich eine Magmakammer entlangzieht. Außerdem fanden wir Anzeichen, daß die Krustenbildung auf eine schmale, scharf umrissene Zone direkt über der Magmakammer beschränkt ist. Diese Hinweise stammen aus seismischen, elektrischen, gravimetrischen und magnetischen Messungen sowie aus genauen geologischen Kartierungen, die wir an Schnitten quer zur Kammlinie durchführten. Die dramatischste Entdeckung aber machten wir mit bloßem Auge, als wir mit einem kleinen Unterwasserfahrzeug in mehr als 2500 Meter Tiefe tauchten. An mehreren Stellen entlang des Kammes fanden wir Ansammlungen hydrothermaler Schlote, aus denen heißes, mineralgeschwärztes Wasser hervorschoß, das vom Gestein in der Umgebung der Magmakammer auf mehrere hundert Grad Celsius erhitzt worden war (Bild 1). Wie sich herausstellte, haben diese hydrothermalen Schlote nicht nur einen großen Einfluß auf das geophysikalische Innenleben der Bruchzonen, sondern auch auf das chemische Gleichgewicht der Ozeane. Daneben nähren sie eine ungewöhnliche biologische Lebensgemeinschaft, die in ewiger Nacht haust und von photosynthetischen Energiequellen gänzlich unabhängig ist.

Plattentektonik

Die Plattentektonik beschreibt die Bewegungen der Lithosphäre: der verhältnismäßig starren äußeren Hülle des Erdballs, zu der nicht nur die Erdkruste, sondern auch Teile des darunterliegenden Mantels gehören. Die Lithosphäre untergliedert sich in ein paar Dutzend Platten unterschiedlicher Form und Größe, die auf einem Material schwimmen, das weniger starr ist als sie selbst. Ein mittelozeanischer Rücken bildet die Grenze zwischen zwei, manchmal auch drei Platten, und an dieser Nahtstelle dringt neues Gestein aus dem Erdinnern in die Lithosphäre. Da das Volumen der Erdkugel praktisch konstant ist, kann die Lithosphäre an den mittelozeanischen Rücken nur soviel Material ansetzen, wie sie an anderen Stellen wieder abgibt. Diese anderen Stellen sind die sogenannten Subduktionszonen. Hier taucht eine Platte unter die andere und wird vom Erdmantel wieder verschluckt. Sowohl an den mittelozeanischen Rücken als auch an den Subduktionszonen häufen sich Grabenbrüche, Erdbeben und vulkanische Erscheinungen, doch die geologischen Vorgänge, die sich an beiden Arten von Plattengrenzen abspielen, sind grundverschieden.

Die Idee des Sea-Floor Spreading ist älter als die Theorie der Plattentektonik. Sie geht vor allem auf Harry H. Hess von der Princeton-Universität zurück, der sie in den frühen sechziger Jahren propagierte. In ihrer ursprünglichen Form beschrieb sie die Bildung und Zerstörung von Meeresböden, ohne die Existenz von starren lithosphärischen Platten zu postulieren. Sie fand schon bald ihre Bestätigung, als sich herausstellte, daß periodische Umkehrungen des Erdmagnetfeldes, wie sie in der Vergangenheit im-

Bild 1: Als meterhohe Fontäne schießt heißes, mineralgeschwärztes Wasser aus einer „Schwarzer Raucher" genannten, schornsteinähnlichen Bodenöffnung am Grund des Pazifik. Die spektakuläre Szene wurde vom Tauchboot *Alvin* aus in 2650 Meter Tiefe aufgenommen. Ort des Geschehens ist der Kamm der Ostpazifischen Schwelle nahe am Eingang zum Golf von Kalifornien (Bild 4). Die Ostpazifische Schwelle ist eine der Nahtstellen, an denen zwei Platten der Erdhülle (Lithosphäre) von Kräften im Erdinnern auseinandergezogen werden. In die entstehende Lücke dringt glutflüssiges Magma und bildet eine neue dünne Gesteinshaut, die von zahlreichen Rissen und Spalten durchsetzt ist. Durch diese Risse sickert Meerwasser, kommt in Kontakt mit dem Magma, heizt sich auf und wird – bis zu 350 Grad heiß – von den „Schwarzen Rauchern" wieder ausgespien (Bild 12). Es kocht nur deshalb nicht, weil in der Umgebung ein fast dreihundertmal höherer Druck herrscht als an der Meeresoberfläche. Von den im Wasser mitgeführten Mineralen ernährt sich eine exotische biologische Lebensgemeinschaft, die in völliger Isolation und ewiger Nacht ihr gefährdetes Dasein fristet (Bild 2). 1979 ist eine Gruppe von Ozeanographen gemeinsam mit den Autoren in diese bizarre Welt vorgedrungen, um aus nächster Nähe zu erforschen, wie sich am Meeresgrund neue Erdkruste bildet. Rechts unten ist einer der Greifarme des verwendeten Tauchboots zu sehen, der zum Sammeln von Bodenproben diente. Die Aufnahme stammt von Dudley Foster von der Woods Hole Oceanographic Institution.

Bild 2: Exotische Lebewesen bevölkern die Umgebung der hydrothermalen Schlote auf dem Ostpazifischen Rücken. Am unheimlichsten wirken bis zu drei Meter lange, in Büscheln angeordnete Röhrenwürmer (*Riftia pachyptila* Jones, rechts), die sich gespenstisch in den kühleren (etwa zwanzig Grad warmen) hydrothermalen Strömen wiegen, die nicht durch Minerale getrübt sind. Aus ihren weißen Schutzröhren strecken die Würmer leuchtend rote, befiederte Fangarme. Daneben hasten weiße Krabben über den schwarzen Basaltboden, während sich gleichfalls weiße Muscheln in die Bodenvertiefungen schmiegen. Den Ausgangspunkt der Nahrungskette in diesem Lebensraum bilden Bakterien, die aus chemischen Substanzen in den hydrothermalen Quellen Energie gewinnen. Die gesamte Lebensgemeinschaft ist autark und von der Sonnenenergie völlig unabhängig. Die Aufnahme stammt von William R. Normark.

Bild 3: Kissenlava nennt man das wulstartige Basaltgestein, das einen großen Teil des Meeresbodens im Umkreis der hydrothermalen Schlote bedeckt. Die „Kissen" entstanden, als bei submarinen Vulkanausbrüchen Magma aus Spalten in der Kruste hervorquoll und vom Meerwasser schlagartig abgekühlt wurde. Im Hintergrund ist eines der Meeresboden-Seismometer zu sehen, die für seismische Messungen verwendet wurden. Die Aufnahme stammt von John A. Orcutt von der Scripps Institution of Oceanography.

mer wieder auftraten, in der ozeanischen Kruste ihre unauslöschliche Spur hinterlassen haben. Für diese Tatsache lieferten F. J. Vine und D. H. Matthews von der Princeton-Universität eine heute allgemein akzeptierte Erklärung. Danach werden alle ferromagnetischen Minerale im Magma, das an den mittelozeanischen Rücken aufsteigt, in Richtung des Erdmagnetfelds magnetisiert. Sowie sich das Magma abkühlt und erstarrt, sind Richtung und Polarität des Magnetfeldes im Vulkangestein für immer eingefroren. Die Umkehrungen des Erdmagnetfeldes ließen eine Vielzahl von Magnetstreifen entstehen, die parallel zur Mittellinie des Rifts verlaufen (Bild 5). Die ozeanische Kruste gleicht also einem Tonband, auf dem die Geschichte des Erdmagnetfelds aufgezeichnet ist. Da die Grenze zwischen zwei Streifen jeweils eine Umkehrung des Magnetfeldes anzeigt, und da sich die einzelnen Umkehrungen unabhängig datieren ließen, kann man aus der Breite der Streifen ablesen, wie schnell der Meeresboden gewandert ist. (Wieso sich das Magnetfeld der Erde in Abständen zwischen 10 000 und einer Million Jahre immer wieder umpolt, bleibt allerdings weiterhin eines der großen Geheimnisse der Geologie.)

Nach der Theorie des Sea-Floor Spreading sollten viele der interessantesten geologischen Erscheinungen auf dem Meeresboden zu finden sein. Die Untersuchung dieser Erscheinungen machte in den vergangenen Jahren dank der Entwicklung spezieller, bemannter Tief-Tauchboote beachtliche Fortschritte. Besonders das amerikanische Forschungs-Tauchboot *Alvin*, das von der Woods Hole Oceanographic Institution unterhalten wird, hat bei der Erforschung des Meeresbodens wertvolle Dienste geleistet. So kann ein Geologe mit Hilfe der *Alvin* Gesteinsproben sammeln und die genaue Lage einzelner Gesteine dokumentieren. Damit lassen sich heute zum ersten Mal Karten von einzelnen Regionen am Meeresgrund aufnehmen, die ebenso genau sind wie die vom Festland.

Bild 4: Die Ostpazifische Schwelle bildet die Nahtstelle zwischen der Pazifischen Platte und der Rivera-Platte, die ihrerseits zur größeren Nordamerikanischen Platte gehört. An einem vor der Westküste Mexikos gelegenen Platz auf dem Kamm dieser Schwelle führten zwei Dutzend Ozeanographen 1979 umfangreiche Untersuchungen am Meeresgrund durch. Ein ähnliches Projekt hatte wenige Jahre zuvor auf der Galápagos-Spreizungsachse vor Peru stattgefunden. An beiden Stellen dehnt sich der Meeresboden um sechs Zentimeter jährlich (etwa so schnell wie Fingernägel wachsen). Die mit weißen Zahlen versehenen Konturlinien geben das Alter der jeweiligen Meereskruste in Millionen Jahren an.

Die ersten Untersuchungen mit Hilfe der *Alvin*, die 1973 begannen, machten deutlich, daß sich Tauchboote am wirksamsten gegen Ende einer Unterwasser-Expedition einsetzen lassen. Die Zeit am Boden ist knapp bemessen (maximal sechs Stunden) und teuer. Man sollte daher zunächst alle Möglichkeiten ausschöpfen, den Meeresboden mit anderen Mitteln wie ferngesteuerten Kameras oder hochauflösenden Sonar-Geräten zu erkunden, um das Tauchboot dann gezielt an die interessantesten Plätze zu schicken. Wenn man die *Alvin* auf so sparsame Weise einsetzt, ist sie ein äußerst leistungsfähiges Hilfsmittel bei der Datensammlung unter Wasser.

In den vergangenen sieben Jahren hat man die *Alvin* dazu benutzt, im Bereich des Mittelatlantischen Rückens die vulkanischen Aktivitätszyklen und die von den Umpolungen des Erdmagnetfelds herrührenden Magnetisierungsmuster zu untersuchen. Ziele der Forschungsfahrten waren außerdem freiliegende Krusten-Querschnitte im Rift-System des Cayman-Grabens in der Nähe von Jamaica. Hydrothermale Schlote und die zugehörigen exotischen Lebensgemeinschaften wurden erstmals 1977 beobachtet, als die *Alvin* an der Galápagos-Spreizungsachse vor der Küste von Ecuador auf Tauchfahrt ging.

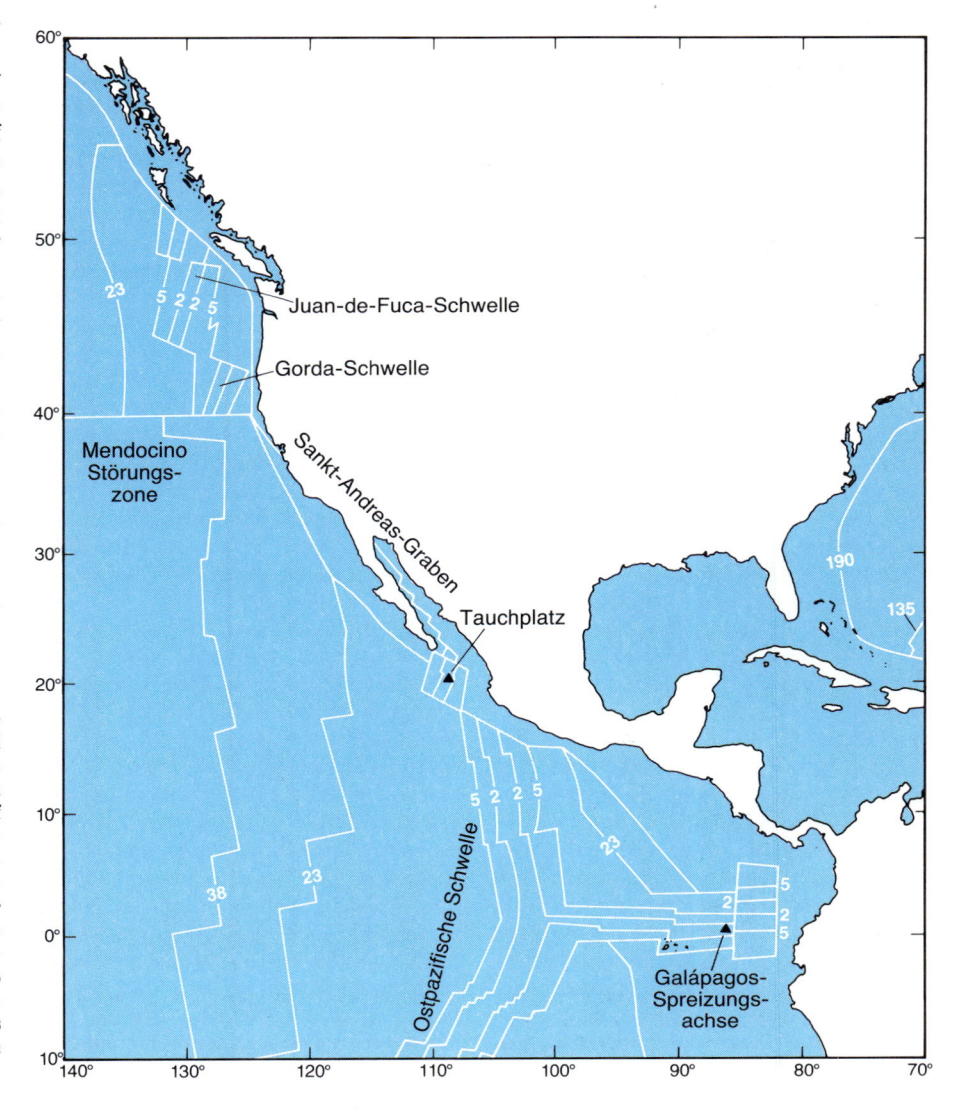

Wir möchten hier die Ergebnisse unserer jüngsten Expedition mit der *Alvin* vorstellen, die uns zum Kamm der Ostpazifischen Schwelle führte, ungefähr dreitausend Kilometer nordwestlich der Tauchstelle an der Galápagos-Spreizungsachse. Mit Hilfe des Tauchbootes sowie zahlreicher Instrumente, die Schiffe im Schlepptau hinter sich herzogen, maßen wir Dinge wie die Magnetisierung und elektrische Leitfähigkeit des Krustengesteins, die Geschwindigkeit, mit der sich Erdbebenwellen unter der Schwelle fortpflanzen, und schließlich Abweichungen von der normalen Schwerkraft über der Schwelle. All diese Meßgrößen sind empfindliche Indikatoren, aus denen sich Rückschlüsse auf die Beschaffenheit der unter der Schwelle vermuteten Magmakammer ziehen lassen. Bei dieser Unterwasserexpedition stießen wir schließlich auch auf die heißesten Wasserquellen, die jemals im Ozean gefunden wurden.

Vorbereitende Forschungsfahrten

Wir wählten für unsere Untersuchungen eine Tauchstelle aus, die nahe am nördlichen Ende der Ostpazifischen Schwelle und dicht vor dem Eingang zum Golf von Kalifornien liegt. Die Schwelle selbst setzt sich mitten durch den Golf nach Norden fort und mündet schließlich in den Sankt-Andreas-Graben in Kalifornien. Südlich des Golfes bildet sie einen Teil der Grenze zwischen der Pazifischen Platte und der Rivera-Platte, die ihrerseits zur wesentlich größeren Nordamerika-Platte gehört.

In dem untersuchten Gebiet verbreitert sich das Rift zur Zeit um jährlich ungefähr sechs Zentimeter, also etwa genauso schnell, wie uns Menschen die Fingernägel wachsen. An dieser Stelle dehnt sich der Meeresboden damit fast dreimal so schnell aus wie im Bereich des Mittelatlantischen Rückens. Die höchste bekannte Spreizungsgeschwindigkeit, die in der Nähe der Osterinsel an einer anderen Stelle der Ostpazifischen Schwelle gemessen wurde, ist allerdings noch etwa dreimal so hoch: Sie beträgt 18 Zentimeter pro Jahr. Wir suchten uns diese Stelle aus, weil dort eine typische, durchschnittliche Spreizungsgeschwindigkeit herrschte und auch sonst bereits eine Menge detaillierter Informationen über den Ort vorlagen.

Auf früheren Forschungsfahrten hatten wir schon ein ziemlich genaues Bild vom geologischen Umfeld dieser Spreizungsachse und ihren Dimensionen gewonnen − und zwar durch magnetische und photographische Untersuchungen sowie Schallmessungen, die eine unbemannte Instrumenten-Kapsel (das Deep-Towed Instrument Package) der Scripps Institution of Oceanography durchführte, die im Schlepptau eines Schiffes über den Meeresboden gezogen wurde. Diesen Untersuchungen zufolge war die Spreizungsachse an dieser Stelle möglicherweise nur ein bis zwei Kilometer breit. Wir erstellten Tiefenprofile und geologische Karten von diesem Gebiet und legten die Stellen fest, die wir näher untersuchen wollten. Dabei zeigte sich, daß wir im Mittel mehr als 2600 Meter tief tauchen mußten.

Mit der ersten Phase des umfangreichen Tauchprogramms begannen 1978 französische, amerikanische und mexikanische Forscher unter Leitung von Jean Francheteau vom bretonischen Forschungszentrum für Ozeanographische und Meeresbiologische Studien. Das Zwölf-Mann-Team, das mit dem französischen Tauchboot *Cyana* zum Meeresgrund vorstieß, konzentrierte sich auf geologische Untersuchungen, bei denen die Männer sehr nahe an die Felsen heranfahren mußten, um mit bloßem Auge das anstehende Gestein und die auffälligen Strukturen entlang des Kammes erkunden zu können. Währenddessen war bereits die Planung für den nächsten Abschnitt des Unternehmens, die geophysikalischen Versuche, die 1979 mit dem größeren und robusteren Tauchboot *Alvin* beginnen sollten, in vollem Gang.

Die mit der *Cyana* tauchenden Wissenschaftler fanden heraus, daß die Spreizungsachse in Wirklichkeit aus vier geologischen Zonen besteht (Bild 6). Zone 1, die sich direkt entlang der Mittellinie der Spreizungsachse erstreckt, ist ein ungefähr einen Kilometer breites Gebiet, das aus jungem vulkanischem Gestein besteht. Fast alles neue vulkanische Material, das in der Spreizungszone gebildet wird, scheint sich innerhalb dieses auffallend schmalen Streifens auf den Meeresboden zu ergießen. Die hier gefundenen basaltischen Lavaströme haben meist jene kissenförmige Gestalt, die für Vulkanausbrüche unter Wasser charakteristisch ist, und sind praktisch nicht von Sedimenten bedeckt (Bild 3). Sie zeigen einen frischen, gläsernen Schimmer und haben sich allem Anschein nach kaum unter der Einwirkung des Meerwassers verändert.

Genau am Rand der ganz jungen Vulkanzone setzt die seitliche Beschleunigung der neugebildeten Kruste ein, und diese beginnt nach beiden Seiten auseinanderzudriften. Sie erreicht dabei eine Höchstgeschwindigkeit von drei Zentimetern pro Jahr auf jeder Seite. In dieser Region, die wir als Zone 2 bezeichnen, wird die Kruste gedehnt. Dabei bricht sie an vielen Stellen, so daß kleinere Risse entstehen, die im allgemeinen parallel zum Nord-Ost-Verlauf der Schwelle und senkrecht zur Spreizungsrichtung orientiert sind. Die Rißzone ist auf beiden Seiten der Mittellinie ungefähr eineinhalb bis zwei Kilometer breit.

Außerhalb der Zone 2 wird die Kruste wahrscheinlich weiterhin etwas beschleunigt. Hier, in der Zone 3, beginnen sich größere „normale" Brüche zu bilden, die fast senkrecht abfallen und wie riesige Treppenstufen aussehen. Sie gehen auf plötzliche Vertikalverschiebungen zurück, die in Gesteinen auftreten, die einer starken Zugspannung ausgesetzt sind. Die Verschiebungen entlang der Verwerfungslinie führen zu immer wiederkehrenden Erdbeben mit einer Stärke von bis zu 5,5 auf der nach oben offenen Richterskala. Die Böschungen oder freiliegenden Bruchflächen sind im allgemeinen parallel zur Spreizungsachse ausgerichtet und bis zu siebzig Meter hoch. In etwa zehn Kilometer Entfernung von der Kammlinie der Schwelle, innerhalb der Zone 4, nimmt die Häufigkeit aktiver Brüche dann plötzlich wieder ab. Vermutlich kommt hier also die seitliche Beschleunigung der Kruste zum Erliegen. Von nun an wandert der junge Meeresboden mit konstanter Geschwindigkeit weiter.

Bei den 1978 mit der *Cyana* durchgeführten Tauchfahrten kamen bereits ungewöhnliche Lavaformationen und Mineralablagerungen zum Vorschein. Dazu zählen erstarrte Lavaseen, die manchmal viele hundert Meter lang und über fünf Meter tief sind, und sich wahrscheinlich bei schnellen Lavaergüssen gebildet haben. Ihre Oberfläche ist an manchen Stellen eingebrochen und bildet trichterförmige Einsturzgruben. An Pfeilern und Basaltwänden an den Rändern der Seen sind Streifen aus abgeschrecktem, glasigem Basalt zu erkennen, die vielleicht Schwankungen in der Höhe des Lavapegels widerspiegeln. Wahrscheinlich entstanden sie, wenn die Lavaseen seitlich überflossen oder die Lava durch einen unterirdischen Abfluß in die darunter liegende Magmakammer zurückströmte.

Das hydrothermale Feld

Nahe der Grenze zwischen den Zonen 1 und 2 wurde eine mehrere Meter hohe Hügelkette entdeckt. Wie die Geochemiker in dem zwölfköpfigen *Cyana*-Team, an ihrer Spitze Roger Hekinian, herausfanden, bestehen die Hügel aus Zink-, Eisen- und Kupfersulfiden mit geringen Beimischungen von Silber. Vermutlich entstanden sie, als heiße wäßrige (hydrothermale) Lösungen aus dem Erdinnern durch den Meeresboden austraten. Drei weitere Indizien sprachen dafür, daß hydrothermale Aktivitäten in diesem Gebiet eine Rolle spielen. 1974 und 1977 hatte man Temperaturanomalien von mehreren Hundertstel Grad Celsius entdeckt und über der Spreizungsachse außerdem ungewöhnlich hohe Konzentrationen an Helium-3 gemessen. Dieses leichte Heliumisotop gilt als verläßlicher Indikator für jedwede hydrothermale Aktivität. Darüberhinaus entdeckten die Wissenschaftler auf einer ihrer Tauchfahrten mit der *Cyana* riesige Muschelschalen, die denen glichen, die man bei den hydrothermalen Schloten vor Galápagos gefunden hatte. Allerdings enthielt keine einzige Schale lebende Tiere. (Bei diesem Tauchgang war die *Cyana* zufällig an eine Stelle geraten, die nur wenige hundert Meter von den Schloten entfernt war, die die *Alvin* ein Jahr später entdecken sollte.)

1979, kurz bevor die *Alvin* auf der Bildfläche erschien, verschafften wir uns noch schnell einen Überblick über die

Mittellinie der Spreizungsachse südwestlich des *Cyana*-Tauchplatzes, indem wir Photos aufnahmen und das Gebiet grob kartierten. Wir wollten wissen, wie sich die geologischen Verhältnisse längs der Spreizungsachse veränderten, und wir wollten den verlockenden Spuren der hydrothermalen Vorgänge nachgehen. Der Aufwand sollte sich lohnen. Eine Gruppe unter der Leitung von Fred N. Spiess von der Scripps Institution machte das Deep-Towed Instrument Package startklar, um mit seiner Hilfe topographische und seitliche Schallreflexions-Profile aufzunehmen und so unsere Tie-

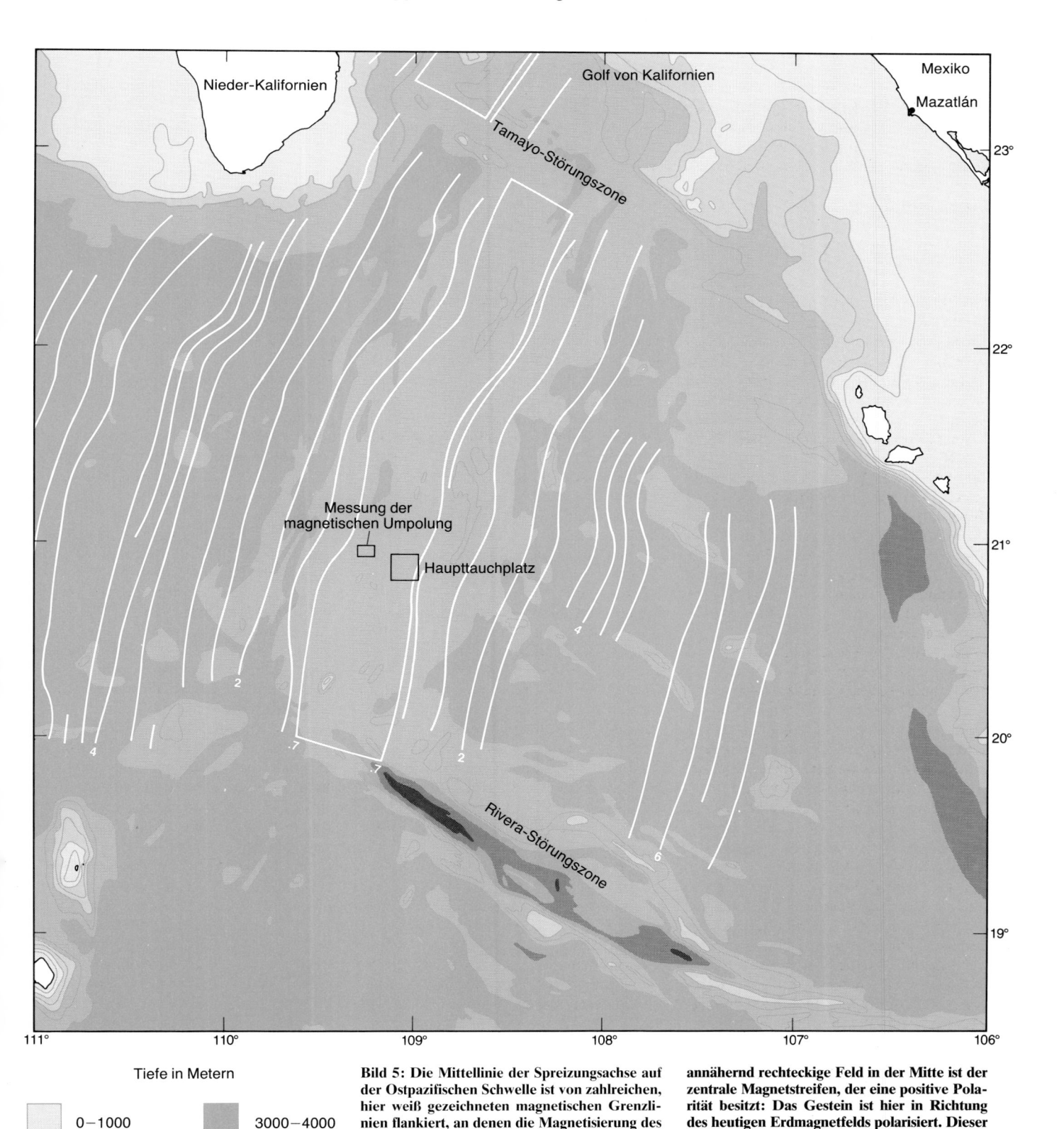

Bild 5: Die Mittellinie der Spreizungsachse auf der Ostpazifischen Schwelle ist von zahlreichen, hier weiß gezeichneten magnetischen Grenzlinien flankiert, an denen die Magnetisierung des Krustengesteins ihre Richtung umkehrt. Ihre Entstehung verdanken diese Grenzlinien periodischen Umpolungen des Erdmagnetfeldes in der Vergangenheit. Die weißen Zahlen am Ende einiger Linien bezeichnen das Alter des jeweiligen Krustenstreifens. Das weiß umrandete, annähernd rechteckige Feld in der Mitte ist der zentrale Magnetstreifen, der eine positive Polarität besitzt: Das Gestein ist hier in Richtung des heutigen Erdmagnetfelds polarisiert. Dieser Streifen erstreckt sich von der Mittellinie der Spreizungsachse nach beiden Seiten bis zu der Stelle, an der das Alter des Krustengesteins 700 000 Jahre erreicht. Die Meerestiefe ist durch Farbabstufungen angedeutet (siehe Skala links unten).

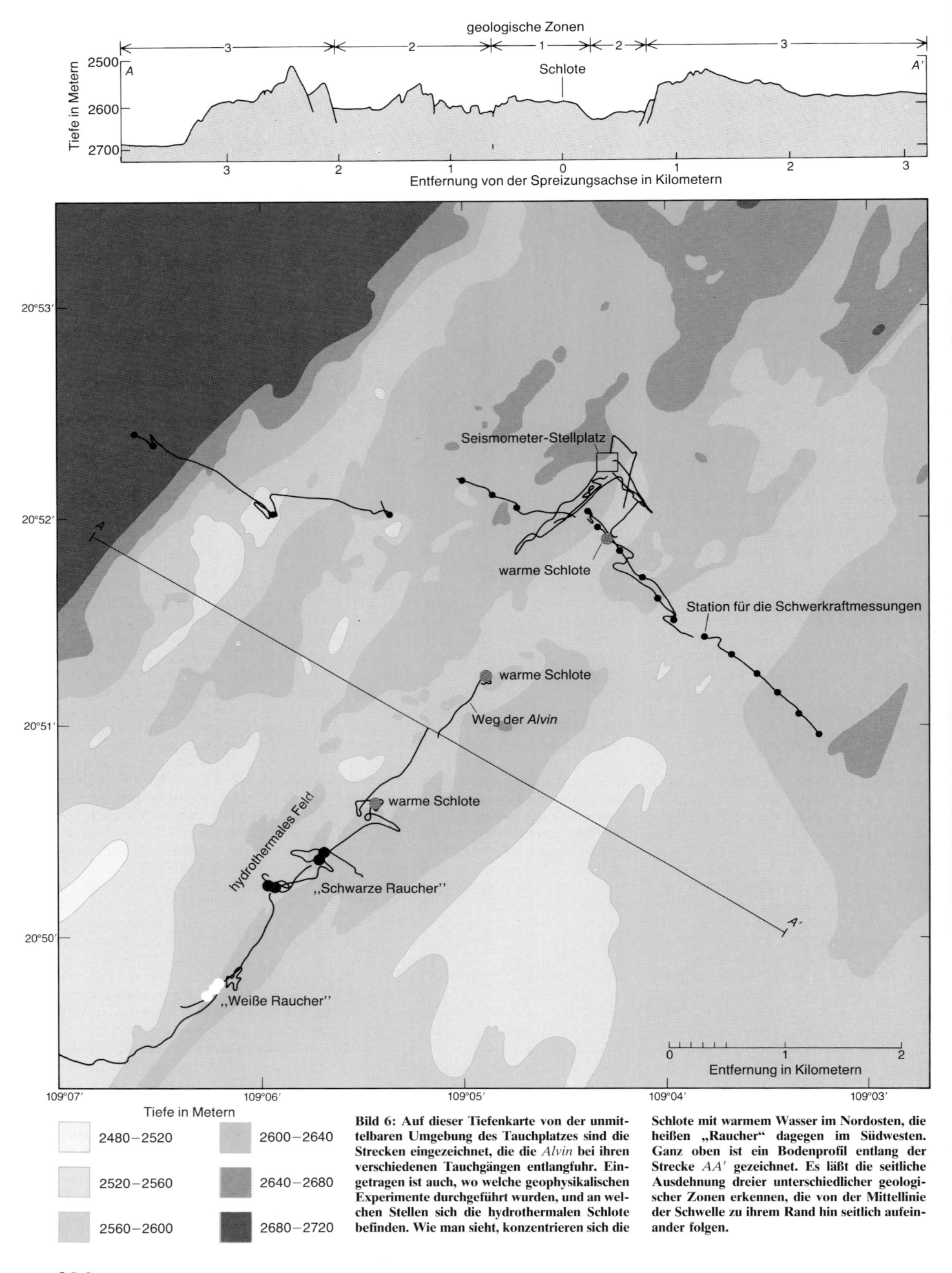

Bild 6: Auf dieser Tiefenkarte von der unmittelbaren Umgebung des Tauchplatzes sind die Strecken eingezeichnet, die die *Alvin* bei ihren verschiedenen Tauchgängen entlangfuhr. Eingetragen ist auch, wo welche geophysikalischen Experimente durchgeführt wurden, und an welchen Stellen sich die hydrothermalen Schlote befinden. Wie man sieht, konzentrieren sich die Schlote mit warmem Wasser im Nordosten, die heißen „Raucher" dagegen im Südwesten. Ganz oben ist ein Bodenprofil entlang der Strecke AA' gezeichnet. Es läßt die seitliche Ausdehnung dreier unterschiedlicher geologischer Zonen erkennen, die von der Mittellinie der Schwelle zu ihrem Rand hin seitlich aufeinander folgen.

Bild 7: Querschnitt durch einen kleinen Vertreter der im hydrothermalen Feld gefundenen Schlote. Die ringförmigen Banden bestehen zum überwiegenden Teil aus den Mineralen Zinkblende (hell), Pyrit (grau) und Kupferkies (dunkel). Bei diesen Mineralen handelt es sich um Sulfide des Zinks und Eisens sowie ein gemeinsames Sulfid von Kupfer und Eisen. Die Abfolge der einzelnen Minerale spiegelt Verschiebungen in der Zusammensetzung der vom Schlot ausgestoßenen Lösungen wider. Das Photo stammt von Rachel Haymon von der Scripps Institution. Sie hat auch die Probe analysiert.

fenkarte nach Südwesten hin zu erweitern und die Mittellinie der Spreizungsachse nachzuzeichnen.

Die *Angus*, ein robust gebauter Schlitten mit aufgesetzter Kamera und Temperaturfühler, wurde auf den Meeresgrund hinabgelassen und in einer Höhe von wenigen Metern über dem zerklüfteten Vulkanboden in weiten Zickzackkurven (Traversen) quer zur Kammlinie hin und her gezogen. Geführt von Robert D. Ballard von der Woods Hole Oceanographic Institution, stieß die *Angus* dabei auf mehrere Stellen mit erhöhter Temperatur. Als sie die Daten dem Kontrollschiff an der Wasseroberfläche per Funk übermittelte, zogen die Wissenschaftler an Bord sofort die Kamera herauf und warteten gespannt, bis der Film entwickelt war. Dann ließen sie die Filmrolle hastig durch ihre Hände gleiten, bis sie etwa ein Dutzend Aufnahmen fanden, auf denen eine Ansammlung auf dem Meeresboden hausender Lebewesen zu sehen war, wie man sie schon vor zwei Jahren an der Galápagos-Spreizungsachse entdeckt hatte. Die hydrothermalen Schlote vor Galápagos und die von ihnen abhängigen biologischen Lebensgemeinschaften, waren also, wie es schien, keine einmalige Kuriosität.

Diese Erkenntnis war Anlaß genug, den Ort der geplanten Tauchexpedition nach Südwesten zu verlegen. Außerdem wurde die Forschergruppe durch ein weiteres Dutzend Geologen verstärkt, die aus den Vereinigten Staaten, Frankreich und Mexiko kamen und zu denen auch wir beide gehörten. Zuerst verankerten wir auf dem Meeresboden in Zone 1 mehrere Seismometer, die wir mit Hilfe akustischer Antwortsender und den von ihnen übermittelten Signalen genau innerhalb eines Dreiecks anordneten (Bild 6). Zwei Erkundungs-Tauchfahrten mit der *Alvin* zeigten, daß sich seismische Messungen und Gravitationsuntersuchungen erfolgreich durchführen ließen. Beim dritten Tauchgang bekamen Jean Francheteau und einer von uns (Luyendyk) dann zum ersten Mal die heiß ersehnten hydrothermalen Schlote zu Gesicht.

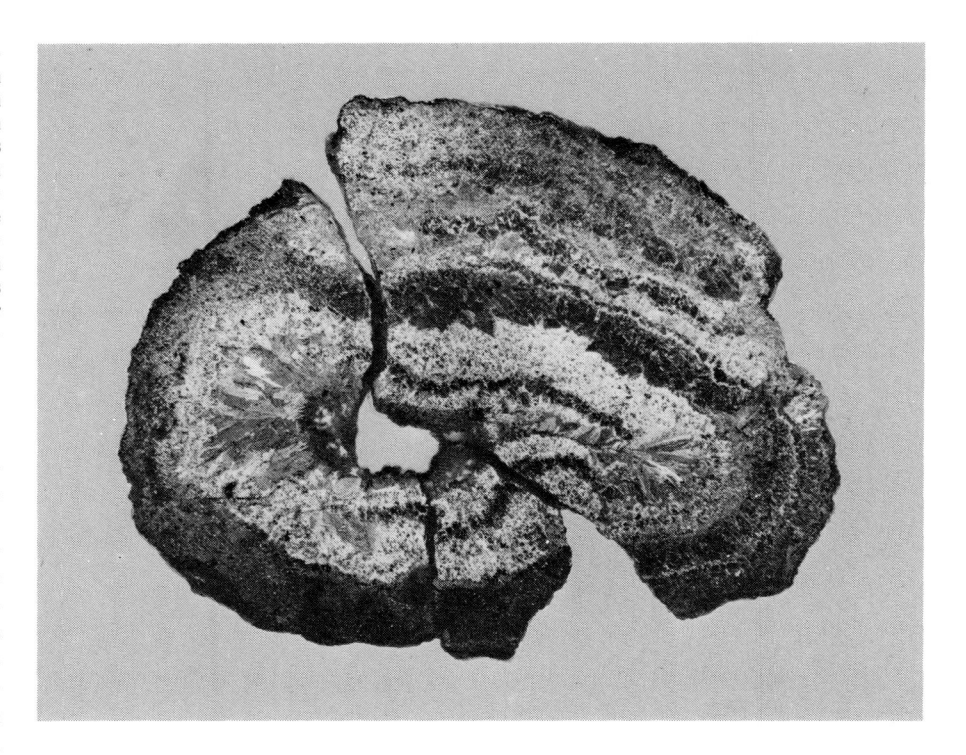

Es ist schwierig, das merkwürdige Erlebnis einer solchen Tauchfahrt zu beschreiben. Zuerst verbringt man rund zwei Stunden in fast völliger Dunkelheit, während man mehr als 2500 Meter tief auf den Meeresboden hinabsinkt. Drei Leute kauern zusammengepfercht in der Kälte und drangvollen Enge einer druckfesten, kugelförmigen Kammer, deren Durchmesser nur zwei Meter beträgt. Sobald man sich dem Grund nähert, werden die Scheinwerfer eingeschaltet, und das angestrahlte Wasser nimmt eine grünlich trübe Färbung an. Minuten später kommt der Meeresboden in Sicht. Auf ihm angelangt, gibt die *Alvin* ihre Position an das Kontrollschiff durch und erhält mitgeteilt, in welcher Richtung ein anzusteuernder Zielpunkt liegt. Während sich das Tauchboot im Schneckentempo — mit einer Geschwindigkeit von etwa einem halben Kilometer in der Stunde — über das glitzernde Vulkangestein voranschiebt, spähen die Forscher durch die Bullaugen zehn bis fünfzehn Meter tief in die Dunkelheit.

Ein neues Ökosystem

Wir machten in der vulkanischen Zone Schwerkraftmessungen, als wir plötzlich in das hydrothermale Feld gerieten. Die Szenerie hätte aus einem Horrorfilm stammen können. Schimmerndes Wasser quoll zwischen basaltischem Gestein in die Höhe. Bis zu dreißig Zentimeter große weiße Muscheln duckten sich zwischen pechschwarze Lavakissen. Weiße Krabben hasteten blindlings über den Vulkanboden. Am schaurigsten aber wirkten die Büschel aus riesigen, bis zu drei Meter langen Röhrenwürmern. Diese unheimlichen Geschöpfe, die zur Klasse der Bartwürmer und der Ordnung *Vestimentifera* zählen und den Artnamen *Riftia pachyptila* Jones erhalten haben, schienen in dichten Büscheln rund um die Schlote in zwei bis zwanzig Grad warmem Wasser zu leben. In den hydrothermalen Strömen hin und her wogend, vollführten sie einen wahrhaft gespenstischen Tanz. Ihre leuchtend roten, befiederten Fangarme ragten weit aus den weißen, schützenden Röhren hervor. (Die rote Farbe der Fiederarme stammt wie in den Weichteilen der Muscheln von sauerstoffgesättigtem Hämoglobin des Bluts.) Gelegentlich kletterte eine Krabbe auf den Stengel eines Röhrenwurms — wahrscheinlich, um dessen Fiederarm anzufressen.

Beim nächsten Tauchgang steuerten wir die *Alvin* direkt zu einem anderen weiter südwestlich gelegenen hydrothermalen Gebiet, das die *Angus* entdeckt hatte. Der Anblick, der sich hier bot, war noch überwältigender: Aus bis zu zehn Meter hohen und vierzig Zentimeter dicken schornsteinähnlichen Gebilden schossen extrem heiße, durch Sulfid-Minerale pechschwarz gefärbte Flüssigkeiten empor (Bild 1). „Schwarze Raucher" nannten wir diese Schlote. Sie ragten wie Gruppen von Orgelpfeifen aus Erdhügeln heraus, die ganz aus Sulfid-Ablagerungen bestanden.

Unsere ersten Versuche, die Temperatur dieser schwarzen Lösungen zu messen, schlugen fehl. Bis dahin betrug die

Bild 8: Diese rasterelektronenmikroskopische Aufnahme zeigt Mineralpartikel aus dem Filtrat der von einem „Schwarzen Raucher" ausgestoßenen Lösungen. Bei den sechseckigen Plättchen handelt es sich um Magnetkies, ein Eisensulfid. Daneben enthielten die Lösungen Kristalle aus Pyrit, Zinkblende und anderen Sulfiderzen. Die Aufnahme stammt von J. Douglas Macdougall von der Scripps Institution.

höchste, je auf dem Meeresboden ermittelte Temperatur 21 Grad Celsius. Sie war nur zwei Monate vorher an der Galápagos-Spreizungsachse gemessen worden. Unser Thermometer war für Temperaturen bis 32 Grad Celsius geeicht. Als wir es in den ersten Schlot hineinsteckten, schoß der Meßfaden sofort über das Ende der Skala hinaus. Doch damit nicht genug: Als wir den Plastikstab, an dem das Thermometer befestigt war, wieder einholten, war er außen angeschmolzen! An die Wasseroberfläche zurückgekehrt, eichten wir das Thermometer in aller Eile neu und wiederholten die Messungen bei weiteren Tauchgängen. Es ergaben sich Temperaturen von mindestens 350 Grad Celsius – ein Wert, den ein anderes Tauchteam, das mit einem auf solche Temperaturen abgestimmten Thermometer ausgerüstet war und daher exakter messen konnte, später bestätigte. Das 350 Grad heiße Wasser kochte nur deshalb nicht, weil in dieser Tiefe ungefähr das 275-fache des normalen Atmosphärendrucks herrscht.

Die hydrothermalen Schlote, die wir längs der Kammlinie entdeckten, sind recht verschiedenartig (Bild 6). Nach Nordosten hin sickert das Wasser nur langsam durch die Felsen und ist verhältnismäßig klar und kalt (seine Temperatur liegt unter zwanzig Grad Celsius). Hier fanden wir die dichtestgedrängten biologischen Lebensgemeinschaften. Nach Südwesten hin speien die Schlote dagegen heißeres, mit mineralischen Ausscheidungen beladenes Wasser aus, und die Tiere wahren rundum einen Sicherheitsabstand von einigen Metern. Auch die Strömungsgeschwindigkeit nimmt nach Südwesten hin zu und erreicht in den Schwarzen Rauchern ihren höchsten Wert. Wie die ziemlich gleichmäßige Abstufung nahelegt, folgt die Stärke der vulkanischen und hydrothermalen Aktivität entlang der Kammlinie möglicherweise einem zyklischen Verlauf.

Die jetzt von uns entdeckte biologische Lebensgemeinschaft war, wie sich herausstellte, derjenigen sehr ähnlich, die 1977 an der Galápagos-Spreizungsachse zum Vorschein gekommen war. Zwar fehlte eine bestimmte Art charakteristischer brauner Miesmuscheln, doch ansonsten schienen die hiesigen Seeanemonen, die Würmer aus der Familie der *Serpulidae*, die Krabben aus der Familie der *Galatheidae* und aus der Unterordnung *Brachyura*, sowie die großen Muscheln und riesigen Röhrenwürmer mit ihren Artgenossen vor Galápagos identisch zu sein. Jede Kolonie bedeckte eine etwa dreißig mal hundert Meter große Fläche. Nicht die Wärme der hydrothermalen Lösungen war es, was die Tiere anzog, sondern die reichlich vorhandene Nahrung. In unmittelbarer Nähe der Schlote herrscht nämlich ein hundertmal größeres Angebot an Nährstoffen als in den umliegenden Gewässern.

Robert R. Hessler von der Scripps Institution und J. Frederick Grassle von der Woods Hole Oceanographic Institution und andere haben die Nahrungskette dieses außergewöhnlichen Ökosystems untersucht. Am Anfang stehen chemosynthetische Bakterien, die Schwefelwasserstoff, der aus den Bodenöffnungen entweicht, zu Schwefel und verschiedenen Sulfaten oxidieren. Die bei der Oxidation freiwerdende Energie verwenden sie, um aus Kohlendioxid und Wasser körpereigene organische Stoffe aufzubauen. Die meisten größeren Organismen ernähren sich von den Bakterien. Sie filtern sie aus dem Wasser heraus oder leben mit ihnen in Symbiose. Manche der Tiere sind Aasfresser oder Räuber. Die Gemeinschaften hängen in keiner Weise von der Photosynthese (also der Sonnenenergie) ab; die Energie, von der sie zehren, stammt allein aus dem Erdinnern. Die Tatsache, daß solche Lebensgemeinschaften sowohl an der Galápagos-Spreizungsachse als auch rund dreitausend Kilometer entfernt auf dem Kamm der Ostpazifischen Schwelle entdeckt wurden, legt die Vermutung nahe, daß sie möglicherweise weltweit einen großen Teil des Rift-Systems bevölkern. Freilich sind sie stets in ihrer Existenz bedroht, da die Aktivität der hydrothermalen Schlote an die sporadischen Vulkanzyklen gekoppelt ist. Vereinzelte Haufen leerer, gleich großer Muschelschalen sind stumme Zeugen lokaler Massensterben.

Geochemische Folgerungen

Die Entdeckung hydrothermaler Schlote an den beiden Spreizungsachsen im Pazifik hat die alten Theorien über den Chemiehaushalt der Ozeane über den Haufen geworfen. Früher galt die Meinung, daß sich die Stoffmengen, die dem Meer (vorwiegend von den Flüssen) zugeführt und (durch die Ablagerung von Sedimenten sowie durch Tief-Temperatur-Reaktionen zwischen Meerwasser und Meeresboden) entzogen werden, die Waage halten. Als sich deutlicher abzeichnete, wie häufig die einzelnen Minerale sind und welche Tief-Temperatur-Reaktionen denn im Einzelnen zwischen dem Meerwasser und den Sedimenten beziehungsweise Vulkangesteinen ablaufen, ergaben sich bei bestimmten Elementen jedoch Fehlbeträge in der Bilanz. Beispielsweise schwemmen die Flüsse größere Mengen an Magnesium- und Sulfationen in die Ozeane, als diese durch Sedimentation, Tonbildung oder Basaltverwitterung wieder los werden können. Ebenso sammelt sich auf den Meeresböden scheinbar wesentlich mehr Mangan an, als die Flüsse insgesamt heranschaffen.

Der hydrothermale Meerwasserkreislauf längs der submarinen Rift-Systeme bietet insofern einen Ausweg aus dieser Zwickmühle, als er eine ganz neue Komponente ins Spiel bringt: Austauschvorgänge zwischen flüssigen und festen Stoffen bei hohen Temperaturen. Nach John M. Edmond vom Massachusetts Institute of Technology können sich bei Reaktionen zwischen heißem Meerwasser und Basaltgestein gelöste Sulfate in feste Sulfat- und Sulfidminerale umwandeln. Bei ähnlichen Reaktionen werden dem Meerwasser Magnesium- und Hydroxidionen (OH$^-$) entzogen und in hydrothermale Tone eingebaut. Das heiße Meerwasser wandelt sich bei diesen Reaktionen in eine reduzierende, saure Lösung um, die Calcium-, Silicium-, Mangan-, Eisen-, Lithium- und andere positiv geladene Ionen aus dem Gestein herauslaugt und in die Ozeane spült. Auf diese Weise können hydrothermale Vorgänge den Haushalt für die wichtigsten mineralischen Bestandteile des Meerwassers ausgleichen und außerdem eine Erklärung für die beobachtete Konzentration und Verteilung zahlreicher Nebenbestandteile und Spurenelemente liefern.

Wie Edmond feststellte, vermischen sich die hydrothermalen Lösungen, die an der Galápagos-Schwelle austreten, schon während ihres Aufstiegs durch das Vulkangestein mit dem normalen Meerwasser. Dabei sinkt ihre Temperatur, und es scheiden sich bereits innerhalb der Gesteine Minerale aus. Dagegen deuten die hohen Temperaturen und die chemische Zusammensetzung der Quellen an der Ostpazifischen Schwelle darauf hin, daß sich die dortigen hydrothermalen Lösungen auf ihrem Weg zum Meeresboden nicht merklich mit kaltem Meerwasser vermischen. Diese Lösungen stellen also den wahren hydrothermalen Beitrag zum marinen Chemie-Kreislauf dar. Das Wasser, das aus den Schloten ausströmt, stammt natürlich ursprünglich auch aus dem Meer. Es steigt jedoch bis fast zur Magmakammer ab, bevor es wieder auf den Meeresboden zurückfließt (Bild 12).

Sobald die unverdünnten hydrothermalen Lösungen dann am Meeresboden mit kaltem, alkalischem Meerwasser in Berührung kommen, fallen anscheinend feinkörnige Niederschläge aus Eisen- und Zinksulfid aus, die das emporschießende Wasser schwarz färben (Bild 8). Vorläufige Analysen von Rachel Haymon und Miriam Kastner von der Scripps Institution deuten darauf hin, daß die Bodenerhebungen und die Wände der aus dem Boden herausragenden Schlote hauptsächlich aus Zink-, Eisen- und Kupfersulfid sowie Calcium- und Magnesiumsulfat bestehen (Bild 7). Wie sich die Minerale im einzelnen bilden, mit welcher Geschwindigkeit sie sich ablagern und in welchem Mengenverhältnis Wasser und Gestein an den einzelnen Punkten des Systems stehen, ist heute Gegenstand heißer Debatten unter Geochemikern. Eines steht jedoch außer Zweifel: Die hydrothermalen Systeme

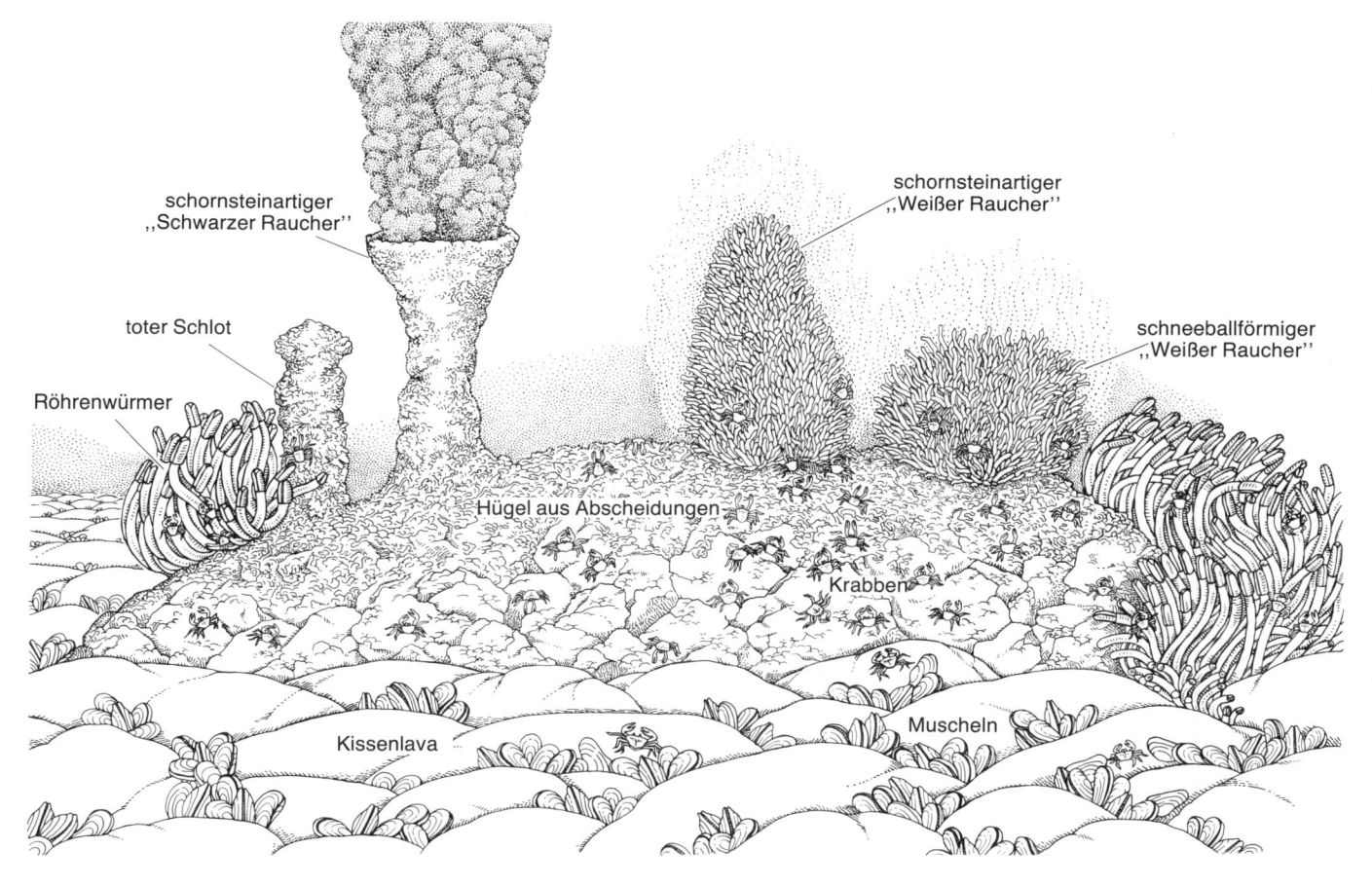

Bild 9: Idealisierte Szene aus dem Südwestteil des hydrothermalen Feldes auf der Ostpazifischen Schwelle. Auf einem Hügel, der von Mineralabscheidungen und organischem Abfall gebildet wird, recken sich schornsteinähnliche Gebilde in die Höhe, die heißes Wasser ausspeien. Die höchste Temperatur (bis 350 Grad Celsius) besitzen die aus den „Schwarzen Rauchern" emporschießenden Lösungen. Sie sind reich an Sulfid-Ausscheidungen, aus denen auch die Schlotwände dieser „Raucher" bestehen. Die „Weißen Raucher" sind aus den Gängen des Pompeii-Wurms aufgebaut: eines Lebewesens, über das man bislang nur sehr wenig weiß. Die klaren, wolkigen Lösungen, die den „Weißen Rauchern" entströmen, erreichen Temperaturen bis 300 Grad Celsius. Der Hügel erhebt sich über einem Gebiet, das von schwarz glitzernder Kissenlava bedeckt ist. Die Tierwelt wurde schon in Bild 2 eingehend beschrieben.

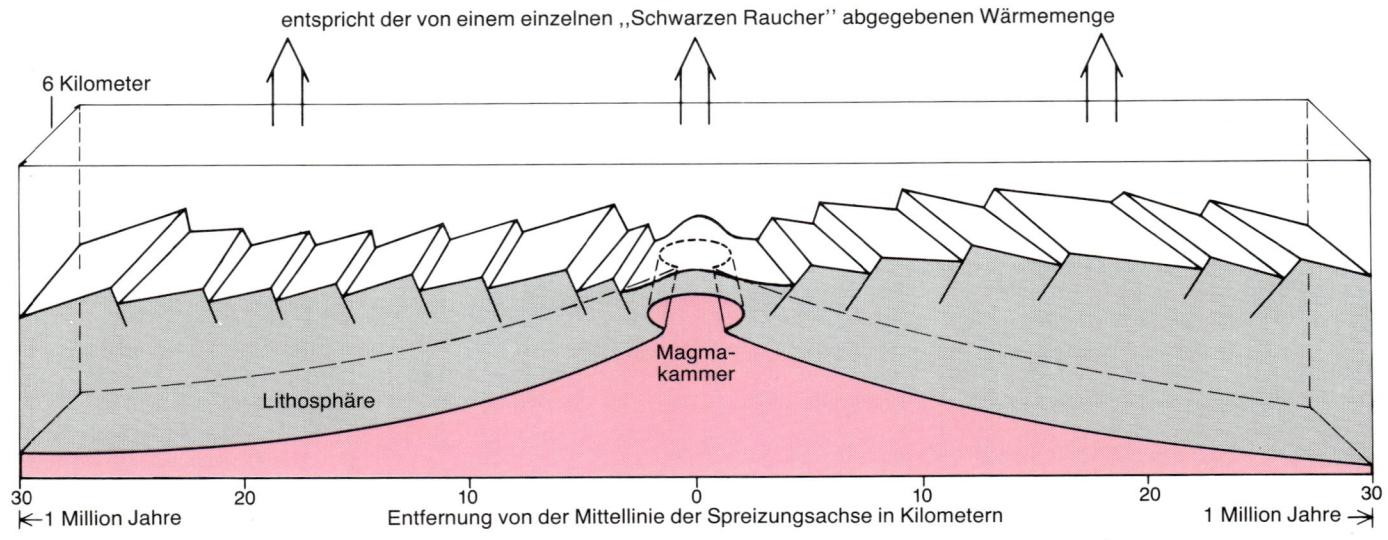

Bild 10: Die Wärmeabgabe durch die hydrothermalen Schlote leistet einen wesentlichen Beitrag zum gesamten Wärmehaushalt der Erde. Schon ein einzelner „Schwarzer Raucher" führt soviel Wärme an den Ozean ab, wie durch den hier gezeichneten sechs Kilometer langen und sechzig Kilometer breiten Abschnitt eines mittelozeanischen Rückens durch Wärmeleitung aus dem Erdinnern entweicht.

werden in allen künftigen Modellen über die Chemie der Ozeane eine zentrale Rolle spielen.

Geophysikalische Experimente

Unser geophysikalisches Forschungsprogramm war in erster Linie darauf ausgerichtet, uns mehr über den Zusammenhang zwischen der vermuteten axialen Magmakammer und den tektonischen, vulkanischen und hydrothermalen Vorgängen auf dem Meeresboden zu verraten. Wir hatten das Glück, unsere Versuche in einem Gebiet anstellen zu können, in dem die hydrothermale Aktivität in vollem Gange war. So zogen wir alle Register der modernen experimentellen Geologie, um die Strukturen unter der Meeresoberfläche zu erforschen. Wir maßen die Ausbreitungsgeschwindigkeit seismischer Wellen, die Häufigkeit und Stärke von Erdbeben, Schwerkraftanomalien, die elektrische Leitfähigkeit und die Magnetisierungsrichtung im Gestein.

Man kann theoretisch berechnen, wie schnell sich neu gebildetes Krustengestein durch Wärmeleitung abkühlt. Aus der Rechnung ergibt sich der durch Wärmeleitung bedingte Wärmefluß innerhalb der Mittelozeanischen Rücken. Bei der Messung des tatsächlichen Wärmeflusses auf dem Kamm eines solchen Rückens erhält man jedoch Werte, die fast eine Größenordnung unter den theoretisch vorhergesagten liegen. Stimmen die Modelle nicht, oder beschleunigt die Zirkulation des eiskalten Meerwassers innerhalb der heißen, neugebildeten Kruste den Abkühlungsvorgang, indem Wärme durch Konvektion abgeführt wird? Wie tief dringt das Meerwasser in die ozeanische Kruste ein, und wie groß ist das Gebiet, in dem die Zirkulation stattfindet? Welche chemische Zusammensetzung besitzt die in diesen Kreislauf einbezogene Kruste, und welche Minerale scheiden sich ab? Die Antwort auf all diese Fragen hängt entscheidend davon ab, wie tief die Risse und Sprünge in den Gesteinen der Spreizungsachse reichen. Einen Grenzwert erhält man, wenn man die Geschwindigkeit von Erdbebenwellen, die elektrische Leitfähigkeit und die lokalen Schwerkraftanomalien bestimmt.

Die große Diskrepanz zwischen dem im Meeresboden gemessenen Wärmefluß und dem Wert, der sich aus den Modellen über die Abkühlung der Lithosphäre durch Wärmeleitung ergibt, läßt darauf schließen, daß mindestens ein Drittel des Wärmeverlustes an den mittelozeanischen Rücken nicht durch Wärmeleitung, sondern durch die hydrothermale Zirkulation zustande kommt. An der Galápagos-Spreizungsachse, wo man erstmals hydrothermale Aktivität beobachtet hatte, ließ sich der Wärmefluß wegen unklarer Zirkulationsverhältnisse leider nur schwer abschätzen. Die Bedingungen für solche Messungen waren an der Ostpazifischen Schwelle wesentlich günstiger.

Anhand von Film- und Videoaufnahmen von den Schloten, die wir uns sehr genau ansahen, schätzten wir die Fließgeschwindigkeit der austretenden Wasserströme. Bei einer durchschnittlichen Austrittsgeschwindigkeit von zwei oder drei Metern pro Sekunde, sorgt ein einzelner Schlot für einen Wärmefluß von ungefähr sechzig Millionen Kalorien in der Sekunde. Das ist drei- bis sechsmal soviel wie die Wärmemenge, die ein ein Kilometer langer Abschnitt des Mittelozeanischen Rückens mit einer Ausdehnung von dreißig Kilometern nach jeder Seite hin der Theorie zufolge insgesamt abgibt (Bild 10). Mindestens zwölf größere Schlote haben wir im Südwestteil unseres Untersuchungsgebietes gefunden. Der gesamte Wärmeverlust ist daher offensichtlich sehr hoch — so hoch, daß ein solcher Schlot wohl nicht lange tätig sein kann. Wahrscheinlich erlischt er schon nach wenigen Jahren.

Die Schlote scheinen sich in einem schmalen Streifen zu konzentrieren, der sechs Kilometer lang, aber nur wenige hundert Meter breit ist und innerhalb der jüngsten Vulkanzone liegt (Bild 6). In diesem Streifen entdeckten wir an zwölf Stellen eine Temperaturabweichung und versicherten uns durch photographische Aufnahmen, daß sich an diesen Stellen tatsächlich hydrothermale Schlote befanden. Acht davon besuchten und erforschten wir mit der *Alvin*.

Seismische Messungen

John A. Orcutt und einer von uns (Macdonald) dachten sich ein besonders raffiniertes seismisches Experiment aus, um die Tiefe der Risse und Spalten in den Felsen längs der Kammlinie zu bestimmen. Wir wollten die Ausbreitungsgeschwindigkeit seismischer Wellen in Abhängigkeit von der Tiefe mit hoher Auflösung messen. Zündet man eine Sprengladung an der Wasseroberfläche, dann breiten sich die Explosionswellen kugelförmig aus und werden vor allem von den nächstgelegenen topographischen Oberflächen zurückgeworfen. Von der inneren Struktur der obersten tausend Meter Erdkruste liefern sie nur noch ein ziemlich verwaschenes Bild.

Um diese Schwierigkeiten zu umgehen, mußten wir uns eine Methode einfallen lassen, um sowohl die Quelle als auch den Empfänger der seismischen Schwingungen auf dem Meeresboden anzubringen. Außerdem war es nötig, die Ausbreitungszeiten der Schwingungen auf etwa eine Tausendstel Sekunde genau zu messen. Mit der *Alvin* ließen sich beide Probleme lösen. Da Sprengstoffexplosionen als seismische Quellen in der Tiefsee wegen des hohen Wasserdrucks praktisch nutzlos sind, befestigten wir an der *Alvin* einen Preßlufthammer, um mit ihm die gewünschten seismischen Schwingungen zu erzeugen. Um die schon früher auf dem Meeresboden verankerten Seismometer zu eichen, fuhren wir mit der *Alvin* bis auf zwei Meter an jedes einzelne heran und gaben einen Schlag mit dem Preßlufthammer ab; die Erschütterung wurde sowohl von einem Empfänger an Bord der *Alvin* als auch von den Seismometern aufgezeichnet. Am Ende des Tauchganges machten wir noch einmal kehrt, um jedes Seismometer ein zweites Mal zu eichen.

Bei vier Tauchgängen erstellten wir zwei vollständige refraktionsseismische Profile: ein tausend Meter langes parallel und ein achthundert Meter langes quer zur Kammlinie. Die Analyse der gewonnenen Daten ist zwar noch nicht abgeschlossen, doch läßt sich für die Wellen, die an der Oberfläche der Kammlinie entliefen, einfach aus den Laufzeiten der Signale ein vorläufiger Wert für die Ausbreitungsgeschwindigkeit errechnen. Er beträgt 3,3 Kilometer pro Sekunde und liegt damit weit unter dem Laborwert für Basaltgestein bei gleichem Druck (ungefähr 5,5 Kilometer pro Sekunde). Der Grund dafür ist offensichtlich die starke Zerklüftung und Porösität des Gesteins. Zwar lagen auf

Bild 11: Seismische Untersuchungen halfen, die Frage zu beantworten, ob sich dicht unter der Kammlinie des Ostpazifischen Rückens eine Magmakammer befindet. Erdbeben erzeugen Kompressionswellen (periodische Dichteschwankungen längs der Ausbreitungsrichtung) und Scherwellen (Schwingungen senkrecht zur Ausbreitungsrichtung). Beim Durchqueren einer Magmakammer werden Kompressionswellen gebremst und Scherwellen zusätzlich gedämpft. Ein Seismometer, das sich am Meeresboden über dem Kamm der Ostpazifischen Schwelle befindet (Punkt *A*), registriert die von einem weit entfernten Erdbeben eintreffenden, parallel zur Kammlinie laufenden Kompressionswellen später als ein Seismometer in nur zehn Kilometer Entfernung von der Kammlinie (Punkt *B*). Überdies kommen die Scherwellen in Punkt *A* mit geringerer Intensität (Amplitude) an als in Punkt *B*. Beides deutet darauf hin, daß sich unter der Kammlinie der Spreizungsachse in der Tat eine schmale Magmakammer entlangzieht.

unserem Weg weder größere Gräben noch Spalten, doch zeigten sich in den Lavakissen zahlreiche Haarrisse und Poren. Bevor wir genauere Angaben über den Grad der Zerklüftung und Porösität machen können, müssen wir abwarten, bis die physikalischen Eigenschaften der Gesteinsproben bestimmt sind und die Ergebnisse der seismischen Analysen über größere Entfernungen hinweg vorliegen. Insbesondere sind wir gespannt darauf, zu erfahren, in welcher Tiefe die Geschwindigkeit der seismischen Wellen über fünf Kilometer pro Sekunde steigt. Das wäre ein Zeichen, daß sich dort die meisten Risse und Spalten geschlossen haben.

Bereits die Ergebnisse eines früheren refraktionsseismischen Experiments hatten darauf hingedeutet, daß sich in zwei bis drei Kilometer Tiefe unter dem hydrothermalen Feld eine Magmakammer befindet. Bei diesem ungenaueren, aber großflächiger angelegten Experiment waren von einem Schiff an der Wasseroberfläche in bis zu sechzig Kilometer Entfernung von den in Dreiecksform auf dem Meeresboden angeordneten Seismometern Sprengladungen gezündet worden. Damals registrierten die Wissenschaftler nur zweitausend Meter unter dem Meeresboden einen Bereich, in dem sich seismische Kompressionswellen langsam ausbreiteten – ein Zeichen, daß sich hier teilweise geschmolzenes Gestein angesammelt hatte (Bild 11). An zehn Kilometer von der Mittellinie der Spreizungsachse entfernten Punkten zeigte die Geschwindigkeit seismischer Wellen dagegen Werte, die für Meeresbasalt normal oder sogar eher etwas zu hoch waren. Die Magmakammer scheint also auf eine zwanzig Kilometer breite Zone mit Zentrum unter der Kammlinie des Ostpazifischen Rückens beschränkt zu sein.

Erdbeben und Vulkanismus

Ein zweiter Anhaltspunkt für die Existenz einer solchen Magmakammer ergab sich, als wir die Fortpflanzung von Scherwellen, wie sie bei Erdbeben auftreten, untersuchten. Solche Wellen werden von dem teilweise geschmolzenen Gestein im Innern einer Magmakammer gedämpft (Bild 11). Tatsächlich stellten John A. Orcutt, Ian Reid und William A. Prothero jr. fest, daß Scherwellen, die direkt an der Spreizungsachse entliefen, stark geschwächt wurden, solche in zehn Kilometer Entfernung dagegen kaum.

James W. Hawkins von der Scripps Institution hat von der *Alvin* gesammelte Gesteinsproben analysiert. Auch seine Ergebnisse deuten darauf hin, daß sich unter der Spreizungszone in geringer

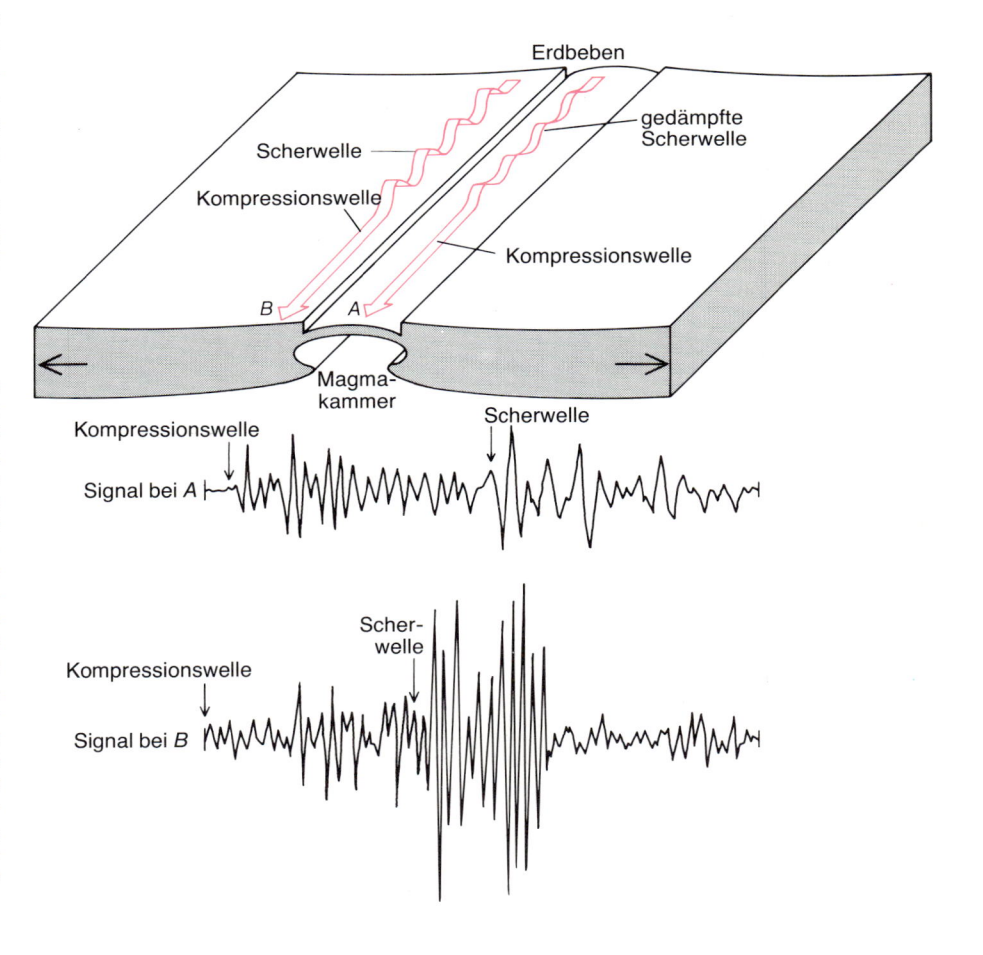

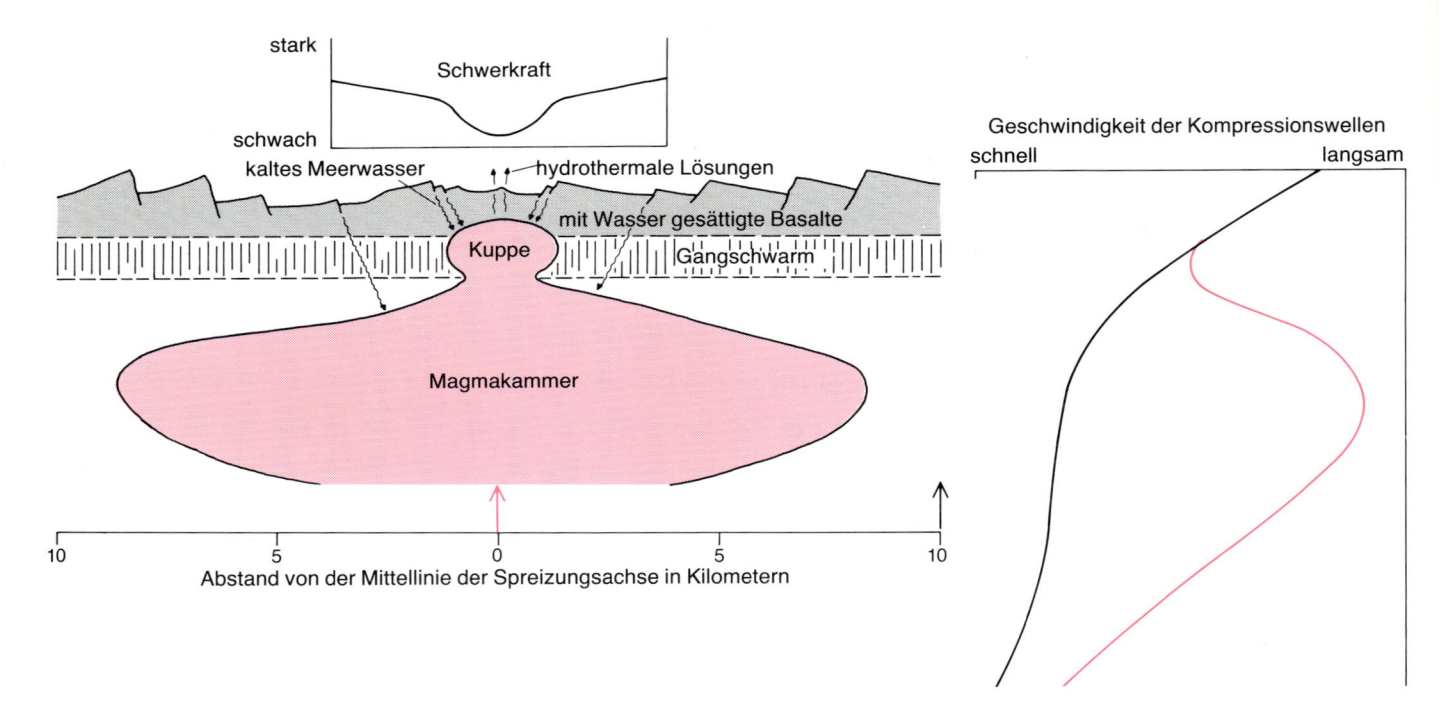

Bild 12: Dieser modellhafte Querschnitt vermittelt einen Eindruck vom Aufbau der Erdkruste unter der Ostpazifischen Schwelle. Er beruht im wesentlichen auf den Ergebnissen geophysikalischer Messungen. Kaltes Meerwasser sickert durch die Risse und Sprünge in das Gestein der Spreizungsachse ein und gelangt so in die Nähe des Magmas, das eine längliche Kuppe am Scheitel der Magmakammer füllt. Dort wird das Wasser aufgeheizt und durch Schlote auf der Kammlinie der Spreizungsachse wieder ausgestoßen. Die Kuppe und die hydrothermalen Erscheinungen treten vermutlich nur episodisch im Rahmen größerer vulkanischer und tektonischer Aktivitätszyklen auf. Die rechts schematisch skizzierten geophysikalischen Eigenschaften werden sowohl von der Durchlässigkeit der Kruste als auch von der

Tiefe eine schmale Magmakammer entlangzieht. Die Basaltproben, die alle aus einem sechs Kilometer langen Streifen quer zur jungen Vulkanzone stammten, unterschieden sich nicht stark in ihrer Zusammensetzung. Offensichtlich entstammten sie alle ein und demselben Magma, aus dem bei verhältnismäßig niedrigem Druck nacheinander die Minerale Olivin und Plagioklas auskristallisiert waren. Das ist mit der Annahme vereinbar, daß sich die Magmakammer in weniger als sechs Kilometer Tiefe befindet, was heißt, daß auch ihre Decke nur wenige Kilometer dick sein kann. Anscheinend ist diese dünne „Haut" so stark zerklüftet, daß Meerwasser tief genug eindringen kann, um sich auf mindestens 350 Grad aufzuheizen (Bild 12).

Wie weit aber reicht die Wasserzirkulation in die Tiefe? Letzten Sommer kehrten wir noch einmal an die Stätte unseres Wirkens zurück, um als Nachtrag zu unseren seismischen Messungen auf dem Meeresboden winzige Erdbeben in dem hydrothermalen Feld zu erforschen. Sieben Seismometer brachten wir mit Hilfe am Boden festgemachter akustischer Signalbeantworter, die wir zur Markierung der hydrothermalen Schlote zurückgelassen hatten, in Stellung. Falls die hydrothermale Zirkulation eine verräterische seismische Handschrift besäße, könnte es vielleicht gelingen, ihre Tiefe zu bestimmen. Die bisherigen Ergebnisse sind ermutigend. Die Erdbebenherde in diesem Gebiet scheinen ganz dicht unter der Oberfläche zu liegen – in allenfalls zwei bis drei Kilometer Tiefe. Das zeigt einmal mehr, wie dünn die Decke der Magmakammer sein muß. Außerdem wissen wir damit, daß auch die Risse höchstens bis in diese Tiefe reichen.

Unter den registrierten seismischen Vorgängen fielen uns schwache, ganz charakteristische Erschütterungen auf, die man als *harmonic tremors* bezeichnet. Sie sind ein untrügliches Zeichen für kurz bevorstehende oder zurückliegende Vulkanausbrüche und traten beispielsweise auch im Zusammenhang mit den verheerenden Eruptionen des Mount St. Helens von Mai bis Oktober 1980 auf (siehe „Die Ausbrüche des Mount St. Helens" in Spektrum der Wissenschaft, Mai 1981). Sie wurden kurz vor dem Ausbruch immer häufiger und steigerten sich schließlich zu einem fast ununterbrochenen Zittern. Etwas Ähnliches beobachteten wir auf der Ostpazifischen Schwelle. In dem untersuchten Abschnitt traten bis zu mehrere hundert Erschütterungen pro Stunde auf. Es kann gut sein, daß dort eine vulkanisch aktive Phase gerade ihren Anfang nimmt – oder aber zu Ende geht.

Schwerkraftanomalien

Mit den seismischen Experimenten in engem Zusammenhang standen eine Reihe von Schwerkraft-Messungen, die Spiess und einer von uns (Luyendyk) mit der *Alvin* durchführten. Schwankungen in der Dichte der Erdkruste, die von der Zerklüftung des Bodens oder einer oberflächennahen Magmakammer herrühren, sollten nicht nur die Geschwindigkeit seismischer Wellen, sondern auch das lokale Gravitationsfeld verändern. Die zu erwartenden Schwerkraftanomalien sind freilich gering und von der Meeresoberfläche aus nur schwer zu messen, da Quelle und Sensor in diesem Fall weit voneinander entfernt sind und Sensoren an Bord eines Schiffes auch eine Menge unechter Beschleunigungssignale registrieren. Auch hier bot die *Alvin* einen Ausweg. Saß man mit ihr ruhig am Meeresgrund und maß von dort aus die Schwerkraft, so traten störende Beschleunigungen praktisch nicht auf. Wegen der größeren Nähe zur Quelle waren zudem die Signale stärker.

Die Gravitationsmessungen entlang eines sieben Kilometer langen Profils, das sich von Zone 1 bis 3 erstreckte, ergaben eine ausgeprägte negative Schwerkraftabweichung über der jungen vulkanischen Zone (Bild 12). Anscheinend hat die Anomalie ihr Maximum über der

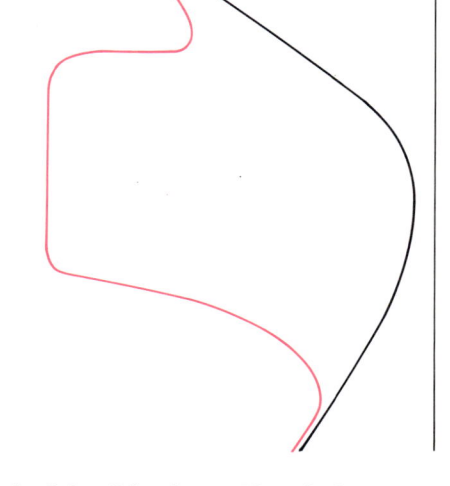

Existenz einer Magmakammer beeinflußt. Die farbigen und schwarzen Kurven zeigen, wie sich die untersuchten Eigenschaften direkt an der Spreizungsachse beziehungsweise etwa zehn Kilometer von ihr entfernt mit der Tiefe ändern. Zusätzlich ist über dem Querschnitt auf der linken Seite eine am Meeresboden gemessene Schwerkraftanomalie schematisch aufgetragen. Auch sie verrät, daß sich unter der dünnen Kruste an der Spreizungsachse in geringer Tiefe eine schmale Magmakammer entlangzieht.

zentralen Kammlinie und reicht bis fast an den Rand der Zone 2. Die unterdurchschnittliche Dichte, die in ihr zum Ausdruck kommt, könnte entweder von einer Zerklüftung des Bodens oder einer oberflächennahen Magmakammer verursacht sein. Tatsächlich aber ist, wie der Augenschein zeigt, die Zerklüftung in Zone 2 am größten, während die Schwerkraftabweichung im Zentrum der Zone 1, die nur verhältnismäßig wenige Risse aufweist, ihr Maximum hat. Das läßt den Schluß zu (ohne ihn zu beweisen), daß die Schwerkraftanomalie von einer oberflächennahen Magmakammer herrührt.

Angenommen, die Magmakammer hätte die Form eines horizontalen Zylinders, dessen Achse parallel zur Kammlinie verläuft und mit dem Schwerkraftminimum zusammenfällt. Dann sollte sich das Zentrum des Zylinders etwa tausend Meter unter dem Meeresboden befinden. Nimmt man ferner an, die Kammer sei mit geschmolzenem Basalt gefüllt, so müßte ihre Dichte um 0,21 Gramm pro Kubikzentimeter unter der des umgebenden Gesteins liegen. Daraus würde folgen, daß sich der obere Rand des Zylinders etwa sechshundert Meter unter dem Meeresboden befände. Ginge man andererseits davon aus, daß der Dichteunterschied zwischen Magma und umgebendem Gestein geringer ist, so ergäbe sich ein größerer Magmakörper, der noch dichter an die Oberfläche der Meereskruste heranreichen würde.

Nach den seismischen Ergebnissen ist die Magmakammer jedoch viel größer und tiefer. Geologische Gründe sprechen dafür, daß der permanente Hauptteil der Kammer zwei bis sechs Kilometer unter dem Meeresboden liegt und zwei- bis dreimal so breit wie tief ist. Was in den Schwerkraftdaten zum Ausdruck kommt, dürfte nicht die Hauptkammer selbst, sondern eine kleine, vorübergehende, längliche Kuppe oder Aufwölbung auf dem Scheitel der Hauptkammer sein (Bild 12). Sie könnte den Untergrund der gesamten Zone 1 ausfüllen und mit ihrem Magma die dort entdeckten Lavaströme speisen.

Aus dem Betrag der negativen Schwerkraftabweichung ergibt sich, daß auf jedem Meter der Schwelle eine Masse von neunzig Millionen Kilogramm unter der Kammlinie der Spreizungsachse fehlt. Wenn sich die Kruste an dieser Stelle im isostatischen Gleichgewicht befände (Schwerkraft und Auftrieb sich also die Waage hielten), dann müßte es irgendwo auf dem Meeresgrund einen Masseüberschuß geben, der den Fehlbetrag in der Tiefe ausgleicht. Zone 1 ist eine etwa einen Kilometer breite und rund zwanzig bis dreißig Zentimeter über den Nachbarboden herausgehobene Scholle. Damit an der Kammlinie isostatisches Gleichgewicht herrschen könnte, müßte sie doppelt so hoch sein. Entweder wird das Massendefizit durch andere topographische Besonderheiten in größerer Entfernung von der Kammlinie ausgeglichen, oder die Reibung an den Bruchflächen ist so groß, daß es die Auftriebskräfte nicht schaffen, die zentrale Scholle weiter anzuheben.

Aus den Schwerkraftmessungen läßt sich auch die mittlere Gesteinsdichte bis in hundert Meter Bodentiefe schätzen. Entlang der Kammlinie beträgt sie ungefähr 2,6 Gramm pro Kubikzentimeter, während rund neunzig am Boden aufgelesene Gesteinsproben eine Dichte von 2,9 Gramm pro Kubikzentimeter besaßen. Aus der Differenz ergibt sich ein wahrscheinlicher Porengehalt des Bodens von etwa fünfzehn Prozent.

Elektrische Messungen

Die Poren sind mit Wasser gefüllt. Da Wasser den elektrischen Strom leitet, sollte es sich durch Leitfähigkeitsmessungen im Krustengestein direkt nachweisen lassen. Leitfähigkeitsmessungen in größeren Tiefen könnten außerdem die Existenz einer Magmakammer anzeigen, da Magma eine wesentlich höhere Leitfähigkeit besitzt als fester Basalt. Für diese Untersuchungen entwickelte Charles S. Cox von der Scripps Institution eine neue Technik zur Durchführung elektrischer Sondierungen. Sie sollten uns weitere Informationen über das Einsickern des Meerwassers in die Kruste, die Tiefe der Risse und Klüfte und die seitliche Ausdehnung der Magmakammer geben. Niemand hatte bisher derartige Messungen auch nur versucht, und ebensowenig war es mit anderen Techniken je gelungen, die Leitfähigkeit der Tiefseekruste auch nur näherungsweise zu bestimmen.

Das von der Scripps Institution betriebene Forschungsschiff *Melville* zog eine achthundert Meter lange elektrische Dipol-Antenne dicht über dem Meeresboden hinter sich her. Die Antenne sandte elektrische Signale aus, deren Frequenz so gewählt war, daß sie im Ozean rasch absorbiert wurden, jedoch ein beträchtliches Stück in die Meereskruste eindringen konnten. Auf dem Meeresboden waren in der Nähe der Spreizungsachse drei Empfänger aufgestellt. Da es das erste Mal war, daß wir eine lange, zerbrechliche Antenne über dem Meeresboden entlangführten, mieden wir die unebene Oberfläche der Zone 1 und nahmen die elektrischen Sondierungen lieber im Gebiet zehn bis fünfzehn Kilometer westlich der Kammlinie in 300 000 bis 400 000 Jahre altem Krustengestein vor.

213

Die Sondierungen reichten bis etwa acht Kilometer unter den Meeresboden. Das erhaltene Leitfähigkeitsmuster läßt darauf schließen, daß die Magmakammer bereits in zehn bis fünfzehn Kilometer Entfernung von der Kammlinie nicht einmal zweihundert Meter mehr dick ist – eine nachdrückliche Bestätigung der seismischen Befunde, die seinerzeit auf eine schmale Magmakammer direkt unter der Kammlinie hingedeutet hatten. Die von der *Cyana* aus gemachten Beobachtungen lassen interessanterweise erkennen, daß die aktive Verwerfung der Kruste gleichfalls in einer Entfernung von zehn bis zwölf Kilometer zur Kammlinie der Spreizungsachse allmählich nachläßt. Vielleicht bestimmt auf den mittelozeanischen Rücken mit einer mittleren bis hohen Spreizungsgeschwindigkeit die Breite der Magmakammer auch die Breite der Bruchzone. Wie die elektrischen Sondierungen überdies ergaben, ist die Leitfähigkeit selbst relativ nahe am Meeresboden gering. Anscheinend dringt das Meerwasser höchstens zwei bis vier Kilometer tief in die Kruste ein.

Magnetische Grenzlinien

Für eine andere Serie von Tauchgängen verlagerten wir unseren Untersuchungsort von der Kammlinie etwas in Richtung Nordwesten zu der Stelle, an der sich die letzte größere Umpolung des Erdmagnetfeldes in einer magnetischen Grenzlinie im Meeresboden niedergeschlagen hat (Bild 5). Wir wollten sehen, ob uns der geometrische Verlauf einer solchen Grenzlinie etwas darüber verrät, wie sich neue Meereskruste an einer Spreizungsachse bildet. Denn auch nahezu zwei Jahrzehnte nach der Aufstellung des Vine-Matthews-Modells versteht man noch nicht bis ins Letzte, wie sich die magnetischen Streifen bilden. Es gab eine Zeit, da die Überzeugung vorherrschte, die einheitliche Magnetisierung innerhalb eines Streifens reiche nur bis etwa fünfhundert Meter in die Tiefe. Denn bei Tiefsee-Bohrungen in tiefere Krustenschichten kam ein chaotisches Durcheinander der verschiedensten Polaritäten und Feldstärken zum Vorschein, das mit der regelmäßigen Abfolge von Magnetstreifen, wie man sie von der Meeresoberfläche aus gemessen hatte, nicht mehr die geringste Ähnlichkeit besaß.

Auf der Grundlage früherer Messungen mit einem Magnetometer, das an der Schleppleine eines Schiffes über den Boden gezogen wurde, erstellten wir zunächst ein dreidimensionales mathematisches Modell der magnetischen Grenzfläche (Bild 13). Sie war nach diesen Rechnungen bemerkenswert gradlinig und schmal: nicht breiter als 1,4 Kilometer. Freilich hatten wir, um eine konsistente Lösung der mathematischen Gleichungen zu erhalten, die Daten filtern müssen. Daher schien es fraglich, ob die Grenzlinie wirklich so scharf umrissen war. Um das herauszufinden, brachten wir ein empfindliches Magnetometer auf der *Alvin* an. Mit ihm ließ sich nicht nur das Magnetfeld in den drei Raumrichtungen, sondern auch der vertikale Feldgradient messen: das Ausmaß, in dem sich das Magnetfeld mit der Höhe über dem Meeresboden ändert. An diesem ersten Versuch, eine am Meeresboden gelegene Grenze zwischen zwei Streifen mit umgekehrter Magnetisierungsrichtung aus nächster Nähe zu erforschen, nahmen auch Loren Shure von der Scripps Institution und Stephen P. Miller sowie Tanya M. Atwater von der Universität Santa Barbara teil.

Bei fünf Tauchgängen quer durch den Grenzlinienbereich konnten wir an über 250 Punkten die Magnetisierungsrichtung im anstehenden Basalt eindeutig bestimmen. Das Ergebnis war eindrucksvoll (Bild 13). Auf beiden Seiten hatte das Magnetfeld an jedem gemessenen Punkt die richtige Orientierung, das heißt seine Polarität stimmte mit der Polarität überein, die das Schlepptau-Magnetometer für den jeweiligen Streifen als Ganzen festgestellt hatte. Auf der jüngeren Seite der Grenzlinie war diese Beobachtung nicht allzu sensationell, da hier die neuere Kruste mit positiver Polarität (Kruste, deren Polarität mit der des heutigen Erdmagnetfelds übereinstimmt) eventuell vorhandene ältere Kruste mit negativer Polarität in jedem Fall überlagern sollte. Was uns aber überraschte, war die Tatsache, daß die neue Kruste an keiner Stelle über die Grenzlinie auf die ältere Seite vorgedrungen ist.

Wir stellten mit Hilfe der *Alvin* fest, daß die direkt am Meeresboden gemessene magnetische Grenzlinie etwa fünfhundert Meter weiter von der Spreizungsachse entfernt verläuft als die Linie, die wir anhand der vom Schlepptau-

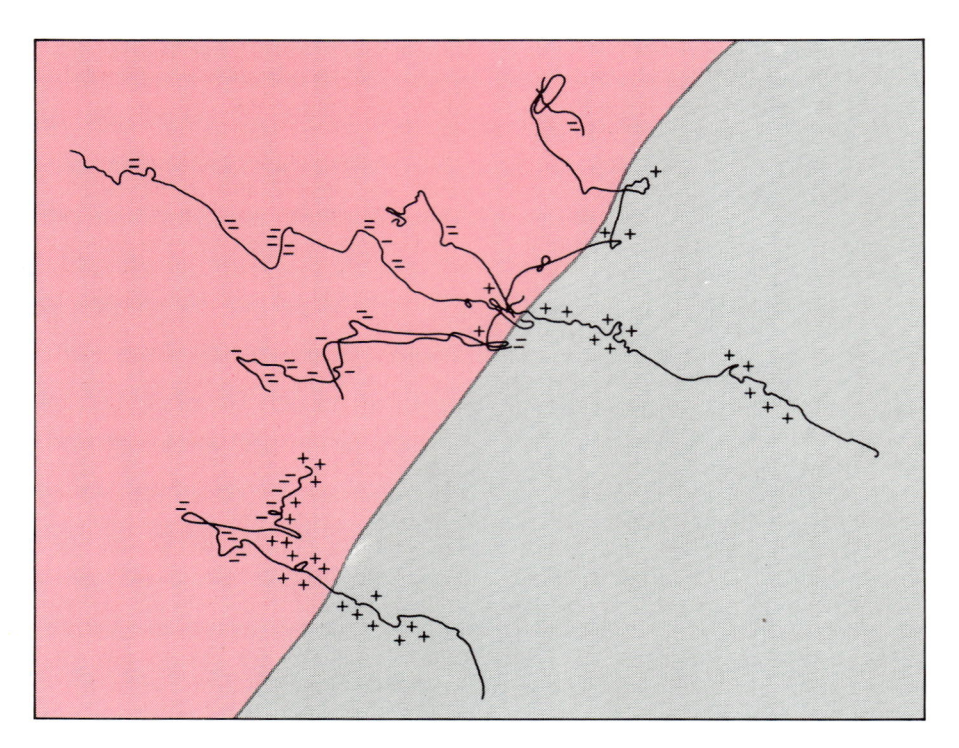

Bild 13: Im Grenzbereich zwischen zwei Krustenstreifen mit entgegengesetzter magnetischer Polarität hat die *Alvin* an über 250 Punkten die Magnetisierungsrichtung der Meereskruste bestimmt. Pluszeichen bedeuten positive, Minuszeichen negative Polarität. Die mit der *Alvin* am Meeresboden erhaltenen Meßergebnisse sind hier auf eine Karte eingetragen, auf der zugleich der Verlauf der magnetischen Grenzlinie eingezeichnet ist, wie er sich auf der Grundlage früherer Messungen von der Meeresoberfläche aus dargestellt hatte. Die graue Fläche bedeutet dabei positive, die farbige negative Polarität. Die Übergangszone ist in beiden Fällen bemerkenswert scharf – ein Zeichen, daß die Meereskruste innerhalb einer schmalen (nur etwa einen Kilometer breiten) Zone gebildet wird. Die Grenzlinie, die sich aus den Messungen am Meeresgrund ergibt, ist gegenüber derjenigen, die von der Oberfläche aus bestimmt wurde, um etwa fünfhundert Meter nach Nordwesten verschoben. Der Grund dafür könnte sein, daß positiv polarisiertes Magma übergelaufen ist und sich seitlich über negativ polarisiertes Krustengestein ergossen hat.

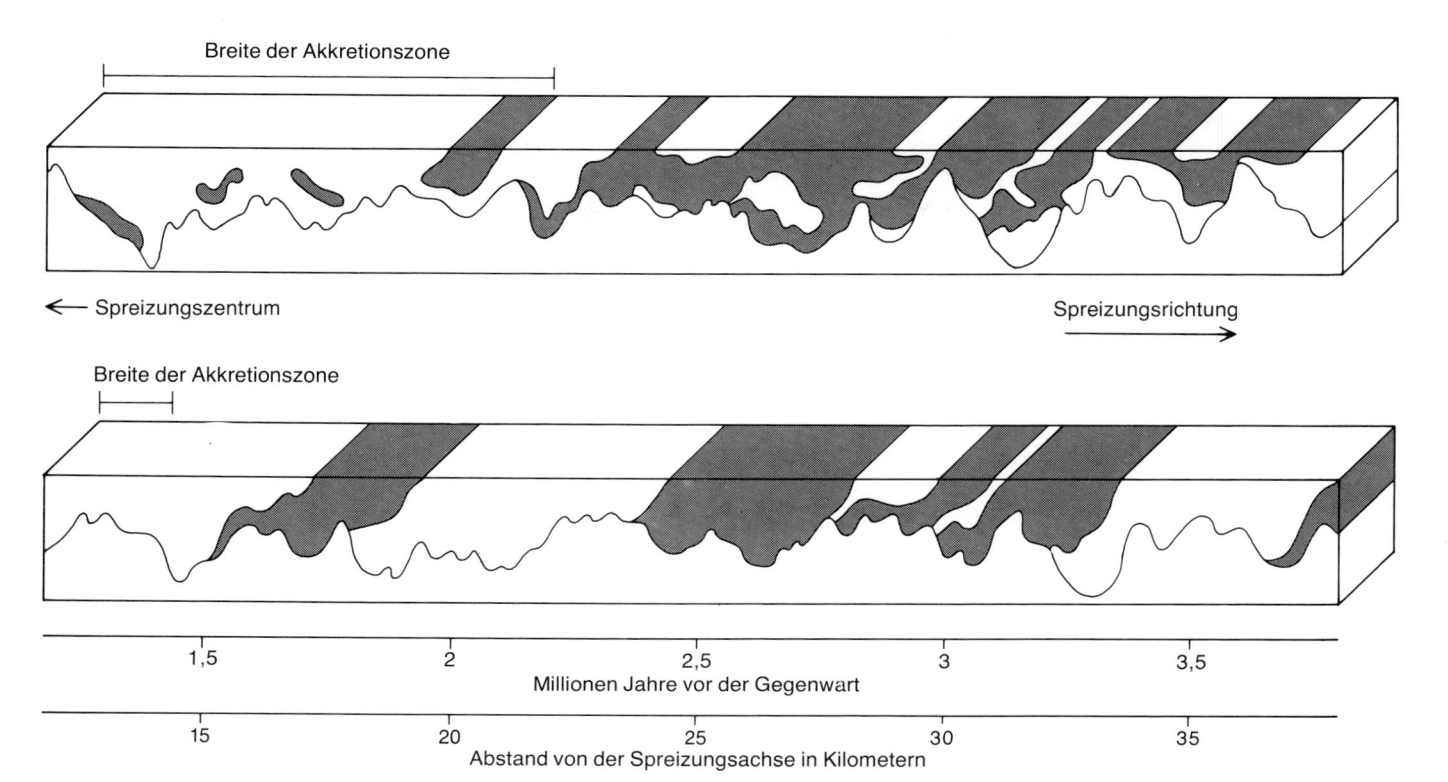

Bild 14: Die Verteilung der magnetischen Polaritäten innerhalb der neugebildeten Meereskruste hängt von der Breite der Spreizungszone ab. Dies ist hier anhand zweier hypothetischer Blockprofile veranschaulicht, die Hans Schouten und Charles Denham von der Woods Hole Oceanographic Institution aus Wahrscheinlichkeitsrechnungen abgeleitet haben. Wenn wie im oberen Profil die Spreizung des Meeresbodens langsam erfolgt und die Akkretionszone, in der die neue Kruste gebildet wird, breit ist, können sich die entgegengesetzt magnetisierten Abschnitte stärker vermischen und überlagern. Zum Beispiel kann sich später gebildete Lava aus den Vulkanschloten seitlich über etwas ältere, entgegengesetzt polarisierte Krustenlava ergossen haben. Diese Situation ist beiderseits des Mittelatlantischen Rückens zu beobachten. Bei hoher Spreizungsgeschwindigkeit und schmaler Akkretionszone — Bedingungen, wie sie auf der Ostpazifischen Schwelle herrschen — entstehen dagegen relativ einheitliche, scharf begrenzte magnetische Streifen der neugebildeten Kruste (unteres Profil).

Magnetometer gesammelten Daten berechnet hatten (Bild 13). Der Grund dafür ist, daß das Schlepptau-Magnetometer die Magnetisierung bis in eine gewisse Tiefe gemessen und über die Tiefe gemittelt hatte; das heißt, es bestimmte die mittlere Lage der Grenzlinie für einen Krustenquerschnitt. Aus der Tatsache, daß die Grenzlinie direkt am Meeresboden fünfhundert Meter weiter von der Spreizungsachse entfernt verläuft als die über eine gewisse Tiefe gemittelte Grenzlinie, kann man schließen, daß sich basaltische Lava aus den Vulkanschloten seitlich über die ältere, negativ polarisierte Kruste ergossen hat (Bild 14).

Die früheren Meßwerte und die jetzt mit der *Alvin* gewonnenen Daten machen übereinstimmend deutlich, daß sich die Magnetstreifen innerhalb einer sehr schmalen Zone bilden. Wenn man die Streckung der Kruste in der Bruchzone und die endliche Dauer jeder Umkehr des Erdmagnetfelds in Rechnung stellt, dann hat es den Anschein, daß die Zone, in der sich neue Kruste bildet, nur fünfhundert bis tausend Meter breit sein kann. Dieser Wert stimmt hervorragend mit der Breite der Zone 1 an der heutigen Spreizungsachse überein. Nach den mit der *Alvin* und der *Cyana* gemachten Beobachtung liegt sie zwischen 400 und 1200 Metern. Damit ist die Zone der Krusten-Neubildung heute genauso scharf umrissen wie vor 700 000 Jahren: In beiden Fällen beschränkt sie sich auf einen nur einen Kilometer breiten Streifen. Wenn man bedenkt, daß sowohl die Pazifische als auch die Nordamerikanische Platte Tausende von Kilometern breit sind, kann man nur staunen, daß die Spreizungsachse an der Nahtstelle zwischen beiden so schmal und stabil ist.

Wie läßt sich dieses Bild aus wohlgeordneten Streifen mit der verworrenen magnetischen Schichtfolge in Einklang bringen, die man in den Bohrkernen aus der Tiefsee beobachtet hat? Bei genauerem Hinsehen stellt sich heraus, daß alle Bohrungen, bei denen man tiefer als fünfhundert Meter in die Meereskruste eingedrungen ist, im Atlantik gemacht wurden, wo sich der Meeresboden sehr viel langsamer ausdehnt als im Pazifik. Wie Wahrscheinlichkeitsrechnungen zeigen, bewirkt eine langsamere Spreizungsgeschwindigkeit, daß die Zone der Krusten-Neubildung wesentlich breiter ist als nur einen Kilometer, was wiederum dazu führt, daß die magnetischen Polaritäten in den einzelnen Krustenabschnitten in der Tat bunt gemischt sein können (Bild 14). In einem Gebiet mit hoher Spreizungsgeschwindigkeit (wie an der Ostpazifischen Schwelle) sollten dagegen scharf begrenzte einheitliche Magnetstreifen vorherrschen.

Aus dieser Überlegung folgt, daß sich die Prozesse, die neue Meereskruste im Atlantik entstehen lassen, erheblich von ihren Analoga im Pazifik unterscheiden. Weitere Anstrengungen werden nötig sein, um die komplexen physikalischen und chemischen Vorgänge aufzuklären, die an den Nahtstellen der großen Lithosphärenplatten ablaufen, und sicher werden bemannte Tauchboote weiterhin ihren festen Platz bei solchen Unternehmungen haben. Am meisten befriedigt an dieser Arbeit, daß hier viele sonst getrennte Gebiete innerhalb der Ozeanographie zusammenfließen. Biologen, Geochemiker, Geologen, Geophysiker und Physiker ziehen an einem Strang — erfüllt von dem gemeinsamen Bestreben, unser Verständnis eines der faszinierendsten geologischen Vorgänge zu vertiefen: der Bildung neuer Meereskruste an den mittelozeanischen Rücken.

Heiße Quellen am Grund der Ozeane

Vulkanische Prozesse, die unter den Ozeanen neue Erdkruste entstehen lassen, speisen auch Heißwasser-Quellen am Boden der Tiefsee. Diese ernähren in lichtloser Tiefe fremdartige Lebensgemeinschaften und bilden riesige Erzlagerstätten. Außerdem tragen sie entscheidend zur chemischen Zusammensetzung des Meerwassers bei.

Von **John M. Edmond und Karen von Damm**

An den unterseeischen Schwellen oder Rücken, wo am Grund der Ozeane große Abschnitte der Erdoberfläche auseinandergezogen werden und emporquellendes Magma neue ozeanische Kruste bildet, liegen viele heiße Quellen. Nach der Theorie der Plattentektonik war diese Erscheinung zu erwarten und wurde auch von J. W. Elder von der Universität Manchester vorhergesagt. Doch sind die Tiefsee-Quellen erst jetzt, zwei Jahrzehnte später, entdeckt worden – zunächst nur mit zum Meeresboden abgesenkten Kameras und Sensoren, dann aber auch mit bemannten Tauchbooten, die bis in drei Kilometer Tiefe vorstießen (siehe „Tauchexpedition zur Ostpazifischen Schwelle" von K. C. Macdonald und B. P. Luyendyk in diesem Buch). Dabei zeigte sich, daß die Tätigkeit dieser Quellen erheblich zur Chemie und Biologie der Meere beiträgt.

Das Wasser der heißen Quellen ist nach einer Reihe komplexer chemischer Reaktionen zwischen versickertem Meerwasser und heißem, neugebildetem Krustengestein mit Mineralstoffen angereichert. Von diesen Stoffen ernähren sich zum einen exotische Lebensgemeinschaften im Umkreis der Quellen, Beute-Jäger-Ketten, die von Bakterien bis zu Muscheln und riesigen Röhrenwürmern reichen. Zum anderen erweisen sich die hydrothermalen Reaktionen als Hauptquell jener metallreichen Sedimente und Knollen, mit denen der Tiefseeboden übersät ist und deren Abbau derzeit weltweit diskutiert wird (siehe „Das neue Seerecht" in Spektrum der Wissenschaft, Mai 1983). Außerdem mehren sich die Anzeichen dafür, daß andere Erzlagerstätten, die sich heute auf Kontinenten befinden, gleichfalls durch hydrothermale Prozesse am Meeresgrund entstanden sind und erst nachträglich durch plattentektonische Krustenbewegungen an Land verfrachtet wurden. Schließlich stellte sich heraus, daß die Inhaltsstoffe des Quellwassers, das aus den hydrothermalen Schloten entweicht, auch die chemische Zusammensetzung der Meere wesentlich mitbestimmen.

Im Rückblick sind die heißen Quellen leicht in das Lehrgebäude der Plattentektonik einzuordnen. Nach dieser Theorie setzt sich die Oberfläche der Erde aus einer Reihe ausgedehnter, starrer Platten zusammen, die sich ständig gegeneinander verschieben. Im wesentlichen bestehen diese Platten aus ozeanischer Kruste, in die an einigen Stellen große Mengen leichteren Materials – die Kontinente – eingebettet sind. Dort, wo die Platten zusammenstoßen, wird alte Kruste gleichsam aufgezehrt, indem eine der Platten unter die andere und in das zähplastische Innere des Erdmantels abtaucht; dabei entstehen die Tiefseegräben. An den Stellen dagegen, wo die Platten auseinanderdriften, bildet sich neue Kruste. Plattenränder dieses Typs liegen fast sämlich unter den Meeren. Dabei handelt es sich um geradlinige Strukturen von einigen Hundert Kilometer Länge, die durch wenige Kilometer lange Störungen zickzackförmig gegeneinander versetzt sind.

Die mittelozeanischen Rücken

Magma (schmelzflüssiges Gestein, das durch teilweises Aufschmelzen des Erdmantels in nicht mehr als ein paar Hundert Kilometer Tiefe entstanden ist) dringt an diesen linearen Strukturen nach oben. Zunächst rund 1200 Grad Celsius heiß, kühlt es sich ab, erstarrt und bildet neue ozeanische Kruste. Während sich die frisch erstarrte Kruste weiter abkühlt, wird sie langsam auseinandergerissen und macht so Platz für nachdringendes Magma, das heißt für noch jüngere Intrusionen.

Dieser Vorgang macht sich in der Höhe des Meeresbodens bemerkbar. Stoffe dehnen sich beim Erhitzen aus. Da heißes Gestein also weniger dicht und damit leichter ist als kaltes, ist der Meeresboden an den Intrusionszonen deutlich angehoben. Diese Zonen sind die mittelozeanischen Rücken, die mit ihren Kämmen 3 bis 2,5 Kilometer unter die Wasseroberfläche emporragen.

Beim Abkühlen ziehen sich Stoffe dagegen zusammen. Folglich sinkt der Meeresboden ab, während er von den Rücken wegdriftet. Aus diesem Grund gehorcht der größte Teil des Meeresbodens (und damit der Erdoberfläche insgesamt) einer erfreulich einfachen mathematischen Beziehung: Seine Höhe nimmt mit der Quadratwurzel seines Alters ab.

Im Atlantik hat sich jener Teil des Meeresbodens, der nun hundert Millionen Jahre alt ist, mit einer Geschwindigkeit von rund einem Zentimeter pro Jahr etwa tausend Kilometer von seinem

Bild 1: Schwarze Raucher sind die spektakulärsten Beispiele jener heißen Quellen am Meeresgrund, die von hydrothermalen Prozessen an den mittelozeanischen Rücken und Schwellen zeugen. Der abgebildete Schlot wurde vom Forschungs-Tauchboot „Alvin" in 2,6 Kilometer Tiefe im Pazifik, direkt vor dem Eingang zum Golf von Kalifornien auf dem Kamm der Ostpazifischen Schwelle, photographiert. Er hat einen Durchmesser von 1,5 Metern und speit 350 Grad Celsius heiße Lösungen aus. Bei den Lösungen handelt es sich um Meerwasser, das in den Meeresboden eingesickert ist, mit heißem Basalt in einer Zone vulkanischer Aktivität unter der Ostpazifischen Schwelle reagiert hat und als hydrothermale, das heißt saure und metallreiche, Flüssigkeit wieder zum Meeresboden aufgestiegen ist. Beim Austritt ins Meer wird die Lösung abgeschreckt und mit Meerwasser verdünnt, wodurch sich das enthaltene Eisen als schwarzes Eisensulfid abscheidet. Der Schlot des Rauchers besteht gleichfalls aus Mineralen, die aus den Lösungen ausgefällt wurden.

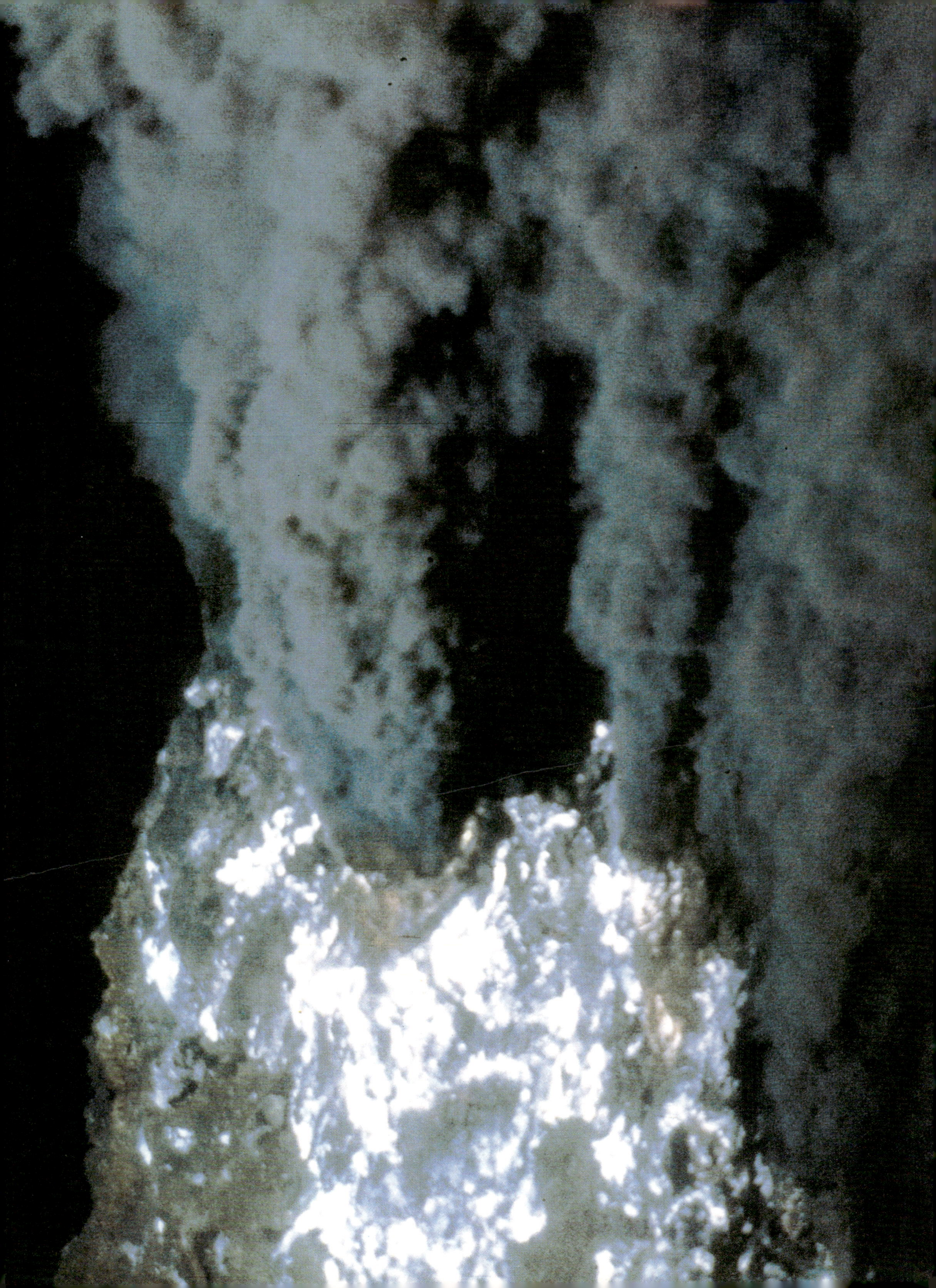

Ursprungsort am mittelatlantischen Rücken entfernt. Im Verlauf seiner Abkühlung ist dieser Krustenabschnitt ungefähr zwei Kilometer abgesunken, so daß der Meeresboden dort heute in fünf Kilometer Tiefe liegt.

Da die tektonischen Dehnungszentren an den mittelozeanischen Rücken Stellen vulkanischer Aktivität sind, sollten sie wie der Yellowstone-Park und andere vulkanische Kontinentalregionen auch heiße Quellen aufweisen, die von hydrothermaler Aktivität zeugen. Vermutungen sind gut, Beweise besser. Diese Beweise sollten bald kommen.

Im Jahre 1966 untersuchten Kurt G. T. Boström und Melvin N. A. Peterson von der Scripps Institution of Oceanography Sedimentproben, die beiderseits der Achsen mittelozeanischer Rücken gesammelt worden waren. Dabei stellten sie fest, daß die erst kurz zuvor entdeckten ozeanischen Dehnungszentren von Sedimenten mit hohem Gehalt an Oxiden von Eisen, Mangan und anderen Metallen bedeckt sind. Sie vermuteten, daß sich diese Sedimente im Verlauf hydrothermaler Reaktionen zwischen Meerwasser und heißer, junger Meereskruste gebildet hatten. Wie spätere Untersuchungen bei dem von der Scripps Institution geleiteten Tiefsee-Bohrprojekt (Deep Sea Drilling Project) gezeigt haben, befindet sich an der Basis der marinen Sedimentfolge direkt über dem Vulkangestein der ozeanischen Kruste stets eine solche Schicht metallreicher Ablagerungen.

Mittlerweile zog die Theorie der Plattentektonik das Interesse vieler Geologen auf das Gestein der ozeanischen Kruste. Dieses Krustenmaterial besteht aus Basalt, einem schwarzen, vulkanischen Gestein. Chemisch ist es ein Alumosilicat, das keinen Quarz (SiO_2), aber große Mengen Eisen und Magnesium enthält. (Granit und Rhyolit – die für die kontinentale Kruste typischen Vulkangesteine – sind dagegen weißliche Alumosilicate, die viel Quarz und kaum Eisen und Magnesium enthalten. Sie bestehen gewissermaßen aus der Schlacke, die in jenem riesigen Hochofen aufgestiegen ist, den wir Erde nennen.)

Um Näheres über die Beschaffenheit der mittelozeanischen Rücken zu erfahren, führten die Forscher bei mehreren Operationen in den sechziger Jahren sogenannte Dredschen über den Meeresboden nahe den Rückenachsen. Im Schlepptau von Schiffen über den Grund gezogen, sammelten diese anstehendes Gestein für die Analyse. Außerdem lieferte das Tiefsee-Bohrprojekt kurze Gesteinskerne vom Grund der Bohrlöcher. Wie die Untersuchung dieser Proben ergab, hatten sie alle mindestens einmal nach dem Erstarren zu ozeanischer Kruste mit Meerwasser reagiert. Beispielsweise bilden sich Sprünge im Gestein, wenn es auf Temperaturen unter, sagen wir, 500 Grad Celsius abkühlt; und offenbar war Seewasser in diese Sprünge eingedrungen, hatte mit dem noch warmen Gestein reagiert und die Spalten mit nachträglich ausgefällten (sekundären) Mineralen gefüllt.

Isotopen-Daten bestätigten diese Vermutungen. Bei jeder chemischen Reaktion unter Mitwirkung von Sauerstoff werden die Isotope (verschieden schwere Atomsorten) des Sauerstoffs fraktioniert: Sie verteilen sich nicht ganz gleichmäßig auf die Reaktionsprodukte. Der Hauptgrund dafür ist, daß die Schwingungsenergie einer chemischen Bindung von der Masse der beteiligten Atome abhängt. Der Grad der Fraktionierung ist dabei für die jeweilige Reaktion charakteristisch und hängt überdies von der Temperatur ab. Die Analyse der sekundären Minerale in den Basaltproben von den ozeanischen Dehnungszentren ergab nun, daß sie die Sauerstoff-Isotope in einem anderen Verhältnis enthalten als Basalt. Nach ihrer Isotopen-Verteilung mußten sich die Minerale bei Reaktionen zwischen Basalt und Meerwasser bei 350 Grad Celsius gebildet haben.

Ophiolithe

Ein weiterer Hinweis auf hydrothermale Aktivität an ozeanischen Dehnungszentren fand sich paradoxerweise auf dem Festland. Große Blöcke aus basaltischem Gestein, die sowohl auf Zypern, im nordöstlichen Küstenbereich des Mittelmeeres und in Oman am Arabischen Meer als auch in Kalifornien, in Tibet und an anderen Stellen über der kontinentalen Kruste zu finden sind, erwiesen sich als Teile ozeanischer Kruste, die beim Zusammenstoß von Platten auf die Kontinente aufgeschoben worden waren (siehe auch „Ophiolithe: Ozeankruste an Land" von Ian G. Gass in diesem Buch). Diese Ophiolithe genannten Formationen boten die Möglichkeit, die Bildung ozeanischer Kruste im Detail zu erforschen. Blöcke einstiger Ozeankruste, oft Hunderte von Kilometern lang und bis zu zehn Kilometer mächtig, ließen sich hier trockenen Fußes untersuchen und kartieren.

Auch dabei kamen eindrucksvolle Spuren großräumiger hydrothermaler Aktivitäten bei hohen Temperaturen ans Licht. In den großen Ophiolithen von Oman zum Beispiel war, wie die Untersuchungen unmißverständlich zeigten, Seewasser über fünf Kilometer tief eingedrungen und hatte bei Temperaturen um 400 Grad Celsius durch und durch mit dem Gestein reagiert.

Bei den meisten Ophiolithen sind die Basalte von einer Umbra genannten, mehrere Meter mächtigen, metallführenden Sedimentschicht bedeckt; sie ist mit jener identisch, die Boström und Peterson im Meeresboden unserer Tage entdeckt haben. Überdies kommen in Ophiolithen oft linsenförmige Erzkörper vor, die Millionen Tonnen von Eisendisulfid (FeS_2, auch als Pyrit oder Narrengold bekannt) enthalten. Sie füllen Vertiefungen im Basalt aus und sitzen auf „Schloten" aus Quarz und Erzmineralen. Zweifellos waren die Schlote einst Kanäle für aufsteigende hydrothermale Lösungen, aus denen sich der Quarz, die Erzminerale und die linsenförmigen Körper abschieden.

Um die Wärmebilanz der ozeanischen Kruste während ihres Bildungsprozesses direkt zu bestimmen, wurde an den verschiedensten Stellen des Meeresbodens der durch Wärmeleitung bedingte Wärmeverlust gemessen. Unter Wärmeleitung versteht man den Wärmestrom durch ein ruhendes Medium – in diesem Fall die Sedimentschicht über dem ursprünglichen Meeresboden. Die Messungen ergaben, daß der durch Wärmeleitung bedingte Wärmeverlust im allgemeinen zu den mittelozeanischen Rücken hin abnahm – und das, obwohl die junge Kruste an den Rücken heißer sein muß als die ältere, weiter abgelegene (Bild 3). Folglich muß ein Großteil der Wärme, die das aufsteigende Magma an die Rücken abgibt, über einen anderen Mechanismus abgeführt werden. Dabei kann es sich nur um die Konvektion handeln: den Wärmetransport durch ein zirkulierendes Medium – in diesem Fall Meerwasser. Nach Berechnungen, die Clive R. B. Lister an der Universität von Washington durchgeführt hat, spielt die Konvektion sogar die Hauptrolle bei den thermischen Prozessen an den Rückenachsen.

Weltweit betrachtet, beläuft sich der Fehlbetrag zwischen dem gemessenen Wärmeverlust durch Wärmeleitung und dem theoretischen Erwartungswert, wenn die gesamte Wärme nur durch Wärmeleitung abgeführt würde, auf rund 2×10^{20} Joule pro Jahr. Das sind etwa zehn Prozent des gesamten Wärmeflusses aus dem Erdinnern. Dieser Betrag muß der Konvektion zugeschrieben werden. Nach den Isotopen-Daten beträgt die Arbeitstemperatur der Konvektionszellen ungefähr 350 Grad Celsius. In diesem Fall muß ein Wasservolumen vom Inhalt der gesamten irdischen Meere ($1,3 \times 10^{21}$ Liter) etwa alle acht Millionen Jahre einmal durch die Rückenachsen zirkulieren. Diese Zirkulationsrate entspricht rund einem halben Prozent der Rate, mit der die Flüsse der Erde den Meeren Wasser zuführen.

Helium-Isotope

Vielleicht den stärksten Hinweis darauf, daß die hydrothermale Aktivität eine wichtige Rolle in den heutigen Ozeanen spielt, liefern Messungen der Helium-Konzentration in der ozeanischen Wassersäule. Von Helium gibt es zwei Isotope: Helium-3 und Helium-4. Zum Zeitpunkt, als die Erde entstand, waren sie in einem bestimmten Mengenverhältnis vorhanden. Helium-4 wird jedoch im Erdinnern durch radioaktiven Zerfall der langlebigen Isotope von Uran und Thorium ständig neu gebildet. Ferner entweichen sowohl Helium-3 als auch Helium-4 fortwährend in den interplanetaren Raum; andererseits werden beide mit dem Teilchenwind, der von der Sonne zur Erde strömt, der Atmosphäre auch wieder zugeführt.

Das Verhältnis von Helium-3 zu Helium-4 an bestimmten Orten der Erde ist also das Ergebnis einer Reihe von Prozessen. Brian Clarke von der McMaster-Universität hat ein empfindliches Massenspektrometer entwickelt, mit dem sich das Isotopenverhältnis von Helium genau bestimmen läßt, und mit diesem Gerät den Helium-Gehalt von Wasser untersucht, das aus wasserführenden Schichten in Brunnen einsickert. Er ging davon aus, daß sich die Konzentration an Helium-3 in diesem Wasser nicht geändert hat, seit es versickert ist, und somit noch immer die Gleichgewichts-Löslichkeit von Helium anzeigt: jene Menge des Elements, die normalerweise aus der Atmosphäre in Wasser übergeht. Jede Differenz der Konzentration von Helium-4 zu diesem Wert kann als Folge des unterirdischen Zerfalls gelten. Eigentlich ist das Spektrometer denn auch ein Hilfsmittel bei der Suche nach Uran-Vorkommen.

Nachdem er soweit war, versuchte Clarke zusammen mit Harmon Craig von der Scripps Institution of Oceanography zu ermitteln, wieviel Helium-4 aus dem Erdmantel ins Meer austritt. Wie zuvor nahmen die Wissenschaftler an, Helium-3 könne als Bezugsgröße dienen. Doch es kam anders, als sie es erwartet hatten.

An der Oberfläche des Pazifik stand das im Meerwasser gelöste Helium tatsächlich im Gleichgewicht mit dem Helium in der Atmosphäre. In größeren Tiefen lag sein Gehalt jedoch über dem Gleichgewichtswert − und wenn man den Gleichgewichtswert von der gemessenen Konzentration abzog, dann war der Anteil an Helium-3 gegenüber dem an Helium-4 im Überschuß ungewöhnlich hoch. Diese Anomalie erreichte in einer Tiefe von 2600 Meter ihr Maximum, und das ist gerade die durchschnittliche Tiefe der pazifischen Rückenachse. Dort betrug das Verhältnis von Helium-3 zu Helium-4 im überschüssigen Helium etwa das Achtfache des Wertes in der Atmosphäre.

Offenbar birgt der Erdmantel größere Mengen Helium-3, die an den Rückenachsen ins Meer abgegeben werden. Entweicht nun das Helium einfach aus Gasblasen an der Oberfläche des erkalteten Magmas? Oder gelangt es durch hydrothermale Aktivität, bei der das Gestein durch und durch chemisch umgeformt wird, ins Meer? Das Ausmaß der Anomalie spricht entschieden für die zweite Hypothese.

Die Zusammensetzung des Meerwassers

Auf exakt welche Weise reagiert Meerwasser bei Drücken von fast dreizehn Tonnen pro Quadratzentimeter und Temperaturen von mehreren Hundert Grad mit Basalt? Erste Aufschlüsse darüber erhielten James L. Bischoff und Frank W. Dickson von der Stanford-Universität, als sie Mitte der siebziger

Bild 2: Riesenmuscheln zählen zu den exotischen Lebewesen, die den untermeerischen heißen Quellen ihre Existenz verdanken. Sie ernähren sich von Bakterien, die ihrerseits davon leben, daß sie den in den hydrothermalen Lösungen reichlich vorhandenen Schwefelwasserstoff oxidieren. Die Aufnahme hier stammt von einem hydrothermalen Feld am Meeresgrund dicht vor dem Eingang zum Golf von Kalifornien. Die Muscheln nisten dicht gedrängt zwischen Basaltkissen in Spalten, aus denen siebzehn Grad Celsius warmes Wasser dringt.

Jahre diese Bedingungen am Meeresboden im Labor nachahmten.

Die Ergebnisse waren dramatisch. Magnesium-Ionen aus dem Meerwasser verbanden sich mit Silicaten im Basalt zu wasserunlöslichen Hydroxysilicaten wie Talk $Mg_3[Si_4O_{10}](OH)_2$. Die Hydroxyl-Gruppen (OH) stammten dabei von Wassermolekülen (HOH). Die bei der Dissoziation (Spaltung) des Wassers zurückbleibenden Wasserstoff-Ionen (H^+) machten das Seewasser stark sauer, verdrängten Calcium- und Kalium-Ionen von ihren Plätzen im Kristallgitter des Basalts und bewirkten eine völlige Umkristallisation.

Das freigesetzte Calcium (Ca^{2+}) konnte sich nun mit Sulfat im Meerwasser (SO_4^{2-}) zu unlöslichem Calciumsulfat ($CaSO_4$) verbinden, das sich gewöhnlich in Form des Minerals Anhydrit abscheidet. Sulfat reagierte außerdem mit Eisen im Basalt zu Pyrit. So wurde dem Meerwasser alles Sulfat entzogen. Durch den Abbau des Basalts und den hohen Säuregrad des Meerwassers entstand schließlich sogar freie lösliche Kieselsäure.

Könnte die chemische Zusammensetzung der Ozeane ebenso durch die hydrothermalen Reaktionen am Meeresgrund wie durch die Verwitterung und Auslaugung der Kontinente bedingt sein? Diese Möglichkeit erschien besonders erregend, weil die Erforschung der Prozesse, die den chemischen Gehalt des Meerwassers bestimmen, um die Mitte der siebziger Jahre in eine Sackgasse geraten war.

Ausweg aus der Sackgasse

Im neunzehnten Jahrhundert, vor dem Boom der organischen Chemie, den die Entdeckung der synthetischen Farbstoffe auslöste, hatten viele prominente Chemiker anorganische Naturstoffe analysiert. Ein entscheidender Beweggrund war die Suche nach damals unbekannten chemischen Elementen zur Vervollständigung des gerade aufgestellten Periodensystems. Die bevorzugte Strategie war die Analyse von Erzmineralen; Robert W. Bunsen zum Beispiel bearbeitete Hunderte von Erzen. Das weckte sein Interesse an magmatischen Prozessen, so daß er schließlich nach Island reiste, um Vulkanausbrüche direkt zu beobachten. Andere Forscher untersuchten natürliche Gewässer. So legte Jacobus Hendricus van't Hoff den Grundstein der experimentellen Geochemie, indem er prüfte, in welcher Reihenfolge Substanzen beim Verdunsten von Meerwasser ausgefällt werden.

All diese Versuche machten bis zum Ende des Jahrhunderts klar, daß Meerwasser nicht lediglich durch teilweises Eindampfen von Flußwasser entstanden sein konnte. Denn dadurch bilden sich letztlich Lösungen wie in abflußlosen Seen, etwa im Toten Meer und im Großen Salzsee, die anders als die Meere stark alkalisch sind.

Nach der Jahrhundertwende befaßte sich kaum mehr jemand mit diesem Problem. Erst Ende der fünfziger Jahre suchte Lars Gunnar Sillén von der Königlichen Technischen Hochschule in Stockholm Licht in die dunkle Affäre zu bringen. Was, so fragte er, bestimmt den pH-Wert, das heißt, die Wasserstoff-Ionen-Konzentration der Ozeane? Warum liegt dieser Wert durchweg bei 7,5 bis 8, also im schwach alkalischen Bereich nahe an der Grenze zum Sauren? Er gab darauf eine ziemlich abstrakte Antwort, die aber Frederick T. Mackenzie und Robert M. Garrels von der Northwestern University später in die Sprache der Geologie übersetzten.

Betrachten wir die Verwitterung vulkanischer Gesteine auf dem Festland. Der auf das Gestein niedergehende Regen ist sauer; denn Kohlendioxid aus der Atmosphäre löst sich im Regenwasser unter Bildung von Kohlensäure (H_2CO_3). Das Gestein selbst besteht aus einem Alumosilicat-Gerüst, in das Kationen eingelagert sind. Bei der Reaktion damit gibt das saure Regenwasser Wasserstoff-Ionen ab, so daß Hydrogencarbonat-Ionen (HCO_3^-) zurückbleiben, die das Wasser stark alkalisch machen. Die Wasserstoff-Ionen wiederum ersetzen die Kationen im Gitter, worauf diese in Lösung übergehen. Dabei wird das Alumosilicat-Gerüst zerstört; es entstehen stark ungeordnete Tonminerale wie Kaolinit ($Al_2Si_2O_5(OH)_4$), die leicht abgetragen werden.

Das globale Ausmaß dieser Reaktionen läßt sich nach der Rate schätzen, mit der die Verwitterungsprodukte von den Flüssen ins Meer geschwemmt werden. Danach wird in jeweils 4000 Jahren so viel Kohlendioxid verbraucht, wie ständig in der Atmosphäre vorhanden ist. Es muß also einen Vorgang geben, der Hydrogencarbonat in Kohlendioxid zurückverwandelt. Mackenzie und Garrels stellten fest, daß in Kontinentalgewässern das Verhältnis von Kationen zu Wasserstoff-Ionen im Mittel $1,2 \times 10^3$ beträgt. Im Meer dagegen liegt es vier Größenordnungen höher – bei 6×10^7. Wenn also Alumosilicate, die reich an Wasserstoff-Ionen sind, ins Meer verfrachtet werden (wo es wenig Wasserstoff-Ionen, aber reichlich Kationen gibt), dann sollten sich ihe Bildungsreaktionen umkehren: Wasserstoff-Ionen sollten freigesetzt werden und mit Hydrogencarbonat reagieren; die Produkte wären Wasser und Kohlendioxid.

Daraus ergaben sich weitreichende Folgerungen. Die chemische Zusammensetzung der Kontinente hat sich, insgesamt gesehen, während der letzten zweieinhalb Milliarden Jahre (oder mehr) nicht geändert; daher müßte auch die Zusammensetzung der Meere während dieser gewaltigen Zeitspanne gleich geblieben sein.

Zur Untermauerung dieser Hypothese suchte man nun experimentell nachzuweisen, daß die entscheidenden Reaktionen, durch die Ton in die Ausgangsminerale zurückverwandelt würde, tatsächlich in den Ozeanen stattfänden. Doch das

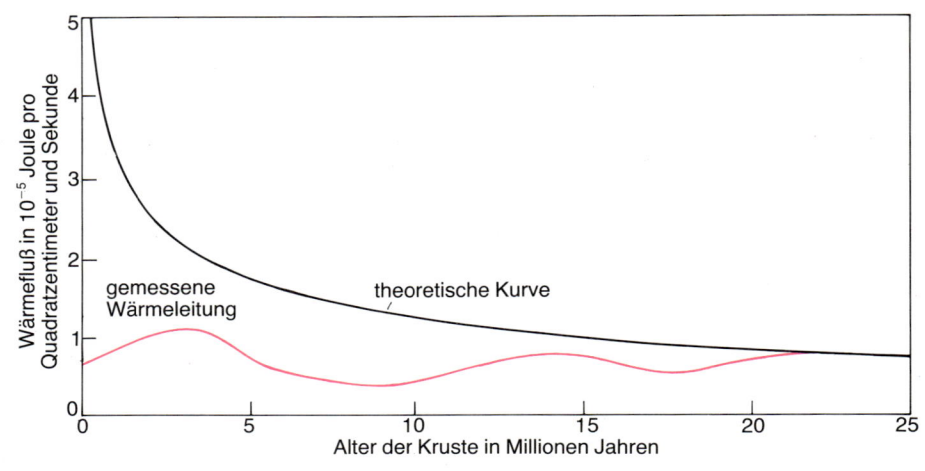

Bild 3: Der Wärmefluß am Meeresboden war früh ein Indiz dafür, daß hydrothermale Vorgänge an den mittelozeanischen Rücken eine wichtige Rolle spielen. An solchen Rücken teilt sich der Meeresboden zwischen auseinanderdriftenden Krustenplatten, und aufsteigendes Magma bildet neue ozeanische Kruste. Die Rücken sind also heiß. Dennoch war die gemessene Wärmeleitung an drei atlantischen Rücken (farbige Kurve) wesentlich geringer als der Wert, den man erwarten sollte, wenn alle Wärme durch Wärmeleitung abgegeben würde (schwarze Kurve). Für den Fehlbetrag mußte die Konvektion aufkommen: der Wärmetransport durch Wasser, das im Meeresboden zirkuliert. Das Alter von Krustenabschnitten ist ein Maß für ihre Entfernung von der Rückenachse, an der sie früher einmal entstanden sind.

wollte nicht gelingen. Selbst bei günstigster Auslegung der Befunde ließ sich die Bilanz zwischen Land und Meer nicht ausgleichen. Dies war der Punkt, wo die Überlegungen in eine Sackgasse gemündet waren. Die vorläufigen Berechnungen der chemischen Umsetzungen und Transporte von Stoffen, die Folge der hydrothermalen Aktivitäten an den Rückenachsen sein sollten, zeigten den Ausweg aus dem Dilemma.

Erste Erkundungen

Zu hoffen, daß heiße Quellen eine verbreitete Erscheinung an ozeanischen Dehnungszentren sind, und sie in Meerestiefen von mindestens zweieinhalb Kilometern tatsächlich zu finden, ist natürlich zweierlei. Als in den frühen siebziger Jahren erste Erkundungsversuche unternommen wurden, war die Kenntnis des Meeresbodens ebenso unvollkommen wie das technische Instrumentarium zu seiner Erforschung.

Die damals benutzten Sonargeräte taugten nur für ebenes Terrain. An den zerklüfteten Rückenachsen registrierten sie einen unauflöslichen Wirrwarr von Echos. Folglich wurden die im Schlepptau dicht über dem Boden entlanggezogenen Erkundungsgeräte praktisch blind durch einen komplizierten Hindernis-Parcours geführt. Das Ausmaß der Beschädigungen und Verluste von Instrumenten war alarmierend. Gleichwohl machte das raffinierteste dieser Geräte, das „Deep Tow" der Scripps Institution, bedeutende Entdeckungen.

Das Vielzweck-Instrument Deep Tow, befestigt am Ende eines Fernmeßkabels, das ein Schiff hinter sich her zog, enthielt Fernsehkameras, Sonargeräte, Druck- und Temperaturfühler und Sonden zur Bestimmung der elektrischen Leitfähigkeit des Meerwassers (die auf seinen Salzgehalt schließen läßt). Über mehrere Jahre registrierte Deep Tow Temperaturanomalien an mehreren Stellen auf den Dehnungsachsen im tropischen Bereich des Ostpazifik.

In einem Fall nahm es auch Wasserproben. Und Ray F. Weiss von der Scripps Institution schaffte es, mitten aus einer Anomalie eine Probe heraufzuholen. Ihre Temperatur lag zwar um nicht einmal 0,1 Grad über der Umgebungstemperatur von 2 Grad; doch die chemischen Daten, so auch der Gehalt an Helium-3, belegten zweifelsfrei, daß dieses Wasser hydrothermalen Ursprungs war: Offenbar war Deep Tow fünfzehn bis zwanzig Meter über dem Meeresboden in die Fontäne einer submarinen heißen Quelle geraten.

Mitte der siebziger Jahre schließlich kamen die Dinge in Fluß. Zum einen machte die US-Marine den Forschern die von ihr entwickelten Techniken zur Kartierung des Meeresbodens zugänglich. So konnten nun routinemäßig hochpräzise Tiefsee-Navigationssysteme eingesetzt werden. Diese Systeme messen die Zeit, die zwischen dem Aussenden eines akustischen Impulses (des „Abfrage-Impulses") von einem Unterwasser-Gefährt und dem Empfang der „Antwort-Impulse" von einer Anordnung am Grunde verankerter Umsetzstationen verstreicht. Wenn die relativen Positionen dieser Antwortsender mit Echolot von einem Schiff an der Meeresoberfläche aus bestimmt worden sind, läßt sich das Unterwasser-Gefährt mühelos navigieren – und zwar bis auf wenige Meter genau.

Den zweiten Fortschritt brachte die Entwicklung einer Großflächen-Kamera zur photogrammetrischen Kartierung. Die handelsüblichen leichten Kameras ließen sich, am Schleppseil weit hinter dem Schiff baumelnd, nur schwer dirigieren. Was nottat, war ein massives Fahrzeug, daß die Kamera aufnahm.

Die „Angus", an der Woods Hole Oceanographic Institution entwickelt, war ein solches Gefährt. Sie besteht aus einem 1,5 Tonnen schweren „Affenkäfig", in dem Farbkameras, Stroboskop-Lampen, Batterien, Sonargeräte und Schallwellen-Umsetzer zur Navigation untergebracht sind. In seiner gegenwärtigen Ausführung wird das Gefährt mit einer Geschwindigkeit von etwa vier Kilometer pro Stunde am Schlepptau eines Schiffes rund zwanzig Meter über dem Meeresboden entlanggezogen. Sein Gewicht läßt es nie mehr als 75 Meter hinter die Position senkrecht unter dem Schiff zurückdriften, so daß die auf dem Schiff aufgenommenen Sonogramme helfen können, es vor Schaden zu bewahren. Ein Schleppvorgang dauert in der Regel achtzehn Stunden, wobei die „Angus" alle zehn Sekunden eine Farbaufnahme macht. Dann wird das Gefährt eingeholt, der Film entwickelt und nach auffälligen Merkmalen abgesucht. Auf jedem Bild ist verzeichnet, wann es gemacht wurde. Aus der Aufnahmezeit und Schiffsposition läßt sich das aufgenommene Meeresboden-Terrain exakt lokalisieren.

Die dritte entscheidende Errungenschaft waren Forschungs-U-Boote. Steu-

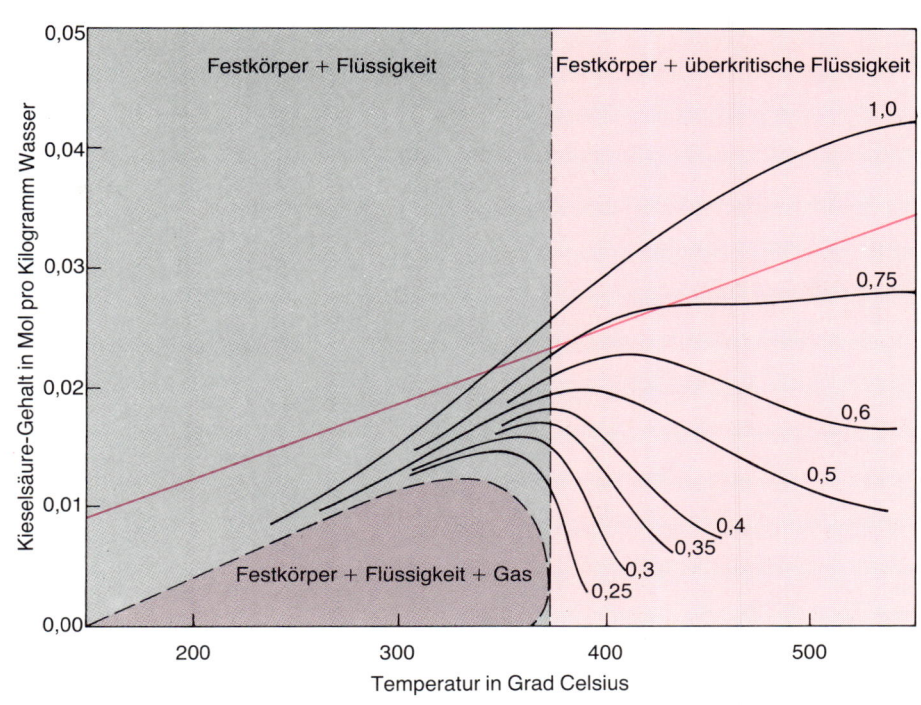

Bild 4: Der Kieselsäure-Gehalt von Quellwasser, das 1977 auf hydrothermalen Feldern am Meeresboden nahe den Galápagos-Inseln gesammelt wurde, wies schon zwei Jahre vor Entdeckung der schwarzen Raucher darauf hin, daß unverdünnte hydrothermale Lösungen 350 Grad heiß sein könnten. Zwar waren die Wasserproben selbst nicht heißer als 19 Grad, doch stieg mit ihrer Temperatur auch ihr Gehalt an Kieselsäure (gelöstem Quarz). Extrapolierte man diese Beziehung zwischen Temperatur und Kieselsäure-Gehalt, so schnitt die erhaltene Gerade (farbig) jene Kurven (schwarz), die die Löslichkeit von Quarz in Wasser bei verschiedenen Temperaturen und Drücken wiedergeben, bei Punkten weit oberhalb 300 Grad (Drücke sind in Kilobar angegeben). Die Wasserproben enthielten also hydrothermale Lösungen, die stark mit Meerwasser verdünnt waren. Das Diagramm zeigt die Bereiche, in denen eine Quarz-Wasser-Mischung als Festkörper plus Flüssigkeit plus Gas (dunkelfarbig), als Festkörper plus Flüssigkeit (grau) und als Festkörper plus überkritische Flüssigkeit (hellfarbig) vorliegt. (Als überkritisch flüssig bezeichnet man den Zustand zwischen Gas und Flüssigkeit.)

erbare Tauchkapseln für den Einsatz an Rückenachsen sind allerdings klein. Der Goliath unter ihnen, die von Woods Hole betriebene „Alvin", wiegt nur 16,5 Tonnen und kann in einer druckfesten Kugel aus Titan mit einem Durchmesser von zwei Metern außer dem Steuermann gerade zwei Forscher aufnehmen. Ihre Leistung ist äußerst begrenzt. So beträgt die Höchstgeschwindigkeit über Grund nur vier Kilometer pro Stunde. Die Leuchtkraft der Scheinwerfer reicht nicht weiter als fünfzehn Meter. Für Erkundungszwecke ist die „Alvin" somit denkbar ungeeignet. Ihre Domäne ist die genaue Inspektion von Stellen, die bereits als vielversprechend erkannt wurden (etwa mittels Photographien der „Angus"). Die „Alvin" wird dann mit demselben Navigationssystem wie die „Angus" zu solchen Stellen dirigiert. Dabei landet sie im Regelfall mit einer Genauigkeit von ein paar Dutzend Metern am Ziel auf dem Meeresboden.

Dieses raffinierte und teure Dreier-System kam erstmals im Frühjahr 1977 an einer Dehnungsachse im Pazifik, 280 Kilometer nordöstlich der Galápagos-Inseln, zum Einsatz. Das Forschungsschiff „Knorr" von Woods Hole war zuerst in Position. Es installierte ein Netzwerk von Antwortsendern und ermittelte ihre genauen Positionen. Dann nahm, unter dem Kommando von Robert D. Ballard von Woods Hole, die „Angus" ihre Tätigkeit auf. Als wenige Tage später dann die „Alvin" auf ihrem winzigen Mutterschiff „Lulu" eintraf, waren bereits mehrere Zielorte ausgekundschaftet. An jedem von ihnen zeigten die Aufnahmen der „Angus" ein paar große, weiße Muscheln auf einem schwarzen Basalt-Feld. Mit John B. Corliss von der Universität des Staates Oregon und einem von uns (Edmond) an Bord machte sich die „Alvin" zu einer dieser Stellen am Grund auf den Weg.

Eine phantastische Welt

Die „Alvin" sinkt unter ihrem Gewicht mit einer Geschwindigkeit von 30 bis 35 Metern pro Minute. Um auf 2500 Meter Tiefe zu tauchen, brauchte sie also anderthalb Stunden. Dort, hundert Meter über Grund, gab ihr der Steuermann durch Abwerfen von Ballast so viel Auftrieb, daß wir uns nur mehr langsam weiter abwärts bewegten, bis wir dicht über dem Meeresboden schwebten, der an dieser Stelle sanft geneigt war.

Etwa eine halbe Stunde lang kreuzten wir auf der Suche nach dem Ziel umher. Jeder von uns hatte ein Plexiglas-Bullauge zur Beobachtung. Dann machten wir Halt, um ein paar Gesteinsproben zu sammeln. Unser Steuermann bediente gerade den Greifarm und kämpfte mit einem widerspenstigen Basaltkissen (solche Kissen entstehen, wenn Lava langsam auf den Meeresboden austritt, dabei abgeschreckt wird, erstarrt und Risse bildet, die wieder verheilen, wobei sich der Lavakörper insgesamt kissenförmig aufbläht) – da zogen ein paar große, purpurne Seeanemonen unsere Aufmerksamkeit auf sich. Erst als wir die neugierigen Blicke wieder abwandten, fiel uns auf, daß das Wasser im Bereich der Lichtkegel flimmerte wie Luft über heißem Asphalt. Hastig maßen wir die Wassertemperatur: Sie lag fünf Grad über der in der weiteren Umgebung (2,05 Grad Celsius). Jeden Gedanken an die Gesteine vergessend, nahmen wir eine Wasserprobe und fuhren weiter

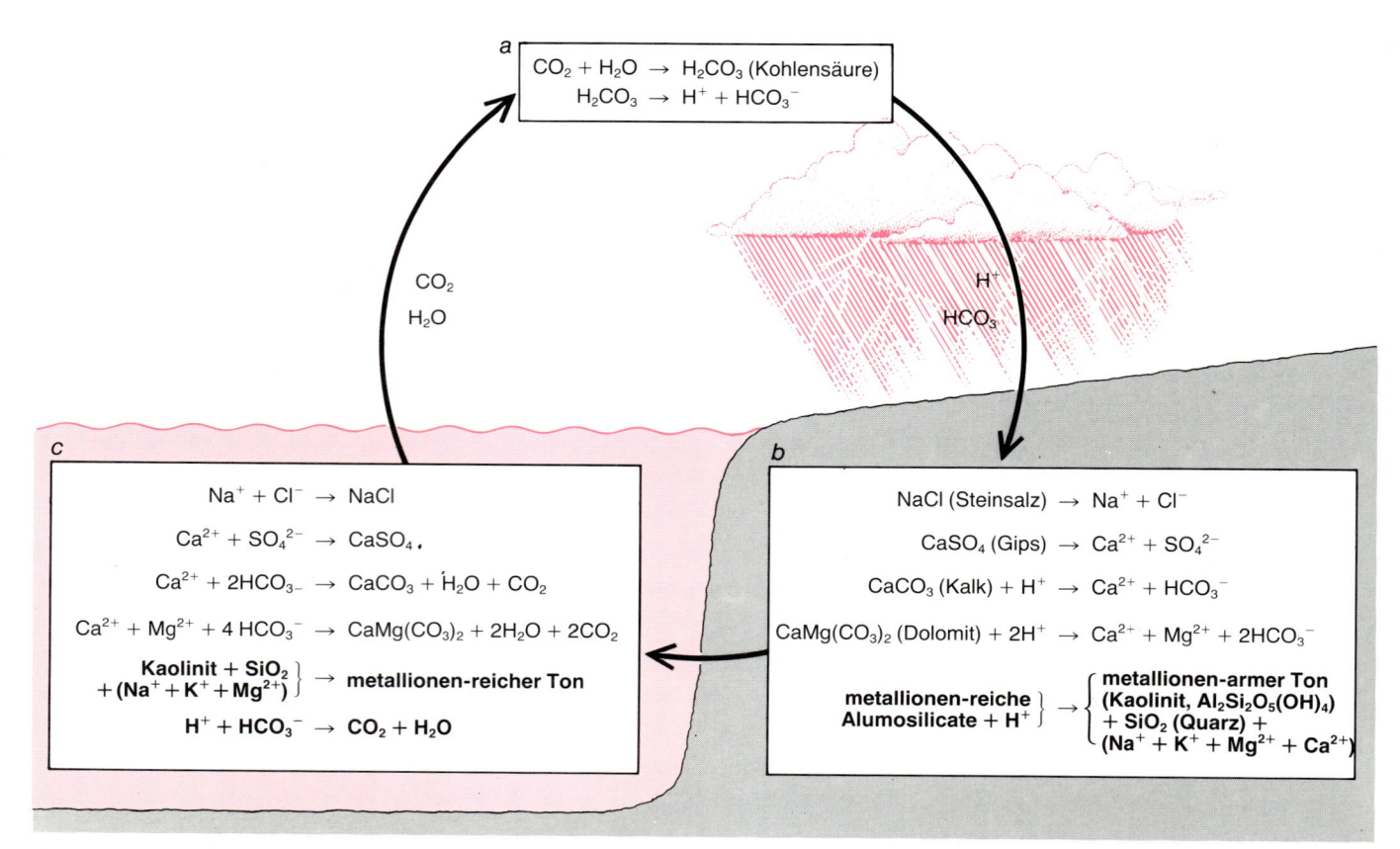

a
$$CO_2 + H_2O \rightarrow H_2CO_3 \text{ (Kohlensäure)}$$
$$H_2CO_3 \rightarrow H^+ + HCO_3^-$$

c
$$Na^+ + Cl^- \rightarrow NaCl$$
$$Ca^{2+} + SO_4^{2-} \rightarrow CaSO_4$$
$$Ca^{2+} + 2HCO_3^- \rightarrow CaCO_3 + H_2O + CO_2$$
$$Ca^{2+} + Mg^{2+} + 4HCO_3^- \rightarrow CaMg(CO_3)_2 + 2H_2O + 2CO_2$$
$$\left.\begin{array}{l}\textbf{Kaolinit} + SiO_2 \\ + (Na^+ + K^+ + Mg^{2+})\end{array}\right\} \rightarrow \textbf{metallionen-reicher Ton}$$
$$H^+ + HCO_3^- \rightarrow CO_2 + H_2O$$

b
$$NaCl \text{ (Steinsalz)} \rightarrow Na^+ + Cl^-$$
$$CaSO_4 \text{ (Gips)} \rightarrow Ca^{2+} + SO_4^{2-}$$
$$CaCO_3 \text{ (Kalk)} + H^+ \rightarrow Ca^{2+} + HCO_3^-$$
$$CaMg(CO_3)_2 \text{ (Dolomit)} + 2H^+ \rightarrow Ca^{2+} + Mg^{2+} + 2HCO_3^-$$
$$\textbf{metallionen-reiche Alumosilicate} + H^+ \rightarrow \left\{\begin{array}{l}\textbf{metallionen-armer Ton} \\ \text{(Kaolinit, } Al_2Si_2O_5(OH)_4) \\ + SiO_2 \text{ (Quarz) +} \\ (Na^+ + K^+ + Mg^{2+} + Ca^{2+})\end{array}\right.$$

Bild 5: Ein chemisches Gleichgewicht zwischen Atmosphäre, Kontinenten und Meeren postulierte in den fünfziger Jahren Lars Gunnar Sillén von der Königlichen Technischen Hochschule Stockholm. Frederick T. Mackenzie und Robert M. Garrels von der Northwestern University arbeiteten diese Hypothese später genauer aus und übersetzten sie in die Sprache der Geologie: In der Atmosphäre (*a*) löst sich danach Kohlendioxid in Wasserdampf und bildet Kohlensäure. Diese gelangt mit den Niederschlägen auf die Kontinente (*b*), wo die von ihr abgegebenen Wasserstoff-Ionen positiv geladene Calcium-, Magnesium-, Natrium- und Kalium-Ionen aus dem Gestein auslaugen. Die Verwitterungsprodukte werden schließlich von den Flüssen ins Meer (*c*) gespült. Dort herrscht ein Mangel an Wasserstoff-Ionen, so daß sich die Reaktionen gerade umkehren und Sedimente mit hohem Gehalt an Metall-Ionen sowie Kohlendioxid entstehen, das in die Atmosphäre zurückkehrt.

hangaufwärts. Hier eröffnete sich uns ein phantastischer Anblick.

Das typische Basaltgelände an den Rückenachsen läßt sich nur als öde bezeichnen. Von Brüchen und Rissen durchzogen, erstrecken sich eintönige Felder aus braunen Kissen, wohin man blickt. Um ein einziges Lebewesen zu entdecken, muß man mehrere Quadratmeter Boden absuchen. Doch hier war eine Oase. Ganze Muschelbänke und Felder voller Riesenmuscheln tauchten zusammen mit Krabben, Anemonen und großen rosafarbenen Fischen im flimmernden Wasser auf. Die restlichen fünf Stunden „Bodenzeit" verflossen in einer Art Rausch. Wir maßen Temperatur, Leitfähigkeit, pH-Wert und Sauerstoffgehalt des Wassers, photographierten, nahmen Wasserproben, vergewisserten uns, daß eine repräsentative Stichprobe der Organismen gesammelt wurde — alles unter dem steigenden Druck eines langsam schwindenden Stromvorrats.

Zum Glück funktionierten alle Geräte fehlerfrei. Bald wurde klar, daß wir auf ein hydrothermales Feld geraten waren. Warmes Wasser quoll im Umkreis von hundert Metern aus jeder Ritze und jedem Spalt im Meeresboden. Seine Temperatur schwankte stark und erreichte bis zu siebzehn Grad Celsius. Die Organismen verhielten sich recht wählerisch:

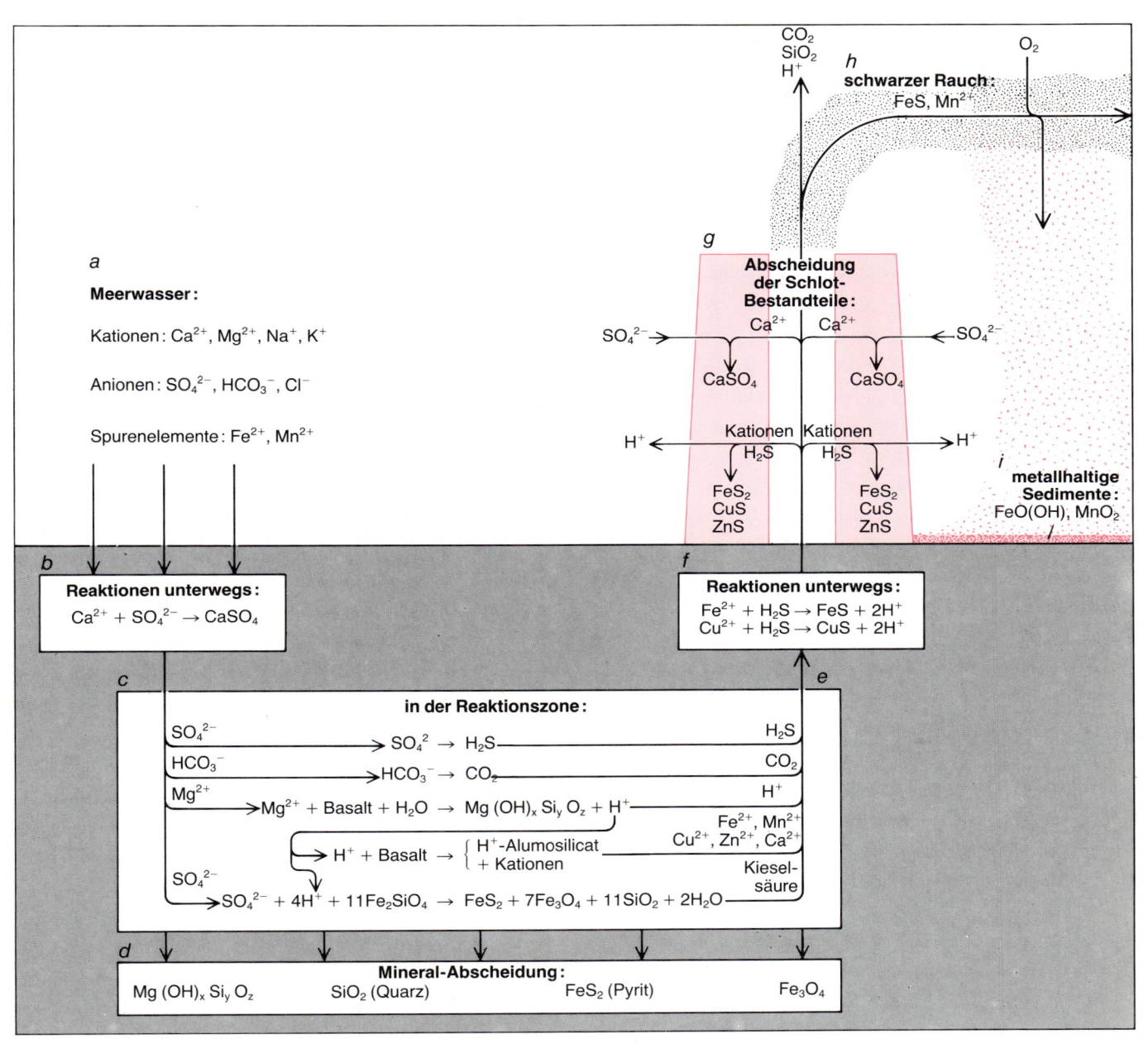

Bild 6: Bei hydrothermalen Reaktionen an den mittelozeanischen Rücken bildet sich Kohlendioxid in weit größerem Umfang zurück als bei den ozeanischen Tieftemperatur-Reaktionen, die Sillén vorschwebten. Zunächst sickert Meerwasser (a) in die ozeanische Kruste. Während des Abstiegs fällt möglicherweise ein Teil der in ihm gelösten Ionen aus (b). Der Rest setzt sich in einer mehrere Kilometer unter dem Meeresboden gelegenen Reaktionszone mit heißem Basalt (c) um. Dabei bilden sich mineralische Niederschläge (d) und eine heiße, saure, metallionen-reiche hydrothermale Lösung, die wieder zum Meeresboden aufsteigt. Unterwegs trifft sie gelegentlich auf ein kaltes „Grundwasser"-Reservoir. Bedingt durch die Abkühlung scheidet sich ein Teil der Metall-Ionen in Sulfidform (f) ab. Am Meeresboden angelangt, vermischt sich die Lösung mit Meerwasser, wobei sich sowohl weitere Sulfide als auch (durch Zutritt von Sulfat aus dem Meerwasser) Calciumsulfat niederschlagen; dadurch bilden sich auch die Austrittsschlote (g). Das oberhalb der Schlote noch in Lösung enthaltene Eisen wird als schwarzer Eisensulfid-Rauch ausgefällt. Mit der Zeit oxidieren Rauch und mit ausgetretene Mangan-Ionen; die Oxide rieseln auf den Meeresboden nieder, wo sie jene metallhaltige Sedimentschicht (i) bilden, die allenthalben die ozeanische Kruste bedeckt. Das aus den Schloten entwichene Kohlendioxid löst sich zunächst im Ozean. Mit der Zeit jedoch gelangt es an die Meeresoberfläche, tritt in die Atmosphäre über und schließt auf diese Weise den Kohlendioxid-Kreislauf.

Sie scharten sich um die wärmsten Quellen. In einigen Fällen waren Quellöffnungen so dicht mit Muschelriffen überwachsen, daß sie das ausströmende Wasser kanalisierten.

Wir arbeiteten, bis uns „wissenschaftlich" der Strom ausging, nämlich alles irgend Interessante und Meßbare gesammelt und gemessen war. Dann wurde die „Alvin" um einen zweiten Satz Ballast erleichtert und hob ab. Wir schalteten alle Geräte aus, und bald wurde uns kalt. Nachdem wir acht Stunden in einer Zwei-Meter-Kugel gekauert hatten, wobei praktisch jede Bewegung mit der des nicht weniger eingezwängten Nachbarn abgestimmt werden mußte, verbrachten wir den anderthalbstündigen Aufstieg allein damit, uns warm zu halten — zu erschöpft, um auch nur ein Auge für die vom Tauchboot aufgeschreckten biolumineszenten Organismen zu haben.

Das Erreichen der Oberfläche glich wie stets einer Wiedergeburt. In etwa zweihundert Meter Tiefe begann ein blasser Grünschimmer das Wasser zu färben. Bald war alles hell. Der Steuermann öffnete die Lufttanks und hüllte das Boot in einen Perlschleier aus Blasen. Mit einem sanften Ruck erreichten wir die Oberfläche; dann kam das träge Schaukeln in der Dünung.

Kurz darauf umringten Taucher das Boot und befestigten Bergungsleinen, mit denen die „Alvin" auf ihr Stellgerüst gehievt wurde. Es folgte die Tortur des Aufstehens und Herauskletterns. Als wir auf das Deck der „Lulu" wankten, waren bereits alle von unserer Begeisterung angesteckt. Der Sammelkorb der „Alvin" war prall gefüllt mit großen und kleinen Muscheln. Krabben, die sich in der Glasfaser-Haut der „Alvin" verkrochen hatten, purzelten eine nach der anderen herab aufs Deck.

Nahrungsquelle Schwefelwasserstoff

Jetzt freilich begann erst die eigentliche Arbeit. Die Wasserprobennehmer wurden ausgebaut, die Proben auf die „Knorr" gebracht und dort die ganze Nacht hindurch analysiert. Die mit der „Angus" gemachten Aufnahmen wurden noch einmal gründlich nach weiteren Zielpunkten durchsucht. Die Wasserprobennehmer wurden gereinigt und wieder eingebaut. Punkt sechs Uhr am nächsten Morgen wurde die „Alvin" erneut startklar gemacht, und um 8.45 Uhr sank sie bereits wieder in die Tiefe. Es war der zweite von insgesamt fünfzehn Tauchgängen.

Wie die Analysen zeigten, enthielt das Wasser der heißen Quellen durchweg große Mengen Schwefelwasserstoff (H_2S). Das war die Erklärung für die Oasen am Meeresgrund. Bakterien, die ihren Energiebedarf durch Oxidation von Schwefelwasserstoff decken, sind in vielen Ökosystemen verbreitet. An den Oasen freilich mußten sie als primäre Nahrungsproduzenten am Anfang der Nahrungskette stehen.

Letztlich bildet also nicht die Sonnenenergie, wie bei allen anderen Ökosystemen, die Basis dieser neu entdeckten Lebensgemeinschaft, sondern der radioaktive Zerfall langlebiger Isotope des Urans, Thoriums und Kaliums im Erdinnern. Er erzeugt Wärme, die Wärme

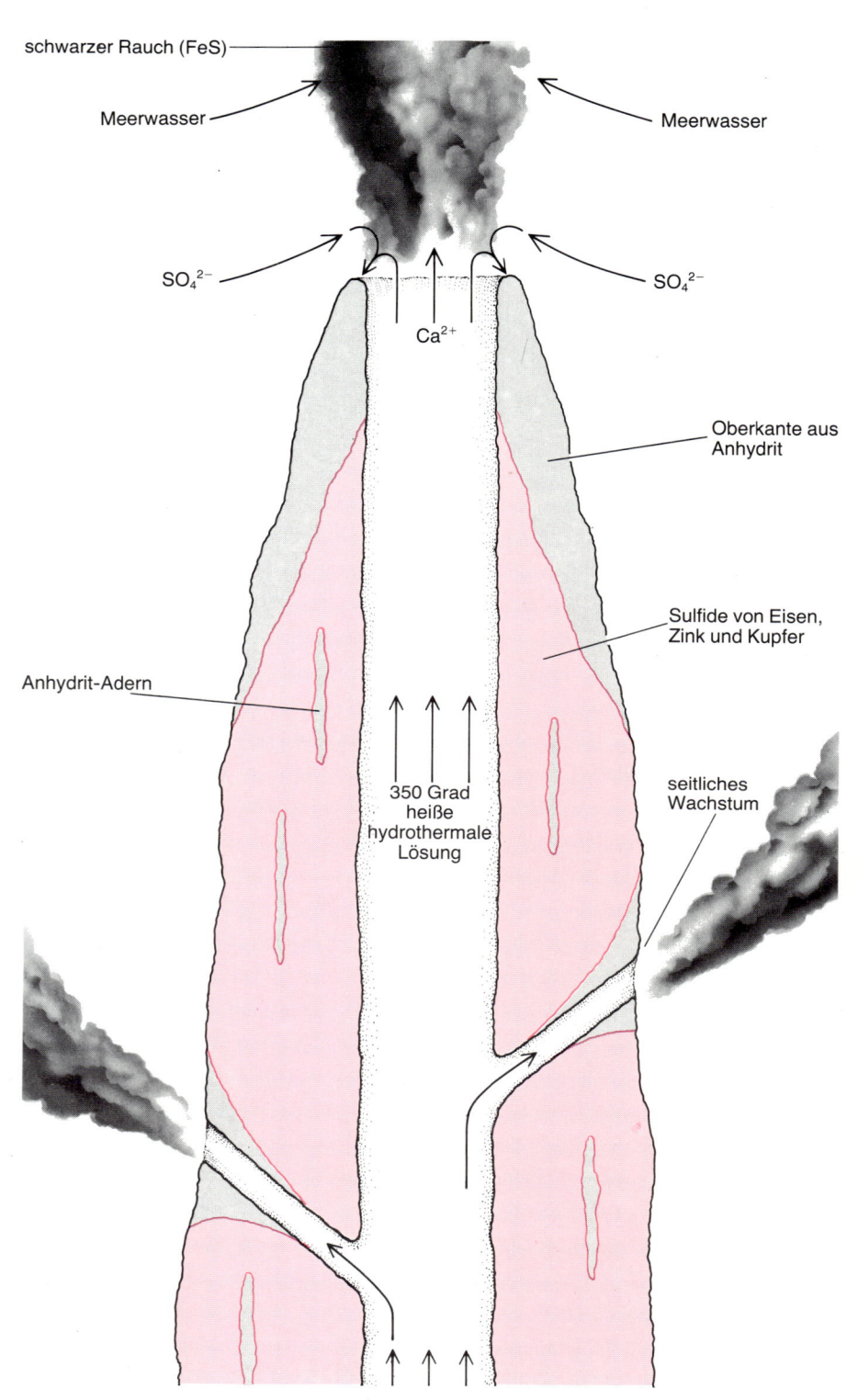

Bild 7: Schwarze Raucher „wachsen" durch Ausscheidung von Calciumsulfat, das als weißlicher Anhydrit die Oberkante der Raucher bildet. Während die Anhydrit-Schicht dicker wird, kommt ihr innerer Bereich mit heißer, unverdünnter Lösung in Kontakt und wird wieder aufgelöst. An die Stelle des Anhydrits treten Metallsulfide. Manchmal werden Anhydrit-Adern von rasch vordringenden Sulfid-Abscheidungen eingeschlossen und bleiben so erhalten.

produziert Magma, und Magma bildet neue ozeanische Kruste. In diese Kruste sickert Meerwasser und reagiert bei hohen Drücken mit dem noch heißen Gestein.

Zwei dieser Reaktionen sind für die Oasen von entscheidender Bedeutung. Zum einen reagiert Sulfat aus dem Meerwasser mit zweiwertigem Eisen im Gestein unter Bildung von Schwefelwasserstoff und Oxiden des dreiwertigen Eisens. Zum anderen werden sulfidische Minerale vom Meerwasser aus dem Gestein gelöst. Demzufolge sind die wieder zum Meeresboden aufsteigenden heißen Lösungen vollgepumpt mit Sulfiden.

An den Austrittsstellen am Meeresgrund wird der Schwefelwasserstoff von Bakterien resorbiert, die auch Sauerstoff photosynthetischen Ursprungs aus dem umgebenden Meerwasser aufnehmen. Sulfid und Sauerstoff verbinden sich wieder zu Sulfat. Die dabei freiwerdende Energie erhält den Stoffwechsel der Bakterien aufrecht.

Die Bakterien wiederum dienen anderen Lebewesen als Nahrung. Deren Artenreichtum war ein klares Indiz dafür, daß heiße Quellen ein universelles Phänomen an den Rückenachsen sein müßten. Wie sonst hätte sich eine einzigartige, hochentwickelte Fauna bilden und erhalten können?

Das Geschehen unter dem Meeresboden

Unserem eigenen Laboratorium am Massachusetts Institute of Technology fiel die Aufgabe zu, die mit der „Alvin" gesammelten Wasserproben eingehend zu analysieren. Offenbar war der Stoffgehalt des Wassers das Ergebnis einer komplizierten Serie von Reaktionen zwischen Meerwasser und Basalt, die sich in einer vielleicht mehrere Kilometer unter dem Meeresboden gelegenen, unzugänglichen Zone abgespielt hatten. Die beste Art, diesen Reaktionen auf die Spur zu kommen, wäre demnach festzustellen, inwieweit die Wasserproben gegenüber Basalt oder gewöhnlichem Meerwasser an einzelnen Elementen angereichert oder verarmt waren. Alles in allem bestimmten wir die Konzentrationen von 35 Elementen — vermutlich die umfangreichste je unternommene derartige Analyse überhaupt. Mit fortschreitender Arbeit verstanden wir das Reaktionsschema immer besser.

Je wärmer die Wasserprobe zum Zeitpunkt der Entnahme, desto geringer war ihr Gehalt an Magnesium und Sulfat (üblichen Inhaltsstoffen von Meerwasser). Fraglos war jede Probe bis zu einem gewissen Grad mit Meerwasser der Umgebung verdünnt. Wir extrapolierten nun die Beziehung zwischen Konzentration und Temperatur auf die Konzentration null — unter der Annahme, reines Quellwasser enthalte möglicherweise überhaupt kein Magnesium oder Sulfat; daraus ergab sich eine Temperatur von 350 Grad Celsius für die unverdünnten hydrothermalen Lösungen. Die Extrapolation war zugegebenermaßen etwas gewagt: Schließlich hatten wir nie mehr als neunzehn Grad gemessen. Andererseits nahm auch der Gehalt an Kieselsäure (gelöstem Quarz) mit der Probentemperatur zu, und die Extrapolation dieser Beziehung bis zum Schnittpunkt mit Löslichkeitskurven für Quarz bei verschiedenen Drücken und Temperaturen ergab gleichfalls eine Temperatur um 350 Grad (Bild 4).

Auch Eisen, Kupfer, Nickel und Cadmium, die mit dem im Quellwasser enthaltenen Schwefelwasserstoff bei niedrigen Temperaturen und Säuregraden unlösliche Verbindungen bilden, zeigten die gleiche Konzentrationsabnahme mit steigender Temperatur. Allerdings ergab die Extrapolation auf die Konzentration null in diesem Fall nur Temperaturen zwischen 30 und 35 Grad. Wir schlossen daraus, daß das Wasser aus der heißen Reaktionszone beim Aufsteigen zum Meeresboden zunächst eine Art Grundwasser-Reservoir passiert hatte, das nach Temperatur und Zusammensetzung dem Meerwasser über den Rückenachsen glich. Beim Durchströmen dieses Reservoirs wurde die heiße Lösung auf 30 bis 35 Grad gekühlt und ihr Säuregrad herabgesetzt, wodurch jene Elemente ausgefällt wurden, die unter diesen Bedingungen unlösliche Sulfide und Oxide bilden (und damit die Basaltkruste gleichsam versiegeln). Bei diesem Vorgang wurde auch alles Eisen, Kupfer, Nickel und Cadmium, das aus dem Grundwasser stammte, mit ausgefällt. Diese Elemente gelangten erst nach dem Austritt der hydrothermalen Lösungen am Meeresboden durch Vermischung mit gewöhnlichem Meerwasser wieder in unsere Proben.

Die Konzentration von Helium-3 nahm mit steigender Temperatur stark zu, und zwar um $5,2 \times 10^{-18}$ Mol (etwa 3 Millionen Atome) pro Joule. In dem Überschuß, der nach Abzug des Gleichgewichtswertes blieb, war das Verhältnis von Helium-3 zu Helium-4 achtmal so hoch wie in der Atmosphäre. Nach Entdeckung der Helium-3-Anomalie in der Tiefe des Pazifik hatten Craig, Clarke und ihre Mitarbeiter berechnet, daß jährlich etwa 1100 Mol Helium-3 benötigt werden, um die Anomalie weltweit aufrechtzuerhalten, das heißt jenes Helium-3 zu ersetzen, das bei Umwälzung des Meerwassers an die Atmosphäre verloren geht. Wird Helium-3 den Ozeanen ausschließlich über die heißen Quellen an den Rückenachsen zugeführt und entspricht das Verhältnis von Helium-3 zur abgegebenen Wärmemenge überall dem von uns an der Galápagos-Rückenachse gemessenen, dann läßt sich der weltweite jährliche Wärmetransport durch die heißen Quellen an den Rückenachsen leicht berechnen: Er beträgt 2×10^{20} Joule — genau der Wert, den Geophysiker zuvor auf anderem Weg berechnet hatten.

Ermutigt durch dieses Resultat, könnte man nun auch die Anomalien in den Konzentrationen der anderen Elemente in unseren Wasserproben (im Verhältnis zur Helium-3-Anomalie) dazu benutzen, um den gesamten Umsatz dieser Elemente an den submarinen heißen Quellen zu berechnen. Die Ergebnisse sind eindrucksvoll — vor allem, wenn man sie damit vergleicht, welche Mengen dieser Elemente dem Meer durch Verwitterungsprozesse zugeführt werden. Danach verbrauchen die Rückenachsen den größten Teil des vom Festland ins Meer gespülten Magnesiums und auch des Sulfats. Umgekehrt geben sie fünf- bis zehnmal mehr Lithium und Rubidium an die Ozeane ab und immerhin ein Drittel bis halb soviel Kalium, Calcium, Barium und Kieselsäure wie alle Flüsse der Erde zusammen. Das an ihnen freigesetzte Mangan reicht aus, alle Ansammlungen dieses Elements in den metallführenden Sedimenten und Knollen am Meeresgrund zu erklären. Schließlich wandeln die Rückenachsen den größten Teil des bei der Verwitterung entstandenen Hydrogencarbonats wieder in Kohlendioxid um. An die Stelle der ozeanischen Tieftemperatur-Reaktionen, die Sillén einst vorgeschwebt hatten, sind also hydrothermale Hochtemperatur-Prozesse getreten.

Schwarze Raucher

Nach den Analysen schienen die gängigen Theorien über jene Prozesse, die über geologische Zeiträume die Meerwasser-Chemie bestimmen, einer grundlegenden Revision zu bedürfen. Schön wäre es natürlich gewesen, heiße hydrothermale Lösungen zu entdecken, die rein und unverdünnt aus dem Meeresboden traten. An der Galápagos-Rückenachse, wo sich die aufsteigenden heißen Lösungen stets mit Grundwasser vermischten, schienen die Aussichten dafür jedoch gering.

Mit Überraschung und Erregung hörten wir daher die Neuigkeiten, die Jean Francheteau vom Institut de Physique du Globe zu berichten wußte. Das französische Forschungstauchboot „Cyana" hatte umfangreiche sulfidische Ablagerungen auf dem Kamm der Ostpazifischen

Schwelle genau südlich des Eingangs zum Golf von Kalifornien (bei 21 Grad nördlicher Breite) entdeckt. Es gab an dieser Stelle zwar keine Anzeichen für noch andauernde hydrothermale Aktivität. Dennoch konnten die Ablagerungen nur durch Ausscheidung von Sulfiden aus heißen Lösungen entstanden sein.

Wir selbst kehrten im Frühjahr 1979 zur Galápagos-Rückenachse zurück. Viele weitere hydrothermale Felder wurden entdeckt, doch die Wassertemperatur kam nie über 23 Grad Celsius hinaus. Dann wurde die „Alvin" für die Untersuchungen beim Golf von Kalifornien abgezogen. Die „Angus", die sich bereits dort befand, hatte Felder mit heißen Quellen entdeckt, und mitten auf ihnen fand die „Alvin" dann, was wir nie zu finden gehofft hatten: Schlote aus Sulfid-Mineralen, mehrere Meter hoch aufgetürmt, stießen Fontänen aus schwarzem Wasser aus. Die Temperatur dieses Wassers lag bei über 300 Grad Celsius. (Unter normalem Atmosphärendruck würde derart heißes Wasser explosionsartig verdampfen – so, wie es das bei Geysiren wie Old Faithful im amerikanischen Yellowstone-Nationalpark auch wirklich tut. Bei den hohen Drücken am Meeresboden bleibt es jedoch flüssig.)

In fieberhafter Eile wurden Wasserprobennehmer entworfen und gebaut, die auch bei Temperaturen über 300 Grad Celsius noch funktionierten. Die National Science Foundation räumte der „Alvin" zusätzliche Zeit für Tauchgänge zu den „schwarzen Rauchern" ein. John A. Archeluta vom Nationallaboratorium Los Alamos lieh uns die erforderliche Ausrüstung.

Wir tauchten im November 1979. Am Fundort zurückgelassene Navigations-Antwortsender führten uns zu den heißen Quellen. Wir näherten uns einem schwarzen Raucher, der zwischen großen Blöcken aus Sulfid-Erz aus dem Meeresboden ragte. In einer starken Bodenströmung manövrierend, steckte der Steuermann einen neu entwickelten Temperaturfühler in den nur fünfzehn Zentimeter breiten Rachen des Rauchers. Die Anzeige pendelte sich auf ein paar Zehntel Grad genau bei 350 Grad ein. Welch ein Triumph für die prophetische Kraft der Chemie! Bei allen Schloten, die wir untersuchten, wichen die Wassertemperaturen um nicht mehr als ein paar Grad von 350 Grad ab.

Die 350 Grad heißen Lösungen verlassen die Schlote als klare, homogene Flüssigkeiten. Sie enthalten 100 ppm (*parts per million* = tausendstel Promille) Eisen und ein paar ppm Zink, Kupfer und Nickel. Das entspricht Anreicherungsfaktoren von 10^8 (hundert Millionen) gegenüber normalem Meerwasser, wo die Konzentrationen dieser vier Metalle nur im Milliardstel-Promille-Bereich liegen.

Daneben enthalten die Lösungen 210 ppm Schwefelwasserstoff, der in normalem Meerwasser überhaupt nicht vorkommt. Der Gehalt an Kieselsäure beträgt 1290 ppm und entspricht damit exakt dem Wert, der nach den Analysendaten von der Galápagos-Rückenachse zu erwarten war. Mit anderen Worten: Die Lösungen sind an Quarz gesättigt. Umgekehrt enthalten sie kein Magnesium und kein Sulfat – auch das in Einklang mit den Vorhersagen.

An der Schlotöffnung vermischen sich die Lösungen rasch mit dem kalten Meerwasser der Umgebung. Dabei entsteht der schwarze „Rauch": eine Suspension aus feinen Eisensulfid-Teilchen, die sich aus der Lösung abscheiden (Bild 7). Die Schlote scheinen zu wachsen, indem sich an der Vorderkante vorübergehend eine Calciumsulfat-Schicht bildet. Dabei wird das Calcium vom Quell- und das Sulfat vom Meerwasser beigesteuert. Wenn diese Schicht wächst, wird der nun innen liegende Bereich von der unvermischten hydrothermalen Lösung überströmt, aufgelöst und durch ausfallende Sulfidminerale ersetzt. Die Lösungen treten aber auch durch Lecks in der Schlotwand aus und bilden so seitliche

Bild 8: Die unsymmetrische Verteilung metallhaltiger Sedimente am Boden des Südpazifik läßt sich erklären, wenn man annimmt, daß diese Sedimente aus Lösungen entstanden sind, die von heißen Quellen an den Rückenachsen abgegeben und von Meeresströmungen verfrachtet wurden. Die von Kurt G. T. Boström von der Scripps Institution angefertigte obere Karte, auf der durch verschiedene Grautöne die Verteilung metallhaltiger Sedimente am Boden des Südpazifik angedeutet ist, zeigt eine „Nase", die bei 15 Grad Süd nach Westen, und eine zweite, die bei 30 Grad Süd nach Osten aus der in Nord-Süd-Richtung verlaufenden Rückenachse (weiße Linie) vorspringt. Die blauen Linien kennzeichnen Meeresströmungen in etwa 2000 Meter Tiefe (rund 600 Meter über der Rückenachse), die Joseph L. Reid von der Scripps Institution aus Messungen der lokalen Wasserdichten abgeleitet hat. Richtung und Verlauf der Strömungen passen perfekt zu den Nasen in der Verteilung metallhaltiger Sedimente. Die untere Karte zeigt einen stark schematisierten Aufriß des Südpazifik von Süden. Durch rote Linien sind die Konzentrationen von Helium-3 (einem Helium-Isotop) in einer Helium-Wolke dargestellt, die sich bei 15 Grad Süd von der Rückenachse westwärts quer durch den Pazifik erstreckt. Die Meßwerte, die den prozentualen Überschuß an Helium-3 gegenüber der normalen Gleichgewichts-Konzentration dieses Gases im Meer angeben, stammen von John E. Lupton und Harmon Craig von der Scripps Institution. Offenbar gelangt Helium über hydrothermale Prozesse aus dem Erdmantel ins Meer. Als chemisch inertes Gas wird es unverändert von den Meeresströmungen mitgeführt und markiert so jenes Meerwasser, aus dem sich metallhaltige Sedimente abscheiden.

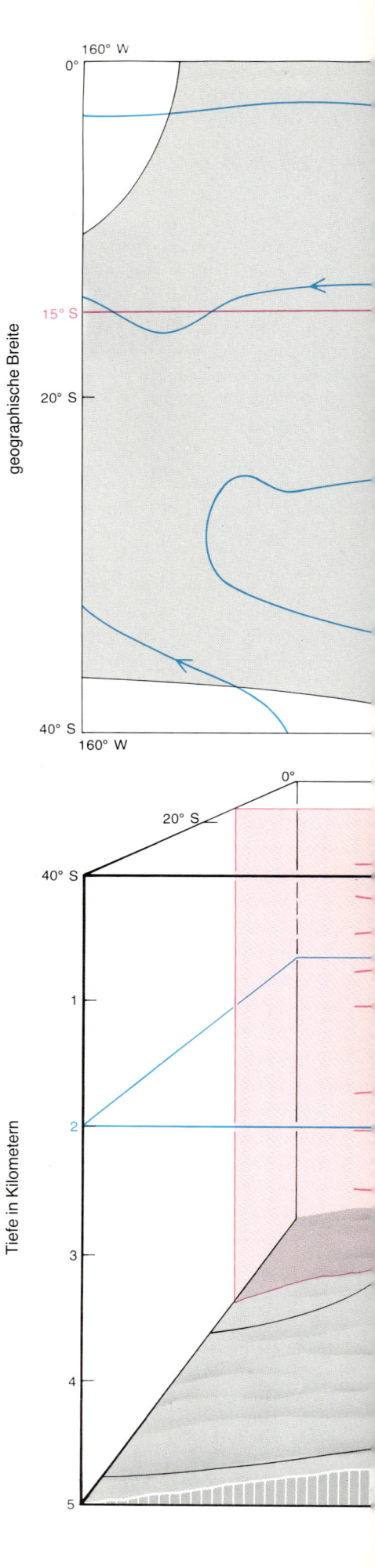

120° W 100° W 80° W
0°

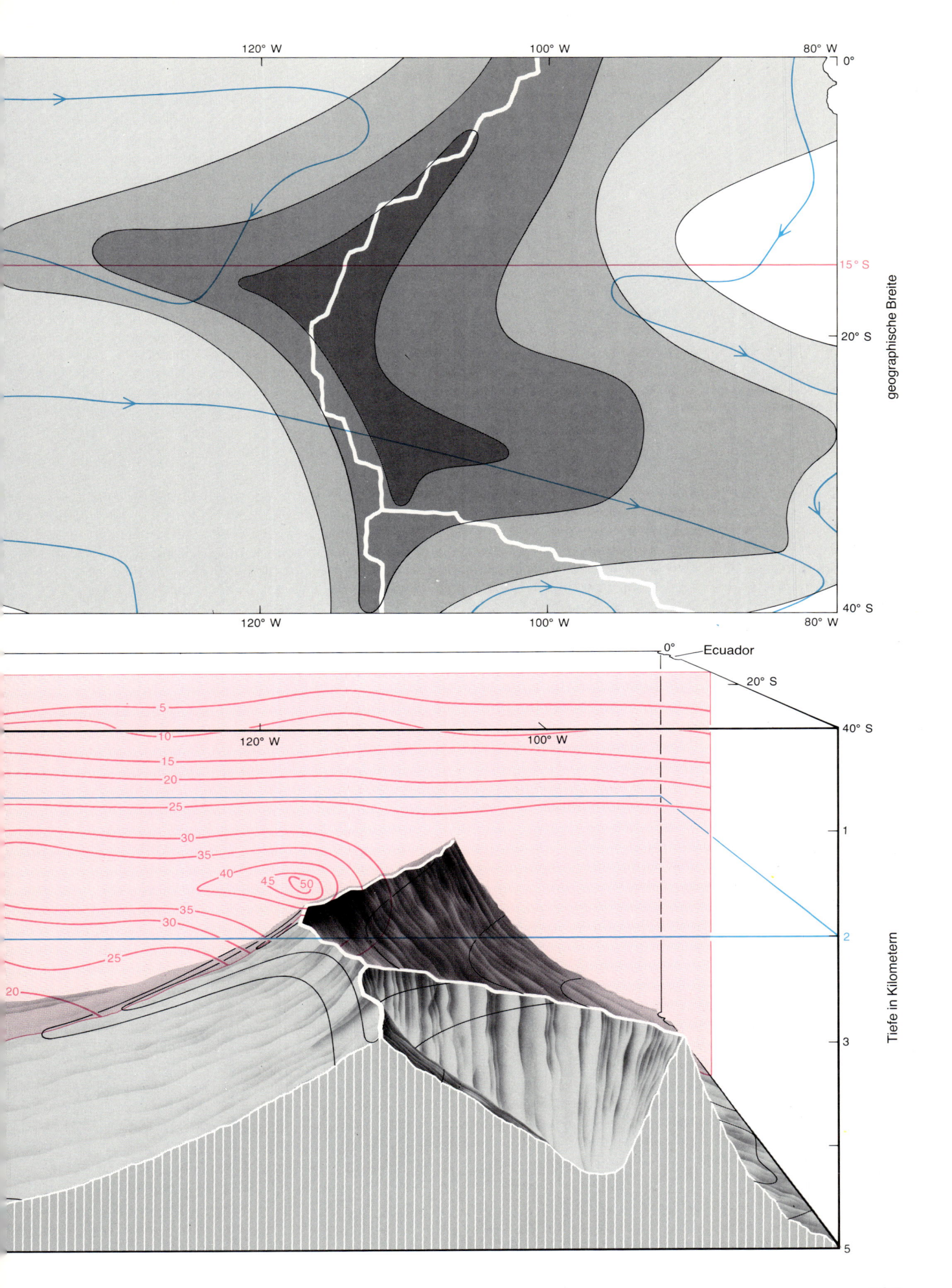

15° S

20° S

geographische Breite

40° S
120° W 100° W 80° W

0° Ecuador
20° S
40° S

120° W 100° W

Tiefe in Kilometern

227

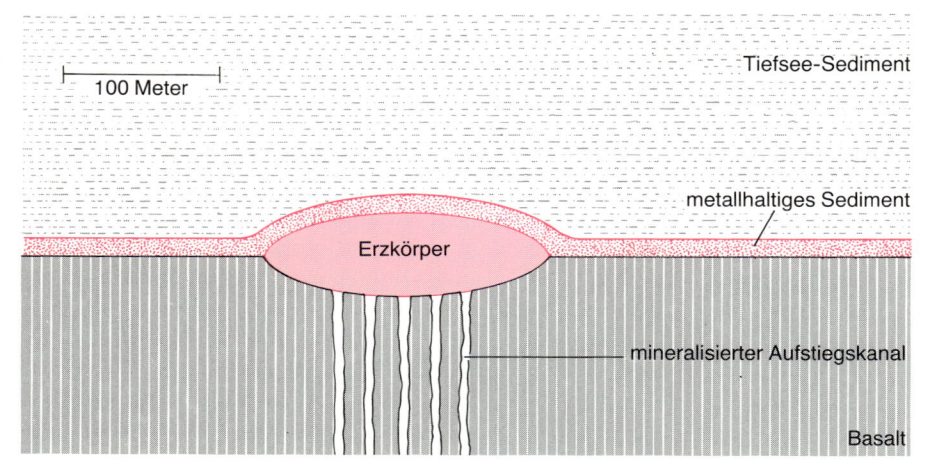

Bild 9: Ophiolithe, am Festland „gestrandete" Abschnitte einstiger ozeanischer Kruste, zeigen denselben inneren Aufbau wie der heutige Meeresboden. So enthalten sie — oft in Vertiefungen der untersten Schicht aus Basalt — ausgedehnte sulfidische Erzkörper, die durch die Tätigkeit unzähliger schwarzer Raucher entstanden sind. Basalt und Erzkörper werden von einer metallhaltigen Schicht bedeckt, auf welche schließlich normale Tiefsee-Sedimente folgen.

Wucherungen und Nebenröhren. Eine komplexe Multimineral-Ablagerung ist die Folge.

Ausbeutung der Erze

Die hydrothermalen Lösungen selbst zu fördern, würde nicht lohnen. Um zum Beispiel eine Tonne Zink zu gewinnen, müßte man sechs Millionen Tonnen Lösung aufbereiten: soviel, wie ein typischer schwarzer Raucher in mehreren Monaten ausspeit. Eine Tonne Zink hat einen Marktwert von etwa 2000 Mark. Es ist also schon besser, der Natur ihren Lauf zu lassen und erst die mit der Zeit entstehenden Erzkörper abzubauen.

Welche Rolle spielen die schwarzen Raucher als Quellen von Erzlagerstätten? Die Bildung einer massiven Sulfid-Ablagerung von mehreren Millionen Tonnen, wie sie in Ophiolithen vorkommen, scheint einen ganzen Wald solcher Raucher zu erfordern (Bild 9). Vielleicht bevölkern die Raucher anfangs eine Vertiefung im Meeresboden, die von den sich absetzenden Rauchteilchen allmählich gefüllt wird.

Auf jeden Fall werden die Ablagerungen hydrothermalen Ursprungs, die sich rund um die Raucher ansammeln, weiter durch heiße Lösungen verändert, die beim Aufstieg zum Meeresboden solche Sedimente durchdringen. Dabei werden die weniger häufigen Elemente (Kupfer, Zink, Cobalt und Nickel) herausgelöst und oberhalb der zurückbleibenden Matrix aus großen, reinen Pyrit-Kristallen erneut in schwarzen Rauchern direkt am Meeresboden abgeschieden. Allmählich sickert Meerwasser in die wachsende Ablagerung und begünstigt das Ausscheiden frischer Niederschläge von den aufsteigenden hydrothermalen Lösungen an Ort und Stelle.

Diese Abfolge erklärt die charakteristischen Merkmale der Lagerstätten, die man in Ophiolithen abgebaut hat. Der Haupt-Erzkörper besteht aus reinem, grobkörnigem Pyrit; in der darüberliegenden Schicht ist der Pyrit zu Ocker oxidiert, und dort sind zugleich die selteneren Elemente angereichert.

Überdies hat vor kurzem Alexander Malahoff von der National Oceanographic and Atmospheric Administration tatsächlich einen Wald aus schwarzen Rauchern entdeckt. Etwa dreißig Kilometer von den Galápagos-Feldern entfernt beobachtete er eine Unzahl erloschener Schlote auf einem sechshundert Meter langen Abschnitt der Rückenachse. Sie erhoben sich über einem Dutzende von Metern hohen Sulfid-Körper. Bedenkt man, welche enorme Wärmemenge die Schlote im aktiven Zustand freigesetzt haben müssen, ist es fraglich, ob ein Forschungsboot damals überhaupt nahe genug an sie heran gekonnt hätte. Die Plexiglas-Bullaugen der „Alvin" erweichen immerhin bei 86 Grad Celsius.

Freilich ist die Erzablagerung im Umkreis der schwarzen Raucher selbst äußerst ineffizient. Der weit überwiegende Teil der in den hydrothermalen Lösungen enthaltenen Metalle verläßt den Schlot in Form von Rauchteilchen, die von Strömungen am Meeresgrund weit verfrachtet werden. Schließlich reagieren sie mit im Meerwasser gelöstem Sauerstoff. Da die entstehenden Eisen- und Manganoxide wasserunlöslich sind, bilden sie metallführende Sedimente, die zwar auch einen gewissen Gehalt an Kupfer, Zink, Kobalt und Nickel aufweisen, für den kommerziellen Abbau aber zu mager sind.

Wo aber lagern sich dann die metallreichen Sedimente ab? Im Anschluß an seine mit Peterson gemachte Entdeckung, daß metallhaltige Sedimente am Meeresboden weit verbreitet sind, ging Boström daran, die Metallgehalte der Sedimente weltweit zu kartieren. Dabei fand er am Grund des Südpazifik ein merkwürdiges Verteilungsmuster (Bild 8 oben): Bei 15 Grad südlicher Breite erstreckt sich ein langer, schmaler Streifen relativ metallreicher Sedimente von der südpazifischen Rückenachse in Richtung Westen. Bei 30 Grad Süd führt ein breiterer Streifen nach Osten. Später kartierten John E. Lupton und Harmon Craig eine spektakuläre Helium-3-Fahne, die sich gleichfalls bei 15 Grad Süd in Richtung Westen fast über die gesamte Breite des Pazifik erstreckt (Bild 8 unten).

Diese Beobachtungen fanden ihre Erklärung erst durch eine kürzlich erschienene Veröffentlichung von Joseph L. Reid von der Scripps Institution. Reid hatte eine Übersicht der örtlichen Wasserdichten in den Ozeanen zusammengestellt und daraus die Scherkräfte zwischen den verschiedenen Wasserschichten abgeleitet. Nachdem er so zu dem Schluß gekommen war, daß es im Meer Flächen ruhenden Wassers gibt (die Grenzflächen zwischen stabilen Strömungen, die in unterschiedlichen Richtungen verlaufen), konnte er Stärke und Richtung einer jeden Strömung in bezug auf eine gegebene Fläche berechnen. Auf diese Weise erstellte Reid auch Karten, auf denen die Bewegung des Meerwassers im Südpazifik in 2000 Meter Tiefe relativ zu einer „ruhenden Fläche", die er in 3500 Metern annimmt, verzeichnet ist (Bild 8 oben).

Bemerkenswerterweise fallen die von Boström gefundenen Asymmetrien exakt mit den von Reid abgeleiteten Strömungslinien zusammen. Auch die Helium-3-Fahne ist damit zu erklären. Als Gas, das keine chemischen Reaktionen eingeht und daher unverändert von den Meeresströmungen mitgeführt wird, markiert Helium praktisch das Meerwasser, das einmal mit hydrothermalen Quellen in Berührung gekommen ist.

Besshi-Lagerstätten

Wenn die Entdeckungen an den Rückenachsen viel zum Verständnis der Prozesse beitragen, die ophiolithische Erzkörper entstehen lassen, so läßt sich daraus nicht weniger über einen besonderen Typ kontinentaler Lagerstätten von größerer wirtschaftlicher Bedeutung folgern. Das sind die Besshi-Lagerstätten, benannt nach dem japanischen Ort, an dem ihr Prototyp gefunden wurde (Bild 10). Charakteristisch für solche Lager-

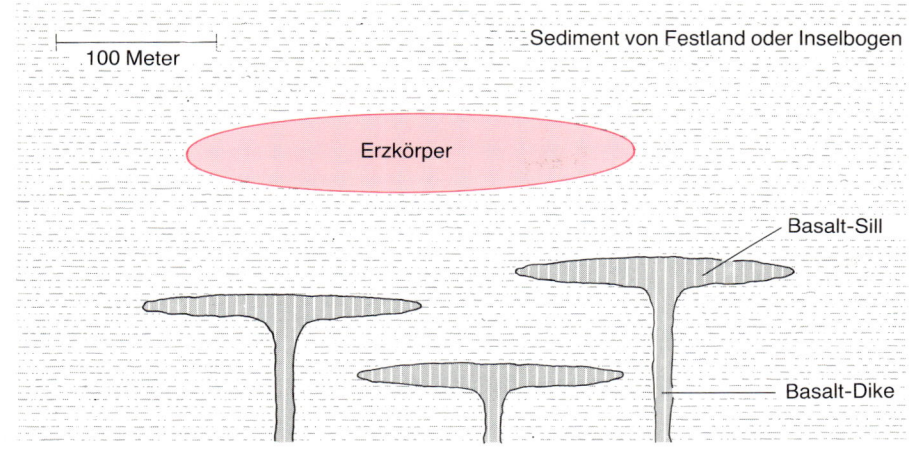

Bild 10: Besshi-Lagerstätten, Erzkörper inmitten von Sedimenten, bilden sich, wenn eine untermeerische Rückenachse in Landnähe liegt und von Erosionsschutt begraben wird. Dann scheiden sich die Metallsulfide aus den hydrothermalen Lösungen bereits ab, während diese durch die Sedimentschicht zum Meeresboden aufsteigen. Verantwortlich für die hydrothermale Aktivität sind Magma-Intrusionen, die vertikale Dikes und horizontale Sills bilden.

stätten ist, daß ein massiver sulfidischer Erzkörper mitten im Sediment – gewöhnlich Schiefer, der aus feinkörnigem Ton entstanden ist – und nicht über einer Schicht aus Basalt liegt. Oft muß man vom Boden des Erzkörpers aus mehrere hundert Meter tief bohren, bis man schließlich auf Basalt stößt, und selbst dann hat der Basalt die Form von sogenannten Dikes und Sills: vertikalen beziehungsweise horizontalen Magma-Intrusionen.

Voraussetzung für die Bildung einer Besshi-Lagerstätte ist offenbar, daß die Rückenachse nahe einer Landmasse liegt, die große Mengen Erosionsschutt produziert. Ein Beispiel dafür gibt es auch heute: das Guaymas-Becken in der Mitte des Golfs von Kalifornien, wo die Ostpazifische Schwelle in eine kontinentale Platte eindringt. Dort haben Flußablagerungen aus Mexiko die Rückenachse unter Hunderte von Metern dickem Silt begraben.

Unter diesen Bedingungen verläuft der Einbau neugebildeter ozeanischer Kruste recht ungewöhnlich: Das aufsteigende Magma gelangt nicht bis hoch zum Meeresboden, sondern verliert sich vorher im Silt. Das Resultat sind Dikes und Sills. Da der Silt ziemlich wasserdurchlässig ist, kommt es zu ausgedehnter hydrothermaler Aktivität. So machte der große untermeerische Wärmefluß, den Lawrence A. Lawver von der Scripps Institution im Guaymas-Becken maß, überhaupt erst auf die Region aufmerksam.

Etwas später fand Peter F. Lonsdale im Zentrum des Guaymas-Beckens Sulfid-Hügel, die Dutzende von Metern hoch und Hunderte von Metern lang sind. Als er Kernproben entnahm, schmolzen die Plastik-Behältnisse; das deutete darauf hin, daß nur zehn Meter unter dem Meeresboden Temperaturen von über hundert Grad Celsius herrschten. John Lupton von der Scripps Institution entdeckte zugleich hohe Konzentrationen an Helium-3 über den heißen Stellen im Meer. Bei Tiefbohrungen schließlich stieß man auf heiße, basaltische Sills.

Letztes Jahr im Januar nahmen wir dann an einer Expedition Lonsdales in diese Region teil. Bei sieben Tauchgängen sammelte die „Alvin" Wasser, das aus drei der größten Hügel austrat. Die heißesten Proben hatten Temperaturen von 315 Grad Celsius.

Ihr äußerst geringer Gehalt an Magnesium und Sulfat wies sie als praktisch unverdünnte hydrothermale Lösungen aus. Doch ihre sonstige Zusammensetzung stand in krassem Gegensatz zu der von hydrothermalen Lösungen, die im offenen Meer an Rückenachsen austreten. Zweifellos war ihr Aufstieg durch den Silt für den Unterschied verantwortlich.

Ursprünglich sind auch die hydrothermalen Lösungen im Guaymas-Becken (wie die der schwarzen Raucher bei 21 Grad Nord) ziemlich sauer. Beim Aufstieg durch den Silt lösen sie jedoch die aus Calciumcarbonat bestehenden Schalen des im Silt eingebetteten Planktons auf. Das dabei aufgenommene Carbonat macht sie alkalisch und läßt Sulfide ausfallen. Wenn die Lösungen schließlich ins Meer austreten, sind sie rund viermal stärker alkalisch als Meerwasser; fast den gesamten Gehalt an Eisen und anderen erzbildenden Elementen haben sie dann verloren.

Der entscheidende Unterschied des Guaymas-Beckens gegenüber anderen Rückenachsen ist also der Reichtum seiner Gewässer an planktonischen Lebensformen. Im Guaymas-Becken treffen die hydrothermalen Lösungen im Sediment auf ein alkalisches Milieu, das ihren Metallgehalt wirksam abfängt; an einer offenen Rückenachse (wie der bei 21 Grad Nord) dagegen ist das erste alkalische Medium, dem sie begegnen, das Meerwasser selbst. So entwickelt sich der schwarze Rauch, und die im Meerwasser ausfallenden Sulfide werden weit verstreut.

Ein Gestank nach Diesel

Im Guaymas-Becken scheint der Plankton-Reichtum das Ökosystem des hydrothermalen Feldes seltsam verändert zu haben. Als Lonsdale hier Sedimentkerne erbohrte, stellte er fest, daß sie stark nach Dieselöl rochen; und als wir letztes Jahr mit der „Alvin" die Stelle genauer inspizierten, wurden die Wasserprobennehmer immer wieder von Wachskügelchen verstopft. Beides läßt sich leicht erklären.

Der Guaymas-Silt ist reich an organischen Kohlenstoff-Verbindungen, die von der Hitze der hydrothermalen Felder zu Kohlenwasserstoffen „gecrackt" werden. Die Guaymas-Felder sind bekannt für ihre ausgedehnten Bakterienrasen. Vermutlich ernähren sich die Bakterien von den Kohlenwasserstoffen. Die Nahrung streitig machen ihnen dabei nur Ansammlungen von Röhrenwürmern rund um die hydrothermalen Quellen; Muscheln, Fische und kleine Krabben fehlen. Dafür gibt es große, gehörnte Krabben, die sich anscheinend von den Würmern ernähren. Da die hydrothermalen Felder im Guaymas-Becken in jeder Hinsicht so anders sind als die bisher bekannten offenen Rückenachsen, läßt sich die Vielfalt erahnen, die man von künftigen Entdeckungen noch erwarten darf.

Die letzten beiden Jahrzehnte brachten eine Fülle neuer Erkenntnisse über die Erde und die Planeten. Für die Erde faßte die Theorie der Plattentektonik die vormals zersplitterte und lediglich beschreibende Geologie unter einem einheitlichen Erklärungsschema zusammen. Die Entdeckung hydrothermaler Aktivität an den untermeerischen Rückenachsen machte zugleich deutlich, daß die Entdeckung von Neuem und Einzigartigem auch in unserer Generation nicht allein die Domäne der Weltraumforschung und ihrer Missionen ist.

Wir nennen die Erde den blauen Planeten. Ozeane bedecken mehr als zwei Drittel seiner Oberfläche. Nunmehr läßt sich sagen, daß auch die Chemie des Meerwassers und der marinen Sedimente in erster Linie von vulkanischen Prozessen geprägt ist.

Wie entsteht das Magnetfeld der Erde?

Gewaltige Materieströme im Kern der Erde könnten nach dem Prinzip eines sich selbst erhaltenden Dynamos das Magnetfeld der Erde erzeugen. Die Energie, die diese Materieströme antreibt, stammt vermutlich aus dem Schwerefeld der Erde.

Von **Charles R. Carrigan und David Gubbins**

Obwohl man seit dem siebzehnten Jahrhundert weiß, daß sich die Erde wie ein Magnet verhält, ist noch immer nicht ganz klar, wie das Magnetfeld entsteht. Eine permanente Magnetisierung von Mineralien kommt als Ursache nicht in Frage, denn in fast allen Tiefen unseres Planeten herrschen so hohe Temperaturen, daß jedes magnetisierte Material seine Magnetisierung sofort verlieren würde. Außerdem verschieben sich Minerale nicht so leicht, wie das notwendig wäre, um Änderungen des Feldes in Stärke, Richtung und örtlicher Verteilung zu erklären.

Die Analyse von Erdbebenwellen zeigt, daß der äußere Teil des metallischen Erdkerns flüssig ist. Man nimmt heute an, daß diese flüssige Materie strömt und dabei elektrische Ströme erzeugt, die ihrerseits das Magnetfeld hervorrufen. Wie aber strömt die Materie? Welche Energiequelle unterhält die Strömung? Und wie entsteht daraus ein Magnetfeld? Da wir die Vorgänge im Erdkern nicht direkt beobachten und die dort herrschenden Temperaturen und Drücke im Laboratorium nicht leicht erzeugen können, sind die gestellten Fragen bisher weitgehend unbeantwortet geblieben. Neue theoretische und experimentelle Ansätze zeigen jedoch, daß die Strömung möglicherweise dadurch zustandekommt, daß schwere Materie zum Erdmittelpunkt hin absinkt, und gleichzeitig leichtes Material in die oberen Schichten des Erdkerns aufsteigt.

Nur wenige Aussagen über das Erdinnere und das Magnetfeld der Erde sind sicher. Seismologische Daten zeigen, daß der Erdkern aus einer riesigen Metallkugel besteht, die etwa die Größe des Planeten Mars hat. Mit einem mittleren Radius von 3485 Kilometern macht der Kern ungefähr ein Drittel der Masse und etwa ein Sechstel des Volumens der Erde aus (Bild 1). Seine Dichte ist außen etwa neunmal, innen etwa zwölfmal so groß wie die des Wassers. Daraus und aus unseren Vorstellungen über die Entstehung des Sonnensystems folgt, daß der Erdkern im Wesentlichen aus Eisen und Nickel mit Spuren von leichteren Elementen wie Kupfer, Schwefel und Sauerstoff bestehen muß.

Im Zentrum des Erdkerns liegt der innere Kern. Er hat einen Radius von 1220 Kilometern und ist damit um ein Drittel kleiner als der Mond. Seismologische Beobachtungen sprechen dafür, daß der innere Kern fest ist. Die dort herrschenden Drücke dürften einige Millionen Atmosphären betragen, und unter diesen Bedingungen liegt der Schmelzpunkt des Eisens zwischen 3000 und 5000 Kelvin.

Stärke und Richtung des Magnetfeldes der Erde lassen sich am einfachsten an einer Kompaßnadel ablesen. Die Stärke des Feldes, gemessen durch die Kraft, die nötig ist, um die Nadel aus der Richtung abzulenken, die sie im Feld einnimmt, ist

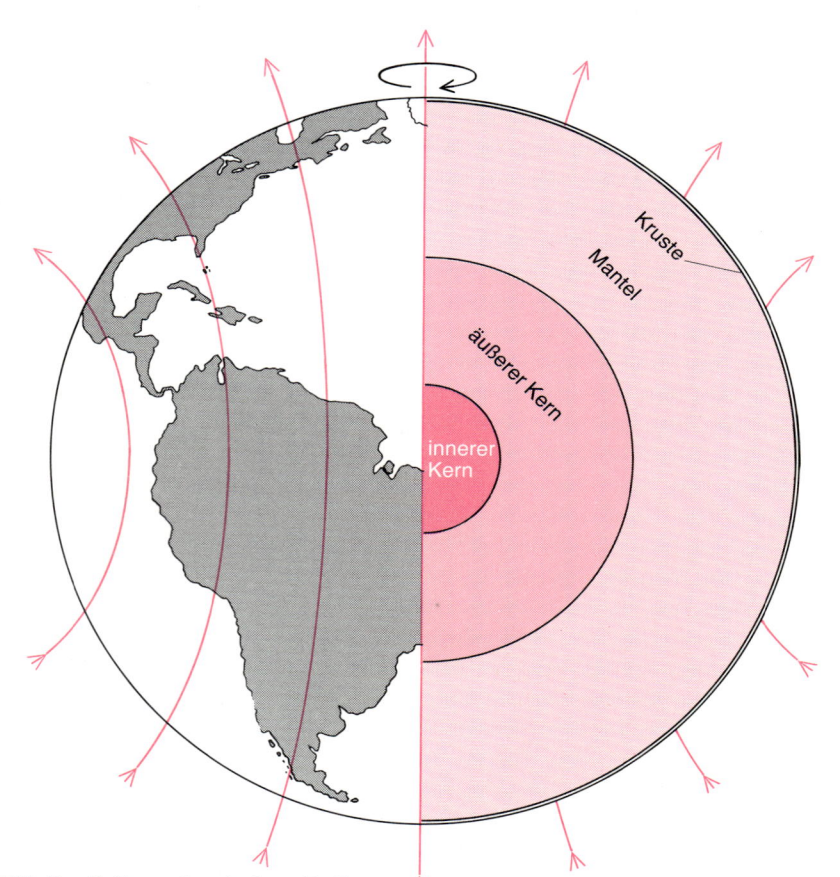

Bild 1: Der Erdkern, der mit einem Radius von 3485 Kilometern etwa so groß wie der Mars ist, macht ein Sechstel des Erdvolumens und ein Drittel der Erdmasse aus. Er besteht aus einem festen inneren Kern, dessen Radius 1220 Kilometer beträgt, und einem flüssigen äußeren Kern. Die Bewegung der geschmolzenen Materie im äußeren Kern könnte elektrische Ströme erzeugen, die ihrerseits das Magnetfeld der Erde hervorrufen. Die mit Pfeilen versehenen farbigen Linien sind Kraftlinien des Magnetfeldes, das heißt, an allen Orten, die auf einer solchen Linie liegen, hat das Magnetfeld dieselbe Stärke.

außerordentlich gering. Selbst die maximale Feldstärke von etwa 0,3 Gauß in der Nähe des Nord- und Südpols ist einige hundertmal kleiner als das Feld zwischen den Polen eines kleinen Hufeisenmagneten. Eine Kompaßnadel stellt sich überall auf der Erde in Nord-Süd-Richtung ein. An einigen Punkten zeigt sie exakt zum geographischen Nordpol, dem einen Ende der Rotationsachse der Erde. An allen anderen Stellen weicht sie mehr oder weniger stark von der Nord-Süd-Richtung ab, woraus zu schließen ist, daß das Magnetfeld Wirbel enthält (Bild 3). Im Großen und Ganzen verhält sich das Magnetfeld der Erde aber wie ein Dipolfeld. Es ist heute um elf Grad gegen die Rotationsachse der Erde geneigt.

Seit dem siebzehnten Jahrhundert wurden zu Navigationszwecken detaillierte Karten erstellt, aus denen sich Größe und Richtung des Magnetfeldes ablesen lassen. Diese Karten zeigen, wie sich das Feld in den letzten vier Jahrhunderten verändert hat. Man erkennt eine langsame, gleichmäßige Abnahme der Feldstärke. Würde sie sich fortsetzen, so wäre das Feld in dreitausend Jahren erloschen. Außerdem zeigen die Karten eine langsame Verschiebung der unregelmäßigen Wirbel des Feldes in westlicher Richtung um etwa einen Längengrad in fünf Jahren (Bild 3). Daraus folgt, daß die Schmelze im Erdkern mit einer Geschwindigkeit von etwa einem Millimeter pro Sekunde oder 86 Meter pro Tag fließt. Auch die Gesteine der Erdkruste geben Auskunft über die Vergangenheit des Magnetfeldes, wenn man das Alter eines Gesteins und die Orientierung seiner magnetisierten Einschlüsse bestimmt, die die Richtung des Magnetfeldes zur Zeit der Gesteinsbildung wiedergibt. Solche Messungen zeigen, daß die Erde seit mindestens 2,7 Milliarden Jahren ein Magnetfeld besitzt. Verglichen mit dem Alter der Erde von 4,6 Milliarden Jahren

Bild 2: Eine rotierende, mit Wasser gefüllte Kunststoffkugel, die eine kleinere feste Kugel enthält (rosa), dient hier als Modell des Erdkerns. Das Wasser entspricht dem flüssigen äußeren Erdkern, die rosa Kugel dem festen inneren Erdkern. Ein radiales Temperaturgefälle (die innere Kugel ist kälter als die äußere) erzeugt Auftriebskräfte, die stark genug sind, um das Wasser im Zentrifugalfeld gegen seine innere Reibung von innen nach außen in Bewegung zu setzen. Durch die Einwirkung der Coriolis-Kraft bilden sich parallel zur Drehachse ausgerichtete walzenförmige Strudel, die sich langsam drehen und die hier als helle Streifen zu erkennen sind. Verstärkt man das Temperaturgefälle, so bleiben die walzenförmigen Strömungen nicht mehr auf das Gebiet um die innere Kugel beschränkt (oben), sondern erfüllen die gesamte Flüssigkeit (unten). Um die Strömungen sichtbar zu machen, wurden dem Wasser winzige Plättchen zugesetzt.

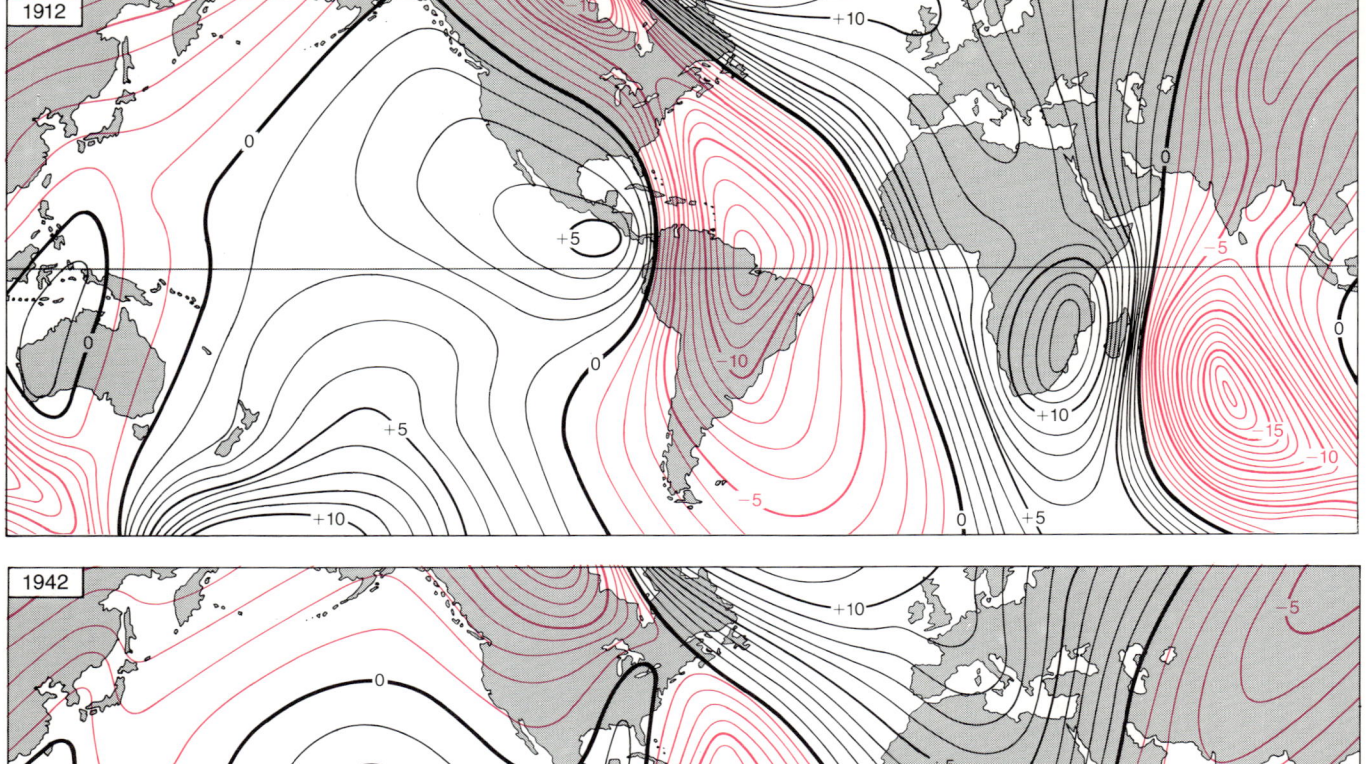

Bild 3: Am unterschiedlichen Verlauf der Linien in diesen Weltkarten kann man die langsame Verlagerung von Wirbeln im Magnetfeld der Erde erkennen. Die Zahlen an den Linien geben an, um wieviele Bogenminuten sich die Abweichung einer Kompaßnadel vom geographischen Nordpol jährlich ändert. Positive Zahlen und schwarze Linien kennzeichnen eine Vergrößerung der Abweichung, negative Zahlen und farbige Linien eine Verkleinerung. Oben sind die Verhältnisse im Jahr 1912, unten die im Jahr 1942 gezeigt. Man erkennt, daß die Abweichung einer Kompaßnadel vom geographischen Nordpol 1942 in Mitteleuropa um neun Bogenminuten zunahm.

ist das eine beträchtliche Zeitspanne. Allerdings hat sich die Stärke des Feldes mehrfach geändert, und etwa einmal in einer Million Jahren kehrte sich seine Richtung um.

Jede Theorie, die den Ursprung des Magnetfeldes erklären will, muß auch seine Dipolform, seine langsame Abschwächung, seine Verschiebung nach Westen und die Umkehrungen seiner Richtung verständlich machen. Es ist nicht einfach, eine solche Theorie zu entwickeln, denn eine rund dreitausend Kilometer dicke Materieschicht trennt uns von der äußersten Zone des Erdkerns und läßt uns nicht erkennen, wie das Feld dort aussieht, wo es entsteht. Wahrscheinlich ist es in der Nähe des Erdkerns zehnmal stärker als an der Erdoberfläche, hat im Erdinneren eine viel komplexere Struktur als die uns zugängliche Dipolform vermuten läßt und ändert sich wesentlich schneller. Wir vermögen solche Änderungen nicht zu registrieren, da sie der elektrisch nicht leitende Erdmantel nicht bis an die Erdoberfläche gelangen läßt. Wir wissen nichts über die Feldstärke im Erdkern und können Felder, deren Kraftlinien auf Kugelflächen verlaufen, nicht nachweisen, obwohl die Theorie für das Vorhandensein solcher Felder spricht und vor allem dafür, daß sie bedeutend stärker sind als das Dipolfeld an der Erdoberfläche. Wesentliche Voraussagen der Theorie lassen sich also nicht überprüfen, und das erschwert die Entwicklung eines Modells.

Das Modell des Erdkerns, das den heute bekannten Tatsachen am besten entspricht, ist das Modell des sich selbst erhaltenden Dynamos von W.M. Elsasser und E.C. Bullard. Ein Dynamo ist eine Maschine, die mechanische Energie in elektrische Energie verwandelt. Ein einfaches Beispiel ist der von Michael Faraday erfundene Scheibendynamo (Bild 4, oben): unter einer drehbar gelagerten Kupferscheibe steht, parallel zur Drehachse ausgerichtet, ein Stabmagnet. Wird die Scheibe gedreht, so fließt in ihr ein schwacher Strom. Dieser übt eine Kraft aus, die gegen den Drehsinn der Scheibe gerichtet ist und daher als Bremse wirkt. Mechanische Energie wird somit in elektrische Energie umgesetzt.

In einem sich selbst erhaltenden Dynamo verstärkt der elektrische Strom das Magnetfeld, so daß außer dem Startfeld, das den Dynamo anregt, kein weiteres äußeres Feld erforderlich ist. Ein einfaches Beispiel eines sich selbst erhaltenden Dynamos bietet ein Faradayscher Scheibendynamo, in dem der Stabmagnet durch eine Spule ersetzt ist (Bild 4, unten). Fließt Strom durch die Spule, so entsteht ein Magnetfeld, das in der sich drehenden Scheibe einen Strom erzeugt. Leitet man diesen Strom in die Spule zurück, so hält er das Magnetfeld aufrecht. Man muß also nur dafür sorgen, daß die Scheibe nicht aufhört, sich zu drehen.

Existiert ein solcher Dynamo auch im Erdkern, so könnte man sich vorstellen, daß ihn ein schwaches magnetisches Feld, das die Milchstraße durchsetzt, aktiviert hat. Er wird dann auf die geschilderte Weise ein Magnetfeld erzeugen, das viel stärker ist als das Feld, das ihn auslöste. Natürlich ist die Schmelze im Erdinnern keine feste rotierende Scheibe, aber sie könnte im Prinzip doch so fließen, daß ein sich selbst erhaltender Dynamo entsteht. Die entscheidende Frage lautet also: Kann die Schmelze als Dynamo arbeiten? Oder genauer: Wie strömt die Schmelze im Erdkern, und woher kommt die mechanische Energie, die ihre Bewegung aufrechterhält?

Wir wollen annehmen, daß irgendeine Strömung die Schmelze in Bewegung gebracht hat, daß sie wie ein sich selbst erhaltender Dynamo arbeitet und daß die Bewegung dank Schwerkraft, Magnetismus und Rotation nicht zum Stillstand kommt. Sicher spielt die Rotation für die Erhaltung des Magnetfeldes eine fundamentale Rolle, da nicht nur die Erde, sondern auch andere Planeten, die Sonne und andere rotierende Sterne ein Feld besitzen, das mit der Achse ihrer Drehbewegung übereinstimmt oder in Beziehung steht. Der Zusammenhang zwischen Magnetismus und Rotation ist so auffallend, daß zu Beginn dieses Jahrhunderts viele Physiker ein Gesetz zu finden versuchten, demzufolge jede sich drehende Masse ein Magnetfeld haben sollte. Man gab diese Vorstellung auf, als zwei Experimente gegen sie sprachen: Zum einen konnte an einem rotierenden Zylinder aus Gold kein Magnetfeld festgestellt werden, und zum anderen ließ sich die einem solchen Gesetz entsprechende Abhängigkeit der Stärke des Magnetfeldes vom Abstand zur Erdoberfläche bei Messungen in verschiedenen Tiefen eines Bergwerkes nicht belegen.

Heute gilt es als sicher, daß der Zusammenhang zwischen Magnetfeld und Rotation durch die Coriolis-Kraft vermittelt wird, die auf die Schmelze im Erdkern einwirkt. Jeder Körper, der sich in einem rotierenden System bewegt, unterliegt der Coriolis-Kraft (Bild 5). Sie greift senkrecht zur Bewegungsrichtung des Körpers an und ändert somit dessen Richtung. In der Atmosphäre und im Ozean ist die Coriolis-Kraft für große umlaufende Strömungen verantwortlich (Bild 6). Auf der Nordhalbkugel lenkt sie alle Bewegungen nach rechts, auf der Südhalbkugel nach links ab.

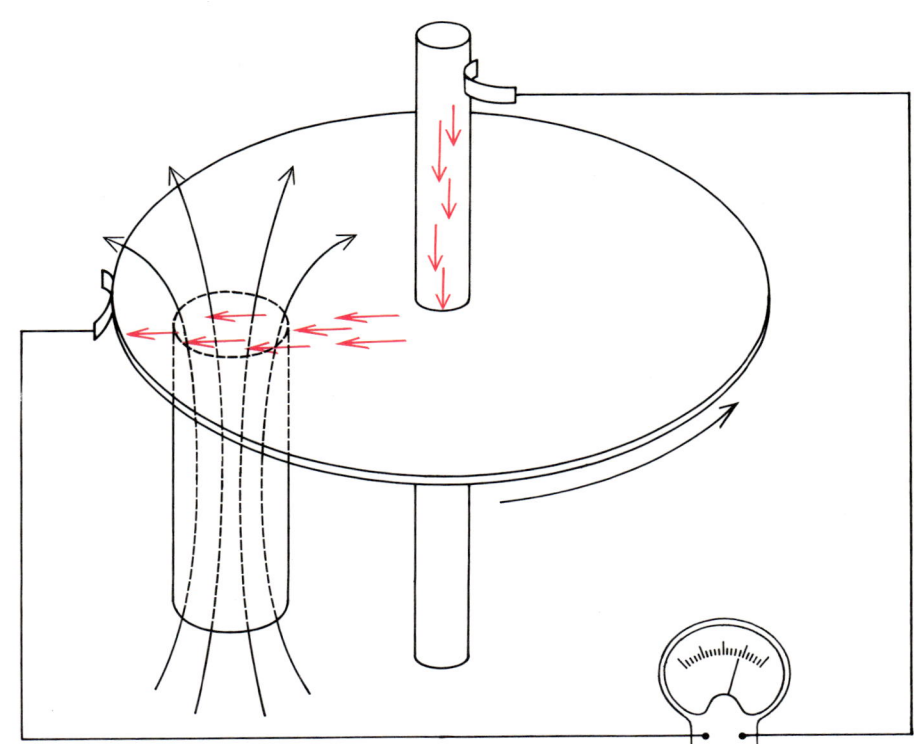

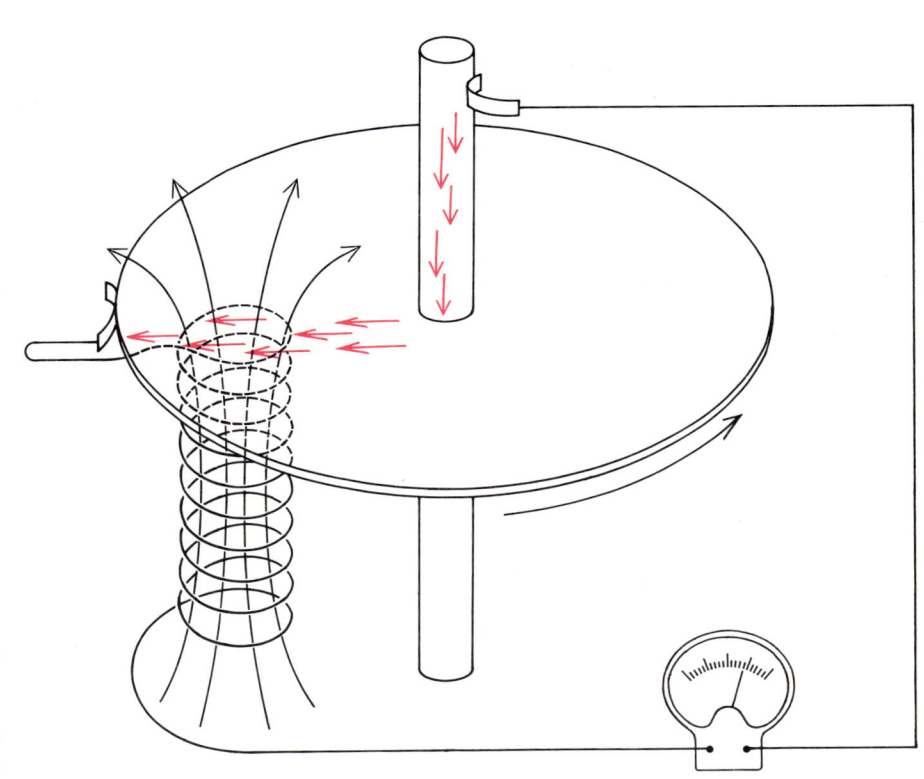

Bild 4: Dreht man eine Kupferscheibe im Magnetfeld eines Stabmagneten (oben) oder einer stromdurchflossenen Spule (unten), so entstehen in der Scheibe elektrische Ströme (farbige Pfeile). Nach ihrem Erfinder bezeichnet man eine solche Anordnung als Faradayschen Scheibendynamo. Das Magnetfeld des im unteren Teilbild skizzierten Dynamos erhält sich selbst, das heißt, die in der Scheibe erzeugten elektrischen Ströme werden durch die Windungen der Spule geleitet und erzeugen das zu ihrer Aufrechterhaltung erforderliche Magnetfeld, so daß außer dem Startfeld kein zusätzliches Magnetfeld erforderlich ist. Man nimmt an, daß sich die Schmelze im Erdkern so bewegt, daß nach dem Prinzip des sich selbst erhaltenden Dynamos das Magnetfeld der Erde entsteht.

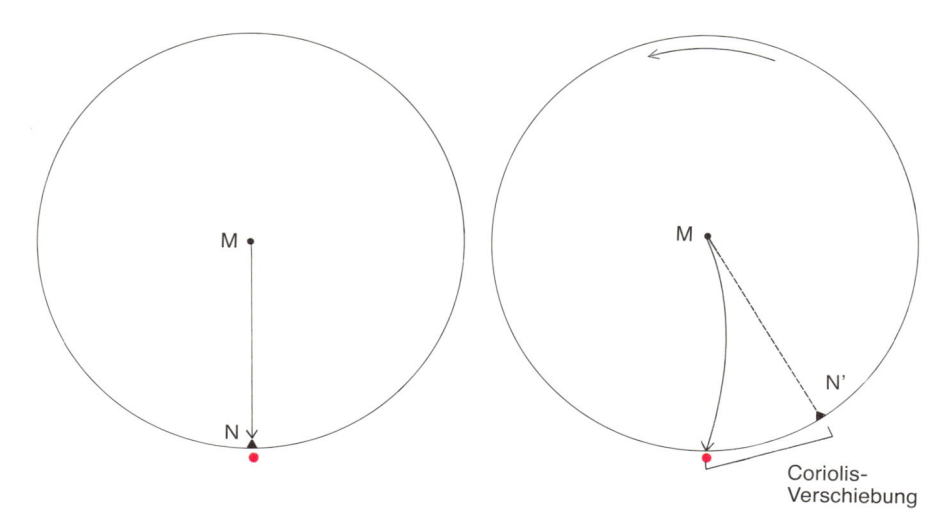

Bild 5: Coriolis-Kräfte treten auf, wenn sich ein Körper relativ zu einem rotierenden System bewegt. Als Beispiel stelle man sich ein Karussell vor, in dessen Mitte ein Mann (M) steht, der einem zweiten, am Rand stehenden Mann (N) einen Ball zuwirft. Der Ball fliegt von M nach N, wenn das Karussell ruht (links). Dreht sich das Karussell, so sehen die Dinge anders aus (rechts): M wirft den Ball in dem Augenblick ab, in dem N den außerhalb des Karussells befindlichen farbigen Punkt passiert. Während der Ball in Richtung auf den farbigen Punkt fliegt, bewegt sich N auf dem Karussell weiter und erreicht die Position N', wenn der Ball am farbigen Punkt eintrifft. Aus der Sicht eines auf dem Karussell mitfahrenden Beobachters beschreibt der Ball eine gekrümmte Bahn (von M ausgehender Pfeil im rechten Teilbild). Auf den Ball muß demnach — aus der Sicht des mitfahrenden Beobachters — eine Kraft einwirken, die ihn von seiner radialen Bahn ablenkt. Diese Kraft bezeichnet man nach ihrem Entdecker, dem französischen Physiker C. G. de Coriolis, als Coriolis-Kraft.

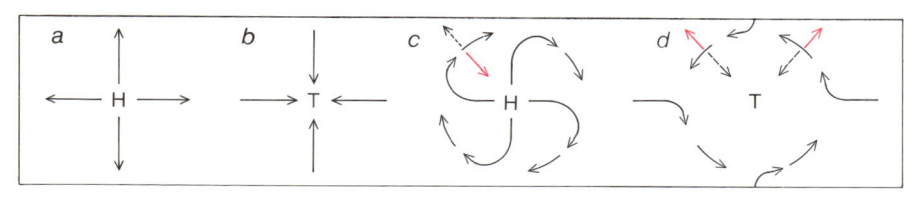

Bild 6: In einem System, das sich nicht dreht, gibt es keine Coriolis-Kraft. Ein strömendes Medium verläßt ein Gebiet hohen Drucks (H) in radialer Richtung nach außen (a) und bewegt sich in radialer Richtung in ein Tiefdruckgebiet (T) hinein (b). Auf der sich drehenden Erde lenkt die Coriolis-Kraft jede Bewegung auf der nördlichen Halbkugel nach rechts ab (c), auf der südlichen Halbkugel nach links. Wenn die Coriolis-Kraft (farbige Pfeile) die Druckkräfte (gestrichelte Pfeile) kompensiert, umläuft das strömende Medium ein Gebiet hohen Druckes im Uhrzeigersinn oder antizyklonisch (c) und ein Tiefdruckgebiet gegen den Uhrzeigersinn oder zyklonisch (d). Auf diese Weise entstehen die walzenförmigen Strudel in der mit Wasser gefüllten rotierenden Kugel, die in Bild 2 gezeigt ist.

Der eigentliche Antrieb der Strömung im Erdkern dürfte der Auftrieb im Schwerefeld sein. Wie warme, leichte Luft in kälterer Umgebung aufsteigt, bewirkt der Auftrieb auch das Aufsteigen von weniger dichtem Material in einer dichteren Flüssigkeit. Die Auftriebskraft hängt nur von den Dichteunterschieden in der Flüssigkeit ab, die beispielsweise durch Temperaturunterschiede oder durch Unterschiede der chemischen Zusammensetzung verursacht sein können. Auftriebskräfte spielen eine maßgebliche Rolle in der Bewegung der Atmosphäre, der Ozeane, ja sogar der Kontinente. Insbesondere können sie auch jene radialen, das heißt vom Zentrum zum Rand gerichteten Bewegungen in der Schmelze im Erdkern hervorrufen, die man auf Grund theoretischer Überlegungen für das Zustandekommen des Magnetfeldes der Erde fordern muß. Die vom Auftrieb verursachte Strömung gleicht jedoch den Dichteunterschied nach einiger Zeit aus und kommt zum Stillstand, wenn es keine dauerhafte Wärmezufuhr oder keinen dauerhaften Nachschub an leichtem Material gibt. Mit anderen Worten: der Auftrieb muß durch einen nicht versiegenden Zustrom von Energie aufrechterhalten werden.

Berechnungen zeigen, daß ein ausreichend großes radiales Temperaturgefälle in einer schnell rotierenden, mit Flüssigkeit gefüllten Kugel eine Auftriebsströmung erzeugt, die durch die Drehung so ausgerichtet wird, wie es das Dynamoprinzip verlangt. Man kann das auch in einem Modellversuch zeigen (Bild 2 und Bild 7): man füllt eine Kunststoffkugel, in deren Zentrum eine kleine feste Kugel sitzt, mit Wasser. Dann erzeugt man ein radiales Temperaturgefälle und versetzt die Kunststoffkugel in schnelle Drehung. Unter dem Einfluß der Zentrifugalkraft entwickeln sich Auftriebskräfte, die im Wasser eine zirkulierende Strömung zur Folge haben. Diese Strömung „spürt" die Coriolis-Kraft, und es bilden sich kleine, langsam rotierende, zylindrische Strudel (Bild 8), deren Achsen parallel zur Drehachse der Kugel liegen.

Natürlich ist die Schwerkraft in der mit Wasser gefüllten Kunststoffkugel vernachlässigbar klein, die Zentrifugalkraft hingegen sehr groß. Im Erdkern herrschen die entgegengesetzten Verhältnisse: hier ist die Schwerkraft groß und im Vergleich dazu die Zentrifugalkraft klein. Die Rechnung zeigt aber, daß bei genügend schneller Drehung die Zentrifugalkraft im Modell durchaus in der Lage sein sollte, die Schwerkraft im Erdkern zu simulieren.

Wie gut das Modell der Realität entspricht, hängt davon ab, ob es gelingt, die entscheidenden Kräfte in den kleineren Maßstab zu übertragen, ohne die Größenverhältnisse zwischen den Kräften zu verändern. Gelingt das, so kann sich das Wasser in der Kunststoffkugel bei schneller Drehung durchaus verhalten wie das geschmolzene Eisen im Erdkern. In der Theorie der bewegten Flüssigkeiten bezeichnet man das Verhältnis zwischen den Kräften der inneren Reibung (der Viskosität) und der Coriolis-Kraft als Ekman-Zahl. Sie ist dimensionslos und hat für die Schmelze im Erdkern der Wert 10^{-15} (ein Billiardstel). Da Wasser und die Schmelze im Erdkern vergleichbare Viskositäten haben, muß man die mit Wasser gefüllte Kunststoffkugel mit etwa fünfhundert Umdrehungen pro Minute rotieren lassen, um zu einer vergleichbaren Ekman-Zahl zu kommen. Die Kugel dreht sich dann fast eine millionmal so schnell wie die Erde.

Daß unter diesen Bedingungen und bei einem radialen Temperaturgefälle von einem Kelvin das in Bild 1 und Bild 8 gezeigte Strömungsmuster mit parallel zur Drehachse ausgerichteten walzenförmigen Strudeln entsteht, wird durch einen Satz aus der Theorie der strömenden Flüssigkeiten erklärt. Er gilt für rotierende Flüssigkeiten, bei denen die Coriolis-Kräfte viel größer sind als beispielsweise die Auftriebs-, Reibungs- oder Trägheitskräfte. In solchen Fällen werden nur Kräfte, die aus Druckunterschieden in der Flüssigkeit resultieren, groß genug, um der Coriolis-Kraft entgegenzuwirken. Diese Kräfte haben aber auf Flüssigkeitsbewegungen parallel zur Drehachse keinen Einfluß. In einem rotierenden Flüs-

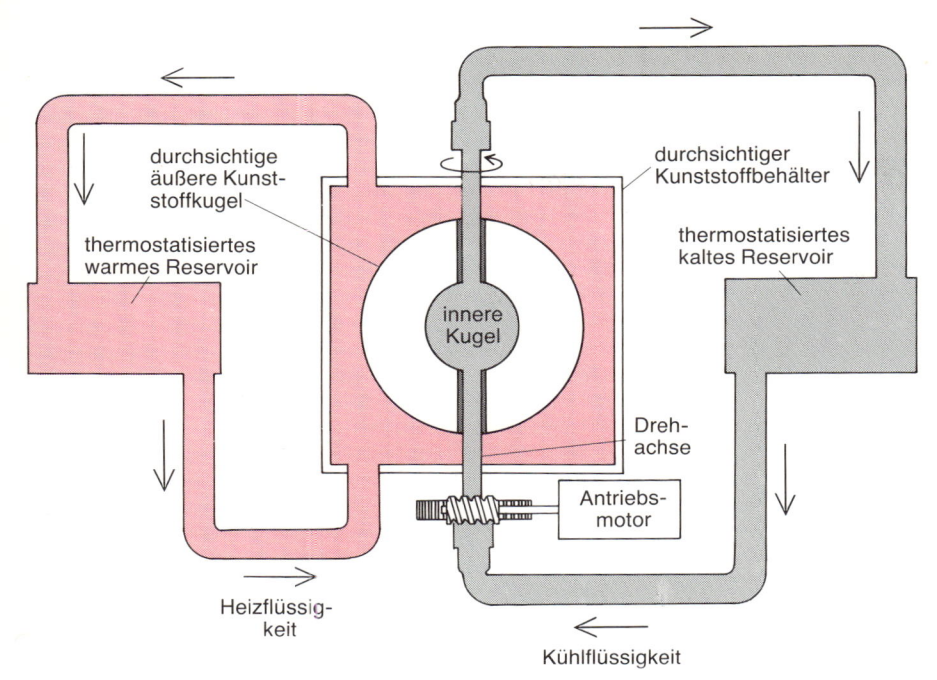

Bild 7: Schema des Versuchsaufbaus mit der in Bild 2 gezeigten rotierenden, mit Wasser gefüllten Kunststoffkugel. Ein Heizungs- und Kühlungssystem erhält ein Temperaturgefälle zwischen innerer und äußerer Kugel aufrecht.

Während die Temperatur im Erdkern von außen nach innen zunimmt, hat das Temperaturgefälle im Modell die entgegengesetzte Richtung. Es simuliert die im Erdkern dominierende, nach innen gerichtete Schwerkraft.

sigkeitszylinder, auf den die genannten Voraussetzungen zutreffen, müssen daher die Stromlinien in allen zur Drehachse senkrecht stehenden Schichten der Flüssigkeit denselben Verlauf haben. Ist der rotierende Körper kein Zylinder, sondern – wie im Fall unseres Modells oder der Schmelze im Erdkern – eine Kugel, so können die Stromlinien nicht in allen Schichten denselben Verlauf haben. Vielmehr sind die parallel zur Drehachse ausgerichteten walzenförmigen Strudel an ihren oberen und unteren Enden in entgegengesetzten Richtungen abgeschrägt (Bild 8), so daß die an den Walzenenden von der Drehachse zur Kugeloberfläche strömende Flüssigkeit in der oberen Halbkugel nach unten und in der unteren Halbkugel nach oben gedrückt wird. Nur in der Äquatorebene verlaufen die Stromlinien vollkommen horizontal.

Der Durchmesser der walzenförmigen Strudel hängt von der Viskosität der Flüssigkeit ab. In der mit Wasser gefüllten Kugel beträgt er ungefähr zehn Prozent vom Radius der Kugel, und er wird größer, wenn man die Kugel mit einem viskoseren Medium füllt. In der Schmelze im Erdkern hat die Viskosität einen geringeren Einfluß. Möglicherweise ist es hier das Magnetfeld, das zur Bildung walzenförmiger Strudel führt. Unser Modell gibt darüber keine Auskunft, denn es enthält kein Magnetfeld. Ließe sich das ändern, wenn wir das Wasser in der Kunststoffkugel durch ein flüssiges Metall (Quecksilber oder geschmolzenes Natrium) ersetzten? Leider nein, denn jeder in die Kugel geschickte elektrische Stromstoß klingt in Bruchteilen einer Sekunde ab, und diese Zeit ist zu kurz, um den Dynamo „anspringen" zu lassen. In der Schmelze im Erdkern dagegen bleibt ein elektrischer Strom etwa zehntausend Jahre lang erhalten (10^{17}- oder hundert billiardenmal länger als in unserem Modell), ohne daß man ihn regenerieren muß, und diese Zeit reicht aus, um aus den Bewegungen der Schmelze einen Dynamo entstehen zu lassen. Die Lebensdauer eines elektrischen Stromes in einem kugelförmigen Körper ist proportional zum Quadrat des Kugelradius multipliziert mit der elektrischen Leitfähigkeit des Körpers. Unser Modell müßte also entweder die Größe des Erdkerns oder – bei seiner jetzigen Größe – eine nahezu unendlich große elektrische Leitfähigkeit haben, um Auskunft über die Vorgänge im Erdinneren geben zu können. Beides aber ist unmöglich, so daß den Geophysikern nur die Möglichkeit bleibt, die Theorie weiterzuentwickeln.

Theoretische Arbeiten haben gezeigt, daß strömende Flüssigkeiten ein Magnetfeld erzeugen können, wenn sie eine Netto-Helizität besitzen. Die Helizität gibt an, daß und wie stark die Stromlinien im Uhrzeigersinn (rechtsgängig) oder gegen den Uhrzeigersinn (linksgängig) schraubenartig gewunden sind (Bild 9). Überwiegen die Stromlinien eines Schraubensinns, so hat die Strömung eine Netto-Helizität. In unserem Modell haben die Strömungen in den walzenförmigen Strudeln eine Netto-Helizität, die durch die abgeschrägten Endflächen hervorgerufen wird (Bild 8). Berechnungen zeigen, daß solche Strömungen in der Lage sein sollten, ein dipolares Magnetfeld zu erzeugen und daß ein anfänglich kleines Magnetfeld durch den Dynamoeffekt beträchtlich an Stärke gewinnen kann.

Stellen wir uns ein Experiment vor, bei dem ein anfänglich kleines Magnetfeld langsam anwächst. Sein Einfluß auf die Bewegung der Dynamoscheibe ist zunächst verschwindend klein, nimmt aber in dem Maße zu, in dem es an Stärke gewinnt. Wäre der Erddynamo also ein einfacher Scheibendynamo, der mit einer an der Drehachse der Scheibe sitzenden Kurbel angetrieben wird, so müßte man zunehmend mehr Kraft zum Drehen aufwenden, da das Magnetfeld der Bewegung einen immer größeren Widerstand entgegensetzen würde. Das Magnetfeld wäre solange bestrebt, die Drehung der Scheibe zu verlangsamen, bis der Dynamo einen Gleichgewichtszustand erreicht hat, in dem die Stärke des Magnetfeldes nicht mehr wächst. In einem flüssigen Leiter, wie ihn die Schmelze im Erdkern darstellt, kann das Magnetfeld aber auch die Richtung der Strömung ändern und damit deren Dynamowirkung schwächen, ohne daß die Strömung langsamer wird. Da sich dieses Experiment im Laboratorium nicht ausführen läßt, wissen wir nicht, wie ein allmählich anwachsendes Feld die Strömung ändert. Mehrere Arbeitsgruppen versuchen, den Effekt zu berechnen. Sind die magnetischen Kräfte sehr groß, so sollten die walzenförmigen Strudel weniger und dafür größer werden. Sobald die magnetische Feldstärke einen kritischen Wert erreicht, sollte die Strömung in eine großräumige, vorwiegend horizontal verlaufende Kreisbewegung übergehen. Das müßte ein starkes und ringförmiges Magnetfeld ergeben (Bild 10). Was im Erdkern wirklich passiert, hängt von der Stärke des Feldes im Gleichgewichtszustand und von anderen bisher nicht untersuchten Faktoren ab.

Aus der Existenz eines starken ringförmigen Magnetfeldes lassen sich Schwankungen der Feldstärke und die Verschiebung des Feldes nach Westen berechnen. Es scheint, daß in der Schmelze im Erdkern unter dem Einfluß des Magnetfeldes und der Rotation Wellen mit Perioden von einigen Tausend Jahren entstehen können, und daß die Verschiebung des Feldes nach Westen dadurch ebenso vorgetäuscht werden kann, wie eine Welle im Meer eine Vorwärtsbewegung des Wassers vortäuscht.

Eine erfolgreiche Theorie des Erdmagnetismus muß die mehrfache Umkehrung der Feldrichtung im Lauf der Erdgeschichte erklären können. Aus paläomagnetischen Untersuchungen weiß man, daß etwa zehntausend Jahre vor einer Änderung der Feldrichtung eine langsame Abnahme der Feldstärke einsetzt. Nach der Richtungsänderung steigt die Feldstärke allmählich wieder an. Bei der Umkehrung der Feldrichtung muß sich die Strömung im Erdkern nicht ändern, denn die mathematischen Gleichungen, die die Strömung beschreiben, gelten für beide Orientierungen des Feldes. Auch beim Scheibendynamo können unter bestimmten Bedingungen Umkehrungen der Feldrichtung stattfinden. Sie haben ihre Ursache in der Koppelung verschiedener Teilströme in der Scheibe. Man kann diese Teilströme mit drei Pendeln vergleichen, die in geringer Entfernung voneinander an einem horizontal gespannten Faden hängen. Stößt man eines dieser Pendel an, so geraten die anderen ebenfalls in Schwingungen. Da die im System steckende Energie hin- und herwandert, kommt zu bestimmten Zeiten jeweils eins der Pendel vorübergehend zur Ruhe. Obwohl man das Verhalten der Pendel aus den Anfangsbedingungen und den Bewegungsgesetzen vorausberechnen kann, scheinen sich die Pendel für einen Betrachter unsystematisch zu verhalten. Ähnliches gilt für den Scheibendynamo: Die Umkehrung der Feldrichtung scheint zufällig einzutreten und ist dennoch berechenbar. In der mathematischen Beschreibung sind Scheibendynamos und Dynamos, die aus einer strömenden Flüssigkeit bestehen, sehr ähnlich, so daß auch die scheinbar zufälligen Umkehrungen des Magnetfeldes der Erde berechenbar sein sollten. Die Gleichungen dafür sind allerdings so abschreckend schwierig, daß sich bis heute niemand ernsthaft an eine Theorie der Feldumkehrung herangewagt hat.

Man hat versucht, die Umkehrung der Feldrichtung mit der Annahme zu erklären, daß der Dynamo im Erdkern für eine Weile „abgeschaltet" wird, so daß das Feld abklingt. Nach erneutem „Einschalten" soll sich das Magnetfeld dann in entgegengesetzter Richtung wieder aufbauen. Zwar widerspricht diese Vorstellung nicht den gemessenen Daten, aber sie erscheint auch nicht sonderlich plausibel. Warum sollte der Erddynamo einige Millionen Jahre „angeschaltet" bleiben und dann nur wenige Tausend Jahre „ausgeschaltet" sein? Es ist viel naheliegender, die Umkehrung der Feldrichtung wie beim Scheibendynamo als normale Erscheinung eines ständig arbeitenden Dynamos anzusehen.

Betrachtet man sehr lange geologische Zeiträume, so stellt man auch Änderungen in der Häufigkeit fest, mit der das Erdfeld seine Richtung ändert. Beispielsweise fand in der Kreidezeit, die vor 135 Millionen Jahren begann und vor 65 Millionen Jahren endete, zwanzig Millio-

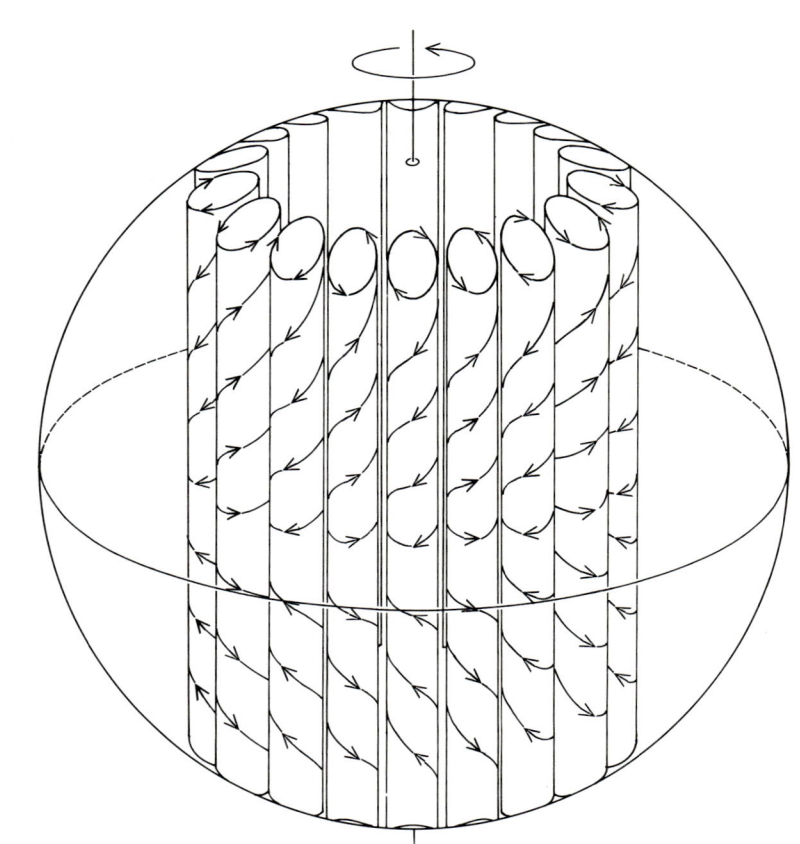

Bild 8: Schema der in Bild 1 sichtbaren walzenförmigen Strudel. Die Achsen der Walzen stehen parallel zur Drehachse der mit Wasser gefüllten Kunststoffkugel. Die Stirnflächen der Walzen folgen der Neigung der Kugelinnenfläche. Sie sind daher oben und unten entgegengesetzt abgeschrägt. Wasser, das in der oberen Halbkugel unter dem Einfluß der Zentrifugalkraft von der kälteren Drehachse zur wärmeren Außenkugel strömt, drückt die Strömung in den Walzen nach unten, sobald es die Innenfläche der äußeren Kugel erreicht. In der unteren Halbkugel drückt es die Strömung in den Walzen nach oben. In der Äquatorfläche strömt das Wasser horizontal. Strömungen dieser Art in der Schmelze, die den äußeren Erdkern bildet, könnten das Magnetfeld der Erde erzeugen.

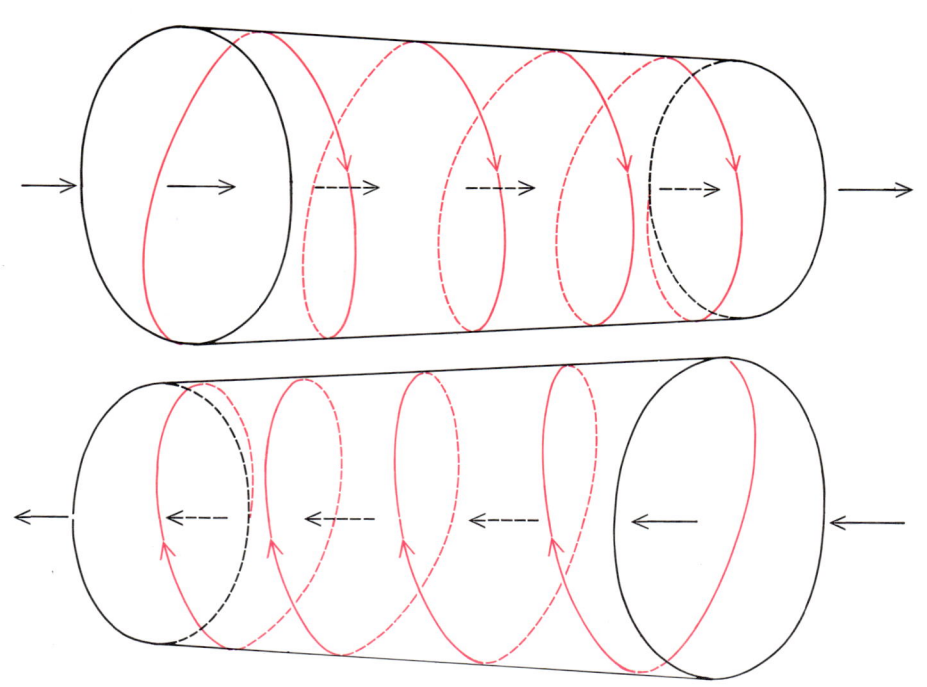

Bild 9: Die Helizität ist ein Maß für die Spiralstruktur der Stromlinien einer Flüssigkeit (farbige Linien). In beiden hier gezeigten Walzen bewegt sich die Flüssigkeit wie eine Schraube mit Rechtsgewinde. Die schwarzen Pfeile kennzeichnen die Strömungsrichtung. Auch in den walzenförmigen Strudeln, die am Modell (Bild 2) in der Schmelze zu vermuten sind, die den äußeren Erdkern bildet, treten Strömungen auf, die eine Helizität haben (Bild 8).

nen Jahre lang überhaupt keine Umkehrung des Feldes statt. Vorgänge, die sich über solche Zeiträume erstrecken, müssen mit fundamentalen Änderungen im Antrieb des Dynamos oder in der Grenzfläche zwischen Kern und Mantel in Zusammenhang gebracht werden.

Wir müssen uns jetzt mit den Energiequellen für die Bewegung der Schmelze im Erdkern befassen. Die Auftriebskräfte können nur dann gegen die Kräfte der Reibung und des magnetischen Feldes eine Strömung unterhalten, wenn die verbrauchte Energie ständig nachgeliefert wird. In unserem Experiment mit der rotierenden Kugel haben wir dauernd Wärmeenergie zur Aufrechterhaltung des Temperaturgefälles zugeführt (Bild 7). Im Erdinneren muß der Energiestrom seit einigen Milliarden Jahren mit ungefähr gleicher Ergiebigkeit geflossen sein. Als seine Quellen kommen das Schwerefeld der Erde oder Vorräte an Wärmeenergie oder chemischer Energie in Frage. „Verbraucht" wird diese Energie, indem sie in Wärme umgewandelt und an den Erdmantel abgegeben wird. Dabei darf der Erdmantel nicht schmelzen, und die Erdoberfläche darf nicht wärmer werden als sie wirklich ist. Bisher gibt es kein Modell, das diese Bedingungen erfüllt.

Enthielte der Erdkern genügend radioaktives Material, so könnte ein durch Temperaturunterschiede verursachter Auftrieb seine Energie aus dieser Quelle beziehen. Die energiereichsten Elemente, die hierfür in Frage kommen, sind Uran, Thorium und Kalium. Man nimmt an, daß Uran und Thorium bei der Bildung des Erdkerns in den Erdmantel und die Kruste gewandert sind und im Kern selbst nur noch in geringen Mengen vorkommen. Möglicherweise aber enthält der Kern reichlich Kalium und damit auch eine erhebliche Menge des radioaktiven Isotops Kalium-40. Die freigesetzte Energie muß den Kern letztlich als Wärme verlassen und durch den Mantel an die Erdoberfläche gelangen. Messungen an der Erdoberfläche ergeben für den Wärmestrom eine obere Grenze von 40 Billionen (4×10^{13}) Watt. Etwa drei Viertel dieses Wärmestroms stammt aus radioaktiven Zerfällen in der Kruste, so daß dem Kern nur etwa 10 Billionen Watt zugeschrieben werden können. Käme die ganze Wärme des Erdkerns aus dem Zerfall des Kalium-40, so müßte die Kalium-Konzentration im Erdkern ungefähr 0,08 Prozent betragen.

Es ist wahrscheinlicher, daß sich der Erdkern in den letzten drei Milliarden Jahren um ungefähr einhundert Kelvin abgekühlt hat. Dann hätte zur Aufrechterhaltung der Strömung im Erdkern die dabei freigewordene Wärme zur Verfügung gestanden. Dieser ist die Kristallisationswärme hinzuzurechnen, die bei der Verfestigung des inneren Erdkerns freigesetzt wurde. Und schließlich schrumpft eine sich abkühlende Erde, was dazu führt, daß Gravitationsenergie frei wird.

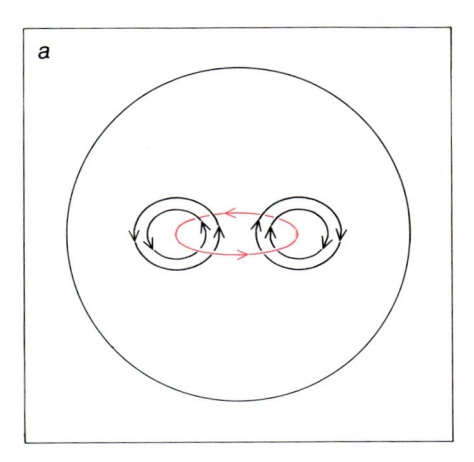

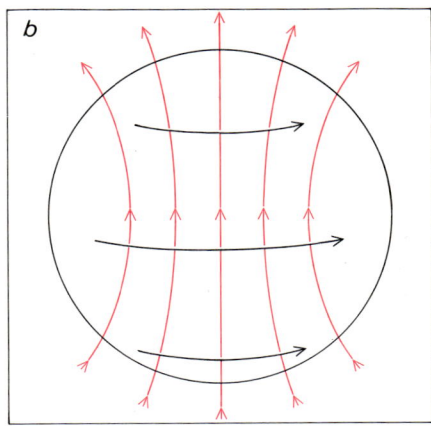

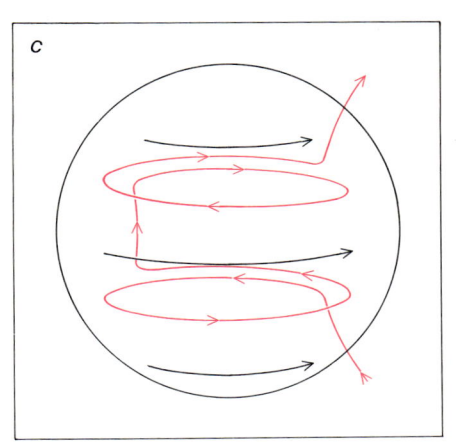

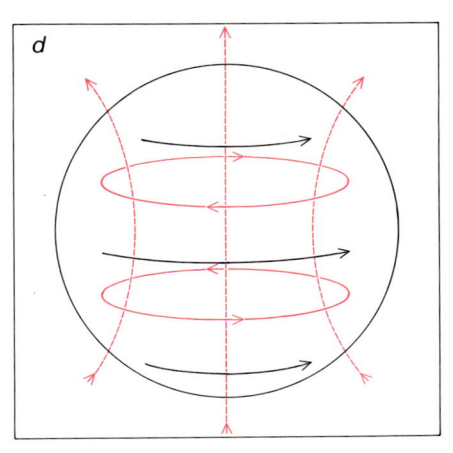

Bild 10: Im Erdkern haben die Kraftlinien des Magnetfeldes vermutlich Ringform. Die elektrischen Ströme (schwarze Pfeile), die das Ringfeld (farbig) im Teilbild a erzeugen, bleiben auf den flüssigen äußeren Erdkern beschränkt, da der Erdmantel den elektrischen Strom nicht leitet. Die ringförmigen Magnetfelder lassen sich daher an der Erdoberfläche nicht nachweisen. In den anderen drei Teilbildern ist gezeigt, wie die Strömung im Erdkern aus einem Dipolfeld ringförmige Magnetfelder erzeugen kann. Teilbild b zeigt ein Dipolfeld (farbig), in dem die Flüssigkeit mit einer von Punkt zu Punkt verschiedenen Geschwindigkeit (schwarze Linien) rotiert. Sie formt das Dipolfeld zu einem spiraligen Feld um (c), aus dem sich ein von einem ringförmigen Feld überlagertes Dipolfeld entwickelt (d).

Worin nun aber der Wärmestrom aus dem Erdkern auch seine Ursache haben mag, die entscheidende Frage ist, ob er ausreicht, um das Magnetfeld der Erde aufrechtzuerhalten. Die Antwort lautet nein! Für einen Magneten von der Größe der Erde ist dieser Energiefluß zu gering.

Man hat daher das Schwerefeld der Erde als Energiequelle des Magnetfeldes in Betracht gezogen. Aus seismologischen Messungen läßt sich abschätzen, daß der feste innere Erdkern eine ungefähr fünfmal so große Dichte hat wie der flüssige äußere Erdkern. Man vermutet, daß dieser Unterschied durch einen höheren Gehalt des inneren Kerns an Eisen und Nickel zustandekommt. Mit anderen Worten: in dem Maße, in dem sich der innere Kern verfestigt, nimmt er aus dem äußeren Kern Eisen auf. Das zurückbleibende leichtere Material unterliegt im Schwerefeld der Erde Auftriebskräften. Es entstehen Strömungen in der Schmelze, die die Dichteunterschiede in der Schmelze auszugleichen suchen. Hier wird also Energie des Schwerefeldes auf dem Umweg über Bewegungsenergie in Wärmeenergie umgewandelt. Der größte Teil der Wärmeerzeugung dürfte auf elektrische Ströme zurückzuführen sein, die durch die Strömungsbewegungen in der Schmelze entstehen.

Ein durch das Schwerefeld der Erde angetriebener Dynamo kann unter günstigen Umständen einen Wirkungsgrad von nahezu hundert Prozent erreichen, während der Wirkungsgrad eines wärmegetriebenen Dynamos im Erdinnern wahrscheinlich nur bei fünf Prozent läge. Der Schwerefeld-Dynamo könnte ein Magnetfeld von einigen hundert Gauß erzeugen, ohne ein Übermaß an Wärme an den Erdmantel abzugeben. Er dürfte daher gute Aussichten haben, in künftigen Theorien vom Erdkern eine entscheidende Rolle zu spielen.

Autoren- und Literaturverzeichnis

Einführung

PETER GIESE studierte in Berlin und München Geologie und Geophysik. Heute ist er Inhaber des Lehrstuhls für Geophysik der Freien Universität Berlin und einer der Direktoren des dortigen Instituts für Meteorologie und Geophysik. Das Schwergewicht seiner Arbeiten liegt auf dem Gebiet der Seismik. In den letzten Jahren befaßte er sich hauptsächlich mit den Problemen der Krustenstrukturen junger Orogene. Die European Science Foundation bestimmte ihn 1982 zum Koordinator für den mittleren Abschnitt der Europäischen Geotraverse. Im April 1983 wurde er zum Präsidenten der Alfred-Wegener-Stiftung gewählt.

Literatur:
Continents Adrift and Continents Aground. Readings from *Scientific American*. Eingeführt von J. Tuzo Wilson. W. H. Freeman & Co, San Francisco 1976.
Plate Tectonics and Geomagnetic Reversals. Herausgegeben von Allan Cox. W. H. Freeman & Co, San Francisco 1973.
The Earth. Herausgegeben von Frank Press und Raymond Siever. Dritte Auflage. W. H. Freeman & Co., San Francisco 1982.
Cambridge Encyclopedia of Earth Sciences. Cambridge University Press 1982.

Kontinentaldrift
(Scientific American, 4/1963)

J. TUZO WILSON war, als er im Jahre 1962 seinen grundlegenden Artikel über die Drift der Kontinente schrieb, Professor für Geophysik und Direktor der Abteilung Geowissenschaften an der Universität Toronto. Wilson begann mit dem Studium in Toronto und ging 1930 als Bachelor of Arts nach Cambridge. 1932 erwarb er dort den Grad eines M. A. und promovierte 1936 an der Universität Princeton. Drei Jahre lang arbeitete er im Geologischen Dienst von Kanada. Während des 2. Weltkriegs diente er bei den Royal Canadian Engineers und wurde mit dem Order of the British Empire und der Legion of Merit ausgezeichnet. 1946 wurde Wilson Professor für Geophysik und übernahm 1960 die Leitung der geowissenschaftlichen Abteilung. Von 1957 bis 1960 war er Präsident der Internationalen Union für Geophysik und Geodäsie. Seit seiner Emeritierung als Universitätsprofessor und Abteilungsdirektor leitet Tuzo Wilson das Ontario Science Center, ein auf der Welt einmaliges Museum und Bildungszentrum der Naturwissenschaften.

Literatur:
Cabot Fault: An Appalachian Equivalent of the San Andreas and Great Glen Faults and Some Implications for Continental Displacement. Von Tuzo Wilson in: Nature, Band 195, Heft 4837.
Continental Drift. Herausgegeben von S. K. Runcorn. Academic Press, New York 1962.
The Earth's Magnetism. Von S. K. Runcorn in: Scientific American, Band 193, Heft 3, Seiten 152–174. September 1955.
Our Wandering Continents: An Hypothesis of Continental Drifting. Von Alex L. Du Toit. Hafner Publishing Co., 1937.
Die Entwicklungsgeschichte der Kontinente und Ozeane. Von Ernst Kraus. Zweite verbesserte und ergänzte Auflage, Akademie-Verlag, Berlin 1971.

Plattentektonik
(Scientific American, 5/1972)

JOHN F. DEWEY ist Professor für Geologie an der State University of New York in Albany. In England geboren und aufgewachsen, erwarb Dewey den Bachelorgrad an der Universität London und promovierte auch dort. Von 1960 bis 1965 lehrte er an der Universität Manchester, von 1964 bis 1970 an der Universität Cambridge. 1971 folgte er einem Ruf nach Albany. Sein Forschungsgebiet ist die Rolle der Plattentektonik im Lauf der Erdgeschichte, die Sammlung von Kriterien zur Bestimmung alter Plattenränder und die Gebirgsbildung. Seine Geländearbeiten konzentrieren sich auf die nördlichen Appalachen, vor allem im neufundländischen Teil. Als Hobbies nennt er „Skilauf und Gymnastik".

Literatur:
Speculations on the Consequences and Causes of Plate Motion. Von D. P. McKenzie in: Geophysical Journal of the Royal Astronomical Society. Band 18, Heft 1, Seiten 1–32. September 1969.
Mountain Belts and the New Global Tectonics. Von John F. Dewey und John M. Bird in: Journal of Geophysical Research, Band 75, Heft 14, Mai 1970.

Alfred Wegeners Kontinentalverschiebung aus heutiger Sicht
(Spektrum der Wissenschaft, 10/1980)

HANS CLOSS, PETER GIESE und VOLKER JACOBSHAGEN sind Geologen und Geophysiker. Closs, ehemals Abteilungsleiter und Professor an der Bundesanstalt für Geowissenschaften und Rohstoffe in Hannover, zählte zu den führenden Geophysikern Deutschlands. Er studierte Mineralogie und Geologie in Tübingen, Wien und Berlin und promovierte 1934 mit einer gefügekundlichen Arbeit. Ab Mitte der dreißiger Jahre war er mit der geophysikalischen Erforschung des Untergrundes Mitteleuropas beschäftigt. Darüber hinaus initiierte Closs viele seegeophysikalische Messungen auf allen Weltmeeren. Hans Closs ist 1982 gestorben. Jacobshagen ist Professor für Geologie an der Freien Universität Berlin. Er hat an den Universitäten Marburg und Graz studiert und wurde 1957 mit einer Dissertation über die Geologie der Ostalpen promoviert. Im Mittelpunkt seiner Arbeit stehen Untersuchungen zur Erdgeschichte und zur Analyse der Kettengebirge im Mittelmeerraum und in Vorderasien. Die Biographie von Peter Giese steht bei der Einführung.

Literatur:
Die Entstehung der Kontinente und Ozeane. Von A. Wegener. Nachdruck der 1. und der 4. Auflage. Herausgegeben von Andreas Vogel. Vieweg-Verlag Braunschweig, 1980.
Alfred Wegener und die Drift der Kontinente. Von Martin Schwarzbach in: Große Naturforscher, Band 42. Wissenschaftliche Verlagsgesellschaft Stuttgart, 1980.

A Revolution in the Earth Sciences. From Continental Drift to Plate Tectonics. Von Anthony Hallam. Oxford University Press, 1973.

Alps, Apennines, Hellenides. Geodynamic Investigations along Geotraverses by an International Group of Geoscientists. Herausgegeben von H. Closs, D. Roeder, K. Schmidt. Schweizerbart'sche Verlagsbuchhandlung Stuttgart, 1978.

Planetesimals – Urstoff der Erde?
(Spektrum der Wissenschaft, 8/1981)

GEORGE W. WETHERILL ist Direktor der Abteilung für Erdmagnetismus der Carnegie Institution in Washington. Er studierte Physik an der Universität Chicago, wo er 1953 auch promovierte. Danach arbeitete er in der Abteilung für Erdmagnetismus der Carnegie Institution, bis er 1960 als Professor für Geophysik und Geologie an die Universität von Kalifornien in Los Angeles berufen wurde. Von 1968 bis 1972 führte er dort den Vorsitz der Abteilung für Planeten- und Weltraumwissenschaft. 1975 kehrte er an die Carnegie Institution zurück.

Literatur:
Origin of the Earth and Moon. Von A. E. Ringwood. Springer Verlag, Heidelberg 1979.
Formation of the Terrestrial Planets. Von George Wetherill in: Annual Review of Astronomy and Astrophysics, Band 18, Seiten 77–113 (1980).
Kosmochemie. Von W. Kiesl. Springer Verlag, Wien – New York, 1979.
Probleme der modernen Kosmologie. Von V. A. Ambarzumjan. Birkhäuser Verlag, Basel – Stuttgart, 1976.

Die chemische Entwicklung des Erdmantels
(Spektrum der Wissenschaft, 7/1980)

R. K. O'NIONS, P. J. HAMILTON und NORMAN M. EVENSEN kennen sich seit ihrer Arbeit am Lamont Doherty Geology Observatory (LDGO) der Columbia Universität. O'Nions und Hamilton arbeiten inzwischen in der Abteilung für Mineralogie und Petrologie der Universität Cambridge; O'Nions ist Professor, Hamilton Forschungsassistent. Evensen ist Assistenz-Professor für Geologie an der Universität Toronto. O'Nions studierte an der Universität Nottingham und promovierte 1969 in Geochemie an der Universität von Alberta. Er lehrte bis 1975 an der Universität Oxford und ging dann für vier Jahre zum LDGO. Hamilton studierte bis 1972 am King's College der Universität London, promovierte 1975 an der Universität Oxford und ging danach an das LDGO. Seit Anfang des Jahres 1980 ist er in Cambridge. Evensen studierte und promovierte an der Universität von Minnesota.

Literatur:
Geochemie. Von K. H. Wedepohl. Sammlung Göschen, Bände 1224, 1224a und 1224b, 1967.
Unternehmen Erdmantel: Zwischenbilanz einer interdisziplinären Zusammenarbeit. Forschungsbericht der Deutschen Forschungsgemeinschaft, Franz Steiner Verlag, Wiesbaden, 1972.
The Oldest Rocks and the Growth of Continents. Von Stephen Moorbath in: Scientific American, Band 236, Heft 3, Seiten 92–104, März 1977.
Geochemical and Cosmochemical Applications of Nd-Isotope Analysis. Von R. K. O'Nions, S. R. Carter, N. M. Evensen und P. J. Hamilton in: Annual Review of Earth and Planetary Sciences, Band 7, Seiten 11–38 (1979).
Geochemical Modeling of Mantle Differentiation and Crustal Growth. Von R. K. O'Nions, N. M. Evensen und P. J. Hamilton in: Journal of Geophysical Research, Band 84, Heft B11, Seiten 6091–6101, 10. Oktober 1979.

Die ältesten Gesteine
(Scientific American, 3/1977)

STEPHEN MOORBATH ist Fellow am Linacre College Oxford und Leiter der Forschungsgruppe Geologische Altersbestimmung an der Abteilung Geologie der Universität Oxford. Moorbath kam schon als Student nach Oxford, erwarb 1954 den Bachelorgrad, promovierte 1959 und habilitierte sich 1970.

Literatur:
Continents Adrift: Readings From Scientific American. Mit einer Einführung von Tuzo Wilson. W. H. Freeman and Company, 1972.
The Earth's Age and Geochronology. Von Derek York und Ronald M. Farquhar. Pergamon Press, 1972.
A Discussion on the Evolution of the Precambrian Crust. Herausgegeben von J. Sutton und B. F. Windley in: Philosophical Transactions of the Royal Society of London, Serie A, Band 273, Heft 1235, Seiten 315–581. Februar 1973.
Planet Earth: Readings From Scientific American. Mit einer Einführung von Frank Press und Raymond Siever. W. H. Freeman and Company, 1974.
The Early History of the Earth. Herausgegeben von Brian F. Windley, John Wiley & Sons, 1976.

Die Tiefenstruktur der Kontinente
(Spektrum der Wissenschaft, 3/1979)

THOMAS H. JORDAN ist Assistenz-Professor für Geophysik an der Scripps Institution für Ozeanographie der Universität von Kalifornien in San Diego. Er promovierte 1972 am California Institute of Technology in Geophysik und angewandter Mathematik. Danach arbeitete er drei Jahre an der Universität Princeton und ging anschließend an die Scripps Institution. Sein Hauptinteresse gilt Seismik und Tektonik mit dem Ziel, durch seismische Untersuchungen der Erdstruktur dynamische Prozesse in der Erde zu verstehen.

Literatur:
The Deep Structure of Continents. Von G. J. F. Donald, in: Reviews of Geophysics, Band 1, Heft 4, Seiten 587–665, November 1963.
The Continental Tectosphere. Von Th. H. Jordan, in: Reviews of Geophysics and Space Physics, Band 13, Heft 3, Seiten 1–12, August 1975.
Lateral Heterogeneity of the Upper Mantle Determined from the Travel Times of Multiple ScS. Von S. A. Siphin und Th. H. Jordan, in: Journal of Geophysical Research, Band 81, Heft 35, Seiten 6307–6320, 10. Dezember 1976.
Composition and Development of the Continental Tectosphere. Von Th. H. Jordan, in Nature, Band 274, Seiten 544–548, 10. August 1978.

Die Subduktion der Lithosphäre
(Scientific American, 11/1975)

M. NAFI TOKSÖZ ist Professor für Geophysik am Massachusetts Institute of Technology und Direktor des George-R.-Wallace-Jr.-Observatoriums für Geophysik. Toksöz ist in der Türkei geboren. Er studierte an der Colorado School of Mines. 1963 promovierte er in Geophysik und Elektrotechnik am California Institute of Technology. Dort setzte er seine Forschungsarbeiten noch zwei Jahre fort, bis er 1965 ans M. I. T. berufen wurde. Toksöz arbeitet auf den Gebieten Seismik und Plattentektonik und über die innere Struktur von Planeten und ihre Entwicklung. Wichtige Arbeiten der letzten Jahre, zu denen umfangreiche theoretische Berechnungen gehörten, haben gezeigt, daß die in der irdischen Lithosphäre und Asthenosphäre ablaufenden Prozesse sich tatsächlich in geophysikalischen und geologischen Phänomenen der Erdoberfläche widerspiegeln können.

Literatur:

Seismology and the New Global Tectonics. Von Bryan Isacks, Jack Oliver und Lynn R. Sykes in: Journal of Geophysical Research, Band 73, Heft 18, Seiten 5855–5899, September 1968.

Mountain Belts and the New Global Tectonics. Von John F. Dewey und John M. Bird in: Journal of Geophysical Research, Band 75, Heft 14, Mai 1970.

Temperature Field and Geophysical Effects of a Downgoing Slab. Von M. Nafi Toksöz, John W. Minear und Bruce R. Julian in: Journal of Geophysical Research, Band 76, Heft 5, Februar 1971.

Evolution of the Downgoing Lithosphere and the Mecanisms of Deep Focus Earthquakes. Von M. Nafi Toksöz, Norman H. Sleep und Albert T. Smith in: The Geophysical Journal of the Astronomical Society, Band 35, Hefte 1–3, Dezember 1973.

Die Geschichte des Atlantik
(Spektrum der Wissenschaft, 8/1979)

JOHN G. SCLATER und CHRISTOPHER TAPSCOTT sind Geophysiker und beschäftigen sich hauptsächlich mit der Theorie der Plattentektonik. Sclater ist Professor für Geowissenschaften und arbeitet an dem gemeinsam vom Massachusetts-Institut für Technologie und der Woods Hole Oceanographic Institution getragenen Programm zur Erforschung des Weltmeeres. Er studierte an der Universität Edinburgh Physik und promovierte 1966 in Geophysik an der Universität Cambridge. Danach arbeitete er sechs Jahre lang an der Scripps Institution für Ozeanographie in La Jolla, Kalifornien. Seit 1972 ist er Mitglied des Lehrkörpers am Massachusetts Institut für Technologie und wurde dort 1977 zum Professor ernannt. Tapscott arbeitete nach seinem Studium am Swarthmore College ein Jahr lang an der Universität Princeton auf dem Gebiet der Kernphysik. Bis Herbst 1974 widmete er sich der Meeresgeologie und -geophysik und wurde dann Mitarbeiter an dem oben erwähnten Meeresforschungsprogramm. Im März 1979 promovierte Tapscott bei John G. Sclater.

Literatur:

Der Meeresboden. Ergebnisse und Probleme der Meeresgeologie. Von E. Seibold, Springer Verlag, Berlin-Heidelberg-New York, 1974.

Aktuelles Wissen: Geologie die uns angeht. Von J. Negendank, Bertelsmann-Verlag, Gütersloh, 1978.

Das neue Bild der Erde. Von H. G. Wunderlich, Verlag Hoffmann und Campe, Hamburg 1975.

The Paleobathymetry of the Atlantic Ocean from the Jurassic to the Present. Von John G. Sclater, Steven Hellinger und Christopher Tapscott in: The Journal of Geology, Band 85, Heft 5, Seiten 509–552, September 1977.

Die geologische Tiefenstruktur des Mittelmeerraumes
(Spektrum der Wissenschaft, 1/1982)

GIULIANO F. PANZA, GILDO CALCAGNILE, PAOLO SCANDONE und STEPHAN MUELLER arbeiten über geologische Tiefenstrukturen. Panza, der an der Universität von Bologna studiert und in Physik promoviert hat, lehrte zunächst Seismik an der Università della Calabria. Seine Forschungen führten ihn dann an das Institute of Geophysics der University of California in Los Angeles und an das Institut für Geophysik an der Eidgenössischen Technischen Hochschule Zürich. Heute ist er Professor am Institut für Geodäsie und Geophysik der Universität von Bari und Vorsitzender der Arbeitsgruppe „Statistical Aspects of Seismicity" der Europäischen Seismologischen Kommission. Calcagnile wandte sich nach dem erfolgreichen Abschluß seines Physikstudiums an der Universität von Bari im Jahre 1969 geophysikalischen Forschungen zu. Gegenwärtig ist er Professor an der Universität von Bari. Scandone war zunächst Assistent und dann Professor für Geologie an der Universität von Neapel und unterrichtet heute an der naturwissenschaftlichen Fakultät der Universität von Pisa. Er ist der wissenschaftlich Verantwortliche für das Forschungsvorhaben „Strukturmodell von Italien" innerhalb des Programms „Geodynamik" des Nationalen Italienischen Forschungsrates (CNR). Mueller ist ordentlicher Professor der Geophysik an der ETH Zürich und Direktor des Schweizer Erdbebendienstes. Er ist Präsident zahlreicher internationaler Organisationen und seit 1965 Mitglied der Astronomical Society of London.

Literatur:

Bewegung und Wärme in der Alpinen Orogenese. Von H. P. Laubscher in: Schweizer Mineralogische und Petrographische Mitteilungen, 50, 1970.

The Gross Features of the Lithosphere-asthenosphere System in the European Mediterranean Area. Von G. F. Panza, S. Müller und G. Calcagnile in: ESC-EGS Symposium on Deep Seismic Soundings and Earthquakes, Straßburg, 1978.

The Lithosphere-asthenosphere System in the Italian Area. Von G. Calcagnile und G. F. Panza in: Proceedings Symposium 8, European Geophysical Society, Wien, 1979.

Crustal and Structural Features of the Margins of the Adrea Microplate. Von P. Giese und K.-J. Reutter in: Alps, Apennines, Hellenides. Herausgegeben von Closs, Roeder und Schmidt, Stuttgart 1978.

Der Bau der Alpen
(Le Scienze, 8/1974)

HANS P. LAUBSCHER wurde in Basel geboren und studierte an der dortigen Universität Geologie. 1947 schloß er sein Studium mit der Promotion ab. Seine Dissertation behandelte das Problem der gegenseitigen Beeinflussung von Rheingraben und Faltenjura. Von 1948 bis 1958 war er als Erdölgeologe in Venezuela und hatte dort vor allem mit geophysikalischen Methoden zu tun. Besonders faszinierte ihn die Beziehung zwischen den dortigen erdölführenden Molassebecken und den verschiedenen tektonischen Einheiten der venezolanischen Küstenketten. 1958 kehrte er an die Universität Basel zurück und übernahm 1966 die Leitung des geologischen Instituts. Sein zentrales Interesse galt schon seit seiner Doktorarbeit der Tektonik, besonders der Kinematik und Dynamik geologischer Prozesse.

Literatur:

The Insubric Line, a Major Geotectonic Problem. Von A. Gannser in: Schweizerische mineralogische und petrographische Mitteilungen, Band 48, 1968.

Geologie der Alpen. Von M. P. Gwinner. Schweizerbart'sche Verlagsbuchhandlung, Stuttgart 1971.

Das Alpen-Dinariden-Problem und die Palinspastik der südlichen Tethys. Von H. P. Laubscher in: Geologische Rundschau, Band 60, Heft 3, 1971.

The Large-scale Kinematics of the Western Alps and the Northern Apennines and its Palinspastic Implications. Von H. P. Laubscher in: American Journal of Science, Heft 271, 10/1971.

Alpen und Plattentektonik: Das Problem der Bewegungsdiffusion an kompressiven Plattengrenzen. Von H. P. Laubscher in: Zeitschrift der Deutschen Geologischen Gesellschaft, Band 124, 1973.

Plate Tectonics. Von X. le Pichon, I. Francheteau und J. Bonnin. Elsevier, Amsterdam 1973.

Das Wachstum der Kontinente
(Spektrum der Wissenschaft, 12/1980)

FREDERICK A. COOK, LARRY D. BROWN und JACK E. OLIVER arbeiten als Geologen und Geophysiker an der Cornell-Universität. Cook schloß sein Studium an der Universität von Wyoming 1975 mit dem Grad eines Diplom-Geophysikers ab. Danach arbeitete er bei der Continental Oil Company und ging später an die Cornell-Universität. Brown ist seit 1977 Assistenzprofessor für Geologie an der Cornell-Universität. Er studierte am Georgia Institute of Technology Physik und promovierte 1976 in Geophysik an der Cornell-Universität. Oliver ist seit 1971 Professor für Ingenieurwissenschaften und Vorsitzender der Abteilung für Geologie. Er studierte am Columbia College und an der Columbia-Universität Physik, 1953 promovierte er an der Columbia-Universität in Geophysik. Dort arbeitete er von 1955 bis Ende 1971; die letzten drei Jahre davon als Vorsitzender der geologischen Abteilung.

Literatur:
Lithosphere Plate: Continental Margin Tectonics and the Evolution of the Appalachian Orogen. Von John M. Bird und John F. Dewey in: Geological Society of America Bulletin, Band 81, Heft 4, April 1970.
Tectonics of the Western Piedmont and Blue Ridge, Southern Appalachians: Review and Speculation. Von Robert D. Hatcher jr. in: American Journal of Science, Band 278, Heft 3, 1978.
Thin-Skinned Tectonics in the Crystalline Southern Appalachians: CO-CORP Seismic-Reflection Profiling of the Blue Ridge and Piedmont. Von Frederick A. Cook, Dennis S. Albaugh, Larry D. Brown, Sidney Kaufman, Jack E. Oliver und R. D. Hatcher jr. in: Geology, Band 7, Heft 12, Seiten 563–567, Dezember 1979.

Ophiolithe: Ozeankruste an Land
(Spektrum der Wissenschaft, 10/1982)

IAN G. GASS ist Professor für Geowissenschaft an der Britischen Open University. In England geboren, verbrachte er seine frühe Kindheit in Burma. Er studierte zunächst Geschichte. Während seines vierjährigen Militärdienstes entdeckte er sein Interesse an der Geologie und begann nach Kriegsende ein Geologiestudium an der Universität Leeds. 1952 arbeitete Gass bei der Geologiebehörde des Sudan und später Zyperns. Beide Arbeitsverhältnisse mußte er unfreiwillig beenden, nachdem die Länder ihre Unabhängigkeit erlangt hatten. 1960 promovierte Gass an der Universität Leeds, lehrte kurze Zeit in Leicester, dann wieder in Leeds. 1969 wechselte er zur Open University.

Literatur:
Die Ethia-Serie des südlichen Mittelkreta und ihre Ophiolithvorkommen. Von N. Creutzberg, J. Papastamatiou. Springer 1969.
Ophiolites: Ancient Oceanic Lithosphere? Von Robert G. Coleman. Springer-Verlag, 1977.
Ophiolites: Proceedings of an International Ophiolite Symposium Held in Nicosia, Cyprus, in 1979. Herausgegeben von A. Panayiotou. Geological Survey Department, Nikosia, 1980.
The Sea, Vol. 7: The Oceanic Lithosphere. Herausgegeben von C. Emiliani. John Wiley & Sons, Inc., New York 1981.

Nordamerika: Ein Kontinent setzt Kruste an
(Spektrum der Wissenschaft, 1/1983)

DAVID L. JONES, ALLEN COX, PETER CONEY und MYRL BECK sind Geophysiker mit gemeinsamem Interesse an der Mikroplattentektonik. Jones, der bis 1952 an der Yale-Universität promovierte, arbeitet als Geologe beim U.S. Geological Survey. Er interessiert sich vor allem für die Struktur und Paläontologie der Gesteine, aus denen sich die Westküste Nordamerikas zusammensetzt. Cox ist Dekan der Fakultät für Erdwissenschaften an der Stanford-Universität. Er studierte und promovierte (1959) an der Universität von Kalifornien in Berkeley in Geophysik. Seither arbeitet er wechselweise an der Stanford-Universität und beim U.S. Geological Survey. Coney ist Professor für Geologie an der Universität von Arizona. Er studierte bis 1951 am Colbey College und promovierte 1964 an der Universität Mexiko in Geologie. Zu seinen wissenschaftlichen Interessengebieten zählen die regionale Tektonik von Gebirgssystemen, die Plattenbewegung sowie die Tektonik von Mexiko und Alaska. Beck studierte an der Stanford-Universität Geologie. Danach arbeitete er für die Standard Oil Company und den U.S. Geological Survey. 1969 kehrte er zur Promotion an die Universität von Kalifornien in Riverside zurück und ging noch im gleichen Jahr als Professor zur Western-Washington-Universität.

Literatur:
Cordilleran Suspect Terranes. Von Peter J. Coney, David L. Jones und James W. H. Monger in: Nature, Band 288, Heft 5789, Seiten 329–333, 27. November 1980.
Paleomagnetic Record of Plate-Margin Tectonic Processes along the Western Edge of North America. Von Myrl. E. Beck jr. in: Journal of Geophysical Research, Band 85, Heft B12, Seiten 7115–7131, 10. Dezember 1980.
Continental Accretion: From Oceanic Plateaus to Allochthonous Terranes. Von Z. Ben-Avraham, A. Nur, D. Jones und A. Cox in: Science, Band 213, Heft 4503, Seiten 47–54, 3. Juli 1981.
Das neue Bild der Erde. Faszinierende Entdeckungen der modernen Geologie. Von H.-G. Wunderlich. Deutscher Taschenbuch-Verlag, 1975.

Tauchexpedition zur Ostpazifischen Schwelle
(Spektrum der Wissenschaft, 7/1981)

KEN C. MACDONALD und BRUCE P. LUYENDYK sind Assistenzprofessoren für Meeresgeophysik beziehungsweise für Geologie an der Universität von Kalifornien in Santa Barbara. Macdonald absolvierte in Berkeley ein Ingenieurstudium und promovierte danach mit einer ozeanographischen Arbeit, die gemeinsam vom Massachusetts Institute of Technology und der Woods Hole Oceanographic Institution (WHOI) betreut wurde. Von 1975 bis 1979 war er Mitarbeiter der Scripps Institution of Oceanography, und auch heute noch gehört er zu deren Mitarbeiterstab. Luyendyk studierte an der Scripps Institution Geologie und promovierte danach in Ozeanographie. Bevor er nach Santa Barbara ging, arbeitete er von 1969 bis 1973 an der WHOI. Er schreibt: „Meine Interessen haben sich insofern gewandelt, als ich mich heute vor allem mit Festlandsgeologie und -geophysik beschäftigte." Zu seinen aktuellen Projekten gehören beispielsweise paläomagnetische und tektonische Untersuchungen in Südkalifornien und das Studium der magnetischen Eigenschaften von Ophioliten, das heißt von Ozeankruste, die auf dem Kontinent zutage tritt.

Literatur:
Massive Deep-Sea Sulphide Ore Deposits Discovered on the East Pacific Rise. Von J. Francheteau, H. D. Needham, P. Choukroune, T. Juteau, M. Séguret, R. D. Ballard, P. J. Fox, W. Normark, A. Carranza, D. Cordoba, J. Guerrero, C. Rangin, H. Bougault, P. Cambon und R. Hekinian in: Nature, Band 277, Nummer 5697, Seiten 523–528, 15. Februar 1979.

Submarine Thermal Springs on the Galapagos Rift. Von J. B. Corliss, J. Dymond, L. I. Gordon, J. M. Edmond, R. P. von Herzen, R. D. Ballard, K. Green, D. Williams, A. Baindridge, K. Crane und T. van Andel in: Science, Band 203, Nummer 4385, Seiten 1073–1083, 16. März 1979.

Heiße Quellen am Grund der Ozeane
(Spektrum der Wissenschaft, 6/1983)

JOHN M. EDMOND und KAREN VON DAMM sind Experten für Meereschemie. Edmond, Professor am Massachusetts Institute of Technology (M.I.T.), schreibt: „Nach dem Chemie-Studium in meiner Heimatstadt Glasgow ging ich zur Scripps Institution of Oceanography an der Universität von Kalifornien in San Diego und schrieb dort meine Doktorarbeit über das Kohlendioxid-System im Meerwasser. Seither bin ich Mitglied des Lehrkörpers am M.I.T. In meiner Gruppe werden drei Themen etwa gleichgewichtig bearbeitet: Spurenmetall-Geochemie von Meerwasser und allgemeine Meeresgeochemie, Chemie von heißen Quellen in den Kämmen der ozeanischen Rücken sowie chemische Prozesse in großen Seen und Flüssen einschließlich deren Mündungsgebieten. Von Damm arbeitet als Doktorandin beim Joint Program in Oceanography mit, das vom M.I.T. und der Woods Hole Oceanographic Institution durchgeführt wird. Sie schreibt gerade die letzten Seiten ihrer Doktorarbeit über die detaillierte chemische Analyse von Wässern, die an heißen Quellen ausströmen.

Literatur:
The Evolution of Sedimentary Rocks. Von Robert M. Garrels und Fred T. Mackenzie. W. W. Norton and Co., Inc., 1971.
Seawater-Basalt Interaction at 200°C and 500 Bars: Implications for Origin of Sea-Floor Heavy-Metal Deposits and Regulation of Seawater Chemistry. Von James L. Bischoff und Frank W. Dickson in: Earth and Planetary Science Letters, Band 25, Heft 3, Seiten 385–397, April 1975.
The Mechanisms of Heat Transfer through the Floor of the Indian Ocean. Von Roger N. Anderson, Marcus G. Langseth und John G. Sclater in: Journal of Geophysical Research, Band 82, Heft 23, Seiten 3391–3409, 10. August 1977.
Chemistry of Hot Springs on the East Pacific Rise and Their Effluent Dispersal. Von J. M. Edmond, K. L. Von Damm, R. E. McDuff und C. I. Measures in: Nature, Band 297, Heft 5863, Seiten 187–191, 20. Mai 1982.

Wie entsteht das Magnetfeld der Erde?
(Spektrum der Wissenschaft, 4/1979)

CHARLES R. CARRIGAN und DAVID GUBBINS sind Geophysiker an der Universität Cambridge (England). Carrigan kam in Südkalifornien zur Welt. An der University of California in Los Angeles studierte er Astronomie und Physik und promovierte 1977 bei Friedrich Busse über Versuche mit Modellen des Erdkerns. Er erhielt ein NATO-Stipendium und arbeitete bei Dan P. McKenzie über Probleme der Wärmeübertragung im oberen Erdmantel. Gubbins ist Professor für Geodäsie und Geophysik in Cambridge, wo er 1972 bei Sir Edward Bullard promovierte. Danach führten ihn Forschungsarbeiten und Lehraufträge an die University of Colorado, ans Massachusetts Institute of Technology und an die University of California, wo er Carrigan kennenlernte. Gubbins kehrte 1976 nach Cambridge zurück und gehört seit 1977 zum Lehrkörper der Universität.

Literatur:
Theories of Geomagnetic and Solar Dynamos. Von David Gubbins in: Reviews of Geophysics and Space Physics, Band 12, Heft 2, Seiten 137–154, Mai 1974.
The Earth's Core. Von J. A. Jakobs, Academic Press, New York 1975.
Laboratory Simulation of Thermal Convection in Rotating Planets and Stars. Von F. H. Busse und C. R. Carrigan in: Science, Band 191, Heft 4222, Seiten 81–83, 9. Januar 1976.
Magnetohydrodynamics of the Earth's Dynamo. Von F. H. Busse in: Annual Review of Fluid Mechanics, Band 10, Seiten 435–462 (1978).

Bildnachweis: Umschlagphoto: IFG-Verlag, Frankfurt/M., Image processing: Optronics International Inc., Mass./USA (C 4300) – Kontinentaldrift: Bild 1: Royal Canadian Air force; Bild 2: G. S. Johnson, H. M. Geological Survey; Bild 3: Royal Canadian Geological Society; Bilder 4 bis 10 und 13 bis 15: Irvin Geis; Bilder 11 und 12: Hatti Sauer – Plattentektonik: Bilder 1 bis 9: Dan Todd – Alfred Wegeners Kontinentalverschiebung aus heutiger Sicht: Bild 1 oben: nach A. Hallam; Bild 1 unten: nach Carl K. Seyfert und Leslie A. Sirkin; Bild 2: Joh. Georgi; Bild 3: P. Giese; Bild 4: A. Hallam; Bild 5: Jannis Markis und Jens Thiessen; Bild 6 oben: A. Wegener; Bild 6 unten: nach Seya Uyeda; Bild 7: nach E. K. Blohm und P. Giese; Bild 8 a, b: P. Giese; Bild 8 c: A. Wegener; Bild 8 d: P. Giese und V. Jacobshagen nach H. Illies; Bild 9: Jörn Scheuch; Bild 10: Karl Hinz; Bild 11: P. Giese und V. Jacobshagen nach Guy Perrier; Bild 12 oben: A. Wegener; Bild 12 unten: nach K. M. Creer; Bild 13: nach Rudolf Pucher; Bild 14: nach Walter Alvarez; Bild 15: Satellitenbeobachtungsstation Wettzell/Bayerischer Wald – Planetesimals – Urstoff der Erde?: Bild 1: Larry D. Cox, Massachusetts Institute of Technology; Bilder 2 bis 9: Allen Beechel – Die chemische Entwicklung des Erdmantels: Bild 1: National Aeronautics and Space Administration/U.S. Geological Survey, EROS Data Center; Bilder 2 bis 13: Andrew Tomko – Die ältesten Gesteine: Bild 1: Stephen Moorbath; Bilder 2 bis 14: Andrew Tomko – Die Tiefenstruktur der Kontinente: Bilder 1 bis 10: Allan Beechel – Die Subduktion der Lithosphäre: Bild 1: EROS Data Center, U.S. Geological Survey; Bilder 2 bis 10: George V. Kelvin – Die Geschichte des Atlantik: Bilder 1 bis 5, 8 und 11: Andrew Tomko; Bilder 6, 7 und 12: Albert Miller – Die geologische Tiefenstruktur des Mittelmeerraumes: Bilder 1 bis 4 und 7 bis 9: G. F. Panza, G. Calcagnile, P. Scandone, S. Mueller und V. Karnik; Bilder 5 und 6: G. F. Panza, G. Calcagnile, P. Scandone, S. Mueller, V. Cermak und E. Hurtig – Das Wachstum der Kontinente: Bild 1: Earth Satellite Corporation; Bilder 2 und 3: Andrew Tomko; Bilder 4 und 6 bis 8: George V. Kelvin; Bild 5 oben und unten: George V. Kelvin, zweites Bild von oben: Frederick A. Cook, Larry D. Brown und Jack E. Oliver, Cornell University – Ophiolithe: Ozeankruste an Land: Bild 1: Earth Satellite Corporation; Bilder 2 und 5 bis 7: Andrew Tomko; Bilder 3 und 4: J. G. Gass – Nordamerika: Ein Kontinent setzt Kruste an: Bilder 1, 2 oben, 3 bis 5 unten, 6 unten und 8 bis 13: Andrew Tomko; Bild 2 unten: Patricia J. Wynne; Bilder 5 oben und 6 oben: David L. Jones; Bilder 7 und 14 bis 17: Todd Pink – Tauchexpedition zur Ostpazifischen Schwelle: Bild 1: Dudley Forster; Bild 2: William R. Normark; Bild 3: John A. Orcutt; Bilder 4 bis 6 und 10 bis 14: Andrew Tomko; Bild 7: Rachel Haymon; Bild 8: J. Douglas Macdougall; Bild 9: Patricia J. Wynne – Heiße Quellen am Grund der Ozeane: Bilder 1 und 2: Woods Hole Oceanographic Institution; Bilder 3 bis 10: Ian Worpole – Wie entsteht das Magnetfeld der Erde?: Bild 1: Charles R. Carrigan mit David Gubbins; Bilder 2 bis 10: Allen Beechel.

Index

Abbot, Ian 179
Abkühlung (der Erde) 10
Ablösungsbereich (der Decken) 150
Ablösungszone (der Platten) 31
Abplattung (der Erde) 52
Abtauchen (einer Platte) 46, 179 f.
Abtauchen (ozeanischer Kruste) 158
Adria 136
Ägäis 48, 110, 112
Äolische Inseln 141
Äquator 36
Afar-Senke 45, 47
afrikanische Platte 29, 110, 133
Akkretionszone 215
Aktualismus (i. d. Geologie) 81, 93
Alabaster, Tony 177
Alaska 114, 182 ff.
Alexander-Terrane 200
Alëuten 46, 106 ff.
Alëutengraben 25, 114
algero-provençalisches Becken 138 f.
Allègre, C. J. 73
Allen, Cameran R. 178
allochthone Gesteine 174
Alpen 34, 48, 113
Alpengürtel 52
Alpha-Teilchen 68
alpidische Kettengebirge 142
alpine Fazies 154
Alter (der Erde) 12, 80
Alter (des Meeresbodens) 22
Altersbestimmung 68, 80
Aluminium 71
Aluminiumsilicat 220
Alvin (Forschungstauchboot) 201 ff., 216 ff.
Amchitka 114 f.
Ameralikgänge 87
Amîtsoqgneis 81 ff.
Amphibolit 85, 134, 181
Anden 46, 112, 115, 132, 184
Andenbatholith 83
andesitischer Vulkanismus 110, 113, 141
Angus (Forschungstauchboot) 207, 221 ff.
Anhydrid 220, 224
Anlagerung (von Terranes) 198
Antarktis 17, 119 ff.
Anziehungskraft (des Mondes) 26
Apennin 50, 136, 139
Apennindecken 141
Appalachen 35 f., 49, 159 f., 176
Apsy Fault (Nova Scotia) 12
arabische Platte 47, 96, 110, 173
Archaikum 84, 87
archaischer Schild (Grönland) 87
Archeluta, John A. 226
Argand, E. 157
Argon 68
Armstrong, Richard L. 76
Ascension 73
Assimilation 111
Asteroiden 89
Asthenosphäre 21, 32 ff., 45 ff., 96, 106, 118 ff., 132, 149, 169, 193
Asthenosphärenkanal 132 ff.
Astronomische Einheit 54

Atlantik 15 ff., 49, 106, 118 ff., 130, 138, 153, 187, 215 f.
Atlantischer Ozean: siehe Atlantik
Atlas 139
Atommasse 68
Atomtest 114
Atwater, Tanya M. 213
Aufschiebung 153, 161, 200
Aufschiebungsfläche 115
Ausbreitungsgeschwindigkeit 210 f.
Ausgleichsfläche, isostatische 42
australischer Schelf 48
Autochthon 148
autochthone Gesteine 174
Axialzone (eines ozean. Rückens) 174
Azoren 121

Baadsgard, Halfdan 85
Baffin Bay 24
Bahama-Plattform 130
Bahnstörung 54
Baja California 182, 184
Bakterien 208, 216, 225
Bakterienrasen 229
Ballard, Robert D. 207, 222
baltischer Schild 99
Barberton-Bergland (Südafrika) 85, 88
Barium 225
Barrell, Joseph 65
Basalt 26, 33, 70, 85, 102, 132, 173 f., 218
Basaltdecke 105
Basaltverarmung 103 ff.
basische Lava 84
Batholith 83, 90
Bayer, Ken 168
Bayerischer Wald 155
Beaumont, Elie de 42
Beck, Myrl 192
Becquerel, Henri 46
Ben-Avraham, Zvi 197
Benioff, Hugo 28
Benioff-Fläche 28, 134, 140
Benioff-Zone 28, 114
Bergellgranit 145
Bering-See 114
Bernina 147
Besshi-Lagerstätten 228 f.
biolumineszente Organismen 224
Biotit 86
Birma 28, 110
Biscaya 155
Biscaya-Pyrenäische Platte 155
Bischoff, James L. 219
Blackott, P. M. 22
Blasengehalt (von Lava) 176
Blei 68, 71
Blei-Blei-Methode 82, 88
Bleiisotope 80
Bleilagerstätte 82
Blue-Ridge (N. C.) 162, 166
Böhmerwald 155
böhmische Masse 157
Bonin 110
Boström, Kurt G. T. 218, 226
Bouvet Island 22, 73, 118 f.
Bowin, Carl O. 115

Brachyura 208
Bressegraben 145
Brevard-Zone 162
Bridgewater, David 88
Brongniart, Alexandre 172
Brown, Jack 158
Browning, Paul 178
Bruchbildung 195
Bruchgrenze (des Gesteins) 28
Bruchspalte 179
Bruchsystem 133
Bruchzone (im Ozeanboden) 121
Bruchzone (zentrale) 176
Bulawayan-Formation (Simbabwe) 70, 73
Bullard, Sir Edward 20, 29, 232
Bunsen, Robert W. 220
Buntsandstein 154
Burke, Kevin C. 91, 196

Cabot Fault: siehe Cabot-Störung
Cabot-Störung (Neuengland) 12, 16
Cache Creek 188, 190, 197
Cadmium 225
Calcium 71, 82, 209, 220, 225
Calciumcarbonat 121, 229
Calciumsulfat 209, 220 ff.
California-Batholith 83
Cameron, A. G. W. 65
Canavese 148
Cann, Johnson R. 177
Carlsbergrücken 29
Carolina-Schiefergürtel 166, 171
Cascade Range 195
Cayman-Graben 203
Chagos Island 22
Champion, Dwayne 198
Charlotte-Schiefergürtel 161
Chemiehaushalt (der Ozeane) 208
chemische Differenzierung (der Erde) 89
chemische Energie 237
Chemosynthetische Bakterien 207
Chile 110 ff.
Chilenische Schwelle 21
Chondrit 69 ff.
Christensen, Nicolas 179
Christmas Island 22
Chujach-Terrane 196
Chulitna-Terrane 188 ff.
Clark, H. 168
Clarke, Brian 219, 225
Coast Range (Oregon) 184, 192
Cobalt 228
COCORP (Consortium for Continental Reflexion Profiling) 158
Cocosplatte 110
Cocosschwelle 21, 23, 25
Coleman, Robert C. 172
Collerson, Kenneth 88
Colorado-Plateau 197
Coney, Peter 197
Coriolis, C. G. de 234
Coriolis-Kraft 231 ff.
Corliss, John B. 222
Cox, Allan 192 f., 197
Cox, Charles 213
Cox, Larry P. 54, 61

243

Craig, Harmon 219, 225 f.
Cyana 204, 214 f., 225

Dalziel, W. D. 91
Danner, W. K. 186
Darwin, Charles 40
Daten, paläomagnetische 191
Davies, Hugh L. 181
Davis-Straße (Labrador) 86, 88
Decken, helvetische 132 ff., 147, 149, 157
Decken, penninische 132 ff., 145
Decken, ostalpine 132 ff., 145
Deckenbildung 144 f., 148, 150
Deckenüberschiebung 133 f.
Deep-Towed Instrument Package 205, 221
Deep Sea Drilling Project 218
Deformation (an Plattengrenzen) 194
Dehnung (der Erdkruste) 47, 152, 218
Deklination (paläomagnetische) 190 ff.
Denham, Charles 215
DePaolo, Donald J. 73
Descartes, René 42
Dewey, John F. 91, 179
Diamant 104
Diapir 178
Dichte (Lithosphäre) 102, 104
Dichte, mittlere (der Gesteine) 42, 97
Dichteverlust 103
Dickson, Frank W. 219
Dike 174, 229
Dillinger-Terrane 196
Dinariden 135, 139
Diorit 82, 87
Dipolfeld 231
Drift (der Kontinente) 10, 26, 33, 40, 47, 51 f., 132, 157
Drift, dextrale 194
Driftgeschwindigkeit 51, 194
Diskontinuität 184
Dissoziation (des Wassers) 220
Dolomit 154, 222
Dunit 178
Du Toit, Alexandre 16, 49
Dynamo 230

Edmond, John M. 209
Eilat, Golf von 47
Einengung (der Kruste) 150
Eisen 80, 82, 103, 218 ff.
Eisensulfid 204, 209, 216, 223 f.
Eisdecke 12, 96
Eiskappe 36
Eiszeit 10, 19
Ekman-Zahl 234
Elberton-Granit 168
Elder, J. W. 216
Eklogit 102 f.
elektrischer Widerstand 47
Elemente, lithophile 71, 77 f.
Elementverteilung 71
Ellesmere Island 11 ff.
Elsasser, W. M. 232
Embleton, B. J. 185
Energiestrom 237
Entmischung 66, 80
Eozän 152
Epizentrum 28, 32
Erdbeben 44, 100, 106 ff., 118, 132 f., 142, 200, 204, 210 f.
Erdbebengürtel 28, 115
Erdbebenherd 16, 32, 99, 115
Erdbebenwarte 28, 115, 151

Erdbebenwellen 44 ff., 97, 113 f., 140, 230
Erdbebenzone 17, 27, 33
Erde (als Planet) 71
Erdkern: siehe Kern
Erdkruste: siehe Kruste
Erdmantel: siehe Mantel
Eruptivgänge 177
Erzkörper, sulfidische 179, 228 f.
Erzlagerstätten 216, 228
Erzminerale 220
Erzschlamm 47
Eurasia 23, 96, 185
eurasische Platte 106, 110
eurasischer Kontinent: siehe Eurasia
europäische Platte 133
europäischer Kontinentalrand 133
Everett, J. E. 29
Evolution 12
Expansion (der Erde) 26
Extern-Massive 145
Extrusion 176
Exzentrizität (einer Umlaufbahn) 54

Faltenjura 150, 157
Faltung 198
Faraday, Michael 232
Faunenprovinz 187
Faure, Günther 89
Feldrichtung 236
Feldspat 86, 150 f.
Feldstärke 231, 236
Feldvektor (des Magnetfeldes) 191
Fenster, tektonisches 162
Fidschi-Inseln 20
Fixismus (fixistische Theorie) 13, 42, 49
Flachbeben 28, 30, 114, 121
Flachherdbeben: siehe Flachbeben
Flake-Hypothese 171
Fluchtgeschwindigkeit 54, 56, 58
Flußwasser 220
Flysch 155
Forschungs-Unterseeboot 220 ff.
Fortpflanzungsgeschwindigkeit (von Erdbebenwellen) 97 ff.
Fossilgehalt 138
Fossilien 184
Francheteau, Jean 204, 207, 225
Franciscan-Formation 184
Fusulinen 184
Fusuliniden 184
Fyfe, W. S. 93

Gabbro 132, 173 f., 178
Galápagos 21, 204, 226
Galápagos-Spreizungsachse 203 ff., 226
Galatheidae 208
Garrels, Robert M. 220, 222
Gasnebel, solarer 71
Gaußberg 22
Gebirgsbildung 116, 132, 139, 150, 152, 162, 195
Gee, David 171
geodätische Messung 50
Geoid 137
Geophon 161, 163
Geosynklinale 133, 172, 181
Geosynklinalmodell 174
germanische Fazies 154
Geschwindigkeitsumkehr 138
Geschwindigkeitsvektor 31
Gesellschafts-Inseln 20
Gestein, allochthones 174

Gestein, autochthones 145, 174
Gestein, extrudiertes 177
Gestein, magmatisches 158
Gestein, metamorphes 93, 149, 158, 179 ff.
Gestein, plutonisches 82 f.
Gestein, präkambrisches 84
Gezeiteneinfluß 35
Gibraltar 126
Gips 147, 150, 154, 222
Glaukophanschiefer 189
Gleichgewicht, chemisches 200
Gleichgewicht, hydrostatisches 13, 19, 31, 42 ff., 101, 148
Gleichstrom-Sondierung 45
Glomar Challenger 118
Glossopteris 17
Gneis 93
Gneis, hochmetamorpher 82
Godthaab (Grönland) 85, 87
Golf von Kalifornien 201
Gondwana 166, 170
Gondwanaland 14, 17, 91
Gorda-Schwelle 203
Graben 16, 105, 135, 139, 145, 200
Grabenbildung 47, 105
Grabenbruch 27
Grabensystem (ostafrikanisches) 47
Granat 102 ff.
Granat-Lherzolith 103 f.
Granit 82, 137, 184
Granit-Gneis-Gebiet 87 ff.
Granitintrusion 166
Granodiorit 82, 87
Granulit 134
Grassle, Frederick J. 208
Gravimeter 19
Gravitationsenergie 237
Gravitationsfeld 58
Gravitationskollaps 54
Gravitationsmessung 212
Gravitationssphäre 58
Great Glen (Schottland) 16
Great-Glen-Fault 12
Greenberg, Richard J. 59
Greenstone-Belt 84 ff.
Grenzfläche, seismische 48, 163
Grenzschicht-Modell (des Wärmetransports) 121 ff.
Griggs, D. T. 19
Grönland 11, 16, 24, 86 ff., 126, 130
große Halbachse (einer Umlaufbahn) 54
Großer Salzsee (Utah) 220
Großflächen-Kamera 221
Großmann, Lawrence 71
Grow, J. A. 115
Grundgebirge 96 ff., 101
Guyamas-Becken 229
Gurevich, L. E. 57
Gutenberg, Benno 98

Halbwertszeit 68, 80
harmonic tremor 212
Harris, Leonard 168
Hartmann, William K. 56
Harzburgit 174, 178
Hatcher, Robert D. 162, 169
Hauptlast 28
Hawaii 17, 20, 73 f., 176
Hawkins, James W. 211
Hayashi, Cushiro 61
Haymon, Rachel 207
Heard Island 22

Hebriden 177
Heimaey 47, 67
heißer Fleck 102
Hekinian, Roger 204
Helium 61, 204, 219, 225 f.
Heliumkern 68
Helizität 235
Helleniden 135, 139
Helvetikum 144 ff.
helvetische Decken 132, 149, 157
Herdtiefe 110
herzynische Richtung 155
Hess, Harry H. 200
Hessler, Robert R. 208
Hillhouse, J. W. 192
Himalaya 25, 34, 106, 113, 195, 197
Hindukusch 28
Hochdruckäquivalent 93
Hochdruckmetamorphose 152
Hochdruckmineral 84, 149
Hochgebirge 96, 113
Hochplateau 113
Hochtemperaturäquivalent 93
Hochtemperaturmineral 84
Hochtemperaturzone 179
Holmes, Arthur 19, 81
Honshu 110, 112
Horizontalverschiebung 11, 16 f., 28 ff., 147, 153, 156
Hornblende 86
Howell, David 198
Humbold, Alexander von 53
Hurley, Patrick M. 89, 93
Hurst, R. W. 88
Hutton, James 81
Hydrogencarbonat 220
Hydrosilikat 220
hydrostatisches Gleichgewicht: siehe Gleichgewicht, h.
hydrothermale Lösung 204 ff., 216, 219
hydrothermaler Schlot 179, 200 ff.
hydrothermales Feld 207, 209, 211, 219
Hypozentrum 28, 109, 114
hypsometrische Kurve 43, 45

iberische Teilplatte 133, 139
iberischer Block 135
indische Platte 96, 106, 110
Indischer Ozean 15, 22 f., 29
indischer Subkontinent 96, 106, 195, 197
Indonesien 19
Inklination, paläomagnetische 51, 186, 190
Inlandeis 40
Inselbogen: siehe Inselgirlande
Inselbogen, vulkanischer 182, 184, 189
Inselgirlande 15, 17, 19, 28, 44, 46, 48, 105 ff., 169, 176, 195
Insubrische Linie 145 ff.
interstellares Gas 61
Intrusion 145, 174
Ionenradius 68 f.
Iran 110
Irland 49, 176
Irving, Edward 191 f.
Isacks, Bryan L. 32, 114
Island 23, 28, 47, 67, 73 f., 118 f., 133, 220
Isochrone 72, 75 f., 88
Isostasie: siehe Gleichgewicht, hydrostatisches
Isotherme 136, 140, 151
Isotop, radioaktives 80
Isotopenverhältnis 70, 189, 192
Isua (Grönland) 86 f.

Isua-Formation 72
Italien 153
Ivrea, Zone von 135, 145 ff.
Izu 110

Jackson, E. Dale 178
Jamaika 203
Japan 106, 112
japanische Inseln 46, 115
japanischer Inselbogen 44
Japanisches Meer 44, 114
Japeturmeer 176
Java 110
Javagraben 110
Jones, David L. 197
Jordangraben 25, 47
Juan-de-Fuca-Schwelle 203
Jupiter 61, 69
Jura 146, 152, 154

kalabrischer Bogen 135, 139
kaledonische Ketten 24
Kalifornien, Golf von 201, 219, 226, 229
Kalium 12, 66, 71, 76, 78, 82, 109, 220, 225, 237
Kalium-Argon-Methode 85
Kalk 85, 154, 222
kalkalkalisches Magma 83
Kamerling, Marc J. 193
Kamtschatka 110, 114
Kanadabecken 24
kanadischer Schild 99
Kaolinit 220, 222
Karbon 40
Karibik 110, 126, 130, 154
karibische Platte 110, 157
Karpaten-Balkan-Bogen 135
Kastner, Miriam 209
Kaufmann, Sidney 158
Kerguelen 22
Kermadec 110
Kern 77, 80, 132, 230, 237
Kettengebirge 15, 26 ff., 37, 47 ff., 82, 93, 106, 132, 139, 144, 149 f.
Kidd, W. S. F. 91
Kieselsäure 174, 225 f.
Kimberlit 73, 104
Kissenlava 174 f., 202, 209, 211
Klimaänderung 12
Klimazeugnis (fossiles) 40, 49 f.
Klimazone 40
Klinopyroxen 102 ff.
Knollen, metallhaltige 216, 225
Knorr (Forschungsschiff) 222
Köppen, Wladimir 42, 49
Kohlendioxid 150, 220, 222
Kohlendioxid-Kreislauf 223
Kohlenflöz 17
Kohlensäure 220
Kohlenwasserstoffe 229
Kollision (von Kontinenten) 48 f., 96, 105, 113, 132 ff., 169, 171, 172, 195
Kollision (von Krustenschollen) 182, 193 ff.
Komoren 22
Kompensationstiefe (Calciumcarbonat) 128
Kompression 10, 47 f., 144, 150, 153, 196
Kompressionswärme 109
Kompressionswellen 28, 97, 211
Kontinent, allgemein 158
Kontinentaldrift: siehe Drift
Kontinentalkruste 33, 36 f., 74, 81, 88, 91

Kontinentalplatte 49, 197
Kontinentalplatte, arabische 47
Kontinentalrand 10, 36, 40, 103, 105, 112, 132, 149, 153, 180, 182, 184
Kontinentalschelf 29, 120, 128, 130, 159 f.
Kontinentalsockel 159 f.
Kontinentalverschiebung 21, 26, 29, 49, 80, 105
Kontinentalverschiebungstheorie 40, 44
Kontinente, Wachstum der 182, 198
Kontraktion (der Erde) 26
Kontraktionstheorie 12, 42, 46, 49
Konvektion 19, 35, 53, 102, 121, 218
Konvektionsgeschwindigkeit 65
Konvektionsstrom 15, 17, 20 f., 77 f., 93, 104, 114, 237
Konvektionsströmung (im Mantel) 33, 174
Konvektionsströmung (im Meerwasser) 179, 210
Konvektionszelle 77, 123
Kopernikus, Nikolas 40
Kordilleren, kanadische 195 ff.
Korsika 50, 52
Krabben 223
Kraton 96 ff., 183, 188, 190, 192
Kreide 155, 186
Kristallgitter 109
Kristallstruktur 68
Krömmelbein, Karl 50
Kruste 10, 26 f., 31, 36, 44, 80, 132, 136, 158
Kruste, kontinentale 95, 100, 102 f., 172, 189
Kruste, neugebildete 210
Kruste, ozeanische 95, 100, 102, 149, 172, 178, 180, 182, 189, 225
Krustenbasalt 33
Krustenbildung 83, 100, 200
Krustenblock 182, 186, 198
Krustendicke 82, 148
Krustengestein 26, 97, 102
Krustenmagma 10, 136
Krustenplatte 158
Krustenwurzel 137, 140, 142
Kugeloberfläche 28
Kupfer 226, 228
Kupferkies 207
Kupfersulfid 204, 224
Kurilen 106, 110, 112

Labrador 86, 88
Lakkadiven 22
Lakkolith 145
Landbrücke 12, 42
Landmassen (der Erde) 182
Landsat 106
laramische Orogenese 183, 197
Larsen, Ole 85
Laser-Entfernungsmessung 51 f.
Latium 140
Laufzeit (von Erdbebenwellen) 97, 99, 102
Lauge, heiße (am Ozeanboden) 47
Laurasia 91
Laurentia 170
Lava 22, 26, 33, 102
Lava, andesitische 110
Lava, basaltische 67, 74, 204
Lavakissen: siehe Kissenlava
Lavasee, untermeerischer 204
Lavastrom 16, 204
Lawver, Lawrence A. 229
Lebedinskij, A. 57

Leitfähigkeit, elektrische (des Gesteins) 210, 213, 223
Lewisian-Komplex (Schottland) 70, 73
Lherzolith 103, 178
Lid 135, 138, 140
Ligurische Alpen 140, 154
Lineament 39
Lister, Clive R. B. 218
Lithium 209, 225
lithophile Elemente: siehe Elemente, l.
Lithosphäre 27, 32, 37, 45, 47, 53, 96, 99, 106, 120 f., 132, 135, 146, 193, 200
Lithosphäre, kontinentale 53
Lithosphäre, ozeanische 53
Lithosphärenplatte 49
Löslichkeitskurve 225
Lösung, reduzierende 209
Lomonossowrücken 24
Longitudinalwellen 28, 97, 142
Lonsdale, Peter F. 229
Lua-Becken 114
Lugmair, Guenther W. 72
Lupton, John E. 226
Luyendyk, Bruce P. 193, 207, 212

Ma, X. H. 185
Macdonald, Ken C. 210
Madagaskar 22
Magma 36, 47, 102, 174, 200, 212, 216, 225
Magmakammer 47, 174, 200, 203 f., 210 ff.
Magnesium 71, 220, 225 ff.
Magnesiumsulfat 209, 214
Magnetfeld (der Erde) 21, 26, 128, 191, 230
Magnetfeld (örtliches) 203
magnetische Anomalie 21, 29
magnetische Messung 25
Magnetisierung 183, 205
Magnetisierung, permanente 230
Magnetisierungsrichtung 210
Magnetismus 12
Magnetometer 214
Magnetometermessung 26
magnetotellurische Messung 45
Magnetstreifung (des Meeresbodens) 214 f.
Malahoff, Alexander 228
Malediven 22
Mangan 209, 218, 223
manganführende Sedimente 179
Mantel 26, 31 ff., 44, 80, 95, 100, 108, 132, 136, 150, 158, 169, 174, 219, 237
Mantel, oberer 77, 96, 103 f.
Mantel, unterer 77, 96, 103 f.
Mantelgestein 33, 103
Marianen 106, 110
Mars 71
Maruesas-Inseln 20
Massenkreislauf 33
Massentransport 32
Masson-Smith, David 181
Materieströmung 35, 230
Matthews, D. H. 26, 203
Mauritius 22
McBirney 178
McElhinny, M. W. 185
McKenzie, D. P. 31
McKenzie, Frederick T. 220, 222
McKinley-Terrane 196
mediterrane Platte 112
Meeresboden 26, 221
Meeresforschung 25
Meerwasser 179, 201, 209 f., 216 ff.
Meerwasserkreislauf 209

Melange 142
Melville 213
Menard, Henry W. 23
Mendocino-Störungszone 203
Merkur 71
Mesosphäre 137
Metall, gelöstes 179
Metall-Ionen 222
Metallsulfide 224
metamorphe Gesteine: siehe Gesteine, m.
Metamorphose 113, 134, 149, 158, 181
Meteorit 80
Mexiko 110
Mikrokontinent (adriatischer) 48
Mikroplatte 193
Mikroplattentektonik 182
Miller, Stephan P. 214
Mineral-Abscheidung 223
Mineralgesellschaft 104
Mittelamerika 110
mittelatlantischer Rücken 23, 25, 45 f., 118 f., 133, 176, 204, 215
Mittelmeer 28, 127, 132, 139, 157
Mittelmeerraum 50, 139
mittelozeanischer Rücken 15 ff., 28, 33, 66, 73 ff., 106, 132, 169, 172, 178, 182, 200, 218, 223
mitteltethyscher Rücken 154
mitteltiefe Beben 28, 30, 32
mitteltiefer Herd 114
Mobilismus (mobilistische Theorie) 13, 43
Mohorovičić-Diskontinuität 31, 136, 140, 146, 150, 168, 174
Molasse 157
Molassebecken 145
Molnar, Peter 32, 114
Mond 71, 75, 80
Monger, W. H. 187
Moore, James G. 176
Moores, Eldridge 177
Morgan, W. Jason 31
Moseley, Frank 179
Mount Everest 106
Mount St. Helens 212
Muschelkalk 154
Muscheln 208, 216, 223 f.
Mystic-Terrane 196

Nagy, Bartholomew 88
Nagy, Lois A. 88
Natrium 82
Naturalistenkap 22
Nazkaplatte 110, 112
Neodym 69 ff.
Neue Hebriden 110, 112
Neufundland 16, 176
Neuschottland 110, 154, 176
Neuseeland 20, 30, 110, 185
Neusibirische Inseln 24
Newton, Isaak 10
Newtonsche Gesetze 58
Niccolas, Adolphe 178
Nickel 80, 225 ff.
Nordalpen 145, 150
Nordamerika 36, 125
nordamerikanische Platte 110, 215
Nordatlantik 29, 125, 154, 157
nordpenninisch-ultrahelvetischer Trog 154 f.
Nordpol 191, 231
Nordsee (Einsinken der) 49
Normark, William R. 202

Norwegen 24, 176
Nouvelle Amsterdam 22
Nova Scotia: siehe Neuschottland
Noyes, Richard M. 183
Nûkgneise 87, 89
Nur, Amos M. 197

Oalu (Hawaii) 100 f.
Obduktion 172, 175, 179
Oberflächentektonik 162
Oberflächenwellen, seismische 98, 137
Oberkreide 152
Oberkruste 135, 152
Ochotskisches Meer 114
Ocker 228
Ohmmeter 47
Old Faithful (Yellowstone) 226
O'Keefe, James B. 57
Olivin 103 f., 174, 212
Oman, Golf von 173
O'Nions, R. K. 87
Onverwacht-Formation 70, 73
Ophiolith 36, 132, 155, 172 ff., 218, 228
Ophiolithdecke 140 f., 149 ff.
Orcutt, John A. 203, 210 f.
Orogenese 162, 198
Orogenese, laramische 183, 197
Orogenzone 95 ff.
Orthopyroxen 103, 178
Ostalpen 146
Ostalpin 145, 149
ostalpine Decken 132, 144, 149
Osterinsel 21
ostpazifischer Rücken 20, 23, 25, 176, 229
Ostrakoden (Süßwasser-) 50
Ostsibirien 185
Oxburgh, E. R. 171
Oxide 80, 225
Ozeane 27
Ozean, ehemaliger 172
Ozeanbecken 10
Ozeanboden 132, 158, 172, 179
Ozeankruste 26, 29, 36 f., 53
Ozeanrücken 27, 32, 172, 178, 182

Packer, Duane 192
paläomagnetische Messung 40, 47, 49
Paläomagnetismus 43, 50, 53, 190
Paläozoikum 152, 184
Pangäa 15, 35 ff., 40, 80, 91, 138 ff.
Pankhurst 87, 89
Pannonisches Becken 48, 140
Pantelleria-Graben 135, 139
Papua-Neuguinea 181
Parana-Becken 105
Parece-Vala-Becken 114
Partikel (Zusammenballung der) 80
Pazifik 28 f., 106, 122, 130, 184, 187, 215
pazifische Platte 46, 110, 203 f., 215
Pearce, Julian 177
Penninikum 145 ff.
penninische Decke 132, 145, 149
Penrose-Konferenz 175
Peridotit 96 f., 103 f., 106, 132, 150, 172 ff.
Periodensystem (der Elemente) 220
permanente Magnetisierung 230
Peru 110, 112
Peterson, Melvin N. A. 218, 228
Phase, akadische 166
Phase, alleghenische 166
Phase, orogenetische 166
Phase, taconische 166
Ph-Wert (des Meerwassers) 220

Phasen (der Minerale) 109
Phasen, gebirgsbildende 145
Phasenänderung 111
Phasengrenze 111
Philippinen 110
Philippinengraben 25
Philippinenplatte 110, 112
Photosynthese 208
Piedmont (S. C.) 162, 166
Piemonter Alpen 155
Piemonter Becken 154
Pingston-Terrane 196
Pitman III, Walter C. 31
Plagioklas 86, 102, 174, 212
Planeten 54
Planetesimals 54
Plateau (marines) 195, 197
Platte, ozeanische 193, 197
Platten, konvergierende 105, 193
Plattenbewegung 118
Plattengrenze 28 ff., 104, 193
Platten-Modell (des Wärmetransports) 121 ff.
Plattenrand 30, 118, 172, 181
Plattenrand, aktiver 157, 182
Plattenrand, passiver 182
Plattentektonik 27 ff., 40 ff., 95, 106, 132, 138 ff., 158, 182, 197
Plattentransport 33, 149
Plattform, kontinentale 43
Pliozän 152
Pluton 93, 178
plutonisches Gestein 82 f.
Plutonit 189
Plutonit, gebänderter 178
Pobecken 145
Poebene 150
Pol, geographischer 49
Pol, magnetischer 40
Pol (Rotations~) 30, 40
Polarität 26, 214
Polfluchtkraft 52
Polwanderung 50
Pompeii-Wurm 209
Porendruck (im Gestein) 150
präkambrisches Gestein 84
Präkambrium 105
Primärwellen 28, 32
Profil, seismisches 163
Prothero jr., William A. 211
Providence Island 22
Provinz, geologische 162
Pyrenäen 139, 155
pyrenäisch-provençalisches System 135, 146 ff., 154
Pyrit 207, 218, 220, 228
Pyroxen 102 ff.

Quarz 150 f., 226
Quellen, heiße 216
Querbruch 178
Querschwelle (im Ozean) 119
Quôrqutgranit 85, 87

radioaktive Isotope 80
Radioaktivität 12, 46
Radiolarit 172, 176
Randmeer 46, 91 f., 114
Raucher (hydrothermaler Schlot) 206 ff.
Raucher, schwarzer 207 ff., 216 ff.
Raucher, weißer 209
Raumwellen, seismische 137
Rayleigh-Wellen 98 f.

Recycling (von Krustenmaterial) 89, 134, 139, 196
Reflexionsseismik 29, 31, 48, 108, 113, 158, 163, 205, 211
Regenwasser 220
Reibung 109
Reid, Joseph L. 211, 226
Rekristallisation 158
Restmagnetismus 22
Restwärme (der Erde) 78
Réunion 22
Rheingraben 139 f., 145
rheinische Richtung 155
Rhein-Rhone-Graben 154, 157
Rhonegraben 138 f.
Richterskala 109
Richtungsumkehr (des Magnetfeldes) 232, 236
Rift 105, 133, 138 ff., 200, 203 f., 208 f.
Riftsystem (Ostafrika) 24 f.
Ringwood, A. E. 93, 114
Rio-Grande-Schwelle 18, 23, 119, 121, 127, 129 f.
Rivera-Platte 203 f.
Robertson, Alistair 176
Robeson Channel 11, 16
Rocas-Verdes-Komplex 92
Rocky Mountains 158, 194
Rodriguez 22
Röhrenwürmer 202, 207 f., 216, 229
Ross, Charles A. 187
Rotation 28, 52, 192, 233
Rotationsachse 28 ff., 192
Rotationspol 30, 40
roter Tiefseeton 121, 128
Rotes Meer 25, 29, 47
Rubey, William W. 65
Rubidium 69, 71, 74, 225
Rubidium-Strontium-Methode 86
Rubidium-Strontium-Verhältnis 88, 91
Rücken, mittelozeanischer: siehe mittelozeanischer R.
Rückland (von Kettengebirgen) 48
Rumänien 28
Runcorn, S. K. 19, 22, 93
Ryukyu 110

Safronow, Victor S. 57
Saglek Bay (Labrador) 88
Sahara 35
Salisburg, Matthew 179
Salomon-Inseln 20, 98, 110
Salz (als Gleithorizont) 147, 150, 154
Salz (Steinsalz) 222
Salzgehalt (des Meerwassers) 221
Salzlager 40
Salzlösung 179
Samaildecke 173, 175, 178
Samarium 69, 71 f., 74
Samoa-Inseln 20
San-Andreas-Graben 203 f.
San-Andreas-Störung 21, 112, 192 f.
Sardinien 50, 52
sardo-korsischer Block 133, 135, 139, 141
Satelliten-Geodäsie 51
Saturn 61, 69
Sauerstoff-Isotope 218
Sauerstoffgehalt (des Meerwassers) 223
Sawu-See 48
Schallquelle 161
Schallwelle 163
Scheibendynamo 232, 235
Schelf 44, 82, 118, 129, 153

Schelfrand 48
Scherungswellen 32, 35, 100 ff., 211
Scherzone 114
Schicht niedriger Geschwindigkeit (der Erdbebenwellen) 97, 132 ff.
Schiefer 85
Schild, alter 36, 84, 95 ff., 151
Schild, südafrikanischer 85
Schilling, Jean-Guy 74
Schmelztemperatur 33, 104
Scholle (Krustenscholle) 183
Schottland 24, 49, 176
Schouten, Hans 215
Schwächezone (der Erdkruste) 26
Schwarzer Raucher: siehe Raucher
Schwefelwasserstoff 219, 224 ff.
Schwelle, ozeanische: siehe Ozeanrücken
Schwereanomalie 114 f., 148, 151, 210, 212
Schwerefeld (der Erde) 19, 96, 148, 230, 237
Schwerehoch 153
Schwerekarte 148, 151
Schweremessung 31, 99
Schwerkraft 19, 21, 35, 113 ff., 233 f.
Sea-floor Spreading 26, 106, 172, 200
Sederholm, J. J. 100
Seeanemonen 222 f.
Sediment, metallhaltiges 216 ff.
Sedimentgestein 22, 82, 158
Seismik 28, 97, 113 f., 133, 148
Seismische Lücke 112
Seismische Wellen: siehe Erdbebenwellen
Seismogramm 98, 101
Seismograph 98
Seismometer (Unterwasser-) 202, 207, 211 f.
Serpentinit 132, 150, 172, 181, 189
Serpulidae 208
Seychellen 22
Sheeted-Dike-Komplex 174 ff.
Shure, Loren 214
Sial 43, 45
Sibirisches Becken 24
Sierra Madre Oriental 197
Sierra Nevada 184
Sierra-Nevada-Batholith 83, 91
Signal, seismisches 97, 161
Signaldichte 161, 163
Silber 204
Silicium 71, 82, 179, 209
Silikat 80, 220
Sill 174, 229
Sillén, Lars Gunnar 220, 222
Sima 43, 45, 53
Simonian, Kapo 178
Simpson, Robert W. 192
Skaergaard (Ostgrönland) 178
Skandinavien 49
Smewing, John D.
Smith, A. G. 29, 176
solare Gaswolke 62
solarer Nebel 54, 71
Sonargerät 203, 221
Sonnensystem 54, 69
Spanien 154
Spannungsachse 28
Spiess, Fred 205
Spreizung (des Meeresbodens) 26, 46, 53, 105, 200
Spreizung, sekundäre 46
Spreizungsachse 29 ff., 210 ff.
Spreizungsgeschwindigkeit 204, 215

247

Spreizungszone 27
Spurenelemente 66, 71, 209
Stabilität (der Kratone) 104
Staub, Rudolf 48
Steinmann, Gustav 172
Steinmann-Trinität 172
Steinmeteorit 69, 71
Stikine-Terrane 195, 197
Stone, David 192
Stoneley, Robert 98
Stromboli 142
Strontium 69, 71, 74, 78, 189
Strontium-Strontium-Methode 89
Strontium-Strontium-Verhältnis 90 f.
Struktur (der Alpen) 132
Subduktion 46, 53, 105 ff., 118, 123, 132, 149 ff., 158, 179, 182, 196 f.
Subduktionsbetrag 110
Subduktionsgeschwindigkeit 30, 111
Subduktionzone 27 ff., 44, 77, 95, 105, 110, 118, 134, 158, 172, 193 f., 200
Südalpen 139, 145
Südalpin 145, 149
Südamerikanische Platte 99
Südappalachen 158
Südatlantik 126, 155
Südatlas-Linie 135
Südkontinent 40
Südpenninikum 144
südpenninischer Trog 155
Südpol 38, 40, 191, 231
Süd-Sandwich-Inseln 110
Sueß, Eduard 42
Sulfide 225
Sulfidablagerung 228
Sulfidminerale 226
Sulfat 220, 225 ff.
Sumatra 22, 110, 112
Sundagraben 110
Surtsey 67
Swaziland-Folge 85
Sykes, Lynn R. 28

Tafel 95 f., 101
Taku-Terrane 196
Talk 220
Talwani, Manik 31
Target 58
Tauchboot 204, 216
Tauchkapsel 222
Tarney, John 91
Tektosphäre 96 ff.
Tektosphärenplatte 138
Temperaturanomalie 204
Temperaturfühler 226
terrigene Sedimente 121
Terrane 182, 184, 189
Tessin 145
Tethys 40, 132, 140 f., 144, 149 ff., 184 ff.
Thellier, Emil 22
thermische Konvektion 14
Thompson, M. L. 186
Thorium 12, 66, 71, 78, 109, 219, 237
Tibet 113
Tiefbeben 28, 30, 32, 109
Tiefenkarte 206
Tiefentektonik 162
Tiefseebecken 74

Tiefseeberg 195, 197
Tiefseeboden 46, 175, 216
Tiefsee-Bohrprojekt 218
Tiefsee-Ebene 43
Tiefseegraben 17, 19, 21, 25, 27 ff., 53, 105 ff., 118, 123, 181
Tiefsee-Navigation 221
Tiefsee-Sediment 130, 132, 189, 228
Tieftemperatur-Reaktion 208
Timor-See 48
Tonale-Linie 153
Tonalit 82, 87
Tonminerale 220
Tonschicht 150
Tonstein 176
Tonga 30, 100 f., 110, 112
Tongagraben 110, 114
Toskana 48, 140
Toskaniden 154
Totes Meer 220
Tracy-Arm-Terrane 196
transform fault 30
Transformstörung 27, 30 ff., 178
Transversalwellen 97 ff.
Traverse, magnetometrische 27
Trias 150, 154, 186, 192
Tripelverbindung (zwischen Platten) 34
Tristan da Cunha 23, 70, 73 f.
Trodos-Massiv 175, 177, 181
Tuamotuinseln 20
Tubuai-Inseln 20
Türkei 29
Tyrrhenis 139 f., 142
tyrrhenisches Becken 138

Überschiebung 158, 195, 198
Überschiebungsdecke 140 f.
ultrabasische Lava 84
Ultrahelvetikum 145, 148
ultrahelvetische Decke 149
Umkristallisation 220
Unterkruste 135, 142
Unterplatte 46
Unstetigkeitsfläche 160
Ural 23, 176
Uran 12, 66, 68, 71, 78, 109, 219, 237
Urey, Harold C. 65
Urkontinent 40, 42, 49, 183
Urmeer 184
Urnebel, solarer 71

Van-der-Waals-Kräfte 58
van't Hoff, Jacobus Hendricus 220
variszische Gebirgsbildung 153
Vedder, Jack 198
Vening Meinesz, Felix A. 19
Venus 71
Verdickung (der Erdkruste) 48, 132
Vergenz 135
Vestimentiferan pogonophorans 202, 207
Vibrator 161, 163
Vine, F. J. 26, 203
Vine-Matthews-Modelle 214
Viskosität 105, 195, 235
Vorland 144 ff.
Vourinos-Ophiolith 177 f.
Vulkan 17, 23, 25, 26, 33, 36, 102, 105

Vulkanausbruch 212
Vulkangürtel 27, 177
Vulkaninseln 70, 76
vulkanischer Inselbogen 91 f.
Vulkanismus 28, 105, 113, 116, 132
Vulkanreihe 37
Vulkanrücken 197
Vulkanzone, untermeerische 210

Wärmeenergie 237
Wärmefluß 20 f., 100, 102, 113 f., 122, 125, 130, 136 ff., 210, 218, 237
Wärmegrenzschicht 100
Wärmegrenzschicht-Modell 101
Wärmehaushalt (der Erde) 106, 210, 218
Wärmeleitfähigkeit 108, 125, 130, 210, 218
Wärmequelle 12, 78, 109
Wärmeproduktion 65, 76
Wärmetransport 225
Wärmeübertragung 19, 32, 111, 225
Walfischrücken 18, 23, 119, 121, 127, 129 f.
Warrawoona-Formation (Australien) 70, 73
Wasserstoff 61, 220
Wasserburg, Gerald J. 72 f.
Wegener, Alfred 10 f., 14 ff., 40, 157, 167 f.
Wegener-Störung 11
Weidenschilling, Stuart J. 58
Weiss, Ray F. 221
Werchojansker Gebirge 20, 24 f.
Westalpen 49, 151, 153
Westdrift 52
westlicher Pazifik 19
Westmännerinseln 67
Wetherill, G. W. 88
Wettzell (Bayer. Wald) 51 f.
Wheeler, Harry E. 186
Wiederaufarbeitung (von Kruste) 83
Wilson, J. Tuzo 30, 187, 196
Wilson-Zyklus 181, 187
Windley, B. F. 91
Winkelgeschwindigkeit 31 f.
Winogradow, A. P. 65
Wrangellia 188 ff., 196
Wurzel (von Kettengebirgen) 93
Wurzelzone 94 ff., 145

Xenolith 73, 104

Yellowstone-Park 218, 226
Yole, Raymond W. 191 f.
Yukon-Tanana-Terrane 196

Zentralalpen 49, 145, 151
Zentralamerika 112
Zentrifugalkraft 234
Zeolith 181
Zerfallsgeschwindigkeit 12
Zerfallsprodukte (von Spurenelementen) 66
Zhang, Z. K. 185
Zink 226, 228
Zinkblende 207
Zinksulfid 204, 209, 224
Zirkon 73, 85
Zirkulation, hydrothermale 210
Zypern 175